U0257948

自然—经济—社会协同演进中的
古代华北燃料危机与革命

赵九洲 著

The ancient North China
fuel crisis and revolution
in the coordinated evolution
of nature economy and society

社会科学文献出版社
SOCIAL SCIENCES ACADEMIC PRESS (CHINA)

《华北区域环境史研究丛书》总序

本套丛书包括 7 本专著，大约 300 万字，是以国家社科基金重点项目——"华北环境变迁史研究"（2009 年立项，2016 年结项，批准号：09AZD050）的成果为基础，经多年增补、打磨而成。该项目原以 5 部专著结项，其中 1 部专论水力加工机具，因作者已经另做安排，未能收入；新增的 3 部，研究主题都是华北环境史且都出自南开大学同事和同学的手笔，可以视作项目后续推进的成果，承蒙诸位慷慨应允，一并集结出版。由于我的拖延，成果积滞多年，新著渐成旧稿。承蒙社会科学文献出版社领导和同仁鼎力扶持，幸获国家出版基金资助，如今终于付梓，一时多种滋味齐齐涌上心头。编辑同志命为作序，我就借机略做回顾、介绍和检讨。

一 何以"华北"？哪个"华北"？

最近 10 多年，同仁陆续推出了三套具有通史性质的多卷本中国环境史，本套丛书将华北作为专门对象，或是迄今卷帙最大的一套基于单个项目研究的区域环境史著作结集。不过，若是将中国环境史学的多个先导甚至母体领域如历史地理、农（林渔牧）业史、水利史、灾疫史等研究合并观之，它就只是诸多系列研究成果之一。早在我们之前，已有多个团队大批学者对江南（江浙）、两湖（湖广）、西北（黄土高原）、西南（云贵川）等重要区域的人地关系和环境变迁展开集群探研并且推出了系列论著。

有人认为，历史学是时间科学，地理学是空间科学。在特定的语境中，这种学科判分固有道理，但只是学术任务的分工、认知向度的分异，而非客观对象的真如。时间和空间作为一切事物存在和运动的两种基本形式，从来都是共在、协进而未曾亦不能彼此分离。历史学虽以时间作为第一标尺，但任何人物活动和事件的发生都离不开特定的空间，并且受到诸多空间条件的规定和制约。孔子以微言大义编订《春秋》，虽按时间年代顺序记事述往，但从来不离地域空间；司马迁被刑发愤而著《史记》，更欲"究天人之际，通古今之变"，其时空统一的思想一直被史家奉为圭臬，不仅塑模了历代正史，而且规制了各地方志。时至今日，基于各种问题意识和学术诉求，选取特定空间尺度和区域范围开展研究，早已成为历史探索尤其是那些与自然环境、物质因素关联紧密的课题研究惯常采用的进路和策略。环境史研究既要把历史上的人与自然关系作为主题，更应践行先史"天人本一""时空不二"的思想理念。这并非简单接续本土史学道统，而是基于现代科学、针对现实问题而展开的一种新历史认知活动。

诸多领域的科学研究已经明示：人类作为地球生命系统的一部分，必须依赖一定的自然资源和生态环境而存活和延续，但大自然中的万事万物从来不是专为人类而设计和准备的，自然界中的物理运动、化学反应和生物演化从来不以人的意志和意愿为转移。环境史学及其诸多先导领域的研究也愈来愈证明：人类与自然之间有着与生俱来的矛盾，并非今天才面临资源制约、环境挑战和生态风险。自古到今以至未来，自然力量始终作用于人类社会，为人类生命活动提供物质资源及其他条件，同时造成各种约束、阻碍和威胁；人类社会则不断创造、运用各种观念知识、工具技术、经济方式和社会组织，根据自己的需要和意愿认识、适应、利用和改造周遭环境，自然系统和社会系统彼此因应，两大系统及其众多要素之间的复杂关系始终处在流变不居、主次不定和后果不同的动态演化之中。中国疆域辽阔，生态环境复杂，民族文化多元，文明历史绵长，人与自然的关系存在多样性、复杂性，且历史悠久。同一时代不同区域、同一区域不同时代，人与自然双向作用、相互影响和彼此塑造的规模大小不一、速度快慢不同，东西南北不同区域环境与社会互动关系的历史局势、面貌、情态和模式可谓千姿百态，由分区考察逐渐达成整体认识，是中国环境史研究的必然进路。

我们将华北作为区域环境史研究的第一个学术试验场，既因这里是华夏文明肇兴之地，是多元一体中华民族的"长房"，是百川交汇中国文化的"主根"，又因这里传载着最漫长、最丰富、最复杂和最惊心动魄的人与自然关系故事，其古今山川大地巨变举世罕见，用沧海桑田、天翻地覆都不足以形容，现实环境困局和生态危机更令人忧心。

我们最初计划以"大华北"作为项目研究范围，这是基于流域生态史实和广域生态史观。所谓"大华北"，系采用多数地理学家所认可的自然地理区划概念：大致东起于海，西至青藏高原东缘，北抵长城一线，南则以淮河—秦岭为界，这个地理范围与近世曾经多次调整的华北行政区划俱不相同。在漫长的地质时代，中国大地经历了气候回旋、造山运动、高原隆起、黄土堆积、海面升降、大河形成、生物演化等一系列巨大变迁，逐渐形成如今所见的地理格局和自然面貌，终于在距今两三百万年前造就了新生代第四纪的人类适生环境和生态。而苍莽辽阔的华北大地，受天、地诸多因素特别是地理纬度、海陆位置的综合影响，自然环境和生态系统具有显著的区域特征，气候、地形、水文、土壤等诸多结构性要素动静相随，彼此因应，协同作用，构成了当地万物孳育、竞生和人类生活、劳作的基底环境。

"大华北"位于中纬度地区，处在东亚大陆性季风气候控制之下；西部的黄土高原，是世界上最典型的黄土区，东部的华北平原则属次生黄土区；从北到南，可以大致划分为海河、黄河和淮河三个流域，而黄河自古居于主导地位。在过去几千年里，由于自然营力驱动和人类活动影响，黄土高原水土流失不断加速，巨量泥沙导致黄河下游河道淤积、河床抬升，使黄河成为举世罕见的"地上悬河"，频繁决溢泛滥特别是多次重大的河道移徙和南北摆动，对黄淮海平原自然景观塑造和生态系统演变产生了根本性的影响。如今黄河下游流域宛若一条狭长的地垄，河床高出两岸地面，非但不能汇纳诸河之水，反而成了南北"分水岭"，但这并未减弱反而增强其不断重塑华北平原水土环境、频繁重创当地人民生活的巨大威力，学人常把"大华北"笼统称为"黄河中下游地区"，并非没有理由。

黄河中下游东西两大地形地貌板块——华北平原、黄土高原和南北三大河流——淮河、黄河和海河流域，自然生态和社会文明都具有非常紧密的整体关联性。作为世界最古老的人类活动舞台和文明起源发展中心之一，其区域经济、社会和文化的历史性格独特，色彩鲜明。在当地百万年人类史、一万年农业史和五千年文明史上，人类系统与自然系统始终相互制约、彼此塑造，人与天、地"三才相参"，各种自然和文化力量、众多环境要素和生物种群共同编织极其复杂的物质、能量和信息关系网络，不断竞合消长、协同演变。

中国幅员辽阔，生态环境复杂多元，中华文明因此多元起源、多元交汇、多元一体，地域差异显著，民族特色鲜明。一个不容否认的事实是，1000多年前，黄河两岸、黄土地带一直是大多数中国先民的生存家园，中华文明于兹完成基本构型并取得长足发展，"黄土""黄河"是最显著的两大自然、历史标识，既预设了其生态系统演化的基调，也铺陈了其社会文明发展的底色。早期"中国"曾与"中原"地域概念相近，后世涵盖越来越广大。西周青铜器——何尊（1963年陕西宝鸡出土）铭文有云："宅兹中或（国），自兹义民。"若在何尊铭文中追补自然环境说明，最应加上"殖兹黄土""济兹大（黄）河"。

我们最初设计以"大华北"为研究范围，试图"取百科之道术，求故实之新知"，综合考察区域自然环境的古今变化及其同社会文明变迁的关系，可谓胸怀荦荦大志，如今看来，实在有些好高骛远和自不量力。特别幸运和必须深表感谢的是，在项目评审阶段，曾有专家提醒应当避免因为研究范围过大而流于泛泛言说，建议着重考察"小华北"，即京津冀地区。后来的实践证明，这些善意提醒和中肯建议真是非常宝贵的"经验之谈"！经过反复斟酌、不断调整，我们决定以"大华北"作为综合论述、整体观照的"棋盘""棋局"，而以"小华北"作为要素分析和专题考察的"棋子""落点"。

二　研究目的和思想导向

黄河中下游的古今自然环境和生态系统变迁，是众多领域共同关注的重大课题。不论是"大华北"的研究，还是"小华北"的研究，我们都不是先行者，而是小跟班。在项目设计阶段，我们曾对前贤时彦的相关成果进行过系统梳理，结果令人惊讶：已有论文、著作和报告数量之多，远超我们的想象。自清末民初仿照西学重构中国学统，百余年来，地质、地理、生物、农林、气象、水利、生态、考古、历史等诸多学科领域已有成千上万学者分别考察了难以计数的区域自然历史事项和问题，当我们试图围绕环境史学主题即历史上的人与自然关系进行汇集、整理时，感到很难将所有相关成果尽行收纳和编目，其学术史本身就是一个值得研究并且不易完成的课题。

但我们同时发现，由于过度细化的"分科治学"，兼以部门职事条块切割，众多学科、行业和部门研究者都拥有各自的学术导向、问题关怀、理论方法、技术手段、时空尺度和概念话语，彼此之间缺少对话、交流与合作，关于同类问题的研究，论著陈陈相因，而事实判断、因果分析和价值评估时常相去颇远甚至彼此扞格，大量重复性、碎片化研究不仅造成思想认识片面和混乱，甚或导致决策、行动偏差与失误。百余年来，关于华北大地历史自然环境和生态系统变迁的研究论著堆积如山，针对众多具体问题的探研已经取得丰富成果，但是关于这个地区人与自然关系的古今变化以及诸多环境生态问题的来龙去脉，还缺少广域观察、多线联结和多层观照的综合论说，没有足够的连贯性、系统性和统合性，这给同仁运用生态系统思想方法进一步探究这个古老文明区域"天人之际"的"古今之变"留下了一些思想劳作的空间，若能汇集众家之长，加强对自然、经济、社会诸多要素相互作用、协同演变历史关系的系统观察和综合论说，仍可在某些方面发现新的问题，取得新的成果。

该项目的基本立意，就是试图整合诸多领域已有的研究成果，进一步发掘相关历史资料和经验事实，对华北区域古今环境变迁轨迹和重大生态问题根源，开展自然、经济、社会诸多要素相互结合的历史—生态系统考察，为生态恢复、环境治理和资源保护提供历史知见。为此，我们预设了三个目标：一是遵循区域社会文明演进的历史轨迹，讲述随着时间推移而多维展开的先民生命活动同天、地、万物广泛联系的历史故事；二是聚焦自然环境和生态系统主要结构性因素的古今变化，探询当今主要区域环境挑战和生态危机的历史生成、积聚过程；三是基于华北环境史实，探求人类系统与自然系统相互塑造和协同演变的动力机制。

为了实现这些新的目标，开展不同于此前学者的叙事和论说，我们努力寻找、运用新的思想方法，例如生态学家马世骏、王如松所提出的"社会—经济—自然复合生态系统"理论就是我们借鉴的主要思想框架之一。我们把人类历史和自然历史视为既相分别又相统一的生态系统过程，动态、整体地观察自然生态和经济社会诸多因素之间繁复变化的相互作用和彼此影响，提问题、摆事实和讲道理，都既注重揭示众多社会历史变化背后的自然力量和环境基础，也尽量避免只就特定自然现象和环境因素"就事论事"和"见物不见人"。

"因应—协同论"则是我们自己提出和尝试运用的一种新思想方法，旨在形成一种更具动态性、复合性和系统性的环境史学思维。在我们的思想理念中，因果关系是世界运动和历史变化的普遍关系，但是不论在人类系统还是自然系统中，特定因子的地位、作用、功能及诸多因子之间的关系都是动态变化的，不同的自然、经济、社会要素之间并非总是单向、直接的主动与受动、作用与被作用和决定与被决定的关系，而是在不同的时空尺度、数量范围、组织结构和秩序状态之下表现出疏密不同、主次不定和极其复杂的彼此因应、协同演变关系。环境史研究的主要目标，就是透过时间纵深解说特定自然空间和生态单元中的人类社会行为，包括经济生产、物质生活消费乃至政治、文化和军事活动如何不断响应周遭环境的变化而又不断驱动新的环境变化的，同时探查古往今来自然系统与人类系统、环境因素与社会因素如何彼此因应、相互反馈。我们试图采用"因应—协同"这一思想方法，超越"人类中心主义"与"生态中心主义"、"文化决定论"与"环境决定论"的长期理论纷争，纠正一度相当普遍存在的"经济开发导致环境破坏"的简单因果论说，以广泛联系、协同作用和多维立体的生态系统网络思维，呈现华北区域人与自然关系的历史复杂性。

前贤时彦的大量论说已经充分证明：黄河两岸、黄土地区在中华民族生存发展史上具有不容置疑的重要地位，中国文明的诸多传统和特质，例如天人相应的自然观念、顺时而动的生活节律、以农为本的经济模式、家国同构的政治形态、抚近徕远的天下秩序，敬祖睦族的人伦关系等都是在这里最早生成和确立的。我们尝试从"天人关系"角度重新解说这个生态系统脆弱多变区域的历史，对这里的社会文明历史成就及其早熟性、持续性、起伏性和强韧性做出历史的生态学解释，探寻当地先民的独特生命历程和特殊"生生之道"，并阐释他们面对种种环境制约、自然威胁和灾害打击迎难而上的积极应对策略和勇敢抗争精神，为当今环境资源保护和生态系统恢复提供历史资鉴。

三 主要内容和重点问题

基于上述思想导向和学术目标，同时根据历史资料条件和前人研究状况，我们大致以五代时期为界，对唐以前和宋以后分别采用不同的研究思路：前者进行全域观察和综合论说，后者专题探讨重点地区、关键问题。

本丛书有两部专著综合论说唐朝以前的华北环境史问题。其中，《商代中原生态环境研究》选取出现最早系统文字记录和拥有丰富考古实物资料的商朝作为一个历史截面进行宽频观察，尽可能全面地描述那时中原地区自然环境的基本面貌，包括气候、水文、土质土壤、草木植被、野生动物等方面的情况，以及这些自然因素同人口变动、经济生产、社会生活和文化观念的互相影响，为考察后代华北区域的生态环境和人与自然关系变化提供一个早期历史参照。

《黄土文明与黄河轴心时代》试图纵观远古至唐代华北自然、经济、社会诸多要素之间的交相作用和协同演变，探寻中国古代基本经济生产和社会生活模式、重要文化元素和文明特质在黄土地上率先发生、奠基、成熟甚至定格的自然根柢，追寻生态退化、资源减耗、水土流失、旱涝灾害等诸多环境问题最早在黄河两岸发生和累积的人类行为导因、社会应对策略及其生态系统影响，揭示"黄河轴心时代"的商周、秦汉和隋唐文明得以灿烂辉煌的环境资源基础，并就古代文明历史空间格局的变化、社会经济发展优势的南北易位等问题提出历史的生态学解释。

关于宋代以后的环境问题研究主要聚焦于"水""土""林",水的问题更是重中之重。我们认为,"水""土""林"是自然环境和生态系统的三大结构性要素,也是经济、社会和文化发展的主要物质基础。在华北环境史上,三者交相联动、协同作用,经历了极其复杂的演变过程,并且表现出非常显著的区域特征。三者之中,流注不定、形态易变的水最具有不确定性,对华北人民生命活动的历史影响制约最为广泛深刻,如今更是构成区域发展的主要环境约束和资源瓶颈。

鉴于前人针对水的问题已经做过大量探讨,成果非常丰富,为了避免简单重复,我们选择研究基础相对薄弱的海河流域重点突进。在博士学位论文基础上加工、完成的三部专著——《从渠灌到井灌——海河平原近600年水环境与灌溉水利变迁研究》、《清代海河流域湖泊洼淀衰变与社会应对研究》和《近代天津水资源状况与城市供排水系统研究》分别就下列问题做了比较深入的探讨:一是近600年来海河流域水资源如何逐渐衰退并迫使当地农田水利由渠灌向井灌(由地表水向地下水)转变;二是清代以来海河流域湖、泊、洼、淀经历了怎样的衰变过程,官方和民众面对由此带来的环境变化、资源萎缩和生存压力采取了哪些因应策略和举措;三是近代天津如何在诸多自然与社会、本土和外来因素的共同作用下逐渐完成城市供水排水系统的近代转型,又给天津城市生活方式带来了哪些显著改变。

《管子·水地》有云:"地者,万物之本原,诸生之根菀也。"[1]其以"水地"命篇,当然是因为两者密不可分。虽然"地"的基本构成要素是"土",但"地"之生物必赖"水"的条件,有"水"方有"地"。华北先民早已知晓,"水土""土地""壤土"乃是生命之本、万物之根和衣食之源,故赋予它们以"母亲""家园"这些最亲切的生命意义和伦理价值。成千上万年来,黄土地上的人们辨土、用土、亲土、保土,始终同土地保持着亲密接触、相互塑造的和谐共生关系。

但这并不意味着人、土之间从未出现任何问题。事实上,进入农耕时

---

① 黎翔凤撰,梁运华整理《管子校注》卷第十四《水地第三十九》,中华书局,2004,第813页。

代，人类即已发现一些类型的土地不合己用，而对土地的不当作为和过度利用亦最先造成诸如肥力下降、水土流失之类的环境问题。古代华北"土"的环境问题主要是表土侵蚀和斥卤贫瘠，举其大要有四：一是高原山区水土流失和地表破碎；二是河流泥沙搬运和下游土地堆积；三是多种类型、成因的土地盐碱化；四是西北边缘和黄河故道的砂碛化。关于这些问题，前人已有许多研究成果，而《以土为中心的历史——山西明清时期的环境与社会》以清代山西高原为研究对象，深入生产、生活细节，对出于不同目的（如农作、筑路、造桥、建窑洞等），运用不同知识技术的识土、选土、用土和治土展开了新的探讨，试图还原一段人土互动的动人或辛酸的往事，可谓另辟蹊径。

在地球生命系统演化史上，林草是依托水土以及其他条件而继生的自然事物和环境因素，但人类活动改变自然环境并且造成生态问题，却是林草损毁在先，水土破坏在后——前者是因，后者是果，而水土流失造成土地贫瘠，又反过来导致林草难以茂长。因此，森林植被破坏与水土环境退化始终呈现正相关、强叠加和恶性循环的关系，并且引起连锁性的生态与社会系统响应，这些在华北环境史上有着非常显著和特别典型的表现。正因如此，从农林史、历史地理到环境史研究，森林植被破坏及其环境生态恶果一直受到高度重视，甚至形成"经济开发—森林破坏—环境恶化"的思维定式。我们同样非常关注森林植被变迁，但是试图采用新的叙事、论说方式。不同于惯常采用的套路，《自然—经济—社会协同演进中的古代华北燃料危机与革命》并不径直亦不局限于考论华北森林植被破坏和林草资源耗减的历史，而是从百姓日日所需的薪柴燃料出发展开人与自然交往的故事。作者对古代华北燃料危机形成、燃料革命发生和燃料格局演变的环境资源条件、人类应对策略及其广泛的经济、社会和生态效应，进行了别开生面和颇有深度的探讨。

要之，关于宋代以后特别是明清以来华北"水""土""林"的专题探讨，不是单纯讲述森林资源如何耗减、水土环境怎样退化，而是试图把它们同产业经济调整、物质生活变迁乃至文化风俗嬗变紧密联系起来，围绕焦点问题考论具体事实，揭示华北环境史上自然系统与人类系统相互影响、彼此因应和协同演变的长期过程和复杂机制。

四　基本认识和主要心得

以上七部著作或可算得上一个系列，却远远构不成一个系统，因为还有太多方面的事实和问题我们未做探讨：有些是刻意回避，有些是无力进行。稍可欣慰的是，通过10多年的学习和思考，我们对华北区域社会、经济和环境相互影响、协同演变的大致历史轨迹有了一些初步认识，对若干重要环境问题的历史成因和演变过程提出了自己的看法，在思想进路、叙事框架、资料发掘、事项观察和问题分析方面都有一些新的尝试和推进。

在对中古之前的长时纵观和断代综论中，我们就华北区域自然环境的基本面貌，先民对自然事物、资源禀赋、生态条件、环境威胁的认知、顺应、利用、改造和应对，以及它们对经济类型、生活模式、社会制度和文明特质形成、发展的历史影响，都做了一些力所能及的新解说。我们认为，在采集捕猎时代和农业起源发生阶段，华北区域的人与自然关系已经表现出诸多特点，但经济社会发展并未居于显著优势地位。距今四五千年前，气候演变进入一个特殊周期，由于自然环境和资源禀赋的某些特点，工具技术水平等自然、文化因素恰巧更加耦合，中原地区人口增长、经济发展和社会进步的速度显著高于其他地区。因此，在中国文明国家发展的早期阶段，黄河、长江两大流域都产生了发达的地域文明，形成了多个文明板块，古老文明之光南北辉映而以中原文明最为耀眼，形成"众星拱月"之势。

自夏商周到秦汉、隋唐，黄河两岸一直是中华民族生命活动的主要历史舞台，黄土大地是大多数人口世代劳作、休憩的家园，因此我们用"黄土文明"和"黄河轴心时代"加以概括。

进入公元后的第一个千年，特别是在其后半期，中国文明的空间格局开始发生巨大变化，长江流域加速崛起，但经济、社会和文化发展的中心区域依然是华北。虽然黄土高原的过度垦殖已经造成相当严重的流域性环境问题，特别是黄河水患、森林资源消耗逐渐造成的燃料短缺，但是直到唐代，华北地区的自然环境和生态系统整体还较健康，至少尚未恶化。文献记载反映，那时华北地区的水资源依然相当丰富，众多河流尚可通行船只，山区林泉众多，平原湿地广袤，一些地方水网交织，泽淀辽阔，稻荷飘香，不输江南，令人怀想。

然而中古以后，由于长期消耗，自然资源约束逐渐加强，北方经济增长和社会发展愈显颓势，而南方地区不断强势崛起甚至后来居上，华北地区失去了"一区独大"、傲视四方的优势，中国历史的"黄河轴心时代"终结。尽管如此，在最近的 1000 多年里，华北大地依然是中国经济社会发展的基本区域、中华民族历史活动的主要舞台和亿万人民生息繁衍的主要家园之一。在环境资源压力持续加大、生态系统退化渐趋严重的情况下，华北区域的人口数量和经济规模依然在波动之中呈现总体增长趋势，而没有像两河流域和世界其他古老文明那样出现严重中断甚至几乎完全衰没，这是必须首先肯定的历史事实，其背后必有非常值得深究的历史缘由。

通过前期宏观整体考察和后期具体实证研究，我们对华北区域水土资源环境变迁的历史过程形成了若干基本认识，认为华北地区的水土环境变迁大致可以分为三个阶段。

第一阶段，远古至北宋，是地表水资源比较丰裕的时期，西部高原山区水泉众多，东部平原湿地广袤，大小河川的水量远比现在丰富且稳定。那时也频繁发生旱灾，农民必须努力保墒抗旱，但主要是水资源的时空分布不均（包括降水年季变差较大和农田水利工程失修），而不是资源性缺水。在相当长的历史时期，华北平原水土环境的主要问题并非严重缺水，而是地表水流漫衍，地下水位高，导致土地下湿沮洳、盐卤贫瘠。如何排除积潦、扩大耕地和化除斥卤，是许多地方不得不长期面对的农业生产难题，而垦辟稻田、引渠排灌、治垄作沟、淤泥压碱等，是常见的工程对策和技术措施。

第二阶段，南宋至民国（12 世纪到 20 世纪前期），是各类水体逐渐萎缩、地表水源渐趋匮乏时期。西北高原山地森林植被耗竭，导致水源涵养能力衰弱；东部平原湖泊沼泽淤填，致使水流潴蓄能力持续下降；黄河下游、海河和淮河变迁剧烈，河道飘忽不定，水系紊乱不堪，决溢、泛滥和断流频繁，资源性缺水局面自西而东渐次形成，到了明朝后期，一些地区开始抽取地下水以弥补地表水源不足，以凿井浇灌替代引渠灌溉，国家、地方和民间社会不得不面对日渐众多的利益纠缠和矛盾冲突，而斥卤盐碱治理任务依然沉重。

第三阶段，20世纪中期以来，这一时期人口快速增加和经济巨量增长，导致需水总量直线上升，地表和地下水资源都以空前速度急剧耗竭，而工业化、城市化和农业化学化给各类水体造成严重污染，更导致有限的水资源不能被充分利用，形成资源性缺水与水质性缺水不断叠加的严重局面。这也成为华北特别是京津冀地区经济社会发展的最大资源约束。

总而言之，当代华北的环境挑战和生态危机并非朝夕之间陡然出现，许多问题是在漫长时代中"积渐所至"。当然，水、土、空气的严重污染是最近百余年快速形成和积累的问题。

华北自然环境既有得天独厚的优势，也有诸多不利的因素和限制。"水"是历史环境变迁的枢机，也是现实生态危机的要害，而长期历史观察结果清楚地表明："水""土""林"乃是相互牵连、协同作用和密不可分的整体。正如习近平总书记所指出的那样："山水林田湖是一个生命共同体，人的命脉在田，田的命脉在水，水的命脉在山，山的命脉在土，土的命脉在树。"[①] 在过去1000年里，"先天不足的客观制约"和"后天失养的人为因素"[②] 逐渐加速耦合和叠加，导致水土环境和生态系统总体呈现资源耗减、功能退化直至恶化的趋势，干旱、洪涝及其他自然灾害的发生频率不断增加，危害程度不断加深，黄河肆虐、断流是其中最为突出的历史表现。当地人民一面频繁遭罹黄河、淮河、海河及其众多支流决溢、泛滥甚至移徙造成的巨大灾难，一面频遭旱魃肆虐，每逢甘霖不济，往往人畜渴死、禾苗枯槁甚至赤地千里。由

---

① 习近平：《关于〈中共中央关于全面深化改革若干重大问题的决定〉的说明》，2013年11月15日，中华人民共和国中央人民政府网，https://www.gov.cn/ldhd/2013-11/15/content_2528186.htm。

② 习近平：《在黄河流域生态保护和高质量发展座谈会上的讲话》，2019年10月15日，中华人民共和国中央人民政府网，https://www.gov.cn/xinwen/2019-10/15/content_5440023.htm。

于时代局限，古人长期不知诸多环境问题的根源一在高原山区过度砍伐、垦殖导致水源涵养能力下降、水土流失严重，二在平原地区泽、淀、洼、泊消亡和河道壅塞抬高造成洪水无以潴蓄、旱涝瞬时翻转。由于缺乏大流域大生态的系统观念和全局意识，更无全域观察、长远考量、整体布局、多方协同和综合施治的科学决策、社会组织及工程技术能力，先民面对水患，唯知下游疏堵，耗费公帑、竭尽民力而不能纾解；遭遇旱灾，常常束手无策，只能跪拜龙王、哀告上苍。成千上万年来，华北先民一直靠天吃饭，频繁受打击，生计维艰，但始终坚忍顽强地生活着，历尽磨难而又生生不息，书写了无数可歌可泣的人与自然关系故事，令人慨叹！令人感佩！

新中国成立以来，在中国共产党的坚强领导下，亿万华北人民奋力拼搏，治理大河、兴建水利、植树造林、治沙改土……古老华北大地迅速恢复蓬勃生机。党的十八大以来，以习近平同志为核心的党中央把生态文明建设纳入国家发展"五位一体"总体布局，把人与自然和谐共生确定为中国式现代化宏图伟业的一个新的主要目标，把资源环境保护和生态系统修复摆在全局工作的优先位置。随着《黄河流域生态保护和高质量发展规划纲要》和《京津冀协同发展规划纲要》的颁布和实施，华北区域生态环境同全国各地一样正在发生历史性、转折性、全局性变化。项目执行期间，我们反复学习两份纲要，发现它们拥有一个非常重要的共同点，就是高度重视流域区域环境资源、经济产业和社会事业众多要素的系统性、综合性和协同性，感觉此乃基于深刻历史反思甚至是在痛定思痛之后做出的长远谋划、整体布局和统筹安排，科学理性地规划了区域文明复兴的美好前景，符合中华民族的共同意愿和长远利益。时至今日，环境保护和生态文明理念日益深入人心，越来越多的人士对中国历史上的环境问题产生了兴趣，相信也有不少读者愿意了解当今华北主要环境问题的来龙去脉。若是有缘人能够从本套丛书获取些许有用的资料和知识，我们将会深感欣慰！

五 没有尽头的思想旅行

这套丛书的研究、撰写、修订和编辑工作，因为杂事不断干扰一直断断续续，自立项通知书下达至今，竟然已有整整 15 年！问题酝酿和资料积累时间更长，有些阅读思考题可以追溯到我在南开大学攻读博士学位期间，差不多有 30 年了。我的学长和同事朱彦民教授也早在 20 年前就开始探研商代中原环境问题并发表专题研究论文。5 位青年学者——赵九洲、曹牧、潘明涛、高森和韩强强在过去 10 多年里陆续加入华北环境史研究。他们曾经都是南开大学历史学院环境史专业（自主设置交叉学科，教育部正式公布）的博士研究生，贡献给本套丛书的著作都以其博士学位论文为基础。我们一路走来，任凭寒暑往还，兀自苦中作乐，一起困惑，一起求索，一起成长。"学海无涯，唯苦能渡，重在尝试，贵在坚持"，是我们在这段人与自然关系历史行思中的共同领悟。

前贤一再训诫：治史如同修行，要十年磨一剑。我辈根基浅薄，自是信受奉行。但经验告诉我们，时间长短与水平高低并不总是正相关的关系，一项研究成果的学术质量和思想高度，受众多主、客观因素的影响和制约，包括学人的资质、识见、功力和专注程度，以及问题的复杂性、任务的难易度等。这套丛书从酝酿到完成，时间远远不止 10 年，但我们拖延越久就越是缺少自信，丝毫不敢自矜自夸。项目所涉事实和问题之庞杂，让我们越来越尴尬地发现自己竟是这般志大才疏、眼高手低！

这套丛书出版意味着我们总算完成了一项延宕太久的任务，但压在心头的石头并未移除，反而更加沉重，因为这些成果距离理想目标十分遥远：我们花费 20 多年时间，找到并探讨了若干典型、关键的历史问题，但是它们太过复杂，我们的思想认识还有很大推进空间；我们尽力博采众长，冀成一家之言，但诸多领域的相关前期成果堆积如山，我们未能也无力尽予消化、吸收；我们努力学习和运用自然科学知识以期提升专业水平，增加技术含量，但是其中依然难免遗留一些知识错误和思想偏差；我们试图借用"社会－经济－自然复合生态系统"框架梳理这一古老文明区域"天人之际"的"古今之变"，揭示自然系统与社会系统协同演变的历史过程和动力机制，现在看来，那是一个道阻且长，甚至可能没有尽头的思想旅行。

令人高兴的是，在本项目执行期间，环境史研究已在中国迅速发展起来，不再像几十年前那样被看成历史学的异类。更可喜的是，近年获得国家社科基金和其他经费资助的华北环境史研究项目越来越多，形势喜人。我们自知这套丛书存在诸多缺陷和不足，但仍然期望它能够充当推进相关研究的垫脚石。诚恳等待来自读者的批评，期盼同仁不断推出更加系统、精湛的新著，而我们自己亦将继续勉力前行。

王利华

2024 年 8 月 17 日草就、20 日修订于空如斋

目　录

绪　论

我们注意到，在工业社会，能源是最为重要的资源，也是社会运作的基础。在传统时代，同样如此。能源是连接自然与人类社会的重要纽带，透过能源问题，我们不仅可以了解自然环境的状况，也可以更好地审视人类社会的特质。深入探究能源史，既可矫正传统史学重人事轻自然的弊端，也可改变环境史学已经显现的重自然轻人事的倾向，从而帮助我们更好地厘清环境史研究中的人与自然之关系。

但能源史研究是一个庞大而复杂的系统工程，势非一部专著所能胜任。所以，我们还需要在能源内部对研究对象做进一步的细化。我们发现，在当代的能源结构中，燃料占有十分重要的地位，古代亦是如此，生产、生活的方方面面都须臾不可无燃料。历史学界对燃料问题的研究还比较薄弱，对近代以来燃料问题的探讨并不深入，研究传统时代燃料问题的论著更是十分少见。

本书采用环境史的理念与方法，主要讲述古代华北地区围绕燃料问题所展开的人与自然交互作用与彼此因应的故事。我们将梳理古代华北燃料匮乏局面形成与变革发生的大致脉络，同时窥探人们围绕燃料问题所采取的应对措施和行动。

第一节　本书的研究对象和预期目标

一　从火的历史到燃料史

笔者在阅读斯蒂芬·J.派因的专著《火之简史》时，读到该书中文版序中写给中国学者的话，写一本中国的火之历史的豪情油然而生。①

笔者曾想通过爬梳史料并进行严密精确的数理分析，写出既有专业味道又不失历史特色的火之历史。可随着阅读史料的增多，发现的问题也越来越多，不得不对研究对象进行调整。若以火作为研究对象，主要的难题有两个。其一，作为一种现象而非物质的火，其本身即有飘忽不定的特点，初窥历史学门径的青年学人在学术的积淀与历练上还有待提高，很难将相关研究落到实处，最终的成果可能流于浮泛。其二，火涉及的范围过于广阔，把握起来难度较大。就笔者自己的构设来看，可能要包括以下几个方面：(1) 人们对火的认识，这涉及精神和思想层面，属于思想史的范畴；(2) 人类对火的利用，包括农牧渔猎生产与衣食住行等诸多方面；(3) 火对人类的影响，这又可细分为火对人思想与体质的影响、火对社会的影响以及火对周边环境的影响等几个方面；(4) 火的燃烧基础——燃料问题，这是一个包罗万象的问题，涉及燃料的分类、获取方法、时间演变与空间分布，燃料对生产、生活与环境的影响等。每个方面都衍生出很多小问题，而每个小问题下又有更多待解决的子问题，短时间内把如此多的问题梳理清楚并上升到一定的高度进行阐释，基本上是不可能的。

考虑到以上困难，笔者最终将研究对象锁定在了火的重要基础燃料上。这样做的优点有四：其一，缩小研究范围，燃料是火得以产生和维持的基础，深入探究燃料问题是将来进一步对火进行研究的重要前提，笔者并非放弃了对火的历史的研究，只是要循序渐进，以待将来；其二，使研究对象从现象落到实体上，更容易把握，也更容易进行精细分析；其三，燃料是传统时代最重要的能量载体，在传统社会中发挥着举足轻重的作用，故而研究燃料有极其重要的学术价值；其四，前人虽已有一些研究，但还很不充分，尚有广

---

① 〔美〕斯蒂芬·J.派因：《火之简史》，梅雪芹等译，生活·读书·新知三联书店，2006，序第1页。作者称："它没有任何富有特色的方式论述有关中国的内容。中国的重要作用只是被作为全球进程的组成部分泛泛涉及，而没有明确地通过生态的或历史的事实加以探讨。……然而，很可能某位中国学者会从事这项工作。如果拙作能部分地促进这一目标的实现，我就非常满意了。"

阔的空间可以开拓。

笔者以为，燃料的采集、运输与使用情形，对环境与社会都有着极为深刻的影响。以之为研究对象，就找到了环境与社会间的一条重要纽带，有助于我们更好地把握历史演进之面向。同时，历史上燃料对于人类社会的影响一直极为重要，研究燃料又兼具学术意义与现实意义。我们希望通过自己的努力，为学界更好地理解历史上华北环境、社会之发展进程略尽绵薄之力。

当然，笔者还是坚持认为作为重要的生态因子的火的历史是中国环境史极为重要的研究对象，学界应给予足够的重视。笔者也希望能以本书为基础，在未来勾勒两大学术疆域：一是回到原来的起点上，全面研究火之历史；二是再推进一步，研究能源的历史。

研究对象明晰化后，还要考虑的是研究的区域范围和时间断限。笔者最终决定把研究的立足点放在华北地区，由于历史上行政区划变动极为频繁，为了讨论方便，划定界限时主要以当前行政区划与河流状况为依据。我们选定的范围大致是黄河以北，太行山以东，燕山以南，具体来说包括京津地区的全部，河北省十一市的大部，河南省的安阳、鹤壁、濮阳、新乡、焦作、济源六市，山东省的德州、聊城与滨州三市。

这一区域现在的行政区划详情如表 0.1 所示。

表 0.1　研究区域对应当前行政区划 [①]

市名	下辖行政区划详情	各市辖行政区数量统计
北京市 [②]	东城区、西城区、海淀区、朝阳区、丰台区、门头沟区、石景山区、房山区、通州区、顺义区、昌平区、大兴区、怀柔区、平谷区、延庆区、密云区	16 市辖区

[①]　辛集市、定州市原来分别为石家庄和保定代管县级市，两者均于 2013 年 5 月成为河北省首批试点省管县，但仍按惯例列于石家庄市和保定市名下。滑县原为安阳市下辖县，2014 年成为河南省直管县，现仍按惯例列于安阳市名下。

[②]　2010 年 7 月，东城区与崇文区合并为东城区，西城区与宣武区合并为西城区。2015 年 11 月，改密云县为密云区，改延庆县为延庆区。

续表

市名	下辖行政区划详情	各市辖行政区数量统计
天津市①	和平区、河东区、河西区、南开区、河北区、红桥区、滨海新区、东丽区、西青区、津南区、北辰区、武清区、宝坻区、宁河区、静海区、蓟州区	16市辖区
石家庄市②	长安区、桥西区、新华区、裕华区、井陉矿区、鹿泉区、藁城区、栾城区、辛集市、晋州市、新乐市、深泽县、无极县、赵县、灵寿县、高邑县、元氏县、赞皇县、平山县、井陉县、正定县、行唐县	8市辖区、3县级市、11县
唐山市③	路北区、路南区、古冶区、开平区、丰南区、丰润区、曹妃甸区、遵化市、迁安市、滦州市、滦南县、乐亭县、迁西县、玉田县	7市辖区、3县级市、4县
秦皇岛市④	海港区、山海关区、北戴河区、抚宁区、青龙满族自治县、昌黎县、卢龙县	4市辖区、2县、1自治县
邯郸市⑤	邯山区、丛台区、复兴区、峰峰矿区、永年区、肥乡区、武安市、大名县、魏县、曲周县、邱县、鸡泽县、广平县、成安县、临漳县、磁县、涉县、馆陶县	6市辖区、1县级市、11县
邢台市⑥	襄都区、信都区、任泽区、南和区、南宫市、沙河市、临城县、内丘县、柏乡县、隆尧县、宁晋县、巨鹿县、新河县、广宗县、平乡县、威县、清河县、临西县	4市辖区、2县级市、12县
保定市⑦	竞秀区、莲池区、满城区、清苑区、徐水区、定州市、涿州市、安国市、高碑店市、易县、涞源县、定兴县、顺平县、唐县、望都县、涞水县、高阳县、安新县、雄县、容城县、蠡县、曲阳县、阜平县、博野县	5市辖区、4县级市、15县
张家口市⑧	桥东区、桥西区、宣化区、下花园区、万全区、崇礼区、张北县、康保县、沽源县、尚义县、蔚县、阳原县、怀安县、怀来县、赤城县、涿鹿县	6市辖区、10县

① 2015年8月，改宁河县为宁河区，改静海县为静海区。2016年6月，改蓟县为蓟州区。

② 2014年9月，撤销桥东区，改鹿泉市为鹿泉区，改藁城市为藁城区，改栾城县为栾城区。

③ 2012年7月，撤销唐海县，设立曹妃甸区。2018年9月，撤销滦县，设立滦州市。

④ 2015年7月，改抚宁县为抚宁区。

⑤ 2016年9月，改永年县为永年区，改肥乡县为肥乡区，撤销邯郸县，邯郸县辖区划入邯山区、丛台区。

⑥ 2020年6月，改桥东区为襄都区，改桥西区为信都区，改任县为任泽区，改南和县为南和区，撤销邢台县。

⑦ 2015年8月，改新市区为竞秀区，合并北市区和南市区为莲池区，改满城县为满城区，改清苑县为清苑区，改徐水县为徐水区。

⑧ 2016年1月，宣化县并入宣化区，改万全县为万全区，改崇礼县为崇礼区。

市名	下辖行政区划详情	各市辖行政区数量统计
承德市①	双桥区、双滦区、鹰手营子矿区、宽城满族自治县、兴隆县、平泉市、滦平县、丰宁满族自治县、隆化县、围场满族蒙古族自治县、承德县	3市辖区、4县、3自治县、1县级市
沧州市	新华区、运河区、泊头市、任丘市、黄骅市、河间市、献县、吴桥县、沧县、东光县、肃宁县、南皮县、盐山县、青县、孟村回族自治县、海兴县	2市辖区、4县级市、9县、1自治县
廊坊市	安次区、广阳区、霸州市、三河市、大厂回族自治县、香河县、永清县、固安县、文安县、大城县	2市辖区、2县级市、5县、1自治县
衡水市②	桃城区、冀州区、深州市、枣强县、武邑县、武强县、饶阳县、安平县、故城县、景县、阜城县	2市辖区、1县级市、8县
安阳市	文峰区、北关区、殷都区、龙安区、林州市、安阳县、汤阴县、滑县、内黄县	4市辖区、1县级市、4县
焦作市	解放区、中站区、马村区、山阳区、沁阳市、孟州市、修武县、博爱县、武陟县、温县	4市辖区、2县级市、4县
鹤壁市	鹤山区、山城区、淇滨区、浚县、淇县	3市辖区、2县
新乡市③	红旗区、卫滨区、牧野区、凤泉区、长垣市、卫辉市、辉县市、新乡县、获嘉县、原阳县、延津县、封丘县	4市辖区、3县级市、5县
濮阳市	华龙区、清丰县、南乐县、范县、台前县、濮阳县	1市辖区、5县
济源市	济源市	1县级市
德州市	德城区、陵城区④、乐陵市、禹城市、宁津县、庆云县、临邑县、齐河县、平原县、夏津县、武城县	2市辖区、2县级市、7县
聊城市⑤	东昌府区、茌平区、临清市、阳谷县、莘县、东阿县、冠县、高唐县	2市辖区、1县级市、5县
滨州市⑥	滨城区、沾化区、邹平市、惠民县、阳信县、无棣县、博兴县	2市辖区、4县、1县级市
合计	2直辖市，20地级市，103市辖区，32县级市，127县，6自治县	

---

① 2017年4月，改平泉县为平泉市。

② 2016年7月，改冀州市为冀州区。

③ 2019年8月，改长垣县为长垣市。

④ 原为陵县，2014年10月撤销陵县设立陵城区。

⑤ 2019年8月，改茌平县为茌平区。

⑥ 2014年9月，改沾化县为沾化区。

笔者将研究的空间范围设定为华北，主要是基于以下几点考虑。

其一，笔者从小在该区域长大，经过长时间的耳濡目染，对于这里生产、生活等方面的燃料利用情况有较多切身体会和感性认识，为更全面地占有材料和更客观地阐述分析提供了最大便利。笔者在研究过程中，曾做了大量的口述史访谈与实地考察，相关材料将在后文加以适度运用。笔者始终坚信，单纯利用文献资料，做书斋式的研究，而没有生活阅历来支撑，断难推出真正厚重的论著。

其二，燃料缺乏问题古已有之，且南方北方普遍出现，但宋以降的华北地区却最为严重。华北燃料问题为什么会特别严重？华北的社会与生态特质对此有着怎样的影响？燃料不足对华北的环境、社会、经济、文化有什么影响？这些问题都值得深入探讨，而学界的相关研究比较少。笔者开展相关研究，可以努力填补这一学术空白。

其三，宋元以来，华北有一明显的相对衰落过程，在这一社会巨变中，究竟有哪些因素发挥了作用？国内学者大都围绕着日本学者内藤湖南提出的"唐宋变革论"和通过华裔学者黄宗智引入的"内卷化"等理论做文章，已然形成了一种定式思维。笔者试图另辟蹊径，尝试从燃料的角度寻求别样的解释。

时间断限上，本书将对宋元以前的燃料问题作一大致回顾和粗线条的勾勒，着重阐述宋元以后的燃料问题，论述的重心则放在了明及清前期。这样考量的原因是，燃料对生产与生活的重要影响虽然是一以贯之的，但是燃料之成为问题则是在历史的后期才逐渐明朗起来的，重点研究晚近时代的燃料问题更具有理论与现实借鉴意义。当然，近世史料存留更为丰富，便于展开深入剖析，这也是我们考虑的重要因素。

二 预期目标

本书在空间界定上取小华北的概念，但不拘泥于这一界定，部分论述会越出这一范围。主要结论不仅适用于华北地区，也适用于大部分北方地区。本书并不准备也不可能全方位呈现华北燃料史的面貌，我们关注的重点是燃料危机的形成与深化过程，并探究燃料危机对社会与生态的影响。我们希望以本书为基础，在不远的将来能推出更全面也更成熟的华北能源史论著，进一步再将研究推展到其他区域。

本书主要解决以下几个问题。

1. 华北地区的燃料格局与燃料危机的形成。本书以华北地区燃料危机演变脉络为主线，探究不同历史时期、不同区域内燃料种类、主要来源、利用方式、制约因素与更新变动等相关问题，梳理燃料问题的时空差异与燃料危机的形成、发展、深化过程。

2. 燃料危机的社会效应。本书将重新审视宋以降华北地区民众生活、文化风貌、手工业生产格局等方面的变化，探究燃料在这些变化中所扮演的极为重要的角色，进一步分析社会变化影响下的能源问题。

3. 燃料危机的生态效应。本书也将重新审视宋以降华北生态环境的一系列显著变化，如森林植被、河流湖泊等，考虑燃料问题在相关变动中的作用，进而思考这些变动又对燃料产生了哪些影响。

4. 燃料变革的功过评析。对用煤的经济社会与生态效应进行评析，反思现代能源问题。深入剖析传统时代能源利用方式的得失，解构化石能源时代的诸多问题，思考未来的能源出路。

第二节　中国燃料史研究现状评述

目前学界对燃料的关注并不是特别多，研究也相对比较薄弱。我们还没有找到一部正式出版的关于燃料历史的专门著作，专门的论文也屈指可数，其中又多是论述江南或四川地区的。已有成果中大多是对长安、开封、北京等大城市燃料状况的勾勒，对古代燃料问题进行全面深入梳理的文章极少，而从燃料的角度切入对自然与人类之间的互动关系进行深入剖析的相关研究更为罕见。下面就我们所掌握的资料来对相关研究成果做一大致的介绍，若干文章还将在后文的相关章节中进行引用和分析。

一 较大区域燃料问题研究

1. 全国

柴国生的博士学位论文《唐宋时期生物质能源开发利用研究》是近年燃料史领域的一部力作[①]，该学位论文主要内容包括唐宋时期的燃料资源体系与赋存、燃料资源的开发利用形式与相关技术、燃料开发利用与社会发展、宋代能源结构转化与"宋代传统燃料危机"问题评析。柴氏用功甚勤，史料梳理与论证分析都给人留下了深刻的印象。

柴国生还以博士学位论文为基础，与其导师王星光联名发表了若干相关论文。《中国古代生物质能源的类型和利用略论》[②]对燃料进行了细致的分类，指出它们构成了完备的能源体系，并对它们的特点与功用分别进行了剖析。作者还指出，古人通过多样化的利用形式，满足了古代社会生活、生产基本的能源需求，也为社会的发展和文明的延续提供了重要保障。王、柴合作的另一篇文章《宋代传统燃料危机质疑》[③]则更有分量，对史学界几成定论的宋代燃料危机问题发起了挑战。作者认为，宋代确为我国燃料利用格局发生变革的重要时间节点，但这并不意味着发生了传统燃料危机。此前学者的论述多是以偏概全，或从史料表象简单推演而来，是与史实不相符的。宋代的燃料紧缺问题只是传统生物质燃料特性与社会发展之间存在不适性的表现，并非所谓的传统燃料危机所致。笔者的见解与柴氏的若干论述颇有分歧，将在相应章节中再做具体分析。

夏炎有三篇文章分别探讨了秦汉时期、魏晋南北朝与唐朝的燃料供应与民众生活情况。[④]关于秦汉时期，夏氏主要与李欣《秦汉社会的木炭生产和消

---

① 柴国生：《唐宋时期生物质能源开发利用研究》，郑州大学博士学位论文，2012。

② 王星光、柴国生：《中国古代生物质能源的类型和利用略论》，《自然科学史研究》2010 年第 4 期。

③ 王星光、柴国生：《宋代传统燃料危机质疑》，《中国史研究》2013 年第 4 期。

④ 夏炎：《秦汉时期燃料供应与日常生活——兼与李欣博士商榷》，《史学集刊》2014 年第 6 期；《魏晋南北朝燃料供应与日常生活》，《东岳论丛》2013 年第 2 期；《唐代薪炭消费与日常生活》，《天津师范大学学报》(社会科学版) 2013 年第 4 期。

费》一文进行商榷①，指出木炭是秦汉时期手工业生产中的主要燃料，却并没有在民众日常生活中得到普遍应用，使用者主要是特权阶层与富人阶层，秦汉时期民众主要的燃料仍是薪柴。秦汉时期的森林资源依然比较丰富，并没有出现全局性的燃料危机。关于魏晋南北朝时期，夏氏指出，薪柴依然是人们日常生活中使用得最为普遍的燃料，其时生活燃料供应的一个显著特点是采薪群体的普遍化，这与其时气候寒冷化、自然灾害频发、平原森林不断减少等自然变迁有关。关于唐代，夏氏指出，薪柴依然是主流的生物质燃料，而木炭则主要由上层人士使用，特定社会经济与生态环境特质影响下，唐代的薪炭市场呈现供需两旺的态势。

2. 华北

在前人论著中，与燃料有关的重要成果有三部。其一是王利华著《中古华北饮食文化的变迁》②，作者在讨论中古时期的烹饪方法与膳食构成时专列一节对燃料问题做了分析，从饮食的角度切入，对中古时代的燃料危机与应对做了粗线条却发人深思的勾勒。

其二是彭慕兰著《腹地的构建：华北内地的国家、社会和经济（1853—1937）》③，作者在"生态危机和'自强'逻辑"一章里用一大半的篇幅来阐述黄运地区的燃料匮乏状态与社会、环境效应，类似的问题在本书关注的区域里也很突出，作者的观察角度和分析方法对我们的论述颇有借鉴意义。

其三是王建革著《传统社会末期华北的生态与社会》④，在探讨华北地区的生态要素时专列一节讨论三料危机（包括饲料、肥料与燃料），将燃料与饲料、肥料联系起来综合考量的视角和对燃料不足状况下民生疾苦的细致分析都颇见功力，值得我们借鉴。

① 李欣：《秦汉社会的木炭生产和消费》，《史学集刊》2012 年第 5 期。对该文之介绍详见后文。
② 王利华：《中古华北饮食文化的变迁》，中国社会科学出版社，2000。
③ 〔美〕彭慕兰：《腹地的构建：华北内地的国家、社会和经济（1853—1937）》，马俊亚译，社会科学文献出版社，2005。
④ 王建革：《传统社会末期华北的生态与社会》，生活·读书·新知三联书店，2009。

3. 江南

这方面以李伯重的《明清江南工农业生产中的燃料问题》[①] 较为典型。李文首先运用丰富的史料对明清时期江南地区工农业生产中各个行业的燃料使用状况及其特点做了细致的分析，在与英国 16~17 世纪的燃料使用情况做了一番对比后得出江南区域燃料利用情况远远落后于英国的结论。其次，作者又对江南燃料的供应状况进行了深入分析，分别从本地的生产和外地输入两个方面阐释了燃料供应不充分的根源，再次与英国对比指出江南燃料供应方面的落后。最后论证燃料问题对江南工农业发展的影响，对明清江南经济发展速度与能源供应之间的关系提出了独到的见解。所论虽为江南地区，却也有助于我们更好地理解华北地区的燃料问题。

4. 西南

对该区域的燃料问题研究，以蓝勇、黄权生合著的《燃料换代历史与森林分布变迁——以近两千年长江上游为时空背景》[②] 分量最重。该文主要观照长江上游区域，研究时段纵贯两千年之久。文章首先勾勒了传统生物质燃料渐趋匮乏的发展脉络，指出生物质燃料危机的全面爆发是燃料换代的最重要推手。接着着重剖析燃料换代问题，刻画了非生物质燃料利用从无到有并最终成为燃料利用主流的鲜活图景。文章最后又分析了未来燃料利用需解决的问题，指出生物质燃料必将重新占据主流，如何协调燃料利用和环境保护之间关系的思考发人深省。

5. 其他

还有必要提及的是中国台湾学者李弘祺对古代火炮铸造技术的研究。[③] 该文关注的重点并非燃料，而其论述铺陈的重要根基则是对燃料的分析。作者认为宋代以后冶铁生产中发生了燃料变革，即煤炭逐步取代了木炭，铁的品

---

① 李伯重：《明清江南工农业生产中的燃料问题》，《中国社会经济史研究》1984 年第 4 期。

② 蓝勇、黄权生：《燃料换代历史与森林分布变迁——以近两千年长江上游为时空背景》，《中国历史地理论丛》2007 年第 2 辑。

③ 李弘祺：《中国的第二次铜器时代：为什么中国早期的炮是用铜铸造的？》，《台大历史学报》第 36 期，2005 年 12 月。

质因含硫量较高而受到了显著影响,以至于无法用来铸造火炮。作者又进而剖析了西方的情况,指出了其铸铁技术与中国不同的发展历程。他认为,第二次铜器时代的终结时间差异是人类历史进程出现大分流的重要原因,此后的世界历史发展受到了重大的影响。

此外,考古学、社会史、科技史、饮食文化史、家庭史、手工业生产历史等方面的论著也有不少涉及燃料,不一一列举。

二 特定区域燃料问题研究

这方面的成果以对唐代长安、宋代开封和元明清北京城的燃料研究最为典型,这里分别做一简要介绍。

1. 长安

龚胜生早在20世纪90年代初即撰文对唐代长安燃料状况进行了深入研究,龚氏在深入爬梳唐代各种史料的基础上,对长安城的薪炭供销与管理体制、薪柴年消耗量、薪炭供应与运输状况以及薪炭生产造成的环境破坏都做了精到的分析。[①]

2. 开封

对宋代开封燃料状况的研究,由许惠民与黄淳合著的文章开其先河。[②] 该文分为两大板块:一是考证了北宋时期开封燃料利用由以木柴为主到以煤为主的变化情况,二是分析了燃料供应与消费状况。作者的关注重点是煤,对用煤的起始时间、大量用煤的原因与条件等问题的分析颇为独到。

此后程遂营也对开封的燃料问题做了研究,除在其专篇论文中对开封燃料供应及其生态与社会效应有所留意外,又在其专著中对唐宋时期开封生态环境状况做了全面解析,其中植被部分与燃料关系颇为密切。[③]

① 龚胜生:《唐长安城薪炭供销的初步研究》,《中国历史地理论丛》1991年第3辑。

② 许惠民、黄淳:《北宋时期开封的燃料问题——宋代能源问题研究之二》,《云南社会科学》1988年第6期。

③ 程遂营:《北宋东京的木材和燃料供应——兼谈中国古代都城的木材和燃料供应》,《社会科学战线》2004年第5期;程遂营:《唐宋开封生态环境研究》,中国社会科学出版社,2002。

3. 北京

对元明清北京燃料状况的研究，笔者所见有五篇较重要的论文，开其先河的仍是龚胜生。龚氏的这篇文章[①]是其研究长安燃料的思路的向后延展，两篇文章的观点与架构基本相同。全文分四部分来阐述元明清北京燃料状况：一是燃料消费结构与消耗总量的估测，二是燃料供销系统与管理体制，三是生产区域和运输条件，四是樵采对北京周边地区环境的影响。该文为我们正确认识晚近北京城的燃料状况提供了极大便利，对该文更细致的分析将放在本书的相关章节里，此处不做过多展开。

紧随其后的是邱仲麟的《人口增长、森林砍伐与明代北京生活燃料的转变》[②]，该文重点考察了明代北京生活燃料的更新换代状况，指出燃料从柴薪为主向煤炭为主转变的驱动力是都市发展引发生态变迁。作者认为山林的开发殆尽使煤炭得以大范围使用，而煤炭的使用又造成了新的环境效应。作者对明中后期木柴与煤炭市场价格差异的分析非常精辟，为我们对相关问题的探讨开辟了一条重要的路径。

第三篇是高寿仙的《明代北京燃料的使用与采供》[③]，该文分为燃料的使用和采供两大板块，对官府、宫廷与军队用燃料情况，木柴、木炭的种类，煤炭开采与使用情况，燃料采供制度与力役情况等问题都做了深入分析，视角与方法都很独特。

第四篇是孙冬虎的《元明清北京的能源供应及其生态效应》[④]，该文按时间顺序分别介绍了元、明、清三代北京能源供应状况，作者较多地从生态环境史的思维视角，阐述了能源供应发展导致的越来越严重的生态问题，对当代社会治理环境问题有重要借鉴意义。

第五篇是田培栋的《明政府对太行山与燕山林木的砍伐——明代北京的

① 龚胜生:《元明清时期北京城燃料供销系统研究》,《中国历史地理论丛》1995 年第 1 辑。
② 邱仲麟:《人口增长、森林砍伐与明代北京生活燃料的转变》,《"中央研究院"历史语言研究所集刊》74 本 1 分, 2003 年 3 月。
③ 高寿仙:《明代北京燃料的使用与采供》,《故宫博物院院刊》2006 年第 1 期。
④ 孙冬虎:《元明清北京的能源供应及其生态效应》,《中国历史地理论丛》2007 年第 1 辑。

燃料供应问题》①，也对明代北京城的燃料需求及其对太行山、燕山生态环境造成的消极影响进行了评析。

4.其他区域

比较典型的是张岗的研究，在其研究明代易州山场的文章中，从山场设置的背景、山场的建置沿革、山场的柴炭采办数额、山场的经营形式以及山场采办对山林的严重破坏五个方面对易州山场做了全面介绍。② 其另一篇研究遵化铁冶厂的文章中也有不少内容涉及燃料，揭示了冶铁的燃料需求与环境效应。③

此外，中国台湾学者曾品沧对清代台湾的燃料利用状况进行了细致的研究④，分析了清代台湾的燃料利用形态、燃料消费市场，还进而论述了燃料产业的发展脉络。虽然作者关注的台湾地区与华北相去甚远，但其对燃料消耗量的估测和对能源产业资本主义化的描述颇为独到。

三 对特定燃料的研究

1.煤

关注煤的使用情形的专著颇多，早在 20 世纪 30 年代谢家荣就推出了一部专书，对煤进行了较全面的研究。⑤ 近年来较有代表性的专著有三部，其一是吴晓煜著《中国煤炭史志资料钩沉》⑥，该书分为文本史料辑存、碑刻集录、诗歌撷拾和书目题解四个部分，资料极为丰富，共包括 500 多篇文本史料，80 多篇碑刻，90 多篇咏叹诗歌，题解 70 多本史志图书，并附有 330 多本志书史志存目。该书对现存的煤炭史料做了全面的梳理和勾勒，为后人开展相

① 田培栋：《明政府对太行山与燕山林木的砍伐——明代北京的燃料供应问题》，《北京联合大学学报》（人文社会科学版）2012 年第 3 期。

② 张岗：《明代易州柴炭山场及其对山林的破坏》，《河北学刊》1985 年第 3 期。

③ 张岗：《明代遵化铁冶厂的研究》，《河北学刊》1990 年第 5 期。

④ 曾品沧：《炎起爨下薪——清代台湾的燃料利用与燃料产业发展》，《台湾史研究》2008 年第 2 期。

⑤ 谢家荣：《煤》，商务印书馆，1934。

⑥ 吴晓煜：《中国煤炭史志资料钩沉》，煤炭工业出版社，2002。

关研究提供了极大的便利。其二是集体创作的《中国古代煤炭开发史》①，对中国古代煤炭开发情况做了粗线条的勾勒。其三是同为集体编著的《中国近代煤矿史》②，该书为前一书的姊妹篇，对近代煤炭开发情况做了较细致的探讨。此外刘龙雨对华北地区的煤炭问题做了深入研究，剖析了清代至民国煤炭开发对经济、社会与自然环境的深刻影响。③

矿山工程技术史方面也有不少著作涉及煤炭的开发情况。李进尧、吴晓煜、卢本珊合著《中国古代金属矿和煤矿开采工程技术史》分为金属矿和煤矿两编，其煤矿编以史料为基础，以技术发展为线索，着重从工程技术的角度反映中国古代煤炭工程技术发展的客观过程，阐明了中国古代煤炭开采工程技术发展的社会条件和内在根据。④夏湘蓉、李仲均、王根元合著之《中国古代矿业开发史》⑤也对煤矿开发有所论列。⑥

专篇论文方面，较早关注煤的有田北湖、陈子怡、王琴希、周蓝田、王仲荦、赵承泽等人，他们的研究为后人进一步研究打下了坚实的基础。此后李仲均又对用煤历史若干问题进行了分析。⑦近年来成就最突出的是许惠民，

---

① 《中国古代煤炭开发史》编写组：《中国古代煤炭开发史》，煤炭工业出版社，1986。

② 《中国近代煤矿史》编写组：《中国近代煤矿史》，煤炭工业出版社，1990。

③ 刘龙雨：《清代至民国时期华北煤炭开发：1644—1937》，复旦大学博士学位论文，2006。该文对早期煤炭史的研究状况进行了细致的梳理，读者可参看。

④ 李进尧、吴晓煜、卢本珊：《中国古代金属矿和煤矿开采工程技术史》，山西教育出版社，2007。

⑤ 夏湘蓉、李仲均、王根元编著《中国古代矿业开发史》，地质出版社，1980。

⑥ 此外较有代表性的还有祁守华编《中国古代煤炭开采利用轶闻趣事》，煤炭工业出版社，1996；李仲均、李卫《中国古代矿业》，台湾商务印书馆，1997；中国大百科全书出版社编辑部编《中国大百科全书·矿冶》，中国大百科全书出版社，1984；陈美东主编，何堂坤、赵丰著《中国文化通志·纺织与矿冶志》，上海人民出版社，1998；卢嘉锡主编，赵匡华、周嘉华著《中国科学技术史·化学卷》，科学出版社，1998。

⑦ 田北湖：《石炭考》，《国粹学报》第四年戊申第四十三期，光绪三十四年（1908）六月二十日；陈子怡：《煤史——中华民族用煤的历史》，《女师大学术季刊》1931年4月第2卷第1期；王琴希：《中国古代的用煤》，《化学通报》1955年第11期；周蓝田：《中国古代人民使用煤炭历史的研究》，《北京矿业学院学报》1956年第2期；王仲荦：《古代中国人民使用煤的历史》，《文史哲》1956年第12期；赵承泽：《关于西汉用煤的问题》，《光明日报》1957年2月14日《史学》双周刊第101号；李仲均：《中国古代用煤历史的几个问题考辨》，《地球科学——武汉地质学院学报》1987年第6期。

他曾分别撰文对北宋和南宋的煤炭开发利用情况进行了探讨。《北宋时期煤炭的开发利用》主要分传统燃料危机、手工业用煤情况和煤矿的空间分布三个板块，对北宋煤炭大规模开发使用的背景、状况与社会效应做了深入分析。[①]《南宋时期煤炭的开发利用——兼对两宋煤炭开采的总结》一文则是前者的姊妹篇，深入剖析了南宋煤炭的开发与使用情况，认为南宋煤炭也曾大范围使用，但又不及北宋普遍，不宜估计过高。[②]

国外学者对中国古代特别是宋代煤炭使用的关注也颇多。日本学者宫崎市定首倡"燃料革命"说，认为 10 世纪时原来世界文明的领头羊西亚地区因燃料问题而衰落，中国却脱颖而出，原因即在于煤炭的使用为中国文化发展提供了能源支撑。[③]

宫崎氏在另一篇论文中再度重申"燃料革命"说，认为汉以后中国冶铁业对外影响大大降低，而唐末以后影响重又增大，原因即在用煤冶铁。[④]

宫崎市定的主要意图在于从物质与技术层面为内藤湖南的"唐宋变革论"提供新的证据。

美国学者郝若贝也对宋代华北地区的煤炭使用情形给予很高的评价，同样认为其时发生了一场"燃料革命"。他指出，北宋后期华北成了燃料来源发生革命性变化的中心地，那时煤逐渐成为工业和家庭使用的最重要的热源。[⑤]

日本学者吉田光邦也强调了宋代用煤炼铁的重要性，但做了相对保守的评估，他指出宋代煤广泛地用作冶铁的燃料，但同时也强调并不是全部钢铁都使用煤冶炼，而是兼用煤和木炭的。[⑥]

---

① 许惠民：《北宋时期煤炭的开发利用》，《中国史研究》1987 年第 2 期。

② 许惠民：《南宋时期煤炭的开发利用——兼对两宋煤炭开采的总结》，《云南社会科学》1994 年第 6 期。

③ 〔日〕宫崎市定：《宋代的煤与铁》，载《宫崎市定论文选集》上卷，商务印书馆，1963。该文原载《东方学》第 13 辑，1957 年 3 月。

④ 〔日〕宫崎市定：《中国的铁》，载《宫崎市定论文选集》上卷，商务印书馆，1963。该文原载《史林》第 40 卷第 6 期，1957 年 11 月。

⑤ 〔美〕罗伯特·哈特威尔（郝若贝）著，杨品泉摘译《北宋时期中国煤铁工业的革命》，《中国史研究动态》1981 年第 5 期。原载《亚洲研究杂志》1962 年 2 月号。

⑥ 〔日〕吉田光邦：《关于宋代的铁》，载刘俊文主编《日本学者研究中国史论著选译》第 10 卷，中华书局，1992。原载《中国科学技术史论集》，日本放送出版协会，1972。

　　另一位日本学者宫崎洋一也对"燃料革命"说进行了修正，他指出，宋以后煤炭使用虽然较为普遍，但整体而言，生产、生活中仍是以木材燃料为主的。[①]

　　前述特定区域的研究成果中也有颇多涉及煤炭，此处不再赘述。

　　2. 木炭

　　木炭在古代燃料中占有极重要的地位，前引多篇研究燃料的论文中都有所涉及，但专篇研究的文章并不多见。到目前为止，我们只查到了三篇。一为容志毅所著《中国古代木炭史说略》，该文全面阐述了木炭烧制技术的发展、木炭的种类和木炭的广泛用途等内容，为我们进一步研究扫清了不少障碍。[②] 本书的部分章节将会对该文做进一步评析。

　　二为李欣的《秦汉社会的木炭生产和消费》，作者对秦汉时期木炭在社会生活经济中的地位、生产情形、消费状况等进行了深入分析，最后指出，规模巨大的木炭用度，对林木资源造成了过度破坏，进而引发了严重的生态后果。[③]

　　三为夏炎的《秦汉时期燃料供应与日常生活——兼与李欣博士商榷》[④]，大致内容前文已介绍，此处不赘。

　　3. 火药

　　火药其实也是一种燃料。关于火药历史的研究颇多，冯家昇20世纪50年代推出的火药史专著对火药的一系列问题进行了阐述[⑤]，此后郭正谊、刘广定、丁儆、袁成业、松全才等人都做了进一步探讨[⑥]。国内学者主要注意的方向是火药发明时间、火药技术及其传播、火药相关史料的整理以及火药与军

---

① 〔日〕宫崎洋一：《明代华北的燃料与资源》，载《第六届中国明史国际学术讨论会论文集》，黄山书社，1997。

② 容志毅：《中国古代木炭史说略》，《广西民族大学学报》（哲学社会科学版）2007年第4期。

③ 李欣：《秦汉社会的木炭生产和消费》，《史学集刊》2012年第5期。

④ 夏炎：《秦汉时期燃料供应与日常生活——兼与李欣博士商榷》，《史学集刊》2014年第6期。

⑤ 冯家昇：《火药的发明和西传》，华东人民出版社，1954。

⑥ 相关成果有郭正谊《火药发明史料的一点探讨》，《化学通报》1981年第6期；郭正谊《火药源起的新探讨》，《化学通报》1986年第1期；刘广定《谈我国发明火药的起源》，《科学月刊》1982年第7期；丁儆《古代火药技术简史》，《爆炸与冲击》1983年第4期；袁成业、松全才《我国火药发明年代考》，《中国科技史料》1986年第1期。关于明清火器的研究颇多，大都涉及火药，限于篇幅，不再一一列举。

事四个方面。此外值得关注的是对烟花爆竹的研究，郭正谊对烟火史料进行了梳理，朱培初对明清两代北京的烟火历史做了大致勾勒，祝大震对邢各庄传统爆竹工艺进行了深入解构。①

迄今为止，在这一领域取得最高成就的仍是李约瑟，他于 1987 年完成了《中国科学技术史》的火药史部分，该书以宏大的气魄对中国火药的整个发展历程做了全面详尽的阐述与剖析；观点独到，史料的搜罗也极为完备，为我们的相关分析提供了极大的便利。②

4. 天然气与石油

杨文衡与邢润川较早对石油与天然气的开发利用情况进行了研究，戴裔煊除了关注古代对石油、天然气的认识利用以外还对相关的中外交流做了深刻剖析，刘德仁对天然气的开发年代进行了考证，王仰之、陈红梅等人则对古代四川天然气利用情况进行了深入研究，彭久松、刘春全、鲁子健等人则对临邛火井进行了一系列研究。③ 相关的研究集中在西北与四川地区，不是本书关注区域，此处就不做过多分析了。

四　历史地理与森林史的相关研究

与木柴息息相关的植被变化历来是历史地理研究的重头戏，众多学者在

---

① 郭正谊：《中国烟火史料钩沉》，《中国科技史料》1990 年第 4 期；朱培初：《明清两代的北京烟火史》，《紫禁城》1982 年第 6 期；祝大震：《邢各庄烟花爆竹传统工艺考察》，《中国历史文物》1992 年刊。

② 〔英〕李约瑟：《中国科学技术史》第 5 卷《化学及相关技术》第 7 分册《军事技术：火药的史诗》，刘晓燕等译，科学出版社、上海古籍出版社，2005。

③ 杨文衡、邢润川：《我国古代对石油和天然气的开发利用》，《学术研究》1982 年第 1 期。戴裔煊：《中国历史上对石油天然气的认识利用及其与西方的关系（上）》，《学术研究》1983 年第 4 期；《中国历史上对石油天然气的认识利用及其与西方的关系（下）》，《学术研究》1983 年第 5 期。刘德仁：《我国古代开发天然气年代考》，《社会科学研究》1981 年第 3 期。王仰之：《古代四川天然气开发利用的几个问题》，《石油大学学报》（社会科学版）1989 年第 3 期。陈红梅：《四川古代天然气开发的技术成果》，《盐业史研究》1999 年第 4 期。彭久松：《试说临邛火井——我国古代天然气开发史探索之一》，《中国井矿盐》1977 年第 4 期。刘春全：《临邛井不是火井而是石油井》，《盐业史研究》1989 年第 1 期。鲁子健：《临邛火井考》，《盐业史研究》1995 年第 3 期。

这一领域倾注了大量的心血，取得了丰硕的成果。如史念海数十年如一日对黄土高原植被情况进行的研究，即是相关研究中的杰出代表。[①] 此外，谭其骧、侯仁之、朱震达、刘恕、于希贤、朱士光、赵永复、景爱、蓝勇、邓辉等人的研究也较有代表性[②]，均对植被状况与环境变迁进行了深入细致的考察。研究植被变迁的其他学者也有很多成果，就不一一列举了。这里要指出的是，历史地理学者的关注重点不在燃料，但其研究视角和方法还是为我们的论述与分析提供了便利。

自 20 世纪 30 年代以来，森林史方面的论著也不断涌现，近代林业科学奠基人陈嵘的专著和若干篇论文最为典型，为森林史研究的深入开展奠定了基础。[③] 樊宝敏、李智勇则对森林生态史做了一系列研究，成果斐然。[④] 翟旺

① 参见史念海等《黄土高原森林与草原的变迁》，陕西人民出版社，1985；另参《河山集》系列中的多篇文章，此处不一一列举。

② 谭其骧：《何以黄河在东汉以后会出现一个长期安流的局面——从历史上论证黄河中游的土地合理利用是消弭下游水害的决定性因素》，《学术月刊》1962 年第 2 期。侯仁之：《从人类活动的遗迹探索宁夏河东沙区的变迁》，《科学通报》1964 年第 3 期。朱震达、刘恕：《中国北方地区的沙漠化过程及其治理区划》，中国林业出版社，1981。于希贤：《北京地区天然森林植被的破坏过程及其后果》，载侯仁之主编《环境变迁研究》第一辑，海洋出版社，1984；《近四千年来中国地理环境几次突发变异及其后果的初步研究》，《中国历史地理论丛》1995 年第 2 辑。朱士光：《全新世中期中国天然植被分布概况》，《中国历史地理论丛》1988 年第 1 辑；《历史时期江汉平原农业区的形成与农业环境的变迁》，《农业考古》1991 年第 3 期。赵永复：《历史时期黄淮平原南部的地理环境变迁》，《历史地理研究》第 2 辑，复旦大学出版社，1990。景爱：《平地松林的变迁与西拉木伦河上游的沙漠化》，《中国历史地理论丛》1988 年第 4 辑；《木兰围场破坏与沙漠化》，《中国历史地理论丛》1995 年第 2 辑。蓝勇：《明清时期的皇木采办》，《历史研究》1994 年第 6 期。邓辉：《全新世气候最宜期燕北地区人地关系研究》，载侯仁之主编《环境变迁研究》第 5 辑，辽宁古籍出版社，1996；《燕北地区两种对立青铜文化的自然环境透视》，《北京大学学报》（哲学社会科学版）1996 年第 2 期；《全新世大暖期燕北地区人地关系的演变》，《地理学报》1997 年第 1 期。

③ 陈嵘：《中国森林史料》，中国林业出版社，1983。相关的论文还有《历代森林史略及民国林政史料》，中华农学会发行，1934；《列强林业经营之成功与我国林业方案之拟议》，《中华农学会报》1935 年第 137 期，第 1~16 页。

④ 樊宝敏、李智勇：《中国森林生态史引论》，科学出版社，2008。两人合著的相关论文还有《夏商周时期的森林生态思想简析》，《林业科学》2005 年第 4 期；《清代前期的林业思想初探》，《世界林业研究》2003 年第 6 期；《中国古代森林与人居生态建设》，《中国城市林业》2005 年第 1 期。

等人对太行山地区森林与生态历史关注较多，接连推出了两部专著。[①] 董智勇对森林史资料做了梳理[②]，张钧成则对中国的林业传统做了深入剖析[③]。熊大桐、马忠良、王长富等人也都取得了丰硕成果[④]，为我们探究森林史的相关问题打下了良好的基础。此外，研究明清燃料与林木关系时，王建文、杨海蛟、梁明武和金麾等人的博士学位论文也颇有参考价值。[⑤] 值得注意的是，活跃在森林生态史领域的大陆学者大都具有林学背景或出自林业部门，历史学者对此的关注并不太多，环境史的兴起将改变这种局面。

中国台湾学者的森林史研究成果我们了解不多，查到的较有代表性的是邱仲麟和刘翠溶。邱氏对明代长城沿线的森林状况做了深入探讨，考察了森林被砍伐的情形及其背后的种种原因，对晚明边关造林与政府加强山林管制也做了独到的分析。[⑥] 刘翠溶与刘士永则探讨了日据时期台湾保安林的设置与成长状况。[⑦]

五　对炊具与取暖设备的研究

炊具、炉灶也是燃料研究的重要关注对象。许倬云先生曾对中古时期的

① 翟旺、张守道：《太行山系森林与生态简史》，山西高校联合出版社，1994；翟旺、米文精：《五台山区森林与生态史》，中国林业出版社，2009。

② 董智勇：《中国森林史资料汇编》，中国林学会林业史学会，1993。

③ 张钧成：《中国林业传统引论》，中国林业出版社，1992。

④ 熊大桐：《中国近代林业史》，中国林业出版社，1989。马忠良等：《中国森林的变迁》，中国林业出版社，1997。王长富：《中国林业经济史》，东北林业大学出版社，1990。上述几位学者还有大量的相关论文，此处不一一列举。

⑤ 王建文：《中国北方地区森林、草原变迁和生态灾害的历史研究》，北京林业大学博士学位论文，2006；杨海蛟：《明清时期河南林业研究》，北京林业大学博士学位论文，2007；梁明武：《明清时期木材商品经济研究》，北京林业大学博士学位论文，2008；金麾：《清代森林变迁史》，北京林业大学博士学位论文，2008。

⑥ 邱仲麟：《国防线上：明代长城沿边的森林砍伐与人工造林》，《明代研究》2005 年第 8 期；《明代长城沿线的植木造林》，《南开学报》（哲学社会科学版）2007 年第 3 期。

⑦ 刘翠溶（Ts'ui-Jung Liu）、刘士永（Shi-Yung Liu）：《A Preliminary Study on Taiwan's Forest Reserves in the Japanese Colonial Period: A Legacy of Environmental Conservation》（日据时期台湾保安林初探：环境保育的一项遗产），《台湾史研究》第 6 卷第 1 期，2000 年 9 月，第 1~34 页。

烹饪方法与炊具进行了较深入的考察。[①]而诸多研究饮食文化史的学者对此都有所留意，本书中进行相关分析时将会借鉴杨文骐、洪光住、黎虎、王学泰等人的成果。[②]此外日本学者篠田统、中山时子和美国学者尤金·N.安德森等人的相关论著也值得关注。[③]专门对炊具与炉灶发展历程进行研究的专著与文章也颇多，陈彦堂曾对古代的炊食具种类、流变、形制、用途等问题进行了全面的考证，张耀引对史前到秦汉时期炊具的设计理念与演变情形有较深入探讨，高蒙河对先秦陶灶的种类与演变等问题进行了专门研究，印志华则从饮食器具的角度切入探究了秦汉时期的烹饪情形，而刘尧汉、赵本加等人则探究了葫芦与炊食具起源间的关系。[④]此外，众多的考古发掘报告中也有不少对炊具方面的讨论，不再一一列举。

北方地区重要的取暖设施——炕与燃料利用模式联系紧密，是本书的重要关注对象。近年来关注的学者也不少，柏忱、张国庆、周小花等人对火炕的起源问题做了简明的考证，结论大致相同，均认为火炕有一长时期的发展过程，最早出现于东北，但可能是多源的。[⑤]王世莲、娜日斯、黄锡惠和王岸英等人则对东北若干民族的火炕进行了研究，揭示了火炕的民族特色和文化

① 许倬云：《中国中古时期饮食文化的变迁》，载《许倬云观世变》，广西师范大学出版社，2008。

② 杨文骐：《中国饮食文化和食品工业发展简史》，中国展望出版社，1983。洪光住：《中国食品科技史稿》，中国商业出版社，1984。黎虎主编《汉唐饮食文化史》，北京师范大学出版社，1998。王学泰：《中国饮食文化史》，广西师范大学出版社，2009。

③ 〔日〕篠田统：《中国食物史研究》，高桂林等译，中国商业出版社，1987；〔日〕中山时子主编《中国饮食文化》，徐建新译，中国社会科学出版社，1992；〔美〕尤金·N.安德森：《中国食物》，马孆、刘东译，江苏人民出版社，2003。

④ 陈彦堂：《人间的烟火：炊食具》，上海文艺出版社，2002；张耀引：《史前至秦汉炊具设计的发展与演变研究》，南京艺术学院硕士学位论文，2005；高蒙河：《先秦陶灶的初步研究》，《考古》1991 年第 11 期；印志华：《从饮食器具看秦汉烹饪》，《中国烹饪研究》1997 年第 1 期；刘尧汉：《中华民族的原始葫芦文化》，《中南民族大学学报》（人文社会科学版）1983 年第 3 期；赵本加：《陶器文化与葫芦文化》，《乐山师专学报》（社会科学版）1993 年第 4 期。

⑤ 柏忱：《火炕小考》，《北方文物》1984 年第 1 期；张国庆：《"北人尚炕"习俗的由来》，《北方文物》1987 年第 3 期；周小花：《"火炕"考源——兼谈"坑"字与"炕"字的关系》，《现代语文》（语言研究版）2008 年第 4 期。

意义。① 进行较深入研究的有金宝忱、曹保明和华阳三人，他们关注的重点均是东北。② 金氏对火炕的起源、种类、构造和砌筑方法、相关信仰等问题都进行了深入详尽的探讨；曹氏对东北地区火炕和烟囱的种类分别做了详细的分析，从实用功能和文化意义两方面做了精当的解释；华氏则将考古发现的火炕遗存与文献结合起来，深入探讨了火炕形制和建筑材料的变化，附带论及火炕的功用与起源。此外山东省农村住宅卫生科研协作组所做的实地调查资料为我们探讨火炕与室内卫生状况提供了方便，而庄智的博士学位论文则对炕传热性能、燃料利用效率等问题进行了严密的学理探讨，为我们的相关量化分析提供了极大的便利。③

第三节　研究难点和我们的新努力

本课题的研究难点主要有两方面。其一是史料的相对不足。虽然燃料在社会生活中发挥了极为重要的作用，但是留下的记载却相对较少，而且非常分散。所有的历史学者都有这样的感触，即使占有了极为丰富的史料，想要完全复原历史也是几乎不可能完成的任务，更不用说利用零散的、不成体系的材料来逼近历史的真相了。使得形势更为严峻的是，笔者并未将全国的燃料问题作为研究对象，而是划定了华北地区，这就使得本来就不太充裕的史料更显得捉襟见肘。

倘研究全国问题，设定相关的问题，把不同区域的材料填充到相关的位

① 王世莲：《女真人的火炕与高丽婆民的长坑》，《学习与探索》1987 年第 3 期；娜日斯：《论达斡尔火炕文化价值与保护的重要性》，《沈阳建筑大学学报》（社会科学版）2008 年第 3 期；黄锡惠、王岸英：《满族火炕考辨》，《黑龙江民族丛刊》2002 年第 4 期。

② 金宝忱：《东北古今火炕对比研究》，《黑龙江民族丛刊》1986 年第 4 期；曹保明：《东北火炕与烟囱的鲜明特点》，《东北史地》2009 年第 1 期；华阳：《东北地区古代火炕初探》，《北方文物》2004 年第 1 期。

③ 山东省农村住宅卫生科研协作组：《沿海农村四种火炕住宅卫生调查》，《环境与健康杂志》1986 年第 1 期；庄智：《中国炕的烟气流动与传热性能研究》，大连理工大学博士学位论文，2009。

置，亦可成就看似扎实的论著，但却对巨大的区域差异选择性失明，难免迂阔而不切实际。而划定空间较小且燃料问题具有典型特征的华北进行研究，显然更容易窥探燃料问题背后的人与自然之互动关系。相比于其他做系统的、全面的燃料史研究的人而言，笔者还是选择了一条更难走的道路，虽然笔者尽力立足于史料展开论述，以客观、真实来要求自己，但必要的时候还是不得不跳出史料进行若干自己认为合乎情理的推测，主观臆断之处还是在所难免。个中难处，还请读者体察。

其二是涉及的问题比较复杂。在笔者开列的研究清单上，除了燃料自身的若干特质外，军国大事如职官、制度、祭祀、城守、武器制备，民众生计如烹饪、日用器具、取暖，产业方面如蚕桑、冶铁、陶瓷等，每一个问题都涉及一个专门的研究领域，但笔者又难以在每一方面都投入较多精力进行深入探究。为了更好理解燃料问题与社会、生态之互动关系，势不能不在宏大的视野下进行审视，但铺展得如此之大，想解决的问题如此之多，又难免有宽泛而落不到实处的缺陷。环境史学需要有多样的学科知识背景，环境史学者需要有复杂的头脑，愚钝如笔者只好勉为其难，尽力使相关论述不至于太过外行。

虽然有以上困难和不足，但本书在构思与铺陈过程中还是有一些特色的，大致说来有以下几点。

其一，与一般的燃料史研究不同，笔者没有就燃料写燃料，而是有着更宏大的目标，意在从燃料的角度切入，窥探华北地区环境与人类之间的物质互动与能量交流特点。从燃料问题生发开来，最终要触动的是华北地区社会经济与自然环境演进的脉搏。笔者采用的是发散式思维，这是笔者分析问题的最大特色。

其二，笔者的目标是从燃料的角度考察华北独特的社会与生态变化的轨迹，以期为华北地区为何相对衰落这一问题提供新的解释，但我们绝不是要将燃料认定为历史面向背后单一的终极答案（事实上这样的答案并不存在）。毫无疑问，燃料对北方社会发展变化有非常重要的影响，对此应给予应有的肯定。但我们也不会将燃料的影响无限放大，绝对化和片面化是作者要努力避免的倾向。

其三，注意到薪炭采集对森林植被的影响，但应区分合理开采与乱砍滥伐，阐述晚近时代薪炭需求对环境消极影响的同时要注意到合理开采对森林的有益作用。完全无人工干预的森林迟早会受到自然的干预即自发燃烧，而适度开采可以化大的猛烈的灾难性的大火为千千万万分散的驱动人类社会前进的小火。过分崇拜不加任何人类干预的自然环境不合理，而过度的环境衰败论与退化论倾向也不可取。

其四，应该认真学习前人的成果，但要批判地继承而不能过分迷信。对山林开发导致短时间气候灾变等观点要审慎看待，对衰败论、"原罪论"、"生态原教旨主义"等论调也尽力予以抵制。

其五，对新型燃料的出现和普及的意义要给予较高评价，但对其效率高低和环境效应等问题笔者有自己的立场，尽力予以更全面、更客观的评价，不盲从于主流认识。

第四节　研究思路和架构

本书的主要目的在于彻底考察清楚传统时代华北地区的燃料状况，围绕这一核心问题，又衍生出了一系列问题，大致有以下几个：（1）燃料如何界定？（2）华北地区燃料的空间分布和时间流变状况如何？（3）华北地区的人们利用哪些燃料？如何利用？（4）燃料格局与演变对华北地区人们的生产生活有什么样的影响而人们又是如何来应对的？（5）人类利用燃料受到环境多大的制约，又在多大程度上影响了环境？

围绕以上预设的几大问题，我们对历史上华北的燃料问题进行了全面的解构，分别从民生、手工业、生态等方面进行了深入探究。

全书除绪论外共分九章，详情如下。

第一章"古代燃料构成及其传统文化意蕴"，揭示燃料的概念与内涵，分析燃料的主要种类，探究燃料在传统文化中之地位。

第二章"华北自然环境的特征与燃料格局"，着重介绍地形与气候等环境因素对燃料空间展布与需求差异的影响，阐述清楚燃料相关的若干基本问题。

第三章"古代华北燃料消耗的基本情况"，剖析政府、民间与军队的巨大燃料消耗情况，为下文探究燃料危机的形成与发展提供论述背景与分析基础。

第四章"古代华北燃料危机的发生和逐渐加剧"，主要揭示燃料问题的演化脉络，排比史料勾勒华北地区人口演进过程，进而探讨人口压力之下燃料危机的显现与加深，并初步探究燃料危机对环境与社会的深刻影响。

第五章"生物燃料消耗与草木植被的变迁"，主要研究燃料危机对森林与水生植被的影响，重新解构若干传统观点，最后以木炭为例分析特定燃料的环境效应。

第六章"燃料危机与高能耗手工业的渐衰"，全面考证燃料状况对华北地区丝织、陶瓷、冶铁等重要手工业发展状况的影响，指出燃料危机使这些高能耗的产业呈现总体衰落的趋势，从而深刻地影响了华北地区的社会面貌。

第七章"燃料危机与物质生活方式的变化"，探究燃料危机对民众烹饪与取暖等生活习俗的深刻影响，并深入剖析民众如何调适生活方式并提高相关技术水平以应对危机。

第八章"燃料革命的社会经济和政治影响"，关注燃料的更新换代问题，剖析学界的相关论述，深入探究华北大量用煤的社会效应，思考燃料革命对经济与政治的影响，并对推广过程中的阻力因素进行梳理。

第九章"燃料革命的生态效应"，分别从正反两方面深入探究华北大量用煤对生态环境的影响，并对化石燃料的相关问题进行反思，最后探讨后化石能源时代的燃料出路。

第五节　史料概述

关于燃料的记载非常分散，必须扩大材料的搜寻范围。追述中古以前燃料状况时，努力将有关文献最大限度地搜罗干净。主要史书、十三经和诸子之外，类书还着重关注《太平御览》《太平广记》《艺文类聚》等，农书认真梳理《齐民要术》《四时纂要》，政书则关注了《通典》《唐六典》《唐会要》的部分内容。此外，我们还对经典的笔记小说与诗文集进行了深入爬梳。

本书的重点放在了宋以降的晚近时代，所以搜集史料的用力重心也毫无疑问放在了宋元以后。正如有的历史学家指出的那样，做中古及其以前的历史研究，需要用演绎法；而要做宋以后的历史研究，则必须用归纳法。因为晚近史料浩如烟海，势难穷尽。就燃料问题而言，还面临着独特的困难，那便是关于燃料的记载极为零碎和分散，更无可能全面占有史料。盲目翻检文献显非明智之举，我们只能有选择性地集中精力打攻坚战，故而除了传统史籍之外，笔者主要在以下几个方面进行了努力。

其一，宋元明清笔记小说和诗文集。燃料的相关记述多与描述日常生活的文献紧密相连，而笔记小说与诗文则集中了大量具有生活气息的材料。我们要了解古人如何生产、运输、使用、买卖燃料，民众因燃料而感受了怎样的人生况味，民众的生产生活与燃料有着怎样牵扯不断的关联，势不能不广泛涉猎笔记小说和诗文集。深入剖析相关材料，我们对燃料的理解才能真正深入普通民众的日常生活中去。

其二，明清两代的会典、实录等政书。此类史料中对国计民生的关注是非常典型的，要探究燃料与社会经济及政治之关联，则必须深入相关文献中去。我们在书中着重思考的问题有：（1）政府的燃料需求与供应情况；（2）与燃料相关的规章制度；（3）军队的燃料需求与供应情况；（4）军用与民用中的火药生产状况；（5）纺织业、陶瓷业、冶铁业等部门的生产状况等。明清的相关政书为我们提供了大量材料，较重要者有《大明会典》《明实录》《大明律》《工部厂库须知》《昭代典则》《国朝献徵录》《清实录》《大清会典》等。

其三，明清小说中的材料。《红楼梦》、《水浒传》、《三国演义》、《聊斋志异》、《西游记》、《金瓶梅词话》、"三言二拍"、《石点头》、《西湖二集》、《醉醒石》、《型世言》、《大宋宣和遗事》等都纳入了我们的关注范围。陈寅恪曾对小说的史料价值给予了高度的评价，他在谈到《太平广记》的史料价值时，即曾指出："小说亦可作参考，因其虽无个性的真实，但有通性的真实。"[1] 如果抛开完全精准复原的执念，我们从小说中虽无法获得"个性的真实"，却可了解到"通性的真实"。

其四，方志。笔者大致将二十个地级市所辖区域内自元至20世纪90年代所修的志书梳理了一遍，搜罗了一部分材料。查阅方志时主要关注了各地的风土物产、经济状况与燃料格局，民国方志中的相关材料尤为丰富。

其五，当代人加工整理的古代史料。较典型的如《清代的矿业》与《中国煤炭史志资料钩沉》等书，这类史料相对较为集中，极大地节省了笔者用于收集史料的时间。

其六，为了更好地阐释史前时代的燃料利用状况，笔者还检阅了大量的考古发掘报告。

其七，我们还适度使用了晚近时期的材料。翻阅了近现代以来的实地调查资料，满铁资料、卜凯调查资料、学者自发的调研以及民国政府组织的若干次调查资料都有极高的价值，我们将进行适度的引用以参证古代之燃料利用情形。再则，民国时期若干人的自传或回忆录中也有关于燃料的记载，笔者自己进行的口述史访谈与实地调研资料，也都将适度引用以分析相关问题。

本书中，我们还较多使用了20世纪80年代各省、市、县编纂的三套集成中的资料。三套集成由《中国民间故事集成》、《中国民间歌谣集成》和《中国民间谚语集成》组成，相关编写工作从1984年正式启动，取得了丰硕的成果。最后出齐的三套集成省卷达90卷，字数1.2亿以上。而地、市、县卷总卷数在4000以上，总字数在40亿以上。[2] 可谓卷帙浩繁，材料极其丰富。比较遗憾的是，虽然文学、民俗学等领域的学者关注较多，但多数历史学者仍不甚措意，对其史料价值更缺少清晰的认识。虽然民间文学中具体人物和情节不一定是真实的，但其对社会生活细节的描写却有着极高的写实性与合理性，而且相当多的细节描写是其他文献所无法提供的，可以弥补一般史料的不足。倘善加利用，三套集成将成为我们的资料宝库。笔者尝试加以

---

[1] 陈寅恪：《陈寅恪集·讲义及杂稿》，生活·读书·新知三联书店，2009，第492页。

[2] 相关论述参考了中新网2014年5月28日题为《"中国民间文学三套集成"总字数逾40亿字》的报道，记者应妮，网址：http://www.chinanews.com/cul/2014/05-28/6223437.shtml。

利用，我们发现三套集成中涉及本书研究区域的，也多达数百卷，其中相当多的材料涉及燃料的采集、运输、使用、贸易等，为我们的相关分析提供了极为有用的背景材料。文中加以征引时，我们会对其合理性进行必要的分析。笔者还将以本书为开端，在今后进一步关注三套集成的史料价值，倘学有余力，还将开展大规模的三套集成中的环境史史料搜集整理工作。

还需要指出的是，与研究传统燃料不同，关于煤炭的研究已经非常深入，吴晓煜、刘龙雨等学者对煤炭、煤矿相关史料的搜集整理全面而细致，所以在论述燃料革命问题时，笔者所搜集的一手资料非常有限，大量利用了二手资料，虽然一一注明了来源，但还是于心有愧。今后还当在挖掘化石燃料的新史料上多下功夫。

第一章
古代燃料构成及其传统文化意蕴

一担干柴古渡头，盘缠一日颇优游。

归来涧底磨刀斧，又作全家明日谋。

——（宋）萧德藻《樵夫》

白云堆里捡青槐，惯入深林鸟不猜。

无意带将花数朵，竟挑蝴蝶下山来。

——（清）朱景素《樵夫词》

上列两首诗只是古人描写樵夫与樵采的众多诗歌中的两首。关于燃料——包括薪柴、木炭、煤炭——的生产、运输、消费、使用等问题，古代的文人与社会大众都给予了非常多的观照，燃料早已成为传统文化中非常重要的组成元素。关于燃料的若干基本问题，学界虽已有较多探讨，但仍不够系统。本章试就燃料的概念与内涵、燃料在社会演进中的作用、燃料的分类等基本层面的问题做一初步探讨，并梳理其在传统文化中的意蕴，考究岁时节日与社会礼俗中的观念，并窥探燃料对人们意识与观念的影响。这些，将为后文燃料故事得以进一步铺展开来提供重要的背景。

第一节　燃料的若干基本问题

一　概念与内涵

能够在空气中燃烧的物质称为可燃物，严格说来所有的可燃物都是燃料，但实际生产生活中的燃料指燃烧时能产生大量的热能且可以直接加以利用或转化为机械能等能量后加以利用的可燃物质。[①] 当然有些可燃物质燃烧时不是为了获取热能，而是利用其产生的光能来照明，这样的物质也被我们视作燃料。

关于燃料，《辞海》中的定义为："用以产生热量或动力的可燃性物质，主要是含碳物质或碳氢化合物，如煤、焦炭、木柴、天然气、发生炉煤气等。"[②]《现代汉语词典》中的定义为："能产生热能或动力的可燃物质，主要是含碳物质或碳氢化合物。按形态可分为固体燃料（如煤、炭、木材）、液体燃料（如汽油、煤油）和气体燃料（如煤气、沼气）。也指能产生核能的物质，如铀、钍等。"[③] 其他各类辞书中的表述大同小异，不再一一赘述。

常见的燃料大都由生物转化而来，故燃料在相当大程度上等同于"生物质能源"，柴国生的博士学位论文即采用了"生物质能源"这一名称，并详细分析了其具体含义，指出其蕴含的是"以生物质为载体的能量，即直接或间接地通过绿色植物的光合作用，把太阳能以化学能形式固定和贮存在生物质中的能量"。进而又指出传统生物质能源是"古代及近现代通过低效率炉灶直接燃烧的方式等传统技术（传统方式）利用的农林废弃物和畜禽粪便等生物质能源"[④]。但是，就实际利用情形而言，最主要的利用方式依旧是燃烧，所以笔者更倾向于采用"燃料"这样相对直观、通用的概念，而没有采用"生

[①]　张松寿等编著《工程燃烧学》，中国计量出版社，2008，第4页。

[②]　夏征农、陈至立主编《辞海》（第六版彩图本），上海辞书出版社，2009，第1870页。

[③]　中国社会科学院语言研究所词典编辑室编《现代汉语词典》（第6版），商务印书馆，2012，第1084页。

[④]　柴国生：《唐宋时期生物质能源开发利用研究》，郑州大学博士学位论文，2012，第12~13页。

物质能源"这样略显抽象、学术化的概念。

值得注意的是，有些能源被冠以燃料的名称，其实却并非燃料。比如核燃料，辞书中的定义为："用来在核反应堆中进行核裂变，同时产生核能的放射性物质，主要有铀、钚、钍等。"[①] 柴国生亦将核燃料归入燃料性能源。[②] 其实，核燃料释放能量的方式是核裂变，并非真正经过燃烧，只不过核电厂发电时利用裂变释放的热能来加热水使之汽化，进而带动汽轮发电机发电，这相当于让核燃料以独特的方式"燃烧"来获取热能。当然，探究传统时代的燃料问题，核燃料本也不是我们关注的重点。

关于燃料的分类，多种多样。前引辞书中多按形态分，还可按可再生与非可再生分，也可按常规与非常规分。笔者以为，燃料主要分为两部分：一为原生物燃料，主要是当下或较短时期（相对于地质时代而言，可以是几个月，也可以是千百年）的草木与动物粪便、分泌物等物质，未经过地质作用发生组成成分与能量聚集形式的质变；二为化石生物燃料，原生物质经过数千万年乃至数亿年的地质作用发生了组成成分与能量聚集形式的质变。当今主要利用的燃料中化石生物燃料占据主导地位，而传统时代则是原生物燃料一枝独秀。

很多学者在探究燃料问题时，往往将煤炭、石油等燃料与草木、动物分泌物与排泄物等燃料完全割裂开来，这样的认识是有问题的。自古至今人类利用的绝大部分燃料——包括煤炭、石油、天然气——究其根源大都是生物质的，时至今日我们最大份额的能量来源也都是生物质的。区别只是，狭义上的生物质燃料利用的是当下的生物质，而煤炭、石油、天然气、可燃冰利用的却是远古的生物质。某种意义上说，我们的世界就是由生物提供的能源来驱动的，过去如此，现在如此，在可预期的将来依旧如此。

当然，如果考究燃料的终极根源的话，所有的燃料都可归结为太阳能燃料。其实，我们本来就一直生活在太阳能时代。原生物燃料是生物体在过去

---

① 中国社会科学院语言研究所词典编辑室编《现代汉语词典》（第6版），第526页。

② 柴国生：《唐宋时期生物质能源开发利用研究》，郑州大学博士学位论文，2012，第10页。

较短时间（相对于地质时代而言）内积蓄的太阳能，化石燃料是由遍布全球的生物（推导到终极意义上主要还是植物）在数千万年乃至上亿年间的许许多多个体演变而来的，其中蕴含的能量是不计其数的生物个体"收藏"起来的数千万年乃至上亿年的太阳辐射能。

从能量的角度来看，工业社会能取得惊人成就，没有什么高深莫测之处，只不过是将地球生物耗时数亿年积蓄的太阳能在短短几百年之内挥霍掉了而已。有学者估测，人类近 100 年来的现代化历程已经消耗掉的煤炭、石油和天然气的数量，分别占其经济可采储量的 20%、40% 和 30%。[①]

当代人们将太阳能视作新能源，在其身上寄托了解决能源危机的厚望，人们认为它清洁无污染且总量近乎无穷无尽，未来将是太阳能的时代。据调查，地球所接受到的太阳核聚变能功率，平均每平方米为 1353 瓦特，每秒钟照射到地球上的太阳能约为 500 万吨煤当量，这些能量比 2008 年全世界人类的能耗量要大 3.5 万倍。[②] 太阳能为人类社会的繁荣发达提供了最重要的能源支撑，但能否为工业社会的长期繁荣发展提供能源保证，笔者是怀疑的。

最有前途的太阳能利用方式显然是发电，但太阳能电池板相比植物体有几个明显的缺陷。首先，不能自我复制，必须不断地人工更新，这个过程消耗的能量无法像植物那样直接从太阳能来补偿。其次，太阳能电池板不可能像植物那样覆盖整个地球陆地表面来全面摄取太阳能。最后，人类可能不会像植物那么"有耐心"用数千万年乃至上亿年时间来储藏太阳能。所以，要用太阳能来取代化石能源，几乎不可能。在可预期的未来，最有价值的能源储蓄者和提供者依旧是生生不息的绿色植物。

二 燃料与人类社会的演进

自从有了陆生植物，熊熊大火就一直在燃烧，火的历史要比人类历史悠久得多，而火是一种重要的生态因子，一直在形塑生态系统的面貌，同时又

---

① 胡徐腾等编著《液体生物燃料：从化石到生物质》，化学工业出版社，2013，第 18 页。

② 窦光宇：《来自宇宙的能源》，《科学 24 小时》2008 年第 C1 期，第 24 页。

对人类社会产生了深远的影响。早在蒙昧时代，人类就已经注意到了火并尝试加以应用。用火特别是人工取火有着非同寻常的意义，这是人类在改造自然方面出现的第一次质的飞跃，正如恩格斯所说，"就世界性的解放作用而言，摩擦生火还是超过了蒸汽机。因为摩擦生火第一次使人支配了一种自然力，从而最终把人同动物界分开"[①]。

人类历史是一部火的燃烧的历史，火无处不在，在我们的身体内外，我们生产生活的方方面面，到处都有生生不息的火苗。与永不熄灭的燃烧相伴随，热能也一直陪伴着人类从懵懂的远古走到科技昌明的当代，它在人类的能量格局中扮演了最主要的角色。我们的绝大部分能量利用方式都与热能密不可分，热能对人类极为重要，获得热能的主要手段是燃料的燃烧，过去与现在如此，将来依旧如此。有些时候，热能是我们直接需要的，我们的饮食、取暖和冶铁、陶瓷等生产活动都离不开热能；更多的时候，热能是我们能量转换过程中必不可少的环节。据学者研究，当前全世界的能源直接提供的能量中高达97%是热能，再细分的话，57%是直接利用热能，40%是将热能转化为机械能再加以利用。[②]

可控核聚变在现在看来还是一个遥不可及的梦想，即使将来取得成功，利用模式中至关重要的环节依旧是利用热能，要将释放出来的能量转化为热能，加热蒸汽进而驱动涡轮机，将热能转化为机械能，再进一步转化为电能。

不借助热能的能量利用模式有水力发电、风力发电和潮汐发电，但这三者在能量利用格局中所占的份额还很小，在可预期的将来依旧不会成为主流，而且这三者的能量转化过程是否真的没有热能参与其中还很难说。

回顾人类文明发展的历程，燃料的种类与利用方式不断发生变化，传统时代我们直接燃烧各种燃料——薪柴、木炭与煤炭等——释放热能，工业时代则不断增加能量的转化次数，变直接利用热能为间接利用，早期人们借

---

① 〔德〕恩格斯著，中共中央马克思、恩格斯、列宁、斯大林著作编译局译《反杜林论》第一编《哲学》之十一《道德和法·自由和必然》，人民出版社，1993，第117页。

② 王承阳编著《热能与动力工程基础》，冶金工业出版社，2010，第73页。

助蒸汽机把煤炭燃烧释放的热能转化为其他能量，之后人们用内燃机把化石燃料——主要是汽油、柴油等——释放出的热能转化为其他能量，接下来人们用常规发电机把热能转化为电能，最高端的核发电站也是把核裂变释放的热能转化为电能。

我们利用的能源表面上看来与传统时代截然不同，但究其本原，我们并没有突破生物燃料的界限。从燃料来源的角度看，人类并未走出生物燃料时代；从能量类型的角度看，人类则未能走出热能时代。这样的论述可能容易产生歧义，也难以揭示出人类社会的变化历程，那么我们可以再深入一下，即从燃料利用的种类来看，我们只不过是从原生物燃料时代进入了化石生物燃料时代，在科技昌明的当代，燃料依旧带有生物的印记；从能量的利用方式上看，我们只不过是从直接利用热能时代进入了间接利用热能时代，热能依旧是人类利用的能量家族中之"执牛耳者"。

所以，若无燃烧，人类无法存活；若无燃料更新换代，人类文明难有飞速发展。古有传统燃料危机，对经济社会产生了巨大的影响，这是本书研究的主要问题。超越本书主要议题之外，展望未来，让人忧虑的是，化石燃料终究有用尽的一天，如果实现不了更进一步的燃料革新，人类社会或将面临远超传统燃料危机的巨大风险。

传统时代的燃烧大致有两种类型：一种可称为看不见的燃烧，主要发生在我们的身体内，借助生物本能将摄取的营养物质缓慢地燃烧，从而获得驱动我们生理机能的能量；另一种则可称为看得见的燃烧，通过人类自觉主动点燃的火来猎杀动物、开垦荒野、烹饪食物、御寒取暖、生产各种物品，进而驱动我们的文化与社会发展。借助燃烧，我们才能在危机四伏的世界里维持生命、繁衍子孙、改造世界并保卫自己。

进入工业时代，燃烧变得更为普遍和猛烈，却也更为隐蔽。不仅驱动生理机能的燃烧深藏不露，驱动文化与社会的燃烧也逐渐淡出人们视线。燃烧更多是在密封的狭小空间里进行，或者是在远离我们居所的地方进行。汽车在燃烧，发电厂在燃烧，工厂在燃烧，我们生产生活的方方面面都在燃烧，但我们却很少看到火焰。

原生物是可再生的，而化石生物是不可再生的。从时间长河中切下一个断片来看，当前化石能源蓄积的能源总量或许会超过原生物体内蕴藏的能量。但这样的静态审视是不可取的，因为这相当于把史前亿万年内原生物蓄积的能量与短短若干年的原生物蓄积的能量进行比较。当我们将视线置于整个历史潮流之中进行动态的考量时，就会发现，原生物将继续努力地自我复制，继续源源不断地积聚太阳能，永无止境。而化石能源则是亿万年能量的固化，无法自我复制，无法进行能量增殖，总有耗尽的一天。

所以在可预期的将来，制约文明发展的主要瓶颈将是猛烈的大规模的燃烧不可持续。危机能否化解取决于人类能否在本质上扩展燃料范围，即能否彻底走出生物燃料时代。在生物体及生物体的化石之外，是否还有什么物质亿万年来在努力地积蓄着能量等待人类来开采呢？可控核聚变之外，是否还有更高效更易于利用的能源形式呢？未来人类面临的抉择是，要么找到这样的新型燃料来继续猛烈的大规模燃烧，要么坍塌退缩回传统时代——重新利用平稳的小规模的原生物燃烧，除此之外，我们似乎还预见不到有第三种可能。

第二节 传统燃料的主要种类

燃料的种类，可以有不同的划分方法。从用途上来看，有烹饪用燃料、取暖用燃料、照明用燃料、娱乐用燃料、军事用燃料等。从来源上看，有原生物燃料与化石生物燃料两种。更常见的是从物性上来区分，本书主要将燃料区分为原生植物燃料、动物燃料、人工燃料与煤炭等若干种。试分述之。

一 原生植物燃料

1. 农作物

绝大部分农作物的秸秆与叶子都可用作燃料，而较常见的则有玉米、高粱、麦类、粟类、水稻、各种麻类、各种豆类等。除玉米在华北地区种植较晚之外，其他作物秸秆用作燃料都有着悠久的历史。

（1）玉米

玉米最早在明代中后期始在河南省部分地区种植，河北最早见诸文献记载是在天启年间，而真正普遍种植可能要到清代中期了。[①] 玉米高产且茎秆高壮，一传入华北就极受民众青睐，除籽粒可食用外，茎秆也成为晚近极重要的燃料来源。齐如山在论述近代华北的玉米时，亦曾特意强调其秸秆的燃料用途，他认为：

> （玉米的一大优点）出产的燃料多。秸秆之粗高，固然还不及秫秸，但秫秸还有许多别的用途，烧之有时可惜；玉米秸无他处，只作燃料，烧之无足惜，且可以替出秫秸来他用。[②]

不仅茎秆可用作燃料，成熟后晾干的玉米皮与玉米须起火极快，是绝好的引火材料。晾干的玉米的穗轴，起火较慢，但火力绵长而火焰短，在农家炊爨中发挥的功效亦较大。玉米的穗轴在华北不少区域称为"玉米轱辘"，也有称为"玉米芯"者，而老天津卫则称"棒瓢子"或"玉米葶子"，旧时的叫卖声也颇为独特："买——棒瓢子。引火儿、点炉子——"。韩冬还对这种吆喝声与卖麻秆的吆喝声进行了解读，摘录如下：

> 天津近郊与周边各县，几乎都有"沤麻"一说，即把整棵成株的青绿苎麻，浸泡于水坑之中，待其韧皮纤维被沤透分解，就扒下麻皮去打麻绳，剩下光杆儿白棍儿——麻秆儿，晾干后、打成捆儿，挑到沽上卫里走街串巷吆喝唤卖。棒瓢又叫玉米葶子，是脱粒后的棒核，干透了易燃、禁烧，也是早年津门冬景天平民居家必备的取暖良材，而其他季节

---

① 关于华北玉米的种植情形，可参看何炳棣《美洲作物的引进传播及对中国粮食生产的影响》，载王仲荦主编《历史论丛》第五辑，齐鲁书社，1985；李辅斌《清代河北山西粮食作物的地域分布》，《中国历史地理论丛》1993 年第 1 辑。

② 齐如山：《华北的农村》，辽宁教育出版社，2007，第 116 页。

则用于引火点小煤球炉子。卖麻秆儿与卖棒瓢子，曾是津门市井的活动景观之一，柴米油盐酱醋茶，民生须臾不可离者，能不教人感到亲切无比、温暖到心头吗？[①]

此外，收获玉米后，玉米根也要清理出来，同样是很好的燃料。

（2）高粱

在玉米引进之前，本土最常用作燃料的作物是高粱。高粱在元以前名不见经传，元以后始大面积种植，至清代渐成华北最重要的大田作物，而这一过程与华北燃料资源紧张有着密切的关系。[②] 华北地区常见的高粱有红、白两个品种，茎秆都极高。由于高粱秸秆也可用于编制日用器具，故一般民众常以叶子及较粗劣之茎秆作为燃料。《务本新书》中称："蜀黍宜下地，春月早种，省工收多耐用，人食之余，擩碎多拌麸糠以饲五特外，秸秆织箔、夹篱寨、作烧柴，城郭货卖，亦可变物。"[③] 元人又认为"种宜下地，春月早种收多，其子可食，秸秆可夹篱寨。又作柴烧，城郭间货卖，多得济益也"[④]。李时珍也称："（蜀黍）可以济荒，可以养畜，梢可作帚，茎可织箔席、编篱、供爨，最有利于民者。"[⑤] 邯郸市有名为《烧杨树》的故事，提及有人被藏在杨树里的蝎子精蜇死后，县官要求在场围观的所有人"每人回家捆一捆秫秸送来"，人们遵命"都陆续用小车推来了秫秸"，县官下令将秫秸堆在杨树下放火烧树，最终除掉了蝎子精。[⑥] 若非民间常用秫秸作燃料，当不会有这样的故事情节。

---

① 韩冬在《天津档案》发表《远去的声音》系列文章，细致梳理了老天津卫的各种叫卖吆喝声，自 2011 年第 3 期至 2016 年第 4 期共发表 32 篇，读者感兴趣可以参看。

② 关于华北农作物种植结构变化与燃料危机之间的关联，笔者将另文探讨，本书不赘。

③ （元）大司农司：《农桑辑要》卷 4《务本新书》，清武英殿聚珍版丛书本。

④ （元）鲁明善：《农桑衣食撮要》卷上"种秫黍"条，《丛书集成初编》本，商务印书馆，1936，第 11 页。

⑤ （明）李时珍：《本草纲目》（校点本）卷 23《蜀黍》，人民卫生出版社，1982，第 1477 页。

⑥ 杜学德主编《中国民间文学集成·邯郸市故事卷》中册，中国民间文艺出版社，1989，第 655 页。

（3）麦类

麦类非本土起源，但传入国内后，即为人所重视。麦秸自然也就可满足农家的燃料需求，在华北的平原地区，更是远在宋代即以麦秸作为最重要的燃料来源。宋人称："又有麦秆，当初夏无人入山樵采之时可代柴薪，是麦之所收甚多也。其功既大，其事甚易其所得又多，麦之利如此。"[1] 史书中亦称："河北难得薪柴，村农惟以麦秸等烧用，及经冬泥补。"[2] 大麦、小麦之外，荞麦秸秆也用作燃料，医书中还载有荞麦秸秆灰烬的医药功效，如治疗疽疮的铁筒拔毒膏即要用到荞麦秸灰[3]。类似史料颇多，不再一一列举。

（4）粟类

粟类在华北民众的饮食结构中一直占有重要的地位，种植面积在传统时代也一直比较可观，相应地秸秆产量也比较大，常用作燃料，晚近河北有谚语称："人吃米，马吃草，糠是猪的好饲料，剩下谷茬当柴烧。"[4] 秸秆之外，糠秕也常用作燃料。史载，宋宣和七年三月"十六日，上皇方得与少帝相见，共居一室。时风寒衣宿竹簟，侍御人取茅及黍穰作焰，与二帝同坐，向火至明"[5]。有些药材的加工也会以糠秕为燃料，如唐人陈少微即在《七返灵砂论》中记载道："于糠火中烧三七日。"[6]

（5）水稻

水稻在传统时代的华北地区虽不曾广泛种植，但在滨湖沿河便于灌溉的地区也有较多栽培，稻草仍是重要的燃料。宋人洪迈记载其家乡逸事时称："乡里洪源董氏子，家本染工，独好罗取飞禽，得而破其脑，串以竹，归则焚

---

① （宋）黄震：《黄氏日钞》卷78公移《咸淳七年中秋劝种麦文》，载《黄震全集》，浙江大学出版社，2013，第2221页。

② （宋）李焘：《续资治通鉴长编》卷223"熙宁四年五月乙未"，四库全书本。

③ （明）王肯堂：《证治准绳》中册《疡医准绳》卷3，人民卫生出版社，2001，第1395页。

④ 宋孟寅等：《中国谚语集成》（河北卷），中国社会科学出版社，1992，第712页。转引自王建革《传统社会末期华北的生态与社会》第五章第二节，第255页。

⑤ （宋）佚名：《新刊大宋宣和遗事·利集》，中国古典文献出版社，1954，第100页。

⑥ （宋）张君房编《云笈七签》卷69《金丹部》，四部丛刊景明正统道藏本。

稻秆丛苆，爇其毛羽净尽，乃持货之。"[1] 稻草在军事方面使用较多，如明人称"城上烧贼必资稻草"[2]，边境地区担负警戒与信息传递作用的墩台之上必定储蓄大量稻草以备引火发烟之用。而家庭农事活动中还常用稻草灰，如洗蚕连时"用桑柴灰或稻草灰淋汁，以蚕连浸之，雪水尤佳"[3]。

（6）豆类

豆秸也是烹饪中常用的燃料，起火容易，火势迅猛，在烹煮不易煮熟或煮烂的食材时最为适用，曹植脍炙人口的《七步诗》描述的就是烹煮坚硬耐煮的豆类的情形："煮豆燃豆萁，豆在釜中泣。本是同根生，相煎何太急。"可见豆秸在汉末已然经常用作燃料了，若非此种情形在生活中极常见，曹植是不可能将其写入诗中的。

（7）麻

麻秸也较常用。有明代学者对"蒸"字进行训诂时称："《说文》：'蒸，麻蒸也。'故有薪蒸之说。薪，柴也；蒸，麻秸也。麻秸亦可烧，故以薪蒸并言。又训进火气上行也。蒸又训众，言众多，麻也。诗曰'天生蒸民'是也。东山诗'烝在桑野，烝在栗薪'，或训为众，或训为进，皆不通，常训为麻。军士从征于外而麻无人收，或在桑野，或在栗薪，此于物理人情最叶。千载之疑今日始释然，周公有灵，亦当抚掌矣。"[4] 其论说或有值得商榷之处，但麻秸自古即常用作燃料当无疑问。据尧山壁回忆，抗战时期引火时用到的"笨取灯儿"就是麻秸秆蘸上硫黄做成的。[5] 老天津卫小贩卖麻秆时吆喝声很独特："买麻秆儿——引火喊、烧灶喊，干得'咔儿咔儿'嘣脆呀。"时至今

---

① （宋）洪迈撰，何卓点校《夷坚乙志》卷10《五十四事·董染工》，中华书局，1981，第308页。

② （明）郑若曾：《筹海图编》卷12上《经略三》，李致忠点校，中华书局，2007，第813页。另见（明）范景文《战守全书》卷11《守部》，明崇祯刻本；（明）钱橚《城守筹略》卷2《闻警设备》，明崇祯十七年钱墨当刻本。余不尽举。

③ （明）邝璠：《便民图纂》卷4，石声汉、康成懿校注，农业出版社，1959，第43页。

④ （明）杨慎：《升庵经说》卷4，载王云五主编《丛书集成初编》第250册，商务印书馆，1936，第78页。

⑤ 尧山壁：《百姓旧事：20世纪40—60年代往事记忆》，河北教育出版社，2011，第4页。

日，在华北地区麻秸仍是常见之引火材料。①

（8）棉花

宋元以降，华北的棉花种植逐渐推广开来，而棉花秸秆在燃料利用格局中扮演的角色也越发重要。与其他作物秸秆相比，棉花秸秆结构致密，燃烧稳定持久，更接近木柴，为性能较好的燃料，民间多称之为"花柴"。如威县民间即较多使用花柴，方志记载道："草棉，一年生草也，必岁岁种之，秋末枯干，俗名花柴。农家斫取，并其根而出之，以供炊爨，最为坚实。钱塘范楣孙宰威时，卓著循声。一日于野见斫花柴者，大怒，谓其人曰：'而并根斫之，此棉生机绝矣，来岁何由发芽乎？'呼役将答之。其人辩诉良久，始释令归。范盖以草棉为木棉也，一时传为笑柄。"②沙河亦较多使用花柴，方志称："棉絮要用，除供给衣服原料外，又可为火药及人造丝之原料，棉子可制油，油粕（原注：俗名花子饼）可饲畜肥田，茎皮可作纸，棉柴可为燃料，用途甚广。"③

比较有趣的是，有些地方还有剥棉秸皮的习俗，如石家庄栾城区的一则名为《刘主席来俺家"私访"》的故事中提及"我正和孩子们在院里剥棉秸皮，刘少奇同志迈着大步走进来"，"我扔下斧子急忙起立，谁想棉秸棍泡的泥汤水滑，心又慌，脚下光，一趔溜，闪了我个趔趄"④。这里的细节描述透露出的信息是，要先将棉秸在泥汤水中浸泡许久，然后用斧头将表皮剥下。这样做或许是为了获取纤维，剥掉棉秸皮后，剩下的部分才舍得当柴烧。⑤

其他作物秸秆在日常生活中的使用也较普遍，且大都是重要的引火材料。

---

① 20世纪60年代之前，华北的不少农村还用麻秆来解决短时间照明需求。笔者在河北武安调查时，不少老人都提到过晚间上厕所时会点燃一根麻秆，这相当于日后的手电筒。此外，男童燃放二踢脚时，为了确保有足够的安全距离，也常用麻秆去点燃引线。

② 民国《威县志》卷末，北平京津印书局，1929年铅印本，第26a~26b页。

③ 民国《沙河县志》卷7《物产志下》，1940年铅印本，第4b页。

④ 石家庄市民间文学三套集成编委会：《中国民间文学集成·石家庄市故事卷》，中国民间文艺出版社，1989，第200~201页。

⑤ 棉秸皮可以用来造纸，也可以用来制造纺织用的复合材料，也可作建筑材料。但剥取极为费时费力，多数地方不剥棉秸皮即用作燃料。笔者访谈确认，沧州沧县地区就没有剥棉秸皮的习俗。

不再赘述。应当指出的是，随着时代的推移，晚近华北的燃料格局中作物秸秆日渐重要，而秋收之后，民间亦多开始大量储备秸秆。这一习惯使华北地区在秋收后燃料资源较为充裕，却也为火灾频发且为祸甚烈埋下了伏笔。邯郸市有名为《智烧红门寺》的故事，提到邯郸知县王智清铲除恶僧的故事，其中有关于民房火灾和在寺庙纵火的描写，摘录如下：

> 一日，忽听有人喊："救火！救火啊！"他忙派差役去外边救火。那些差役回来禀报说："有几间民房被烧，是因为房旁边的一堆高粱秆着火引起的。"
>
> …………
>
> 到了半夜，县衙差役和村民一起神不知鬼不觉地把红门寺全部包围起来。在县令指挥下一起放火，早已干透了的高粱秆，一燃就着。火借风势，一会儿，大火就熊熊地燃烧起来，整个红门寺成了一片火海。①

再摘录纪昀的相关记载以资参证。

其一称献县有村民欲卖妻偿债，史某代为偿债并赠予谋生之资，"半月后，所居村夜火。时秋获方毕，家家屋上屋下，柴草皆满，茅檐秫篱，斯须四面皆烈焰……乃左挈妻，右抱子，一跃而出，若有翼之者。火熄后，计一村之中，热死者九"②。

其二称献县景河镇西南一小村，有居民三四十家。村民邹某家夜半有牛上屋，全村老少都来围观，"忽一家火发，焰猛风狂，合村几为焦土"。纪昀父亲评价道："时方纳稼，豆秸谷草，堆秫篱茅屋间，袤延相接，农家作苦，家家夜半皆酣眠。突尔遭焚，则此村无噍类矣。天心仁爱，以此牛惊使梦醒也，何反以为妖哉。"③

纪氏之剖析、阐释容或多怪力乱神与劝世说教之处，但所述之事体当大

---

① 杜学德主编《中国民间文学集成·邯郸市故事卷》上册，第 480、481 页。

② （清）纪昀：《阅微草堂笔记·滦阳消夏录四》，大众文艺出版社，2003，第 75 页。

③ （清）纪昀：《阅微草堂笔记·槐西杂志一》，第 286~287 页。

致不虚，可见晚近时期的华北农村在秋收之后火灾之严重。

大量使用秸秆，还对华北的作物种植与役畜饲养都产生了深远的影响，笔者将另文探讨，本书不赘。

2. 水生植物与其他草本植物

水生植物可以分为很多种，有挺水植物、浮叶植物、沉水植物等，其中挺水植物植株高大，茎叶高出水面，根部则深埋水底，常用作燃料，而浮叶植物与沉水植物则极少用作燃料。在较浅的湖泊水域，挺水植物一般会占据大部分湖面，在较深的湖泊水域，则往往分布在沿岸浅水区域。其种类较多，分布较广的有芦苇、荬草（菰）、蒲草、荆三棱、水葱、稗属植物、薹草属植物和蓼属植物等，它们可用作薪柴，其中以芦苇为大宗。

在我国湖泊中，经常可以见到芦苇组成的单优群落。芦苇地下根系发达，对土壤无特殊要求，适应性强，除湖泊外，在常年积水的砂性冲积土、滩地、盐渍化的土壤上都可以见到其身影。因此芦苇是分布最为广泛的挺水植物，天然湖泊、人工水库、池沼湿地、河流沿岸都可找到其踪迹，白洋淀即是我国芦苇主产区之一。在华北中部的湖淀区、河岸乃至滨海地区的燃料组成中，芦苇都占有极为重要的地位。[1] 明代，新安县境内有名为烧车淀的大湖泊，方志载："烧车淀去郡治九十里，在新安县东北一十里。周围三十里，天旱则竭，蒲苇生之。昔人以车装载石灰经此，遇雨灰中生火烧车，延及蒲苇，通宵不熄，故名。内产鱼、藕、菱、芡，以益军民。"[2] 蒲苇居然延烧通宵，可见其分布面积之广与数量之多，沿湖居民当多采蒲苇炊爨。

相比较而言，分布极为广泛且获取方便的各种杂草与蒿莱更是重要的燃料来源。古人对杂草与蒿莱的燃料功效都极为重视，认为"薪之品三，曰木柴、蒿柴、草柴"[3]。就燃料格局的区域差异而言，草柴在平原地区使用远比

---

① 本段论述参照了中国科学院南京地理与湖泊研究所《中国湖泊概论》，科学出版社，1989。

② 弘治《保定郡志》卷12《山川》，《天一阁藏明代方志选刊》本，上海书店出版社，2014，第19页下。

③ （元）马端临：《文献通考》卷3《田赋考四》，中华书局，1986，第57页中。

山区为多。《水浒传》中描写卢俊义被押解途中"带着枷来到厨下，问小二哥讨了个草柴，缚做一块，来灶前烧火"[1]。明代建文帝子孙被圈禁在凤阳，"高墙庶人所生子女年及伍岁以上并配进妇口粮每名口月支……木柴柒拾伍斤，草柴贰百壹拾斤"[2]。可见草柴使用较为普遍。

蒿柴使用也极普遍，古代祭祀常用来散发香味，《尔雅》称："萧、荻，即蒿。李巡云：'荻，一名萧。'陆机云：'今人所谓荻蒿者是也，或云牛尾蒿，似白蒿，白叶，茎粗，科生，多者数十茎，可作烛，有香气，故祭奠以脂爇之为香。"[3]《通典》又载袼祭时"礼生彻毛血之豆，降自东阶以出，诸太祝取萧蒿焚于炉炭"[4]。蒿还常用作引火材料，尧山壁回忆童年时期获取火种的方法时，指出主要有两种，一是用火镰，二是用火绳，火绳即用蒿草制成，摘录其描述如下：

> 把地里的一种蒿草割下晒几天，编成草绳。这种蒿草质地结实，加上编得细密，燃烧得很慢，似燃非燃，徐徐冒烟，秋天还可以挂在屋里熏蚊子。一根火绳五六尺长，能燃一天一夜，烧完了再续一根，成为不灭的火种。用"笨取灯儿"一点，就能烧饭。家家秋天割蒿子编绳，堆半院子，够用上一年的。[5]

在华北地区的民众生计中扮演着重要角色的荆条也可用作燃料，如明代兵部武库司通过招商来办纳柴炭，相关章程规定商人"纳荆条每年一万斤，该价银七十两"[6]，而主要职能为供应各宫及内官内使人员柴炭的惜薪司，也

---

① （元）施耐庵：《水浒传》卷62《放冷箭燕青救主，劫法场石秀跳楼》，明容与堂刻本。

② （明）张学颜：《万历会计录》卷32，书目文献出版社，1989，第1029页下。

③ 李学勤：《〈尔雅〉注疏》卷8，北京大学出版社，1999，第261页。

④ （唐）杜佑：《通典》卷87，中华书局，1988，第2380页。

⑤ 尧山壁：《百姓旧事：20世纪40—60年代往事记忆》，第4页。

⑥ （明）申时行等：《大明会典》卷156《兵部三十九·武库清吏司·柴炭》，《续修四库全书》第791册史部政书类，上海古籍出版社，2002，第644页下。

要求召商办纳荆条二万斤[①]。不过民众舍不得直接燃烧荆条，大都是编织成箩筐、篮子等物，年深日久朽烂不堪后，方才用作薪柴。

3. 树木类

所有树木的枝叶都可用作燃料。绝大多数木柴质地紧密，燃烧稳定且持久，"火力软而火焰长"[②]，于生产生活都是上佳的燃料，故而从人类开始用火时就受到重视。烹饪、取暖、祭祀、照明等方面都要使用大量木柴，而丝织、陶瓷、冶铁等手工业生产也都以木柴为重要的燃料。

对于不同木柴的特点，古人已有非常深刻的认识，《本草纲目》中即对若干树木樵采时间与火焰颜色进行了概括："榆柳先百木而青，故春取之，其火色青。杏、枣之木心赤，故夏取之，其火色赤。柞、楢之木理白，故秋取之，其火色白。槐、檀之木心黑，故冬取之，其火色黑。桑、柘之木肌黄，故季夏取之，其火色黄。"[③] 又分析了各种材质燃料的优点："火用陈芦、枯竹，取其不强，不损药力也。桑柴火取其能助药力，栎炭取其力慢，栎炭取其力紧。温养用糠及马屎、牛屎者，取其缓而能使药力匀遍也。"[④] 也分析了不同材质的薪柴用于加热草药时可能对人体造成的伤害："八木者，松火难瘥，柏火伤神多汗，桑火伤肌肉，柘火伤气脉，枣火伤内吐血，橘火伤营卫经络，榆火伤骨失志，竹火伤筋损目也。"[⑤] 可见用作薪柴的树木种类非常之多，且古人对它们的燃烧特性已有非常全面之认识。

华北地区常用作薪柴的树木有杨、柳、榆、桑、松、柏、栗、楮、楸、橡、臭椿等。

（1）杨柳

关于杨柳的薪柴用途，《齐民要术》中有较多记载，书中详细记述了每亩

---

① （明）申时行等：《大明会典》卷205《工部二十五·屯田清吏司·柴炭》，《续修四库全书》第792册史部政书类，第435页上。

② 冯先铭：《中国陶瓷》，上海古籍出版社，2001，第331页。

③ （明）李时珍：《本草纲目》（校点本）卷6《火部·燧火》，第417页。

④ （明）李时珍：《本草纲目》（校点本）卷6《火部·芦火竹火》，第419页。

⑤ （明）李时珍：《本草纲目》（校点本）卷6《火部·艾火》，第419页。

出产的薪柴数量和总价值，称："一亩二千一百六十根，三十亩六万四千八百根，根直八钱，合钱五十一万八千四百文。百根得柴一载，合柴六百四十八载，载直钱一百文，柴合收钱六万四千八百文。都合收钱五十八万三千二百文，岁种三十亩，三年种九十亩，岁卖三十亩，终岁无穷。"[1] 又特别指出白杨制作各种器具可获得丰厚的收益，而"柴及栋梁椽柱在外"[2]。书中还转引材料介绍了柳树的燃料功用，称："《陶朱公术》曰种柳千树则足柴，十年以后，髡一树，得一载；岁髡二百树，五年一周。"[3] 明清时期成书的农书仍极喜欢抄录相关记述，可知杨柳依旧是较常见的薪炭来源。

（2）榆树

榆树常用作燃料，《齐民要术》中亦谈及其用作薪柴的市场价值，称"其岁岁科简剶治之功，指柴雇人，十束雇一人，无业之人争来就作卖柴之利，已自无资"，又自注道"岁出万束，一束三文，则三十贯，荚叶在外也"[4]。

（3）桑树

桑树的枝叶也用作薪柴，古人将桑柴列为上等燃料，是"薪之善者，宜以炊爨而养人"[5]。农事育种、中医制备药剂等都会用到大量的桑柴。选育蚕种时"腊八日以桑柴灰淋汁，以蚕种浸一日，却以雪水浸挂收，或挂桑木上从雨雪冻一二宿收，庶几耐养"[6]。

医家指出，"凡一切补药诸膏，宜此（桑）火煎之"[7]。如治疗狗咬破伤风，"以人参不计多少，桑柴火上烧令烟绝，用盏子合研为末，掺在疮上立效"[8]。熬制人参汤时则"人参茯苓为细末，蜜用生绢滤过，地黄取自

---

① （东魏）贾思勰：《齐民要术校释》卷5《槐柳楸梓梧柞第五十》，缪启愉校释，中国农业出版社，1998，第352页。

② （东魏）贾思勰：《齐民要术校释》卷5《种榆白杨第四十六》，缪启愉校释，第344页。

③ （东魏）贾思勰：《齐民要术校释》卷5《槐柳楸梓梧柞第五十》，缪启愉校释，第352页。

④ （东魏）贾思勰：《齐民要术校释》卷5《种榆白杨第四十六》，缪启愉校释，第342页。

⑤ 程俊英、蒋见元：《诗经注析》，中华书局，1991，第732页。

⑥ （清）汪灏：《广群芳谱》卷11《桑麻谱一》，上海书店，1985，第245页。

⑦ （明）李时珍：《本草纲目》（校点本）卷6《火部·桑柴火》，第418页。

⑧ （宋）唐慎微：《重修政和经史证类备用本草》卷6，陆拯、郑苏、博睿校注，中国中医药出版社，2013，第365页。

然汁。捣时不用铜铁器，取汁尽去滓，用药一处拌和，匀入银石器或好磁器，内封用净□二三十重封闭入汤内，以桑柴火煮三昼夜，取出"[1]。类似记载颇多，余不尽举。应当指出的是，在历史的早期，华北地区草木燃料资源较为丰裕，丝织业在产业结构中又占有极为重要的地位，人们对桑树的保护工作较为用心，故大量砍伐桑树用作薪柴的情形并不常见。自宋而后，华北地区的燃料危机日趋深重，砍伐桑树以供炊爨的情形也显著增多，政府一再明令禁止却还是愈演愈烈。详细情形将在后文进一步探讨，此处不赘。

（4）松柏

松柏为上好木材，可制备各种优质器具，但用作薪柴的情形也很常见。如北京地区除夕夜"以松柏枝杂柴燎院中，曰松盆，伛岁也"[2]，而古代守城时，为防备敌方夜袭，常在城上燃烧松柴来照明，"至于夜间守城，用灯烛所费甚多，且皆高悬于垛上，是使贼得以视我，我不便视贼，其利在彼矣，甚非所宜。为今之计，应造铁火球，中燃松柴，价比槽烛相去倍蓰。况火光散阔极远，比灯火相去千万。每垛口二十个球、三十个止该用火球一枝，挑出垛外，坠于城半，则火光在下，我视在上，不悖其光，我得以见贼，而贼不能见我，其利在我矣"[3]。

柏树柴则自先秦开始，多用于祭祀，宋代依然如此。史载："（元丰四年）详定礼文所言，谨按《周礼·大宗伯》以禋祀祀昊天上帝，以实柴祀日月星辰，以槱燎祀司中、司命、风师、雨师。所谓'周人尚臭，升烟以报阳也'。烟，阳之气也；阳祀而用阳之气以求之。所谓本乎天者亲上，亦各从其类也。近世惟亲祀昊天上帝燔柏柴外，其余天神之祀惟燔祝板，实为阙礼。伏请天神之祀皆燔牲首，所有五帝、日月、司中、司命、风师、雨师、灵星、寿星，并请以柏为柴，升烟以为歆神之始。"[4]

---

① （元）忽思慧：《饮膳正要》卷2，中国医药科技出版社，2018，第39页。

② （清）于敏中：《日下旧闻考》卷148《风俗》，四库全书本。

③ （明）唐顺之：《武编前集》卷2《守》，徐象枟曼山馆刻本。

④ （宋）李焘：《续资治通鉴长编》卷317。

（5）栗树

明人提炼银矿时常用栗炭，"每炉受礁砂二石，用栗木炭二百斤"[①]。中医亦常用栗柴，如煎制治疗恶疮的援生膏时即"用荞麦秸灰或真炭灰一斗三升，淋灰汤八九碗，用栗柴或桑柴文武火煎作三碗"[②]。

（6）楮、楸、橡

贾思勰认为楮树"其柴足以供燃"[③]，楸树在生长十年后"一根千钱，柴在外"[④]，生长二十年的橡树用作屋椽"一根直百钱，柴在外"。[⑤]可见它们也都是日常生活中重要的燃料来源。

（7）臭椿

臭椿也较早就被用作燃料，《诗经·豳风·七月》即载："九月叔苴，采荼薪樗。"

其余用作薪柴之树木还有多种，可参见本书附录部分附表1，此处不再一一列举。

关于用作薪柴的草木种类，苏轼提到了若干种，摘录如下：

酒中置茄子柴灰，则酒到夜成水。

⋯⋯⋯⋯

茄柴灰可淹海蛰（蜇）。

⋯⋯⋯⋯

肥皂树作柴烧锅，铁作爆片落。

⋯⋯⋯⋯

蹺柴怕硫黄烟，触之则黄红，藕亦然。搭面粉亦怕触，触则青黑色，遇雌黄触则褐色。

① （明）宋应星：《天工开物》卷下《五金第十四》，明崇祯刻本。
② （明）汪机：《外科理例》附方169援生膏，中国中医药出版社，2010，第219页。
③ （东魏）贾思勰：《齐民要术校释》卷5《种谷楮第四十八》，缪启愉校释，第348页。
④ （东魏）贾思勰：《齐民要术校释》卷5《槐柳楸梓梧柞第五十》，缪启愉校释，第354页。
⑤ （东魏）贾思勰：《齐民要术校释》卷5《槐柳楸梓梧柞第五十》，缪启愉校释，第358页。

···········

伏中收松柴斫碎，以黄泥水中浸，皮脱晒干，冬月烧之无烟。竹青亦可。[1]

二　动物燃料

1. 蜡

蜡烛是古代常用的照明材料，而其主要原料蜡则由动物分泌而来，主要有两种，一为蜂蜡，一为虫白蜡。

蜂蜡主要取自蜜蜂。工蜂腹部的蜡腺分泌出蜡鳞，经过咀嚼后再混合上颚腺分泌物，用来构筑巢脾或为蜂巢封盖。[2]人工提取后用来制备蜡烛，颜色多发黄，人们习惯称之为黄蜡。

虫白蜡取自白蜡虫。雄性幼虫在成长过程中不断分泌白色物质，拾取加工后即可成蜡。四川较多，故又称为川蜡，为我国特产，国际上常称为"中国蜡"，颜色发白，古常称为白蜡。[3]

据李时珍考究，唐宋以前利用的蜡主要为蜂蜡，而虫白蜡的盛行则在元以后，"此虫白蜡，则自元以来，人始知之，今则为日用物矣"[4]。

蜡是制备蜡烛的主要原材料，而蜡烛是重要的照明用品。《西京杂记》称："闽越王献高帝石蜜五斛，蜜烛二百枝。"[5]则秦汉之际或已较多使用蜡烛。早期蜡烛多用蜡或动物油脂制作，近代多用从石油中提炼的石蜡制作，在华北的不少区域称前者为柴蜡，称后者为洋蜡。柴蜡燃烧时，有较大的烟气，且烛芯还常需要修剪，故李商隐有"何当共剪西窗烛，却话巴山夜雨时""石

---

[1]　（宋）苏轼：《苏轼文集编年笺注》第 12 册，李之亮笺注，巴蜀书社，2011，第 540、506、518、519 页。

[2]　曾志将主编《蜜蜂生物学》，中国农业出版社，2007，第 30、40 页。

[3]　吴次彬编著《白蜡虫及白蜡生产》，中国林业出版社，1989，第 1 页。

[4]　（明）李时珍：《本草纲目》（校点本）卷 39《虫部》，第 2234 页。

[5]　转引自（宋）李昉《太平御览》卷 870《火部三·烛》，中华书局，1960 年影印本，第 3857 页下。

家蜡烛何曾剪，苟令香炉可待熏"① 等诗句。同时，柴蜡燃烧时极容易使融化的蜡油溢出，故而李商隐称"春蚕到死丝方尽，蜡炬成灰泪始干"②，杜牧称"蜡烛有心还惜别，替人垂泪到天明"③。

这里有必要指出的是，古代虽也用油灯照明，但成本较高，大众更多的还是用蜡烛来照明。这样的照明方式虽然相对廉价，但却隐藏着巨大的风险。从古至今，人们用蜡烛时都有一个习惯，就是点燃蜡烛后向桌子上滴几滴蜡油，然后将蜡烛摁上去，这样蜡烛便可直立不倒。但这样有着极大的风险，那便是稍不注意，蜡烛燃尽时便会引燃桌子，进而有可能点燃整个房屋，酿成严重的火灾。常见的情形是，点着蜡烛而人却睡着了，不等睡醒火灾已然发生。古装影视剧中常见的镜头便是更夫打着梆子，嘴里喊着"天干物燥，小心火烛"，这是有着历史依据的，古代的火灾常与蜡烛有关。④

关于蜡烛的历史，也足够写一部专著了，限于篇幅，本书点到即止，留待将来再做详细探讨。

2. 粪便

动物的粪便也常被用作燃料，常见的是牛、马、羊、骡等大型役畜的粪便。相较于直接燃烧草本植物，经过食草动物消化后的粪便燃烧更为平缓稳定，对若干特殊食材的制备或是炼制丹药，具有天然的优势，如"常以正月、二月预收干牛羊矢煎乳"⑤；如炼制太清金液神丹，"以马屎烧釜，四边去五

---

① （唐）李商隐：《夜雨寄北》《牡丹》，载（清）彭定求等编《全唐诗》卷539，中华书局，1999，第6201、6222页。

② （唐）李商隐：《无题》，载（清）彭定求等编《全唐诗》卷539，第6219页。

③ （唐）李商隐：《赠别二首之二》，载（清）彭定求等编《全唐诗》卷523，第6035页。

④ 我们注意到一个现象，那便是明代以前的建筑很少能保留到现在，重要的原因便是古建筑的原材料是土木。木材使用较多，便容易引发火灾。火灾有人火、有天火，人火除蜡烛引发外，还有烹饪用火引发、储藏薪柴自燃引发等。天火则主要是雷击起火，古代建筑中缺少防雷设施，发生雷暴时极易起火，正史《五行志》中长篇累牍的某年月日某殿灾的记载多半都是雷击引发的火灾事件。明代建筑保留较多，则与建筑材料变土为砖有关，相关情形我们将在第六章再做进一步分析。

⑤ （东魏）贾思勰：《齐民要术校释》卷6《养羊第五十七》，缪启愉校释，第432页。

寸，然之九日九夜。无马屎，稻米糠可用"[①]。

养蚕过程中要大量烧牛粪，常于冬季提前储备，农书中记载道：

> 《务本新书》：冬月多收牛粪堆聚（原注：春月旋拾，恐临时阙少），春暖踏成墼子，晒干苫起，烧时香气宜蚕。

> 《士农必用》：腊月晒干。至春，碾，捶碎，一半收起，一半用水拌匀，杵筑为墼。[②]

此外，鸡粪、蚕沙等偶尔用作燃料。而狼粪也在古代战争中扮演了重要角色，烽火常用之，"狼烟"也成了战争的代名词。

在华北地区的燃料利用结构中，粪便所占地位远不如游牧地区重要，对经济、生态全局的影响也不甚显著。

3. 骨骼

每逢战乱与灾荒，"炊人骨以为薪，煮人肉以为食"[③]之类的记载屡屡见之于史籍，如北宋末年，金兵围困太原两百多日，"城中乏薪，乃毁屋取木、燃骨充爨"[④]。人们往往只是注意到了粮食匮乏与人们失去理智的行为，却忽视了其中的柴薪信息，即围城之中燃料也会出现严重不足。当然，史书中的这种说法往往只是夸张的说辞，但若无以人骨为柴薪的真实情景，恐绝难形成并流传此种说辞。与人骨相比，动物骨骼用作燃料的情形更多，早在北京人用火时，可能即已大量燃烧兽骨了。

不管是兽骨还是人骨，都只是特殊情形下利用的燃料而已，在燃料利用结构中，远不能与草木资源相比。

---

① （宋）张君房编《云笈七签》卷65《金丹诀》。
② （元）大司农司：《农桑辑要》卷4《士农必用》。
③ （清）计六奇：《明季北略》卷5，清活字印本。
④ （宋）徐梦莘：《三朝北盟会编》卷53，清许涵度校刻本。

三 人工燃料

1. 木炭

木炭是自古至今经常用到的燃料，辞书中给出的定义为："木材在隔绝空气的条件下干馏得到的东西，常保留木材原来的形状，质硬，有很多细孔。"[①] 木材中含有大量的木质素，将木材在封闭的空间中加热到300℃左右，木质素会剧烈地分解，释放出一定的热量，碳元素含量迅速上升，最终留下的多孔状固体物质即为木炭，多为深褐色或黑色。

木炭热值较高、灰分少，而氧气会渗入木炭的空隙中，更易起火，燃烧也更持久，故用作燃料其性能优于一般薪柴。高效的木炭生产应该是在完全隔绝空气的状态下进行的，但传统时期的木炭制作很难做到，农家常将正在炉灶中燃烧的木柴突然加水降温或者放入密闭容器中隔绝空气来获得木炭，这样的木炭易燃但不耐烧。

华北常用来制作木炭的树木有多种阔叶树与针叶树，比如栎树、柞树、栗树、橡树、柳树、杨树、厚朴、松树、柏树、杉树、落叶松等，其中柳木炭是优质的绘画颜料，而厚朴木炭则是理想的研磨用木炭。此外，树皮、锯末、糠皮、秸秆、中药材等都可烧制木炭，但产出与性能均不如木材。

木炭最早出现当在新石器时代，人们是在长期用火过程中逐渐发现其独特性能并掌握制备方法的。最早的木炭是用堆烧法制作的，炭化条件不容易掌控，木炭生产过程中消耗木材过多，灰分等杂质含量又太高。最迟到夏商时期已发明了窑烧法，即用泥土筑炭窑，在窑室中装满木材，然后从窑门或火门点火，使木材在密闭的窑内燃烧、炭化，挥发物逸出而剩下木炭。

木炭的种类极多，按照现代的区分方法主要有两种：白炭和黑炭。两种木炭的烧制工艺并无本质区别，而其差异主要表现在熄火方式上。

生产白炭过程中，最后熄火时，要打开窑门让空气进入，使热解过程中产生的气体燃烧起来，形成1000℃左右的高温，进一步提高炭化程度。之后

---

① 中国社会科学院语言研究所词典编辑室编《现代汉语词典》(第6版)，第922页。

将木炭及时从窑中扒出来并覆盖以湿沙土，在熄火的过程中其表层因与空气接触而外部被氧化，生成的白色灰也附在木炭上，故而被称为白炭。白炭又可细分为白炭、青炭、乌冈炭等种类，而尤以乌冈炭品质最好。白炭对木材要求较高，最好选用麻栎、青冈、石栎等树木，其他阔叶树种烧制的白炭品质较差。

而黑炭生产中，整个过程中的温度都控制在 400~700℃，没有加热到1000℃的情况。要完全密封炭窑的入口和烟囱，通过彻底封闭炭窑切断氧气供应来熄火，表面无灰土附着，呈现黑色，故而被称为黑炭。

总体而言，白炭比黑炭坚硬，强度与热值也较高，起火较难，但火势稳定持久，难以熄灭，故而是优质木炭。下文提及的清代银霜炭与银骨炭即是白炭中较高级的品种。但黑炭质地较软，起火容易，燃烧较为猛烈，可以加热到很高的温度，制备较为方便，价格相对较为低廉，所以自古即较多用于冶金。[①] 两者的性能差异列表做一简单的对比（见表1.1）。

表 1.1 白炭与黑炭的性能比较

性能	白炭	黑炭
炭化温度	1000℃	400~700℃
熄火方式	通风并扒出覆盖熄火	密闭熄火
强度	高	低
密度	大，沉于水中	小，可浮于水面
火力	较低但持久	较高但不持久
易燃性	较低，平均燃点460℃	较高，平均燃点350℃
碳素含量	93% 左右	65%~85%
酸碱度	弱碱性	弱酸性
古代用途	取暖、炊事	冶铁

① 以上论述参考了臧连明、钱用和《土窑烧炭》，中国林业出版社，1959，第2~14页；姜在允《木炭拯救生命——徐徐揭开的秘密》，金莲兰译，中国地质大学出版社，2005，第22~25页，表1.1相关资料依据该书第26页，但笔者做了修改调整；联合国粮农组织编著《生产木炭的简单技术》，林德荣译，中国农业科学技术出版社，2002，第5~6页。

据学者考证，除白炭、黑炭之外，木炭尚有瑞炭、麸炭、炼炭、金刚炭、桎炭、竹炭、硬炭、火墨、乌薪等诸多种类。瑞炭为唐代西凉国进奉之长条炭，耐烧，《开元遗事》称其"可烧十日，热气逼人而不可近"。麸炭为炉灶内薪柴燃烧后所剩之炭，质轻而可浮于水。炼炭，是指正式用炭前，先燃烧片刻去除残留杂质后的炭。金刚炭，唐宋宫廷专用之炭，坚实耐烧。桎炭、竹炭，皆以所用原材料得名。大略仍不出白炭与黑炭两大门类。[1] 到清代后期，人们对木炭的性能有了更全面的认识，注意到了木炭可以过滤水中的杂质，可以用作化学反应中的还原剂，徐珂即指出："木炭，以树木密闭器中燃烧而成。质佳者，断面有光，击之作金声，烧时无烟，可供燃料，并滤水使之清洁，化学上又以为还原剂，为用极广。"[2]

木炭的性能较为稳定，可以持久保存，古人即认识到了，《抱朴子》中即称："柳乃速朽者也，而燔之为炭，则亿载而不败。"[3] 故而木炭保留了较多烧制之前的木材之性状，受到地质学家与考古学家的重视，他们往往借助古遗址中发现的木炭来重建当地植被史、古环境和古气候，并勾勒古人类利用树木、饮食、取暖、空间利用与认知等方面的生活情状，考古学中甚至还形成了木炭学这一专门的分支，取得了丰硕的成果。[4]

木炭烧制过程会对森林植被产生显著影响，详细情形第五章再详细分析，此处不赘。

2. 油脂

油脂亦为重要的照明用燃料，主要用作灯油。细分的话，油脂有两大门

---

① 容志毅：《中国古代木炭史说略》，《广西民族大学学报》（哲学社会科学版）2007 年第 4 期；柴国生：《唐宋时期生物质能源开发利用研究》，郑州大学博士学位论文，2012，第 35~36 页。

② 徐珂：《清稗类钞》第 12 册《物品类》，中华书局，1986，第 6035~6036 页。

③ （宋）李昉：《太平御览》卷 871《火部四·炭》，第 3861 页上。

④ 相关论著非常多，几乎每一遗址的发掘报告中均有对木炭的分析。给笔者留下深刻印象的有孙楠、李小强《木炭研究方法》，《人类学学报》2015 年第 2 期；王树芝《木炭在考古学研究中的应用》，《江汉考古》2003 年第 1 期；王树芝《考古遗址木材分析简史》，《南方文物》2011 年第 1 期；景雷、孙成志、姜兆熊《湖北随县曾侯乙墓木炭的鉴定》，《林化科技》1980 年第 2 期。余不尽举。

类：一为动物性油脂，为动物体内的脂肪，多聚集而呈固态，屠宰动物后可直接获取；二为植物性油脂，为植物体内的脂肪，分散于植物的叶子、果实中，经压榨后获得，常温下多呈液态。

李时珍曾对常见的油脂进行概括，称："凡灯惟胡麻油、苏子油燃者，能明目治病。其诸鱼油、诸禽兽油、诸菜子油、棉花子油、桐油、豆油、石脑油诸灯烟，皆能损目，亦不治病也。"[1]

据柴国生考证，常用作制备油料的植物有芝麻、红花、蔓菁、乌药、大麻、大豆、油菜、苍耳、苏、蓖麻、油桐、乌桕、核桃、油茶、杏、松柏、枣、蓁等。常用来提取脂肪的动物则有猪、驴、牛、羊、狗、鸡、鸭、鹅、熊、豹、野猪、麋、鹿、鳖、雁、鲸、狸、猫、江豚、鲵、蛇及各种鱼类。[2]

民间常用来照明的油脂则是菜籽油，主要是用油菜（古称芸薹）籽粒压榨所得，李时珍称油菜"结荚收子，亦如芥子，灰赤色。炒过榨油，黄色，燃灯甚明，食之不及麻油。近人因油利，种植亦广云"[3]。

不少民间故事中有所反映。如武安民间故事《葱、姜、韭菜的来历》中提及进京赶考的三个书生在天黑后没找到可以住宿的地方，"又往前走了一会儿，见前边明晃晃哩，可能是有了人家了。走到跟前，见屋里点着菜籽油灯，从里边走出来一个六十来岁的老汉"[4]。另外一则武安民间故事《老君腿的传说》中则提及煤炭工人劳作时的照明情况，称老君"到了挖煤的地方一看，人们都嘴咬着菜籽油灯，爬在又窄又低的小巷道里，拉着筐子往外拖煤"[5]。

较常见的还有棉花籽油。棉花籽油是用棉花籽压榨所得，主要用作食用油，新中国成立后不少地区称之为卫生油。但古代也常用作灯油，由前引李

---

① （明）李时珍：《本草纲目》（校点本）卷6《火部》，第421页。

② 柴国生：《唐宋时期生物质能源开发利用研究》，郑州大学博士学位论文，2012，第38~42、60~71页。

③ （明）李时珍：《本草纲目》（校点本）卷26《菜部》，第1603页。

④ 河北省武安县民间文学集成编委会：《中国民间文学集成·武安民间故事卷续集》，内部印行本，1988，第138页。

⑤ 杜学德主编《中国民间文学集成·邯郸市故事卷》中册，第251页。

时珍的论说来看，明代用棉油灯的情形当较为普遍。晚近时期也比较普遍，如抗战时期井陉抗日文工队表演时，"照明是拿一条绳倒吊一个板凳，放上一个棉油碗"[①]。

在盛产花生的地区，还常用花生油，20世纪40年代的北京西郊挂甲屯村即是如此，当年的调查资料有详细描述，摘录如下：

> （灯火费）使用原料完全为花生油，每月至多不过1斤。但有家庭手工业者，往往有夜作，自然费油比较多些。有该项费用者共70家，至于每家平均用费，则以收入多寡而递增，自然贫户在夏日灯火费比较有些之故。然日来油价陡增，较年初涨10倍左右，1斤达20元以上，此更为灯火费不得不节省之一打击也。[②]

尧山壁在回忆抗战时期的生活时，对油灯也有生动有趣的描述：

> 与火相连的是灯。虽然爱迪生发明电灯快一个世纪了，上海、北京等沦陷区灯火辉煌，但是对农村来说，电灯还是一种神话，家家户户用的还是几千年的油灯。油是用棉籽、花生榨出来的，没经提纯，黑糊糊的，叫黑油。灯具是陶制的，像马王堆挖出来的文物那样，矮的叫灯碗，高的叫灯台。用棉花搓成灯捻儿，灯光微小。老婆婆给孩子出谜语："豆来大，豆来大，一间屋子盛不下。"[③]

随着时间的推移，传统的照明用油料逐渐被煤油取代，关于民国河北清

---

① 石家庄市民间文学三套集成编委会：《中国民间文学集成·石家庄市故事卷》，第234页。
② 华北综合调查研究所：《北京西郊挂甲屯家计调查——华北综合调查所所员养成所学员练习调查报告》，华北综合调查研究所，1944年4月编印本，转引自李文海、夏明方、黄兴涛主编《民国时期社会调查丛编》二编《乡村社会卷》，福建教育出版社，2014，第106页。
③ 尧山壁：《百姓旧事：20世纪40—60年代往事记忆》，第4~5页。更详细的描述参见附录史料部分1.1。

苑县的调查资料即指出：

> 在 30 多年以前（逊清末年以前），农家都点用土制灯盏，使用农家自出或本地出产之油，如黑油（黑豆榨制者）、菜油（菜籽榨制者）、棉油（棉籽榨制者）等。自煤油输入，农家多改点用煤油灯。在调查的当年（民十九年），各村使用煤油已很普遍，总计 24 村，每村每年使用煤油数量，少则 50 桶（每桶 28 斤），多则 400~500 桶不等。近几年来，使用煤油灯者更见增多，因为没有使用的推广，洋灯在乡村的销路亦渐增加。此外在民十年以后，农家渐使用洋烛，因而土油灯的使用更见减少。[①]

同样地，关于油脂，也可以写出一部乃至一系列书，限于篇幅，本书不过多展开论述。

3. 火药

自发明以后即在军事活动中扮演了越来越重要角色的火药，其实也是一种燃料。自宋以降，火药的用量越来越大，而火药的制备技术也不断演进。火药的原材料主要是硝石、硫黄与木炭，三者之比例随用途的不同而有较大变化，而三者之外还会添加其他物质以适应特定的用途。

由于火药威力较大，明代的军事家对其极为青睐，故有"国家御虏，惟火药为长技，未有不堪之硝黄能造堪用之药者"[②]之语。宋应星也称"凡硫黄配硝而后火药成声，北狄无黄之国，空繁硝产，故中国有严禁"[③]。

除军事领域外，火药更重要的用途是民间娱乐的消耗。利玛窦做了有趣的观察和分析，摘录如下：

① 张培刚：《清苑的农家经济》，载北平社会调查所《社会科学杂志》第 7 卷第 1、2 期，1936 年 3 月、6 月，转引自李文海、夏明方、黄兴涛主编《民国时期社会调查丛编》二编《乡村经济卷（中）》，福建教育出版社，2014，第 151 页。

② （明）何士晋：《工部厂库须知》卷 8，明万历林如楚刻本。

③ （明）宋应星：《天工开物》卷下《佳兵第十五》。

最后，我们应该谈谈硝石。这种东西相当多，但并不广泛用于制造黑色火药，因为中国人并不精于使用枪炮，很少用之于作战。然而，硝石却大量用于制造焰火，供群众性娱乐或节日时燃放。中国人非常喜欢这类表演，并把它当作他们一切庆祝活动的主要节目。他们制作焰火的技术实在出色，几乎没有一样东西他们不能用焰火巧妙地加以模仿。他们尤其擅长再现战争场面以及制造转动的火球、火树、水果等等。在焰火上面，他们似乎花多少钱也在所不惜。我在南京时曾目睹过为了欢庆春节而举行的焰火会，这是他们的盛大节日。在这一场合中我估计他们消耗的火药足够维持一场相当规模的战争达数年之久。①

利玛窦所指出的火药很少用于战争并不符合实情，但民间娱乐与节日庆典所消耗的火药量极为巨大则是实情。明《宛署杂记》中称：

> 其名不一，有声者曰响炮，高起者曰起火，起火中带炮连声者曰三级浪，不响不起旋绕地上者曰地老鼠。筑打有虚实，分两有多寡，因而有花草人物等形者，曰花儿，名几百余种。其别以泥函者曰砂锅儿，以纸函者曰花筒，以筐函曰花盆，总之曰烟火云。②

民间用火药的相关记载极为庞杂，准确数量无从估测，此处就不过多展开了。

4. 香

各种香料，在中国古代常统称为香。中国人使用香，更多的是追求美的体验与精神的享受，也以香来实现人与神佛之间的沟通。与西方人典型的不

---

① 〔意〕利玛窦、金尼阁：《利玛窦中国札记》第2卷第3章《中华帝国的富饶及其物产》，何高济、王遵仲、李申译，何兆武校，中华书局，2010，第19页。笔者对部分标点符号做了修改。

② （明）沈榜：《宛署杂记》卷17，北京古籍出版社，1980，第190页。

同是，中国人一般是要焚香使用，所以香也可看作燃料。

香之使用范围非常广泛，在中国文化中扮演着极为重要的角色。明人周嘉胄指出："香之为用大矣哉！通天集灵，祀先供圣，礼佛借以导诚，祈仙因之升举，至返魂祛疫，辟邪飞气，功可回天，殊珍异物，累累征奇，岂惟幽窗破寂，绣阁助欢已耶？"[1] 可见香为用之大，因而消耗量也颇大。

古代上层人士焚香，熏衣被，暖手脚，营造格调，增进情欲，消耗的香料非常可观。如西晋刘弘"性爱香，尝上厕还，过香炉上。主簿张坦曰：'人名公作俗人，不虚也。'季和（刘弘字季和）曰：'荀令君至人家，坐处三日香。为我如何令君，而恶我爱好也。'"[2] 又如唐代元载"常于寝帐前雕矮童二人，捧七宝博山炉，自暝焚香彻曙，其娇贵如此"[3]。在重要的礼仪场合，用量更是惊人。如隋炀帝每逢除夕夜，"殿前诸院设火山数十，尽沉香木根也，每一山焚沉香数车。火光暗则以甲煎沃之，焰起数丈。沉香、甲煎之香，旁闻数十里。一夜之中则用沉香二百余乘，甲煎二百石"[4]。熏香所用之原材料，多自很远的地方运来，有些甚至跨越重洋从遥远的异国运来，故而使用熏香，不仅仅影响了人们的居室小环境，影响了使用地的区域环境，可能还影响到了相距极为遥远的区域的环境。[5]

而焚香礼拜神佛，则为社会各阶层通行的做法。笔者曾对河北省武安市的制香行业做过粗线条的梳理，相关情形有助于我们了解其他区域的制香情

① （明）周嘉胄：《香乘》，日月洲注，九州出版社，2015，"自序"第1页。

② （晋）习凿齿：《襄阳记》，转引自（唐）欧阳询撰，汪绍楹校《艺文类聚》卷70《服饰部下》，上海古籍出版社，1982，第1222页。

③ （五代）王仁裕：《开元天宝遗事》，转引自（明）周嘉胄《香乘》，日月洲注，第247页。

④ （宋）李昉：《太平广记》卷236《奢侈一》"隋炀帝"条，中华书局，1961，第1815页。

⑤ 笔者曾指出，深刻认识环境问题远与近的关系非常重要，"很多时候，某地环境之变化的因由不能仅从本地来寻找，远处环境所扮演的角色也应给予高度的重视"。参见拙作《环境史的"环境问题"》，《鄱阳湖学刊》2012年第1期。某种程度上说，欧洲人对香料近乎疯狂的追求导致了地理大发现，深刻地改变了历史。相关的论著颇多，可参看一部令人耳目一新的论著：〔澳〕杰克·特纳《香料传奇：一部由诱惑衍生的历史》，周子平译，生活·读书·新知三联书店，2007。

况，摘录如下：

> 民国时期最有名的香产自广村，其他村庄也间或有之。1935年之前，
> 全县从业者约有200多人，报酬多少不固定，一般每年只工作一季，是
> 不少农家的副业。人们一般在农闲时进行生产，常用的原材料是柏树叶、
> 榆树皮等。制作时，先将原材料碾碎成粉末状，然后调水成糊状。与制
> 粉条的方法相类似，用漏瓢漏制成长条状，取直、截断、晾干，最后打
> 包即可。为了使燃烧的过程中散发特殊的气息，还可加入特定香料。香
> 的粗细、长短、颜色等等名目繁多，不一而足。
>
> 本县出产的香还远不够本地使用，所以人们还要大量到山西采购，
> 往返于山西与武安之间贩香之人络绎不绝。[①]

中国人拜神必焚香，崇拜的神灵极为纷繁复杂，祭拜的时节又非常多，
故而用香极多。制备香要用到大量的树木，对植被的影响也是非常显著的。
民国报刊中的记载也可见制香对草木之影响，摘录如下：

> 香之原料多系国产。普通香为柏木，榆木，杏柴，雄黄。上品为丁
> 香，檀香和香苓草。排香，乳香，叶本，什锦，宫饼，金银香。檀香，
> 降香，沉速香，清远香，白芨，黄柏，苏合香，麝香，安息香，以黄白
> 榆木为主，再加白芨，檀香，木香，丁香，苓草，排草。清远香，玫瑰
> 花瓣，金银香，木香，檀香，丁香，苓草，排草，玫瑰花瓣，甘松，白
> 芷，麝香，米片。[②]

要之，从广义的层面上来看，香也是燃料。而香在中国文化中一直扮演
着重要的角色，傅京亮有感于近代以来香文化的凋零，人们"大都将焚香、

---

① 赵九洲、宋倩：《环境与民俗：武安传统物质生产研究》，中国社会科学出版社，2016，第
273页。

② 空谷：《北平的手工业——香烛》，《工业月刊》1948年第8期，第21页。

敬香当作一种形式,只是烧香、看香,而不再品香、赏香",起而号召学界观照香文化这一"古老而全新的命题"。① 其实,香的使用情形,不仅是文化史的重要研究取向,也应该是环境史的重要研究领域,有志者或可用心于此。

最直接的研究主题当然是香与生态环境变迁之关系,特别是与植被变化之间的关系。但是,绝不仅限于此,还有更具趣味性的研究取向。笔者在评判王利华教授对声响史的研究时,曾指出:

> 而作者对环境史的研究领域的拓展其实并未止步于此。细心的读者一定注意到了这样的一个细节,即作者在第九章的开篇就非常有创意地借助六根—六境(尘)—六识的佛家概念体系来思考人们认知和适应环境的独特模式。作者围绕耳—声—听觉和意—法—思想意识两大系统进行了探讨,而其他四个系统,亦即眼—色—视觉、鼻—香—嗅觉、舌—味—味觉、身—触—触觉,作者虽未明言,但笔者以为作者的潜台词却是留待有意者。换句话说,视觉史、嗅觉史、味觉史、触觉史等都可成为环境史研究中极重要的研究领域,也就是说,色彩、形态、气息、味道——既包括自然的,也包括人为的——等问题也都纳入到了我们的视野中来了。这些问题都构成了人类感知和适应自然环境的重要方式,也必然成为构筑环境史大厦的重要基石。作者曾对声响问题进行概述道:"从最广泛的环境史意义上说,这个星球上的各种声响,不论是'自然'还是'人为',只要曾对人类身心产生过影响,即构成生存环境的一部分,并反映于我们的文化之中,因而亦可以作为历史研究对象的一部分。"其实,我们将"声响"置换为"色彩、形态、气息、味道",用来形容上述这些领域的重要性也是恰如其分的。上述这些领域的思考,有助于环境史学界改变对环境史的狭隘理

---

① 傅京亮:《中国香文化》,齐鲁书社,2008,"序言"第9页、第2页。

解和僵化研究模式，无限辽阔的研究疆域真正呈现在了我们的面前。[①]

就笔者所见，至今国内尚无令人印象深刻的嗅觉史论著。而香显然是学界拓展嗅觉史疆域的极好的突破口，深入探究香的历史，我们将会为环境史打开一片全新的天地。这一问题偏离本书主题较远，不再过多展开，留待他日深入发掘。

5. 纸

古人重要祭祀时燔柴升烟以与神灵沟通，而纸发明以后，逐渐取代了柴而广泛应用于祭祀之中。究其原因，或因纸张比柴表现力更丰富，可折叠、剪切、拼接出各种各样的形状，可书写文字，可绘制图画，因而可以寄托人们更多的诉求。

现代所说之烧纸，多指祭祀亲人亡灵时焚烧冥币。其实，祭祀其他神灵时也会烧纸。所用之纸张也有很多种类：黄表纸一般用于敬神，局部地方也会祭祀亡灵；锡箔纸可以整张焚烧，也可以叠成金银元宝再焚烧，敬神与祭祀亡灵皆可；草纸可以染色象征布匹，也可裁成服装样式，常用于祭祀亡灵。传统时代，人们常用雕版在细白纸（又称粉连纸）上印刷冥币。而现代，人们常购买各种印制好的冥币。还有更复杂的烧制用品，便是纸扎，常见的是人去世后用的纸人、纸马、楼阁、屋宇、牌坊、花圈、摇钱树、金山银山、仙鹤等。

祭祀烧纸之习俗，起源甚早。但笔者检索史料时发现，宋以前的相关记载非常少，而从宋代以后记载才丰富起来，则这一习俗之推广或当始于宋代。《朱子语类》中有如下记载：

> 先生每祭不烧纸，亦不曾用帛。
> 先生家祭享不用纸钱。凡遇四仲时祭，隔日涤椅桌，严办。次日侵晨，已行事毕。过。

① 赵九洲：《环境史研究的微观转向——评〈人竹共生的环境与文明〉》，《中国农史》2015 年第 6 期。

问："祭祀焚币如何？"曰："祀天神则焚币，祀人鬼则瘗币。人家祭祀之礼要焚币，亦无稽考处。若是以寻常焚真衣之类为是，便不当只焚真衣，著事事做去焚，但无意义。只是焚黄，若本无官，方赠初品，及赠到改服色处，寻常人家做去焚，然亦无义耳。"[1]

朱熹祭祀先人时特意不烧纸，而有人询问烧纸的事情，正可见民间烧纸风气之盛。

沈括记载种世衡用反间计除掉元昊谋臣野利事，摘录如下：

世衡尝得蕃酋之子苏吃囊，厚遇之。闻元昊尝赐野利宝刀，而吃囊之父得幸于野利。世衡因使吃囊窃野利刀，许之以缘边职任、锦袍、真金带。吃囊得刀以还。世衡乃唱言野利已为白姥谮死，设祭境上，为祭文，叙岁除日相见之欢。入夜，乃火烧纸钱，川中尽明，虏见火光，引骑近边窥觇，乃佯委祭具，而银器凡千余两悉弃之。虏人争取器皿，得元昊所赐刀，及火炉中见祭文已烧尽，但存数十字，元昊得之，又识其所赐刀，遂赐野利死。[2]

祭祀一人而所烧纸钱居然使"川中尽明"，亦可见用量之大。

关于烧纸的具体数量，笔者没有查到明确的记载。但从最高统治者到最底层的民众，都有这样的习俗，烧纸用量极为巨大，且会对环境造成显著影响，当无疑问。

四 煤炭

煤是由一定地质年代生长的繁茂植物，在适宜的地质环境中堆积成层，经由地壳升降而埋没在水体底部或泥沙之中，在压力、温度等地质条件影响

---

[1] （宋）黎靖德编，马铺、吴宣德整理《朱子语类》卷90，《传世藏书·子库·诸子5》，海南国际新闻出版中心，1995，第975页。

[2] （宋）沈括：《梦溪笔谈》卷13《权智》，金良年点校，中华书局，2015，第138页。

下，经由漫长的时间通过天然煤化作用而形成的。煤是非常重要的能源，主要由碳、氢、氧、氮、硫和磷等元素组成，其中碳、氢、氧三者总和一般可占有机质的95%以上。

据学者研究，煤主要可分为三大类。其一为腐植煤，由高等植物在沼泽环境中积累煤化而形成；其二为残植煤，由高等植物的角质、表皮、孢子、树脂等稳定组分在沼泽环境中富集至总含量的50%~60%煤化而形成；其三为腐泥煤，主要由湖沼、潟湖中藻类等浮游生物在还原环境下经过腐解形成。其中后两者非常少见，华北地区的煤炭大都为腐植煤。

腐植煤又可分为泥炭、褐煤、烟煤和无烟煤四类，四者的煤化程度依次增加，泥炭为较原始的煤，而无烟煤则是完全成熟的煤。四者中烟煤是分布最广、储量最大且对人们经济生活影响也最深远的煤。[①]

我国规模较大的煤层在古生代下石炭纪开始集聚，主要聚煤期有古生代的上石炭纪太原统、下二叠纪山西统、上二叠纪乐平统和中生代的侏罗纪，而华北地区则没有上二叠纪乐平统聚煤层。现将20世纪70年代后期关于全国与华北聚煤时代调查情况列表对比，见表1.2。

华北地区的煤炭探明储量在千亿吨以上，由于地质构造简单，煤层稳定，煤质比较优良，还具有低灰分、低硫、发热量高、用途广、厚层煤较多、埋藏较浅、倾角较小等优点，非常适宜开采。[②]故而在历史的早期，华北地区的民众就开始用煤做燃料了。

华北地区的煤炭资源分布，山东较少，河北较多，而山西最多。煤层埋藏，山东较深，河北较浅，而山西最浅。不少区域流传着种煤的故事，反映了人们对煤炭分布特征的朴素认识。[③]

古人对不同煤炭的燃烧性能已有了一定的认识，比如人们已经注意到磁州窑在烧制瓷器时，不同环节要用不同地方出产的煤炭。民间传说中即称，

---

①　以上论述主要参考了朱之培、高晋生《煤化学》，上海科学技术出版社，1984，第6~10页。

②　刘龙雨：《清代至民国时期华北煤炭开发：1644—1937》，复旦大学博士学位论文，2006，第12~14页。

③　关于种煤的相关传说情形，可参看本章第三节，此处不赘。

表 1.2　全国与华北不同聚煤期煤炭储量情况

区域	储量占比(%)		成煤时代										
			古生代							中生代			新生代
			石炭纪			二叠纪				三叠纪	侏罗纪	白垩纪	第三纪
			下石炭纪	中石炭纪	上石炭纪大原统	下二叠纪山西统	石河子统	黔阳统	上二叠纪乐平统				
全国 100	占全国		0.19	0.006	27.28	17.17	3.17	0.07	9.94	0.47	38.84	0.07	2.80
华北 60.36	占全区		0	0	39.89	21.46	0	0	0	0	38.41	0.12	0.12
	占全国		0	0	24.09	12.96	0	0	0	0	23.19	0.07	0.07
距今时间（百万年）			350~280			280~230				230~195	195~140	140~70	70~1
备注			此华北包括山西、内蒙古而不包括山东、河南。										

资料来源：朱之培、高晋生：《煤化学》，第 10 页。

"瓷货里不能生，外不能糊，点火，住火，火候不同。光烧炭就有个讲究，开始烧台带的炭——好引火；等焙坯七八日后，烧岑的坡炭——有劲；然后烧都党炭，既耐烧又灵泛"①。

华北大量用煤的最早明确记载始于魏晋时期。曹操曾在邺城（今河北省临漳县西南）三台囤积大量煤炭，"魏武封于邺，……城之西北有三台，皆因城为之基。……建安十五年（210），魏武所起。……中曰铜雀台，……南则金虎台，……北曰冰井台，……上有冰室，室有数井，井深十五丈，藏冰及石墨焉。石墨可书，又然之难尽，亦谓之石炭，又有粟窑及盐窑，以备不虞"②。陆云写给乃兄陆机的书信中也曾提及邺下之石炭："一日上三台，曹公藏石墨数十万斤，云烧此消，复可用然，不知兄颇见之不？今送二螺。"③邺城一地所藏煤炭已达数十万斤，就当时的技术条件而言，这一数量已非常惊人，则当时华北地区的西南部煤炭开发规模已然非常可观了。唐人李善注左思《魏都赋》有"邺西，高陵西，伯阳城西有石墨井，井深八丈"④之语，吴晓煜依此指出，邺城所藏煤炭当取自今安阳、磁县以及峰峰、邯郸一带的煤炭富集区，并认为其时已用高八丈的立井采煤了⑤。

整体而言，宋以前煤炭的使用非常有限，华北如此，全国亦如此。不少研究煤炭史的学者认为煤炭在汉代的用量已然非常大了。他们多依据河南巩县（今巩义市）铁生沟遗址与郑州古荥镇的冶铁遗址中发现的原煤与煤渣断言当时冶铁中已经将煤用作燃料。⑥而诸多冶金史专家认定宋以前铁制品含硫量较低，指出"汉代已用煤作为冶铁作坊的燃料"，但不能肯定煤用作炼铁的

① 杜学德主编《中国民间文学集成·邯郸市故事卷》中册，第169页。台带的、岑的坡、都党，皆邯郸市下辖峰峰矿区、磁县境内地名。

② （北魏）郦道元著，陈桥驿校证《水经注校证》卷10《浊漳水》，明嘉靖十三年刻本。

③ （宋）李昉：《太平御览》卷605《文部二一·墨》引《陆云与兄机书》，第2723页上。

④ （梁）萧统编，（唐）李善注《文选》卷6，上海古籍出版社，1986，第268页。

⑤ 《中国古代煤炭开发史》编写组：《中国古代煤炭开发史》，第33页。

⑥ 两个遗址的发掘情形可参看河南省文化局文物工作队编著《巩县铁生沟》，文物出版社，1962；郑州市博物馆《郑州古荥镇汉代冶铁遗址发掘简报》，《文物》1978年第2期。煤炭史学者的论述可参看《中国古代煤炭开发史》编写组《中国古代煤炭开发史》，第25~31页；李进尧、吴晓煜《中国古代金属矿和煤矿开采工程技术史·煤矿编》，第253~256页。

燃料，汉代的铁可能并未用煤冶炼。[1] 煤炭史专家却多认定汉代已用煤炼铁，找出诸多理由为其时用煤但铁制品含硫量低做解释，颇为牵强。这是极力要将大规模用煤时间提前的心理使然，经不起深入推敲。

宋以降，煤炭使用日渐普遍。元明清三代定都北京，煤炭的开发与利用力度进一步加大。相关情形，前辈学者已有较多研究，笔者不再展开论述。[2]

第三节　燃料与传统文化

一　燃料有关之民间语言[3]

俗语有云"开门七件事，柴米油盐酱醋茶"，柴排第一位，可见燃料在人们的日常生活中占有十分重要的地位。正因为如此，燃料在人们的思想观念与日常用语中留下了深深的烙印。人们常说巧妇难为无米之炊，其实巧妇也难为无柴之炊。人们往往将日常生活最重要的生活物资概括为"柴米"或"薪水"，古代关于燃料的俗语、成语与诗词极多，足见其对人们影响之大，以下试做一简要的梳理。

---

[1] 参见北京钢铁学院《中国古代冶金》编写组《中国古代冶金》，文物出版社，1978，第 62 页。另可参看以下两书的相关部分，杨宽《中国古代冶铁技术发展史》，上海人民出版社，2004；韩汝玢、柯俊主编《中国科学技术史·矿冶卷》，科学出版社，2007。

[2] 关于宋代煤炭问题，可参看许惠民的三篇文章：许惠民《北宋时期煤炭的开发利用》，《中国史研究》1987 年第 2 期；许惠民、黄淳《北宋时期开封的燃料问题——宋代能源问题研究之二》，《云南社会科学》1988 年第 6 期；许惠民《南宋时期煤炭的开发利用——兼对两宋煤炭开采的总结》，《云南社会科学》1994 年第 6 期。关于元明清煤炭问题，可参看龚胜生《元明清时期北京燃料供销系统研究》，《中国历史地理论丛》1995 年第 1 辑；孙冬虎《元明清北京的能源供应及其生态效应》，《中国历史地理论丛》2007 年第 1 辑。清代至民国的煤炭问题，笔者特别推荐刘龙雨《清代至民国时期华北煤炭开发：1644—1937》，复旦大学博士学位论文，2006。

[3] 以下论述燃料相关民间语言参考了刘代文、胡志伟、武俊和《群众语汇选编》，陕西人民出版社，1983；孙志平、王士均《歇后语四千条》，上海文艺出版社，1984；宋孟寅等《中国谚语集成》（河北卷）；商务印书馆辞书研究中心编《新华成语大词典》，商务印书馆，2013；张文涛主编《邯郸市歌谣卷》，中国民间文艺出版社，2009；等等。不再一一注明。

与采集薪柴相关的各种理念在民间语言中有非常全面而详细的刻画。"磨刀不误砍柴工"，既可以看出砍柴为极重要的活动，更强调了砍柴前做好准备工作——将砍柴刀磨锋利——的重要性。"留得青山在，不怕没柴烧"，指明了柴与山林之密切关系，也强调了保护山林的重要性。"千日打柴一日烧"，可见薪柴用量之大，也足证采集薪柴工作量之大。"众人拾柴火焰高"，点出了传统时代采集薪柴是极为重要的生计活动，同时强调了团结就是力量。"放羊的拾柴火——捎带"，可见随时随地收集薪柴为传统时代人们的通行做法。"秋后地里拾柴火——专门找碴（茬）儿"，可知人们常会将秋收后的作物根部挖出用作燃料。"砍柴人下山——两头担心（薪）"，则呈现了人们樵采之后挑柴回家的场景。

与薪柴使用情况有关的语言同样比较丰富。"火大没湿柴"，指出了烧没干透的柴的方法。"柴多火焰高"，强调了薪柴投放量与火势大小的关系。"烟不出火不进"，指出炉灶烧柴时排烟顺畅的重要性。"顺风吹火，用力不多"，除指明做事要顺势而为之外，也指明了烧柴时吹火的重要性。"不学灯笼千只眼，要学蜡烛一条心（芯）"，阐明人生境界的同时，也指出了两种照明用具的外在差异。"火烧灯草——灰心（芯）"，刻画了灯草的燃烧特性。"火镰对火石——一碰就着"，点明了引火器具的使用方法。"浸湿了的木头——点不起火"，"蜡烛头——不点不明"，"灯草打火把——一亮而尽"，"一根灯草点灯——无二心（芯）"，"火烧竹子——空谈（炭）"，"豆萁柴烧火——着急（萁）"，都描述了特定燃料的燃烧状态。

相关成语也极多，试举若干。发奋图强时要"卧薪尝胆"，防患于未然时要"曲突徙薪"，从根本上解决问题时要"釜底抽薪"与"绝薪止火"，物价昂贵用"米珠薪桂"来形容，以错误的方法去应对问题是"抱薪救火"与"救焚益薪"，知识、技艺传承用"薪火相传"与"薪尽火传"来形容，人很瘦弱则用"骨瘦如柴"来形容，人伤心过度时会"柴毁骨立"，身处险境而不自知有如"抱火寝薪"，继承父业是"以荷析薪"，生活困苦是要"数米量柴"与"称薪而爨"，高士贫居隐逸时会"披裘负薪"，见识过人者可以"食辨劳薪"，改朝换代时要"柴天改玉"，力量太小无济于事是"杯水车薪"，出于生计考虑而结合的男女为"柴米夫妻"，形势一触即发或情欲炽烈则有如"干柴烈火",刚正不阿又称"柴立不阿",简陋居处为"蓬户柴门",身有疾病则委婉地称为"负薪之忧"或"采薪之忧"①。

简陋的房门称"柴门""柴扉""柴关",简陋的车子称"柴车",用芦苇做的遮蔽门窗的帘子称"柴帘",本土家养的鸡称"柴鸡",木杖称"柴筜",薪柴交易之所为"柴市",行军之营寨称"柴营",参差不齐称"柴虒",堵塞隔断称"柴断",工资报酬称"薪水""薪金""薪俸""薪给""工薪"等。

相关诗词也非常多,脍炙人口的是"樵夫砍柴入青山,砍得柴薪至此间。莫道樵夫无志气,买臣五十见龙颜",借樵采抒发建功立业的豪情壮志。宋代朱继芳《和颜长官百咏·负薪》称:"黄昏樵采早回归,同伴相邀未有期。抱子老妻门口望,南山有虎悔何追。"

后文论述相关问题时还将有较多引述诗词语句,此处不再一一列举。

二 燃料与岁时节日

1. 春节

钟敬文分析节日习俗产生的内动力时指出,节日习俗产生与人类的原始信仰有着直接的关联。② 就春节而言,趋吉避凶与攘除邪祟的巫术色彩还是比较浓厚的。因为火有独特的化学功效,所以人们相信其可以净化万物,同时还将其作为将祭品或鬼魅送往冥界或天界的"信使"。③ 故而驱除鬼魅的主要活动多有架起柴堆燃放大火的习俗。如国人熟知的"爆竹"一词的来历,即与人们在春节时以竹为燃料烧火辟邪有关。④ 至于发声以驱除山鬼,或许是后

---

① 《礼记·曲礼下》称:"君使士射,不能,则辞以疾,言曰:'某有负薪之忧。'"见(清)孙希旦集解,沈啸寰、王星贤点校《礼记集解》,中华书局,1989,第111页。《孟子·公孙丑下》称:"昔者有王命,有采薪之忧,不能造朝。"见万丽华、蓝旭译注《孟子》,中华书局,2016,第77页。

② 钟敬文主编《民俗学概论》,上海文艺出版社,2009,第131~134页。

③ 火与火文化已有相当多的研究,人类学、民俗学、消防学等领域的学者都已推出了大量论著。但从环境史的角度切入,通过火来深入探究人与自然之关联,仍是一片有待发掘的研究领域。

④ 最早记载见于《荆楚岁时记》,相关文献可参看大辞海编辑委员会《大辞海·语词卷》第1册,上海辞书出版社,2011,第119页;张廷兴:《中华民俗一本全》,广西人民出版社,2013,第35~36页。

起之义。

除夕的庭燎习俗盛行全国，朝堂之上有大规模的庭燎，普通民众庭院之内也有庭燎，消耗柴薪的数量非常可观。古代帝王庭燎耗费薪柴数量巨大。民间庭燎规模要小很多，家家户户都有设置，则总的消耗量远比帝王的大。

唐人韩鄂记载民间习俗道："岁除夜，积柴于庭，燎火，避灾而助阳气。"[1] 宋人陈起在其《次守岁韵》诗中称有"井贮屠苏药，庭辉榾柮柴。谩教添一岁，依旧好情怀"之语，也描述了除夕庭院中燃柴的习俗。[2] 明人田汝成记载除夕风俗道："除夕人家祀先及百神，架松柴齐屋，举火焚之，谓之糁盆。烟焰烛天，烂若霞布。"[3] 松柴累积的高度居然与房屋齐平，则除夕一夜之耗费极为惊人。明代北京附近的民众有熰岁习俗，有史料记载道：

> 三十日岁暮即互相拜祝，名曰辞旧岁也，大饮大嚼，鼓乐喧闹为庆贺焉。门旁植桃符板、将军炭、贴门神，室内悬挂福神、鬼判钟馗等画，床上悬挂金银八宝、西番经轮或编结黄钱如龙，檐楹插芝麻秸，院中焚柏枝柴，名曰熰岁。[4]

雄州地区，除夕"陈祀真宰、祀先之仪，设庭燎爆竹，树将军炭，击千金木，烧苍木，辟瘟丹，悬新帛、胡芦、麻箸于门"[5]。赵州地区习俗大致相同，"树长钱，陈设祀真宰、先祖之仪，门旁立将军炭，用石压千金木，易门神、桃符，写春帖，悬葫芦、麻箸于门，烧辟瘟丹。具酒肴称寿，围炉而聚饮，曰暖岁酒"[6]。

河北武安伯延镇一带有点岁柴的习俗，大年三十将庭院打扫干净后，便

① （唐）韩鄂：《四时纂要校释》卷5《冬令》，缪启愉校释，农业出版社，1981，第263页。
② （宋）陈起：《江湖小集》卷41，四库全书本。
③ （明）田汝成：《熙朝乐事》，明广百川学海本。
④ （明）刘若愚：《酌中志》卷20《饮食好尚纪略》，清海山仙馆丛书本。另见（明）吕毖《明宫史》卷四《饮食好尚》，四库全书本。
⑤ 嘉靖《雄乘》卷上《风土第三》，《天一阁藏明代地方志选刊》。
⑥ 隆庆《赵州志》卷9《杂考·风俗》，《天一阁藏明代地方志选刊》本。

在院中堆放柴火，主要有棉花柴、芝麻秆、树枝，特别是要有一些柏树枝。大年初一早上用碎纸、麦秸等易燃物引燃，让熊熊火光照亮整个院子，小孩则在火堆旁奔跑、玩耍。当地传说将点岁柴的来历与姜子牙的妻子在过年时为害人间的故事联系了起来，看似荒诞不经，却与过年驱除鬼怪的主题相契合。其寓意可能是借用大火去除污秽，祈求全年安康。[1]

河北蔚县则有点旺火的习俗，起床洗漱之后，先祭天地与祖先，然后在庭院中点起熊熊大火，在大火快要熄灭时，全家人围坐在火堆周边烤火，希望一年兴旺发达。蔚县一县之内，点旺火的方式亦有不同，摘录宋尚学的相关描述如下：

> 俗话说："十里不同俗，五里不同风。"就说点旺火，在蔚县山区与川区之间，村与村之间，其方式、时间也不尽一致。川区人点旺火，一般是用菜籽秆、柏枝，在自家院中点旺火，劈劈乓乓一片响声，热闹非凡，象征着一年四季红红火火、热热闹闹，而且点旺火时还要烧一份黄纸祭告天神赐吉祥。山区人点旺火，一般是在自家院中，用树枝和煤块点旺火。东乡人点旺火，一般是在自家院中，用干草（谷草）点旺火。暖泉人点旺火，除在自家院中，用菜籽秆和柏树枝点旺火外，还要在十字街头、堡门口用煤块点旺火，家家户户出煤，堡门前的旺火一直点到正月十五闹元宵。上、下宫村和浮图村一带的人们点旺火更为有趣，他们不在自家院中点旺火，而是到大街小巷、堡门前点旺火。点旺火时，由各家各户的小孩，拿上菜籽秆和干草等柴禾去点，一直点到正月十五结束。如果在点旺火期间，谁家没出菜籽秆、干草等，点旺火的孩子们，便可到他家的场面上，把他们所有的柴禾烧尽用完。何也？当地村民留下这样一句顺口溜："过年出把草，光景（生活）越过越好。"笔者认为，凡事都要团结一致，万众一心，才有成效。此俗大概就取"众人添柴火

---

① 杜学德主编《中国民间文学集成·邯郸市故事卷》中册，第170~171页。另见河北省武安县民间文学集成编委会《中国民间文学集成·武安民间故事卷》之《点岁柴的由来》，内部印行本，1988，第193~194页。

焰高"之意吧。①

河北滦县也有"烧旺"的习俗，主要用于除夕迎火神，闫克歧对"烧旺"有具体描述，摘录如下：

> 人们将煤粉掺入少量黄土，合水成球状、元宝形和方砖形，除夕之夜，家家门前放一火盆，放入煤球、煤砖或煤元宝，很快便燃得通红，由于近和进同音，因此寓意金蛋进门、金砖进门、金元宝进门，此时人们便会呼喊："金蛋进门了！"全家围坐火盆守夜，其乐融融。邑人留诗记述其景："几人先附热，围坐不知寒。火色通明夕，春光聚一团。儿女齐欢乐，长辈复余欢。"②

春节香烛消耗也极大，徐珂即指出，清代相关习俗"凡繁盛处所，大略相同"，除夕"及夜，寺庙之礼神者车马往来，几弗能过"，年货"买卖之盛者为香烛店、年画铺、风筝纸鸢店、玩物摊"，香烛居首。元日"惟见有妇女进香于寺庙、游行于通衢而已"③。

2. 元宵

元宵最引人注目的习俗是张灯与赏灯，有学者指出，张灯可能与春节之庭燎有着密切的关联，同时又受到了佛教的影响。唐以后，多数区域的灯节持续三天，多从正月十四持续到正月十六，而南方若干地区的灯节会延续七八天甚至更长。④燃灯或用蜡烛，或用灯油。北宋之开封城，元宵节期间置灯山，设置各种各样的灯，总的灯烛可能多达数十万盏。⑤

井陉县的灯会也非常壮观，灯的样式五花八门，地方文献中记载道：

---

① 宋尚学：《蔚县风情》，香港银河出版社，2000，第1~2页。

② 闫克歧：《解读唐山地名》，经济日报出版社，2015，第158页。

③ 徐珂：《清稗类钞》第1册《时令类》，第16~17页。

④ 常建华：《岁时节日里的中国》，中华书局，2006，第39~47页。

⑤ （宋）孟元老著，姜汉椿译注《东京梦华录全译》卷6，贵州人民出版社，2009，第103~112页。

造型各异，有荔枝灯、桂圆灯、盔头灯、宝石灯、花瓶灯、花篮灯、菊花灯、蝴蝶灯、珠灯、绣球灯、八角灯、六角灯、五角灯、四角灯、三角灯等应有尽有，栩栩如生。又可根据灯的主体造型或内容不同组成鼓亭灯、细乐狮子灯、宝塔灯、牌坊灯、大花篮灯、财神灯、长旗灯、鲤鱼灯等等，气势宏伟壮观。①

大城县的灯节也颇为讲究，连着放灯三天，每天的灯火还有专门的名称，详情如下：

> 每到这一节日家家吃元宵，门前挂彩灯，儿童持各式各样彩灯上街游玩。旧时当地有"放灯"的习俗，是用毛头纸包上棉籽做成一个个灯火，蘸棉籽油，于夜间沿街道放置，一个个点燃，顿时灯火通明，并配以乐队，吹吹打打鸣放鞭炮蔚为壮观。从十四日起连放3天，十四日为"人灯"，十五日为"神灯"，十六日为"鬼灯"。②

鹿泉有名为《夫妻观灯》的民间歌谣，也记录了诸多灯的样式，摘录如下：

> 正月里，正月正，
> 正月十五挂红灯。
> 小俩口上街去看灯，
> 一天二地灯，
> 三阳开泰灯，
> 四季长春灯，
> 五星捧月灯，

---

① 马佶、郑建敏主编《井陉年俗》，线装书局，2011，第98页。
② 《大城县志》编委会编《大城县志》，华夏出版社，1995，第761页。

六角转旋灯，

七狼八虎灯，

八仙庆寿灯，

九天仙女灯，

十全十美灯。

这样的灯，

那样的灯，

千盏万盏数不清，

回到家里真高兴，

吃了喝了吹了灯，

盖上被子睡梦中，

你亦蹬他亦蹬，

把被子蹬个大窟窿。

孩子亦哭大人骂，

爬起来点着灯，

拿起针线缝窟窿，

左一针，右一针，

一直缝补到天明。①

明末利玛窦到中国传教时，灯节也给他留下了深刻印象，他描述道：

中国人所有节日中最重要的、全国各教都庆祝的就是他们的新年，举行庆祝是在第一个新月以及第一个满月的时候。这后一天叫灯节，因为家家户户都挂着用纸板、玻璃或布巧妙地做成的各种灯笼，点得通明透亮。这时候，市场上也到处都是各式各样的灯笼，大家购买惹自

① 获鹿县三套集成办公室编《中国民间文学集成·河北省获鹿县民间故事歌谣谚语卷》，内部印行本，1988，第365页。

己喜欢的样式。屋里屋外点燃那么多灯笼，简直叫人以为房子失了火。此时晚间还有狂欢。一队队的人在街上耍龙灯，像酒神巴库斯的礼赞者那样欢呼跳跃，燃放鞭炮和焰火，全局呈现一片彩色缤纷的耀目景象。①

历代燃放灯火，种类繁多，耗费油烛数量也极为惊人。《西游记》中唐僧师徒金平府观灯，谈及灯之名目较多：

观不尽铁锁星桥，看不了灯花火树。雪花灯、梅花灯，春冰剪碎；绣屏灯、画屏灯，五彩攒成。核桃灯、荷花灯，灯楼高挂；青狮灯、白象灯，灯架高檠。虾儿灯、鳖儿灯，棚前高弄；羊儿灯、兔儿灯，檐下精神。鹰儿灯、凤儿灯，相连相并；虎儿灯、马儿灯，同走同行。仙鹤灯、白鹿灯，寿星骑坐；金鱼灯、长鲸灯，李白高乘。鳌山灯，神仙聚会；走马灯，武将交锋。万千家灯火楼台，十数里云烟世界。②

而最引人注目的却是三盏金灯，每盏灯都和缸一般大小，所用的灯油是酥合香油，每盏灯消耗灯油 500 斤，共用油 1500 斤，每斤灯油值 32 两白银，共消耗白银 48000 两，加上金灯装饰与灯芯等费用，总计需银 5 万余两。这些银两由旻天县 240 家灯油大户负担，每家每年要负担 200 多两银子。③ 虽是小说家言，极尽夸张铺陈之能事，但上元节放灯所需油烛数量之多，还是可以从中看出端倪的。

在华北民间，还有一种常见的灯火燃放方式，即黄河灯，亦称为八卦九宫黄河灯。以河北武安兰村黄河灯为例，据说自明代嘉靖年间兴起，以 365

① 〔意〕利玛窦、金尼阁：《利玛窦中国札记》第 1 卷第 7 章《关于中国的某些习俗》，何高济、王遵仲、李申译，何兆武校，第 81 页。
② （明）吴承恩：《西游记》第 91 回《金平府元夜观灯，玄英洞唐僧供状》，作家出版社，2018，第 1012 页。
③ （明）吴承恩：《西游记》第 91 回《金平府元夜观灯，玄英洞唐僧供状》，第 1013 页。

根木桩排列成八卦九宫阵型，木桩顶部安置小灯盏，燃灯所需灯油为香油，从不用其他油替代，灯油费用由全村平摊。灯阵有固定的出入口和行进路线，从正月十四燃到正月十七，参加者往往可以达到两千人以上，行进中规模不断扩大。[①]

在不少地方，还有烧柏枝来祛除百病的习俗。如在河北井陉，甫过正月初十，即家家户户采柏灵[②]，插到院门两边。至正月十六晚间，将柏灵架在秸秆之上点燃，老年人喜欢顺势烘烤自己的背部、胳膊、腿，而青年人为求强身健体，还会在火上跳来跳去。另外会将年糕、饼等食物放在灰烬中熏烤，认为食用后可以消除灾疫。[③]

又如在河北武安，正月十六晚间，民众也都在家门口举火围烤，上放柏枝，称为"烤油柏爆"，观看柏枝倾倒的方向来预卜年景之好坏。人们亦多将糕点放入灰中熏炙，认为吃后不生杂病。[④]

再如在河北鹿泉，正月十六晚间也要烤柏灵火，晚饭后在各家门口举行，除放柏树枝外，还特别要放置的是扫帚疙瘩儿与笤帚骨朵儿，点起熊熊大火，让柏油浓香飘散，家庭成员围着火堆聊家长里短。第二天一早，再把烧剩下的灰烬归拢起来，当作农田肥料。[⑤]

另外较为典型的就是放焰火，与春节燃放爆竹更注重响声不同，元宵节的焰火更注重视觉享受，燃放的烟火映射出各种各样的图像，给人愉悦之感。摘录蔚县的相关描述：

---

① 杨新民主编《魅力武安丛书》之《历史文化卷·万千气象》，新华出版社，2011，第207~208页。

② 即柏树枝，华北不少县市称柏树枝为柏灵，与人们的柏崇拜有关。柏树在中国文化中的地位亦颇为重要，相关事项值得深入探究，因与主题无关，此处不赘。

③ 马佶、郑建敏主编《井陉县俗》，第22页。

④ 民国《武安县志》卷9《社会志·礼俗风尚》，载《中国地方志集成·河北府县志辑》第64册，上海书店、巴蜀书社、江苏古籍出版社，2006，第273页下。另参张午时、张茂生、李栓庆《武安县志校注·民国卷》，内部资料，武安历史文化研究会，2009，第832页。

⑤ 关于鹿泉这一习俗的来历，还有一个较长的传说故事，可参看获鹿县三套集成办公室编《中国民间文学集成·河北省获鹿县民间故事歌谣谚语卷》，第179~184页。

晚上有用鞭炮制作的焰火，蔚县人叫"放焰花""点杆"。夜间点燃后，可以在天空中迸射出色彩斑斓的火花，五颜六色、各式各样，把整个夜空点缀得无比美丽喜人。独特而又地方风味十足的树花表演，给城墙或堡墙上泼击熔化的铁水激出阵阵红花，更是别具一格，观看者无不拍手称绝。①

井陉南张井有制作老虎火的习俗，制作的焰火种类繁多，较典型的有高而响的起火，有品种多且起得高的锅子火，有放在伞上燃放的伞火，有将各种焰火放入老虎模型中燃放的老虎火，有三国故事火，有杆高四丈八尺且下连21条火线可以燃放出"葡萄火""十二连灯""老爷开门""八角青龙""仙鹤透蛋"等诸多场景的老杆火。南张井老虎火现为国家级非物质文化遗产代表性项目。井陉北秀林马火会为河北省级非物质文化遗产代表性项目，其核心环节也是焰火的制作和燃放，主要的焰火种类有拉鞭、一窝猴、锅火、灯炮等，而马火则是将焰火编织在马模型上。② 两地的焰火表演，消耗火药的数量都非常可观。

《清稗类钞》中有对康熙年间元宵节庆典灯火、烟花盛况的描述，摘录如下：

康熙壬戌元夕前一日，圣祖飨群臣于乾清宫，作升旁嘉宴诗，人各一句，七字同韵，仿柏梁体。上首唱曰："丽日和风被万方。"以次而及满大学士勒德洪、明珠，皆拜辞不能。上为代二句曰："卿云烂漫弥紫闼，一堂喜起歌明良。"且戏曰："二卿当各釂一觞以酹朕劳。"勒德洪果捧觞叩首谢。次日，颁御制序一首。乙丑元夕，圣祖命于南海子大放灯火，使臣民纵观，仿大酺之意。先于行殿外治场里许，周植枚木，而络以红绳，中建四棚，悬火箱其中。平树八杆，即八旗也，旗人认旗色分驻，而当前四绿旗，则汉人所驻之地。官民老稚男女皆许进观。初设卤

---

① 宋尚学：《蔚县风情》，第10页。

② 马佶、柳敏和、张树林主编《井陉非物质文化遗产》，线装书局，2011，第155~156、206~207页。

簿，及驾奉两宫从永定门赴行殿，诸王群臣次第至。赐官厨肴馔，人酒
三瓯，能饮者不计。于是彻仗张灯，有宫眷五十人出，皆虹裳霓衣，被
以杂彩，人担两灯，各踞方位，高低盘舞，若星芒撒天，珠光熵海，真
异观也。既则火发于筒，以五为耦，耦具五花，抢升递进。乃举巨炮三，
火线层层，由下而上，其四箱套数，若珠帘焰塔，葡萄蜂蝶，雷电车鞭，
川奔轴裂，不一而足。又既，则九石之灯，中藏小灯万，一声迸散，则
万灯齐明，流苏菡瑶，纷纶四重。箱中鼓吹并起，篥鼗鼞簧，次第作响，
火械所及，节奏随之，霹雳数声，烟飞云散。最后一箱，有四小儿从火
中相搏坠地，炮声连发，别有四小儿衣花裲裆，杖鼓拍版，作秧歌小队，
穿星戴焰，破箱而出。翕倏变幻，难以举似。然后徐辟广场，有所谓万
国乐春台者，象四征九伐万国咸宾之状，纷纶挥霍，极尽震炫而后已。
次日校猎，圣祖亲御弓矢，九发皆中，于是诏进百戏，都卢寻橦，拍张
觳抵，毕陈于前，群臣从观者皆有诗。①

《檐曝杂记》中亦有关于清代北京城上元节舞灯、烟火之盛的记载，详情
如下：

> 上元夕，西厂舞灯、放烟火最盛。清晨，先于圆明园宫门列烟火数
十架，药线徐引，燃成界面栏杆五色，每架将完，中复烧出宝塔楼阁之
类，并有笼鸽及喜鹊数十，在盒中乘火飞出者。未申之交，架至西厂。
先有八旗骗马诸戏，或一足立鞍镫而驰者，或两足立马背而驰者，或扳
马鞍步行而并马驰者，或两人对面驰来，各在马上腾身互换者，或甲腾
出，乙在马上戴甲于其首而驰者，曲尽马上之奇。日既夕，则楼前舞灯
者三千人列队焉。口唱太平歌，各执彩灯，循环进止，各倚其缀兆，一转
旋，则三千人排成一"太"字，再转成"平"字，以次作"万岁"字，
又以次合成"太平万岁"字，所谓"太平万岁字当中"也。舞罢，则烟

---

① 徐珂：《清稗类钞》第1册《时令类》，第25~26页。

火大发，其声如雷霆，火光烛半空，但见千万红鱼，奋迅跳跃于云海内，极天下之奇观矣。①

3. 寒衣节

又称十月朝或十月朔，是日人们为已故亲人烧送寒衣。所用寒衣由冥纸制成，自宋代起即有专门生产寒衣的手工作坊，时人称"（九月）下旬即卖冥衣、靴鞋、席帽、衣段，以十月朔日烧献故也"②。其焚烧的地方多在墓前，但也有在家门外或十字路口者。明代文人记述京城寒衣节习俗即称："十月一日，纸肆裁纸五色，作男女衣，长尺有咫，曰寒衣，有疏印缄，识其姓字辈行，如寄书然。家家修具夜奠，呼而焚之其门，曰送寒衣。新丧，白纸为之，曰新鬼不敢衣彩也。"③ 清代文人记述北京之习俗亦称："十月朔……士民家祭祖扫墓，如中元仪。晚夕缄书冥楮，加以五色彩帛作成冠带衣履，于门外奠而焚之，曰送寒衣。"④ 河北卢龙县亦称十月一为鬼节，"到了这天，人们都习惯给死人烧寒衣、纸钱。说是天冷了，该给已故的亲人送些纸钱、棉衣，也让他们过个饱暖的冬天"，并有相关传说解释这一习俗的起源。⑤ 河北栾城"节前用五色纸裁为衣裳，以纸当钱，有的买'鬼票'，有的用金纸银箔叠成金钵银斗，到祖坟上祭祀时一起烧化"，"家人有在外地埋葬者，要在道路岔口处将纸衣纸钱烧化"⑥。河北迁西也有"在坟前烧五色纸（剪成衣服状）的习俗"⑦。民国时期，北平城北20里处的卢家村也不例外，"这天烧寒衣，所谓寒衣都是纸剪小衣、小袄，少有裤子等，大不过三二寸，拿到坟地里烧，也

---

① 赵翼：《檐曝杂记》卷1，载《檐曝杂记·竹叶亭杂记》合编本，中华书局，1982，第11~12页。

② （宋）孟元老著，姜汉椿译注《东京梦华录全译》卷8，第161页。

③ （明）刘侗、于奕正：《帝京景物略》卷2《春场》，北京古籍出版社，1983，第70页。

④ （清）潘荣陛：《帝京岁时纪胜·十月·送寒衣》，载《帝京岁时纪胜·燕京岁时记》合编本，北京古籍出版社，1981，第34页。

⑤ 参见秦皇岛市卢龙县三套集成办公室编《中国民间文学集成·卢龙民间故事卷》第1卷，内部印行本，1987，第117~118页。

⑥ 河北省栾城县地方志编纂委员会编《栾城县志》，新华出版社，1995，第865页。

⑦ 迁西县地方志编纂委员会编《迁西县志》，中国科学技术出版社，1991，第647页。

烧纸"①。

清明与七月十五（又称中元节或盂兰盆节）也有类似的烧纸衣、纸钱习俗。旧时宛平县黄土北店村的七月十五烧纸船习俗颇为独特，纸船规模极大，摘录相关描述如下：

> 烧法船在七月十五日。初因村公所后面有大坑，面积占80余亩，某年有人坠水淹死，于是村中规定：每年公会出钱扎一纸船，载着地藏王念经，超度水鬼，不必再找村民替身。船长二三丈，宽五尺，高三尺，预置村公所场上，五位和尚放完焰口，夜半时用火烧船。②

其余节日也或多或少要消耗燃料，比如浴佛节的相关宗教仪式也比较典型，限于篇幅，不再一一展开论述。

这些节日用掉的燃料或则纯粹为了娱乐观赏，或则为了敬神娱神，或则为了驱除邪祟，产生的热能、光能都并未在物质层面对生产生活产生积极的推动作用，但是，却在精神层面产生了全面而深刻的影响。所以燃料的消耗，已然构成了中国节日文化极重要的一环。

三 燃料与信仰及礼仪

1. 用柴祭祀

据现代民俗学家的考究，人们相信火具有净化某一事物或整个环境的功效，同时还可以禳灾祛邪。③而举火烧柴产生的烟气直上云霄，自然成为人们与天神沟通的重要信息传递象征。所以，自远古时代开始，堆积大量薪柴进行焚烧并释放出烟气就是华夏部族各种祭祀活动中的核心内容。而在少数民

---

① 蒋旨昂：《卢家村》，《社会学界》第8卷，1934年6月，转引自李文海、夏明方、黄兴涛主编《民国时期社会调查丛编》一编《乡村社会卷》，福建教育出版社，2014，第199页。

② 万树庸：《黄土北店村社会调查》，《社会学界》第6卷，1932年6月，转引自李文海、夏明方、黄兴涛主编《民国时期社会调查丛编》一编《乡村社会卷》，福建教育出版社，2014，第83~84页。

③ 苑利、顾军：《非物质文化遗产学》，高等教育出版社，2009，第197页。

族的祭祀活动中，薪柴也有着重要意义，如契丹人即有柴册礼。而鄂伦春族、鄂温克族、满族等少数民族的祭火仪式极为隆重，定期举行，往往要燃起大量的篝火。①

据史书记载，舜帝即曾登临泰山而举行燔柴告天之礼，"岁二月，东巡狩，至于岱宗。岱宗，泰山也。柴，望秩于山川。遂觐东后"②。此后，历代皇帝凡登基、封禅等重要典礼活动中，必行燔柴告天礼，自夏商以迄明清，数千年间，相沿无改。

中国人的传统信仰中，自然崇拜的特点非常突出。天神之外，日月、星辰、山水、土地、风雨、雷电等，皆有神祇，都需祭祀。燔柴告天之外，其他祭祀同样要焚烧大量薪柴。《周礼·大宗伯》中即称："以禋祀祀昊天上帝，以实柴祀日月星辰，以槱燎祀司中司命风师雨师。"唐代注疏家对此进行了解释，称：

> 禋之言烟，周人尚臭，烟，气之臭闻者。槱，积也。诗曰："芃芃棫朴，薪之槱之。"三祀皆积柴实牲体焉，或有玉帛。燔燎而升烟，所以报阳也。郑司农云："昊天，天也。上帝，玄天也。昊天上帝，乐以云门。实柴，实牛柴上也，故书'实柴'，或为'宾柴'。司中，三能三阶也。司命，文昌宫星。风师，箕也。雨师，毕也。"玄谓昊天上帝，冬至于圜丘所祀天皇大帝。星谓五纬，辰谓日月所会十二次。司中、司命，文昌第五第四星，或曰中能上能也。祀五帝亦用实柴之礼云。③

宋人亦有详细考证：

> 《诗序》曰："巡狩告祭，柴望也。"《书》曰："至于岱宗，柴。"《礼记》曰："天子适四方，先柴。"又曰："柴于上帝。"又曰："燔柴于泰坛，

---

① 苑利、顾军：《非物质文化遗产学》，第197~198页。
② （西汉）司马迁：《史记》卷28《封禅书》，中华书局，1959，第1355~1356页。
③ （汉）郑玄注、（唐）贾公彦疏《周礼注疏》卷18，清阮元十三经注疏本。

祭天也；瘗埋于泰圻，祭地也。"又曰："列祭祀瘗缯。"《韩诗外传》曰："天子奉玉升柴，加于牲上而燔之。"《尔雅》曰："祭天曰燔柴，祭地曰瘗埋，祭山曰庪县，祭川曰浮沉。"①

"国之大事，在祀与戎"，古人凡祭祀必举火焚柴，故而祭祀用柴量较大，政府极为重视，在先秦时期已然如此。如《诗经·大雅·棫朴》中"芃芃棫朴，薪之槱之"之语，所描述的即为周民为准备祭祀而收集薪柴的情景。《礼记·月令》中称季冬时节"乃命四监收秩薪柴，以共郊庙及百祀之薪燎"。四监为主管山林川泽之官，在冬季督促民众收集薪柴以备祭祀之需。汉代的罪犯承担的劳役有名为"鬼薪"者，即樵采薪柴以供宗庙祭祀之用的徒刑。应劭对其进行了诠释，称："取薪给宗庙为鬼薪，坐择米使正白为白粲，皆三岁刑也。"

中央政府之外，地方政府也有大量祭祀，用柴量也颇为可观。最早的史料见于后汉：

> 谅辅字汉儒，广汉新都人也。仕郡为五官掾。时夏大旱，太守自出祈祷山川，连日而无所降。辅乃自暴庭中，慷慨咒曰："辅为股肱，不能进谏纳忠，荐贤退恶，和调阴阳，承顺天意，至令天地否隔，万物焦枯，百姓嗷嗷，无所诉告，咎尽在辅。今郡太守改服责己，为民祈福，精诚恳到，未有感彻。辅今敢自祈请，若至日中不雨，乞以身塞无状。"于是积薪柴聚荻茅以自环，构火其傍，将自焚焉。未及日中时，而天云晦合，须臾澍雨，一郡沾润。世以此称其至诚。②

谅辅虽为自焚之举，实际是祭祀时"实牲其上"的模拟，亦可想见其时地方祭祀也常焚柴致敬。

---

① （宋）陈祥道：《礼书》卷59《燔瘗》，元至正七年福州路儒学刻明修本。

② （南朝宋）范晔：《后汉书》卷81《独行传·谅辅传》，中华书局，1965，第2694页。

关于府州县各种祭祀，明清方志中留下了较多的记载，相关情形参见第三章，此处不赘。

2. 燃料相关神灵信仰

万物有灵与万物有情是中国传统世界认知理念的重要特征，古人认为各种自然事物与人造事物背后都有专门的神灵。燃料的背后，自然也有相关神灵。试简要分述之。

（1）火神

正如前文所述，火是五行中唯一的非物质元素，在中国传统文化中扮演了重要的角色。由于火既给人们提供了极大的便利，又给人类带来了极大的灾难，在无法有力驾驭火的年代里，人们便建构出能够操控火的超自然力，对其顶礼膜拜。

火神崇拜极为普遍。抗战前的北平城里火神庙、灵官殿即多达17处，全国其他地方大大小小的火神庙也极多。汉族地区的火神，在较早时期就完全人格化了。据学者考证，常见的火神有三位，分别是祝融、王灵官与罗宣。祝融本为上古帝王，相传"居火正，甚有功，能光融天下"[1]，后来便成为影响最为深远的火神。王灵官则为道教神灵，其形象颇为怪异，有三只眼，相传其原型为宋代的道士，善火术，死后获封"玉枢火府天将"，主管天上、人间之火。罗宣之成为火神，则与《封神演义》小说的流行有关，小说中称罗宣修行之地为火龙岛，死后获封"南方三气火德星君真神"，民间遂也将其视作火神。[2]

汉族地区，祭祀火神的方位，多在院落的西南方向。在河北省的不少地方，火神是春节期间必然要祭祀的五种神灵之一。[3] 从除夕夜到正月初五早上，人们一般要顶礼膜拜，烧香烧黄表纸。正月十四晚上到正月十五早上，也要烧香礼拜。不少地区建有火神庙并有庙会，明清时期滦州境内有名的火

---

① （西汉）司马迁：《史记》卷40《楚世家》，第1689页。

② 关于火神的详细情况，可参看程曼超《诸神由来》，河南人民出版社，1983，第69~75页。

③ 在冀南地区主要是正房外墙上的小龛中供奉天地三界，中堂供奉财神，炕头供奉家亲（即亡故的父母、祖父母等），灶旁供奉灶神，院落西南角供奉火神。

神庙即多达 6 处，分别位于滦州城关外、税务庄、蒋家泡、榛子镇北街、开
平西街和稻地镇，其中尤以稻地镇和开平西街的火神庙最为有名，香火极盛，
摘录相关记载如下：

> 为什么说起火神庙就会提到今丰南稻地镇（笔者按：现属路南区）
> 呢？因在稻地镇曾有滦州最独特的火神庙，建于清朝乾隆年间，前后有
> 两层大殿，宽三间，正殿为火神像，左为龙王，右为冥曹塑像，是为抚
> 慰和保佑在火灾中死去的亡灵。因为《滦县志》记述，在乾隆甲寅之年，
> 繁华的稻地镇曾发生过一场大火灾，大火四面燃烧，草屋燃着布店，布
> 店燃着木房，街面上的店铺更是火烧连营，两河之间的村屋草舍全部烧
> 毁，大火烧了一天一夜，烈焰腾空，风助火势，几里之外就能望见熊熊
> 大火，但如此烈焰之中，居然有一户店铺未被烧毁。《滦县志》载："镇
> 内丰盛盐店商人吴衣园，见街中店铺燃起大火，他焚香敬拜火神，并许
> 下心愿，愿捐巨资为火神修庙，愿捐资建立'水火会'，以救将来之火
> 灾，果然其店未毁。后来吴约镇中之人，出资建起火神庙，创办'水火
> 会'，将全镇分为十会，遇火即救，庙会兴起，至道光年间遂废。"正是
> 这场大火灾使人们重视敬奉火神，为其建庙而且设有冥曹塑像。同时，
> 有关创办"水火会"的记述也是古时防火组织形式的重要史料。
>
> 到了清朝末期，开平煤矿和滦州煤矿兴起，祭祀火神的庙会则以开
> 平西街火神庙的香火最为兴旺，而每年除夕迎火神的习俗则演化成家家
> 户户的"烧旺"。[①]

明清时期顺德府五月的火神庙会也极为隆重，有名为《无稽和尚》的民
间故事对庙会场景有详细描述，摘录如下：

> 这年五月，赶上顺德府火神庙会，无稽和尚穿得缎锭一般，带着两
> 个佣人进城看会。来到城里一看，真是大开眼界，但见一城四关四台大

---

① 闫克歧：《解读唐山地名》，第 158 页。

戏，街两边买卖成堆。火神庙前跑马上杆的，耍猴卖艺的，各班玩意儿热闹非凡。①

武安市固镇村在抗战爆发以前有火神庙，并有专门庙会，正会日期为正月初七，村志中亦有相关描述，摘录如下：

> 传说火神爷性情暴烈，凶猛无常。但"火"又是人间生活、生产不可缺无之物。为祈求火神顺应人们需求，故立正月初七火神爷生日之时，为其唱神戏三天。火神庙建于村西赢福寺西，在对面专为火神爷筑戏台一处。②

华北地区影响较大的火神庙会还有河北井陉赵庄岭火神庙会、河北新乐城关火神庙会、河南滑县道口镇火神庙会和河南原阳县师寨镇五柳集村庙会，详细情形不再赘述。

少数民族地区的火神崇拜也很普遍，祭祀火神时大都要燃起大量篝火，仪式极为隆重。如满族的某些部族在祭火时就将篝火摆得非常壮观，篝火形状"有的像岭上飞舞的长蛇巨蟒，有的像卧虎，有的像奔马"，人们还要不断穿梭于篝火丛以证明自己的英勇，还夹杂有"火中捉迷藏、火中棒打驰兔、火中缚鹿、火中射鸭、火中取石"等惊险刺激的游戏。③

（2）灶神

灶神，供奉炉灶之神，其最早起源也与火的崇拜有关，早期的灶神和火神还常常混同，炎帝、祝融都曾兼职充当灶神。人类掌握人工用火的方法后，为了烹饪食物和取暖又发明了炉灶，而后灶神便成为人类住宅内外五种神灵

---

① 邢台地区文学艺术界联合会编《邢台民间故事》第 1 集，内部印行本，1984，第 190~191 页。
　　按，此故事流行于邢台，与武安市流行的午汲小和尚故事显然是同源异流，武安的故事参见河北省武安县民间文学集成委员会《中国民间文学集成·武安民间文学卷》，第 29~38 页。
② 刘北方主编《固镇村志》，中国社会出版社，2003，第 369 页。
③ 可参看苑利、顾军《非物质文化遗产学》，第 198 页。

中最重要的一个。① 灶神原来为女性形象，而后逐渐演变成男性形象，进而又增添了配偶，有了灶王奶奶。关于灶神的姓名，不同地方也有不同的说法，比如隋代《玉烛宝典》认为灶王为苏吉利，灶王奶奶为王博颊；而后世不少地方认为灶王为张奎，灶王奶奶为高兰英，这明显受到了小说《封神演义》的影响；民间另有灶王爷为张仁，灶王奶奶为李义的说法。

灶神在民间还演化成了最重要的家神，所以腊月贴对联时，灶神的横批一般都是"一家之主"。灶神还是上天派往民间的"情报员"，身负向上天禀报凡人一年功过得失之责，所以对联常写作"上天言好事，回宫降吉祥"。民间祭灶一般在腊月二十三或二十四，俗称"小年"，过小年便拉开了年节的序幕，老北京的过年歌谣就是以"二十三，糖官粘"开始的，均可看出灶神在传统信仰中所占有的重要地位。②

灶神没有专门的祭祀章程，也没有专门的庙宇，却是最受普遍崇拜的神灵。其背后或许反映了人类用炉灶实现对热量的安全有效利用后对炉灶的崇拜情结，个中仍有许多待发之覆，此处不再赘述。③

---

① 五种神灵的具体所指，也有不同表述，王充认为是门、户、井、灶和中溜，称："五祀报门、户、井、灶、室中溜之功。门、户，人所出入，井、灶，人所饮食，中溜，人所托处，五者功钧，故俱祀之。"参见（汉）王充著，黄晖校释《论衡校释》卷25《祭意第七十七》，中华书局，1990，第1059页。

② 关于灶神的详细介绍，可参看程曼超《诸神由来》，第18~26页；吕宗力、栾保群《中国民间诸神》，河北人民出版社，2001，第202~217页；陈泽明《诸神传》，星光出版社，1984，第51~60页。

③ 纪昀对灶神做了较为生动有趣的剖析，摘引如下："古者大夫祭五祀，今人家惟祭灶神，若门神，若井神，若厕神，若中霤神，或祭或不祭矣。但不识天下一灶神钦，一城一乡一灶神钦，抑一家一灶神钦？如天下一灶神，如火神之类，必在祀典，今无此祀典也；如一城一乡一灶神，如城隍社公之类，必有专祀，今未见处处有专祀也；然则一家一灶神耳，又不识天下人家如恒河沙数，天下灶神亦当如恒河沙数，此恒河沙数之灶神，何人为之，何人命之，神不太多耶？人家迁徙不常，兴废亦不常，灶神之闲旷者何所归，灶神之新增者何自来，日日铨除移改，神不又太烦耶？此诚不可以理解，然而遇灶神者，乃时有之。余小时见外祖雪峰张公家，一司爨姬好以秽物扫入灶，夜梦乌衣人呵之，且批其颊，觉而颊肿成痈，数日巨如杯，脓液内溃，从口吐出，稍一呼吸辄入喉，呕哕欲死，立誓虔祷乃愈。是又何说欤？或曰：人家立一祀必有一鬼凭之，祀在则神在，祀废则神废，不必一一帝所命也。是或然矣。"参见（清）纪昀《阅微草堂笔记》卷13《槐西杂志三》，第328页。

（3）煤窑神

古代各行各业都有自己的行业神，煤炭业的行业神便是煤窑神，煤窑神既是整个行业的祖师爷，又是矿工的保护神。传统时代的煤窑神各地也有较大不同，常见的说法是老君、王禅、土行孙及笼统模糊的煤神、窑神等。

与老君有关的传说中，最常见的说法便是种煤。河北武安、沙河、井陉与山西襄垣、晋城都流传有老君种煤的传说，具体情节不同，描述的空间尺度也有差异。如武安传说称"煤是老君用神耧从东海岸至西天边耩到地下的"[①]。沙河的故事中则称老君找奶奶顶的奶奶帮忙用耧耩煤，"从太行山耩到东海岸，又从东海岸耩到昆仑山"[②]。井陉的传说中则是老君从井陉与平山交界处的南、北陉村种起，中经小作、贾庄，再到雪花山，一直种到山西境内的阳泉、太原，越往后走，煤层越浅，因为老君越来越疲乏，越来越不耐烦了。[③] 山西襄垣、晋城一带的传说则多集中描述一县之煤炭分布，种煤者皆为老君，与武安、井陉传说最大的不同是，老君没有用耧耩煤，而是用肩挑煤。[④]

关于老君神的具体形象，吴晓煜有较细致的考究，摘引其描述如下：

那么，封建煤窑供奉的老君塑像以及画像上的老君是个什么模样呢？尽管各地窑神庙的老君塑像五花八门，但却都有煤的特色。如吉林辽源地区塑的老君横骑一头青牛，庙的对联是"花暖青牛卧，山空碧水流"，横批是"保佑平安"。传说老君让青牛把煤窑的积水喝掉，以免水灾，老君若不牵牛来，煤窑必然透水。淮南地区画的老君，一手提一

---

① 河北省武安县民间文学集成编委会：《中国民间文学集成·武安民间故事卷》，第84页。

② 侯正儒主编《中国民间文学集成·沙河故事歌谣谚语卷》，内部印行本，1987，第4页。

③ 《老君爷与井陉的煤炭》，载吴晓煜辑录《煤矿民间传说与风俗》，煤炭工业出版社，2014，第1页。详细记载参见附录史料部分1.2。

④ 《老君种煤》讲述了襄垣的煤层分布特点，《晋城矿区煤炭传说6则》之《老君下界种煤炭》则讲述了晋城的煤层分布特点，两则故事分见吴晓煜辑录《煤矿民间传说与风俗》，第2~3、64~65页。详情参见附录史料部分1.3与1.4。

串钱，另一只手举一壶酒，意思是矿工托老君的福才能有钱花、有酒喝。在河北、东北，有的窑神则手持一本半卷半展的书册，想必是运筹八卦，指点如何开煤窑吧！有的地区老君则手持一把巨斧，此斧当是开山凿煤之利器。在日伪时期，日本人印发的老君像，画面上，此神正襟危坐，表情冷漠威严，看去令人生畏。①

峰峰矿区的种煤传说中，也提及用耧耩煤，但主人公却不是老君，而是有王禅与窑神两个版本。两个故事煤层深浅的描述则相同，即从山东经河北到山西，煤层埋藏越来越浅，原因则是种煤时耧车耩煤种的深度不同使然。②

在焦作，人们将土行孙视作挖煤的鼻祖，民间传说中称周军与商军在焦作附近对峙时，土行孙奉命遁土打探信息时发现了煤炭，并发现其可以燃烧的性能。几千年后，他故国神游，却发现人们在为缺乏燃料而苦恼，于是引导人们利用煤炭。人们感恩戴德，"到城隍庙用活三牲祭祀"这位黑盔黑甲的将军。③

在北京西山地区，窑神并未具体人格化，据李元强考究，大致有四种类型，其详细分析如下：

门头沟的窑神，目前至少有以下四种形象：

一是窑神庙里的窑神。圈门窑神庙里的塑像是文官形象的，身穿大黄袍，脸色黝黑，胡须浓重。

二是壁画上的窑神。木城涧矿附近有个秀峰庵，墙上有窑神的壁画。窑神是头戴软纶巾，披着盔甲，外罩镶着红边儿的黑袍，手里拿着一根钢鞭，斜坐在交椅上，两旁有侍童。

三是幡会上的窑神。在千军台民间幡会的旗帜上，窑神形象也是顶

---

① 吴晓煜：《煤史钩沉》，煤炭工业出版社，2000，第248页。

② 参见杜学德主编《中国民间文学集成·邯郸市故事卷》中册，第249~251页。详情参见附录史料部分1.5与1.6。

③ 《挖煤鼻祖土行孙》，见吴晓煜辑录《煤矿民间传说与风俗》，第58~59页。

盔披甲,举着一把开山斧,旗上写着"山川地库煤窑之神"。

四是神马子上的窑神。民间神马子上画的窑神形象比较草率,头上还长着两个大犄角似的,披着璎珞,面目凶猛,状如山大王一样。[①]

窑神很重要的功效便是保护井下矿工的安全,而其中最重要的便是防止冒顶事故的发生。如民间故事《老君腿的传说》即称在一次矿难中,老君用脊梁顶住了顶板,帮助矿工逃难,因此将煤窑中的护井帮称为"老君腿"。[②]又如民间故事《煤神爷爷》称老矿工王祥在煤矿冒顶之后,煤神爷爷现身,指示其走到了井口,逃出生天,煤神爷爷还送了其一筐粮食。而姓邓的把头听说后动了贪心,故意钻到井下等着冒顶。果然发生了冒顶之后,煤神爷爷又现身来搭救他,他却贪心不足地想要宝贝,煤神爷爷见其居心不良,便不再管他,他被闷死在了井下。[③]

安全问题另外一项便是通风,而窑神显然也主管这一事务。峰峰民间故事《小羊倌戏窑主》的故事中提及,在窑下突然不通风的情况下,窑主首先想到的便是去拜窑神,"慌忙赶到窑神庙里,又是烧香,又是磕头,求窑神爷给他通风"。几天后,又不通风了,他又"慌忙跑到窑神爷庙里,烧上香,摆上供","捣蒜似的给窑神爷祷告"。[④]

不少地区会专门为窑神立庙,如唐山赵各庄矿的西边有南大庙,庙中西配殿即供有窑神爷的神像。[⑤]河北井陉也有窑神庙,其中一座还有对联称:"老

---

① 《窑神的四种形象》,见吴晓煜辑录《煤矿民间传说与风俗》,第 91 页。另有人对神码上的煤窑神形象的描述更为详细,称:"此图煤窑之神,如古代神话传说中开天辟地的盘古,头生二肉角,隆额深目,压耳毫毛,髭如虬髯,身裸上体,肩系草帔,双臂筋腱暴露,手捧一块乌金煤石。左有判官,状如钟馗,手握一笔,怀抱簿录,立侍于旁;右一药叉形象的鬼卒,手握钢权,一旁侍立。中横一条案,上陈香炉、煤炭。图之四边,刻以煤石,形如矿下巷道。道中矿工掘煤外运,或肩驮,或赶马驮运,刻画了旧时人工开矿挖煤的简陋情景。"参见王树村编著《中国传统行业诸神》,外文出版社,2004,第 58 页。
② 河北省武安县民间文学集成编委会:《中国民间文学集成·武安民间故事卷》,第 85 页。
③ 吴晓煜辑录《煤矿民间传说与风俗》,第 4~6 页。
④ 杜学德主编《中国民间文学集成·邯郸市故事卷》下册,第 171 页。
⑤ 《赵各庄南大庙的窑神爷》,见吴晓煜辑录《煤矿民间传说与风俗》,第 88 页。

君制世山中宝，乌金出现养万民。"[1] 北京门头沟圈门有窑神庙，规模宏大，有两层大殿，两厢共有十八间配殿，始建年代无考，清嘉庆、光绪中都曾大规模维修。[2] 峰峰地区也"为了纪念窑神的功劳，给他修庙立位"[3]。祭祀的日期多在冬至，圈门在腊月十七，峰峰在腊月二十三，山西晋城则除了冬至大祭外，还以每月初一、十五为小祭，以端午节、中秋节为中祭。[4] 邢台为正月二十四，井陉为二月十五，还有不少地方为腊月十八。[5] 祭祀时，多以整猪整羊来上供，仪式较为隆重。

除了直接立庙祭祀外，还有其他方式，比如河北蔚县，在冬至日祭窑神，但没有专门的庙宇，多在窑门口举行仪式，详细描述摘录如下：

> 冬至祭窑神，白天进行。相传窑神是一位神通广大的神仙，专门管理地下的变迁，冬至日是他的生日。冬至这天，各小煤窑都要停工一天，披红挂彩、张贴对联、响鞭放炮、大摆酒宴。把宰好的整猪、整羊供放在窑门口，给窑神爷庆寿，并祈求窑神爷保佑井下平安、消灾避难。[6]

京西千军台、庄户村有古幡会，每年正月十五、十六之时，两个村庄的幡会都要到对方村庄拜访转街一次，举行仪式时，共有幡旗十九面，"中有三幅神像，都悬挂在三丈有余的竹竿上"，其中有一幅就是窑神，且数百年来"幡旗上的神和字为了顺应潮流，做过更改，唯独有一面幡旗没改，便是窑神幡"。窑神幡上配有一副对联，内容为："协力山成玉，同心土成金。"仪式的

---

① 吴晓煜：《煤史钩沉》，第 246 页。

② 《窑工与窑神·窑神庙》，见吴晓煜辑录《煤矿民间传说与风俗》，第 89 页。

③ 杜学德主编《中国民间文学集成·邯郸市故事卷》中册，第 251 页。故事讲述的虽然是小羊倌搞恶作剧，但也可以看出在从业者心目中窑神之重要。故事详情参见附录史料部分 1.7。

④ 《晋城矿区煤炭习俗 13 则》之《煤窑的小祭、中祭、大祭》，见吴晓煜辑录《煤矿民间传说与风俗》，第 74 页。

⑤ 吴晓煜：《煤史钩沉》，第 247 页。

⑥ 宋尚学：《蔚县风情》，第 36 页。

阵仗十分大，锣鼓喧天，队伍绵延可达数里长。①

　　3.燃料禁忌

　　（1）老鼠

　　中国鼠崇拜现象较为普遍，"老鼠嫁女"与"老鼠娶亲"的故事流传极广，不少地方更是将鼠列为五大家仙之一，称为"灰仙"。十二生肖中，鼠列首位，也反映了人类早期的鼠崇拜情结。而在所有行业中，煤炭业的鼠崇拜最为典型。矿工在井下工作时，最忌讳打死老鼠。北京门头沟圈门窑神庙的窑神像脚下即有泥塑的老鼠，不少窑神的神码上也绘有老鼠。究其原因，一则是老鼠打洞生活，与矿工在井下谋生，颇多相似之处，从业者往往会有惺惺相惜之感；二则是矿难发生后，矿工循着老鼠的活动轨迹，往往可以摆脱困境，找到出路。

　　在北京门头沟地区，老鼠崇拜现象极为典型，人们不打老鼠，不养猫，有人认为老鼠是窑神爷的坐骑，甚至有人认为老鼠就是窑神爷。有矿工在家中供奉窑神，而香檀木镜框中的图案便是一只肥硕的大老鼠，还在图画下方写上"窑神之位"，配有对联"上窑多好事，下井尽平安"。门头沟流行的窑神神码有不同版本，其中的一个版本便是"头上无冠，头前部光亮无发，两耳后毛发直立，状如刺猬，两手放在胸前托着一块煤炭"，显然也是老鼠的形象。②

　　山西晋城即有"矿工护鼠"的习俗。地方文献对此有较详细的解释，摘录如下：

　　　　俗话说"老鼠过街，人人喊打"。而在晋城煤矿井下，矿工们却反其道而行之，称老鼠为"窑欢"，对其格外爱护和尊重。因为，经验说明，矿井中的老鼠活动正常，煤窑就生产安全；反之，则有灾难降临。奥秘何在？起先人们把这归结为神的旨意，说老鼠是窑神使者，通过其

---

①　《北京千军台、庄户古幡会与窑神》，见吴晓煜辑录《煤矿民间传说与风俗》，第92~93页。

②　刘望鸿：《门头沟矿区的鼠崇拜》，《北京青年报》2013年12月4日第C02版，又见吴晓煜辑录《煤矿民间传说与风俗》，第94~96页。参见附录史料部分1.8。

不同表现，给矿工以不同暗示。现在，随着社会的进步，人们终于对此有了科学的解释。原来，老鼠同鸡犬等不少动物一样，感觉十分灵敏，如果它们在煤窑里没有异常行为，就说明井下一切正常；如果它们突然乱逃，就可能是冒顶、透水或瓦斯爆炸等事故前兆，警示人们应当采取紧急措施，防止悲剧发生。①

民间还有相关的故事，比如武安流传的《老君腿的传说》中即指出：

> 有一天，窑下冒了顶，老君上前就用脊梁顶住了顶板，连忙叫众人往外跑，等人都跑出去了，洞子也塌了，只有他顶住的地方没有塌。洞口塌了，老君出不去了，一连几天也摸不到洞口在哪儿，里边不通气，憋得他喘不过来气，眼看就不行了，忽然听得身边有一群老鼠围着他叫唤哩，老君说："老鼠老鼠，莫非你们能够救我？"老鼠听他说话，就一起咬住他的裤腿往洞口拽。老君随着老鼠才找到了洞口的方向，吸了几口新鲜气儿，身上才觉得有了劲。又过了几天，窑工们把塌下的巷道挖开了，他才出去，后来老君回到天宫，给窑工们托梦说出他在窑下的经过，窑工们才知道，原来他是老君。后来，煤窑下边护井帮就叫成了"老君腿"。在窑下边见了老鼠，谁也不肯伤害，因为它救过老君爷。②

（2）女性

在历史上，煤矿业一直都是男性的天下。时至今日，在井下作业的矿工依然主要是男性。各地的煤窑都忌讳女性下井，其主要原因是出于对女性的歧视。在传统观念中，人们认为女性身上污秽，会带来厄运。这与人们对经血与经期妇女的禁忌有关，认为经血与经期妇女会造成"污染"，可能带来霉

---

① 《晋城矿区煤炭习俗13则》之《矿工护鼠》，见吴晓煜辑录《煤矿民间传说与风俗》，第73页。
② 河北省武安县民间文学集成编委会：《中国民间文学集成·武安民间故事卷》，第85页。

运，甚至致人丧命，这样的禁忌在全世界各文化中都很普遍。[①] 由于很难识别女性是否处于经期，所以一些非常神圣的或危险性较高的事项，一般不会让女性参加，以免亵渎神灵或带来厄运。

更为直接的原因则与井下的劳动条件恶劣有关，传统时代的煤窑之中，通风条件差，劳动强度高，矿工工作时炎热异常，为了操作方便，大都衣着很少，甚至赤身裸体，如有女性在场，显然有碍观瞻，有伤风化。另外，有女性在场，也往往影响男性矿工的注意力。

有关于山西晋城相关习俗的记载和分析，摘录如下：

> 以往，晋城煤矿有一种说法："女人下坑，巷塌井崩。"因此，长期以来不许妇女到坑口，更严禁女人下煤窑，甚至到了1990年秋季，在晋城市某县的乡办煤矿上，还发生过矿主驱赶到坑口工作的女统计员之事。为啥煤窑视妇女为不祥之"物"？迷信说法是：老君爷当年种煤时，就因为一个妇女一句话而折断了扁担，故而认定妇女嘴里有毒，是"丧门星"，会给煤矿带来灾难。这是封建社会"男尊女卑"传统观念的具体反映。实际情况是：过去煤矿生产条件差，很多人都是裸体作业。如果有女人来到，既不雅观，又易于分散矿工的精力，影响安全和效率，久而久之就形成上述时代偏见。[②]

（3）特定树木

普通人所用之木柴，林林总总，形形色色，但绝少用槐木，有些地方即流传有"家有榆槐，不当烧柴"与"家有三寸槐，不肯当烧柴"之类的谚语。

---

① 可参见〔英〕J. G. 弗雷泽：《金枝》第二十章《禁忌的人》第三节《妇女月经和分娩期间的禁忌》，刘育新、汪培基、张泽石译，新世界出版社，2006，第207~209页。中国古人还常在战争中利用经血来对敌方施加诅咒与厌胜之术，柯文梳理了义和团运动时期相关记载，也分析了中国社会对经血和经期妇女的禁忌，可参看〔美〕柯文：《历史三调：作为事件、经历和神话的义和团》，杜继东译，江苏人民出版社，2000，第108~111页。

② 《晋城矿区煤炭习俗13则》之《忌女人下煤窑》，见吴晓煜辑录《煤矿民间传说与风俗》，第73页。

从实际的层面来看，是因为槐树"木坚用广，作栋梁，制器具，截板及杂用，为材木上品"①，用作薪柴是暴殄天物。而从精神的层面来看，则与民间的槐树崇拜情结有关。槐树树龄极长，武安有"千年松万年柏，抵不上老槐树歇一歇"的俗语。因其树龄长，人们便会附会出神仙精怪，进行崇拜，同时又将其当作追怀祖先的重要象征。在北方盛行大槐树移民传说，村落之中栽种若干槐树，永远不砍伐，也是槐树崇拜的直观反映。②

在许多重要的场合，人们也忌讳用桑树，因"桑"与"丧"同音，人们认为不吉利。煤矿生产中，窑柱的材料即从来不用桑木。

4. 燃料与人生礼仪

中国人的出生、成年、结婚、做寿、丧葬等重要人生礼仪都有盛大的宴席活动，要消耗大量的薪柴。之所以如此，因为其人生不同阶段的交错、变化，具有重要社会意义，反映了"生育、家庭、宗族等社会制度对他的地位的规定和角色的认可"，彰显了"一定文化规范对他进行人格塑造的要求"。③

（1）出生礼

人出生后有洗三、满月、百天、周岁等一系列的庆典，每一庆典都要款待来庆贺的亲友，如宋代的礼节为：

> 就蓐分娩讫，人争送粟米炭醋之类。三日落脐灸囟，七日谓之一腊。至满月则生色及绷绣线，贵富家金银犀玉为之，并果子，大展洗儿会。亲宾盛集，煎香汤于盆中，下果子彩钱葱蒜等，用数丈彩绕之，名曰"围盆"。以钗子搅水，谓之"搅盆"。观者各撒钱于水中，谓之"添盆"。盆中枣子直立者，妇人争取食之，以为生男之征。浴儿毕，落胎发，遍谢坐客，抱牙儿入他人房，谓之"移窠"。生子百日，置会，谓

---

① 民国《武安县志》卷2《地理志》，见张午时、张茂生、李栓庆校注《武安县志校注·民国卷》，历史文化研究会内部印行，2009，第643页。

② 关于槐树崇拜与大槐树移民，可参看关传友《论中国的槐树崇拜文化》，《农业考古》2004年第1期；扈新起《洪洞大槐树的风俗及其传说》，《民俗研究》1990年第4期，第95~98页。

③ 钟敬文主编《民俗学概论》，第121页。

之"百晬"。至来岁生日，谓之"周晬"，罗列盘盏于地，盛果木、饮食、官诰、笔研、筭秤等经卷针线应用之物，观其所先拈者，以为征兆，谓之"试晬"。此小儿之盛礼也。①

这些仪式中最隆重的还是满月，北齐高官韩宝仁为儿子办满月，后主亲临其宅庆祝，"驾幸凤宅，宴会尽日"②。

（2）婚礼

结婚是中国人炫耀性消费最为典型的人生礼仪，而炫耀性消费的目的不是消费品本身，而是通过购买消费品来夸示财富，从而将自身与财富水平较低的阶层区分开来。③结婚时必然要大宴宾客，消耗大量的薪柴。

在北宋的开封城，新人进入新房之后，新郎还要出面敬酒，"众客就筵，三杯之后"再离去举行一系列复杂仪式，然后"已下人家即行出房，参谢诸亲，复就坐饮酒"。婚后女婿至女家拜会亲友，"婿往参妇家，谓之'拜门'，有力能趣办，次日即往，谓之'复面拜门'。不然，三日七日皆可，赏贺亦如女家之礼。酒散，女家具鼓吹从物迎婿还家"。而婚后一月，仍要举行仪式大宴宾客，"大会相庆，谓之'满月'。自此以后礼数简矣"④。一系列的庆典都要举办宴会，酒菜用量极大，烹饪过程中用掉的薪柴数量无从查考，但数量巨大则毫无疑问。⑤

（3）葬礼

人去世之后，吊者云集，同样要宴请宾客。如东汉之名士丧礼，每每千

---

① （宋）孟元老著，姜汉椿译注《东京梦华录全译》卷5，第92页。
② （唐）李百药：《北齐书》卷50《恩幸传》，中华书局，1972，第692页。
③ 参见邓晓辉、戴俐秋《炫耀性消费理论及其最新进展》，《外国经济与管理》2005年第4期；Robert H. Frank, "The Demand for Unobservable and Other Non-positional Goods," *American Economic Review,* March 1985, 75, 101-116. 还可参看〔美〕罗伯特·弗兰克《牛奶可乐经济学3》，闾佳译，中国人民大学出版社，2009，第133~146页。
④ （宋）孟元老著，姜汉椿译注《东京梦华录全译》卷5，第114~115页。
⑤ 笔者结婚时，亲友在婚礼前数月就开始储备燃料，笔者的姨夫和舅舅耗时数天，樵采了上千斤木柴，婚礼结束时基本上用完了。而这还远没有古代婚礼繁复，由此反推，则北宋开封城的婚礼消耗的燃料数量必然更为巨大。

人会葬，如张劭死后，"会葬者千人，咸为挥涕"①。郭太死后，"四方之士千余人，皆来会葬"②。而楼望死后，更是"门生会葬者数千人，儒家以为荣"③。东汉类似的丧礼特别多，相关史料不再一一列举。由丧葬规模之大可知宴席用柴数量定然不小。当然，普通民众的丧礼规模要小得多。但死者的子孙亲友与宗族其他成员加起来也往往有数十百人，众多人口的饮食所要消耗的薪柴也是非常可观的。

人死后停灵期间，一般灯烛彻夜长明，蜡烛与油料的消耗颇为可观。入葬时，还要在墓穴中布置长明灯，若比较讲究可能还会放较多的油料。石家庄有民间故事《刘守备添油》提及坟墓中的长明灯也是用菜籽油，刘守备盗掘赵云墓，发现墓中"棺木一边放着一口大缸，缸边有一条粗麻绳当灯芯，还亮着灯"，刘守备受惊吓后"把身边的不义之财，珍珠玛瑙，金银元宝一股脑卖掉，买来许多菜籽油，添到大缸里"。④故事发生地点虽在四川成都，但讲述人依据的显然是石家庄周边的生活常识。

丧葬烧纸极多。在栾城，小殓时，"烧倒头纸"；守灵时，"黄昏，到五道庙烧纸"⑤；吊丧阶段，乡亲中的女性进死者家门即大哭，"在灵前烧纸叩头"，孝子孝孙则在子夜时分"到十字路口烧送纸车、纸马"；上祭环节，众乡亲带着祭品前来，"专人接祭品，领到灵前，烧纸叩头"；出殡后，"家中留守人将灵床搬出，把柴草清理到门口，在停灵处烧纸磕头"；挖墓人回来后，"点燃门口柴草，将镢头、铁锨在火上烧烤，以驱凶化吉"；复三，安葬死者的第二天，孝男孝女上坟填土，还要"携带祭品到坟上烧纸、放鞭炮"；

---

① （南朝宋）范晔：《后汉书》卷81《独行传》，第2677页。

② （南朝宋）范晔：《后汉书》卷68《郭太传》，第2227页。

③ （南朝宋）范晔：《后汉书》卷79下《儒林传下》，第2580~2581页。

④ 石家庄市民间文学三套集成编委会：《中国民间文学集成·石家庄市故事卷》，第170~171页。

⑤ 五道庙，华北地区较常见的庙宇，供奉神灵为五道神，也称五道将军、五道真君、五道圣君、五道老爷等，佛教与道教均有五道轮回的观念，所以人死亡以后孝子孝孙要到五道庙报庙。所谓五道，一般指天道、人道、地狱道、饿鬼道、禽兽道。在没有五道庙的地方，城镇到城隍庙报庙，乡村则到土地庙报庙。

烧七纸，"每七天一次到坟上烧纸，一直烧到七个七纸"；此外还要烧百日纸和周年纸。①

在民国时期北平西北郊区的清河镇周边，人刚过世即烧"引路纸"，"又点着七个灯花，引向门口"，称为"引路灯"。此后孝子到五道庙报庙，焚化纸钱。亲朋好友闻讯后，到灵前举哀，焚纸而哭。死后第三日，亲友再带纸钱吊祭，入夜后"家属亲戚等将事前备好的纸车（内装纸钱、金锭、米曲），纸马（或纸骡）纸箱，抬箱纸人，跟驴纸人等，排在十字路口焚化，大家向火大哭，俨如送别。富有人家那夜家里又举行'焰口'"。安葬好后，要"焚化灵牌，幡儿，烧纸"。葬后五七及第六十天要到坟前烧纸，此后清明、七月十五及十月初一都要在坟前"焚化各种烧活"。②

在唐河县（今河北唐山曹妃甸区），"旧社会丧葬仪式极为繁琐，封建迷信贯于始终。为悼念故人，披麻戴孝，焚香化纸，扎纸张（纸人、纸马、灵幡），赁杠（抬灵柩的专用木杠）、罩（罩于棺材上的专用布篷）等，操办丧事要耗费许多钱物，因此，有的贫困人家为办丧事而负债"③。将"焚香化纸"放置于耗费钱物的诸多事项的最前面，亦可想见用量之大。

（4）特定习俗

古人在人生礼仪中也往往直接举行与火有关的仪式，或则用来净化某种事物或周边环境，或则用来祛邪逐魔、消灾去难，都是典型的传统巫术活动。

据前引资料可知，宋代小儿出生后三天有"落脐灸囟"习俗，姜汉椿称"未详其义"④，笔者以为当是点燃艾草之类的药材来熏灸小儿的囟门，意图是

---

① 河北省栾城县地方志编纂委员会编《栾城县志》，第858~859页。
② 黄迪：《清河村镇社区——一个初步研究报告》，载燕京大学社会学系《社会学界》第10卷，1938年6月，转引自李文海、夏明方、黄兴涛主编《民国时期社会调查丛编》二编《乡村社会卷》，福建教育出版社，2014，第45页。
③ 唐海县地方志编纂委员会编《唐海县志》，天津人民出版社，1997，第704页。
④ （宋）孟元老著，姜汉椿译注《东京梦华录全译》卷5，第93页。

增强其体质，期盼其健康长大 [①]。

结婚时不少地区有新娘跨火盆的习俗，主要意图也是通过火来破除所有的邪祟与凶煞之气。火盆中所用之燃料一般都是木炭，檀木、桃木、柳木等为最佳原料，盆内往往还要放上红豆、丹砂等物。[②]

而葬礼完毕，人们也多要跨火，如明代宛平县即有相关习俗，"送葬归，以盂盛水，置刀其旁，积薪燃火于宅门之外，丧主执刀砺盂者三，即跃火而入，余从者如之" [③]。用意当是阻止亡灵进入家门，同时趋吉避凶。

而发生了其他不好的事情之后也往往要跨火，比如出狱、病愈出院等，用意与葬礼后的跨火相同。

要之，燃料在世俗文化中的地位非常重要，渗透到人们日常生活的方方面面，对人们的思想观念与行为方式都产生了至为深远的影响。举凡语言、节日、信仰、禁忌、人生礼仪等都打上了燃料的烙印。研究燃料的历史，势不能回避观念礼俗与燃料之关系。

王利华在勾勒中国环境史的研究框架时，指出观照自然环境的历史之外，生命支持系统、生命护卫系统、生态认知系统、生态—社会组织四个层面的历史也都是重要的研究对象。[④] 其中生态认知系统的理念，极有创见，令人耳目一新。所谓生态认知系统，核心的命题是"人类在与自然交往过程中对周遭世界各种自然事物和生态现象的感知和认识"，其组成部分既有"感知和认识的方式"，也有"所获得的经验、知识、观念、信仰、意象乃至情感等"事

---

① 婴儿的囟门是一个非常独特的生理特质，巫术上认为其为灵魂出入之通道，而中医上也极为重视，有大量相关偏方。如治疗小儿受惊吓的偏方为"仰向后者、灯火淬其囟门、两眉际之上下。眼翻不下者，淬其脐之上下。不省人事者，淬其手足心、心之上下。手拳不开、目往上者，淬其顶心、两手心。撮口出白沫者，淬其口上下、手足心"。参见（明）李时珍《本草纲目》（校点本）卷 6《火部》，第 421 页。余不尽举。

② 参见林汉筠《客侨婚俗之"跨火盆"源考》，《办公室业务》2012 年第 5 期；赖亚生《闽南婚俗中的"跨火薰"仪式试解》，载《闽台婚俗——"福建婚俗的调查和研究"研讨会论文集》，1990；另参钟敬文主编《民俗学概论》，第 139 页。

③ （明）沈榜：《宛署杂记》卷 17《民风一（土俗）》。

④ 王利华：《浅议中国环境史学建构》，《历史研究》2010 年第 1 期。

项。王氏提出这一理念，本意就是为了推动环境史研究向精神层面深化，其侧重点仍是环境思想史，但更注重"考察它们的历史情境、社会意义和流变动因"，将整个生态系统分为三个方面：一是"认识那些对自己有用、有利的事物（现象乃至规律），以作为生存和发展的资源与条件"，二是"认识那些对人有害的事物，以防范其可能造成的危害"，三是"人们对于自然环境中那些'美'的事物和现象的认知"，进而又界定为"实用理性认知"、"神话宗教认知"、"道德伦理认知"和"诗性审美认知"四种方式[1]。

对燃料的认知问题，也会成为燃料史极为重要的组成部分。观念不仅仅反映现实，也会能动地影响历史。观念知识关于事实的阐释体系，两者不一定相符，绝大多数时候存在着错位，有时候甚至南辕北辙。绝对意义上来说，事实本也无法被观念完全精准呈现，观念只能无限地去逼近事实。不要强求观念正确，正确与否，它都已存在，都会对社会生产与生活产生真真切切的影响。我们要做的是平心静气去审视，而非居高临下去评判和指责。须知，对于普通民众而言，相当多的情况下，真正重要的不是事实本来如何，而是大众认为的事实如何。观念与意象中的燃料问题，值得深入探究。[2] 本章所列举的与燃料有关的诸多文化事象，从现代科学的角度来看，许多是荒诞不经的。可还原到特定的历史场域中，这些文化事象显然构成了古人与燃料打交道时重要的内在逻辑，最终深刻地影响了社会与生态。燃料格局的发展变化，燃料危机的爆发，燃料革命的出现，社会习俗与思想观念与有力焉。相关问题，我们还将在后文进一步发掘。

---

[1] 王利华：《"生态认知系统"的概念及其环境史学意义——兼议中国环境史上的生态认知方式》，《鄱阳湖学刊》2010 年第 5 期。关于生态认知系统，另可参看氏著《人竹共生的环境与文明》，生活·读书·新知三联书店，2013，第 381~387 页。

[2] 笔者有未刊稿《避实就虚：中国虚幻环境史发凡》对相关问题进行了深入解读，此处不赘述。

第二章
华北自然环境的特征与燃料格局

特定区域燃料资源的赋存与使用情形受到自然环境特征的制约，并随着自然环境状况的变化而变化。华北的自然环境为燃料相关故事的铺展提供了舞台，并在相当大程度上塑造了其整体风貌。华北的地貌特征、植被分布、气候状况等都在燃料格局中留下了深刻的烙印，而燃料格局的演变也在一定程度上改变了自然环境。

本章主要讲述华北的自然环境特质，本书也特别强调自然环境对燃料问题发展脉络的影响。但是，我们绝不是只见自然，不见人类，我们的理念是"环境史既不仅仅是人的历史，也不仅仅是非人类事物的历史，而是以人类为主导、由人类及其生存环境中的众多事物（因素）共同塑造的历史"[①]。后文将要深入探究的燃料危机与燃料革命，也正是在自然环境与社会生产生活的交互作用与彼此因应之下发生的。

第一节　地貌概况

一　地貌概况

自然地理学上所界定的华北地区极为辽阔，介于北纬 32° 到 43° 之间，

---

① 　王利华：《生态环境史的学术界域与学科定位》，《学术研究》2006 年第 9 期。

东经 104° 到 125° 之间，面积约占全国陆地总面积的 1/10，人口占了全国总人口的 30%。区域内部地形多种多样，包括辽东半岛、辽河平原、黄淮海平原、晋冀山地、黄土高原、山东半岛和鲁中山地。行政上也包括了众多省市，包括北京、天津两市与山东、山西两省的全部，辽宁、河北、河南、陕西四省的大部以及江苏、安徽、甘肃、宁夏的一部分。[①] 在这一大华北区域内，人们的风俗习惯与社会风貌都存在着极大的差异。

吴忱多年来一直致力于研究华北地貌，他所划定的华北区域较小，大致为北纬 35° ~ 43° 之间，东经 112° ~ 122° 之间，地形上包括了华北山地、华北平原的北部和渤海海域三个部分，行政上包括了北京、天津、河北两市一省的全部和内蒙古、辽宁、山西、河南、山东一区四省各一部，陆地面积约 35 万平方千米。[②]

本书所讨论的华北区域，不同于自然地理意义上的大华北，大致参照了吴忱的划分，但为了论述方便，去掉了山西省、内蒙古自治区与辽宁省的相关地区，较吴氏划定区域略小。本区包括华北山地、黄河以北的海河平原两大地貌单元。截至 2023 年底，该区域面积总计约 27.3854 万平方公里，人口约 1.4767858 亿人。其中北京市面积 1.6410 万平方公里，常住人口 2185.8 万人[③]；天津市面积 1.1966 万平方公里，常住人口 1364 万人[④]，河北省面积 18.88 万平方公里，常住人口 7393 万人[⑤]；河南省的黄河以北六市总面积 2.622 万平方公里，人口 2037.23 万人；山东省的黄河以北三市总面积 2.8546 万平方公里，人口 1538.8 万人。关于河南、山东的黄河以北九市面积人口及在各自省内所占比重详情参见表 2.1。

---

① 中国科学院《中国自然地理》编辑委员会：《中国自然地理·总论》，科学出版社，1985，第 221 页。

② 参见吴忱《华北地貌环境及其形成演化》，科学出版社，2008，第 1~2 页。

③ 参见北京市人民政府门户网站，网址 https://www.beijing.gov.cn/renwen/bjgk/#dlyzr。

④ 参见天津市人民政府门户网站与天津市地方志网，面积见 https://www.tj.gov.cn/sq/。

⑤ 参见河北省人民政府门户网站，网址 https://www.hebei.gov.cn/columns/be91bd5c-7b76-4252-bc33-d48c85159858/index.html。

表 2.1　河南、山东黄河以北诸市的面积与人口

省	河南						山东		
市	安阳	鹤壁	新乡	焦作	濮阳	济源	德州	滨州	聊城
面积（km²）	7413	2182	8249	4071	4188	1931	10356	9660	8628
面积合计（km²）	28034						28644		
全省面积（km²）	167000						158100		
占全省面积的比重（%）	16.786826						18.117647		
人口（万人）	547.76	156.6	620	352	400.89	72.7	553.63	390	642.2
人口合计（万人）	2149.95						1585.83		
全省人口（万人）	9815						10123		
占全省人口的比重（%）	21.90						15.67		

注：河南省相关面积、人口数据均取自河南省人民政府门户网站，山东省面积与人口数据取自山东省、德州市、滨州市和聊城市人民政府门户网站。河南全省情况见 https://www.henan.gov. cn/jchn/，安阳见 https://www.henan.gov.cn/2018/05-30/231088.html，鹤壁见 https://www.henan.gov. cn/2006/09-03/231058.html，新乡见 https://www.henan.gov.cn/2018/05-30/231067.html，焦作见 https:// www.henan.gov.cn/2018/05-30/231036.html，濮阳见 https://www.henan.gov.cn/2006/09-03/231079. html，济源见 https://www.henan.gov.cn/2018/05-30/231076.html。山东省全省情况见 http://www. shandong.gov.cn/col/col94094/index.html，德州见 https://www.dezhou.gov.cn/n19182539/，滨州见 http://www.binzhou.gov.cn/col/col114213/index.html，聊城见 http://www.liaocheng.gov.cn/channel_ t_156_11746/doc_639486aff8ab1b32646a023c.html。

　　本书对华北内部区域的划分，亦未采用传统的划分方法，为方便对燃料问题进行讨论，我们主要依据植被差异进行区分，同时也参考了古人的划分方法。《周礼·地官·掌节》云："凡邦国之使节，山国用虎节，土国用人节，泽国用龙节，皆金也。"可见古人实际是将地表特征区分为三种类型：多山区域、平原区域和多水区域。相应地，我们把华北地区也按其地形与植被状况分为三大区域。其一为冀北及冀西的山地，主要山脉有燕山山脉和太行山山脉，山地海拔大都在 1000 米以上；山地还夹有大量的间山盆地。其二为纵贯冀鲁豫三省的平原区，主要由海河与黄河冲积而成，海拔大都在 50 米以下，山麓地带的洪积冲积扇海拔则较高。其三为坝上、冀中的湖淀、湿地区与滨海区域，面积相对较小。

二　分区简介

1. 山地

华北山地西与山西以太行山脊为界，北与内蒙古以张北熔岩台地和长城为界，东部和南部均与华北平原为界，界限非常明显。山地大致分为两个部分，一为冀西山区，二为冀北山地。

冀西山区主要由太行山系组成。太行山系北起北京西山，南到山西、河南交界地区的沁河平原，绵延 650 公里。分为三段，北段介于桑干河和滹沱河，大部分区域海拔 1500~2200 米，最高点小五台山东台达 2882 米；中段位于滹沱河和漳河间，一般海拔 1100~1700 米，最高点北天池达 2118 米；南段北起漳河南到黄河，地表海拔约 1000~1500 米，最高点赵掌尖老山达 1856 米。中段地表岩石有部分前震旦纪片岩、片麻岩出露，南段和北段的地表岩石主要由古生代形成的石灰岩组成。整个太行山系形成高耸的岭脊，海拔 1500~2000 米。太行山系东侧为明显的走向断层构造，许多地段断层岩壁形成近 1000 米的落差，从华北平原西望，气势极为雄伟。东麓还分布着一些山间小盆地，如林州盆地、武安盆地和井陉盆地，海拔大都为数百米。太行山西麓，坡度比较和缓，呈典型的高原形态。

冀北山地，西北与内蒙古交界，东北则与辽宁毗邻，包括南部的燕山山脉和北部属于阴山山脉的坝缘山地。前者海拔 1200~1400 米，最高点雾灵山顶峰达 2116 米；而后者海拔 1400~1700 米，最高点东猴顶达到了 2293 米。地表岩石则主要是太古界的变质岩、震旦纪的沉积岩以及侏罗纪的陆相沉积与火山喷发交替的岩层，零星分布着古生代的岩层，在燕山南麓的唐山和北京西山一带还分布有二叠纪和石炭纪的富煤地层。

根据地质构造和地貌特点的差异，冀北山地又可以分为两个部分。其一，冀东低山丘陵盆地，从天津蓟州区向东延伸到山海关，北达长城，南到唐山滦州市，呈一狭长的带状。其二，北京西山和冀东低山丘陵以及军都山以北的山地，统称为冀北中低山地。后者海拔一般在 1000 米以上，少数由花岗岩组成的山峰如海陀山（2241 米）、花皮岭（2129 米）、雾灵山（2116

米）、云雾山（2047 米）都在 2000 米以上。山间还夹有若干河谷盆地，如滦平、承德、平泉盆地，海拔一般不超过 500 米。本区域与内蒙古高原接触的地方，分布有玄武岩，起伏相对和缓，具有高原的形态，当地人们称之为"小坝"。[①]

2. 平原

海河平原，东临渤海，南接黄河，西抵太行山东麓 100 米等高线，北至燕山南麓 50 米等高线。因其主要部分系由海河和黄河冲积而成，故又被称为黄海平原。这里的地貌主要为平原，在边缘地带也零星分布着一些山地和丘陵。

海河平原大致又可分为两种类型：一为洪积冲积缓斜平原，海拔在50~100 米，宽度一般在 10~55 公里，主要位于燕山、太行山的山前地带；二为冲积低平原，海拔在 50 米以下，是海河平原的主体部分，南部沿黄河向东北倾斜，而北部向南倾斜，在保定、天津一线形成一系列洼地。[②]结合自然与人文条件，海河平原又可分成五个亚单元，分别是冀东平原（唐山、乐亭一带）、京津平原、冀中南平原（河北省的容城、霸州以南部分）、豫北平原和鲁西北平原。[③]

这里是我国重要的农业区域，是粮棉主要产区。南北距离超过 500 公里，气候条件有较大差异，农作物熟制有所不同，南部可达一年两熟，而北部则只能两年三熟。东西相距也有数百公里，水分条件和地势也有显著不同，地下水和土壤特质也有不同。不过，全区的自然特征还是具有很大的共同性，其自然条件的改造和农业自然资源的利用也很相似。[④]

3. 湖泊、滨海区域与湿地

扇缘交接洼地类地质构造在华北大平原上的分布极为普遍，规模也较大，为大型湖泊的产生和发展创造了条件，历史上宁晋泊、大陆泽、白洋淀等的

---

① 参见《中国自然地理·总论》，第 240~243 页；吴忱：《华北地貌环境及其形成演化》，第 5~6 页。
② 参见《中国自然地理·总论》，第 235~236 页。
③ 吴忱：《华北地貌环境及其形成演化》，第 5~6 页。
④ 《中国自然地理·总论》，第 239 页。

规模都较大。就本书所讨论的时空范围来看，华北湖泊水域广阔，水量丰富，但由于泥沙的不断淤积，整体的趋势是湖泊、湿地不断减少。现在除白洋淀等少数湖泊尚能常年积水外，大部分已经干涸，少数还能在雨季积水，大部已经彻底消失并已进行了垦殖。

滨海区域位于渤海之滨，地势低平，西起4米等高线，东至海岸线，地面起伏较小，坡降一般小于1/10000。地表成因主要为河流沉积影响，此外还受到海洋沉积作用的影响，还受海湖浸渍和顶托，地表径流滞缓，排水困难。地表物质以黏土为主，间有部分砂质黏土，表层含盐量高达1%~3%，盐渍土地区最宽达到了60公里。地下水位较浅，埋深1~1.5米或更浅，矿化度很高，一般10~30克/升，高的可达100克/升以上，以钠质氯化物型为主。大部无浅层淡水，深层淡水多埋藏在250米以下，有的达400~500米。[①]

滨海平原中，分布有各种新旧潟湖洼地，其中以七里海、北大港、南大港的规模最大。此外，还有现代河流三角洲、滨海沙堤、沙滩、沙丘等地貌形态。

第二节 植被类型、空间分布及其变化

一 植被区划与植被水平分布

按照自然地理学对植被带的划分标准来看，华北大部分区域属于暖温带落叶阔叶林区域，植被特征是在春、夏两季和初秋时节，植株上生长着适应于温暖潮湿气候的茂密的绿叶。在深秋和冬季，树叶完全脱落，减少由于蒸腾作用所消耗的水分。厚厚的树皮保护着树干和树枝，树芽也被很厚的芽鳞所覆盖，确保了树木的安全越冬。

北温带科属植物是本区落叶阔叶林的主要建群植物，较典型的有壳斗科、杨柳科、桦木科、槭科、榆科和椴属等，常见的植物种类为我国北方特有的落叶栎类，灌木林中则多为胡枝子、荀子木、绣线菊、山楂、荚蒾、黄栌、

---

① 《中国自然地理·总论》，第236页；任美锷主编《中国自然地理纲要》，商务印书馆，1985，第174页。

榛、大花溲疏、连翘和虎榛子等，草本植物中较常见的则有多种薹草，禾本科的野牯草、白羊草、黄背草，及山萝花、桔梗、兔儿伞、柴胡、多种委陵菜和蒿类等。杨、柳、桦林是主要的次生林或河岸林。[1] 在河漫滩和低阶台地的沙砾质土地上，因为湿度较大，且雨季来临时常有洪水泛滥，故落叶灌丛较为常见，建群植物主要是秀丽水柏枝和沙棘等。低地或海滨盐渍化较为严重，主要分布着盐生落叶灌丛，柽柳、白刺及铃铛刺等是主要的建群植物。这两种区域常发育有密集高大的灌木丛，其覆盖度可达 60%~80%，植株高达 2~3 米，有的灌木甚至能发育成 9~10 米的小树。[2]

华北西北部和北部的小块区域属于温带草原区域，植物组成相对比较简单，优势植物非常明显。西北部主要是旱生丛生禾草，如大针茅、针茅、克氏针茅、冰草、隐子草等。[3] 冀北山地围场以北，有大针茅、羊草草原，在永定河上游间山盆地，有次生的长茅草、铁杆蒿、百里香群落，呈现从暖温带半湿润气候向温带半干旱气候过渡的特点。

森林学上常用干燥度来分析水分对林相的影响，干燥度是某一区域蒸发量与降水量的比值：干燥度＜1 时，气候湿润，自然植被为纯森林；干燥度在 1.0~1.5 之间时，气候为半湿润，自然植被是森林草原；干燥度更高时，森林无法存在。[4] 由于华北地区水分多少东西有别，东部与西部组成植被的植物也有所不同，在落叶树中，东部的栎树种类较多，西部种类较少。松树的树种与林相也因湿润程度不同而有较大差别。

据研究，在北半球，随着纬度的变化，气温相应变化，一般纬度增加 1 度，年均温就会下降 0.5~0.9℃，华北南北相距数百公里，气温也从南到北有显著变化，所以林木种类与分布也有明显不同。[5]

地形对于植被分布的影响更为显著。大致来说，山区人烟稀少，草木资

---

① 以上论述参考《中国自然地理·总论》，第 147 页。

② 《中国自然地理·总论》，第 154 页。

③ 《中国自然地理·总论》，第 156 页。

④ 参见易宗文编《森林学》，湖南科学技术出版社，1985，第 41 页。

⑤ 参见易宗文编《森林学》，第 32 页。

源最为丰富；平原区由于土地开垦，人口众多，主要分布有各种人工栽培植物，野生植物资源已经非常稀少；而湖淀区芦苇等挺水植物密布，其他种类的水生植物也较常见。

山地的天然落叶林主要由栎、杉、杨、桦、槭、椴等树种组成，高山区则分布有寒温针叶林和亚高山草甸。同一山地的迎风坡与背风坡、阴坡与阳坡，植被也有显著的差异。

在平原地区，除一些河滩、沙丘、洼地、湖区、盐渍地有少数散生的天然植被外，其他区域基本都为栽培或半栽培植被所覆盖。这里常见的树木有垂柳、旱柳、毛白杨、加拿大杨、侧柏、臭椿、复叶槭、国槐、刺槐、泡桐、榆、楸树以及枣、柿、核桃、梨、桃、苹果等。灌木主要有酸枣、荆条、紫穗槐、胡枝子、柽柳、锦鸡儿等。草本植物多为路旁杂草，如狗尾草、苍耳、马唐、细叶益母草、牛筋草、蒲公英、小蓟、地锦、小白酒草、藜、萹蓄、马齿苋、知风草等。这些灌丛草本植被，因土壤、地貌和地下水条件的不同，而呈现不同的分布特点。在洪积冲积平原，主要分布有酸枣、荆条、胡枝子、菅草、白草、马唐等。在冲积平原的微斜平地分布有蒲公英、狗尾草、知风草等。

在湖滨、湿地、河滩及河口三角洲等地区还分布有大量湿生植物，而湖泊中还有较多的水生植被。在较大的地表积水区域，如深水湖泊或池塘，水生植物多呈环带状分布，由池塘中心向沿岸，随着水的深度降低，依次为沉水植物带、浮水植物带和挺水植物带。由于同一环带水域的水深、光照、水温等条件相同，故而分布的植物种类也大致相同。深水区的沉水植物主要为金鱼藻、眼子菜、狐尾藻、苦草等。深水区与浅水区的中间过渡区域主要分布浮水植物，常见种类有荇菜、浮萍、睡莲、槐叶萍、满江红等。在沿岸浅水带的挺水植物为芦苇、香蒲、黑三棱、藨草、莲和茭笋等。[①]

滨海地区生长着的主要是特殊的耐盐植物，主要有獐茅、盐蒿等，间或散生着耐盐灌木如柽柳、白刺等。它们的分布会随着地表起伏、土壤质地与

---

① 《中国自然地理·总论》，第142页；任美锷主编《中国自然地理纲要》，第162页。

排水状况的变化而变化。在海滩的小块薄层积水裸地，往往先出现糙叶薹草群落，随后因芦苇侵入而发展为芦苇、糙叶薹草混生群落。芦苇还会进一步扩展自己的生境，在不受潮汐影响的区域，最终往往会演化出茂密的芦苇群落。在海滩或海堤内的原生裸地，最先出现盐蒿群落，在土壤湿润区域接下来演化出大穗结缕草群落，而在比较干燥的地段则演化出獐茅群落，最终都会演化出白茅群落。[①]

关于滨海地区的植被情状，古人亦有较多记载。如纪昀即提及沧州沿海地区杂草丛生，称："沧州一带海滨煮盐之地，谓之灶泡。袤延数百里，并斥卤不可耕种，荒草粘天，略如塞外，故狼多窟穴于其中。"又称："沧州李媪，余乳母也。其子曰柱儿，言昔往海上放青时（原注：海滨空旷之地，茂草丛生。土人驱牛马往牧，谓之放青），有灶丁夜方寝（原注：海上煮盐之户，谓之灶丁），闻室内窸窣有声。"[②] 相关区域之民众生活用薪柴及煮盐用薪柴，即多取自斥卤滩涂上所生长之杂草。

二　植被的垂直分布

华北的天然植被大都是落叶阔叶林，常绿阔叶林很难找到，从山麓直到山地的上部，都属于落叶阔叶林分布的范围，这是植被对暖温带湿润半湿润气候条件的适应。在冬季严寒和干燥的气候下，树木脱去全部叶子，呈现一片萧瑟的景象，而树叶也为华北提供了独特的燃料资源。一些针叶树经冬而不落叶，主要分布在高海拔区域，低地也有零星分布。树木随地势高低而有明显变化，据研究，海拔每升高 100 米，温度便会下降 0.5~0.6℃。[③] 华北地区的植被垂直差异也较明显，试分述之。

1. 海拔 1200 米以下的植被状况

代表地带性植被的暖温带落叶林主要是栎林，集中分布的区域有太行山

---

① 《中国自然地理·总论》，第 142 页；任美锷主编《中国自然地理纲要》，第 162 页。

② （清）纪昀：《阅微草堂笔记·槐西杂志四》，第 380 页；《阅微草堂笔记·姑妄听之一》，第 412 页。

③ 易宗文编《森林学》，第 33 页。

中段的邢台以西和北段的涞源东南，北京西山、灵雾山，承德以南、宽城以东地区。它一般可从山麓分布到海拔 1200 米，其中阴坡主要分布范围为海拔 500~1000 米，阳坡最高可以分布到海拔 1700 米左右。主要的常见树种为栓皮栎、麻栎、辽东栎、槲栎、槲树和蒙古栎等。其中，栓皮栎分布在海拔较低处的阳坡，并且由西向东逐渐减少。稍高处为槲栎。辽东栎在华北分布最广，可以分布到海拔 1000 米左右。蒙古栎分布在海拔 1000 米以上，有由西向东逐渐增多的趋势。伴生的落叶阔叶树有椴、鹅耳枥、色木、槭树、大叶白蜡、紫椴、山杨等。在栎树分布的范围，还分布一些针叶林，主要树种为油松、赤松和侧柏。

油松在本区分布很广泛，酸性的花岗岩或中性的砂页岩山地较适于油松生长。小五台山东南侧、延庆西北和兴隆东南山地为主要成林区域，有的和栎林混生，有的成纯林。

赤松林分布相对较少，集中分布在秦皇岛以北的低山丘陵地区，海拔区间为 300~500 米。

侧柏多成疏林，常见于海拔 200~1000 米薄瘠的石灰岩山地的阳坡或半阳坡，河南省获嘉县以北的太行山南坡多有纯林分布。

落叶乔木被破坏之后，次生植被多为以荆条、酸枣为主的灌丛和以黄背草、白羊草为主的草丛。海拔较高部分，主要的灌木为二色胡枝子、三桠绣线菊、柔毛绣线菊、毛榛、榛子、虎榛子、北京忍冬、光叶黄栌等。

2. 海拔 1200 米以上的植被状况

在栎林和油松林之上，海拔 1200~1800 米，气候较为温和湿润，出现温带落叶阔叶林，以白桦和山杨为主。并有蒙椴与糠椴等。

海拔 1800 米以上，为寒温针叶林带，其下部（1800~2300 米）为云杉林，以青扦和白扦为主。两者多生长在阴坡和半阴坡，林内较阴暗潮湿，树下草本植物为少量喜湿种类。在较高的山地，如小五台山，可达到 2500 米的高度。[1]

---

[1] 以上论述参考《中国自然地理·总论》，第 245~246 页；吴忱《华北地貌环境及其形成演化》，第 113~115 页；任美锷主编《中国自然地理纲要》，第 175 页。

三　植被状况对燃料利用方式的影响

在古代社会，由于交通运输条件的限制，人们所利用的燃料多是就地取材，若异地取材也往往是短途调运，正所谓"百里不贩樵"，故而燃料利用方式往往取决于居住区周边的植被状况。如上文所分析，植被状况与地貌特质息息相关，所以燃料格局随地貌不同而有较大的差异。俗语有云，"靠山吃山，靠水吃水"，就燃料的利用来看，则是"靠山烧山，靠水烧水"。

自始新世开始，直到全新世，华北山区的森林种类虽多有变化，时而为针阔混交林，时而为针阔混交林 – 灌丛草原混合植被，时而为落叶阔叶林，植被类型随气候变化而变化，但森林始终是优势植被类型。[1] 山区各种天然林木的分布极为广泛，燃料资源蕴藏丰富，相应地人们获取木质燃料较容易，所以利用的燃料中天然木质材料就更多一些，野生草本植物与作物秸秆则是重要补充。这样的燃料利用模式一直维系到晚近时代，在历史的早期尤其如此。

沼泽湿地水生植物茂盛，芦苇等野生挺水高秆植物就成为水域附近人们最重要的燃料来源。与树木相比，芦苇生长周期要短得多，刈割之后，下年复生，以之用作燃料，对生态环境之影响较之以林木为燃料要小得多。明代有人分析北京城燃料获取远比南京艰难，原因即在于南京可以较多利用"易生之物"——芦苇，"沿江千里，取用不尽"；而北京城周边则不存在丰富的芦苇资源，不得不大量利用树木，"非历十数星霜，不可以燃，取之须有尽时，生之必待积久"[2]。但局部有水域的地方，仍可利用芦苇，如 1927 年，李景汉在对北京西郊挂甲屯村进行调查时，即发现该村"附近一带池塘很多，盛产芦苇与蒲草"，"有不少家庭烧编席遗剩的芦苇"[3]。

值得注意的是，在始新世中、晚期，华北平原的地表是以湖泊和沼泽为

---

[1]　参见吴忱《华北地貌环境及其形成演化》，第 112 页。

[2]　（明）丘濬：《守边议》，载（明）陈子龙等《明经世文编》卷 73，明崇祯平露堂刻本。

[3]　李景汉：《北平郊外之乡村家庭》，载《社会研究丛刊》第三种，商务印书馆，1929，转引自李文海、夏明方、黄兴涛主编《民国时期社会调查丛编》一编《乡村社会卷》，福建教育出版社，2014，第 476、487 页。

主的，挺水植物分布广泛。[①]在历史的早期，华北平原的大型湖泊与沼泽也为数极多。可到了历史的后期，在自然因素与人为因素的交互作用之下，湖泊、沼泽大量消失。不然，宋以降华北的燃料压力会小很多，而社会面貌也将大不一样。

在广大平原地区，史前时期也分布有较多的落叶阔叶林。但进入历史时期后，天然林木已然比较稀疏，而其缺乏程度随着农业垦殖的发展而不断加剧。但人们普遍重视人工林的培育，榆、白杨、楮、柳、楸、橡、桑、枣、梧桐、臭椿等树木都极为常见，且常用作燃料。但随着时间的推移，平原地区的木质燃料蕴藏量不断下降，宋以后更为严重。具有重要经济价值的桑、枣等树木被大量砍伐用作薪柴，对华北的经济格局产生了深远的影响。到历史的后期，平原地区逐渐形成了以农作物秸秆为主，野生草本植物为辅，搭配少量栽培与半栽培树木枝叶的燃料格局。

随着时间的推移，天然植被——特别是林木遭受的破坏越来越严重。所以华北的燃料结构发生了显著的变化，主要表现在三个方面。

其一，木本燃料所占比重不断下降，草本燃料所占比重则不断上升。这一变化在山区与平原都出现了，尤以平原最为典型。木柴质地紧密，使用时外层与空气接触的部分先行燃烧，然后化为灰烬脱落，下一层接触空气后继续燃烧，以此类推。燃烧性能稳定、持久，热量释放较为和缓，热能利用效率也较高。在日常生活与重要的手工业生产部门中，木柴的作用是极为重要的。

而草柴质地疏松，燃烧猛烈，但难以持久。与同等重量的木柴相比，草柴的燃烧速度要快得多，因而其热能利用效率较低。这样的特点决定了草柴是很好的引火材料，却不是稳定燃烧的最佳原材料。草柴并不能很好地适应耗能较多且需要长时间稳定加热的手工业生产，也不适用于日常生活中需要较长时间烹饪的食物。但随着林木资源的枯竭，华北的民众不得不更多地依赖草柴，也不得不承受热能利用效率下降和经济状况相对恶化的后果。

1926~1927 年，李景汉在主持对北京西郊黑山扈村、马连洼村及东村 64

---

① 　参见吴忱《华北地貌环境及其形成演化》，第 112 页。

户农家的调查过程中，即发现"各家所烧之柴草除田地所产之各种禾秆外，多系妇女随时在野地拾取者"[①]。

其二，天然植被在燃料中所占比重不断下降，而农作物秸秆所占比重则不断上升。随着人口的增长与农田开垦力度的加大，到了历史的后期，华北——特别是华北的平原地区——的天然草类生长的空间也被压缩到了最小的程度，可供人们用作燃料的草类也不断减少。于是秸秆在燃料结构中所占的比重不断提升，甚至完全取代了草木燃料。元明以后的高粱、玉米等高秆作物种植逐渐得到推广，即与秸秆用作燃料的强劲需求密切相关。而秸秆为优质燃料的棉花种植面积之扩大，也与这一时代背景相契合。富兰克林·H. 金 20 世纪初在中国旅行时即发现，"由于树木自然生产过程的缓慢以及林地区域在世界上分布的有限"，"中国、朝鲜和日本早已通过耕种大量农作物"来满足燃料的需求，"除一些能有更好用途的作物外，农场上种植的各种禾本作物的茎大多被用作燃料。将收割之后的稻草和棉花茎、掌状豆茎以及油菜、谷子的秸秆整齐地堆放在一起"，"捆成捆运到市场上出售。这些燃料被用于家庭日常生活和烧石灰、砖、陶器以及制作燃油、茶叶、豆腐等"，他还特别指出，在山东、直隶、东北地区，小米和高粱秸秆广泛用作燃料。[②]

这一变化在华北地区引起了一连串深远而复杂的影响，如形成了燃料与饲料相争的格局，从而影响了华北地区的役畜饲养规模与饲养结构。[③] 又如挤压了传统的优势产业——丝织业的生存空间，而棉纺业大行其道。[④] 同时，秸秆大量用作燃料，减少了直接还田秸秆的数量，从而对土壤肥力产生了消极的影响。相关问题，笔者将另文探讨，此处不赘。

---

① 李景汉：《北平郊外之乡村家庭》，载《社会研究丛刊》第三种，商务印书馆，1929，转引自李文海、夏明方、黄兴涛主编《民国时期社会调查丛编》一编《乡村社会卷》，福建教育出版社，2014，第 520 页。

② 〔美〕富兰克林·H. 金：《四千年农夫：中国、朝鲜和日本的永续农业》，程存旺、石嫣译，东方出版社，2011，第 76、80、90 页。

③ 参见赵九洲《古代华北役畜饲养结构变化新考》，《中国农史》2015 年第 1 期。

④ 参见赵九洲《燃料消耗与华北地区丝织业的兴衰》，《中国农史》2014 年第 1 期。

其三，煤炭的使用逐渐增加。我国发现煤和用煤的历史非常悠久，相关研究也颇为丰富，其中令人印象最为深刻的便是"燃料革命"观念的盛行。所谓燃料革命，指的是从传统的草木燃料（包括其衍生品木炭、竹炭等）向煤炭的转变，学者多认为这一转变的关节点在宋代，而其对社会发展的意义极为重大。[①]

学者探究古代燃料变革问题时，不管是否承认存在燃料危机并发生了"燃料革命"，都将关注的重点放在了传统燃料向煤炭的转变，而时间节点则更多地观照了宋代。其实煤炭使用范围的扩大是一个漫长的发展历程，并不起于宋，也未止于宋。宋以后，煤炭的推广进程仍在继续。就煤炭使用的广度与社会影响而言，明清还要超乎宋代之上。[②] 不管是宋代，还是明清，煤炭

[①] 主要的研究成果有〔日〕宫崎市定《宋代的煤与铁》，载《宫崎市定论文选集》上卷，第179页。另见氏著《中国的铁》，载《宫崎市定论文选集》上卷，第201页。〔美〕罗伯特·哈特威尔（郝若贝）著，杨品泉摘译《北宋时期中国煤铁工业的革命》，《中国史研究动态》1981年第5期；原载《亚洲研究杂志》1962年2月号。〔日〕吉田光邦：《关于宋代的铁》，载刘俊文主编《日本学者研究中国史论著选译》第10卷，第194、195、197页。〔日〕宫崎洋一：《明代华北的燃料与资源》，载《第六届中国明史国际学术讨论会论文集》。许惠民：《北宋时期煤炭的开发利用》，《中国史研究》1987年第2期。许惠民、黄淳：《北宋时期开封的燃料问题——宋代能源问题研究之二》，《云南社会科学》1988年第6期。许惠民：《南宋时期煤炭的开发利用——兼对两宋煤炭开采的总结》，《云南社会科学》1994年第6期。严耕望：《治史三书》，辽宁教育出版社，1998，第32页。王星光、柴国生：《宋代传统燃料危机质疑》，《中国史研究》2013年第4期。此外，龚胜生、孙冬虎、程遂营等人的研究也间或涉及这一命题，不再一一列举。

[②] 详细的用煤历程，前人已有较多梳理，无须笔者赘述。可参看田北湖《石炭考》，《国粹学报》第四年戊申第四十三期，光绪三十四年（1908）六月二十日；陈子怡《煤史——中华民族用煤的历史》，《女师大学术季刊》1931年4月第2卷第1期；王琴希《中国古代的用煤》，《化学通报》1955年第11期；周蓝田《中国古代人民使用煤炭历史的研究》，《北京矿业学院学报》1956年第2期；王仲荦《古代中国人民使用煤的历史》，《文史哲》1956年第12期；赵承泽《关于西汉用煤的问题》，《光明日报》1957年2月14日《史学》双周刊第101号；李仲均：《中国古代用煤历史的几个问题考辨》，《地球科学——武汉地质学院学报》1987年第6期；谢家荣《煤》；吴晓煜《中国煤炭史志资料钩沉》；《中国古代煤炭开发史》编写组《中国古代煤炭开发史》；刘龙雨《清代至民国时期华北煤炭开发：1644—1937》，复旦大学博士学位论文，2006。另外可参看多卷本的《中国煤炭志》，煤炭工业出版社，各分卷出版时间不一。

的使用都未导致燃料利用的全面、深入、彻底的革命。但若认为煤炭的使用完全无足轻重亦非公允之论，这一变革亦有必要做一全面评判。

第三节　气候特征及其对燃料的影响

一　气候概况

华北处于盛行西风带的南部，永定河为较重要的气候区分界线，该河以北的山区属于中温带半干旱区，该河以南的山区为暖温带半干旱区，平原地区为暖温带半湿润区，而渤海海域和滨海区域则为暖温带湿润 – 半湿润区。整体而言，华北受冬夏季风的强烈影响，地面气压系统活动频繁，环流季节变化特别明显。全年热量较充足，冬夏温差较大，降水不多而集中。整体特点是干、冷同期，雨、热同季。

冬季受蒙古高压控制，盛行偏北风，当冷锋过境时，气温大幅度下降，风速增大，可出现降雪和严重冰冻。因极地气团来自大陆，水汽较少，故而降水量相对而言较少。强冷空气的活动最早可从 10 月开始，最晚可延续至来年 5 月。

夏季华北受大陆低气压控制，夏季风可以深入，盛行偏南风，亚热带太平洋暖湿气流频繁过境，当与北方冷气流相遇时，便会形成降水。夏季降水较多，特别是夏秋交替之际，全年大部分的降水集中在这一时段。夏季气温较高，极端最高气温可以达到 40℃以上。

华北季节以冬季和夏季差别最为明显，时间也最长。秋春两季是蒙古高压和太平洋高压之间的过渡期，持续时间甚短，季节性也不明显。人们的感觉是，春秋匆匆而过，夏季结束后迅速入冬，而冬季结束后迅速入夏。

华北地区年均温在 8~13℃之间，≥ 10℃期间积温自 3200℃至 4500℃，北京平均为 4056℃，而且有 10% 的保证率可以达到 4410℃。气温随纬度变化而有变化，最南部年均温可达 14℃，最北部为 0℃左右。等温线作东北 – 西南向，从沿海向内陆逐渐降低。沿海地带受到太平洋气团影响较多，越近内陆大陆冷气团的影响越大，气温越低，同纬度年均温西部比东部低 2~5℃。

地形对气温分布的影响也极为显著，纬度相差不多的地带随地势不同而气温会有较大差异，相关情形可参看表 2.2。

表 2.2　冀北若干地区的气温

地名	纬度	海拔（米）	1月均温（℃）	7月均温（℃）	年均温（℃）	最高温度（℃）	最低温度（℃）
张家口	40°50′	760.0	−8.7	23.1	8.3	38.4	−25.4
昌黎	39°41′	15.7	−5.1	25.7	11.4	40.0	−24.6
承德	40°58′	375.2	−9.5	25.1	9.3	39.0	−23.9
围场	41°57′	850.1	−15.2	21.9	5.1	36.7	−28.6

资料来源：《中国自然地理·总论》，第 244 页。

华北地区气温在季节上差别很大，冬季寒冷，夏季炎热。1 月气温为 0~10℃，南北差别比较明显。日最低气温在 0℃以下的日数为 50~150 天，极端最低气温很低，可达 −20℃以下，北京曾出现过 −22.8℃的极端最低气温。冬季华北的气温较同纬度其他地区为低。

夏季各地日平均温度都保持在 20℃以上，且可持续 3 个月之久（6 月至 8 月），局部地区甚至可持续 5 个月。除山区和沿海外，极端最高温度可达 40℃以上，北京有记录的最高温度曾达到 42.6℃。

华北气温呈现显著的大陆性特点。主要表现在两方面：一是年温差很大，二是日温差很大。年温差方面，最冷和最热月份的平均气温相差 30~40℃，极端温差可达将近 70℃。日温差方面，可以北京和开封为例，超过 20℃以上的年平均日数分别为 12.8 天和 6.2 天，15~19.9℃的年平均日数为 89.8 天和 56.5 天，最大日温差为 26.9℃和 25.2℃。日温差较大，有利有弊。在盛夏时期，较大的温差有利于作物生长和果实糖分的转化，故而华北的梨、苹果、枣等果木品质出众。但春秋日温差大又相应延长了霜冻的时期，缩短了无霜期，易出现春晚霜和秋早霜的灾害，给农业生产造成不利影响。

华北无霜期从 170 天到 220 天不等，能满足一些喜温作物的需要。但由于 1 月平均气温较低，冬季温度低于 0℃，且早霜提前和晚霜延后的情形经常发生，故亚热带的柑橘、油桐、茶等均不能生长。蔬菜无法在冬季露天栽培，储存大量白菜、萝卜、蔓菁，大量制备用萝卜、芥菜、黄瓜等蔬菜腌制成的咸菜，就成了华北民众在漫漫寒冬来临之前要做的重要准备工作。多数地区会种植越冬小麦，地上部分在冬季被冻枯，至春季再返青。由于夏季高温，可大量种植玉米、棉花、水稻等作物。

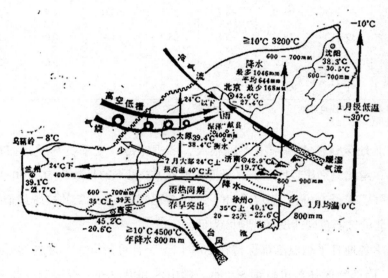

图 2.1　华北地区气候特征图
资料来源：张治勋：《中国自然地理图解》，陕西师范大学出版社，1990，第 166 页。

华北地区降水不丰，年降水量基本都在 700 毫米以下。例如，唐山 645.3 毫米，天津 529.5 毫米，北京 640.6 毫米，保定 506.4 毫米，石家庄 517.6 毫米，临清 523.8 毫米，安阳 546 毫米。降水量的分布大致由东南向西北减少。太行山与燕山的迎风坡地带形成了一条多雨带，降水量可达 600~700 毫米，而少数山口地区可达 700~800 毫米。石家庄以东大平原中部因位于太行山和泰沂山地之间，为少雨区，年降水量不足 500 毫米。而辛集、衡水、献县、深泽一带降水尤其少，不足 400 毫米。在冀西与冀北的间山盆地，年降水也不及 500 毫米。大部分地区干燥度在 1~1.5 之间，为半湿润气候。

华北地区降水呈现明显的季节性，就各季节降水量占全年降水量的比例来看，夏季为 60%~70%，冬季为 5%~10%，春季为 15% 左右，秋季为 20%。7 月为全年雨量最大的月份，多年测量的平均降水量达 200 毫米左右。1 月为全年雨量最少的月份，大都在 5 毫米以下。全年降雨日数介于 50 日到 60 日之间。暴雨经常出现，多为冷锋型暴雨。暴雨强度很大，单日降水量可达数百毫米。以邢台地区为例，1963 年 8 月 4 日，一天降水即达 863 毫米，远超常年全年降水量；6 天（8 月 3 日 ~8 日）降水高达 2000 毫米。迅猛的暴雨，在山区可以引起山洪和泥石流，在平原会造成决堤和洪水泛滥，造成严重灾害。华北降水年变率一般为 20%~30%，以冬季和春季年变率最大。年降水量最大的年份和最小的年份的差值高达 1300 毫米以上。[①]

需要注意的是，以上气候情形是就整个华北区域的一般情形而言。实际上，即使我们把视野缩小到一个县域来看，气候情况也是非常复杂的。试以 20 世纪 80 年代河北省武安县的气象资料为例来稍做分析。

气温方面，武安全境年平均气温在 11~13.5℃之间，整体也呈自东南向西北递减的态势。1 月份平均气温为 –3.2℃，极端最低值为 –19.9℃；7 月份平均气温为 26.3℃，极端最高值为 42.5℃。山区与丘陵平原地区有较大差异，如海拔 140 米的赵店 1 月平均气温 –3.2℃，7 月平均气温 27.3℃，年较差为 30.5℃，≥ 10℃期间积温为 4594.9℃；而海拔 750 米的马店头 1 月均温 –3.3℃，7 月平均气温 24.3℃，年较差为 27.6℃，≥ 10℃期间积温为 3821.2℃。

降水方面，武安全年平均降水量 559.9 毫米，1963 年出现极端最高值达 1472.7 毫米，而 1965 年则出现极端最低值 302.1 毫米，年际变化相差高达 1170.6 毫米。春夏秋冬四季降水量分别能占到全年的 11.2%、66.2%、19.9% 和 2.7%。最强月降水量为 1963 年 8 月的 1026.3 毫米，可 1978 年同月降水量只有 7.7 毫米。连续最长降水日数为 1963 年 8 月 1 日 ~10 日，过程降水量达 940.3 毫米，而最长连续无降水时间为 1962 年 11 月 27 日至 1963 年 3 月 6 日。区域差异也很显著，西北部的马店头为全县最大降水中心，年均值 738.4 毫

---

① 以上论述参考了《中国自然地理·总论》，第 223~224 页；任美锷主编《中国自然地理纲要》，第 158~161 页；吴忱《华北地貌环境及其形成演化》，第 82~88 页。

米，东部均值 599.9 毫米，而西南部的冶陶却只有 411.9 毫米。一县之内，降水之不同，也与较大区域相同，迎风坡与背风坡、焚风效应、闭塞小地形作用、下垫面作用等都发挥了重要作用。[①]

其他县域的气候状况与此相似，不再一一列举。

所以，我们要更深入、更全面、更清晰地探究人与自然之互动关系，有必要将研究的空间范围压缩到比较小的范围。深入小尺度的时空范围是很有必要的，唯有如此，才能更具体、更真切地理解我们的生命活动与周边自然环境之种种关联。研究的空间界定范围太广的话，反成雾里看花终隔一层之势。笔者目前正在开展微观环境史的研究，窃以为这将是未来环境史研究的重要发展方向。[②]

二　气候与燃料的地区差异分析

随着山林和沼泽的大规模开发，北方广大平原地区燃料问题日益突出，到明清燃料已然成为制约社会发展的主要瓶颈之一。同样的问题在南方也已经出现了，但远没有北方地区那么严重。宋以降的南北经济差距之形成，燃料是重要的推动因素之一。而燃料供应的差异，则与气候差异息息相关。

1. 取暖需求之差异

华北地区的冬天颇为寒冷，最冷月（1月）平均气温 0℃ 以下，最低可达 –14℃，比同纬度的大陆西岸为低。例如，北纬 40° 同纬圈 1 月平均温度为 4.6℃，而北京 1 月平均温却为 –4.6℃，偏低 9.2℃。华北平均温度都在 0℃ 以下的时间长达三个半月，而山区和该区域的北端为时更长。华北地面冻土层较厚，北京冻土层最大深度可达 85 厘米。冬季可出现较低的气温，北京气温极低值为 –22.8℃，局部地区可达 –30℃。在华北东北方向的唐山曹妃甸区，地面稳定冻结平均日期为 12 月 4 日，平均解冻日期为 2 月 26 日，平均

---

① 以上分析依据武安县农业自然资源考察和农业区划委员会农业气候组编《武安县农业气候资源和农业气候区划报告》，1982 年油印本，第 7~44 页。

② 可参看赵九洲《环境史研究的微观转向——评〈人竹共生的环境与文明〉》，《中国农史》2015 年第 6 期。

封冻时间长达 85 天。[①] 也在东北方向的迁西县，1 月平均气温 –7.8℃，极端最低气温 –25.0℃，冻土最深达 94 厘米，冬季最大积雪深度为 26 厘米。[②] 在华北西北部的宣化，最冷 1 月平均气温 –11℃，极端最低温度为 –24.7℃，最热 7 月平均气温 23.03℃，极端最高气温达 35.4℃。[③] 华北中北部的大城县，12 月平均气温 –3.0℃，最低极值 –20.9℃；1 月份平均气温 –5.2℃，最低极值 –23.6℃。[④] 华北中南部河北武安的无霜期最长的区域也仅有 200 天，最短的区域则仅有 181 天，霜期超过了全年的一半。[⑤] 河北广平的极端最低气温为 –21.7℃，极端最低地温 –22.7℃，最冷月平均气温最低值为 –5.6℃。[⑥] 在华北南部的河南濮阳县，年平均霜期也多达 159 天。[⑦] 在这样寒冷的气候下，若不在室内焚烧大量的柴炭来取暖，人是断然无法正常生活的。

与冬季严寒形成鲜明对比的是夏季酷热难当，华北最热月（7 月）平均气温在 24℃ 至 29℃ 之间。≥ 20℃ 的时期可持续 3~5 个月。日均温 > 35℃ 的天数则长达 20~25 天，极端最高温可达 40℃ 以上。

所以，华北地区气温的显著特点便是冬夏温差较大。仍以河北武安为例，从月平均温度来看，年较差在 27.6~30.5℃ 之间。但月平均温度还不足以衡量极高温度与极低温度间的悬殊程度。武安历年最高温度达 42.5℃，出现在 1961 年 6 月 12 日；历年最低温为 –19.9℃，出现在 1967 年 1 月 15 日。两个极值相较，差值高达 62.4℃。[⑧] 这样的气候特点对华北的燃料状况产生了深远的影响。

---

① 唐海县地方志编纂委员会编《唐海县志》，第 62 页。

② 迁西县地方志编纂委员会编《迁西县志》，第 46 页。

③ 河北省宣化县地名办公室编《宣化县地名资料汇编》，内部印行本，1983，第 3 页。《清稗类钞》中亦有关于宣化冬季寒冷的记载，可参看附录史料部分 2.1。

④ 《大城县志》编委会编《大城县志》，第 113 页。

⑤ 武安县农业自然资源考察和农业区划委员会农业气候组编《武安县农业气候资源和农业气候区划报告》，第 24 页。

⑥ 广平县地方志编纂委员会编《广平县志》，文化艺术出版社，1995，第 95 页。

⑦ 濮阳县地方史志编纂委员会编《濮阳县志》，华艺出版社，1989，第 13 页。

⑧ 武安县农业自然资源考察和农业区划委员会农业气候组编《武安县农业气候资源和农业气候区划报告》，第 11 页。

　　而南方冬季气温虽也较低，但整体远较华北为高。据自然地理学家的研究，我国东部地区大致平均每相差 1 纬度，冬季平均温度即相差约 1.5℃，秦岭淮河一线以南的 1 月平均温度都在 0℃以上，而岭南、台湾、云南南部更在 10℃以上。夏季的平均温度则南北相差不大，东部地区大致每 1 纬度仅相差约 0.2℃，如北京最热月平均温度 26℃，而素有"火炉"之称的重庆平均温度也不过 28.6℃，南京 28.2℃，广州 28.3℃，海口 28.4℃。[①]

　　由于夏季高温与淮河以南地区不相上下，而冬季温度则要低得多，且持续时间长，华北民众面对寒冷时更加难以忍受。大量的事实证明，生活在冬季气温较低且温度年较差较大的区域的民众耐寒抗冻能力，其实远不如生活在冬季气温较高且温度年较差较小区域的民众。华北的民众不得不在身体保暖与室内取暖上多采取一些措施，所以他们冬天的取暖需求尤为迫切。北方民众在冬天要"全副武装"，富兰克林·H. 金注意到"山东的农民身上穿着厚厚的长棉衣，脚上穿着厚厚的棉鞋，另外还在裤脚处绑有一层厚厚的棉花，脚上还穿有好几双棉袜。这种厚厚的棉衣并没有经过压缩，里面全是空气，因此制作成本并不很高，而且这种做法还在没有增加衣服重量的情况下增强了衣服的保暖效果"[②]。仅靠衣服保暖，远远不够。所以，室内取暖的需求也一直非常强烈，而燃料消耗量也非常可观。

　　为了冬季取暖，在烹饪所需的燃料之外，华北地区的民众需要在秋冬季节储备额外的巨量燃料，这需要花费大量的时间和精力，多数家庭都需要保存数千斤的薪柴。《礼记·月令》中"季秋之月，草木黄落，乃伐薪为炭"，《诗经·豳风·七月》中"九月叔苴，采荼薪樗"，《农桑辑要》载："寒食前后收柴炭，造布，浣冬衣，采桑螵蛸……十一月贷薪柴绵絮……"[③]都描述了人们在深秋采集薪炭的情景。华北各地的乡间多有拾落叶以用作燃料的习惯，

---

①　中国科学院《中国自然地理》编辑委员会：《中国自然地理·气候》，科学出版社，1984，第 105、109 页。

②　〔美〕富兰克林·H. 金：《四千年农夫：中国、朝鲜和日本的永续农业》，程存旺、石嫣译，第 78~79 页。

③　（元）大司农司：《农桑辑要》卷 7 "岁用杂事"条。

其主力则是孩童，在曲周县，"乡间小儿女，争捡落叶，用绳穿之，以作冬季燃料之用。故该地秸秆落叶，纤芥不遗，全作薪材，而棉田地力，因以日削"①。冯玉祥年幼时在保定附近的农村生活，到野外捡柴也是其在冬季的重要活动，其回忆录中有相关描述：

> 到了冬天，原野上无草可拔，地里也没有可寻找的燃料，于是到树林里去投干枝棒。所谓投干枝棒，就是用一根较粗的枝桠，向树枝稠密的地方投去；冬天树枝特别干脆，只要击中了，就很容易断落下来。这样投个半天，落下很多的干树枝，收集起来，背回家去，可以烧一两天。
>
> 另外我又常常穿杨树叶。北方杨树特别多，一到隆冬，树叶完全脱落，遍地都是。穿杨叶的方法倒也很巧妙：是用一根细棍，一端削得尖尖的，一端刻一道槽，系上一条长绳，把削尖的一端戳到叶子上，随手将上绳索，很快地就可以穿一串。我冬天的生活，大部分是在穿杨叶和投干枝棒两项工作上消度过去。②

民国时期北平西北方向的清河镇附近农民在农历十月到来年二月的农闲之时，用以取代正式农事的诸多活动中，非常重要的一项便是"讨柴拾粪"。③

林木枝叶之外，人们往往还将田间作物的茎叶乃至根茬全部捡走以供炊爨取暖，刨高粱根与将麦子、谷子、豆子等连根拔起带回家都是华北的农作习惯，清末报纸有非常形象的报道："土地所生长的一切被农民收去，地里连一叶、一茎、一根都留不下。"④

---

① 河北省棉产改进会：《河北省棉产调查报告》，1936。转引自王建革《传统社会末期华北的生态与社会》第五章第二节，第 257 页。

② 冯玉祥：《我的生活》第 2 章 "康各庄"，上海书店，1947，第 13~14 页。

③ 黄迪：《清河村镇社区——一个初步研究报告》，载燕京大学社会学系《社会学界》第 10 卷，1938 年 6 月，转引自李文海、夏明方、黄兴涛主编《民国时期社会调查丛编》二编《乡村社会卷》，福建教育出版社，2014，第 40 页。

④ 《北华捷报》1883 年 8 月 3 日。转引自王建革《传统社会末期华北的生态与社会》第五章第二节，第 257 页。

樵夫在冬季冒雪砍柴是常有的事情，历代常见的雪樵诗就是相关情形最真实的写照。元代诗人行端《雪樵》称："珠霰飘飘柴在肩，且谋烧火过残年。庭前此际无人立，炉内凭谁续断烟。"[1] 龚璛亦有同名诗称："伊川门下已齐腰，清苦谁如雪里樵。浩荡山林行靡靡，低迷蓑笠影飘飘。枯梢一夜号寒堕，野华寻春待冻消。炙手故应犹可恝，高人尘甑尽无聊。"[2] 以秋冬季节樵采为主题的画作也非常多，较著名的如清人陆恢有《寒林归樵图》，清人金玉冈有《寒溪归樵图》等。这都可以看出民众获取柴薪之艰难。

有些民间故事中提及旅客冬天住店，天气很冷，而吝啬的店家不生炉子，最后机智的旅客烧掉店家很有价值的器具来烤火，而店家还有苦说不出。如河北临西与山东临清流传有罗竹林的故事，其中一则即讲述了罗住店的情形，摘录如下：

> 有一年冬天，罗竹林外出做小买卖。这一天，他住在一家客店里。店家是个出名的吝啬鬼，天气很冷，屋里却不给生炉子，而店费却要得很贵。罗竹林挺生气，心里说：这得教训他一下。他头天晚上见后院墙上靠着一盘耙，旁边又一个竹扫帚，就在这两件东西上打起了主意。半夜里罗竹林爬起来，叫上同屋的两个人，一起来到前院店主人的窗前，说："掌柜的，天气实在太冷，俺冻得睡不着，您有点柴草吗？叫俺点着烤烤。"店主人睡得正香，哪里肯动弹？只听他生气地说："你们不会自己找找？""俺找了，找到了扫帚、耙，怕您舍不得。""咳，扫帚把儿，小意思！"罗竹林一听，心里得意了，忙说："这可是您亲口答应的，俺几个可去点火了。""去吧，去吧！"店家早不耐烦了。于是，罗竹林喊哩喀喳，拆了扫帚，劈了个耙。几个人围着火烤了大半夜，闹得浑身暖腾腾的。天明了，店主人起来一看，不光扫帚没了，耙也不见了，忙问是怎么回事，罗竹林不慌不忙地说："俺用扫帚、耙烤火，是您亲口答应

---

① （明）曹学佺：《石仓历代诗选》卷276《元诗四十六》，四库全书本。

② （元）龚璛：《存悔斋稿》，元至正五年钞本。（清）顾嗣立《元诗选》二集卷二（四库全书本）、（清）张豫章《四朝诗》元诗卷44（四库全书本）"野华"皆作"野菜"。

的呀！""对，俺们几个也都听见了，是您亲口答应的呀！"店主想了想是把"扫帚、耙"听成了"扫帚把儿"，这时，明知吃亏上了当，却有口难言，只好蔫蔫地回到屋去。[①]

　　武安也有类似的故事，提及主人公在洛阳住店，店主也要钱特别多，店主人给出的理由是"天这么冷，你还得烧柴哩"，结果住店后房屋却很冷。主人公也如罗竹林一般，烧掉了店主的扫帚和耙，不仅如此，还把播种后用以压实覆土以利出苗的砘子烧得滚烫，临走放在铁锅中，害得店主在移动砘子时因太烫而失手脱落砸坏了锅。[②]

　　这样的故事主旨不是为了说明取暖消耗燃料较多，但话里话外仍反映出这一情状。若不是会显著增加成本，经营者当不会如此锱铢必较。

　　近代若干调查资料反映出北方农家取暖燃料需求较大。如卜凯在调查冀、豫、晋三省和皖北的农家生活费用时，即计算出燃料与灯光费用占总费用的比例高达 13%。而张培刚在 1930 年主持的对清苑县农家的调查中，计算出燃料费用占总费用的比例为 3%。[③] 为了应对寒冷的冬天，北方民众发明了火炕，可是却舍不得一天二十四小时对火炕进行加热，常见的情形是"炕与锅台连着，冬天便借着烧饭煤球火或草秸火暖炕"[④]。

　　1943 年，学者曾对北京西郊挂甲屯村的农家生计做了详细周密的考察，其中家庭支出部分专列燃料费一项，亦可看出华北民众冬季燃料用量之大，

---

①　邢台地区文学艺术界联合会编《邢台民间故事》第 1 集，第 215~216 页。按：耙，用于耕后碎土、灭茬除草、平整表层土壤的大型农具，包括耙架、工作部件、调整机构等，按工作部件分有齿耙、圆盘耙、拖板耙、辊耙等。武安常见的是有齿耙，木制框架，中间布置几道横梁，上面绑缚竖排铁齿，为传统时代极重要的农具，常"犁耧耙杖"并称。

②　河北省武安县民间文学集成编委会：《中国民间文学集成·武安民间故事卷》，第 479 页。详情可参看附录史料部分 2.2。

③　张培刚：《清苑的农家经济》，载北平社会调查所《社会科学杂志》第 7 卷第 1、2 期，1936年 3 月、6 月，转引自李文海、夏明方、黄兴涛主编《民国时期社会调查丛编》二编《乡村经济卷（中）》，福建教育出版社，2014，第 134 页。

④　黄迪：《清河村镇社区——一个初步研究报告》，载燕京大学社会学系《社会学界》第 10 卷，1938 年 6 月，转引自李文海、夏明方、黄兴涛主编《民国时期社会调查丛编》二编《乡村社会卷》，福建教育出版社，2014，第 40 页。

摘录如下：

> 本村住民普通燃料为煤球，农家则以作物秸秆作煮饭燃料，故仅冷季使用煤火。至于一般贫民，则多以拾柴作燃料，即冬季也不使用煤火。煤球之价格在年初为两三元 100 斤，而年底已涨至 7 元多，故煤火燃料益趋减少。还有一些家庭只于年节后买些煤球，普通日亦唯以拾柴为主要燃料。每日使用煤球数量，视家庭之景况而异，概而言之，多在 10 斤与 15 斤之间。[①]

该村在调查时有户 80 家，而有煤柴费用的为 69 家，另有 11 家完全没有煤柴费，显然是靠拾取薪柴度日的贫民，亦可看出冬季取暖所需燃料对生计有着重要的影响。

民国报刊中有一则题为《拾柴》的学生稿件，讲述了冬天来临前，学校师生为了取暖而自己动手拾柴的事情，摘引如下：

> 天气冷了，为了解决烤火的困难决定在星期日拾柴。在十一月二十二日开始下地拾柴，三老师带领全体同学，分成十个中队，举队长一人带领本中队的同学，呼着口号唱着歌到地里去拾柴。我们这些小同学们的精神非常快乐，兴高采烈的背着筐，拿着爬（耙）子，连跑带跳的到了地里，不惜力气的紧拾，一天的时间拾了约有六百余斤，用自己的力量来解决自己的困难，真是一件很快乐的事情！[②]

近些年来，学界与社会大众对我国冬季集中供暖线的划定是否合理有较多讨论，不少人呼吁在南方地区推动集中供暖。我国当年划定供暖区域的标

---

① 华北综合调查研究所：《北京西郊挂甲屯家计调查——华北综合调查所所员养成所学员练习调查报告》，华北综合调查研究所，1944 年 4 月编印本，转引自李文海、夏明方、黄兴涛主编《民国时期社会调查丛编》二编《乡村社会卷》，福建教育出版社，2014，第 106 页。

② 佚名：《拾柴》，《冀南教育》1946 年第 1 卷第 4 期，第 11 页。

准是多年日平均气温≤5℃的天数达90天或90天以上，其划定的边界为亚热带和暖温带的分界线，即沿秦岭山脉的北坡向东延伸与淮河干流相连接。[①] 其实现代淮河以南的广大农村地区冬天并无取暖设施，笔者曾多次在冬天到访安徽蚌埠市郊区的小蚌埠镇与吴小街镇的若干村庄，村民家中没有任何取暖设施。这一习惯也由来已久，早在传统时代这里普通民众就没有生火取暖的习惯。民国时期姚佐元在对南京城内农家生活情况进行调查时即指出，"燃料——农家烹调，多用草柴和煤炭。6家的柴炭费，一月平均约1.577元。油烛计0.516元，而煤油比烛要买得多些。其他燃料，如火柴等，每月须费0.533元。总计燃料项内，每月平均为2.626元，占总费用3.78%"[②]，只提烹调，而绝不谈取暖，可知南京城中无冬季取暖之传统。[③] 另外，据笔者访谈，江苏南通，河南南阳、信阳、周口等区域也无取暖的习惯。生活水平相对较高的当代农家尚且如此，传统社会的下层民众更是如此。卜凯给出的灯油燃料支出占家庭全部费用的比重也在一定程度上反映了南北燃料需求之不同，如河北平乡县为13.1%，盐山县为18.1%，而河南开封仅为5.9%，福建连江仅为8.2%。[④]

---

① 何远嘉等：《供暖线向南移吗》，《供热制冷》2012年第6期；江蒿：《南北供暖线划分始末》，《兰台内外》2015年第2期；《中国自然地理·总论》，第257页。

② 姚元佐：《南京城内农家之分析研究》，《农林新报》第11年，第29、32期，1934年10月、11月，转引自李文海、夏明方、黄兴涛主编《民国时期社会调查丛编》一编《乡村社会卷》，福建教育出版社，2014，第276页。

③ 笔者按，这里所说的南方冬季不取暖，是就一般情形而言。社会上层人士，还是会想办法取暖的。如北宋文彦博任益州知州时，"大雪，会客帐下。卒有诽语，共拆井亭，烧以御寒，军将以闻。公徐曰：'今夜诚寒，亭弊矣，正欲改造，更有一亭，可尽拆为薪。'"见（宋）罗大经《鹤林玉露》乙编卷6《临事之智》，中华书局，1997，第220页。则成都附近天气寒冷时，军士会烧火取暖。南宋郑樵《题溪东草堂》诗中称："天寒堂上燃柴火，日暖溪东解虱衣。"描述的即是其在今福建莆田一带的生活场景。富兰克林·H.金在浙江拜访一位富有的吴夫人，"她家有一个面积为7英尺×7英尺、高28英寸的石炕，冬天的时候在炕底下烧火就能使炕变得十分暖和。吴夫人在白天的时候会在石炕的表面铺上一层席子，将炕作为待客的沙发；晚上的时候则会铺上被子，将炕作为睡觉的床"。（见〔美〕富兰克林·H.金《四千年农夫：中国、朝鲜和日本的永续农业》，第79页）但这并非普通民众之生活情状，就普遍意义上而言，南方并无冬季取暖之传统。

④ 〔美〕卜凯：《中国农家经济》，张履鸾译，山西人民出版社，2015，第514页。

这一生活习性也是与气候状况有紧密联系的，淮河沿岸平均温度在 0℃以下的天数仅半个月，再往南去温度更高。这样冬天虽然也很阴冷，但相对北方而言，屋内不取暖也可以忍受，下层民众的理性选择便是放弃取暖而节省燃料方面的消耗。故而南方地区的人们不需储备大量优质的木柴以备冬季之用，这就比华北节省了不少燃料。

烹饪用柴方面，南北差距可能并不十分明显。室内取暖燃烧薪柴需要加热整个屋子，且往往需要连续数个小时乃至二十四小时不间断地燃烧。而烹饪则只加热炊具及其中盛放的少量食材，且大都只需要较短时间的燃烧。此外，烹饪用柴的全年消耗数量虽也非常大，但平均分布在一年中每一天的量比较小，而取暖却是集中在几个月中大量消耗。故而以对环境的冲击以及对燃料供应局面的影响而言，烹饪都远比取暖为小。

可见，华北地区的燃料问题之所以更为突出，最主要还是因为取暖对燃料的需求量极大。

2. 草木生长速度与作物生长期之差异

由生物学知识可知，且我们的生活经验也可以证明的是，植物在温度较高的环境中远比在温度较低的环境中生长迅速，故而前者生物质累积的速度也远快于后者。而温度较低的地区生长期也较短，这进一步拉大了两个区域的燃料可能的产出量。自然地理学的相关研究证明，日平均气温达到 0℃ 以上，土壤才解冻，可以耕作；达到 5℃ 以上，草木与作物才恢复生长，为确定生长期的重要指标；达到 10℃ 以上，植物才能呈现旺盛的生长态势，植物积累的同化物大都是在日均温度稳定在 10℃ 以上的时期内获得的。所以日均温度 ≥ 10℃ 尤其具有指标意义，常被作为划分温度带最重要的参照指标。华北地区属于暖温带，生长期为 170~220 天，北亚热带的生长期为 220~240 天，中亚热带为 240~285 天，南亚热带为 285 天至全年，而边缘热带则全年都是生长期。[①] 生长期的长短不同，导致了土地的生产能力不同。所以，华北地区

---

① 参见中国科学院《中国自然地理》编辑委员会《中国自然地理·气候》，第 112~114 页；丁一汇主编《中国气候》，科学出版社，2013，第 400~402 页。详情可参看附录史料部分 2.3、2.4。

与南方地区相比，每年单位面积上的植物所能提供的燃料量要少，野生植被如此，农作物亦如此。

据林学研究，一般情况下，树木的生长速度会随温度升高而加快，生长期也会延长。树木在 0~35℃ 的温度区间，随着温度上升，细胞膜的渗透性能会增强，而二氧化碳、盐分吸收增加，光合作用、蒸腾作用、酶活动等生理活动增强，细胞的增长与分裂增强，生物质的积累速度大大加快。

从宏观层面也可以直观地测定出来，这里有必要引入两个概念：总第一性生产率和净第一性生产率。前者指森林植物平均每单位时间内每单位面积上所生产的总的有机物的质量，而净第一性生产率则是前者减去森林植物自身生命活动的消耗后净剩余的有机物质的质量。就森林的净第一性生产率的情况来看，也是以热带森林为最，区间为 1000~5000 克/（米²·年）；温带森林次之，为 600~3000 克/（米²·年）；北方寒冷林最低，为 400~2000 克/（米²·年）。显然，整体而言，南方地区可以获得的木质燃料量显然明显多于华北。

相应地，草类生长也有着类似的规律，仍旧由净第一性生产率来看，也存在明显的自南向北递减现象。热带稀树草原为 200~2000 克/（米²·年），温带草原为 150~1500 克/（米²·年），冻原和极地为 10~400 克/（米²·年），荒漠灌丛则为 10~250 克/（米²·年）。[1]

从农田的秸秆产出来看，也是南多于北。据吴慧的研究，宋代南方平均亩产稻谷可达 4 石，合今制亩产 381 斤；而北方平均亩产粟麦共计为 2 石，合今制 190.5 斤。[2] 北方只有南方的一半。若计算秸秆的产出，虽然稻谷的秸秆与籽粒重量比低于小麦，前者为 0.952，后者为 1.280，但宋代南方地区每亩农田可提供的秸秆量仍可达到北方的 1.488 倍。[3] 宋以降，农田平均亩产始

---

① 以上关于林木与草类的生物质积累情况分析主要参考了吉林林业学校、四川林业学校、陕西农林学校编《森林学》，中国林业出版社，1981，第 32、165、168 页。

② 吴慧：《中国历代粮食亩产研究》，农业出版社，1985，第 157~165 页。

③ 数据出处：科技部星火计划《农作物秸秆合理利用途径研究报告》，转引自丁文斌、王雅鹏、徐勇《生物质能源材料——主要农作物秸秆产量潜力分析》，《中国人口·资源与环境》2007 年第 5 期。

终是南高北低，相应地可获得的秸秆数量南北也始终存在明显差异。另外不可忽视的是，华北多为两年三熟制，而北部不少地区更是只有一年一熟，秦岭淮河一线以南的不少地区可以一年两熟，岭南更可达到一年三熟，耕作制度的显著差异也决定了同样面积的耕地，北方地区的秸秆产量远不如南方。

如上所述，在南方单位土地单位时间内所能新生产出的木质、野草与秸秆数量都远比华北为大，亦即南方燃料资源的再生产能力远胜北方。换言之，宋以降华北的燃料危机深重，草木资源的存量（既有的森林植被、荆棘杂草与作物秸秆）与流量（新生的树木、杂草与作物秸秆）都远不如南方，这决定了南方地区燃料问题相对不如华北严重。卜凯在对中国农村进行调查时，即注意到了福建地区与华北的显著不同，指出"福建内地有于田中烧稻草者，与华北之搜刮作物根株恰是相反"[①]。此种反差，正好反映了南北燃料资源之不同。

需要指出的是，东北、西北局部地区与青藏高原区的冬季严寒程度远超华北之上，而生长期也较华北为短，但燃料匮乏问题造成的影响反不及华北典型。原因当然是多方面的，而至关重要的便是人口问题。整体而言，在近代以前，上述区域的人口都比较稀少，比如在开放柳条边之前，东北人口总量即非常小，人口规模与燃料消耗规模成正比，又往往与森林覆盖率成反比，燃料需求与燃料蕴藏量的状况使上述地区燃料问题并不突出。要之，研究古代的燃料格局与燃料演变，华北地区为我们提供了最佳的观察窗口，深入探究该区域，有助于我们更清晰地认识其他区域的相关问题。

三　气候变化的影响

晚近时代，华北气候有明显的寒冷化发展趋势。据竺可桢研究可知，宋代气候已开始变冷，北宋气候已经比唐代寒冷得多，而北宋晚期的 12 世纪初则急剧转冷，13 世纪有轻微转暖迹象，而后重新变冷。明清时期出现了小冰期，17 世纪又为小冰期最严重的时期。竺氏分析相关材料后指出，14~19 世

---

① 〔美〕卜凯：《中国农家经济》，张履鸾译，第 314 页。

纪的 500 年中即使是在气温高值阶段，也远不及汉唐时代温暖。实际还可将寒冷期的时间往前推 4 个世纪，即 10 世纪到 19 世纪温度整体偏低。[①] 张丕远、满志敏、周清波等人分别对寒冬出现的频率进行了研究，所得出的冷期与竺可桢的观点大同小异。[②] 王绍武的观点则有所不同，他指出最近的 5 个世纪里华北地区只有两个寒冷期，分别是 1500~1690 年和 1800~1860 年。[③] 当然，关于小冰期的更具体的问题则分歧较多，不过小冰期深刻地影响了社会并无太大争议，气候变动与农业生产波动、人口迁徙、王朝兴衰之间的关系已有相当多的研究成果。[④]

小冰期内冬季严寒且漫长，有相当多的史料可以佐证，试举几例。宋大中祥符五年（1012）十二月，"京师大寒，鬻官炭四十万，减市直之半以济贫民"[⑤]。靖康元年，华北乃至中原地区普遍严寒，大雪数月不止，冻死之人极多，而开封城又陷入金军围困，燃料供应极为紧张，详情可参看下一节。徐珂记述晚清气候时，亦称"大沽口冬季约有三阅月之冰冻"[⑥]。华北地区的民众为了应对严寒，既要增加单日用于取暖的燃料数量，又要大幅度延长采暖期，故而整个冬季取暖燃料消耗较之非小冰期显著增加，使华北地区燃料供应紧张的局面进一步加剧。

政府对燃料给予高度重视，始于唐代。唐中期以后，长安城的燃料供应

---

① 竺可桢：《中国近五千年来气候变迁的初步研究》，《考古学报》1972 年第 1 期。

② 张丕远主编《中国历史气候变化》，山东科学技术出版社，1996；满志敏：《中国历史时期气候变化研究》，山东教育出版社，2009；周清波：《中国 18 世纪以来的气候变化》，《地理研究》1999 年第 2 期。

③ 王绍武：《公元 1380 年以来我国华北气温序列的重建》，《中国科学（B 辑）》1990 年第 5 期。

④ 参见〔美〕布莱恩·费根《小冰河时代：气候如何改变历史（1300—1850）》，苏静涛译，浙江大学出版社，2013；〔瑞〕许靖华、甘锡安《气候创造历史》，生活·读书·新知三联书店，2014；张振克、吴瑞金《中国小冰期气候变化及其社会影响》，《大自然探索》1999 年第 1 期；方修琦、萧凌波、魏柱灯《18~19 世纪之交华北平原气候转冷的社会影响及其发生机制》，《中国科学：地球科学》2013 年第 5 期；魏柱灯、方修琦、苏筠、萧凌波《过去 2000 年气候变化对中国经济与社会发展影响研究综述》，《地球科学进展》2014 年第 3 期。余不尽举。

⑤ （元）脱脱：《宋史》卷 8《真宗纪三》，中华书局，1977，第 152 页。

⑥ 徐珂：《清稗类钞》第 1 册《气候类》，第 38 页。

渐趋紧张，政府便特设木炭使一职，主要职责为督运柴炭，为临时性加官，不常设。另有木炭采造使一职，与木炭使名异而实同。史载：

> 天宝五载九月，侍御史杨钊充木炭使。永泰元年闰十月，京兆尹黎干充木炭使。自后京兆尹常带使，至大历五年停。贞元十一年八月，户部侍郎裴延龄充京西木炭采造使，十二年九月停。①

进入宋代，政府对燃料问题更为重视。宋代官员薪俸结构中，实物薪柴是重要的组成部分，最高级的官员宰相与枢密使"月给薪千二百束"，"岁给炭自十月至正月二百秤，余月一百秤"。②

重视程度最高的当推明代，政府对燃料生产、运输、分配的管控可谓登峰造极。于内廷设置名为"惜薪司"的专门管理柴炭的机构，为宦官二十四衙门之一，各种柴炭厂遍布京城各处，其还掌管大量抬柴夫和铺商。仅从惜薪司的名称来看，亦可想见明代燃料供应并不充裕。政府又在易州设置柴炭山厂，专门采办柴炭，工部特设管厂侍郎，专门督理山厂薪炭生产事宜。此外，官员俸禄之外还有额外的津贴称为"柴薪银"。民众承担的力役亦有不少与燃料相关者，如砍柴夫、抬柴夫、柴薪皂隶等，花色名目之多远胜其他时代。王星光、柴国生依据森林植被覆盖率与黄河含沙量的变化情况推定燃料危机出现在明代中期③，其观点还有值得商榷之处，但若论政府对燃料问题重视程度之高，历朝历代确无出明代之右者，此后的清代亦有所不及。

要之，政府重视程度的提高与气候大环境的变动密切相关。关于历代与燃料有关的职官设置、赋役制度等问题，笔者将另文探讨，本书不再过多展开。

气候的变化，也对普通民众的燃料利用模式产生了深刻的影响。宋以降，

---

① （宋）王溥：《唐会要》卷 66《木炭使》，清武英殿聚珍版丛书本。
② （元）脱脱：《宋史》卷 171《职官志十一·奉禄制上》，第 4124、4125 页。
③ 王星光、柴国生：《宋代传统燃料危机质疑》，《中国史研究》2013 年第 4 期，第 145 页。

开源节流日益内化为人们使用燃料的核心理念。据学界研究，火炕源自东北，大约就是在气候严寒的辽金时期传入关内地区并推广开来的。[①] 火炕最显著的特色是将烹饪与取暖两大功能合二为一，既改善了取暖条件又不影响炊爨，大大提高了燃料利用的效率。火炕在华北地区迅速普及的时期恰与气候的寒冷化进程同步，并非巧合。气候的寒冷化在推动民众普遍接受火炕的同时，也推动华北民众的物质生活方式与手工业生产结构等发生重大的变化，相关问题后文再做进一步的深入剖析，此处不赘。

第四节　区内各地燃料资源的差异

一　燃料蕴藏量与人口分布的倒置结构

1. 燃料蕴藏量的地域差异

燃料资源的蕴藏量直接取决于植被状况，凡草木丰茂的地区燃料资源较丰裕，反之亦然。现代华北的天然草木主要分布在冀西、冀北的山地，广大的平原地区除城镇与农村建筑用地外，农田密布，天然草木极为稀少。冀中湖淀区与滨海地区湿生植被较多，但总面积有限。此种情形渊源有自，早在春秋战国时代已然非常显著。据学者考证，当时大平原地区已然阡陌纵横，天然林木几乎消灭殆尽。而湖泊、湿地水域虽比后世广阔，河流水量也比后世丰富，但所占比例还是比较小的。

就山区而言，燃料蕴藏量也随时间推移而不断减少，因为草木植被也不断遭到采伐。自战国至唐宋，华北的经济重心在冀南，邯郸、邺城、魏州交替兴起，均为具有全国影响的大都市[②]，丝织业、冶铁业、陶瓷业等都在全国居于领先地位。在都市的辐射和经济发展的推动下，人口增长也很显著，燃

---

① 柏忱：《火炕小考》，《北方文物》1984 年第 1 期。张国庆：《"北人尚炕"习俗的由来》，《北方文物》1987 年第 3 期。周小花：《"火炕"考源——兼谈"坑"字与"炕"字的关系》，《现代语文》(语言研究版) 2008 年第 4 期。

② 关于三城的兴衰问题，笔者有未刊稿《论冀南三个中心城市的兴衰》进行了详细探讨，此处不做过多展开。

料需求量不断增大，太行山南段东麓的林木遭到大规模的砍伐，到宋代这里仍林木茂盛，政府曾在林县设立了两个大型采木场。但随着旷日持久的开采，到乾隆年间，林县的森林已极度凋敝。鸦片战争以后，太行山南段的森林进一步遭到了毁灭性的破坏，不少地区变成了荒山秃岭。辽以前北太行与冀北植被相对完好，自辽金直至清代，北京作为都城的时间长达七八百年，政府与民众的薪柴消耗量十分巨大，这使太行山北段东麓与燕山的植被遭到了持续性的高强度采伐，逐渐变得童秃。但总体而言，即使在严重破坏植被之后，山区的燃料总量仍远比平原地区丰富。[①]

西晋时，政治中心洛阳地区已是"洛下少林，木炭止如粟状"[②]，地处河北常能与洛阳争夺都城地位的邺城周边地区也有材木不足之忧[③]。王建革分析卜凯的调查报告后指出，传统时代末期平原地区"从生态结构上看，受人类干扰程度较少的自然生态系统部分所占比重已经很小了。统计表明，华北平原的作物用地占到一般耕地的90.9%，林地面积只占1.3%，牧草地和燃料地只占1.6%。这样的一个生态结构使人们很难从自然生态系统中获取日常生活的燃料和畜牧业所需要的饲料"[④]。而西部山区则因林木较多，煤炭储量也极为可观，燃料资源相对宽裕，如武安与涉县"两邑山多材木"，"又产锡煤及垩土"，汤阴县"西山接太行，产煤，木饶为薪"[⑤]。此外，林县、赞皇、井陉、平山、满城等山区较广的县域情形大致类似，与平原诸县反差明显。

2. 燃料蕴藏与人口分布的倒置结构

诸多考古发现可以证明，史前时代华北古人类多生活在丛林密布的山区。随着一万年前早期农业的兴起，人类逐渐离开山林，将活动区域推进到了山

---

① 以上论述主要参考了凌大燮《我国森林资源的变迁》，《中国农史》1983年第2期；王九龄《我国是怎样由多林变为少林的》，《资源科学》1984年第1期。

② （宋）李昉等：《太平御览》，卷871《火部四》引《语林》。

③ 笔者有未刊稿《魏晋南北朝洛、邺都城地位之争》，对两城的竞争进行了详细探讨，此处不赘。

④ 王建革：《传统社会末期华北的生态与社会》第5章第1节，第238页。

⑤ 嘉靖《彰德府志》卷2《地理志》，《天一阁藏明代方志选刊》本。

前台地上，这既可有效防范洪水、猛兽与敌对部落的侵袭，又可便捷高效地组织农业生产。石器时代的华北平原大部分区域沼泽密布、低湿多水，尚不适合人类居住，平原腹地人烟极为稀少。随着黄河等河流所带来的泥沙的不断堆积，地表不断抬升，地貌发生了显著的变化。同时，农业生产不断发展，需要有更广阔的农田，于是人类不断向平原深处挺进，最终形成了山区人烟稀少而平原人口稠密的分布特点，人口分布格局终于被完全扭转。而随着平原地区开发力度的加强，当地人口不断增长，天然植被却在不断减少，最终几乎完全消失。于是便出现了燃料蓄积量与人口分布倒置的结构，即人口数量多少与燃料资源丰度之间的关系为负相关；越是人口众多的地区，燃料资源就越是匮乏；越是人口稀少的地区，燃料资源就越丰富。

当然，我们也注意到，明清时期，人口压力不断增大，高产美洲作物如玉米、甘薯、土豆等适合山区种植的高产作物得到了推广，出现了规模较大的人口向山区回流现象，山区开垦力度增强，但这远不足以改变原有的人口分布格局，也不足以撼动人口与燃料资源间的倒置结构。这样的倒置结构对平原地区的生态环境有着极为重要的影响，资源越匮乏的地区，燃料需求越大，于是人们不得不想尽一切办法来获取燃料，天然草木资源便面临着更大的压力，而作物秸秆也不得不最大限度地用作燃料，植被与土壤肥力都因此而不断遭遇挑战。卜凯调查中国农村的农作物种植情形时，就发现在山东掖县（今莱州市），"拾禾者之一般状况，作物根秆，搜刮净尽。一次不足，且有继续数次者"[1]，则土壤肥力可能受到的影响之大，自不待言。

煤炭资源也存在着人口与资源倒置的结构。据刘龙雨的研究，清代前期直隶的煤炭产地主要在燕山、太行山的山麓地带，而华北地区东南部煤炭资源较少。煤炭产地主要有北京周边的房山、宛平、怀柔、昌平和大兴等地，冀东滦州及其周围的丰润、迁安、昌黎、抚宁、临榆等地，冀北的热河、滦平和平泉州，冀西北宣化府下辖的怀来、蔚州、西宁、保安州以及独石口厅、张家口厅等地，冀西南以磁州、井陉为核心的27个州县。河南的黄河以北部

---

① 〔美〕卜凯：《中国农家经济》，张履鸾译，第242页。

分煤炭产区集中在安阳、辉县、林县、河内、修武、济源，多位于太行山东麓。山东的煤炭产量远比前两省少，而位于黄河以北的东昌府、武定府、临清州及济南府的北部并不产煤。[①]

大致来看，使用煤炭的区域由两条带状区组成，北部为燕山南侧的东西走向产煤区，西部为太行山东麓的南北走向产煤区，两者交会而成一"厂"字形区域。晚近时期，这一"厂"字形区域周边区域煤炭的开采和使用在一定程度上缓解了传统燃料所面临的压力，以清代北京为例，若无煤炭的大量使用，繁华的都市景象绝难长久维系下去。自两条产煤带向南向东的平原腹地则少有煤炭产地，煤炭的使用极为罕见，故而这些地区面临着沉重的传统燃料压力，无法缓解。

历史的吊诡之处在于，华北煤炭资源的分布重心与传统燃料资源的分布重心竟然高度重合，在草木资源相对较丰富的区域，煤炭蕴藏量也较丰富，但人口密度却较低。而草木资源不丰富的地区，煤炭蕴藏量也极低，人口密度却又很高。这样的燃料资源分布状况对华北社会经济的发展产生了深刻的影响。远距离大批量调运资源成本极高，近现代技术水平之下尚且如此，在传统时代更是如此。明清时期煤炭替代传统燃料的转变未能实现大的突破，良有以也。

在宋以降的平原地区，樵采薪柴逐渐在人们的生计活动中占据了至关重要的位置。将柴米油盐酱醋茶概括为日常生计中最重要的七件事，且将柴排列在最前面，这样的观念成型于元代，周德清有一首《蟾宫曲·别友》称："倚篷窗无语嗟呀，七件儿全无，做甚么人家？柴似灵芝，油如甘露，米若丹砂，酱瓮儿恰才梦撒，盐瓶儿又告消乏，茶也无多，醋也无多，七件事尚且艰难，怎生叫我折柳攀花。"[②]郑泉的《点绛唇·一套贺节》亦称："贺节酒肴须待客，当家柴米不饶人。"[③]宋以后文献中柴的地位明显上升，日常生活中

① 刘龙雨：《清代至民国时期华北煤炭开发：1644—1937》，复旦大学博士学位论文，2006，第25~31页。

② （明）查应光：《靳史》卷25，明天启刻本。

③ （明）胡文焕：《群音类选》卷2，明胡氏文会堂刻本。

最重要的两种事物——米与水的位置居然逐渐被柴反超了，"柴米"的提法已然非常多，而佛家讲论禅理时亦多云"搬柴运水，无非妙用"[1]，则也可看出搬运柴草在日常生活中之重要，这些在宋以前都是难以想象的。

二　城市与乡村的二元对立

农业时代，城市化率比较低，从总量上看，城市人口远比农村人口少。但农村人口的特点是分布极为分散，即使在草木资源严重匮乏的平原地区，田间地头与房前屋后仍有大量的作物枝叶、根茬与草木可用作薪柴，其燃料蕴藏量相对仍很可观。而城市人口的分布却高度集中于城池之内，城内草木生长的空间非常有限，燃料蕴藏量几乎为零。因此在燃料资源赋存方面，也存在着显著的城乡二元对立，社会与生态显然受到了这样的格局的显著影响，大致表现在以下几个方面。

其一，城市的燃料供应系统极为脆弱，一有天灾人祸，即有供应链条被切断之虞。

突降大雪或天气酷寒时，薪柴供应紧张。大雪之后薪柴供应问题常牵动着政府的神经，往往采取紧急救助措施，一如灾后开仓放米，雪后往往也要开仓廉价发放柴炭。如宋人吴遵路赈济百姓时"民既俵米，即令采薪刍，出官钱收买，却于常平仓市米物，归赡老稚，凡买柴二十二万石。比至严冬雨雪，市无束薪，即依元价化鬻，官不伤财，民再获利"[2]。有人讨论赈济流民的方案，指出应当"官同出议租赁民间芦场或柴茶山近县郭市各去处，纵流民樵采。官复置场买之，非惟流民得自食其力，雪寒平价出卖亦可济应细民"[3]。宋庆历四年（1044）"正月庚午，京城雪寒，诏三司减价出薪米以济之"[4]。

① （元）释行秀：《从容庵录》卷3，大正新修大藏经本。其他佛家经典中大都有相关论说，不再一一列举。

② （宋）董煟：《救荒活民书》卷3，嘉庆墨海金壶本。

③ （宋）董煟：《救荒活民书》拾遗。

④ （元）脱脱：《宋史》卷11《仁宗纪三》，第217页。

夏季虽无取暖之需，但天降大雨后，特别是出现了连日淫雨的天气，城市中的薪柴供应也会完全中断。不少诗文描述了相关情形，如西晋傅咸《愁霖诗》称："举足没泥泞，市道无行车。兰桂贱朽腐，柴粟贵明珠。"同为西晋人的张协在《杂诗》中称："云根临八极，雨足洒四溟。霖沥过二旬，散漫亚九龄。阶下伏泉涌，堂上水衣生。尺烬重寻桂，红粒贵瑶琼。"[①] 欧阳修于嘉祐二年（1057）七月在京为官，天降暴雨，其家"上漏下浸，仆佣一齐忙着戽水"，他在写给梅尧臣的诗《答梅圣俞大雨见寄》中也专门提及雨天开封城中薪柴匮乏的情状，称："九门绝来薪，朝爨欲毁车。"[②]

敌军围城，薪柴不足的风险不在粮食匮乏之下。杜佑即曾指出："城有不可守者：大而人少，小而众多；粮寡而柴水不供；垒薄而攻具不足；土疏地下，灌溉可泛；邑阙人疲，修缉未就。凡若此类，速徙之。"[③] 薪柴不足之时即应当自动在敌军进攻前放弃城市。杜佑又指出，守城时，敌军未到，即应坚壁清野，相关描述如下：

> 凡敌欲攻，即去城外五百步内，井、树、墙、屋并填除之。井有填不尽者，投药毒之。木石砖瓦，芟刍百物，皆收之。入不尽者，并焚除之。其什物、五谷、糗糒、鱼盐、布帛、医药、功巧、戎具、锻冶、秸稿、茅荻、芦苇、灰沙、铁炭、松桦、蒿艾、脂麻、皮毡、荆棘、笆篱、釜镬、盆瓮、垒木、锹斧、锥凿、刀锯、长斧、长刀、长锥、长镰、长梯、短梯、大钩、连锁、连枷、连棒、白棒、芦竹，为稈插以松桦，城上城下，咸先蓄积，缘人间所要公私事物，一切修缉。[④]

其中涉及燃料者颇多，之所以要收燃料入城中，不使其为敌方所用（包

---

① 以上两首诗均参见（宋）李昉《太平御览》卷11《天部十一·雨下》，第54页下~55页上。
② 王水照、崔铭：《欧阳修传》，天津人民出版社，2013，第250、371页。
③ （唐）杜佑：《通典》卷152《兵五·守拒法》，第3893页。
④ （唐）杜佑：《通典》卷152《兵五·守拒法》，第3894页。

括烹饪所需与火攻所需），充实城内的燃料库存当也是重要原因。而守城过程中的燃料消耗也极为巨大，详情可参看第三章，此处不赘。

如北宋靖康元年（1126）十二月二十二日，金军兵临城下，汴京"大雪盈尺，诏云风雪大寒，小民阙乏柴薪，多致冻馁，皆朕不德所至。万寿山许军民任便斫伐。是日百姓斫竹木多为军兵强者独擅"，二十九日"纵民樵听万寿山竹木几尽。又诏毁拆屋宇以充柴，军民奔趋，坏夺蹂践坠压至死者。金使在都堂留宿议事，闻噪啖声，问接伴，具以实对。金人笑曰：'使民相争如是，定知强者得，弱者失，兼之决致坠压损人命，何为不官折俵散乎？'"[1] 关于开封城中的燃料紧缺状况，《三朝北盟会编》中有较多记载，摘录如下：

> （靖康元年十二月）十二日癸卯，开戴楼门，许百姓般门外柴炭木植等卖，仍发卒二百人下城打护龙河冰。[2]

　　…………

> （靖康元年十二月）二十一日壬午，毁官屋卖薪以济。民乏柴薪，上悯念之，乃令四壁毁官屋置场，委官卖柴以济阙。[3]

　　…………

> （靖康元年十二月）二十二日癸未，大雪诏军民樵采万岁山竹木。是日大雪盈尺，上念细民之失所，降诏曰："风雪大寒，小民阙乏柴薪，多致冻馁，皆朕不德所致。万岁山许军民任使斫伐。"由是百姓争往焉，以千万计，多为军兵擅之。[4]

　　…………

> （靖康二年正月二十三日癸丑）开封府榜令元开质库者仍旧开库，官司虑细民转易不行也，乃揭榜晓示，令在京开质库者须管仍旧开库，如不开，许人告赏钱五十贯。自城陷之初，质库皆闭，至是亦无遵从者。

---

① （宋）陈东：《靖炎两朝见闻录》卷上，清钞本。
② （宋）徐梦莘：《三朝北盟会编》卷66。
③ （宋）徐梦莘：《三朝北盟会编》卷72。
④ （宋）徐梦莘：《三朝北盟会编》卷77。

增置粜粟米场、卖柴炭场。围城日久，饿死者相属于道。监国皇太子令旨增置粜粟米场、卖柴炭场，每人粟不过五升，薪不过五十，以市价比之少十分之一二，故赴场籴买者士庶相杂。[①]

············

（靖康二年正月二十六日丙辰）驾在青城，何㮚自军前回传话，入城籴米以济百姓。何㮚自军前回传诏云："朕见两元帅议事，事毕还内。天寒民困，无烦于雪中候驾以受冻馁。已令广置粜场米、卖柴以济饥贫。朕负百姓，出涕无从。"百姓闻之，无不感泣。颁诏之后，就相国寺、定力院、兴国寺置四场粜米，许人粜三升，每升六十二文，民始苏矣。[②]

············

（靖康二年二月一日辛酉朔）驾在青城，粜谭稹家米，撤高俅、杨戬等第宅，卖以济民。先是，籍谭家，资约白米二千石，豆粟亦如之。至是，委发粜以济小民。又拆毁高俅、杨戬第宅出卖柴薪。[③]

············

舍屋焚爇殆尽，东至柳子，西至西京，南至汉上，北至河朔，皆被其毒。坟冢无大小，启掘略遍，郡县为之一空。……细民赖官卖柴米，稍能给，然饿殍不可胜数。人多苦脚气，被疾者不浃旬即死。疾目者即瞀，菜蔬绝少。[④]

明末，开封城又在战乱中遭遇了燃料问题。崇祯十五年（1642）正月，在李自成军队围困之下，开封城中发生了严重的燃料危机，"初九日己卯，柴将不敷，社长副下地方搜柴"，此前周王府捐献苇柴，而地方社兵也捐纳大量柴草，"周府苇柴令宫人运出围外，骡车数辆，昼夜载运。嚣每日五鼓唤乡约拨地方四轮车十五辆，载周府及社兵柴，每一社兵出柴五束、十束后至

---

① （宋）徐梦莘:《三朝北盟会编》卷77。
② （宋）徐梦莘:《三朝北盟会编》卷77。
③ （宋）徐梦莘:《三朝北盟会编》卷78。
④ （宋）徐梦莘:《三朝北盟会编》卷87。

二三十束，共得十二万束有奇。至此将不继，社长副持令箭各搜本地方，或一家三五十束及百五十束者，惟曹门最多，又得十余万束"[①]。

关于北京城面临紧急事态时的燃料供应状况，明人亦有较多描述。如吕坤即曾指出："今京师贫民不减百万，九门一闭，则煤米不通。一日无煤米，则烟火即绝。"[②]

城池攻防战中，攻方亦会就薪柴问题进行决策，以顺利攻取城池，多部小说中描述了相关情形。小说中的情节虽多非历史事实，但其中的兵家心理与思维则可反映出真实的问题。如小说中有关于杜伏威进攻朔州城的故事，讲到杜的部下查讷建议围而不攻，待城中燃料不敷后再发动进攻，称："某闻城中粮米可支数年，郭厚壕深，郡官甚是贤能，一时未必可破。又有一计在此，所重不在攻击。闻朔州城内尽是富室豪家，人民繁杂，寸土如金。所少者柴薪耳，必要出城樵采。如今但分军四门昼夜围困，不容柴木入城，不过半月城中必然有变。有米无柴岂能久守，百姓自然慌乱，那时乘机而进，此城可得矣。"[③]

更为高明的决策则是先对城池进行一段时间的围攻，然后故作无力攻克而撤退之态，守城者必然派人外出樵采，此时让部下化妆成樵采者而混入城中，夜间发动突袭，里应外合攻下城池，罗贯中笔下的长安之战中，马超就采用了这样的谋略，罗贯中描写道：

> 长安乃西汉建都之处，城廓坚固，壕堑险深，急切攻打不下，一连围了十日，不得长安。庞德进计于马超曰："长安城中土硬水咸，甚不堪食，更兼无柴，今围十日，军民饥荒。不如且收军退，如此如此，唾手可得。"马超曰："此计大妙！"即时差令字旗传与各部，尽教退军。当晚马超亲自断后，各部军马渐渐而退。钟繇次日登城看时，军皆退了。只恐有计，令人于西门哨探，果然远去，方才谓心，从令军民出城打柴取

---

① （明）李光壂：《守汴日志》，清道光刻光绪补刻本。

② （明）吕坤：《吕新吾全书》卷1《去伪斋集》，光绪间修补明刊本。

③ （明）清溪道人：《禅真逸史》第30回，明本衙爽阁刊本。

水。众皆畏惧西凉兵又来，多取柴水入城。往来纷纷，不计其数，初时也自计较。后三日心安，大开城门，放人出入。第五日人报马超引八部兵又到，军民奔竞入城，钟繇教城上守护，繇自引部将各门提调。却说西门守将钟繇弟钟进正在城头上防御，马超直来城下大叫："若不献门，老幼皆诛。"钟进也在城上辱骂。约近三更，城门里一把火起，钟进急来救时，城边一人，举刀纵马大喝曰："庞德在此！"立斩钟进于马下。原来庞德献计故意退军，却扮作打柴军，杂在百姓伙内入城内应。德引十余勇士左冲右突，杀散军校，斩关断锁，放马超、韩遂军马入城。①

小说《残唐五代史演义》中有李存孝夺取函谷关的故事，桥段与上述马超取长安的过程高度雷同，或是对前者情节的简单模仿，可见此种故事模式已经深入人心。②

其二，樵采并贩卖柴炭成为乡村贫民维持生计的重要活动。

如前所述，城市自身的燃料蓄积量近乎为零，城中所需燃料需要从外部大量输入。商品生产地到销售市场的距离太远会极大地提高其价格，在古代的交通条件下，随着距离的增加，耗费的人力会急剧增加，而最终市场上的销售价格也会急剧升高，最终使普通市民无法承受，燃料亦复如此，司马迁称："百里不贩樵。"③ 所以，城市所需燃料大都来自近郊，贾思勰即认为榆

---

① （明）罗贯中：《三国志通俗演义》卷12《马超兴兵取潼关》，明嘉靖元年刻本。

② （明）罗贯中：《残唐五代史演义》卷2《存孝打破石岭关》，明末刻本。书中称："原来函谷城郭坚固，濠堑深险，连围七日，攻打不下。薛阿檀进计与李存孝曰：'城中无水少柴，古语有云："民非水火不生活。"连围七日，军民已慌，不如暂且收军，如此如此，唾手可得。'存孝曰：'此计甚妙。'即时告于晋王，著令字旗传言，诸将尽皆退军，当晚存孝断后，各部兵渐渐撤退。存惠此时于城上观看军兵退了，恐有计策，只开西门令人哨探，果然去远，才令军民出城打柴取水，止限三日。众皆惧唐军再来，多打柴薪入城，乱乱纷纷，出入难以盘诘。第三日人报晋王人马又到，军民竞奔入城。存惠领兵上城守护，存当自引本部将各门提调。守至三更，忽见城门里一把火起，存当急来救是，城边转过一人，手持大刀斩存当于马下，随后十余骑勇士杀散军士，斩开门锁，放存孝军马入城。存惠从东门弃城而走，存孝安休休却得了此城，遂重赏各军。原来是薛阿檀献的计，故意退军，却扮作打柴军人杂在百姓伙内挑柴入城，当夜里应外合。"

③ （西汉）司马迁：《史记》卷129《货殖列传》，第3271页。

及白榆的最佳种植位置应靠近城市，如此是因为"卖柴、莱、叶省功也"[1]。燃料价格变动对城市民众的生活影响颇大，唐姚合《武功县中作三十首（其五）》称："晓钟惊睡觉，事事便相关。小市柴薪贵，贫家砧杵闲。读书多旋忘，赊酒数空还。长羡刘伶辈，高眠出世间。"[2]

正因为城市中燃料供应有这样的问题，所以樵采薪柴并贩卖遂成为城市周边民众比较重要的谋生手段。白居易有名的《卖炭翁》所刻画出的老翁即以卖炭为业，诗中称："卖炭翁，伐薪烧炭南山中。满面尘灰烟火色，两鬓苍苍十指黑。卖炭得钱何所营？身上衣裳口中食。可怜身上衣正单，心忧炭贱愿天寒。"[3]诗中老翁的一车千余斤炭被宦官强行取走，让人嗟叹。类似的事情正史中载有一例，发生在唐德宗在位时，相关记载如下：

> 尝有农夫以驴驮柴，宦者市之，与绢数尺，又就索门户，仍邀驴送柴至内。农夫啼泣，以所得绢与之，不肯受，曰："须得尔驴。"农夫曰："我有父母妻子，待此而后食。今怀汝柴，而不取直而归，汝尚不肯，我有死而已。"遂殴宦者，街使擒之以闻，乃黜宦者，赐农夫绢十四。然宫市不为之改，谏官御史表疏论列，皆不听。[4]

围绕农夫所卖的薪柴，最终居然惊动了皇帝，言官们还为此建议严惩宦官，亦可见其时贩卖薪柴对贫民生计之重要影响。

宋人苏辙有《新桥》诗，称："入市樵苏看络绎，归家盐酪免迟留。"[5]宋人贺铸《丛台歌》称："武灵旧垒今安在，秃树无阴困樵采。玉箫金镜未销沈，几见耕夫到城卖。"[6]

---

[1] （东魏）贾思勰：《齐民要术》卷5《种榆白杨第四十六》，缪启愉校释，第341页。

[2] （唐）姚合：《姚少监诗集》卷5，载《景印文渊阁四库全书》第1081册《集部二〇·别集类》，台湾商务印书馆，2008，第720页下。

[3] （唐）白居易：《白氏长庆集》白氏文集卷4，四部丛刊景日本翻宋大字本。

[4] （后晋）刘昫：《旧唐书》卷140《张建封传》，中华书局，1975，第3831页。

[5] 北京大学古文献研究所编《全宋诗》卷861《苏辙十三》，北京大学出版社，1991，第9993页。

[6] 北京大学古文献研究所编《全宋诗》卷1102《贺铸一》，第12497~12498页。

明人赵羾《峪口樵归》诗记载了隆庆（今北京延庆）附近樵夫砍柴以准备进京贩卖的情景："丁丁伐木声，响振青山外。落日负薪归，长歌起延濑。登登不惮劳，欲向城中卖。路暝行人稀，山妻倚门待。"[①]另外明人顾梦游有诗云："贩柴来往六十里，升米带回堆活家。"[②]讲述的则是灾荒发生后，民众担负薪柴到距家三十里的地方贩卖，卖柴所得再买粮食回家维持生计。又如《西游记》中孙悟空拜师前所遇到的樵夫即这样自我介绍："田园荒芜，衣食不足，只得斫两束柴薪挑向市廛之间，贷几文钱籴几升米，自炊自造，安排些茶饭，供养老母。"[③]明杂剧《蕉鹿梦》第三折，樵夫甫一出场即唱道："夫出担柴妻劝多，丁宁无奈担头何。夜来雨过苍苔滑，莫向林岩险处过。"又有自白："自家姓乌名有辰，卖柴为生。连日天雨不曾砍得，今喜晴霁，且趁早到山边斫一挑来，换些酒米也好。"[④]明末遗老李孔昭入清不仕，即以卖薪柴谋生，亦为一典型例子。[⑤]

民间故事中也有反映，以邯郸市为例，《柳棍和神驴》称主人公山童"家里很穷，靠打柴度日"。《老虎的本性》称"紫山脚下住着母子三人，母亲岁数大了，就靠小儿子小虎上山打柴过日子"。《石头和河宝》中住在石狮子石座下的青蛙"看见进城赶集和卖柴的人们从庙门前走过"，就羡慕人可以"打柴换钱，买吃买穿"。《狼奶奶》称"从前，有个老头，家里很穷，每天上山打柴"。《王华的故事》中，主人公"依靠上鸠山打柴，到镇上卖几个钱养活

---

① 嘉靖《隆庆志》卷 10《艺文志》，《天一阁藏明代方志选刊》本。

② （明）顾梦游：《顾与治诗》卷 8《野宿（六首其六）》，清初书林毛恒所刻本。

③ （明）吴承恩：《西游记》第 1 回《灵根育孕源流出，心性修持大道生》，第 11 页。

④ （明）沈泰：《盛明杂剧二集》卷 27，董氏诵芬室刻本，1925。

⑤ 赵尔巽：《清史稿》卷 501《遗逸传二·李孔昭传》，中华书局，1977，第 13843~13844 页。相关记载如下："李孔昭，字光四，蓟州人。性孤介，平居教授生徒，倡明理学。崇祯十五年进士，见世事日非，不赴廷对，以所给牌坊银留助军饷。奉母隐盘山中，躬执樵采自给。母病，刲股疗之。北都陷，素服哭于野者三载。蓟州城破，妻王殉难死，终身不再娶。形迹数易，人无识者。清初，诏求遗老，抚按交章荐，不出。一日，当道遣吏持书币往，遇负薪者，呼而问之，曰：'若识李进士耶？'负薪者诘得其故，以手遥指而去。吏至其室，虚矣。邻叟曰：'汝面失之，向所负薪者，李进士也。'后屡物色，卒不得。时有某孝廉，当上公车，辄止不行，曰：'吾出郭门一步，何面目见李光四乎？'"

老娘"。①

民国调查资料也可以找到相关材料，比如富兰克林·H.金即发现，"上海吴淞河上停满了载有水稻和棉花秸秆的船，秸秆被用作燃料"，从船上卸下后，有人"将棉秸秆从码头运往市区的市场储存"，也有人"运送稻秸前往市场"，显然都反映了从农村向城市贩运燃料的情形。②

其三，能源流向城市，废料流回农村，附郭之田肥美。

我们知道，城市中薪炭基本来自农村，而薪炭燃烧后的灰烬连同其他废料则又返回近郊农村，这样以城市和农村为两大基点，形成了一个规模巨大的物质能量闭合环流，这使附郭之田素以肥美著称，人们将其比作"膏腴上田"。

现代研究证明，植物生长所需要的各种矿物质，几乎都能在草木灰中找到。钾是其中含量最丰富的元素，一般占比可达 6%~12%，其中超过九成为水溶性，碳酸盐是主要的存在形式；磷元素含量也较多，占比 1.5%~3%；此外还含有钙、镁、硅、硫、铁、锰、铜、锌、硼、钼等微量营养元素。当然，不同植物体内各元素含量本就不同，燃烧后灰烬的成分也有一定的差异。在向农田施用同等量的钾元素时，草木灰的肥效远比化学钾肥要好。所以，草木灰是一种理想的农家肥，具有来源广泛、成本低廉、养分齐全、肥效明显的特点。

古人对草木灰的肥效也较早就有清楚的认识。《陈旉农书》中已注意到了多种造粪方法，其中"火粪"即是通过焚烧加热的方法来制备肥料，草木灰是其重要的原料。该书《粪田之宜篇》又称："凡扫除之土，烧燃之灰，簸扬之糠秕，断稿落叶，积而焚之，沃以粪汁，积之既久，不觉其多。凡欲播种，筛去瓦石，取其细者，和匀种子，疏把撮之。待其苗长，又撒以壅之。何患

---

① 参见杜学德主编《中国民间文学集成·邯郸市故事卷》下册，第 141、196、213、218 页；《中国民间文学集成·邯郸市故事卷》中册，第 468 页。

② 〔美〕富兰克林·H.金：《四千年农夫：中国、朝鲜和日本的永续农业》，程存旺、石嫣译，第 81 页。

收成不倍厚也哉。"① 即将各种草木灰、糠秕、秸秆败叶积累加以焚烧而成肥料。在焚烧的过程中，往往在所焚之物上还要覆土，使烟熏土成粪，所以有时又称"土粪"。清代农书《知本提纲》一书中对当时北方所常见的农家肥料进行了细致的观察，共总结出 10 类，亦有火粪，其原料包括了熏土、炕土、墙土、硝土、草木灰等。② 据农史学家粗略统计，明清文献中提及的肥料种类超过了 130 种，其中秸稿肥有 4 种，灰肥有 3 种。③

既然草木灰是极为重要的肥料来源，且古人对此已有深刻的认识，那么人们若不充分利用城市中炊爨取暖焚烧薪柴后的灰烬是很难想象的。宋人记载杭州城中垃圾转运的情形："寺观庵舍船只，皆用红油艑滩，大小船只往来河中，搬运斋粮柴薪。更有载垃圾粪土之船，成群搬运而去。"④ 这些垃圾粪土最终用来为城市周边的田地增肥，所描述的时期虽为宋代，地域则在江南之杭州，但宋以降各朝的华北诸城中情形当与此相近。

自辽金至明清，北京城的薪柴消耗量一直非常可观。明末仅宫中用柴即达 2600 万斤，用木炭达 1200 万斤。龚胜生对北京城在元明清三代的燃料消耗情况进行了估测，将北京全年消耗的燃料全部折算为木柴，则元至元七年（1270）的消耗量约为 21 万吨，元泰定四年（1327）约为 47 万吨，明洪武初约为每年 7 万吨，万历初约为每年 43 万吨，天启中约为每年 40 万吨，清顺治四年（1647）约为 29 万吨，乾隆四十六年（1781）约为 45 万吨，光绪年间约为每年 50 万吨。⑤ 当然，龚氏以 0.5 吨木柴作为每人每年的消耗燃料量，这一标准还值得商榷，但其估测的数据还是能看出北京城在数百年中消耗薪柴的大致情形。毫无疑问，与消耗的大量薪柴相对应，每年产生草木灰的数量也极为巨大，巨量的草木灰最终流向田地，则北京周边农田所获得的钾肥

---

① （宋）陈旉：《陈旉农书校注》，万国鼎校注，农业出版社，1965，第 34 页。

② （清）杨双山：《知本提纲·农则耕稼》，见王毓瑚编《秦晋农言》，中华书局，1957，第 38~39 页。

③ 中国农业遗产研究室编著《中国古代农业科学技术史简编》，江苏科学技术出版社，1985，第 135 页。

④ （宋）吴自牧：《梦梁录》卷 12 "河舟" 条，中国商业出版社，1982，第 103 页。

⑤ 龚胜生：《元明清时期北京城燃料供销系统研究》，《中国历史地理论丛》1995 年第 1 辑。

数量是惊人的，这对于土壤肥力的保持有着重要意义。

其他大中小城市的情况也与北京大致相同，集中的大量人口而需要输入大量薪柴，最终产生的大量草木灰则为周边农田的改良创造了条件。

卜凯在调查中国农村时，曾指出中国栽种制度与西方的几点不同，其中一点便是秸秆供城乡燃料之用，他认为"在中国栽种制度里面，一定要有一种作物的秸秆可以供给农村人口和一大部分城市人口的燃料。因此对于土壤肥力就发生了两种影响。第一对于土壤中的有机物质，有逐渐消耗的危险。第二不如将那些当燃料的秸秆拿来饲育多量的牲畜所得到的厩肥数量之多"[1]。所论颇有道理，对于广大乡村地区而言，秸秆大量用作燃料而不还田，确实影响了土壤肥力。不过城市周边区域的农田因可以大量从城市反向运回大量草木灰以及人畜粪便而得到补偿，土壤肥力远较其他区域为优。而燃料与饲料之争，也确实深刻地影响了华北的役畜饲养结构与土壤肥力，相关问题笔者将另书探讨，此处不赘。

要之，华北的地貌特质深刻地影响了植被的类型与分布格局，山地、平原与湖泊沼泽滨海地区可资利用的植物资源类型有着显著的不同，这深刻地塑造了华北的燃料格局。华北煤炭资源较为丰富，但在空间分布上却集中在少数地区，且与森林植被资源集中的地域重叠，这也在晚近时期显著地影响了华北的燃料风貌与环境状况。而夏季高温、冬季严寒、年温差大的气候特征又使华北地区的房屋需要在冬季进行采暖，所需燃料的消耗量极大，进一步加剧了燃料紧张的局面。华北民众用什么燃料，如何利用燃料，利用燃料达成怎样的目的，都深深地打上了自然环境的特质。燃料之整体风貌、燃料局面之演进，都与环境状况与环境变迁有着密切的关系。燃料与环境的相互作用与彼此因应，是本书要致力于探讨的核心命题。我们将在接下来的章节中，进行深入的探讨。

---

[1] 〔美〕卜凯：《中国农家经济》，张履鸾译，第223页。

第三章

古代华北燃料消耗的基本情况

关于古代华北的燃料消耗情况，前文论述其他问题时已经有所涉及，但并未做细致全面的梳理，本章将集中进行探讨。主要观照的内容为政府的一般性消耗、民众消耗与军队消耗，力求对古代华北燃料消耗的基本格局有一较为清晰的认识，以便在此基础上揭示燃料危机与革命发生的深层次原因。

第一节　政府的一般性消耗

一　宫廷的燃料消耗

宫廷每年消耗的物资数量极多，燃料亦不例外，但历史早期的燃料消耗情况已无法详考。龚胜生曾对明代宫廷的燃料消耗量进行了研究，得出了年消耗量为 3 万吨的结果，他认为唐代的数量大致与明代持平。[①] 龚氏统计数据时主要依据的是宫中人数，而对长安与北京的气候区位差异以及唐明间重大的气候变化情况等因素并未考量，所以对唐代消耗量的估测可能偏高，或许与宋代相近更合理些。

宋代宫廷燃料需求的准确数字已无从得出，据《宋会要》《东京梦华录》等书的记载，熙宁十年（1077）御厨耗柴即达 1450413.5 斤，耗炭 3557 秤 6

---

① 龚胜生:《唐长安城薪炭供销的初步研究》,《中国历史地理论丛》1991 年第 3 辑。

斤。而宫中采暖期为每年农历十月初一至来年春暖时节，取暖用柴所消耗的燃料数量可能还在御厨之上。[①] 宋代日常所用杆秤多为 15 斤秤，故秤也成为官府与民间通用的计重单位，1 秤即 15 斤。又宋代 1 两折合公制在 40~41.3克。[②] 取 40 克的较小值，则 1 斤为 640 克，折合为公制，熙宁十年御厨耗柴约 928.265 吨，耗炭 34.151 吨。清代御厨用柴的数量约为宫廷用柴总量的十分之一[③]，若宋代也按这个比例来折算，宫廷用柴总量可达 9282.65 吨，炭341.51 吨，据龚胜生的研究，木炭与制备过程中消耗的柴的数量按用柴量1:3 的比例来折算[④]，则宫廷燃料需求总量相当于柴 1.03 万吨，可见用量也极大。

不过据宋人记载，社会上通用三种秤制，"民间买卖行用，鱼肉二百钱秤；炭薪粗物二百二十钱秤。官司省秤十六两，计一百六十钱重。民间金银、珠宝，香药细色，并用省秤"[⑤]。则宋人计量燃料时，1 斤为 22 两，1 两约合40 克，则薪炭一斤合 880 克，故宫廷消耗薪炭数量值折合公制将分别为木柴12763.64 吨，炭 469.58 吨，折合为木柴将达 1.42 万吨。

关于明代宫廷用薪柴情况，《大明会典》《明实录》《明史》中有较多记载。大致梳理一下，弘治以前大约每年需柴 2000 余万斤。弘治年间，明孝宗厉行节约，惜薪司柴炭减少至 1812 万斤。但至正德年间，惜薪司加派额即达到了 1110 万斤，总的燃料年消耗量逼近 3000 万斤木柴。嘉靖年间，各种加派层出不穷。隆庆初年，朝廷年例柴炭额进行了调整，其中木柴多达每年42425256 斤，木炭也达到了 9042510 斤。万历初期，年消耗柴炭数量基本维

---

① 转引自许惠民、黄淳《北宋时期开封的燃料问题——宋代能源问题研究之二》，《云南社会科学》1988 年第 6 期。

② 丘光明、邱隆、杨平：《中国科学技术史·度量衡卷》，科学出版社，2001，第 379、391 页。

③ 龚胜生在《元明清时期北京城燃料供销系统研究》(《中国历史地理论丛》1995 年第 1 辑) 一文中指出清初宫廷年耗柴 800 万斤，耗炭 100 万斤，而膳房年耗柴 84 万斤，耗炭 12 万斤，取其近似值，膳房所耗燃料约为宫廷所耗燃料的十分之一。

④ 龚氏在《唐长安城薪炭供销的初步研究》一文中取炭薪比值为 1:3，在《元明清时期北京城燃料供销系统研究》一文中据热值折算则取比值 1:4.1，本书依 1:3 进行估算。

⑤ 方回：《续古今考》卷 19《附论唐度量衡·近代尺斗秤》，转引自丘光明、邱隆、杨平《中国科学技术史·度量衡卷》，第 382 页。

持在隆庆年间的水平，但到万历十年（1582），惜薪司又加派了 300 万斤白炭。[①] 以上数据还包括了各衙门柴炭额，并不仅限于宫廷。清人王庆云则明确指出明季宫中每年用柴为木柴 2600 余万斤，红箩炭 1200 余万斤。[②] 明代 1 斤约合公制 596.8 克[③]，木炭和木柴的折合比仍取 1:3，则明末宫廷燃料年消耗量折合木柴 3.7 万吨。

王庆云也记述了清初宫廷燃料消耗情况，指出当时每年约消耗木柴 800 万斤，红箩炭约 100 万斤。[④] 此后，随着形势的稳定、宗室人员的增多、内廷的穷奢极欲，燃料消耗量又不断增加，如和硕公主一旦出嫁，即可终身享受燃料补贴，包括每天 400 斤柴、80 斤煤、150 斤木炭，采暖期每天额外增加 20 斤木炭。而太监在冬天亦可获得每人 100 斤煤和 10 斤木炭的津贴。再就内务府供应宫内、圆明园等处的燃料情形来看，乾隆三十年（1765）宫内、圆明园等处共用过 64405 斤红箩炭、566228 斤黑炭、367433 斤煤、360248 斤木柴；光绪二十八年（1902）的燃料数量则为 81 万余斤红箩炭、5200 多斤白炭、561 万余斤黑炭、526 万余斤煤、1504 万余斤木柴，其中煤的比重为 20%。[⑤] 可见，清代宫廷燃料消耗量又有所增长，尤为引人注意的是煤的使用量显著增加。据龚胜生的考证，按燃烧值来折算，煤炭与木柴比值为 8:1，即 1 份煤炭可折合为 8 份木柴，则清末仅宫廷用煤一项即可折合为木柴 4208 万斤，各种木炭折合木柴亦在 2000 万斤以上，所有燃料总的燃烧值折合木柴可能在 8000 万斤以上。清代 1 斤约合公制 596.8 克[⑥]，则清末宫廷消耗燃料的热值折合木柴可能在 4.8 万吨以上。

要之，历代宫廷用柴数量都极为巨大，为宫廷提供薪炭是官府至关重要的任务之一。

---

① 以上薪炭消耗数量依据高寿仙《明代北京燃料的使用与采供》，《故宫博物院院刊》2006 年第 1 期。

② （清）王庆云：《石渠余记》卷 1《纪节俭》，北京古籍出版社，1983，第 1 页。

③ 丘光明、邱隆、杨平：《中国科学技术史·度量衡卷》，第 416 页。

④ （清）王庆云：《石渠余记》卷 1《纪节俭》，第 1 页。

⑤ 以上论述主要依据龚胜生《元明清时期北京城燃料供销系统研究》，《中国历史地理论丛》1995 年第 1 辑。

⑥ 丘光明、邱隆、杨平：《中国科学技术史·度量衡卷》，第 430 页。

二 祭祀礼仪方面的燃料消耗

宋以前，统一王朝的都城从未设在华北，而薪柴的远距离运输又极为不便，故而国家级的祭祀活动用柴对华北地区的影响比较小。而元、明、清三代则均长期以北京为都，中央政府的祭祀礼仪用柴大都来自华北，这对华北的社会与生态都有重要影响。

明代隆庆年间（1567~1572），易州山厂岁办柴炭中供应太常寺的燃料有153100 斤干顺木柴、65900 斤木柴、2500 斤燔柴。[①] 此为总的消耗情况，每年各类祭祀使用柴炭数量的具体情况见表 3.1。

表 3.1　明代太常寺各种祭祀燃料需求情况

祭祀类别	柴（斤）	炭（斤）
圜丘	12500	200
方泽	10000	100
祈谷	3000	100
朝日坛	2000	50
夕月坛	4000	50
神祇坛	11000	
太庙时享并岁暮行祫祭礼	78000	
社稷坛春秋二祭	6000	
帝社帝稷坛	6000	
先师孔子庙春秋二祭	5600	
历代帝王庙春秋二祭	14000	
太岁月将等神孟秋季冬二祭	8000	70
先农坛	1000	

① （明）申时行等：《大明会典》卷 205《工部二十五·屯田清吏司·柴炭》，《续修四库全书》第 792 册史部政书类，第 436 页上。

续表

祭祀类别	柴（斤）	炭（斤）
先蚕坛	1000	
经筵开讲春秋二祭	1000	
启圣公孔氏春秋二祭	400	
都城隍等神并姚恭靖公影堂	1600	
佐圣夫人等处并灵济宫等宫	55200	
合计	220300	570

资料来源：（明）申时行等：《大明会典》卷 215《太常寺》，《续修四库全书》第 792 册史部政书类，第 565 页上 ~565 页下。

合计各项共有 220300 斤薪柴，570 斤炭，俱由工部招商，摊派宛平、大兴二县之铺户交纳。前文所述易州山厂岁办供应太常寺薪柴合计为 221500斤，相差 1200 斤。若两者一为祭祀相关人员的饮食、取暖用柴，一为实际祭祀过程中的燃烧用柴，那么相关祭祀所需薪柴数量约为 45 万斤。不过实情是否如此，还有待查找更多材料来证实或证伪。本书姑且认定两记载所指实为同一事项，且取其相对较小的 220300 斤，以每人每年消耗 800 斤（即 0.4 吨）柴计[1]，太常寺祭祀用柴已然可以满足 275 人一年的生活所需了，数量非常可观。

宗庙及皇陵祭祀对燃料的需求也非常大，主要包括用来烹煮祭祀用的牺牲，"（明代）每年合用各陵坟煮牲柴炭各祭不等，有正旦、清明、中元、霜降、冬至一年五祭者，每祭焚柴七十九处，大中祭二处"。相关的薪柴折合 984 两 6 钱 5 分 7 厘 5 毫 3 丝白银，由宛平、大兴两县负担。[2]

清代祭祀用柴数量不及明代，但仍很可观。方志记载："明时宫中用马口柴，取给于蔚州、昌平诸州县，其柴长四尺许，整齐，白净，两端刻两口以绳缚之，故谓之马口柴。康熙初年炊爨还用此，今唯天坛焚燎用之。"[3]

---

① 关于采用人均消耗 0.4 吨这一数值的依据，可参看本章第二节。

② 万历《顺天府志》卷 3《食货志·经费·宗庙》，明万历刻本。

③ 光绪《顺天府志》卷 50《食货志二·物产》引《圣祖御制文集》，光绪十二年刻本。

清初规定，内廷所用的杨木长柴，由直隶省近畿诸卫所承担。可考者有永宁卫 800 斤、怀来卫 800 斤、保安卫 2000 斤、美峪所 400 斤、蔚州卫 15000 斤、宣府前卫 6000 斤、宣府南路广昌城守备 5000 斤，这些薪柴主要供北京天坛等处祭祀活动使用。① 合计以上各处所采供之薪柴，共有 30000 斤，占明代用量的 1/7 弱。但上述统计肯定不完备，更详尽之资料还有待进一步考证。

而地方每年也有各种各样用柴的祭祀，最早的史料见于后汉，谅辅担任广汉郡五官掾时，适逢夏季大旱，太守祈祷亦无果，谅辅便"积薪柴聚荻茅以自环，构火其傍，将自焚焉"②。谅辅的举动实际亦是"实牲其上"的祭祀仪式的模拟，只不过自为牺牲，可见地方祭祀中大量烧柴亦极为常见。

明清府州县也有各种祭祀。明代长垣县城有文庙、社稷坛、山川坛、邑厉坛等祭祀场所：文庙一年祭祀两次，用银 42 两；山川、社稷二坛一年分别祭祀四次，用银 28 两；邑厉坛一年祭祀三次，用银 18 两。③ 辉县亦有三坛，没有山川坛，而有风云雷雨坛，祭祀用银情况方志未载。④ 三坛的称谓中除社稷坛较为固定外，山川坛、风云雷雨山川坛、风云雷雨坛性质实际一样，厉坛、邑厉坛、郡厉坛三者的性质也相似。⑤ 嘉靖《广平府志》记载下辖九县每年祭祀用银情况为永年 123 两、肥乡 89 两、曲周 95 两、鸡泽 100 两、邯郸 95 两、广平 100 两、成安 100 两、清河 100 两、威县 95 两，合计 897 两。⑥ 除文庙与诸坛之外，府州县中还有诸多的庙宇，如明代获鹿县即有马神庙、邳彤庙、淮阴仪祠、城隍庙、太公庙、八蜡庙、落星台庙、真武庙、神母祠、静修祠、关王庙等庙宇⑦，其祭祀用柴也相当可观。

---

① 《钦定大清会典事例》卷 951《工部》，转引自孙冬虎《元明清北京的能源供应及其生态效应》，《中国历史地理论丛》2007 年第 1 辑。

② （南朝宋）范晔：《后汉书》卷 81《独行传·谅辅传》，第 2694 页。

③ 正德《长垣县志》卷 3《祠祀》，《天一阁藏明代方志选刊》本。

④ 嘉靖《辉县志》卷 3，《天一阁藏地方志选刊续编》本。

⑤ 嘉靖《霸州志》卷 2，《宫室志》中载有郡厉坛，《天一阁藏地方志选刊》本。

⑥ 嘉靖《广平府志》卷 6《版籍志》，《天一阁藏明代方志选刊》本。

⑦ 嘉靖《获鹿县志》卷 4《祀典》，《天一阁藏明代方志选刊续编》本。

节日庆典的燃料消耗情形，第一章已有较多分析。实际政府的燃料消耗也是非常可观的，正史中具体的描述较少，笔记小说中有关于隋炀帝和唐太宗在除夕夜中的燃料消耗情况，摘引如下：

> 唐贞观初，天下乂安，百姓富赡，公私少事。时属除夜，太宗盛饰宫掖，明设灯烛，殿内诸房莫不绮丽。后妃嫔御皆盛衣服，金翠焕烂。设庭燎于阶下，其明如昼。盛奏歌乐，乃延萧后与同观之。乐阕，帝谓萧曰："朕施设孰与隋主？"萧后笑而不答。固问之，后曰："彼乃亡国之君，陛下开基之主，奢俭之事固不同矣。"帝曰："隋主何如？"后曰："隋主享国十有余年，妾常侍从，见其淫侈。隋主每当除夜至及岁夜，殿前诸院设火山数十，尽沉香木根也，每一山焚沉香数车。火光暗则以甲煎沃之，焰起数丈。沉香、甲煎之香，旁闻数十里。一夜之中则用沉香二百余乘，甲煎二百石。又殿内房中不燃膏火，悬大珠一百二十以照之，光比白日。又有明月宝夜光珠，大者六七寸，小者犹三寸，一珠之价直数千万。妾观陛下所施都无此物，殿前所焚尽是柴木，殿内所烛皆是膏油，但乍觉烟气薰人，实未见其华丽。然亡国之事，亦愿陛下远之。"太宗良久不言，口刺其奢而心服其盛。[①]

唐太宗极尽奢侈之能事，却仍不及隋炀帝排场之万一，当然小说家的记载不无夸张之处，不过从中仍可看出古代帝王庭燎耗费薪柴数量之多。

徐珂对清代的烟火燃放有较形象的描述，亦可看出政府火药消耗之巨，摘引相关描述如下：

> 烟火者，以火硝杂他药物燃烧，而现变幻灿烂之状者也。其火力喷射，能为花草、兰竹等形。或以纸制成种种人物，穿插其中，极灵巧。或以药发火焰，幻成各种颜色。各省多有之，尤以广东之潮州、江苏之

---

① （宋）李昉：《太平广记》卷236《奢侈一》"隋炀帝"条，第1815页。

扬州所制者为最著名，其值亦不赀。

乾隆时，秦淮画舫竞放烟火，为河上大观，士女空巷而出，如水鸭、水鼠、满天星、遍地锦、金盏、银台、赛月明、风车、滴滴金者，不一其名，不一其巧。游者试凭红板桥阑，望东水关及月牙池前，灯影烛天，爆声灭水，升平景象，诚非图画所能尽之也。

咸丰朝，每岁上元夕，京师西厂舞灯放烟火最盛。清晨，先于圆明园宫门，列烟火数十架，药线徐引燃之，成界画栏杆五色。每架将完，中复现出宝塔、楼阁之类，并有笼鸽、喜鹊数十，在盒中乘火飞出者。

光绪时，则由内务府营造司设厂放新奇烟火。元宵前数日，率小工数十，用红杠黄绊拴抬，由菜市口进宣武门，络绎于途，有像形五彩凤凰、孔雀、锦鸡、白鹤，并用松柏扎大小狮子、虎豹、麒麟之类。燃放时，空中停顿，变换成花，此即孝钦后请各国公使夫人同观之烟火也。①

三　特定部门的燃料消耗情形——以明代工部下属机构为例

除宫廷、祭祀与节日庆典方面的燃料消耗外，各部门的燃料消耗也极为巨大，其中因工部要承造各种器物，所需燃料较其他部门为多。明代工部相关材料留存较多，以下尝试大致梳理一下其下属机构的燃料消耗情形。其时，工部下辖营缮、虞衡、都水、屯田四清吏司，履行职责时大都要消耗不少燃料。另外还专设易州山厂，负责生产柴炭以满足北京城的官方燃料需求。②

明代中后期工部下辖各机构每年所消耗的煤炭数量极为巨大，但相关材料较为繁杂，得出完全准确的数字殊为不易，仅罗列所见之材料如下，更进一步的统计分析则留待将来。

兵仗局制备军器过程中要消耗大量的燃料。据记载，嘉靖八年（1529）

---

① 徐珂：《清稗类钞》第 12 册《物品类》，第 6062~6063 页。

② （清）张廷玉：《明史》卷 72《职官一·工部》，中华书局，1974，第 1760~1763 页。关于易州山厂的详情，笔者另书探讨，本书不赘。详情参见附录史料部分 3.1。

时的水和炭与石炭岁用额高达 104 万斤，需顺天等府办纳价银 1750 两。[①] 万历中，仅水和炭即需 100 万斤，其中召买 50 万斤，每万斤折银 19.5 两，共需银 975 两；另外 50 万斤由法司囚犯搬运。此外，三年一次大修兑换军器需召买水和炭 1.53 万斤，需银 29.835 两；木炭 8.9 万斤，需银 373.8 两；木柴 5.51 万斤，需银 99.18 两。兵仗局补造神器，六年一次，需召买木炭 28 万斤，该银 1176 两；水和炭 55 万斤，该银 1072.5 两；柳柴炭 0.6 万斤，该银 51 两；木柴 4 万斤，该银 72 两。

兵仗局修造马脸尾镜，六年一次，需召买水和炭 168.27 万斤，该银 3281.265 两；木炭 68.4117 万斤，该银 2873.2914 两；白炭 0.96 万斤，该银 47.04 两；木柴 8.0808 万斤，该银 145.4544 两。

另外一项维修事宜中需要木炭 3.2 万斤，需银 134.4 两；需水和炭 12.5 万斤，需银 243.75 两；木柴 1.7 万斤，需银 30.6 两。[②]

锦衣卫象房制备煮料铁锅等物件每五年一次，需要木柴 1.636 万斤，需银 29.448 两；需要木炭 2.233075 万斤，需银 93.78915 两；需要炸块 4.45515 万斤，该银 56.83 两。

明中叶以后，宝源局铸钱过程中也要消耗较多燃料。嘉靖中则例为通宝钱每 600 万文共用炸块 14.5 万斤，只用木炭 3 万斤，木柴 0.23 斤。万历中则例为金背钱每万文用炸块二百三十九斤八两一钱一分六厘七毫，木炭四十五斤六两二钱四厘四毫。[③] 所用燃料中煤炭均已远远超过柴炭。

万历后期每季铸解太仓钱 150 万文，燃料原由炉头自备后改召买，需炸块 10.777828125 万斤，该银 137.417 两；木炭 2.042449375 万斤，该银 71.485 两。每年代南京工部铸造太仓钱 100 万文，燃料亦是原由炉头自备后改召买，需炸块 9.58029125 万斤，该银 122.1486 两；木炭 1.81561 万斤，

---

① 《明世宗实录》卷 98，"嘉靖八年二月甲午"条。本书所引《明实录》均为"中央研究院"历史语言研究所 1962 年校印本。

② （明）何士晋：《工部厂库须知》卷 5。

③ （明）申时行等：《大明会典》卷 194《工部十四·铸钱》，《续修四库全书》第 792 册史部政书类，第 336 页上、336 页下。

该银 63.54635 两。则全年铸钱的煤炭总消耗量为 52.69160375 万斤，木炭 9.9854075 万斤。这还没有计入已停废的每季铸解内库钱 300 万文，每年代南京工部铸解内库钱 300 万文，铸造这些铜钱每年的煤炭消耗量当在 100 万斤以上，则万历前期每年铸钱耗煤量当在 150 万斤以上。

工部琉璃黑窑厂烧造琉璃瓦时，并不直接用煤炭，但工匠饮食、取暖需消耗煤炭 5000 斤。[1] 琉璃厂烧造内官监瓷缸等件十年一次，需召买木柴 394 万斤，每万斤银 15 两，共该银 5910 两。[2]

铸造宝钞司切草长刀等物件，每年一次，需召买炸块 1012.5 斤，该银 1.2983 两；需木炭 112.5 斤，该银 0.39375 两。

制备翰林院庶吉士火盆等物件，三年一次，需召买木炭 4000 斤，该银 14 两；需要炸块 2100 斤，该银 2.677 两；需木柴 2100 斤，该银 3.045 两。

铸造酒醋面局煮料铁锅三口，四年一次，需召买炸块 1000 斤，该银 1.275 两；木柴 582 斤，该银 0.814 两；木炭 1660 斤，该银 5.831 两。

该局烧酒铜锅四口，不等年份，逢庚戌辛未年铸造，需召买炸块 1500 斤，该银 1.91 两；木炭 300 斤，该银 1.5 两；木柴 800 斤，该银 1.16 两。

供用库锅口，不等年份，逢丙子丁亥年铸造，需召买 17478 斤，该银 22.2844 两；木炭 26195 斤，该银 91.6825 两；木柴 9890 斤，该银 14.345 两。[3]

盔甲王恭厂制备修理军械需要消耗大量的煤炭。每年成造连珠炮铅弹 20 万个，匠头需自备炸块 2250 斤，该银 2.925 两；木炭 2250 斤，该银 6.75 两。

每年成造夹靶枪铅弹 20 万个，匠头需自备炸块 625 斤，该银 0.9125 两；木炭 625 斤，该银 1.875 两。

每年成造五龙枪 11000 杆，每一杆需匠头自备炸块 60 斤，该银 0.078 两；木炭 6 斤，该银 0.018 两。合计则需炸块 660000 斤。

每年成造夹靶枪 5000 杆，匠头需自备炸块 273437.5 斤，该银 355.46875 两；木炭 27343.75 斤，该银 82.03125 两。

---

① （明）何士晋：《工部厂库须知》卷 5。

② （明）何士晋：《工部厂库须知》卷 5。

③ 宝钞司以下之数据皆依据（明）何士晋《工部厂库须知》卷 7。

每年成造快枪 2000 杆，匠头需自备炸块 73750 斤，该银 95.875 两；木炭 7375 斤，该银 22.125 两。

每年造修钩镰 400 杆，需召买炸块 968 斤，该银 1.2342 两；木炭 96.75 斤，该银 0.338625 两。

每年造修虎乂 400 杆，需召买炸块 2206.25 斤，该银 2.812868 两；木炭 220 斤，该银 0.77 两。

每年补造盔 9000 顶，匠头需自备炸块 225703.125 斤，该银 293.41 两；木炭 22570.3125 斤，该银 67.71 两。

每年修理二等盔 9000 顶，匠头需自备炸块 8437.5 斤，该银 10.96875 两；木炭 843.75 斤，该银 2.53125 两。

每年修理青甲 10000 副，匠头需自备炸块 84375 斤，该银 109.6875 两；木炭 8437.5 斤，该银 25.3125 两。

每年修理紫花布甲 20000 副，匠头需自备炸块 168750 斤，该银 219.375 两；木炭 16875 斤，该银 50.625 两。

每年修理三等腰刀 15000 把，匠头需自备炸块 19687.5 斤，该银 25.59 两；木炭 5625 斤，该银 16.87 两。

每年预造盔甲 2500 副，匠头需自备炸块 343945 斤，该银 447.1285 两；木炭 34394.5 斤，该银 103.1835 两。

每年成造缨头木桶 500 个、明盔皮套 500 件、明甲皮包 500 件、臂手皮包 500 副，匠头需自备炸块 2500 斤，该银 3.25 两；木炭 250 斤，该银 0.75 两。

每年修理战车 200 辆，需召买炸块 23898.75 斤，该银 30.479 两；木炭 2389.875 斤，该银 8.36456 两。

每年造修大小日月旗各 400 面，需召买炸块 1562.5 斤，该银 1.99218 两；木炭 156.25 斤，该银 0.546875 两。

每年造修抟刀 400 杆，每杆需匠头自备炸块 3.125 斤，该银 0.0040625 两；木炭 5 两，该银 0.0009375 两。总共需炸块 1250 斤。

每年成造涌珠炮 600 位，匠头需自备炸块 135000 斤，该银 175.5 两；木炭 13500 斤，该银 40.5 两。

每年成造连珠炮 800 位，匠头需自备炸块 45000 斤，该银 58.5 两；木炭 4500 斤，该银 13.5 两。①

内官监恤典器物，十年一题均作二分，每五年办一次，共需召买黑煤 500 斤，该银 2.5 两；木炭 6 万斤，该银 252 两。②

文思院成造万寿正旦宴花，每次罗绢花 3000 枝、花筒 250 个、翠叶绒花 150 枝，需召买炸块 300 斤，该银 0.382 两。

文思院成造王府诰轴箱袱，需召买炸块 350 斤，该银 0.4445 两；木炭 100 斤，该银 0.35 两。

文思院成造三生袍服，三年一次，需召买炸块 300 斤，该银 0.381 两；木炭 900 斤，该银 3.15 两。

马槽厂成造供用库板箱，需炸块 2000 斤，该银 2.55 两（后减去 100 斤）；松木长柴 4460 根，该银 223 两；木炭 350 斤，该银 1.225 两。

马槽厂成造□局板箱，四年一次，需召买炸块 1500 斤，该银 1.9125 两。另有马槽厂自备木柴 700 斤，该银 1.015 两。

马槽厂御马槽桩桶只，四年一次，需召买炸块 36000 斤，该银 45.9 两；木炭 2100 斤，该银 7.35 两。

马槽厂成造亲王出府马槽，共需炸块 2350 斤，该银 2.99625 两；木炭 240 斤，该银 0.84 两。③

光禄寺成造器皿每年需召买炸块 450 斤，该银 0.57375 两；木炭 1216 斤，该银 4.256 两；另需动用厂存松木长柴 368 根，该银 11.04 两。④

御用监金箔等料每两年成造一次，需召买水和炭 15 万斤，该银 262.5 两；木炭 20 万斤，该银 1000 两；木柴 20 万斤，该银 480 两；白炭 10 万斤，该银 650 两。

巾帽局巾帽纱罗等料，两年一次，需召买墨煤 100 斤，该银 0.5 两；木炭 58300 斤，该银 320.65 两；木柴 11 万斤，该银 264 两。⑤

---

① 以上王恭厂制备军器相关煤炭消耗情形依据（明）何士晋《工部厂库须知》卷8。
② （明）何士晋：《工部厂库须知》卷9。
③ 文思院、马槽厂用煤情况依据（明）何士晋《工部厂库须知》卷10。
④ （明）何士晋：《工部厂库须知》卷11。
⑤ 御用监、巾帽局燃料情形依据（明）何士晋《工部厂库须知》卷12。

以上就是工部主要机构的燃料使用情形，笔者粗略估算了一下，消耗煤炭总量大致在每年600万斤，在相当多的机构中，用煤量超过了用薪柴和木炭的数量。

除工部外，其他部门也要消耗大量的燃料，比如每年的文武乡试、会试等考试中即需要较多煤炭。据沈榜的记载，万历中的燃料消耗量为草38919斤，木柴96495斤，木炭36890斤，煤炭95536斤。[①]

这还只是不完全的统计，因为留下记载而笔者未检索到的文献还有很多，而大量消耗燃料却未留下记载的部门更不知凡几。仅华北地区从京城到各州县，政府部门运作过程中直接消耗的燃料总量极有可能多达数千万斤甚至上亿斤，而间接消耗的燃料也不计其数。

四 官员薪俸中的燃料发放

1. 唐宋的实物发放

清廷初定中原，以实物形式发放的薪柴是官员俸禄中的重要组成部分，俞樾即称："按此知国初官员有给薪之例，故至今薪俸之名犹在人口，而近来各局委员有薪水之给，亦本此也。"[②]向官员发放薪柴的做法，并不始于清代，且较早即是政府的大宗支出之一。

笔者尚未查找到唐以前政府直接向官员发放柴薪作为薪俸的史料，考虑到唐以前并无显著的燃料危机，或许其时尚无相关的薪俸发放模式。自唐代开始，政府向官员发放实物薪柴渐成定制。《唐六典》记载，一品至五品官员春季每人每天可得2分木橦，4斤木炭；冬季每人每天3.5分木橦，5斤木炭。六品至九品官无木炭，春季每人每天可得2分木橦，冬季每人每天可得3分木橦。春季、冬季各以三个月共90天来计，则合计一品至五品官每人全年共得495分木橦，810斤木炭；六品至九品官每人每年450分木橦。[③]据龚胜生考证，1分木橦约合公制0.1立方米，而1立方米木橦约重0.4吨，则一品至五品官每年政府供应19.8吨木柴，六品至九品官每年政府供应18吨木柴。龚

---

① （明）沈榜：《宛署杂记》卷15《经费下》。

② （清）俞樾：《茶香室丛钞》卷6薪俸条，清光绪二十五年刻春在堂全书本。

③ （唐）李林甫：《唐六典》卷4《尚书礼部·膳部郎中》，明刻本。

胜生统计了京官流内官的总数，并进一步得出了他们每年可获得的薪柴总量，转录其所得数据，见表 3.2、3.3。

表 3.2 唐代京官统计表

单位：人

机构	官员数	品官数	品官等级分布								
			一	二	三	四	五	六	七	八	九
三师三公	6	6	6								
六省	19658	638	3	9	18	29	39	129	115	160	136
御史台	136	25			1		2	4	6	10	2
九寺	8685	394			9	18	4	37	50	89	187
四监	3219	150			3	5	4	19	15	24	80
武官	4802	466			54	19	44	46	42	174	87
东宫	3339	289	3	3	5	43	21	33	38	97	46
王府	1161	81			1	2	10	16	4	43	5
府县	711	56		1		2	2			22	20	8
总计	41717	2105	12	13	92	118	126*	284	292	617**	551

注：* 龚氏原作 180，明显有误，当为 126。

　　** 龚氏原作 563，有误，当为 617。

表 3.3 唐代京官每年消耗木柴量

品阶	人数（人）	每人年额定量		年需木橦			年需木炭			年需木橦合计	
		木橦（分）	木炭（斤）	分数（万分）	体积（万立方米）	质量（万吨）	木炭（万斤）	折木橦体积（万立方米）	折木橦质量（万吨）	体积（万立方米）	质量（万吨）
一至五品	361*	495	720	17.87	1.787	0.71	26.0	0.116	0.047	1.903	0.757
六至九品	1744	450	—	78.48	7.848	3.14	—	—	—	7.848	3.14
合计	2105	—	—	96.35	9.635	3.85	26.0	0.116	0.047	9.751	3.897

注：* 据上表可知，龚氏将五品官多计了 54 名，而一品至五品官合计为 415 名；而八品官少计了 54 名，六品至九品官合计为 1690 名。今改正为一品至五品 361 名，六品至九品 1744 名，其余数字也做了全面调整。又，龚氏认为，木橦容重为 0.4 吨 / 立方米，1 斤木炭折 3 斤木橦。

　　每年仅发放给中央官员发放的柴炭数量即要消耗约 3.897 万吨的原木，这足够满足 97425 余人一年的生活所需。

如上文所述，即使九品小官，每年获得的木柴也多达 450 分木橦，其重量折合公制达 18 吨，是普通民众每年生活用柴量的 45 倍，待遇十分丰厚。不过，以上只是理论上的规定，现实中往往无法落实，尤其"京城薪炭不给"现象成为常态的唐中后期当更是经常无法兑现。[1] 阳城初为谏官即告诫两个弟弟："吾所得月俸，汝可度吾家有几口，月食米当几何，买薪、菜、盐凡用几钱，先具之，其余悉以送酒媪，无留也。"[2] 可见其时官员所需薪柴亦需从市场上购买。

五代后唐时期，节度使下辖诸官员的俸禄中有蒿与柴等实物，关于其发放标准，史书中记载了后唐同光三年（925）二月十九日发布的俸料制度，其中发放燃料的标准是，节度副使料钱每月蒿 60 束、柴 30 束；节度观察判官料钱每月蒿 40 束、柴 20 束；节度掌书记料钱每月蒿 30 束、柴 15 束；节度推官料钱每月蒿 30 束、柴 15 束。[3] 以每束 15 斤计，则节度副使每年可获得蒿 10800 斤，柴 5400 斤，以宋代衡制每斤 640 克计，则柴折合今制 6912 斤，已超过了 8 个普通民众一年的生活用燃料需求量，蒿还未计入。即以最少的节度推官来看，其所获得的柴也足够 4 个普通民众全年使用了。

宋代官员的薪俸中亦有柴薪部分，以宰相、枢密使为例，每月发薪柴 1200 束，每月给炭 100 秤，冬十月至正月则给炭 200 秤。[4] 则宰相、枢密使每人一年获薪多达 14400 束，若每束重 15 斤，宋制 1 斤合公制 640~661 克，取 640 克，则上述薪柴折合 138.24 吨！另每人一年还可获得炭 1600 秤，"十有五斤为一秤"[5]，则合 15.36 吨，数量极为巨大。史书中对宋代重要官职每月所得薪炭有详细记载，将相关数据整理，列于表 3.4。由于宋代官员极为冗杂，员额难以完全考证清楚，也无法准确计算政府发放给官员的薪柴总量。

---

① （后晋）刘昫：《旧唐书》卷 11《代宗纪》，第 283 页。

② （后晋）刘昫：《旧唐书》卷 192《隐逸传·阳城传》，第 5132 页。

③ （宋）王溥：《五代会要》卷 27《诸色料钱上》，清武英殿聚珍版丛书本。

④ （元）脱脱：《宋史》卷 172《职官志十一》，第 4135~4136 页。

⑤ （元）脱脱：《宋史》卷 68《律例志一》，第 1496 页。《宋会要》《玉海》《文献通考》中都有类似记载，不再一一列举。

表 3.4 宋代官员俸禄中的薪柴发放情况

官名	月薪	月蒿	月炭	年薪	年蒿	年炭
宰相、枢密使	1200 束	—	十月至正月 200 秤 二月至九月 100 秤	14400 束	—	1600 秤
参知政事、枢密副使、宣徽使、 签书枢密院事、三司使、三部使	400 束	—	30 秤	4800 束	—	360 秤
权三司使	400 束	—		4800 束		
三部副使	150 束	—		1800 束		
枢密都承旨	150 束	—	20 秤	1800 束		240 秤
枢密副都承旨、中书提点五房	100 束	—		1200 束		
开封判官、节度判官	20 束	40 束		240 束	480 束	
开封推官、掌书记、支使、留 守、节度推官及防、团军事判官	15 束	30 束		180 束	360 束	
留守判官	20 束	30 束		240 束	360 束	
防、团军事推官	10 束	20 束		120 束	240 束	
文明殿学士、资政殿大学士、 龙图阁学士	—	—	15 秤	—	—	180 秤

资料来源:(元)脱脱:《宋史》卷 172《职官志十一》,第 4135~4136 页。

元、明、清三代以实物柴薪作为官员俸禄组成部分的情况似乎大大减少,但也并非完全废止。前文所引资料表明,清初官员的俸禄中有以实物形式发放的薪柴。明代官员的薪俸中虽也较少实物薪柴的踪影,但折银发放的情形却很常见。如四译馆中诸多属官即折银发放柴价:

> 提督堂官每月旧规柴六百斤,每百斤折银一钱二分五厘,共折银七钱五分。
>
> 十馆教师每月柴二百斤,折银二钱五分。
>
> 译字官与教师同。
>
> 译字生每月柴一百斤,折银一钱二分五厘。
>
> 以上系工部台基厂钱粮,每月类解光禄寺,典簿、厅本馆差厨役、执簿关领,无定期。此系旧规,未经裁革。[1]

---

[1] (明)吕维祺:《四译馆增订馆则》卷 8《俸廪》,民国影明崇祯刻清康熙补刻增修后印本。

可见旧规中规定了柴薪的重量，或可推断明初相关官员的薪俸中当有实物形式发放的柴薪。

2. 明代的柴薪银

（1）概况

明代官员的薪俸中有名为"柴薪银"的津贴，系由百姓交纳的专门款项，对于其来龙去脉，明人记载道：

> 宣德时始有纳银免役者，闻宣庙因杨东里言京官禄薄，遂不之禁，名曰柴薪银。天顺以来，始以官品隆卑定立名数，每岁银解部以巨万计。在京诸司皆出畿内并山东西、河南州县、南京诸司则皆出南畿州县。盖我朝官僚俸薄而又以折数，藉以养廉，此柴薪之不可无也。昔莆田彭公韶为刑部尚书时，欲奏减百官柴薪皂隶之半，朝士一时喧然。事下兵部，时兵部尚书奏不可减，遂如旧。夫人孰不欲自洁，尤贵谙于事体，此祖宗法度，所以不可易也。①

可见，柴薪银系因明代官员俸禄微薄而起，但以"柴薪"命名，亦可见其时柴薪远较其他事物重要。又有人指出，"宣德间令随从皂隶系不愿应当者，每名月办柴薪银一两，说者谓出于大学士杨士奇所建议"②。明代的规定是，柴薪皂隶每名每年须向政府交纳白银 12 两。

关于两京官员所得柴薪银的数量与主要负担区域，史料中亦有相关记载：

> 宣德间始有纳银免役者，盖因杨东里言京官禄薄，改名曰柴薪银也。天顺以来，始以官品隆卑定立名数，每岁银解部以巨万计，在京诸司则皆出畿内并山东、山西、河南州县，南京诸司则皆出南畿州县。③

---

① （明）陈师：《禅寄笔谈》卷 2，明万历二十一年自刻本。

② （明）黄佐：《翰林记》卷 4"皂隶"条，四库全书本。

③ （明）焦竑：《熙朝名臣实录》卷 10，明末刻本。

可见，每年京官柴薪银数量极为巨大，其中较大份额自华北州县征发。《大明会典》记载如下：

（弘治）八年题准，都御史等官一百八十二员，应拨柴薪皂隶共四百八十五名，查照原减之数，派河南、山东、山西等布政司、北直隶所属。河南布政司一百九十三名，山东布政司一百七十名，山西布政司一百一十名，真定府七十四名，保定府五十名，顺德府三十四名，广平府四十三名，大名府六十五名，永平府三十三名，河间府三十四名。著落各该司府掌印正官查勘所属州县人户多寡，每年斟酌分派均平。自弘治九年为始，作急差人解部听候拨发应役，先将金派过州县皂隶名数开报，兵部以凭查考。后再有添设官员，就照此例金用。①

则仅弘治年间都御史等 182 名京官所需的柴薪皂隶即有 806 名，折银 9672 两；其中北直共有 333 名，折银 3996 两，占总数的 41.3%。若再将河南与山东两省的黄河以北部分计入，则华北地区所承担的柴薪皂隶份额可能会占到总数的一半以上。

弘治以后，柴薪皂隶数变化较大，史载：

（嘉靖）三十三年题准，凡有差出官员带家小住扎行事者，查照各官应得柴薪，就于附近衙门扣除。缺官柴薪、马丁、斋夫银两有余，照旧解还本部。缺名以本处赃罚银两补给。如遇回京，截日住支，仍于兵部关领，年终通将各官支给过银两并解部各数目备细造册奏缴，青册送部查考。

凡减免，正德九年题准在京大小衙门官员柴薪、直堂、把门、看仓

---

① （明）申时行等：《大明会典》卷 157《兵部四十·皂隶》，《续修四库全书》第 791 册史部政书类，第 650 页上 ~650 页下。

等项皂隶七千五百六名，每年额派河南、山东、山西布政司并直隶保定等府征解，除分派各衙门外，该剩柴薪皂隶三百九十七名，直堂等项皂隶四十五名。自正德二年为始，将前项多余皂隶柴薪仍留六十名，直堂等仍留十七名，以备各衙门取用。其余多余之数各照地方额解名数，量为减免。河南量减柴薪九十一名，直堂三名；实派柴薪一千四百五十名，直堂三百十五名。山东量减柴薪八十三名，直堂四名；实派柴薪一千二百七十六名，直堂二百四十七名。山西量减柴薪三十一名，直堂十三名；实派柴薪四百十一名，直堂五百二十二名。北直隶量减柴薪一百三十二名，直堂八名，实派柴薪二千四百八十八名，直堂四百三十二名。①

为了更直观地反映员额和华北地区所负担的比例的变化，将正德九年（1514）减免前后的柴薪皂隶情况如表3.5所示。

表3.5　正德年间四省柴薪皂隶情况

单位：名

	北直	河南	山东	山西	合计
减免前	2620	1541	1359	442	5962
减免后	2488	1450	1276	411	5625
减免数	132	91	83	31	337
备注	减免前北直占总数的43.94%，减免后占44.23%。				

若计入黄河以北的河南省三府（卫辉、怀庆、彰德）及山东省东昌府与济南府的黄河以北部分，则减免前后华北地区承担的京官柴薪皂隶员数都将超过全国总数的半数。

就山东的情况来看，嘉靖年间（1522~1566）山东省的京班司府属柴薪又

① （明）申时行等：《大明会典》卷157《兵部四十·皂隶》，《续修四库全书》第791册史部政书类，第652页上~652页下。

上升到了 1500 余人，其中济南府 559 人，东昌府 117 人（？），兖州府 286 人，青州府 357 人，登州府 107 人，莱州府 147 人。[①] 统计时计入东昌府的全境与济南府的一半（因其横跨黄河南北），则山东省位于华北的部分共分摊柴薪皂隶约 397 人。

关于官员品级与柴薪皂隶数量之关系，《大明会典》中有较详细的记载：

> 其柴薪从九至正八原额俱二名，有军功俱不加。从七正七俱额二名，内近侍官俱三名，知县四名；从六正六俱额四名。有军功加俸外仍各加柴薪一名。从五正五俱额四名，从四正四俱额六名，从三正三俱额十名，从二正二俱额十二名。有军功俱加柴薪二名。其从一正一俱额十四名而止，虽有军功不加。其九年考满升俸，官员照依所升俸级关支。俸薪升迁之后，非系军功，止支本等原升俸米，柴薪不许带支。乞恩等项升俸，例不金拨柴薪皂隶。[②]

据之可整理出各品级官员相应的柴薪银数量，如表 3.6 所示。

表 3.6 明代各品级官员柴薪银情况

品级	柴薪皂隶数（名）	年柴薪银（两）	军功加皂隶数（名）
从九至正八	2	24	无
从七正七	2	24	1
从七正七内近侍官	3	36	1
从七正七知县	4	48	1
从六正六	4	48	1

① 嘉靖《山东通志》卷 8《户口》，《天一阁藏明代方志选刊续编》本上册。该书中称总数为"一千四百一十八人"，称东昌府为"一百一十七二人"，显然有误。若东昌府为 117 人，则各府合计为 1573 人；若东昌府为 112 人，则各府合计为 1568 人，均与总数不符，具体情况如何，还有待进一步考证。

② （明）申时行等：《大明会典》卷 39《户部二十六·廪禄二·俸给》，《续修四库全书》第 789 册史部政书类，第 692 页下。

品级	柴薪皂隶数（名）	年柴薪银（两）	军功加皂隶数（名）
从五正五	4	48	2
从四正四	6	72	2
从三正三	10	120	2
从二正二	12	144	2
从一正一	14	168	无

可见，柴薪银随着品级增加而增加，自每年 24 两至 168 两不等，有军功有时可以额外多发放，但原额与军勋之和仍以每年 168 两为极限。明代工部的厂库柴炭价估规则中规定"木柴照估每万斤银十二两五钱"[①]，则从九品官员所得柴薪银已可购买木柴 19200 斤，而从一品正一品官员之柴薪银可购买木柴 134400 斤。明代 1 斤约合公制 596.8 克，则分别折合 11.46 吨和 80.21 吨。从九品官员所得柴薪银可购买的柴薪约相当于普通民众 29 人一年的生活用柴量（以每人每年 0.4 吨计），而从一品正一品官员的柴薪银更是约相当于普通民众 201 人一年的生活用柴量，数量都极为巨大。

关于明代官员的规模，史载："明内外官共二万四千六百八十三员，京师一千四百十六员，南京五百五十八员，在外二万二千七百九员。"[②]京官总的柴薪银数量可能高达数万两，甚至有可能达到十万两以上，华北负担额度以四成计，则仅京官柴薪银一项可能就在万两以上，甚至多达四万两！

又据《明会典》，府置官员 26 名，州置官员 19 名，县置官员 15 名。结合《明史·地理志》，推测华北地区地方官员数额情况，参见表 3.7。

即使以最低级别的 24 两计，华北民众所承担的地方官员柴薪银亦多达 6 万余两！

---

① （明）何士晋：《工部厂库须知》卷 12。

② 稽璜、曹仁虎：《钦定续文献通考》卷 51，影印文渊阁四库全书，第 627 册，第 421 页。

表 3.7 明代华北地方官员大致员额

省	行政区划级别	行政区划数量（个）	官员数量（名）
北直隶	府	8	208
	直隶州	2	38
	散州	17	323
	县	72	1080
河南	府	3	78
	散州	1	19
	县	16	240
山东	府	1.5	39
	散州	4	76
	县	30	450
备注	合计官员 2551 名。 河南只计入卫辉府、怀庆府、彰德府三府，山东只计东昌府和济南府的黄河以北部分。相关统计数字与实情或许有较大出入。		

华北地区的民众既要负担京官的"京班柴薪皂隶"，又要负担地方官员的柴薪皂隶，负担极为沉重。如嘉靖年间长垣县的贡赋力役中有"本府并本县柴薪皂隶银贰百一十六两"，又有"京班柴薪皂隶银一千七十两"[1]。两项合计，共有 1286 两白银。范县亦有类似情形，方志载："本府皂隶四名，县皂隶二十名，易州厂柴夫五名，京班皂隶十二名。"[2]

（2）各衙门柴薪银状况

关于各衙门柴薪银情况，已不可一一详考，就其可考者分述于后。

关于翰林院的柴薪银发放状况，明人记载道：

> 皂隶之役出自兵部拨送。宣德间令随从皂隶系不愿应当者，每名月办柴薪银一两，说者谓出于大学士杨士奇所建议。正统间定五品、六品

---

[1] 嘉靖《长垣县志》卷2《田赋·贡赋》，《天一阁藏明代方志选刊》本。
[2] 嘉靖《范县志》卷2《力役》，《天一阁藏明代方志选刊续编》本。

四名，七品至九品二名。内本院编修检讨中书舍人系近侍官，各加一名。本院译字官一名。其后奏准庶吉士钦与一名，本院直堂十五名，詹事府左春坊直堂各八名，右春坊直堂五名，司经局直堂六名，詹事府主簿厅直厅一名，制敕房看朝房皂隶四名。若内阁大臣，则随所带衔拨与，非复本院例也。成化初修撰罗伦独不受皂隶柴薪银，尝论劾杨东里之失，或谓出自君命，受之无害于义。然或有署印互争直堂，至成隙者有之，其视伦贤不肖抑又远矣。[1]

由上述材料可知，柴薪皂隶每名每年共银 12 两，则可推得诸官职所得柴薪银情况，参见表 3.8。翰林院相关人员所需发放的柴薪银当亦颇为可观，但人员变动较频繁，故其柴薪银总数无从查考。

表 3.8　明代翰林院诸官职每年柴薪银情况

官职	柴薪皂隶数（名）	柴薪银（两）
译字官、庶吉士	1	12
本院直堂	15	180
詹事府左春坊直堂	8	96
右春坊直堂	5	60
司经局直堂	6	72
詹事府主簿厅直厅	1	12
制敕房看朝房	4	48

据相关记载，约略可知诸寺属官之柴薪银数量。正三品太常寺卿，春季应发柴薪银 30 两，四季俱同，则每年应发 120 两；正四品太常寺少卿，春季应发柴薪银 18 两，每年当为 72 两；正五品尚宝司卿，春季应发柴薪银 12 两，每年当为 48 两；从七品光禄寺署丞，春季应发柴薪银 6 两，每年当为 24 两；

---

① （明）黄佐：《翰林记》卷 4 "皂隶" 条，四库全书本。

从八品鸿胪寺主簿，春季应发柴薪银 6 两，每年当为 24 两；从九品鸿胪寺序班，春季应发柴薪银 6 两，全年当为 24 两。[①]

明人有关于南京太仆寺柴薪银发放情况的详细记载，可为我们了解北京太仆寺情况提供参照，相同级别的官员发放数量当相近，只是北京太仆寺员额更多。相关记载摘录如下：

> 国初诸司皂隶主驺从而已。永乐以来，始有放皂隶归耕使给薪刍者。至宣德四年，右都御史顾佐被吏诉，大学士杨士奇言京官禄薄，遂不之禁，名曰柴薪银。天顺以来，始以官品隆卑定立名数。本寺额设柴薪，自裁革寺丞二员外实岁额三十二名，坐派六安州七名，无为州四名，和州二名，泰州六名，通州三名，全椒县五名，来安县三名，合肥县一名，兴化县一名，俱于均徭内编金。
>
> 卿：一员，每年一十名。
>
> 少卿：二员，每员每年六名，共一十二名。
>
> 寺丞：二员，每员每年四名，共八名。
>
> 主簿：一员，每年二名。[②]

此外，郡王将军府的下辖官员的俸禄中亦有柴薪价银，相关规定为：

> （弘治）十五年令郡王将军府教授、典膳每员皂隶一名，郡王府教授、典膳皂隶民间金拨二名，每名止许办柴薪银八两。将军下教授系吏部除授、由学校出身者仍与皂隶一名，许办柴薪价银一十二两，系本处军民，余出身者不与。[③]

---

① （明）吕维祺：《四译馆增订馆则》卷 8《俸廪》。
② （明）雷礼：《南京太仆寺志》卷 14 "柴薪" 条，明嘉靖刻本。
③ （明）申时行等：《大明会典》卷 157《兵部四十·皂隶》，《续修四库全书》第 791 册史部政书类，第 647 页上。

第二节　普通家庭的燃料消耗情况

一　生活中的燃料利用情形

普通民众日常生活中的燃料利用类型，大致有以下几种。

其一，烹饪用燃料。自开始用火以来，热饮与熟食就成为人类最为普遍的饮食习惯。无米不成炊，无柴亦不成炊。无论是制备热水、温酒，还是蒸、炒、炖、炸、煎、煮，饮食的诸多环节都与燃料息息相关。《管子》对薪柴的重要性有较深刻的认识，称："万乘之国，千乘之国，不能无薪而炊。"[1] 郑玄注《礼记》称："大者可析谓之薪，小者合束谓之柴。薪施炊爨，柴以给燎。"白居易有诗描述其生活场景称："瓶中有酒炉有炭，瓮中有饭庖有薪。"[2] 供应炊爨，始终是薪柴在日常生活中最重要的用途。

传统上，从事家庭烹饪工作的主要为女性，故而烹饪相关的燃料采集、使用与管理亦多由女性负责，民国调查资料中即指出：

> 妇女除了育儿以外，在经济上的地位，是与男子合作。上面所述的农事，妇女都得参加。农事以外，即为备食与理家。早起第一步工作是生火，加足煤球，罩上烟筒，即令自己燃烧，从事扫地。有钱之家用煤球，一天只生一次火。无钱之家就用高粱秸底根去烧连着炕的灶，于是炕也热了，水也可用了，饭后一切安静的工作都可以在炕上做，如做衣、做鞋、做袜等。静的工作与做饭以外，还要预备作饭作菜的原料，即用磨磨米、取水浇菜等是。[3]

---

① 黎翔凤校注《管子校注》卷 14《水地第三十九》，中华书局，2004，第 1420 页。

② （唐）白居易：《雪中晏起偶咏所怀兼呈张常侍、韦庶子、皇甫郎中》，载（清）彭定求等编《全唐诗》卷 453，第 5146 页。

③ 万树庸：《黄土北店村社会调查》，载《社会学界》第 6 卷，1932 年 6 月，转引自李文海、夏明方、黄兴涛主编《民国时期社会调查丛编》一编《乡村社会卷》，第 84 页。

又20世纪40年代，河北广宗县北董里村董里完小教师卫若冰曾上了一节做饭课，卫在授课时专门提到了女学生做饭问题，称："尤其是女生，麦前有一次因为伙夫没在，做了一次饭，连面窝窝都蒸不成，真叫人笑掉大牙，将来如何做媳妇到婆家去呢？（学生笑）你们不要笑，以后是不应该雇老妈子，剥削人家劳动力的，自己也要当真走进厨房，照料家务去做劳动模范呢！"①

更有人在报刊上大声疾呼，号召社会中上层的女子都要掌握烹饪技能，称："烹饪是女子固有的事务，应当下苦心去研究。假使姊妹们能煮一二样可口的菜，一定能够使你的家庭愉快，对于身心上很有益处，而且家政上亦可得到一点经验，姊妹们，何乐而不学呢！"② 正可见传统时代妇女与烹饪之密切关系。实则直到当代依旧如此，除逢年过节男性下厨之外，多数家庭的多数情况下，日常烹饪仍由女性担负。

烹饪时的薪柴利用也颇为不易，民国杂志上的相关文章颇多，1915年的一篇文章畅谈关于烹饪的"理科"，"以为吾一般女界告"，其中专门提及对火的控制，称：

> 火之加减，烹调食物之第一要事也。盖火势过强，不特物质之美味变恶，消化亦因而有碍。过弱则火力不足，于美味及消化亦不适宜。而火势之强弱，尤关系于灶门空气流通之良否。流通良则火势强盛，反是则火势萎弱，因空气杜绝而火熄，即此事之实验也。且灶门之空气流通得宜，燃料亦省，诚大有利于经济也。③

1946年的一篇文章同样谈及烹饪薪柴利用之重要，摘录如下：

---

① 里平：《"做饭"课上的一段话》，《冀南教育》1946年第1卷第2期，第47页。这篇文章颇为有趣，欲窥全貌，可参看附录史料部分3.2。
② 李霞：《女子应该学习烹饪》，《玲珑图书杂志》1931年第11期，第368页。
③ 遐珍：《关于烹饪之理科谈》，《妇女杂志》1915年第5期，第8~9页。

可是烧锅总是烧不好。我一添柴火就无缘无故的熄了，浓烟一股劲儿往我眼睛里钻，挺难受的。我把柴塞满了一灶洞。我想柴多，火该愈旺，就不停手的添。结果总给母亲取走。"你看你烧的！"母亲唠叨着。

前几天，我跟一个同学炒落花生，就因为火不旺，失败了。同学笑着说："你还得学烧锅哩，要是你想做好饭的话。"可不是吗？我还得学烧锅，不然是做不好饭的。①

随着社会发展，华北地区做饭用煤的情况逐渐增多，有不少材料证明人们一直在研究如何在烹饪过程中节省煤炭。如 20 世纪 40 年代的杂志中即载有节省煤炭的窍门，称："如果家中是用煤作主要燃料，那么可以预先将煤浸于略加食盐的冷水中，则燃烧时可以耐火，这样，可以省煤一半。"② 1950 年的报刊中亦有相关记载，摘录如下：

> 怎样改造炉灶省煤：炉灶的大小按锅的尺寸来做，灶台要有一尺八寸高，炉底与锅底的距离要六寸的，烟筒要做得光滑，帽口要大，使烟容易出去。烧煤时少添煤，多拉风箱，等火不旺时再添煤，煤末倒上水再加上煤屑，这样煤末不被风箱的风吹走；烧块煤可将煤打碎再烧，每一百斤煤能节省煤二十斤。③

如何用煤炭烧出香甜可口的饭菜又不浪费粮食，这样的问题也一直受到人们的关注。1952 年的报刊中曾有人发文介绍了相关诀窍，摘录如下：

> 烧煤做饭往往串烟，糊锅，又浪费了粮食，大家又吃不饱饭。炊事员王益生同志，经过好些天研究，现在做饭不但不串烟，还没锅粑。做法是：先烧开水，将头一顿剩下的饭，铲上四五铲子，放到锅里搅开，

---

① 萧林：《吃饭与做饭》，《开明少年》1946 年第 12 期，第 66 页。
② 连生：《炊事常识》，《妇女月刊》1947 年第 4 期，第 37 页。
③ 余仁：《做饭菜的小办法》，《战友》1950 年第 48 期，第 50 页。

沉到锅底，然后再将新米下到锅里。这样每顿饭可省三斤到五斤米。[①]

其二，取暖用燃料。正如前文所述，华北地区冬季极为严寒，持续时间又较长，齐如山在分析华北地区使用火炕的情形时，也指出"而北方又冷，屋中无火，可以冻死"[②]。而民国时期关于北京、天津两城市中贫民冻死的报道常见诸报端，如1917年12月24日，报纸报道北京城中冻死三名男性[③]；1919年12月25日，报道称天津有儿童冻死在日租界[④]；1928年12月10日，报纸报道北平前门外附近发现两名男性被冻死[⑤]；1929年2月4日，北平灵境陈宅门前又冻死一人[⑥]；1930年1月7日，更有报道称"连日以来，天气奇寒冻死贫民载道"，发现尸体数量多达24具[⑦]。余不尽举。

可见华北地区取暖为必要之举措，居室之内必须生火取暖，或用火盆，或烧火炕，都要消耗大量燃料。早在历史的早期，采伐收集薪柴就是华北民众在秋冬季节的重要生计活动。而先秦时期政府大都会对民众的生产节律进行安排，《礼记·月令》称："是月也草木黄落，乃伐薪为炭。"又称"孟冬之月……命百官谨盖藏，命司徒循行积聚，无有不敛"[⑧]。即秋季要砍伐野生草木来集中烧制木炭，而初冬时分要将田地中的秸秆、根茬之物收集起来，以备冬季采暖之用。其他文献中亦有相关记载，如《淮南子》中称："春伐枯槁，夏取果蓏，秋畜蔬食，冬伐薪蒸，……昴中，则收敛蓄积，伐薪木。……所以应时修备，富国利民。"[⑨]《汉书·食货志》称："春令民毕出在野，冬则毕入于邑……入者必持薪樵，轻重相分，班白不

---

① 张松：《烧煤做饭》，《前进》1952年第302期，第3版。

② 齐如山：《华北的农村》，第12~13页。

③ 《顺天时报》第5033号，1917年12月24日，第3版。

④ 《顺天时报》第5727号，1919年12月25日，第2版。

⑤ 《顺天时报》第8840号，1928年12月10日，第7版。

⑥ 《顺天时报》第8891号，1929年2月4日，第7版。

⑦ 《顺天时报》第9110号，1930年1月7日，第7版。

⑧ （清）孙希旦集解，沈啸寰、王星贤点校《礼记集解》，第482、488页。

⑨ 何宁：《淮南子集释》卷9《主术训》，中华书局，1998，第686页。

提挈。"①

民国时期，不少人在报刊上发文讲解冬天取暖的相关事项，有人指出："现在已是冬天，天气虽然还不十分寒冷，但是那大寒大冷的冻冰天和落雪天，一刹那间就要到了，在那个时候，中等以上的人家大多数生火炉取暖，以御寒冷。"② 又有更为详细的论列，摘录如下：

> 时届隆冬，天气严寒。不要说走出门外，北风刮面，吹得皮肤干燥开裂。就是闭门坐在家里，也觉得寒冷异常。于是不得不用种种方法，使他温暖。这究竟是什么方法呢？就大略讲来，可以分为二类：一种是室内气温增高——如温水暖房、热气暖房、火炉、火盆等是。一种是发热之物，接触身体——如汤婆子、手炉、脚炉等是……再讲到火炉，有烧煤的，有烧炭的，也有用石油的。上面有烟突，火格子下面有通风口。这通风口有一小门，可以自由开闭。小门打开，燃料很费；小门关闭，燃料便省。燃料烧着，烟道生热，于是向四处发散，室内气温自然增高。不过火炉的烟突，在室内的部分，要装得长，那么，放热的部分，自然增多。至有时室内空气过于干燥，火炉上面，可放一盆水来调和他，倒也不可不知道的。③

明代以后北京城的煤炭需求量较大，民国报纸上刊载的一家名为永和煤栈的煤商的广告即声称："本号新到块煤，此乃为冬季暖屋最廉之燃料。"同一期报纸上还刊登了天宝煤栈、公兴和煤栈联合发布的"明煤大宗运到，零售批发"及立成公煤栈的"南山炉块、元煤、烟煤零整批发"的广告。④ 余不尽举。

其三，节日用燃料。如除夕的庭燎习俗盛行全国，朝堂之上有大规模的

---

① （东汉）班固：《汉书》卷 24 上《食货志上》，中华书局，1962，第 1121 页。

② 《玲珑图书杂志》1933 年第 3 卷第 42 期，第 2330 页。

③ 味蘐：《家庭取暖法》，《少年》1920 年第 2 期，第 1~4 页。

④ 《顺天时报》第 8498 号，1927 年 12 月 16 日，第 1 版。

庭燎，普通民众庭院之内也有庭燎，消耗柴薪的数量非常可观。正月十五燃放灯火时消耗的燃料数量也不在少数。据富察敦崇的记载，清代北京城中元旦"于子初后焚香接神，燃爆竹以致敬，连宵连巷，络绎不休"；正月初二"致祭财神，鞭炮甚夥，昼夜不休"；初八以后还要顺星，"初八日，黄昏之后，以纸蘸油，燃灯一百零八盏，焚香而祀之，谓之顺星。十三日至十六日，由堂奥以至大门，燃灯而照之，谓之散灯花，又谓之散小人"；正月二十五填仓，"粮商米贩致祭仓神，鞭炮最甚"；腊月二十三祭灶，"是日鞭炮极多，俗谓之小年"；除夕黄昏后"灯烛辉煌"，"及亥子之际，天光愈黑，鞭炮益紧"。[①] 而岁时节日中尤为常见的消耗品便是烟花，潘荣陛曾有较详细的描述，摘录如下：

> 烟火花炮之制，京师极尽工巧。有锦盒一具内装成数出故事者，人物像生，翎毛花草，曲尽妆颜之妙。其爆竹有双响震天雷、升高三级浪等名色。其不响不起盘旋地上者曰地老鼠，水中者曰水老鼠。又有霸王鞭、竹节花、泥筒花、金盆捞月、叠落金钱，种类纷繁，难以悉举。至于小儿顽戏者，曰小黄烟。其街头车推担负者，当面放、大梨花、千丈菊；又曰："滴滴金，梨花香，买到家中哄姑娘。"统之曰烟火。勋戚富有之家，于元夕集百巧为一架，次第传爇，通宵为乐。[②]

节日燃料消耗相关材料第一章中也有较多罗列，可参看。

其四，炫耀性消费用燃料。国人于婚礼、丧礼等场合每每有炫耀性消费，涉及宴席、装饰、节目表演等，相关环节的燃料消耗相当惊人。河北宁晋县的婚俗中有"打火把"习俗，所用燃料虽然有限，却饶有趣味，摘录如下：

> 迎亲的人到达门口，红轿放下，家里走出两个未满十二岁的男女小

---

① （清）富察敦崇：《燕京岁时记》，载《帝京岁时纪胜·燕京岁时记》合编本，第45~50页，第95页。

② （清）潘荣陛：《帝京岁时纪胜》，载《帝京岁时纪胜·燕京岁时记》合编本，第10~11页。

孩，各人掌中拿着一束麻秸，末端燃着火，男正转，女倒转，各一遭，即弃麻秸，疾走入门内，这叫做"打火把"。①

惜乎直接描述宴会场合燃料消耗的材料极为罕见，我们只能从一些间接的材料加以推测。徐珂描述了清代宴会的情形，摘录如下：

> 计酒席食品之丰俭，于烧烤席、燕菜席、鱼翅席、鱼唇席、海参席、蛏干席、三丝席各种名称之外，更以碟碗之多寡别之，曰十六碟八大八小，曰十二碟六大六小，曰八碟四大四小。碟，即古之餖饤，今以置冷荤（原注：干脯也。）、热荤（原注：亦肴也，第较置于碗中者为少。）、糖果（原注：蜜渍品。）、干果（原注：落花生、瓜子之类。）、鲜果（原注：梨、橘之类。）、碗之大者盛全鸡、全鸭、全鱼或汤、或羹，小者则煎炒，点心进二次或一次。有客各一器者，有客共一器者。大抵甜咸参半，非若肴馔之咸多甜少也。
>
> 光、宣间之筵席，有不用小碗而以大碗、大盘参合用之者，曰十大件，曰八大件。或更于进饭时加以一汤，碟亦较少，多者至十二，盖糖果皆从删也。点心仍有，或二次，或一次，则任便。②

据民国时期调查资料可知，北平清河镇附近 40 个村子中常人家结婚时男方要备办筵席 30 桌，花费大洋 75 元，占迎娶当天总耗费 141 元的 53.2%，占结婚总支出 238 元的 31.5%，而燃料消耗量显然也非常可观。③

---

① 杨翰卿：《河北宁晋县的婚嫁风俗》，载《社会研究》第 67、68、70 期，《北平晨报》1935 年 1 月 16 日、1 月 23 日、1 月 30 日，转引自李文海、夏明方、黄兴涛主编《民国时期社会调查丛编》二编《宗教民俗卷》下册，福建教育出版社，2014，第 18~19 页。

② 徐珂：《清稗类钞》第 13 册《饮食类》，第 6265 页。

③ 张折桂：《礼俗调查的尝试：燕大清河试验区——北平清河镇左近四十村》，载《社会研究》第 40、41、43、46~50 期，《北平晨报》1934 年 6 月 27 日、7 月 4 日、7 月 11 日、8 月 1 日、8 月 8 日、8 月 15 日、8 月 22 日、9 月 5 日，转引自李文海、夏明方、黄兴涛主编《民国时期社会调查丛编》二编《宗教民俗卷》上册，福建教育出版社，2014，第 459 页。

民国清河镇附近村庄的葬礼上的"烧活"也非常多。如接三时，"须糊纸马纸车各一，车夫一人，钱箱两个，抬箱者四人，每二人抬一箱。富有之家，尚糊一匹'顶马'，马上一人乘骑，跟同保护。如死者为女，则糊一牛代马"，至夜间将所有烧活在十字路口烧化。发引时，至坟地，要将灵牌、招魂幡、烧活等焚化。五七，家属到坟前烧纸，还要烧纸伞一把。六十天，要在坟前烧纸船、纸桥。周年、三周年、十周年，都要在坟前烧纸。烧活之外，更要大办宴席，耗费燃料也颇多。就当时调查资料来看，烧活开销大洋 3 元，占总开销 292 元的 1% 强，厨夫及茶房开销 10 元，占比 3.4%，筵席 100 桌开销100 元，占比 34.2%；灯火、茶叶及其他 30 元，占比 10.3%。[1] 更多相关材料已收入第一章，可以参看。

其五，传统信仰与改善居住环境方面的燃料消耗。较重要的活动是敬神与祭祖，对居室进行熏香，以及驱除蚊虫，均要消耗大量香烛。其中用量最大的是祭祀所用香烛。如民国时期北平西郊挂甲屯"村民除极贫之家庭外，对于一年中之三大节日莫不尽力庆祝，最重要者为新年，中秋节与端阳节次之。费用中之大部分为肉面等食物，其次为祭神之应用物品"，祭神所用之大宗则为香烛、纸钱等物，"除年节外大多数的家庭对于灶王、财神等在每月初一与十五两日内烧香数根或数股不等"，"每家在清明节多半为祖先焚烧纸箔。100 家中有宗教费者 71 家，全年共计 77 元，平均每家 1 元，内有纸箔费三分之一"。而黑山扈村等处的 64 家中也大都"要向信仰之神焚香，对过去之祖先烧纸"，"有宗教费用者计 51 家，全年共用 52 元，平均每家 1 元"[2]。可见敬神、祭祖所耗费燃料之众多。富察敦崇曾描述京西妙峰山碧霞元君庙香火之盛，摘录如下：

> 妙峰山碧霞元君庙在京城西北八十余里。山路四十余里，共

---

[1] 张折桂：《礼俗调查的尝试：燕大清河试验区——北平清河镇左近四十村》，第 465~468 页。

[2] 李景汉：《北平郊外之乡村家庭》，载《社会研究丛刊》第三种，商务印书馆，1929，转引自李文海、夏明方、黄兴涛主编《民国时期社会调查丛编》一编《乡村社会卷》，福建教育出版社，2014，第 489、522 页。

一百三十余里。地属昌平。每届四月，自初一日开庙半月，香火极盛。凡开山以前有雨者谓之净山雨。庙在万山中，孤峰矗立，盘旋而上，势如绕螺。前可践后者之顶，后可见前者之足。自始迄终，继昼以夜，人无停趾，香无断烟。奇观哉！……近日之最称繁盛者，莫如北安合。人烟辐辏，车马喧阗，夜间灯火之繁，灿如列宿。以各路之人计之，共约有数十万。以金钱计之，亦约有数十万。香火之盛，实可甲于天下矣。[①]

老北京城中，香烛业颇为旺盛。全面抗战爆发前，共有 57 家香烛店，14 家造香工厂，8 家造烛工厂，从业人员达 600 余人。香的种类颇多，民国杂志中有详细描述，摘录如下：

> 香之种类有长寿香，有大锭香，有线香，有高香，特为祭祀所用之长香，有三通香，专为丧事所用，有安息香，有香水香，有什锦宫饼，皆为熏房屋之用。宫饼旧为皇室及各王府所专用，名曰上用品。有降香、檀香、芸香、福寿香，为香炉香鼎内所用之香末、香钉。有雄黄长香，有雄黄盘香，为夏季熏蚊所用。又有万寿香，燃时灰缠香身，其形似蔓，至终不落，故以万寿名。[②]

民国时期还专门征收香烛税，专职机构为香烛税总局，相关章程中规定："凡沉檀、速降，及以手工制成线香、盘香、棒香、末香、蜡烛，供祭祀斋奠之用者，均应依照本章程之规定完纳香烛税"，"香烛税率按照各该物品市价估价，征收百分之十五"。[③] 关于香烛的消耗量，具体的数字难以查考，可以借民国时期北平城中香烛厂的产量来窥其一斑。如南万兴香厂一年生产高香 13 万股，锭香 15 万股，线香 2 万，雄黄香 3 万；又如瑞兴香厂一年生产高香 13 万股，锭香 15 万股，线香 3 万，蚊香 1.5 万；再如万兴香厂，一年生产高

---

① （清）富察敦崇：《燕京岁时记》，载《帝京岁时纪胜·燕京岁时记》合编本，第 62~63 页。

② 空谷：《北平的手工业——香烛》，《工业月刊》1948 年第 8 期，第 21 页。

③ 《财政部香烛税总局暂行组织规程》《财政部征收香烛税暂行征收章程》，《国民政府公报》1944 年第 710 期，第 9、10 页。

香 20 万束，锭香 2.5 万束，线香 3 万束。相关产品均主要本地销售，少数销往山东。[①] 北平一地的少数香厂产量已如此可观，则整个华北地区的产销规模之大可想而知。

二　个体一生中的燃料消耗情况

关于古代都市中人均年消耗薪柴的数量，不少史料中记述了古人的估测值。明人编纂的多种兵书在论述守城所需物资时，大都认定每人每天需要消耗 5 斤薪柴。明代 1 斤约当公制 596.82 克，按这一数值估算，则每人每年当消耗薪柴 1.09 吨，似乎太高了。龚胜生、许惠民等人进行了估测，他们均认为约为 0.5 吨。[②] 而笔者曾在河北若干地区进行实地调查，发现在前工业化时代农村一个五口之家的年柴炭需求约为 3000 斤，折合人均每年 0.3 吨。笔者拟取上述两个数值的中间值 0.4 吨，据此估测古代华北地区的薪柴消耗情况。20 世纪 30 年代日本人在对察哈尔省进行调查时发现，当地的农民每人平均"每日 2 斤至 3 斤柴草作为燃料"[③]，则当地民众每人每年消耗柴草数量在 730 斤到 1095 斤之间，可见 0.4 吨的估测值是比较合理的。

要估测个体一生中燃料的消耗情况，还需要了解古人的平均寿命。学者们大都会强调随着时间推移人均寿命不断增长，而对乱世与治世的差异则往往会选择性忽视。笔者以为，乱世之中平均寿命可能下降到 30 岁左右，而治世之中却可能达到 60 岁以上。

以唐代为例，冻国栋依据《千唐志斋藏石》中收录的上千份墓志铭对人口平均寿命进行了统计，得出男性为 58.96 岁，女性为 52.74 岁，加以修正后的男女志主平均寿命约 50 岁。[④]

---

① 空谷：《北平的手工业——香烛》，《工业月刊》1948 年第 8 期，第 21 页。

② 许惠民、黄淳：《北宋时期开封的燃料问题——宋代能源问题研究之二》，《云南社会科学》1988 年第 6 期。龚胜生：《唐长安城薪炭供销的初步研究》，《中国历史地理论丛》1991 年第 3 辑；龚胜生：《元明清时期北京城燃料供销系统研究》，《中国历史地理论丛》1995 年第 1 辑。

③ 近藤浩：《察哈尔省资源调查队张家口班报告书第一部一般经济》，1935 年 10 月，载刘义强等编译《满铁调查》（第一辑），中国社会科学出版社，2015，第 641 页。

④ 冻国栋：《中国人口史》第 2 卷《隋唐五代时期》，复旦大学出版社，2002，第 485~501 页。

再以明代为例，曹树基也在研究了大量墓志铭资料后指出志主平均寿命为：北平地区 63.2 岁，河南 64.3 岁，山东 63.6 岁，而整个北方地区的平均寿命为 63.7 岁。[①]

虽然以上统计出来的只能反映社会中上层人士的情况，一般贫民的情况或当有所差异，但整体的平均寿命也不至于低得太多。

下面即以乱世人均寿命 30 岁计，治世人均寿命 50 岁计，人均年消耗量 0.4 吨，个体一生中正常的生活消耗薪柴量，在乱世平均当为 12 吨，在治世则为 20 吨。正常消耗之外，还应计入额外消耗，大都是些炫耀性消费事项，如出生后的满月、百天、周岁等庆典，结婚时的大宴宾客，年老时的寿辰庆典，死亡后的葬礼，这些都要消耗大量的薪柴。

要之，每个人一生中日常生活需求之外额外的燃料消耗量也是非常巨大的。具体的数字已经无从得知了，笔者在家乡访问一些老人时得知，每一重大宴会都需要消耗数百斤乃至上千斤的薪柴。而普通民众自出生到死亡，围绕自身而举办的大型宴会当有七八次乃至更多。今若估计战乱时代每人一生中的平均额外耗柴量为 1 吨，和平年代为 2 吨，应当是相当保守了。

两相合计，则每一个体一生中消耗的薪柴量，乱世当在 13 吨以上，而治世当在 22 吨以上。

1 吨木柴平均折原木 1.46 立方米，则乱世与治世平均每个人一生中要消耗的燃料折合原木分别为 18.98 立方米和 32.12 立方米。又当代林业研究证明，每公顷灌木林可生产薪炭 10~20 吨，而阔叶矮林为 10~20 立方米。[②] 则乱世平均每个人消耗的燃料分别需要 0.65~1.3 公顷灌木林或 0.949~1.898 公顷阔叶矮林来提供，而治世平均每个人消耗的燃料分别需要 1.1~2.2 公顷灌木林或 1.606~3.212 公顷阔叶矮林来提供。

三　普通家庭的燃料需求量分析

就古代农村的生计模式来看，考究燃料对环境的影响时更具实际意义的

---

① 　曹树基:《中国人口史》第 4 卷《明时期》，复旦大学出版社，2000，第 398~399 页。

② 　中国农业百科全书编辑部编《中国农业百科全书·林业卷》下册，中国农业出版社，1989。

还是家庭用薪柴量。这是因为，正常情况下，每个具体的个人都不是单独存在的，而是要被组织到各自所属的家庭中去安排生计，而薪炭的使用也从来都不是以个人为单位的，都是围绕家庭展开的。以家庭为单位集中采集、管理、利用薪柴并安排炊事与取暖，可以得薪炭的利用效率显著提高。

在所有的家庭类型中，又以五口之家的燃料消耗量更具代表性。一则是因为传统时代核心家庭中占绝大多数的是五口之家，二则是因为五口之家的燃料利用效率相对理想。人口很少的家庭（包括极端情形下的鳏寡孤独）在饮食加工、居室采暖等方面所消耗的燃料数量较之于五口之家并不会有太大差别，其热量利用效率不高。人口多过五人，燃料消耗量又会显著增加。

今据上文分析每人每年消耗薪柴 0.4 吨，一个五口之家即为 2 吨。此数值即为传统时代多数家庭一年的燃料消耗情况。

如前所述，1 吨木柴平均折原木 1.46 立方米，每公顷灌木林可生产薪炭 10~20 吨，而阔叶矮林为 10~20 立方米。则可进而推算出每年每个家庭所消耗的薪柴相当 2.92 立方米原木，则一个家庭要满足其薪炭需要，每年要砍伐 0.1~0.2 公顷的灌木林，或者 0.146~0.292 公顷的阔叶矮林，数量还是较为惊人的。实际生活中，薪柴并非全部取自树木，还有相当一部分采自野生草本植物，则影响所及的野生植被面积当更大。一个家庭如此，数十上百个家庭组成的聚落的薪炭需求对其周边环境的影响更为巨大。

以上数据只是对唐宋以来家庭燃料消耗情况大致的简单化的估测，真实的情形会因时代、地域和家庭不同而有较大的差别，不可一概而论。随着时代的推移，家庭用柴的数量也在不断地变化，燃料的结构也有显著的变化，这也是环境与资源变化后人们的因应措施。

第三节 军队的燃料消耗

一 华北驻军与其对燃料状况的影响

自古至今，和平时期军队占总人口的比例都是非常小的，即使战乱割据时期，军队相对总人口的份额虽有提升却依然比较小。就全国而言，总人口消耗的燃料中军队消耗所占比例是微不足道的。但是，历史上军队从来不是均匀分布的，而是呈现出相对集中的特点，军队的燃料消耗对局部地区的燃料状况的影响不容忽视。

在历史上，大河以北的地区始终是军事纷争的重要区域，故而也一直是军队集中的区域。战国时期，赵、燕、中山据河北称雄，魏国和齐国的疆域也有较大部分突出到河北，诸国兵员都多达数十万，其时华北军队总量极为可观当无疑问。自两汉至南北朝，河北为争雄天下的根本之地，刘邦与项羽争持多年，赖韩信击灭代、赵、燕、齐始扭转被动局面。刘秀帝业自渡河北上方才奠定，击败王郎、收纳铜马后方可傲视群雄。袁绍、曹操、石勒、慕容儁、高欢等人都以河北为图霸天下的根据地。唐高宗以后，由于契丹等部族构成了巨大的军事威胁，唐政府不得不在河北布置重兵，安禄山执掌三镇兵权，倒戈内向，欲图唐之神器，终结了大唐盛世。唐中后期河朔三镇兵力傲视天下，常为唐室心腹之患。宋代失去了幽云十六州的屏障，华北边防压力尤为巨大，常年与辽相持于雄州、霸州一线，又努力打造北京大名府、真定、定州等军事堡垒，河北地区驻军规模较大。顾祖禹对此有精辟的评价："守关中，守河北，乃所以守河南也。自古及今，河南之祸，中于关中者什之七，中于河北者什之九"[1]，诚非虚言。

金元以后，除明初的 52 年（1368~1420）外，北京一直为都城，北京周边地区的驻军人数远较历史早期为多，而华北地区一如唐宋以前的关中与河南，成为政治腹里，政治与军事意义都大大提高，驻军人数比宋以前明显提高。

据曹树基统计，明永乐年间（1403~1424）北京城内的军籍人口即高达47 万人[2]，约占当时北京城内总人口的近 5/7，而军队及军人家属对北京城的燃料供求的影响之大可想而知。随着北京都城地位的确立，明朝大幅度收缩了正北和东北方向的防线，军队向北京周边集中。[3] 在北方共设立了九个军

---

[1] （清）顾祖禹著，贺次君、施和金点校《读史方舆纪要》卷46 "读史方舆纪要序"，中华书局，2005，第 2083 页。

[2] 曹树基：《中国人口史》第 4 卷《明时期》，第 285 页。

[3] 可参看〔美〕牟复礼、〔英〕崔瑞德主编《剑桥中国明代史》上册，张书生等译，中国社会科学出版社，1992，第 221 页。

镇，由东至西依序为辽东镇、蓟镇、宣府镇、大同镇、太原镇、延绥镇、陕西镇、宁夏镇、甘肃镇，每镇驻扎的军队之规模都较为可观，其中位于华北的蓟、宣府两镇更是京师之门户，地位极为重要。据吴晗研究，明前期九边驻军总数接近 90 万人，其后历代各有增减，至万历年间（1573~1620）驻军规模约为 68 万人。[①] 即使不论各镇地位之差异，按照各镇人数相近来平均，华北的北部长期保持的驻军规模大约也有 14 万 ~20 万人。

华北其他区域的驻军数量也颇多，曹树基指出，洪武二十四年（1391）北平地区的军籍总数约为 22.2 万人，永乐年间猛增至 120 万人，而弘治年间（1488~1505）北直隶军籍人口总数约为 144 万人。[②] 若再计入河南省三府与山东省两府，弘治年间的军籍人口数量无疑将超过 160 万人。当然，这是军籍人口总数，实际士卒数目要少很多，但总量仍极为巨大。据曹树基的统计结果，洪武年间华北地区军籍人口情况如表 3.9 所示。

表 3.9　洪武二十四年华北地区分府军籍人口情况

	北平	永平	河间	保定	真定	顺德	广平	大名	济南	东昌	彰德	卫辉	怀庆
军籍人口（万人）	22.2	3.3	0	0	1.7	0	0	0	2.5	1.7	1.7	1.7	1.7

备注：济南府军籍人口总数为 5 万人，表中取其一半计入华北地区。十三府合计军人 36.5 万人。

据弘治年间的军籍人口数量来估算，每人每年消耗薪柴 0.4 吨，则其时华北地区军人及其家属一年用柴可达 64 万吨以上，据前文分析可知，每公顷灌木林可提供 10~20 吨木柴，1 平方千米合 100 公顷，则每年仅军籍人口就需要采伐至少 320 平方千米的灌木林来获取生活必需的薪柴。明代华北地区林木植被已然非常稀少，而军籍人口又往往集中分布在若干点上，军队集中区域的薪柴供应紧张程度之重，环境面临压力之大，可想而知。

清代军队员额虽较明代有所减少，但北京周边以及华北其余地区的总兵

---

① 吴晗：《明代的军兵》，载氏著《读史札记》，生活·读书·新知三联书店，1956，第 103 页。

② 曹树基：《中国人口史》第 4 卷《明时期》，第 224 页。

力恐亦不下 20 万人之众，他们的薪柴需求也是极为可观的。

总之，历代驻扎于华北的军队规模都极为巨大，而元、明、清三代定都北京进一步提高了华北的政治军事地位，华北驻军进一步大幅度增多，此亦为晚近时代华北地区燃料供应压力较大的重要原因之一。军队大都集中于少数有战略意义的关隘城池，他们获取薪柴对驻地环境所造成的冲击是非常巨大的，林木大多遭到严重破坏，而历代政府都曾倡导在沿边地区进行植树造林。

二 军队的薪柴樵采流程及人们对军队薪柴供应的重视

虽有政府直接为军队提供燃料的情形，但并不常见，一般情况都是由士兵自己樵采来获取所需薪柴，战时更是如此。士兵樵采有较为严格的流程，既要确保工作有条不紊地高效进行，又要考虑到营房的安全，避免敌方冒充樵采归来士兵混入营房。军营一般是每三天集中樵采一次，樵采当天的早饭过后，中军在时至巳时（上午九点整）发出号令并悬挂"樵"字旗，士兵们由队长率领离营砍伐薪柴，一般劳作两个时辰。搬运薪柴返回后，需在营外集合并通禀中军，核验身份和人数无误后，中军吹响号角两遍后方准许入营，但只准从东西两侧的营门鱼贯而入，其余营门禁止通行。①

明代边境斥候外出侦探信息时，"每出关半月始得归去"，昼伏夜行，自行解决燃料问题，"归则砍柴一束，可备晨炊而已"。有些斥候还会专门结识"熟夷"，通过他们来侦测境外游牧部落的动向。拉拢"熟夷"，需要耗费材木与燃料，"每年大放军士伐木二次，以偿其费"。②

虽然对于樵采薪柴有严格的规程，但要在行军过程中获取薪柴仍面临许多难题。古代行军速度一般为每天三十里，"以养精力待樵爨"。但生火做饭却面临若干困难，而燃料的不易获取影响最大。当士兵人数较多时，薪柴问题便非常突出，"万人之薪岂能见在"，倘若行军适逢春夏季节，草木含水量

---

① 参见（明）戚继光著，盛冬铃点校《纪效新书》卷7《行营野营军令禁约篇·扎野营说》，中华书局，1996，第66页。

② （明）曹学佺：《石仓文稿》卷3《游蓟门记》，明万历刻本。

极多，采伐后难以生火。倘若行进于产煤区域，不易获取薪柴，可行军炉灶又不适宜使用煤炭，士兵炊爨也会非常困难。甚而由燃料问题引发军纪败坏，"抢柴草或拆人房屋，毁人器皿以供燎爨"的情形并不罕见。①

不管是驻军城中还是屯兵野外，军队的薪柴需求量都极为可观，明代的配给情况为每名士卒每天薪柴五斤。军营中储备相关物资时，"分二三十处顿放"，为了降低管理成本且避免士兵冒领，一般是四人每三天领取十人的份额。自唐以后，士兵一般为十人一火，每火又以五人为一组，轮流外出樵采薪柴。为了方便获取薪柴，一般是在靠近市场的地方驻扎，"非三五千家之市不可结万军之营"。主将选择营地时，标准为"有薪、有水、有食、有宿、有投、有奔之处"，而"有薪"居首位，如果违背相关标准，"其将当诛"。②

而战时守城时燃料储备也极其重要，煤炭与薪柴的供应没有保障，城池的防卫将不战而溃，明代兵家对此格外重视，在他们列出的清单中，煤炭或柴的位置仅次于米。他们认为每人每天需要有五斤煤炭或五斤薪柴的燃料配额，并给出了府、州县应该保有的战略物资储备数额，其中燃料的数额为一个府 20 万斤煤炭，较大州县 10 万斤煤炭，较小州县 5 万斤煤炭，如果无煤而用柴，数额相同。倘不能达到储备标准，"皆苟且之政，待命于天，幸免于敌者也"。③

古人的战术中还有冬季在河上烧柴生火防止结冰从而阻滞敌军渡河之事，金迁都汴梁后，黄河成为抵御蒙古人南侵的最有力屏障，为防止蒙古人踏冰过河进攻河南，便采取了这一战术："社稷所系惟在于河，故集其百战之兵，尽其死力，如山不退。每岁之冬，运柴取草堆积河岸，昼夜燃烧，以防河冰之合。其坚忍劳苦如此，虽中原之人不能也，况南兵乎！"④

由于军队樵采薪柴颇为艰难，士兵常为此背负沉重的负担。军官为了获

---

① （明）吕坤：《实政录》卷 8《督抚约·计兵费》，明万历二十六年赵文炳刻本。

② （明）吕坤：《实政录》卷 8《督抚约·计兵费》。

③ （明）吕坤：《实政录》卷 9《督抚约》。另见（明）范景文《战守全书》卷 11《守部》；（明）韩霖《慎守要录》卷 4，清海山仙馆丛书本；（明）茅元仪《武备志》卷 111《军资乘守》，明天启刻本；（明）钱栴《城守筹略》卷 2《闻警设备》。

④ （宋）吴潜：《履斋遗稿》卷 4，清钞本。

取私利，常擅自役使士兵为其砍伐薪柴。明代霍韬即曾在奏疏中指出了相关情形，并提出应当予以遏制，他认为：

> 禁例开载，私役军士，其法甚严。今管军官有公然役占军士于私家者矣，有役之日办柴草供私家者矣，有折纳柴草逼出银钱因致之死者矣，有军初补伍不多得银钱不与收粮者矣。穷苦万状，惟军士为甚。所以致此何也？旧制内则公侯列文臣之上，外则都司列布按两司之上。待之隆者责之备也，不惟兵部慎选其人。虽其人亦思自慎，必清忠材勇者乃敢居其职，不然敢偃然居两司之上乎！①

在明代，北方游牧部族投诚后，按例需发放赏钱，而政府提供的经费有限，将领不得不另谋财路，于是常有强迫士卒采伐薪炭拿到市场上销售来获得相关钱物，士卒及其家属不堪重负，戚继光曾详细描述了蓟镇的相关情形：

> 蓟镇之有属夷，国初恃为藩篱，今仍藉为耳目，故岁有赏予，以示羁縻。然抚赏钱粮有限，犬羊请乞无穷。部落日增，岁费日广，于是帑银不足扣其月粮，月粮不足继以樵采，甚至正军不足连及余丁，余丁不足编及妻室。计日收柴计丁纳银，剜肉补疮，剥骨见髓，则军不胜苦而逃毙愈繁矣。②

三　烽火台用薪柴情形

烽火台兼具及早发现敌情和迅速传递信息的功效，可以最大限度确保边境地区之军事安全，在冷兵器时代发挥着重要的作用。自唐代开始，即已形成严密的系统的管理制度。烽火台上需常年囤积大量不同种类的薪柴，以满足各种不同的用途。发现敌人有异动，固然需要通过燃烧薪柴起烟火以通声

---

① （明）霍韬：《天戒疏》，载（明）陈子龙《明经世文编》卷186，明崇祯平露堂刻本。
② （明）戚祚国：《戚少保年谱耆编》卷10《议抚赏》，清道光刻本。

息；没有敌人来犯时，还需燃放专门的平安火。故而设置烽火台之处，每天都要消耗相当数量的燃料。

关于烽火台群的空间布列，一般要求每三十里设置一处，大都设在高且险要的山岭上，既便于瞭望，又便于防范敌人的偷袭。但若受到地形限制，有悬崖峭壁或其他不利地形时，则不必拘泥三十里的规定，只要两处可以烽火相望即可。在边防前线，烽火台的周边还要修筑防御性的城墙。

唐宋时期的烽火台一般高五丈，整体呈圆台状，底部直径三丈，顶部直径一丈。台上另建遮蔽风雨的圆屋，屋底直径为一丈六尺，边缘任意一点都超出台顶三尺，台顶安置放烟的土筒与放火的火炬。土筒多为四口，烟筒高一丈五尺，要用泥涂抹好，筒口用没底儿的瓦盆覆盖。以防漏烟，土筒里经常放置缓慢燃烧的羊粪，以保证随时可以起火。周围挖深沟以作隔离带，防止发生火灾。放烟所需物事除薪柴外，还有立秋之前采集的艾蒿茎叶、苇条草节、麻蕴、火钻、狼粪等。火炬又分两种，应火炬长八尺，橛上火炬长五尺并二尺围。一般都用容易起火的干苇制成，外表再用干草节绑缚，再在绑扎处插上一圈含油较多的木棍树枝。相应的燃料都要妥善保管，防止被雨淋湿。[1]

燃放时，白天放烟，夜间放火。遇大雾天气，无法瞭望烟火，则需要派人传递信息。唐代的燃放准则是，敌人在 50~500 人时，燃放一炬；在 500~3000 人时，燃放两炬；3000~10000 人时，燃放三炬；10000 人以上，燃放四炬。一炬时，只需报至州、县、镇，两炬及以上均须报至中央。敌退后，燃一炬报平安。报告敌人进犯时，点火三次并熄灭三次以为信号；报平安时，点火两次并熄灭两次以为信号。宋代的燃放规则稍有不同，"每昼夜平安，举一烽；闻警鼓，举二火；见烟尘举三火；见贼，烧笼柴"[2]。

明人习惯将烽火台称为墩台，地方镇守将领及朝廷对墩台薪柴储备极为重视，永乐十年（1412）七月，武安侯郑亨曾接到敕书，被要求整修墩台，

---

① 参见（唐）李筌《神机制敌太白阴经》卷 5《烽燧台篇第四十六》，中华书局，1985，第 107~108 页。

② 以上论述主要依据（宋）曾公亮《武经总要》前集卷 5《烽火》，中华书局，1959，第 20~24 页。

增高并加厚墩墙，而柴薪要求有五个月的储备。到景泰三年（1452）四月，墩台管理废弛，独石都督孙安奏请各地至少应保有一个月的柴薪储备。[①]

可见其时仅守墩士兵即往往需要预备一个月以上甚至多达五个月的燃料，至于墩台之上具体的燃料品种与数量，《武备志》中记载了当时的标准配置：

> 墩一座，小房一间，床板一副，锅灶各一口，水缸一个，碗五个，碟五个，米一石，盐菜种火粪五担，种火一盘。草架三座，每架务高一丈五尺，方四面俱一丈，离地五尺高，用木横阁，使草柴不着地，不为雨湿所浥。上用稻草苫盖如屋形。墩法，举狼烟。南方狼粪既少，烟火失制，拱把之草火燃不久，十里之外岂能目视！且遇阴霾昼晦，何以瞭望？故必用立此大茅屋，积草柴既多，火势大而且久，庶邻墩相望可见。其屋下草柴务相均停，一层柴一层草，填实盈满。以上俱军采办大铳三口（原注：盏口、直口、碗口、缨子皆可），白旗一面，黑旗一面，灯笼三盏（原注：白纸糊，务要粗，径一尺五寸，长三尺），大木梆一架（原注：长五尺，内空六寸深，要性响体坚之木）旗杆二根，立于墩上，左右旗绳二副，发火干稻草三百束（原注：每草架一座一百束，三座共三百束），火绳三条，火镰、火石一副。[②]

一个墩台即需储存发火 300 束草柴，若此为一个月的战略储备，则全年约需 3600 束草柴。据明人记载，每束草柴为 15 斤。[③] 则一个墩台一年仅草柴的消耗量可能即达 54000 斤。明代 1 斤合公制 596.82 克，则一年消耗掉的草柴约合公制 32.23 吨，相当于 80 个人一年的燃料需求量！这还不包括木柴等其他燃料的储备量。

稍可注意的是，除专门的墩台外，城堡、敌台等防御工事也都配有燃放

---

① （明）叶盛：《水东日记》卷 27，清康熙刻本。
② （明）茅元仪：《武备志》卷 110《军资乘守》。
③ （明）申时行等：《大明会典》卷 25《户部十二·草料》，第 435 页下。

烽火的楼台。明代华北北部的相关设施究竟有多少，已无从查考。隆庆四年（1570）仅宣府守将整修过的辖境内之城堡、关厢、村寨、墩台、壕堑等即多达 183 处，而其总数则不知凡几。[①] 明人有较粗略的记载，摘引如下：

> 蓟镇坡堡三百八十五座，空心敌台一千二百四十座。
>
> 昌平坡堡二十八座，空心敌台、守边墩台约三百余座。万历初增筑渌河以东、居庸以西及松棚诸台二百座。曹家寨将军台地跨山，横筑内城，守以七台。
>
> 辽东城堡二百七十九座，空心敌台、边腹敌台、墩台二千八百余座。隆庆间置造各城堡四面悬楼十数座，万历初造空心敌台，两座之间砖与乱石为墙，台墙相连，以便固守，改建定边右卫于凤凰镇，移卫治仓学于宽奠堡。
>
> 保定边城一百三十一座，城堡十六座，空心敌台、旧敌台共一千余座。嘉靖间倒马、龙泉故关等处增置敌台，使烽火相望。万历初，马水口、紫荆、倒马等关建空心敌台三百五十六座。
>
> 宣府嘉靖中今自东路起四海冶镇南墩，西至永宁尽界，北路起滴水崖而北而东而南至龙门城尽界，为边几七百里。创修石墙，添设墩台。又自四海冶迤南渤海所迤北建墩防守。隆庆间宣大挑修边濠，盖造营房，砌独石、马营二城。又北路龙门所自盘道墩起迤靖胡堡大衙口止，建设外边一道，益以墩台。东北一路有径道互相应援，且拓地百里以自屯牧，见存城堡七十一座。[②]

保守估计，华北北部烽火台总数可能多达数千座，常年需储备和消耗的柴草数量显然极为巨大。而终明之世，明军与蒙古军队不断进行军事交锋，土木之变与庚戌之变而外，规模较小的冲突更是无年无月无之，故而用来传递信息的烽火所消耗掉的薪柴数量极为可观。

---

① （明）杨博：《本兵疏议》卷 23《覆宣大总督尚书王崇古议修边政疏》，明万历十四年刻本。

② （明）张萱：《西园闻见录》卷 61《兵部十》，民国哈佛燕京学社印本。

四　守城照明需求

自从有了城市，围绕城市攻防就成为人类军事活动最重要的组成部分，古今中外尽皆如此。冷兵器时代，攻城军队常采用的极具威胁性的策略就是在夜间发起偷袭。相应地，对于守方而言，及早透过夜幕发现敌人的行踪就成为制胜的关键所在。所以，古代的军事谋略家都高度重视城池的照明设施。

战时的城内街道需要保持较好的照明条件，防范潜入城内的敌方人员进行破坏活动。如杜佑即认为"脂油炬，于城中四衢、要路、门下，晨夜不得绝明，用备非常"①，而曾公亮也特别强调"衢巷通夜张灯烛，察奸人出入与军士之私相过从者"②，《行军须知》亦称"多设照城灯笼，防夜后有贼凿城以黑暗处垂索，求入城中放火乱军"③。

尤为重要的则是城上之照明，以便在城外敌军突然行动时及早发现并采取应对措施。多数现代人或许会认为，灯火应置于城头。其实，照明的灯火如果安置在城上，不但无法看到远处之敌军，守城军士还会变为敌方的活靶子。古人对此有非常清楚的认识，早就注意到城池的半腰处是安置照明灯盏最理想的位置。唐顺之即指出"守城慎勿燃灯城上以自照，宜悬于城外半腰以照人"。吕坤在其《救命书》中亦称：

> 夜间城上灯笼万不可无，但悬之垛口是我在城上不能看暗处之贼，贼在城下却能见明处之我。只可用油纸悬灯绲于城下离城外地下八尺，以观贼之远近。乘城要法：贼在城外，每夜五垛口用绳悬灯笼一个于城墙上半，离城下地一丈，垛口上切不可用灯火，只藏在窝铺中，盖要我

---

① （唐）杜佑：《通典》卷 152《兵五》，第 3897 页。
② （宋）曾公亮：《武经总要》前集卷 12，第 64 页。
③ （明）范景文：《战守全书》卷 13《守部》。又载（明）茅元仪《武备志》卷 111《军资乘守》。
　　（明）王鸣鹤：《登坛必究》卷 8，"贼"后多"人"字，清刻本。

见贼，贼不见我城上人。[①]

赵炳然在《守堡论》中也指出悬灯之重要性：

> 谨夜照。贼在堡外，遇夜黑时，每五垛口悬灯笼一个于堡墙之半，离地一丈，使下明我能见贼，上暗贼不能见我。垛口上切不可用灯火，只藏于窝铺。[②]

战争进行过程中，大风、雨雪天气都会给守城一方的照明造成诸多不便，而攻城一方更喜欢在这样的天气里发起夜袭。所以守城方就需要提高相关的技术，改进悬挂方法，增强光亮强度和防雨防风性能。古人对此也有较深刻的认识，增加光照强度可以采用特殊的灯绳，加特制的灯盖以防雨雪，压瓦片以防风，唐爱有较详细的记载：

> 每垛一灯，三垛悬一灯落地，用新油绳者方明亮。灯上用一油绳盖以防雨，盖上仍压一小瓦片以防风，若蓖箬蓬盖尤佳。每灯置一挑竿索悬城下，离城外地七尺。庶使贼抵城下，我能照见；我瞭垛口，贼不见我。换烛只轮更之人司之，不许误事。然悬索宜细，止胜一灯，庶贼不能扳跻上城。若官府给烛，五人轮管。使兵夫自备，恐旷日持久所费不给，未免误事。官给为便，不当靳小费可也。[③]

关于灯火的种类，有用油灯者，上引唐爱所述即是。有用芦苇、柳柴、桦树者，如曾公亮指出"贼夜围城……于城半腹每十步系一灯笼，又束芦苇为棹，插以松明桦皮，可用照城上城下，以铁索缒之"[④]。有用蜡烛者，如

---

① （明）范景文：《战守全书》卷14《守部·备灯火》。

② （明）范景文：《战守全书》卷14《守部·备灯火》。

③ （明）范景文：《战守全书》卷14《守部·备灯火》。

④ （宋）曾公亮：《武经总要》前集卷12，第65~66页。

《苏州守城条约》中即称："蜡烛每夜二万七百九十枝，连六门城楼用，通计三万枝，以一月计之九十万枝，通计银一百一十两。"[1] 而兵家心目中最佳的照明原材料是松明，因为其光强极大且燃烧稳定持久，照明效果远胜油灯与蜡烛，资费却又较少，杜佑即称"松明以铁镍锤下巡城照，恐敌人夜中乘城而上。夜中城外每三十步悬大灯于城半腹"[2]。古人对此还有较多论列，范景文已然加以汇总，摘录如下：

> 罗拱宸曰："至于夜间守城用灯烛，所费甚多，且皆高悬于垛上，是使贼得以视我，我不便视贼，其利在彼矣，甚非所宜。为今之计，应造铁火球，中燃松柴，价比橘烛相去倍蓰。况火光散阔极远，比灯火相去千万。每垛口二十个三十个止该用火球一枝，挑出垛外，坠于城半，则火光在下，我视在上，不悖其光，我得以见贼，而贼不能见我，其利在我矣。"
>
> 《登坛必究》云："一有铁架烧松节者从便，每一架准灯一盏。"
>
> 《虎铃经》云："松明炬以松木为之，烧令明，直坠下随城照之，恐敌人乘暗上城。"
>
> 谭纶曰："守城用烛不如用松明，一松明可代十灯。"[3]

除悬灯烛松明于城池半腰照明外，还有将薪柴火炬投掷于墙下的做法，既可拒敌，兼可照明，戚继光即介绍了这种夜战术，他指出：

> 又与虏接遇，夜未宜燃火障间，反使虏明我暗。必素具草束长三四尺，两头燃之，掷诸垣脚，或令濠墙内人举火，则我明虏暗矣。
>
> 夜战灯火悬外半城间，缚燕尾炬投下燔贼，并用为照，城上不可张

---

① （明）范景文：《战守全书》卷14《守部·备灯火》。

② （唐）杜佑：《通典》卷152《兵五》，第3896页。又见（明）范景文《战守全书》卷14《守部》。

③ 以上俱出自（明）范景文《战守全书》卷14《守部·悬灯制》。

灯烛。①

因为照明在守城过程中极为重要，所以战时的照明要消耗掉大量的燃料，这些都需要民众置办，是一项极为沉重的负担。戚继光记载了守城时照明器具的数量及摊派方法，称："垛口二个，其派过该守本垛一人，不拘几丁，共出灯笼一盏，其应车灯、绳杆、灯底、坠石、雨单俱照图式。"② 可见守城之人要提供灯盏相关所有器具，而其样式还有严格要求。前引《苏州守城条约》中记载守城时一月需耗蜡烛九十万支，所需成本或许未必直接征发自民间，却也必然间接由民众承担，该条约中还提到：

> 每三垛备明灯一碗，灯架先置城垛外照城，足其灯。每一保长给与二十三碗，每日着一县佐次第分派本日一夜之灯与保长，每保长派好烛一百九十八枝，任其分散丁夫，以备一夜之用。若保长有弊，许丁夫口告，罚烛一枝。③

由于照明用材极为重要，古代军事谋略家一再强调，要在城市攻防战开始前做好相关物资的储备工作。摘引两条：

> 《苏州守城条约》：贼临城下，缺乏烛油，必无处置。查各城门外一应油行及出饭铺家，仰总甲于有警之日押民依期搬运菜油、豆油、柏油、桐油、白蜡等项入城，听从开铺交易。如有公用，照时价将银见买，如不依期搬运，专督官挨查连总甲枷号问罪，其油入官。
>
> 《守城鄙见》：预令有司多备油烛，以防久困，至若竹缆、草把，各铺该当备积，令人掌之，以防夜战也。仍预简较备用之物各为部分，使

---

① （明）范景文：《战守全书》卷14《守部·备灯火》。
② （明）戚继光著，盛冬铃点校《纪效新书》卷17《派守城规则》，第219~220页。戚继光对守城照明的详细介绍，可参看附录史料部分3.3。
③ （明）范景文：《战守全书》卷14《守部·备灯火》。

吏主当谨，伺见举旗则应送城上。①

　　总之，照明在城市防守作战中极为重要，所要消耗的燃料数量也极大。如前所述，先秦以迄唐宋，华北地区的军事活动即非常频繁。金元以来，华北成为政治腹里地区，重大的战事相应大幅增加。频繁的军事活动中，照明所消耗掉的燃料显然极为可观，这对华北的经济、社会与生态显然也都有重要的影响。

五　火药需求

　　火药自唐末发明以后显示出巨大的军事威力，而火药武器也不断向前发展。火药其实也是一种特殊的燃料，自宋以降，火药的用量越来越大。火药的制备技术也不断演进，其中最为关键的是硝石、硫黄、木炭三者的比例，用途不同则比例也有较大差异。曾公亮即已给出了世界上最早的火药配方，共有三种组合情况：一为"火炮药"，二为"蒺藜火球"用药，三为"毒药烟球"用药。第一种火药硝、硫、炭的比例为 2.86∶1∶1.30，第二种火药三者的比例为 1.99∶1∶2.75，第三种火药三者比例为 2∶1∶4.41。② 这样的配方显著的特征是硝石的比例过低，相关性能还并不十分理想，黑火药的理想配比是 15∶2∶3。至明代，火药的配方已经比宋代更为理想，韩霖整理了各种火药的三种物质比例，"大铳药方"的比例为 6∶1∶1 或 4∶0.75∶1，"小铳药方"为 6∶1.125∶1 或 6∶1.02∶1 或 6∶0.94∶1，"火门药"与"小铳药方"相同或为 20∶2.1∶3。③

　　关于明代火药的各种配方、相关原材料、制作不同类型火器所使用的辅助材料等，宋应星有较详细的描述，摘引如下：

---

① （明）范景文：《战守全书》卷 11《守部·备杂物》。
② 〔英〕李约瑟：《中国科学技术史》第 5 卷《化学及相关技术》第 7 分册《军事技术：火药的史诗》，刘晓燕等译，第 94~100 页。
③ （明）韩霖：《慎守要录》卷 3《炼造大小铳火药法》。

火药、火器，今时妄想进身博官者，人人张目而道，著书以献，未必尽由试验，然亦粗载数叶附于卷内。凡火药，以消石、硫黄为主，草木灰为辅。消性至阴，硫性至阳，阴阳两神物相遇于无隙可容之中，其出也人物膺之魂散惊而魄斋粉。凡消性主直，直击者消九而硫一。硫性主横，爆击者消七而硫三。其佐使之灰，则青杨、枯杉、桦根、箬叶、蜀葵、毛竹根、茄秸之类，烧使存性，而其中箬叶为最燥也。凡火攻有毒火、神火、法火、烂火、喷火。毒火以白砒、硇砂为君，金汁、银锈、人粪和制；神火以朱砂、雄黄、雌黄为君；烂火以硼砂、磁末、牙皂、秦椒配合；飞火以朱砂、石黄、轻粉、草乌、巴豆配合；劫营火则用桐油、松香，此其大略。其狼粪烟、昼黑、夜红迎风直上与江豚灰能逆风而炽，皆须试见而后详之。①

宋、明两代都面临较严重的外患，而火药武器为克制少数民族骑兵的利器，所以两朝的军事家对火药都极为青睐，而明人尤甚，有"国家御虏，惟火药为长拔，未有不堪之硝黄能造堪用之药者"②之语。宋应星也指出，明政府严禁火药制作技术外流，"北狄无黄之国，空繁消产，故中国有严禁"③。

隆庆元年（1567），巡按御史李惟观在《敷陈预处防秋疏略》中也强调了善用火器之重要性，"各营士卒演习快枪、佛朗机、连珠炮等项间有精熟，似为可恃"。但火器门类众多，将军虎尾炮、碗口炮、飞火毒炮等，士卒对火器的熟悉程度不够，"闻营中亦间有知者，独传示不广耳"，使用技术也并不理想。李氏建议，筹措资金多制造火药与弹丸，每月拨出专项物资用于教习和操练，并通过检验来督促士兵们认真练习，"责令广延师范如法演教，每年阅试之期听臣等一一验试，以考勤惰"。李氏注意到原材料采办过程中可能出现的欺诈现象，建议严格批文的办理与核验手续，"凡有置买硝黄，俱要赴各该兵备道倒换批文，务要细开员役年貌、硝黄斤数，仍于抚按住扎处所

---

① （明）宋应星：《天工开物》卷下《佳兵第十五·火药料》。
② （明）何士晋：《工部厂库须知》卷8《盔甲王恭二厂条议》。
③ （明）宋应星：《天工开物》卷下《佳兵第十五》。

就近挂号入关，仍赴本处兵备道验实挂号方许放买"。严格核对批文与采办人员年龄、外貌、所属军镇、购买硝石硫黄的数量等信息，"庶关防严密而诈伪不得行矣"。[1]

由于火器备受人们重视，而火器又确为战场利器，实际战争中大量使用外，演习操练也要大量消耗，明代军队消耗的火药数量无疑极为巨大，但精确的数量已无从查考，我们只能依据比较零碎的记载来窥测其大致的情况。

据记载，明代工部下辖之广积库每年需买办 207500 斤盆净焰硝，每斤折银0.025 两（二分五厘），共值白银 5187.5 两；40000 斤熟硫黄，每斤银 0.04 两（四分），共值白银 1600 两。这两项合计白银 6787.5 两。[2] 而节慎库每年制成火药成品 30 万斤，其中夹靶枪火药与连珠炮火药各 15 万斤，详情如表 3.10 所示。

表 3.10　明代工部节慎库每年火药原料情形

火药种类	原料名称	重量（斤）	单价（两/斤）	分项合计（两）	合计（两）
夹靶枪火药	盆净焰硝	100312.5	0.025	2507.8125	3421.3125
	硫黄	19687.5	0.04	787.5	
	柳木炭	30000	0.0042	126	
连珠炮火药	盆净焰硝	106875	0.025	2671.875	3591.375
	硫黄	20625	0.04	825	
	柳木炭	22500	0.0042	94.5	

资料来源：（明）何士晋：《工部厂库须知》卷 8《节慎库成造夹靶等枪炮火药》。

京营士兵分春、秋两季进行大规模操练，作为京营三大营之一的神机营是专门使用火器的部队，操练使用的即为节慎库生产的鸟迅药，有粗、细之分，粗药占两成，细药占八成，两季大约各用 3 万斤，另外还需制造火药引线 30 万条。而药线的制备情况则是每斤火药用药线一条，节慎库一年共造药线 30 万条，数量也颇为可观。[3]

---

[1]　（明）刘效祖：《四镇三关志》卷 7《制疏考》，明万历四年刻本。

[2]　（明）何士晋：《工部厂库须知》卷 5《广积库买办硝黄》。

[3]　（明）何士晋：《工部厂库须知》卷 8《节慎库成造夹靶等枪炮火药》。

制造药线的方法及防雨策略也颇为高明，摘引明人关于捻药线方法的记载如下：

> 先捻就麻线数百根，将薄绵纸割成纸条，将麻线顺铺入内，复将信药入内捻起，接续相连，可以不断，外用油纸缠之。再用毛竹截尺半或二尺，用铁火箸烧烙透竹节，上节用刀内刻略大，下节用刀外削略小，将下节插入上节内，接连可数十丈。先将接就药线穿入毛竹内，随穿随插，与炮火眼药线相连，引扯山上，用兵守之，俟贼至数十步内点放，虽阴雨不能坏也。[①]

工部规程中规定要定期招商买办硝石、硫黄等火药原材料，焰硝每十年置办 200 万斤，如有不足也召买。每三年，兵仗局领取火药一次，每次硫黄16666 斤，硝石 33333 斤。[②]

边防重镇需要储备大量火药，其中大部分配额系由中央拨付，史书中有如下记载：

> 凡各边奏讨火器。正统七年，密云奏讨数多，减半给与。嘉靖四十三年，蓟镇奏讨火器，该局缺少，令以便利火器抵给。隆庆五年题准，宣大每五年例领神箭一万枝，每枝改折铅弹四个，每个重六钱。以后年分给荒铅一千五百斤，送镇造用。

> 年例。蓟镇三年关领火器一次，宣府五年一次。辽东、延绥三年关领硫黄、焰硝一次（辽东，黄二千斤，硝三万斤；延绥，黄三千五百斤），宣府、宁夏、甘肃俱五年一次（宣府，黄一万斤，硝五万斤；宁夏、甘肃，黄三千斤）。[③]

---

① （明）韩霖：《慎守要录》卷 3《炼造大小铳火药法》。
② （明）申时行等：《大明会典》卷 193《工部十三·军器军装二·火器》，《续修四库全书》第792 册史部政书类，第 322 页上。
③ （明）申时行等：《大明会典》卷 193《工部十三·军器军装二·火器》，《续修四库全书》第792 册史部政书类，第 325 页下。

可知火药火器并非每年拨付，而是或三年或五年发放一次。按中央平均每年拨付量来计算，则辽东为硫黄666.7斤，焰硝10000斤；延绥为硫黄1166.7斤；宣府为硫黄2000斤，焰硝10000斤；宁夏、甘肃均为硫黄600斤。合计仅此五镇平均每年即需耗硫黄5033.4斤，焰硝20000斤。需要注意的是，这还只是火药之原材料，直接获取的火器配套火药数量已不可考。

中央拨付之外，地方自行制备之火药数量更为巨大。明代火药政策比较宽松，没有禁止地方政府研发、制造火药的规定。为加强地方防务，预防可能出现的各种军事风险，地方官员往往会制备大量火药。李忠肃于天启年间（1621~1627）镇守天津，上任后即着手储备火药，"置成火药十万余斤，贮之不用以待用，约价二千有奇焉"[①]。而明末《扬州守城》中亦云："火器为军中长技，尤当预备再动粮饷银四百六十两，委官前去出产处所买办荒硝二万斤、硫黄二千斤，制造火药以听各营取用。"[②]

据明代方志记载，北边镇守军队的标准配置为每一台垛均配置大量火器，边防要地设立空心台，配置8架佛朗机，每架佛郎机配子铳4门，每门铅子30枚；12杆神枪，每杆30支神箭；300斤火药，每20斤装一坛，共15坛。敌军来犯，进至距台垛百步处，即可燃放大将军虎蹲炮。至五十步处，"火箭、火铳、弩矢齐发"。进至城下，"炮铳矢石交击，更番不息"。[③]据前文考证，华北北部边境的城堡台垛数以千计，每年训练与实战所消耗之火药数量定然极为可观，而常年储存备用之火药自然也不在少数。

火药的原料中即有用薪柴烧制而成的木炭，据上文所述，仅节慎库成造夹靶等枪炮的30万斤火药中即用到了柳木炭52500斤。据第二章中分析可知，木炭与干馏前的木柴的重量比约为1:3，则烧制这些柳木炭大约需要消耗157500斤柳木，明代1斤相当于596.82克[④]，则这部分柳木约相当于公制

---

① （明）李邦华：《李忠肃先生集》卷3《抚津荼言·催请军需疏》，清乾隆七年徐大坤刻本。

② （明）范景文：《战守全书》卷11《守部·备杂物》。

③ （明）刘效祖：《四镇三关志》卷6《经略考》。

④ 丘光明、邱隆、杨平：《中国科学技术史·度量衡卷》，第416页。

94 吨，数量颇为可观。而这还只是明代军用火药所消耗的柳木中极小的一部分，每年为生产军用火药而消耗掉的柳木数量显然远远高于这一数字。

制备火药过程中的薪柴消耗量也很可观。古人提炼硫黄的方法是先用牛油将矿土煮沸后过滤。而炼造硝石则也要用水煮沸多次，这些过程显然需要消耗大量薪柴。韩霖有较详细的介绍，摘引如下：

> 磺用生者佳，先捶碎去沙土，约每十斤用牛油二斤诛溶。磺火不可太旺，以木棍旋搅锅底，看磺溶化时方以麻布作滤巾滤在缸内，则油浮居于上，磺实沉于下，去油用磺，研细听用。
>
> 硝用鸡蛋白炼，约每十斤用蛋二个。硝不洁者多用数枚，先将鸡蛋白水搅匀讫，次将硝下锅，水高二指，复将蛋水倾入。大滚数次，则鸡蛋白、杂硝滓俱浮锅面，以竹笶篱抄起，又用细麻布为滤巾滤过。复将前锅洗净，再以滤过硝水倾入用文火煮成冰块然，后将锅举起放在地上一日冷了，则盐在下硝在上，只取上面硝，研细听用。
>
> 炭秸骨为上，茄梗次之，柳杉又次之，大都轻浮之木皆可研细听用。
>
> 右三种细细制炼，照后方秤准明白，然后和匀放在铜镶木臼内，用铜包木杵捣之后，将酸果汁、破雨水或泉水不时洒湿，使捣有力。捣药之人须择勤慎者，莫使毫厘砂土蒙尘入药内，恐捣热之际石能生火。亦不可犯铁器，铁亦易生火也。药捣万杵后，用木板试放，略无渣滓，烟气白色快且轻者始妙。始即以粗细夹筛筛过，粗者成珠在上，细者在下，宜用树下日色照干，不可用暴日，虑日中有火耳。照干后以内外有铳研，坛收之。如日久有湿气，再取酸果汁、破雨水、泉水洒湿，捣过如前，点放自然远到矣。
>
> …………
>
> 又炼硝法，柴火煮之，木片搅之，沫浮水面，笶去之，清澈可鉴，滴而试之，成珠可用矣。但滴不宜近火，近火恐热则难凝而伤老；亦不宜避火，避火则易凝而伤嫩。以草茎蘸用，即转身背火，滴于指甲之上可也。滤法同前。

又炼磺法，麻油、牛油各一斤，油既热，乃以磺徐徐投入，随投随搅，使磺速化。投时勿使纤毫着锅，恐其发火。[1]

《天工开物》中也详细介绍了硝石的提炼技术：

凡消华夷皆生，中国则专产西北，若东南贩者不给官引则以为私货而罪之。消质与盐同，毋大地之下，潮气蒸成，现于地面，近水而土薄者成盐，近山而土厚者成消，以其入水即消镕故名曰消。长淮以北，节过中秋，即居室之中隔日扫地可取少许以供煎炼。凡消三所最多，出蜀中者曰川消，生山西者俗呼盐消，生山东者俗呼土消。凡消刮扫取时（原注：墙中亦或迸出）入缸内水浸一宿，秽杂之物浮于面上，掠取去时，然后入釜注水煎炼消化，水干倾于器内，经过一宿，即结成消。其上浮者曰芒消，芒长者曰马牙消（原注：皆从方产本质幻出），其下猥杂者曰朴消。欲去杂还纯，再入水煎炼，入菜菔数枚同煮熟，倾入盆中，经宿结成白雪，则呼盆消。凡制火药，牙消、盆消功用皆同。凡取消制药，少者用新瓦焙，多者用土釜焙，潮气一干即取研末。凡研消不以铁碾，入石臼相激火生则祸不可测。凡消配定何药分两，入黄同研，木灰则从后增入，凡消既焙之后，经久潮性复生，使用巨炮多从临期装载也。[2]

可见炼硝、炼黄过程中都需要不停地进行加热，薪柴的消耗量是非常可观的，每年政府制备火药量最保守的估计也有数十万斤，这需要提炼数十万斤的硝石与硫黄，消耗的薪柴数量无虑要有数百万斤乃至数千万斤。这些火药多在北京及其周边制备，而原材料则多取自华北地区，显然在相当大程度上加剧了华北地区的燃料供应紧张局面。

前述皆为政府军队的燃料生产与使用情况，而明末起义军也大量使用火药，有人即记载了李自成军队围攻汴梁城时使用火药的情形：

---

① （明）韩霖：《慎守要录》卷3《炼造大小铳火药法》。
② （明）宋应星：《天工开物》卷下《佳兵第十五》。

（崇祯十五年正月）十三日癸未，贼放地雷，自毙万余。

贼于东北角之南，陈总兵之北，贴城墙外壁剜一穴，约广丈余，长十丈余，每日以布囊运火药其内，无虑数十石，置药线二，长四五丈，大如斗。是日马贼千，俱勒马濠边，步贼无数，巳时点放，药烟一起，迷眯如深夜。天崩地裂声中，大磨百余及砖石皆迅起空中，碎落城外可二里，马步贼俱为齑粉，间有人死马惊逸者。城上、城内未伤一人，里半壁城墙仅厚尺许，卓然兀立，此真天意非人力也，贼于是有退志。①

1 石 120 斤，明代 1 斤约合公制 596.82 克，则 1 石约合 71618 克，合71.618 公斤，数十石则折合数吨，数量还是非常惊人的。这还只是攻城过程中的随机应用，而其实际持有量与生产能力则更不容小觑，亦可想见火药在明代战争中使用之普遍。

综上所述，笔者将华北地区的燃料消耗主体区分为政府、民众与军队，三者的燃料需求量均极为可观。其中最为可观的当然还是普通民众，随着时间的推移，人口不断增加，燃料的消耗也不断增加，这是华北地区燃料渐趋匮乏的主要原因所在。而金元以降，都城长期稳定在北京，华北成为畿辅，长期设立之政府机构、居留之官员数量均显著增加，这也在相当大程度上增加了燃料的需求。同时，随着华北地区政治地位的上升，本就较为重要的军事地位也进一步提高，军队的燃料消耗也显著增加。这样，金元以后，三大消费主体的燃料需求都急剧增加，而华北地区的燃料供应问题也渐趋紧张。自宋代开始，便出现了燃料危机，至明代而达顶峰，直到晚近时代，燃料紧张局面一直未能缓解。面对燃料危机，华北地区的民众积极应对，于是有燃料革命的发生与发展。详细情形，将在后续章节中深入探讨。

---

① （明）李光壂:《守汴日志》，清道光刻光绪补刻本。

第四章
古代华北燃料危机的发生和逐渐加剧

上一章我们分别剖析了华北地区的政府、民众、军队的燃料消耗情况，得出的结论是用量极为巨大，燃料需求会深刻地影响华北的社会风貌与生态环境。显然，人口规模直接决定了燃料需求的总量，当人口增长到一定程度后，燃料需求总量会超过区域环境中天然草木可以承受的限度，从而出现燃料供应紧张的局面，即出现了燃料危机。随着人口增长和经济社会的发展，燃料危机不断深化。本章将详细剖析古代华北燃料危机的形成和深化过程，而分析的逻辑起点则是华北的人口发展历程。

第一节　华北区域人口变化与燃料消耗状况

一　战国以降华北人口的发展概况

历来研究人口史者多从宏观角度入手，深入探究华北地区人口演进过程的论著并不多见，要理清本书研究区域之内的人口状况更为不易。路遇、滕泽之合著有《中国分省区历史人口考》一书，分省区梳理了自战国至民国的人口发展历程，颇见功力。[①] 相关统计结果当然还有值得商榷之处，但以之为基础来分析华北人口却还是有参照意义的，且相对来说更容易操作。所以本

① 路遇、滕泽之：《中国分省区历史人口考》，山东人民出版社，2006。

书对人口和燃料消耗量的估测主要参照该书，所引观点及数字极多，章节与页码不再一一标出。

本书所研究范围相当于今天京津冀的全部和豫、鲁两省各一部，其中有河南省黄河以北的安阳、鹤壁、新乡、焦作、濮阳、济源六市，山东省黄河以北的德州、聊城、滨州三市。《中国分省区历史人口考》中没有也不可能按现在的行政区划来分地区梳理古代的人口状况，因为汉以后人口资料虽有分州郡的统计结果，但古今政区变动剧烈，截取换算殊为不易。该书中的京津冀三省市的人口数字可以直接利用，可其余九市只是河南与山东的一小部分，在估测人口数字时便需要寻找一种折算办法。为了统计方便，本书将面积比例视同人口比例来计算，即将每一时期河南、山东的总人口数量乘以上述地区的面积占全省面积的比重，即可得出两省黄河以北地区大致的人口数字。当然，这一计算方法不能得出精确的数值，因为人口密度是存在着巨大区域差异的，同一省内的不同区域人口分布状况也是不同的。本书无意得出历代华北的准确人口数字，实际上也不可能得出。本书的主要目的是梳理出华北人口演进的大致脉络，进而刻画华北燃料消耗的整体面貌。

折算时依据的面积比例为河南省黄河以北六市占全省的 16.786826%，山东省黄河以北三市占全省的 18.117647%。详细情形及相关数据的来历参看第二章表 2.1，此处不赘。

据路、滕二人考证，殷商极盛时全国人口约为 550 万人，西周末期全国人口已达 1000 万人，而春秋末年人口约 2150 万人。但缺少进一步的详细记载，无法得出各省份的人口数字，亦无法折算华北地区的人口状况。自战国而后，资料比较充裕，华北人口情形亦能大致推演出来。

路遇、滕泽之详细梳理了历代史籍所载之户籍人口数字，并按当代行政区划进行了切割，同时还质疑了若干户籍人口数字并提出不同意见，笔者依据他们调整后的结果对华北区域内的人口演进状况进行了重建。战国以后三省两市人口情况及笔者据之推演的数据见表 4.1。

表 4.1　战国以降三省两市及华北人口状况

单位：万人

地区	各历史时期人口						
	战国	西汉初期	西汉末期	东汉中期	西晋前期	南北朝后期	隋朝中期
河北	355	126.0012	670	708.4385	271	870	790
北京	25	10	40	61.191	22	50	30.8961
天津	5	3	7.3181	12	5.5	10	12.4284
河南	600*	141.3776	1300	1400	307.1273	586	967
山东	485	209.9856	1224	1400	244	530	721.3093
河南六市	100.7210	23.7328	218.2287	235.0156	51.5569	98.3708	162.3286
山东三市	87.8706	38.0444	221.7600	253.6471	44.2071	96.0235	130.6843
华北	573.5916	200.7784	1157.3068	1270.2922	394.2640	1124.3943	1126.3374

地区	各历史时期人口					
	唐朝初期	唐朝中期	北宋初期	北宋后期	宋金时期	元朝后期
河北	140	940	250	790	1200	700
北京	10	45	40	75	140	120
天津	3	15	7	17	47.6457	35
河南	125	1110	350	950	790.0966	400
山东	65	1000	340	1200	1250	800
河南六市	20.9835	186.3338	58.7539	159.4748	132.6321	67.1473
山东三市	11.7765	181.1765	61.6000	217.4118	226.4706	144.9412
华北	185.7600	1367.5103	417.3539	1258.8866	1746.7484	1067.0885

地区	各历史时期人口					
	明朝前期	明朝后期	清朝初期	清朝中期	民国初期	民国后期
河北	193.0740	1187	602	1750	2872.2105	3086.0600
北京	70	160	200	200	227	414
天津	20	53	45	182	274.376	402.5386
河南	189.1087	1330	296.1484	2442.3493	3191.0343	4147
山东	519.6715	1461	567.6571	2893.0930	3114.0505	4549
河南六市	31.7453	223.2648	49.7139	409.9929	535.6734	696.1497
山东三市	94.1522	264.6988	102.8461	524.1604	564.1927	824.1718
华北	408.9715	1887.9636	999.5600	3066.1533	4473.4526	5422.9201

注：* 路、滕二人认为有六百数十万人，具体几十万人不得而知，这里取最低值 600 万人。

汇总表 4.1 所得之历代华北地区人口状况，绘一折线图，可直观地看到华北地区的人口演变趋势及起伏升降过程。由图 4.1 可知，自战国以迄明末的 2000 多年时间里，华北地区总的人口变动一直是以 1000 万人为中心上下波动，最低谷出现在唐初，人口仅有 185 万余人；最高峰则出现在明朝后期，人口达 1887 万余人。自明以后，人口虽在明末清初遭受重创，但整体仍接近 1000 万人的水平。清以降，华北人口更是扶摇直上，清中期已突破 3000 万人大关，民国初突破 4000 万人，至民国后期则更达到了 5000 万人以上。

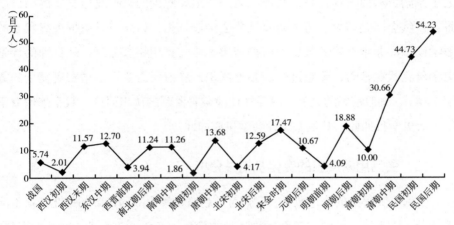

图 4.1　华北人口演变趋势

就历史的晚近时期来看，明初至明末，华北地区人口从 408 万余人增至 1887 万余人，增长了两倍有余。自清初至民国初，又增长了约 3 倍。华北人口的发展趋势与全国人口演变脉络大致吻合。与全国总体人口态势相一致，明清时期华北地区也承受着日趋严重的人口压力，环境资源面临的压力日渐沉重，燃料资源也不例外。人口的飞速增长导致了华北地区燃料需求量的猛增，终于酿成了一场规模空前的燃料危机，华北地区的政治、经济、社会与生态都深受影响。

笔者有必要再次强调的是，以上对人口数字的折算及下文对薪柴用量的估算都只能视作分析相关问题时的参考数值，不可能完全符合真实的历史。计量方法在若干特定的史学领域——如人口史、疾病医疗史、经济史等——

中使用较多，史学中的计量往往偏离事实较远，因为统计资料再完备也只能无限逼近历史真实，而原本的历史真实无论如何也无法再现。[1] 此外，计量史学容易导致偏差，还有两点原因：其一，进行计量就必须建立数学模型，这就要对现实问题进行简单化和理想化，自然科学研究中也是如此。可人类社会远比自然事物更复杂更多变，所以如果像证明几何问题或提出物理定律那样去研究历史，其结论多半经不起现实的检验。其二，统计规律是在数量极其庞大的情况下才适用，经过千百年沧桑变化之后，残存下来的统计资料较之于原始资料而言往往只是沧海一粟，利用如此少的数据复原真实的历史图景，自然会问题多多。历史研究是要去接近真相，如果只是依据理想状态的数学模型和非常有限的数据，所得结果必然与真相相去甚远。从目前的计量史学研究状况来看，要想进一步接近真相，恐怕还需要用更精密更复杂的数学工具。[2] 看似精确的数字，背后往往隐藏着深刻的认识误区，数字迷信要不得，历史学科如此，其他人文社会学科亦如此。

二 生活用薪柴量的变化及相关分析

依据上文得出的人口数字，我们可以粗略估算出战国以降的华北民众生活用柴量。许惠民、黄淳与龚胜生均认为古代每人每年约需耗费 500 公斤燃料，即 0.5 吨。[3] 笔者在河北武安的马店头、楼上、门王庄等村庄曾采访一些老人，据他们回忆，当年的五口之家平时一个月约烧柴 200 斤，冬季因有取暖则会较平时增多一倍左右，全年总共大约需要 3000 斤柴，折合每人每年 600 斤，

---

① 美国学者柯文对此有精辟的论述，他对人们的历史认知模式的剖析发人深思，认为我们认知的历史有三种类型：作为事件的历史、作为亲身经历的历史和作为神话的历史。可参看氏著《历史三调：作为事件、经历和神话的义和团》。

② 关于史学中的计量问题，笔者有多篇文章进行了探讨。参见《中国环境史研究的认识误区与应对》，《学术研究》2011 年第 8 期；《论环境复古主义》，《鄱阳湖学刊》2011 年第 5 期；《环境史的环境问题》，《鄱阳湖学刊》2012 年第 1 期。此处不过多展开。

③ 许惠民、黄淳：《北宋时期开封的燃料问题——宋代能源问题研究之二》，《云南社会科学》1988 年第 6 期。龚胜生：《唐长安城薪炭供销的初步研究》，《中国历史地理论丛》1991 年第 3 辑；《元明清时期北京城燃料供销系统研究》，《中国历史地理论丛》1995 年第 1 辑。

即 0.3 吨。

当然，前文也分析过，明代兵书中给出的燃料用量为每人每天 5 斤，折合公制每人年烧煤约 1.1 吨。但考虑到行军作战不同于日常生活，且明以后民众特别注意燃料利用方面的开源节流。所以我们觉得这一数值过高，而是采用上述两个数值来估算。

我们以 0.5 吨为较大值，以 0.3 吨为保守值，以 0.4 吨为平均值，利用上文所折算出的历代华北人口数字，估算历代薪柴用量，相应地也有三组数值，参见表 4.2。

表 4.2 战国以降华北燃料消耗量状况

人均	各时期燃料消耗总量（万吨／年）						
	战国	西汉初期	西汉末期	东汉中期	西晋前期	南北朝后期	隋朝中期
0.5 吨	286.7958	100.3892	578.6534	635.1461	197.1320	562.1972	563.1687
0.3 吨	172.0775	60.2335	347.1920	381.0877	118.2792	337.3183	337.9012
0.4 吨	229.4366	80.3114	462.9227	508.1169	177.4188	449.7577	450.5350
华北人口（万人）	573.5916	200.7784	1157.3068	1270.2922	394.2640	1124.3943	1126.3374

人均	各时期燃料消耗总量（万吨／年）					
	唐朝初期	唐朝中期	北宋初期	北宋后期	宋金时期	元朝后期
0.5 吨	92.8800	683.7552	208.6770	629.4433	873.3742	533.5443
0.3 吨	55.7280	410.2531	125.2062	377.6660	524.0245	320.1266
0.4 吨	74.3040	547.0041	166.9416	503.5546	698.6994	426.8354
华北人口（万人）	185.7600	1367.5103	417.3539	1258.8866	1746.7484	1067.0885

人均	各时期燃料消耗总量（万吨／年）					
	明朝前期	明朝后期	清朝初期	清朝中期	民国初期	民国后期
0.5 吨	204.4858	943.9813	499.7800	1533.0767	2236.7263	2711.4601
0.3 吨	122.6915	566.3891	299.8680	919.8460	1342.0358	1626.8706
0.4 吨	163.5886	755.1854	399.8240	1226.4613	1789.3810	2169.1680
华北人口（万人）	408.9715	1887.9636	999.5600	3066.1533	4473.4526	5422.9201

第三章中已经指出，1 吨木柴平均折原木 1.46 立方米，每公顷灌木林可生产薪炭 10~20 吨，即约 14.6~29.2 立方米，而每公顷阔叶矮林可生产薪炭 10~20 立方米。1 平方千米为 100 公顷，则每平方千米灌木林可产 1460~2920 立方米薪柴，每平方千米阔叶矮林可产 1000~2000 立方米薪柴。据此可推算出生产这些燃料所需的原木体积，再依据薪柴折算的原木体积平均值对获取薪柴需采伐的森林面积进行了推算，相关数值见表 4.3。

表 4.3 战国以降华北燃料消耗原木量及需要采伐森林面积

单位：万立方米 / 年；平方千米 / 年

数值		时期				
		战国	西汉初期	西汉末期	东汉中期	西晋前期
原木体积较大值		418.7219	146.5682	844.8340	927.3133	287.8127
原木体积保守值		251.2332	87.9409	506.9003	556.3880	172.6876
原木体积平均值		334.9774	117.2546	675.8671	741.8507	259.0314
灌木林面积	较小值	1147.1829	401.5568	2314.6134	2540.5846	887.0938
	较大值	2294.3658	803.1137	4629.2267	5081.1692	1774.1877
阔叶林面积	较小值	1674.8870	586.2730	3379.3355	3709.2535	1295.1570
	较大值	3349.7740	1172.5460	6758.6710	7418.5070	2590.3140

数值		时期				
		南北朝后期	隋朝中期	唐朝初期	唐朝中期	北宋初期
原木体积较大值		820.8079	822.2263	135.6048	998.2826	304.6684
原木体积保守值		492.4847	493.3358	81.3629	598.9694	182.8011
原木体积平均值		656.6462	657.7811	108.4838	798.6260	243.7347
灌木林面积	较小值	2248.7884	2252.6750	371.5199	2735.0205	834.7079
	较大值	4497.5767	4505.3500	743.0397	5470.0411	1669.4158
阔叶林面积	较小值	3283.2310	3288.9055	542.4190	3993.1300	1218.6735
	较大值	6566.4620	6577.8110	1084.8380	7986.2600	2437.3470

续表

数值		时期				
		北宋后期	金宋时期	元朝后期	明朝前期	明朝后期
原木体积较大值		918.9872	1275.1263	778.9747	298.5493	1378.2127
原木体积保守值		551.3924	765.0758	467.3848	179.1296	826.9281
原木体积平均值		735.1897	1020.1011	623.1797	238.8394	1102.5707
灌木林面积	较小值	2517.7730	3493.4969	2134.1771	817.9432	3775.9271
	较大值	5035.5459	6986.9938	4268.3541	1635.8863	7551.8541
阔叶林面积	较小值	3675.9485	5100.5055	3115.8985	1194.1970	5512.8535
	较大值	7351.8970	10201.0110	6231.7970	2388.3940	11025.7070

数值		时期			
		清朝初期	清朝中期	民国初期	民国后期
原木体积较大值		729.6788	2238.2920	3265.6204	3958.7318
原木体积保守值		437.8073	1342.9752	1959.3723	2375.2311
原木体积平均值		583.7430	-1790.6335	2612.4963	3166.9853
灌木林面积	较小值	1999.1199	6132.3065	8946.9051	10845.8401
	较大值	3998.2397	12264.6130	17893.8103	21691.6801
阔叶林面积	较小值	2918.7150	8953.1675	13062.4815	15834.9265
	较大值	5837.4300	17906.3350	26124.9630	31669.8530

由表 4.3 可知，自战国至清末，每年需采伐森林的面积以 2000 平方千米为中心波动，华北地区总面积约 27.2 万平方千米（参见第二章），以 2000 平方千米计，则每年需采伐森林面积约占区域总面积的 7.35‰。明代以后除清初跌至不足 2000 平方千米外，此后快速上升，至民国初期更突破 8000 平方千米，达到 8946.9051 平方千米，约占区域总面积的 3.26%，这对环境——特别是对森林植被——造成了巨大的压力。

龚胜生研究唐代长安与元明清北京城的燃料供销系统时，曾对获取燃料过程中导致的森林过度采伐比例进行了估测，他得出的数值为每年被过度采伐的森林约有 10%。用这一数值来估测华北地区获取薪柴对森林的影响，则战国以后绝大部分时间里每年都有 200 平方千米左右的森林遭到破坏，2000 年中遭到破坏的森林面积将达到 40 万平方千米，约为华北区域面积的 1.47 倍，即使考虑到森林的再生与人工栽培等因素，这一估测值仍明显偏高。考虑到长安、北京这样的大都市人口高度集中，薪柴需求对都市周边地区的森林造成的压力较大；而整个华北区域的人口分布则相对分散，薪柴需求对森林的压力也分散施加于整个区域之上，故而华北为获取燃料而破坏的森林占比可能要比大都市周边小得多。也就是说，华北区域森林面临的"压强"要比大都市周边小很多。倘若把每年超采森林的比例缩至 1%，则 2000 年来会导致相当于华北区域面积 14.71% 的森林面积被破坏，这似乎更合理些。即使按最低值进行估测，依旧可以看出，薪柴需求是华北地区森林植被不断减少的重要原因。

当然，以上只是对实际情形的理想化和简单化分析，实际情形要复杂得多。薪柴来源较为广泛，第一章中已经指出其种类丰富多样。即使在森林资源较为丰富的山区，林木也并非薪柴的唯一来源，作物秸秆与杂草也是薪柴的重要组成部分。在森林稀少的平原地区，燃料中秸秆与杂草所占的比例更是远远高于林木。随着华北地区燃料供应的日趋紧张与森林资源的日益匮乏，作物秸秆在燃料结构中所占比例不断增大，我们可以称之为秸秆的燃料化，这样的变动对土壤肥力与舍饲役畜的饲养都产生了深刻的影响，相关情形笔者将另文探讨，本书不赘。此外，燃料匮乏也迫使人们开源节流，于是引发了燃料革命，煤炭的开采和使用范围不断扩大。

上文只分析了民众生活用燃料的数量及其对森林资源的影响，而手工业用柴则未加分析，原因有二。其一，传统社会以自然经济为主体，消耗掉的薪柴的绝大部分用于维持家庭生活，手工业用柴的数量远没有生活用柴多。其二，手工业各个行业的总的生产规模难以考证清楚，消耗掉的燃料总量也难以估测。但这并不意味着手工业生产的燃料消耗并不重要。高耗能的手工业如丝织业、冶铁业、陶瓷业等呈现相对集中的分布格局，形成若干生产中心。就局部区域来看，手工业用柴的数量又可能会远大于生活用柴，从而会对环境产生极为重大的消极影响。如定窑、磁州窑的瓷器生产，遵化的冶铁等都给其周边地区的环境状况带来了巨大的压力。相关问题将在第六章中再深入探讨。

有必要指出的是，薪柴利用是导致森林资源变化的重要影响因子，但将其视作唯一的终极影响因素的观点显然是错误的。人们在采伐薪柴时，正常情况下只是收集树木的枝叶，一般不会成片砍倒树木并将树木的主干部分用作薪柴。当然，烧制木炭的情形除外，详细情形第五章再具体分析。另外，每年薪柴总的需求量虽然比较大，但平均每天的使用量是有限的。而建筑、家具与棺椁用材，枝叶难当此任，必须用粗壮的树干，且使用时往往是在较短时间内耗用大量木材。故而对森林的影响，后者常常比前者为大。以曾侯乙墓为例，椁室共用了 171 根巨型长方木铺垫垒叠而成，用掉了约 500 立方米成材楠木。墓主的内外棺出土重量即达 9 吨，除去含水重量，入葬时重量也超过了 7 吨。此外，殉葬女性的棺具还有 23 口。[①] 又，三国时孙权派人盗发西汉长沙王吴芮墓，目的居然只是为了取其中的木材来为其父孙坚修庙，可见古代墓葬用木材之多。[②] 华北地区的战国、秦汉古墓亦所在多有，不过大都没有存留，但考虑到黄肠题凑的葬式，消耗木材量也必然极为巨大。

英国历史学家汤因比提出了文明起源的"挑战和应战"、"逆境美德"和"中庸之道"三原则，指出古老文明往往产生在环境条件并不是特别优越的区域，但也不能产生在环境条件过于恶劣的区域。过于优越的区域，人们会失去前进的动力；而过于恶劣的区域，人们欲前进而不可得。只有适中的区域，人们才会勇于开拓，创造灿烂的文明。[③]

有趣的是，人们的资源利用方式与资源丰度之关系居然与汤因比的文明起源原则有相通之处。

---

① 岳南：《旷世绝响：擂鼓墩曾侯乙墓发掘记》，商务印书馆，2012，第 221、228 页。

② 〔宋〕李昉等：《太平广记》卷 389《冢墓一》，第 3103 页。

③ 〔英〕阿诺德·汤因比：《历史研究》，郭小凌等译，上海人民出版社，2010，参见第 5~8 章。

在薪柴资源极为丰富的地区，获取薪柴非常容易，这使人们没有保护森林的动力，本有其他用途的优质木材也会用作薪柴，使用时低效率燃烧的挥霍浪费很普遍，人们甚至会肆意将优质木材白白烧掉。作物秸秆也是如此，在宋以后华北地区本为重要的燃料来源，可当代因为有了煤炭、天然气等燃料，秋收之后的秸秆往往会在农田里被付之一炬，浪费能源的同时还污染了环境。

在薪柴资源严重不足的地区，获取薪柴极为困难，人们会陷入一种群体无理性状态，人们为了搜集薪柴，会竭尽所能地把一切草木作为薪柴，严重破坏森林资源。人们陷入恶性循环而不能自拔，薪柴越是不足滥伐就越严重，滥伐越严重薪柴也越不足。明以后的华北地区民众收集薪柴时竭泽而渔，天然植被遭遇灭顶之灾，而历来经济意义极为重要的桑树、枣树也遭到毁灭性的采伐，日渐稀少。

在薪柴资源既非极为丰富又非极端匮乏的地区，人们的森林保护理念反倒最为强烈。燃料供应并不十分紧张的情况下，适度的采伐可以满足人们的基本需求，又可确保资源的永续利用。由于人们自身的利益与环境质量相一致，重视对森林资源的保护就成为理性的选择。据倪根金所整理的护林碑材料可知，明清华北地区的护林碑即主要见于燃料资源相对较多的地区，如北京附近的十三陵长陵、西山法海寺，河北满城神星乡翟家左村等地。[①] 相比较而言，明清时期华北燃料资源匮乏地区的护林碑非常少见，而四川地区则非常多。这是因为，华北地区森林资源已然陷入匮乏状态，人们已无保护理念；四川地区的林木在明清两代还较多，但已开始大规模开发，为了确保永续利用，政府与民众反倒极为重视护林。

薪柴资源如此，其他环境资源亦如此，资源总量深刻地决定了人们对环境的态度。资源非常丰富时，人们倾向于破坏，资源丰度与破坏倾向为正相关关系；资源过于贫乏时，人们也倾向于破坏，资源丰度与破坏倾向为负相关关系。资源适度时，人们倾向于保护，努力在保护与破坏之间寻求平衡（见图4.2）。

---

① 倪根金：《明清护林碑知见录》，《农业考古》1996 年第 3 期；倪根金：《明清护林碑知见录续》，《农业考古》1997 年第 1 期。

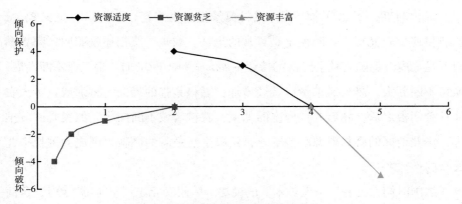

图 4.2 资源总量与人们环境态度之关系

就种群密度而言，自然界厌恶真空，但也厌恶过度拥挤。当某一种群的密度适中时，可利用资源相对充裕，种群结构较为稳定，周边的环境所受到的影响也较平和。当种群密度过高时，资源便会严重不足，个体间会展开恶性竞争，周边环境遭受重压，最终导致种群自身急剧衰落。而种群密度太小时，资源极大丰富，种群会爆发性增长，急剧改变周边环境状况，自身的有序稳定发展也会被彻底打破。人类的演进脉络亦复如此，由前文分析可知，华北人口发展呈明显的周期性，增长阶段过后，往往伴随着衰减的阶段。战国以降华北人口的持续增长阶段大都超不过 300 年，迅猛增长阶段则很难超过 100 年。唯一的例外是自清初至今，人口持续高速度增长了 370 多年，连翻几番，这是因为科学技术极大地拓展了人类获得资源的范围与数量。

人们的环境态度与资源量间的关系值得深入探究，限于篇幅不能过多展开，留待日后再做进一步探讨。

第二节 明代以前的燃料状况

一 宋以前逐步紧张的燃料资源状况

上节粗略估测了华北地区燃料消耗量的变化脉络，主要依据人口状况变化轨迹。本节及下节我们再依据史料进一步勾勒历代的燃料状况。

远古时期，华北草木丰茂，燃料蕴藏量极为丰富，而人口总量又较少，燃料供应比较充裕，其时无论是日常的烹饪、取暖、祭祀还是照明，都无燃料不足之虞。但随着社会经济的持续发展，人口不断增加，手工业不断发展，城市不断壮大，燃料需求量也持续增加，燃料紧张的局面终将形成。步入农业社会门槛之后，随着开垦力度的加大，农耕区域不断向华北的腹心区域推进，华北地区的森林资源渐趋匮乏，获取生活必需的燃料逐渐成为困扰华北民众的难题之一。

战国时期，已有"宋无长木"的说法。[①]西汉元光三年（前132），黄河在今河南濮阳县境内的瓠子决口，至元封二年（前109），汉武帝亲临决口处指挥封堵事宜，"令群臣从官自将军以下皆负薪置决河。是时东郡烧草，以故薪柴少，而下淇园之竹以为楗"[②]，则可知其时华北地区薪柴供应不足的状况已初现端倪。

西晋时期，洛阳周边燃料供应紧张，富豪们居然以木炭来炫富，"洛下少林，木炭止如粟状，羊琇骄豪，乃捣小炭为屑，以物和之，作兽形。后何召之徒共集，乃以温酒，猛兽皆开口向人，赫赫然。诸豪相矜，皆服而效之"[③]，亦可见其时薪炭供应并不充裕。同样在西晋，杜预曾想创制平底釜，"谓于薪火为省"[④]，当时已认真考虑如何节省薪柴的问题，自然是受到了薪柴不足的现实的驱使。自汉末开始的城市间争夺都城地位的博弈中，邺城常能与洛阳一较高下。高欢在东魏初年迫于宇文泰的压力，迁都于邺城，竟然要拆毁洛阳宫殿获取材木来营建邺都宫室，"南京宫殿，毁撤送都，连筏竟河，首尾大至"[⑤]，不以洛阳资敌当然是考量之一，而邺下林木资源不甚丰富恐怕是更重要的原因，当时虽有运河，但大批木材转运数百公里成本仍然极高。

---

① （战国）墨翟：《墨子》卷14《公输》，明正统道藏本。
② （东汉）班固：《汉书》卷29《沟洫志》，第1682页。
③ （宋）李昉：《太平御览》卷871《火部四》引《语林》，第3861页上。
④ （宋）李昉：《太平御览》卷757《器物部三》引《晋诸公赞》，第3359页上。
⑤ （北齐）魏收：《魏书》卷79《张熠传》，中华书局，1974，第1766页。

林木不丰富，其地燃料供应自然也不充分。①

　　贾思勰的《齐民要术》成书于东魏，该书专门讲述种树的篇章里特别强调了榆、白杨、楮、柳、楸、橡、桑等树木的薪柴用途，贾氏将解决农家自己的燃料需求与贩柴获利视为种树的重要目的，对从上述树木获得薪柴的方法、数量、时间甚至薪柴的市场销售价格等都有详细分析，就特定的树木而言，用作薪柴的意义甚至超过了用作材木。② 王利华亦指出，魏晋南北朝的华北"由于林木缺少，用材和薪柴都发生了困难……但很显然，在当时，种树取薪对解决家庭用柴相当重要，种树卖柴也是一个颇有利可图的营生，所以《齐民要术》要反复强调"③。《齐民要术》中又有多处提及牲畜粪便用作燃料，这在当时也是开拓燃料利用范围，应对供应紧张局面的重要举措。种树取柴与粪便用作薪柴的具体史料第一章中已有较多引述，此处不赘。

　　及至隋唐时期，燃料压力更为沉重。有大量诗文中提及了薪柴价格昂贵或获取艰难。如姚合有诗称："小市柴薪贵，贫家砧杵闲。"④ 杜荀鹤有诗称："时挑野菜和根煮，旋折生柴带叶烧。"⑤ 而雨雪战乱之时，薪柴尤为难得。林宽有诗提及雨后情形称："尺薪功比桂，寸粒价高琼。遥想管弦里，无因识此情。"⑥ 韩愈亦有文称："雨不止，薪刍价益高。"⑦ 李白在安史之乱中吟咏道："白玉换斗粟，黄金买尺薪。闭门木叶下，始知秋非春。"⑧

　　段成式则记载了一段与薪柴有关的奇事，称韦正贯任汝州军事判官时，刺史柳凌梦到有人报告欠柴1700束，便请韦来解梦，韦称："柴薪，木也。

---

① 关于洛阳与邺城的都城地位争夺，笔者有未刊稿《魏晋南北朝洛、邺都城地位之争》进行了深入探讨，此处不过多展开。

② 相关材料第一章讨论常用作燃料的植物种类时已引述过，读者可参看，此处不再赘述。

③ 王利华：《中古华北饮食文化的变迁》，第239页。

④ 姚合：《武功县中作三十首（其五）》，载（清）彭定求等编《全唐诗》卷498，第2573页。

⑤ （唐）杜荀鹤：《杜荀鹤文集》卷2《杂诗·山中寡妇》，宋刻本。

⑥ （唐）林宽：《苦雨》，载（清）彭定求等编《全唐诗》卷606，第3144页。

⑦ （唐）韩愈：《答胡直钧书》，载刘真伦、岳珍《韩愈文集汇校笺注》，中华书局，2010，第760页。

⑧ （唐）李白：《送鲁郡刘长史迁弘农长史》，载（清）彭定求等编《全唐诗》卷176，第833页。

公将此不久乎？"不久柳果然病死。而柳一向清贫自守，韦料理后事时发现"官中欠柴一千七百束"①。一州之刺史在任时居然缺柴如此之多，普通民众要获取薪柴自然更为艰难。

至迟在汉末三国时期，华北地区已经开始用煤。曹操营建邺城，即在三台储备了大量煤炭，"魏武封于邺，……城之西北有三台，皆因城为之基。……建安十五年（210），魏武所起。……中曰铜雀台，……南则金虎台，……北曰冰井台，……上有冰室，室有数井，井深十五丈，藏冰及石墨焉。石墨可书，又然之难尽，亦谓之石炭，又有粟窖及盐窖，以备不虞"②。陆云专门赠送乃兄陆机煤炭，并在附送的书信中指出："一日上三台，曹公藏石墨数十万斤，云烧此消，复可用然，不知兄颇见之不？今送二螺。"③ 至隋唐时期，煤炭的使用范围有所扩大。隋代王劭曾在朝堂上议论改火礼仪规制，诸多取火原料中煤炭居然位列第一："今温酒及炙肉，用石炭、柴火、竹火、草火、麻荄火，气味各不同。"④ 唐人炼丹时亦曾大量使用煤炭，如烧炼黄金时"用柽柳木炭、松柏石炭、土壃木炭、干牛粪等逐坚濡性，以火出之"⑤。唐人诗歌中吟咏石炭者亦颇多，如于鹄诗云"炼蜜敲石炭，洗澡乘瀑泉"，又如释贯休诗云"铁盂汤雪早，石炭煮茶迟"⑥，可见煤炭在生活中的使用已逐渐普遍起来。隋唐时煤炭开始扩大使用范围，主要的推动因素是当时已初步显现苗头的燃料危机。

二　宋元时期燃料危机的爆发及其原因

自战国至隋唐，随着社会的演进，华北燃料匮乏问题日趋严重。至宋元，

---

① （唐）段成式：《酉阳杂俎》卷八《梦》，明津逮秘书本。

② （北魏）郦道元：《水经注》卷10《浊漳水》。

③ （宋）李昉：《太平御览》卷605《文部二一·墨》引《陆云与兄机书》，第2723页上。

④ （唐）魏徵、长孙无忌：《隋书》卷69《王劭传》，中华书局，1973，第1061页。

⑤ （唐）佚名：《黄帝九鼎神丹经诀》卷9《金银用炭法》，明正统道藏本。

⑥ 分别见《全唐诗》卷310《过凌霄洞天谒张先生祠》，卷831《寄怀楚和尚二首》。转引自王利华《中古华北饮食文化的变迁》，第240页。又见吴晓煜《中国煤炭史志资料钩沉》，第362~363页。

终于爆发了全面的燃料危机。

进入宋代，华北地区经济进一步发展，手工业亦占据全国领先地位。而人口更是大大增长，据上一节的分析可知，北宋后期华北人口已经超过了1200万人，金代更进一步增加至1700余万人，达到历史新高。人口的快速增长导致薪柴需求量的同步增加，但森林资源却不增反减，这就使传统燃料的蓄积量急剧减少。沈括指出："今齐、鲁间松林尽矣，渐至太行、京西、江南，松山大半皆童矣。"又称："漳水、滹沱、涿水、桑干之类，悉皆浊流。"[①]宋人还曾发出"河北难得薪柴"的感慨[②]，可见河北路恰是宋代传统燃料危机最为严重的地区之一。

当然，燃料危机最为典型且留下记载最多的区域还是北宋都城。与此前的汉唐都城相比，北宋都城大幅度东移，处于广袤平原之上，不仅因无险可守而面临沉重的国防压力，还因无山林可就近开采而面临巨大的传统燃料压力。为了尽可能地增加燃料供给，北宋政府建立之初即给予柴炭类商品种种优惠政策，但供不应求的局面却始终未曾改观，一旦遇到雨雪天气就更为严重。

如大中祥符五年（1012）冬，"民间缺乏柴炭，其价甚贵，每秤可及二百文。虽开封府不住条约，其如贩夫求利，唯务增长"。政府不得不采取赈济措施，减价向贫民发售木炭40万秤，却一如当代社会面临商品短缺时的情形，马上引发了大规模抢购潮，酿成多人被踩踏致死的惨案。不久，三司仿照常平仓收纳余粮以防荒歉的制度，每年专门购置50万秤木炭以备冬季燃料供应紧张时减价抛售，平抑薪炭物价，救济贫民。至大中祥符八年（1015），政府的举措取得成效，"自是畜藏薪、炭之家无以邀致厚利而小民获济焉"。但燃料危机却难以完全消除，雪后赈济活动与宋朝相始终。如庆历四年（1044）正月大雪多日，民生艰难，宋仁宗下令"置场减价出米谷、薪炭以济之"。而嘉祐三年（1058）冬天至次年春，持续降雪，薪柴极为匮乏，

① （宋）沈括：《梦溪笔谈》卷24《杂志一》，金良年点校，第230页。
② （宋）李焘：《续资治通鉴长编》卷223"熙宁四年五月乙未"。

饥寒而死之人极多，"今自立春以来，阴寒雨雪，小民失业，坊市寂寥，寒冻之人，死损不少，薪炭、食物，其价倍增"；挺过严冬者，面临沉重的生活压力，自杀者也比比皆是。元符元年（1098）冬，开封"市中石炭价高，冬寒细民不给。诏专委吴居厚措置出卖在京石炭"[①]。举全国之力以奉养的都城开封，燃料依旧长时间供不应求，华北其他城市的燃料紧缺局面亦可想而知。

当然，也有学者对宋代开封的燃料问题提出了不同见解。王星光、柴国生即指出，许氏所引述之诸多材料多是雨雪等极端气候导致的薪柴紧缺情况，不足以说明开封就发生了严重的燃料危机。他们罗列了大量其他时代的雨雪冻死人事件，但较多与行军打仗有关，而且宋以前的材料虽提及人员死亡，但几乎找不到关于薪柴匮乏与柴价上涨的记载，所以不足以说明雪后柴荒为历代所共有。[②] 笔者需要指出的是，极端气候下的情形恰恰暴露了开封城燃料供应本就存在严重不足，虽不能说开封城的燃料危机是常态，但特定时期和特定情形下的危机却是频发的。

随着燃料危机的爆发，华北民众被迫采用饮鸩止渴式的解决方案，将具有重要经济意义的桑枣列为薪柴来源并大量采伐，这重创了华北地区的丝织业。类似现象晚唐已经比较普遍，故而会昌二年（842）四月唐武宗要求禁止伐桑贩薪，"劝课种桑，比有敕命，如能增数，每岁申闻。比知并无遵行，恣加翦伐，列于鄽市，卖作薪蒸。自今州县所由，切宜禁断"[③]。五代后晋少帝开运二年（945）十二月，时任中书舍人的陶谷对当时的砍伐桑树现象痛心疾首，"伏见近年以来，所在百姓皆伐桑为柴，忘终岁之远图，趋一日之小利。既所司不禁，乃积习生常。苟桑柘渐稀，则缯帛须缺，三数年内，国用必亏"，提议政府发布命令禁止采伐，"此后不得以桑枣为柴，官场亦不

---

① 对开封城燃料紧张局面的论述主要依据许惠民《北宋时期煤炭的开发利用》，《中国史研究》1987 年第 2 期。

② 王星光、柴国生：《宋代传统燃料危机质疑》，《中国史研究》2013 年第 4 期。

③ （后晋）刘昫：《旧唐书》卷 18 上《武宗纪上》，第 590 页。又见（宋）李昉《文苑英华》卷 423，明刻本。

许受纳，州县城门不令放入及不得囊私置卖，犯者请加重罪"，少帝欣然采纳。[1] 后汉隐帝时，殿中少监胡崧亦曾建议"请禁斫伐桑枣为薪，城门所由，专加捉搦"，而隐帝从之。[2] 君臣不断予以关注，足见桑枣所面临的压力之大。

相关情形至宋代更为普遍，相关史料极多。建隆三年（962）宋太祖就有"禁民伐桑枣为薪"之诏[3]，而相关惩处力度非常大，"民伐桑枣为薪者罪之：剥桑三工以上，为首者死，从者流三千里。不满三工者减死配役，从者徒三年"[4]，至仁宗朝仍有人提及宋初之措施，称"祖宗时重盗剥桑柘之禁，枯者以尺计，积四十二尺为一功，三功以上抵死"[5]。尽管量刑很重，但情况却继续恶化，真宗朝即有士兵公然"辄入村落伐桑枣为薪"[6]，北宋中后期更是有人"岁伐桑、枣鬻而为薪"[7]。生活在北宋后期至南宋初期的庄绰亦称"河朔、山东养蚕之利，逾于稼穑。村人寒月盗伐桑枝以为柴薪，为害甚大"[8]。

政府决策过程中的失误也起到了推波助澜的作用，神宗朝由于新法在执行过程中遭扭曲，民众砍伐桑枣即更为普遍化，翰林学士承旨韩维进言："畿县近督青苗甚急，往往鞭挞取足，民至伐桑为薪以易钱，旱灾之际，重罹此苦。"[9] 新法推行过程中，"赋敛多责见钱。钱非私家所铸，要须贸易，丰岁追限，尚失半价，若值凶年，无谷可粜，卖田不售，遂致杀牛卖肉，伐桑鬻薪，来年生计，不暇复顾，此农民所以重困也"[10]。

王星光、柴国生认为"民伐桑枣为薪"是困于赋敛而非缺乏柴薪，所论困于赋敛当然是砍伐桑枣的重要原因，但并非全都如此。他们列举了大量

---

① （宋）王钦若：《册府元龟》卷70《帝王部·务农》，明初刻印本。

② （宋）薛居正：《旧五代史》卷101《汉书·隐帝纪上》，中华书局，1976，第1343页。

③ （宋）李焘：《续资治通鉴长编》卷3"建隆三年九月丙子"，四库全书本。

④ （元）脱脱：《宋史》卷173《食货志上一》，第4157页。

⑤ （宋）李焘：《续资治通鉴长编》卷110"天圣九年三月乙巳"。

⑥ （宋）李焘：《续资治通鉴长编》卷58"景德元年十二月辛卯"。

⑦ （宋）李焘：《续资治通鉴长编》卷143"庆历三年九月丁卯"范仲淹语。

⑧ （宋）庄绰：《鸡肋编》卷上，四库全书本。

⑨ （元）脱脱：《宋史》卷176《食货志上四》，第4285页。

⑩ （元）脱脱：《宋史》卷177《食货志上五》，第4310页。

与赋敛相关的砍伐桑枣的史料，但仔细梳理可发现，除一例明确为仁宗时期外，基本上集中在神宗、哲宗朝。[1] 这仍与新法执行过程中的苛政扰民有关，是整个北宋时期的"变态"而非常态。即使置此不论，困于赋敛的情况下人们大肆砍伐桑枣，仍可证明其时存在燃料紧张局面。若非市场上对燃料的需求极为旺盛，贩卖薪柴利润较高，民众当不会砍伐经济价值极高的桑枣来贩卖。

总之，政府虽一再明令禁止，可桑、枣树的柴薪化趋势却没有得到有效遏制，可见华北地区薪柴危机已经到了非常严重的地步！政策法令的执行效果亦会受制于环境条件，在资源总量并不丰裕的情况下，政府的干预难以扭转人们的非理性行为。随着燃料资源的日渐匮乏，获取薪柴的难度增大，不算成本与后果尽可能多地占有薪柴成为个人的理性选择，但整体而言却陷入了群体的非理性。人们不遗余力地采伐森林以获取燃料，这进一步加剧了燃料紧张程度，又推动人们更强力地砍伐森林，若无新的燃料来源，华北社会将彻底陷入恶性循环之中难以自拔。

这样的薪柴获取方式是饮鸩止渴式的，古人也早已清醒地预料到了其严重后果，宋代有人赋诗感慨道："桑林伐尽枣林空，卖得柴钱饭不充。明日死生犹未必，将何缠裹过秋冬？"[2] 但却苦无化解之策，因为资源丰度决定人们环境态度，相关论述参看上一节，此处不赘。

元代燃料问题仍极严重。如至大二年（1309）九月十四日，元武宗就民众樵采薪柴事宜专门发布圣旨进行干预，可见其时薪柴供应极为紧张，史称"尚书省奏，官人每根底放鹰，大分拨与的山场禁治着，不教百姓每采打柴薪，以致柴薪价钱贵了。么道奏呵奉圣旨：如今不拣谁权豪势要休禁者，禁治的人每有咱每知识的奏者，不知识的您尚书省官人每依体例要罪过者，教百姓每采打柴薪者。钦此。"[3]

元代砍伐桑枣的行为仍很常见，所以政府依旧不断进行干预。大德五年

---

① 王星光、柴国生：《宋代传统燃料危机质疑》，《中国史研究》2013 年第 4 期。

② （宋）苏洞：《冷然斋诗集》卷 6《五言绝句七言绝句·金陵杂兴二百首之一》，四库全书本。

③ （元）拜柱：《通制条格》卷 27，明钞本。

（1301）五月，有官员建议禁止采伐桑树，其进言详细内容如下：

> 　　夫农桑者，百姓衣食之原，国费之本，不为不重。今体知随处官司每年虽合民间栽植，其旧有大树迤年以来，被一等不务本业拾柴为生之徒窃，间身捎颇有枯槁去处，用斧劈砍作柴，货卖以养妻子。地主虽见不能禁止。亦有自行砍斫之家，其元砍痕迹，经值岁月，文以枯干，一复一年依前劈砍。每树十分劈去六七者有之，八九者有之，连根砍去者有之，风雨刮折者有之，因此十损八九。若不早为禁治，深不便益。①

至大三年（1310）二月户部再颁严令对桑枣砍伐现象予以禁止，要求"各处和买柴薪，毋令百姓砍斫桑枣送纳及街市货卖，违者断罪，提调官禁治不严，亦行究治"②。

元人石屋禅师撰写了一系列涉及樵采薪柴场景的诗，生动刻画了薪柴之难得与樵采之艰难，从中亦可看出其时燃料并不充裕，摘引如下：

> 　　结屋荒山巅，随缘度朝夕。卖柴籴米归，煮粥做饭吃。虽是劳形骸，且免当户役。说妙与谈玄，个却晓不得。

> 　　结屋霞峰头，耕锄供日课。山田六七丘，道人三两个。开池放月来，卖柴籴米过。老子少机关，家私都说破。③

> 　　庵住霞峰最上头，岩崖巉崄少人游。担柴出市青苔滑，负米登山白汗流。口体无厌宜节俭，光阴有限莫贪求。老僧不是闲切恒，只要诸人放下休。

---

① （元）佚名：《元典章》卷23《户部九》，元刻本。

② （元）佚名：《元典章》卷23《户部九》。

③ 以上两首见（元）释清珙《石屋禅师山居诗》卷3《七言古诗》，明万历刻宋元四十三家集本。

法道寥寥不可模，一庵深隐是良图。门前养竹高遮屋，石上分泉直到厨。猥抱子来崖果熟，鹤移巢去碉松枯。禅边大有闲情绪，收拾干柴向地炉。[1]

年老庵居养病身，日高犹自未开门。怕寒起坐烧松火，一曲樵歌隔坞闻。童子未曾归动火，水云早已到投斋。山庵喜免征徭虑，剩种青松只卖柴。

山头活计镘头边，衣食须营岂自然。种稻下田泥没膝，卖柴出市担磨肩。

旋研青柴逐把挑，担头防脱莫过腰。今朝未保得来日，且了寒炉一夜烧。

空劫已前无影树，撑天柱地赤条条。新州有个卖柴汉，收拾将来一担挑。[2]

元曲中描述柴米获取艰难的语句亦极多。如落魄书生感慨囊中羞涩时，称"这钱也难买柴薪，不勾斋粮，且备茶汤"[3]。孤苦无依之人在寒冷冬日中向街坊邻居求助，称："济困的众街坊，您是救苦的观自在，谁肯与半抄粗米一根柴，街坊每□没个把俺来着个甚买，但得半片儿羊皮一头稿荐，俺便是得生天界做跪下放。"又有唱词描述了无柴取暖而有人被冻死的凄惨场景，称："冬寒天色冷落，窑中只没根柴，冻死尸骸无人偢睬，谁肯着锹土埋？少不的撒在荒郊外。"[4] 此类唱词极多，不一一备述。无疑，元代燃料危机又进一步发展。

---

① 以上两首见（元）释清珙《石屋禅师山居诗》卷5《七言律诗》。
② 以上四首见（元）释清珙《石屋禅师山居诗》卷6《七言绝句》。
③ （元）王实甫：《北西厢秘本》卷1，明崇祯刊本。
④ 以上两条材料出自（元）佚名《古今杂剧》，元刻本。

燃料压力如此之沉重，人们要想改变现状，势必要开源节流，寻找并开发新资源，同时最大限度地节约旧资源。于是，华北地区的燃料利用结构发生了显著的变化，表现在两个层面。第一个层面是仍在传统燃料内部寻求化解的方法，木柴在燃料格局中所占比例不断被压缩，而草本植物在燃料结构中所占比例则不断上升，此为从求诸木到求诸草的转换；同时，天然草木所占比重不断下降，作物秸秆用作燃料所占比重不断增大，此为从求诸野到求诸田的转换。第二章中已有所论述，笔者将另文探讨，此处不赘。这些措施在一定程度上缓和了燃料紧张的局面，却没能根本化解燃料危机，同时又引发了新的社会与生态问题，相关问题将在第五至七章深入分析。

第二个层面则是开始了从原生物燃料向化石燃料的过渡，国人发现已久的煤炭自宋代起得到了大规模的开发利用，日常生活中的使用已经较多，而手工业生产中的使用规模也不断扩大。但煤炭的使用还远未普及，华北民众还将顽强抗争数百年，直到近现代技术传入，化石能源得以大规模开采运输，传统燃料的危机才最终消弭。可是，随着化石燃料的大量使用，环境污染日趋严重，而化石能源日渐枯竭的问题也摆在了我们面前，新的燃料危机已然出现。这些问题，我们留待后文再做深入探讨。

那么，为什么至宋代会发生全面的燃料危机呢？原因大致有以下几个方面。

其一，人口规模增大导致燃料需求量远超前代。通过上一节的相关分析可知，宋金 300 年间华北人口达到了历史新高，一路突破 1500 万人大关，极盛时达到近 1750 万人。又据表 4.3 可知，要提供宋金华北人口最高点时所需要的薪柴，至少需采伐的林木面积约为 3475 平方千米，即使只有 1% 遭到超采，那么每年被破坏的森林也可达 34.75 平方千米，在可供采伐的天然林木已日渐稀少的情况下，这对环境的压力非常巨大。

其二，气候寒冷化导致取暖方面消耗燃料显著增加。第二章中已经指出，宋元时期我国气温显著偏低。[①] 据学者考证，自雍熙二年（985）至绍熙三

---

① 满志敏则认为北宋至元中叶为温暖期，参见邹逸麟主编《黄淮海平原历史地理》，安徽教育出版社，1997，第 28~39 页。

年（1192）的 208 年为我国五千年来的第三个寒冷期，关于气候严寒的纪录相当多，这一时期的气温较之现代要低 1~1.5℃。自绍熙三年至宋末的 80 多年则为气温回暖期。元代气温进一步走低，自至元十四年（1277）以迄至正二十七年（1367）的 91 年中霜雪连年，找不到任何冬暖的记载，91 年中有多达 25 次的春霜、秋霜的记载，还有多达 15 次的"夏霜""夏雪"的记载，百年中发生频率均为五千年来之最。这为一个令人很困惑的问题——元代人口急剧下降的同时燃料危机并未缓解提供了很好的解释，因为取暖方面的燃料需求迅猛增长。

其三，宋代华北冶铁、陶瓷等手工业的迅速发展，使得燃料消耗量也迅速增长。

宋代河北路磁、邢二州冶铁规模很大，在全国冶铁业格局中占有极为重要的位置，沈括即指出，"今河北磁、邢之地，铁与土半"[1]。磁州武安县固镇，设有冶务，年产铁份额为 1814261 斤，元丰元年（1078）产铁量曾达到 1971001 斤，而同年全国铁课为 5501097 斤[2]，固镇一地之产量竟占到了全国铁课总量的 35.8% 强。磁州锻坊与相州都作院一次可完成制箭 33 万支的任务[3]，亦可见当地冶铁业之发达。邢州的冶铁业与磁州在伯仲间，邢州棋村冶年产铁份额为 1716413 斤，元丰元年曾达到 2173201 斤[4]，产量超出固镇 202200 斤之多。元丰元年固镇与綦村两冶务铁产量合计高达 4144202 斤，在同年宋代铁课总数中占比 75.3% 强，这一比例高得令人咋舌。宋代 1 斤折合公制 640~661 克[5]，取较小的 640 克计，则元丰元年两个冶务的铁产量合公制约 2652.28928 吨。关于古代炼铁时的木炭消耗情况，不同人的估测结果不同，有人认为炼 1 吨铁需消耗木炭 4~5 吨[6]，也有人认为需要消耗 7 吨[7]，取最小值

① （宋）李焘：《续资治通鉴长编》卷 283 "熙宁十年六月壬寅"。

② （清）徐松：《宋会辑稿》卷 33《食货十三》，中华书局，1957。

③ （宋）李焘：《续资治通鉴长编》卷 327 "元丰五年六月丁巳"。

④ （清）徐松：《宋会辑稿》卷 33《食货十三》。

⑤ 丘光明、邱隆、杨平：《中国科学技术史·度量衡卷》，第 391 页。

⑥ 北京钢铁学院《中国古代冶金》编写组：《中国古代冶金》。

⑦ 《中国冶金史》编写组：《河南汉代冶铁技术初探》，《考古学报》1978 年第 1 期。

4 吨来估测。龚胜生认为烧制 1 吨木炭要消耗 3 吨木材[①]，1 吨原木平均折合体积 1.46 立方米，则 1 吨木炭消耗木材 4.38 立方米，与许惠民所估测的 4 立方米相去不远[②]。以 4.38 立方米计，则元丰元年两冶务炼铁需要消耗 46468.108 立方米的木材。若这些薪柴全部取自产出比较多的灌木林，则每平方千米每年可产薪柴 2920 立方米，则元丰元年两地冶铁至少需采伐约 15.91 平方千米的灌木林。数值看似不大，但考虑到固镇与綦村仅是两个小小的聚落点，且这一采伐力度几乎贯穿整个北宋时期，则两地周边环境所受到的影响至深至巨。

华北地区的陶瓷业生产历史悠久，磁山文化遗址中即发现了距今 7000 多年的陶器。隋唐时期，位于今河北内丘县的邢窑名扬天下。至宋代，华北地区的陶瓷业达到鼎盛。如位于今河北磁县观台镇与峰峰矿区彭城镇附近以及冶子村、东艾口村一带的磁州窑，成为宋代北方民间瓷器的典范，主要生产各种民间日用杂器，在全国影响极大，相关器具常被称为"磁器"，几乎成了"瓷器"的代名词。定窑是宋代五大名窑之一，位于河北曲阳，生产的白瓷闻名天下。另外较有名气的还有鹤壁集窑，位于今河南汤阴境内。[③]这些地方每年具体生产的瓷器数量已无从查考，但总量极为巨大显然无疑。瓷器烧制时窑温需达到 1200℃以上，且需持续较长时间，烧制白瓷时火候往往"以十二时辰为足"，所费薪柴显然也极多，"大抵陶器一百三十斤费薪百斤"[④]。保守估计，宋代华北地区烧制瓷器所消耗的薪柴数量或许可达千万斤以上，这必然对窑址周围的环境造成沉重的压力，也使整个华北地区本已极为紧张的燃料状况雪上加霜。

除冶铁、陶瓷两大产业外，看似能耗不多的丝织业其实也要消耗大量的燃料。手工业生产与燃料之关系，第六章再做进一步分析，此处不赘。

① 龚胜生：《唐长安城薪炭供销的初步研究》，《中国历史地理论丛》1991 年第 3 辑。

② 许惠民：《北宋时期煤炭的开发利用》，《中国史研究》1987 年第 2 期。本段关于华北冶铁业的描述主要参照了该文。

③ 以上论述主要参照叶喆民《中国陶瓷史纲要》，轻工业出版社，1989。

④ （明）宋应星：《天工开物》卷中《陶埏第七》。

其四，开封城的巨大燃料需求也加重了整个华北地区的燃料危机。

如前文所述，开封地处一马平川的平原地带，远离薪柴蓄积量丰富的山林，所需薪柴大都需要远距离调运。许惠民即指出，"木柴燃料的采集是以开封为中心向四面八方伸出形成一个方圆广大的燃料采集面，其采集半径之长已达千里之外"[①]。作为中原地区重要屏障的华北南部地区紧邻开封，自然也是当地燃料的重要供给地。后来开封城中所用的煤炭，亦有大量从河北调运而来。这使华北的燃料问题更为严重。

不过，对于宋代是否发生了燃料危机，王星光与柴国生有不同意见，他们梳理史料，对相关问题进行了全新的阐释，合撰《宋代传统燃料危机质疑》一文对上述观点进行了重新评判，认为宋代并未发生燃料危机。[②] 该文观点独到，引证材料丰富。笔者也赞同宋代并无全局性的燃料危机，但笔者认为，就华北区域而言，局部的燃料危机却已相当严重，前人断言宋代发生了普遍的燃料危机固然失之武断，而二位断言宋代并无燃料危机亦失之偏颇，因为两种论断都忽略了燃料资源储量的区域差异。宋代经济的空前大发展使高能耗的丝织业、冶铁业和陶瓷业迅猛增长，都给燃料资源造成了极大的压力，生产过程中出现了由煤炭取代薪柴的现象，此为传统燃料资源已经极为紧张的重要表征。而民众大规模砍伐桑枣，虽与赋敛有关，但更主要的还是市场上对木柴的需求极为旺盛使然。笔者认为，虽不能说宋代的华北地区发生了全局性的危机，但宋代的华北已然打响了后世严重燃料危机的揭幕战。详细情形，笔者另文探讨，此处不赘。

第三节　明清时期的燃料危机

一　明代燃料危机的深化

宋代爆发的燃料危机经元代进一步发展，至明清而越发深重，深刻地影

---

① 许惠民、黄淳：《北宋时期开封的燃料问题——宋代能源问题研究之二》，《云南社会科学》1988 年第 6 期。

② 王星光、柴国生：《宋代传统燃料危机质疑》，《中国史研究》2013 年第 4 期，第 139~156 页。

响了华北经济、政治、文化、生态。论及政府对燃料的重视程度，历代无能与明代比肩者。《明史》专门提及政府的薪炭供应与管理机制，称："凡薪炭，南取洲汀，北取山麓，或征诸民，有本、折色，酌其多寡而撙节之。夫役伐薪、转薪，皆雇役。"[1] 这在正史中是第一次，也是唯一一次相关记载，亦可想见华北燃料问题之严重。

在经济史领域，非常有热度的理论是"高水平的平衡陷阱"与"经济内卷化"，这样的问题是否真实存在，容或值得商榷，但明清时期的华北社会呈现与此前的历史时期及同时代的世界其他区域迥然不同的风貌则是毫无疑问的。这样的独特风貌的形成过程中，燃料危机发挥了重要的形塑作用。

笔者认为，华北地区的燃料危机至明代而达至巅峰，其表征有以下几个方面。

其一，人口快速增长，移民不断涌入，柴薪压力加大。

据前文分析，经历元末大战乱之后，明初华北地区人口锐减至约 407 万人。仅从人口总量来看，燃料问题当不严重。但不容忽视的是，洪武、永乐年间政府组织了大规模的移民，人口在短时间内超自然状态的快速增长，也会引发燃料问题。据曹树基考证，洪武年间共有 110.4 万名移民涌入北平地区；分别有移民 4.2 万人、5.9 万人和 10.7 万人迁入位于黄河以北的河南省的彰德、卫辉、怀庆三府，合计为 20.8 万人；23.4 万名移民进入山东的东昌府，46 万名移民定居济南府。[2] 黄河以北地区在明代包括东昌府的绝大部分与济南府的约一半，按东昌府的全部和济南府的一半折算这里涌入的移民数量，则共有 46.4 万名移民进入明初山东黄河以北部分。整个华北地区在洪武年间共获得移民 177.6 万人，这使华北总人口在较短时间里猛增了 43.64%，燃料消耗量必然猛增。以每人每年消耗 0.4 吨薪柴计，则每年生活用薪柴的需求总量猛增了 71.04 万吨，草木资源定然受到十分猛烈的冲击。

"靖难之役"的主战场在华北，经济社会遭受重创，人口锐减，但战争

---

[1]　（清）张廷玉：《明史》卷 72《职官志·工部》，第 1762 页。

[2]　据曹树基《中国移民史》第 5 卷《明时期》，福建人民出版社，1997，第 242、264、213 页。

中的燃料消耗极为巨大，而战争一结束，政府又组织了新的移民，迁都北京更是带来总人数上百万的官吏与士兵及其家属，人口规模迅速恢复，故可不计其影响。此后，华北人口继续发展，至明后期已接近 2000 万人。据前文分析，明后期华北地区的生活用柴若全部折算为原木，则每年至少需要采伐灌木林 3082.1127 平方千米，燃料压力可想而知。

其二，定都北京，使华北地区燃料状况越发紧张。

论者认为北宋与明代严重的国防安全问题都与都城所处位置有关，开封无险可守，北京则是天子守国门。同样地，北宋与明代的燃料困局也都与都城所处位置有关。开封虽去山林较远，但水运相对较为发达，可以用相对低廉的运输成本来调运燃料，且身处河南，其燃料需求对华北地区的影响还不是十分强烈。金元以降历代政权长期以地处华北的北京为都，其燃料需求对华北地区造成了更直接、更强烈、更持久的冲击。

据龚胜生的研究，元初大都城年消耗薪柴 21 万吨，后期翻了一番有余，达到 47 万吨。明初定都南京，北平的政治地位与城市规模都显著下降，燃料需求随之下降为每年 7 万吨，只有元代后期的七分之一强。自洪武元年（1368）至永乐十九年（1421）的半个多世纪里，北京城的燃料需求都不是十分大，这段时间不足明王朝寿命的 1/5。朱棣正式迁都北京，前后迁入北京及顺天府境内的人口多达 130 万人之众[1]，燃料供应重又紧张起来。

与南京相比，北京在燃料资源方面存在着显著劣势，明人即有清晰的认识，丘濬指出：

> 洪武之初建都江南，沿江芦苇自足以供时之用也。芦苇，易生之物，刈去复生，沿江千里，取用不尽。非若木植，非历十数星霜，不可以燃，取之须有尽时，生之必待积久。况今近甸别无大山茂林，不取之边关，将何所取耶！[2]

---

[1] 曹树基：《中国移民史》第 5 卷《明时期》，第 331 页。

[2] （明）丘濬：《守边议》，载氏著《大学衍义补》卷 150，四库全书本。又载（明）陈子龙等《明经世文编》卷 73，明崇祯平露堂刻本。

可见就薪柴的储量及获取的容易程度而言，北京远远不及南京，而环境的耐受程度也远不如南京。相对脆弱的生态恢复机制下，周边山林历经明清数百年高强度的采伐，破坏极为严重，社会民生亦受到深刻的影响。

迁都至明亡共计 223 年，北京城及其周边一直生活着大量的军人、官僚、皇族，政府需要为他们提供薪柴，这构成了政府的沉重负担。成化二十一年（1485）工部尚书刘昭奏称光禄寺、惜薪司每年需要柴炭数量分别为 1313.4 万斤和 2400 万斤，合计竟达 3713.4 万斤。[①] 而礼仪房、御用监、银作局、织染局、太常寺、翰林院、会同馆、坝上大马房、西舍饭店等部门的大宗燃料消耗还未包括在内。又明末仅宫中每年要用 2600 万斤柴和 1200 万斤红箩炭，以 1∶3 的比例折算木炭与木柴比，所用木炭制备过程中要耗柴 3600 万斤，则仅宫中每年就要消耗薪柴 6200 万斤，数量惊人。

而北京城中普通民众占总人口的绝大多数，他们需要樵采或购买大量的薪柴，对华北地区的燃料格局有更为重要的影响。

曹树基详细考证了明代北京城的人口，龚胜生也对元明两代北京城的燃料消耗情况进行了估算。笔者参照两者的研究成果，粗略估算元明两代北京城年消耗生活用薪柴数量，借以大致分析由于北京城燃料需求而施加于整个华北地区的压力。

表 4.4　元明北京城人口及燃料消耗情况

时期	至元七年（1270）	泰定四年（1327）	洪武八年（1375）	永乐十九年（1421）	嘉靖四十五年（1566）	天启元年（1621）
人口（万人）	42	93	16	70	120	124
薪柴（万吨/年）	16.8	37.2	6.4	28	48	49.6
备注	人均燃料消耗 0.4 吨/年					

依据表 4.4 资料绘制折线图，可以更直观地呈现明代北京城燃料消耗的变化趋势，参见图 4.3。

---

① 《明宪宗实录》卷 260，"成化二十一年正月己丑"条。

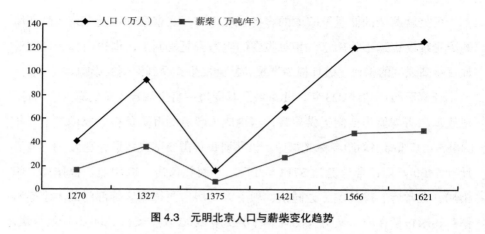

图 4.3 元明北京人口与薪柴变化趋势

可见自永乐迁都以后，燃料消耗量便急剧攀升，迅速超过了元代的最高水平。这些薪柴全部取自华北地区，宣德以后政府所需要的柴炭主要取自易州山厂，这导致了山厂附近的环境急剧恶化，戴铣指出：

> 民之执兹役者，岁亿万计，车马凑集，财货山积，亦云盛矣。然昔以此州林木蓊郁，便于烧采，今则数百里内山皆濯然。举八府五州数十县之财力屯聚于兹，而岁供犹或不足。民之膏脂日以告竭，在易尤甚。上不亏国用而下能苏民困，仁人君子尚有以念之哉！ [①]

可见易州山厂附近薪柴压力之沉重，关于该山厂的详细情形另文探讨，此处不赘。

此外，据龚胜生考证，北京近郊的宛平、大兴、昌平、房山、顺义、通州、玉田、良乡、涿州、怀柔、三河、平谷、蓟州等州县都为北京城重要的燃料供应地。此外，距北京较远的宣化、承德二府也为北京提供了大量燃料。[②] 其影响还不限于此，每年征发之易州砍柴夫，初期为力役，后期折银征收，共涉及北直、山东、山西三省的九府五州，可见整个华北地区的燃料资

---

① 戴铣：《易州山厂志》，载弘治《保定郡志》卷 19，《天一阁藏明代方志选刊》本。

② 龚胜生：《元明清时期北京城燃料供销系统研究》，《中国历史地理论丛》1995 年第 1 辑。

源都在围绕北京城的需求而转。

要之，定都北京使华北地区燃料窘困状况进一步加剧。

其三，气候的变化，使华北地区燃料更显匮乏。

刘昭民对明代的气候进行了整体的评判，他结合竺可桢的观点指出"明代气候承元代气候之绪，继续为寒冷时期，但是明代比元代更为干旱，所以明代中叶以后，旱灾和饥荒连年"，"明代前叶和中叶的第十五世纪为中国历史上旱灾仅次于晋、南北朝、隋等朝代的时期"，"而明代中叶、末叶的第十六世纪，则旱灾总数达八十四次之多，居历史上各世纪之冠"。[①] 满志敏也对元明清时期华北的气候状况进行了研究，特别强调了冷，指出了两大基本特征："其一，整个平原气候寒冷化，气温比现代低。其二，气温方差增大，气候具有不稳定性，年内和年际的波动比现代大。"[②] 要之，其时气候有两大特点，一为冷，二为干。

冷与干均对燃料格局有重要影响，亦可从两方面分析：其一，持续寒冷的气候既缩短了植物的生长期从而导致燃料的年产出潜力大幅度下降，同时又会大幅度增加用于取暖的燃料数量；其二，气候持续干旱，也会极大地削减燃料的供应量，从而加重燃料危机。关于第一方面，前文已有较多论述，明代并无本质的不同，此处不再过多展开，我们将分析的重点放在第二方面。

本书并非以灾荒为研究主题，所以笔者没有全面梳理各种史料，仅集中翻阅了《明史》本纪与五行志中的材料，已然发现关于干旱的记载非常之多，可见竺可桢与刘昭民观点是正确的，即明代气候最显著的特点是"干"。笔者筛选了《明史》中关于华北的记载后，发现华北的旱灾同样极为频繁，是明代旱灾的重灾区。试分析干旱特别是旱灾对燃料状况的影响。

农作物对水分条件最为敏感，干旱会影响产量，而旱灾则会导致严重减产乃至完全绝收，粮食产量不足的同时，秸秆产量也会锐减。就生命力而言，野生草木当然远比农作物为强，但明代华北平原地区的农业开垦力度已经非

---

① 刘昭民：《中国历史上气候之变迁》，台湾商务印书馆，1992，第135页。

② 邹逸麟主编《黄淮海平原历史地理》，第42页。

常大，野生草木的生存空间已经被严重压缩。而且，在严重的旱灾之下，它们生长速度也会大大放慢，干旱程度很高时也会大量死亡，旱灾导致"赤地千里"的景象是经常发生的。单独一次的轻微旱灾即会对农作物与野生草木产生重大影响，而明代特别是晚明还经常是几年乃至十几年连发的特重旱灾，其后果之严重可想而知。

自宋以后，作物秸秆是华北——特别是广大平原地区极重要的燃料来源，而野生草木则是燃料的重要补充来源。故而，旱灾会重创华北的燃料供应系统，常会显著加大本已存在的燃料压力。就华北民众的日常生活而言，食与薪是密不可分的，食作物之籽粒，而焚其茎秆，一旦缺食，必然伴随着缺薪。人们历来极为重视缺食问题，却往往忽视缺薪问题。人们常说"巧妇难为无米之炊"，却少有人注意到其实巧妇也难为无柴之炊。旱灾之后，民众所面临的难题除吃什么的问题之外，还有烧什么的问题，不得不面对的将是柴米俱无的现实。取暖用柴其实可以较大幅度地进行压缩，可烹饪用柴若没有着落，后果会非常严重。因为寒冷易忍，而饥饿难耐。对人们来说，面对贫穷、卑贱、劳累都还可以保持冷静，饥肠辘辘却是剥夺理智的撒手锏，暴力抢夺资源的行为多由饥饿所促成，大饥荒将瓦解整个社会的秩序。[1] 柴米同时匮乏的问题若不能快速有效地予以解决，会导致许多人被活活饿死，饿殍遍野的情形在历史上一再出现。同时，更有可能发生破坏性的骚乱，进而酿成全国性的大动乱并导致改朝换代。明末的内乱与此有关，历史上的多数民变亦是如此。

旱灾后发生柴薪匮乏的情形虽然很普遍，但留下的直接记载却并不多，"人相食，炊人骨以为薪，煮人肉以为食"[2] 之类的记载虽屡屡见之于史籍，人

---

[1] 饥饿的本质，饥饿如何影响人类，如何调节饥饿，这些问题至今仍然困惑着生物学家，不少学者做实验予以探究，但仍无令人满意的结论。读者如果感兴趣，可参看一本比较通俗有趣的书，〔瑞士〕雷托·U.施奈德：《疯狂实验史》，许阳译，生活·读书·新知三联书店，2009，第 112~115、293~294 页。从历史学的角度去看，饥饿史或许会是一个很有发掘空间且有助于我们更好理解人心人性的研究方向，但至今似乎研究还比较薄弱，中国史领域尤其如此，学界或应在这方面加以努力。

[2] （清）计六奇：《明季北略》卷 5。

们却大都把粮食匮乏与人们失去理智的行为作为强调的重点，对其中柴薪不足的信息视而不见。如果柴薪并不匮乏，以人骨为柴薪的做法绝难出现，因为其有违人伦常情，且人骨并非理想的燃料。当然，史书中的类似说法可能只是夸大其词，但若无燃料严重不足的真实情景，此种说辞绝难形成并流传。

虽然很少见到直接的记载，但我们还是可以依靠间接的材料——比如政府的赈济活动来看出端倪。灾荒发生之后，政府或地方有名望的士绅往往安排物资与人力来开办粥厂进行赈济，因为煮粥可以用较少的粮食维系较多人的生命。[1] 灾年设立粥厂，全活人数甚多，据民国时期调查，北平平均每个粥厂每天可养活人数多在 2000 人以上，其时"至于燃料，现各厂所用皆系煤炭，少有用柴草者。煤系烟煤，购自本地者"，海淀粥厂每天要用煤150 斤，木柴 6 斤。可在更早时候的不产煤区域，煮粥所需柴薪的供应也往往成问题，"煮粥之柴，其费最多，粥厂等那堪赔累，即令在所领米内扣卖作价"[2]。

明代官员制定了详尽的荒政条款，其中有两条涉及燃料，摘录如下：

一、煮粥柴薪用官银买办，事定之日或令饥民少壮者采柴草一束。

一、饥民出外不许抢夺柴草摘取蔬果，若有一二喇虎强徒，或在厂为首抢食，或出外抢物，管事就便拿送本县，用大枷号厂门外一二个月，每日照数给粥。满日不死，疎放。庶可止乱，不得姑息。[3]

---

[1]　美国学者芭芭拉·J. 劳尔斯曾做实验研究过在不同情况下人们进食的差异，她将参加实验的人分成了三组：第一组吃以鸡肉、米、蔬菜为原料的烤饼；第二组吃同样的烤饼，只不过是加入 356 克水做成浓汤；第三组人则吃原装的烤饼，另外饮用 356 克水。虽然一份烤饼的卡路里相同，水不含卡路里，实验结果是第二组人进食最少，比第一组和第三组少了 1/4。第三组和第一组没有显著差别。这一实验参见〔瑞士〕雷托·U. 施奈德《疯狂实验史》，许阳译，第 293~294 页。而中国人喜欢的粥显然与汤有同样的功效，虽然古人并未进行过分类对比研究，却显然也对进食特征有着深刻的认识。

[2]　张金陔：《北平粥厂之研究》，载《社会学界》第 7 卷，1933 年 6 月，转引自李文海、夏明方、黄兴涛主编《民国时期社会调查丛编》一编《社会保障卷》，福建教育出版社，2014，第 400、407、418、410 页。

[3]　（明）耿定向：《耿天台先生文集》卷 18《杂著二·牧事末议》，明万历二十六年刘元卿刻本。

既规定了要有专项资金购买薪柴，还要求饥民自己采办柴草，则柴草不充裕当是灾后的常态。又指出要打击抢夺柴草的行为，则当时抢夺柴草的现象发生频率必然比较高，争抢之对象居然有平时并不甚珍贵之薪柴，亦可想见柴草匮乏程度之严重。类似的记载颇多，如又有吕坤记述设粥厂赈济饥民的调度管理方法时即指出：

> 备煮粥之具。布袋若干条，大锅若干口，木杓若干只，约与碗、大木碗若干个。碗令食粥者自备甚便，但大小不一。恐多寡不同。大木桶若干个，水桶若干只。柴薪不可多得，即差少壮食粥之人令其拾采。[1]

又如景泰七年（1456）顺天、河间、保定三府所属通州、香河等36个州县遭受了严重旱灾，十二月的一次朝会上，户部与廷臣给出的救灾方案中规定，"被灾地方山野湖泊产有鱼、菜、菱、藕、柴草、芦苇等物，听军民采取食用，不许势豪之人霸占阻当"[2]。朝议中特别留意了灾民获取柴草的问题，亦可见灾后燃料匮乏问题比较严重。

纪昀在笔记中载一故事，称其先祖在雍正年间捐粟赈灾，因煮粥缺柴而挪用藏有蛇精之积柴事，详录如下：

> 先祖光禄公，有庄在沧州卫河东。以地恒积潦，其水左右斜衺如人字，故名"人字汪"……人字汪场中有积柴（俗谓之垛），多年矣。土人谓中有灵怪，犯之多致灾祸；有疾病，祷之亦或验。莫敢撷一茎，拈一叶也。雍正乙巳，岁大饥，光禄公捐粟六千石，煮粥以赈。一日，柴不给，欲用此柴，而莫敢举手。乃自往祝曰："汝既有神，必能达理。今数千人枵腹待毙，汝岂无恻隐心？我拟移汝守仓，而取此柴活饥者，谅汝不拒也。"祝讫，麾众拽取，毫无变异。柴尽，得一秃尾巨蛇，蟠伏不

---

① （明）吕坤：《实政录》卷2《民务·赈济饥荒》。
② 《明英宗实录》卷273，"景泰七年十二月戊午"条。

动；以巨畚舁入仓中，斯须不见。从此亦遂无灵。然迄今六七十年，无敢窃入盗粟者，以有守仓之约故也。[1]

事关其先祖，大致情由当无虚构。蛇精之事虽属虚妄，但时人信以为真当为实情。甘冒得罪精怪的风险而取用薪柴，目的亦是煮粥以济灾民，可见灾后薪柴资源之不足。

旱灾对燃料资源的破坏力度已经非常大，可灾荒并不会止步于此。干旱条件下蝗虫卵的孵化成活概率大幅度提高，这为蝗虫的爆发性增长创造了条件，旱灾往往会并发或继发蝗灾。满志敏即指出，"干旱与蝗灾的统计关系非常良好，史书上常把旱蝗并列一起记载"，"干旱可看作蝗虫生存的一种压迫机制。蝗虫是一种无真正滞育性的昆虫，它不能通过延滞发育来逃避不利环境的影响，因此干旱迫使蝗虫从源地向外迁飞，去寻找有利生境"，从而酿成蝗灾。[2] 郑云飞将历史上的蝗灾与旱灾数量分省统计，分滋生区和扩散区两种类型计算旱灾和蝗灾的相关系数，结果发现滋生区为 0.9150，扩散区为0.8260，亦可见旱蝗关系之密切。[3]

如前所述，明代华北地区旱灾频发且为祸甚烈，相应地华北的蝗灾也必然具有高频率高危害性的特点，这已为历史记载所证实。章义和指出："虽然在蝗灾的发生频次上，明朝略少于清朝，然在蝗虫的危害区域以及蝗灾给社会带来的危害方面，可以说明朝乃中国历史之最。"[4]

如成化年间，马文升向皇帝进言，提请注意民生，即特别指出"即今河南、山东、陕西、山西及南直隶、扬州等府俱被旱灾，又多蝗蝻生发"[5]。万历年间汪应蛟力促皇帝去除弊政，即以"畿内荒疫、旱蝗相继为虐"为由。[6]

---

[1] （清）纪昀：《阅微草堂笔记·槐西杂志一》，第 279、280 页。

[2] 邹逸麟主编《黄淮海平原历史地理》，第 82 页。

[3] 郑云飞：《中国历史上的蝗灾分析》，《中国农史》1990 年第 4 期。

[4] 章义和：《中国蝗灾史》，安徽人民出版社，2008，第 39 页。

[5] （明）马文升：《端肃奏议》卷 4，四库全书本。

[6] 《明神宗实录》卷 349，"万历二十八年秋七月戊辰"条。

而《明史》中旱蝗连称的灾害颇多，摘录几条如下：

> 成化九年（1473），"八月，山东旱蝗"。
>
> 隆庆三年（1569），"闰六月，山东旱蝗"。
>
> 万历四十三年（1615），"七月，山东旱蝗"。[①]
>
> 天启六年（1626），"（是夏）江北、山东旱蝗"。[②]
>
> 天启六年（1626），"十月，开封旱蝗"。[③]
>
> 崇祯十一年（1638），"（六月）两畿、山东、河南大旱蝗"。
>
> 崇祯十二年（1639），"六月，畿内、山东、河南、山西旱蝗"。[④]
>
> 崇祯十三年（1640），"五月，两京、山东、河南、山西、陕西大旱蝗"。[⑤]
>
> 崇祯十四年（1641），"六月，两畿、山东、河南、浙江、湖广旱蝗，山东寇起"。[⑥]

可见旱蝗并发的灾害极为常见。将《明史》中旱灾与蝗灾资料排列并对比分析，能更清晰地看出二者之关联。笔者粗略整理发现《明史》中共有 52 处关于华北发生蝗灾的记载，其中 40 次发生在旱灾当年或次年，占比高达 77%。考虑到记载的不完备性与笔者统计中的误差等因素，实际比例还要高得多。[⑦]

旱灾之后已然草木凋零，而蝗灾波及之处的草木资源更会被一扫而光。本已遭受旱灾重创的灾区，复遭蝗灾的打击，燃料资源极度匮乏，燃料危机又会迅速反馈于社会秩序和生态环境，历史的发展进程因而会被改写。前引

---

① 　以上三条出自（清）张廷玉《明史》卷 28《五行志一》。

② 　（清）张廷玉：《明史》卷 22《熹宗本纪》，第 305 页。

③ 　（清）张廷玉：《明史》卷 28《五行志》，第 438 页。

④ 　以上两条出自（清）张廷玉《明史》卷 24《庄烈帝纪二》，第 325、327 页。

⑤ 　（清）张廷玉：《明史》卷 28《五行志一》，第 438 页。

⑥ 　（清）张廷玉：《明史》卷 24《庄烈帝纪二》，第 329 页。

⑦ 　关于明代旱灾、蝗灾关系的梳理，可参看附录表格部分表 2。

《明史》中的资料亦可证明，明末华北地区几乎连年旱蝗，这必然导致民众食物与柴薪的供应都严重匮乏，从而酿成大规模民变。

要之，明代的燃料危机极为严重，燃料匮乏程度之严重，影响之深远，不唯远迈前代，亦且胜过其后的清代与民国。[①] 明朝灭亡的原因是复杂的，单线条的阐释显然是不合理的，但我们还是要注意到，沉重的燃料危机也是明朝灭亡的重要原因之一。

二 清代的燃料状况

清代华北地区人口继续快速增长，与全国情形一样，华北地区也面临着更为沉重的人口压力。华北地区的人口从将近 1000 万人迅速攀升到了 4437 万余人，这就意味在 267 年的时间里，燃料消耗量也猛增了将近 4.5 倍。按人均每年消耗 0.4 吨薪柴计，清末华北的燃料消耗量相当于 1700 万吨以上薪柴，这会对环境造成巨大的冲击。

清代绝大部分时间里都处于小冰河期，寒冷为其显著的气候特征，刘昭民指出："清代前叶的气候完全和明代末叶后半期的气候一样，属于寒冷干旱的时期，而且是中国历史上最寒冷，寒冷持续很长久的时期。"进一步还指出，清代只有最后的 31 年——光绪六年（1880）以后——才是相对温暖的时期。[②] 竺可桢也曾指出，较寒冷的冬季出现在 1620 年到 1720 年之间与 1840 年到 1890 年之间，其中 17 世纪寒冷程度最高，19 世纪寒冷程度也较高。[③] 正如前文一再提到的那样，寒冷气候会显著减慢草木生长速度，大大减少单位时间内生物质的积累量，这会显著降低整个华北地区的燃料蕴藏量。同时冬季却变得更漫长、更寒冷，势必大大增加燃料的需求量。一减一增之间，燃料供应不足的问题遂更为突出。

和明代类似，清代旱蝗灾害发生的频度依旧很高。据学者考证，清代的各

---

① 笔者虽不赞同柴国生、王星光关于宋代并无燃料危机的论断，但他们关于明代发生生物质燃料危机的论断却于我心有戚戚焉，其详细论述参见附录史料部分 4.1。

② 刘昭民：《中国历史上气候之变迁》，第 155 页。

③ 竺可桢：《中国近五千年来气候变迁的初步研究》，《考古学报》1972 年第 1 期。

种灾害发生最多的区域正是华北，清前期华北直隶、山西、河南、山东四省共计受灾达 12256 次，占全国灾害总数的 42% 强。全国所有的灾害种类中以水灾、旱灾发生频度最高、破坏性最大，其中水灾、旱灾发生次数分别占到所有灾害总数的 56% 与 32%。[①] 考虑到华北地区的特殊自然状况，华北旱灾比例可能比全国旱灾比例要高得多，极可能超过 50%。频繁的旱蝗灾害对农作物与野生草木构成了巨大的威胁，这也严重影响了燃料的稳定供应。[②]

与明代一样，清代依旧定都于北京，清代前期北京城人口也在 60 万人以上，中后期则超过了 100 万人。城中大批皇族、官吏、八旗子弟与士兵需要政府为他们提供薪柴，而普通民众的生活用柴数量更多。所以北京城的燃料需求量仍极为巨大，按人均每年消耗 0.4 吨薪柴折算，则清代北京城每年的薪柴消耗量至少应在 24 万吨以上，至中后期则在 40 万吨以上，与明代大致持平。所以清代北京城燃料需求，仍是京畿地区乃至整个华北的沉重负担。

显然，清代华北地区的燃料危机依然沉重。但笔者又认为，某种意义上来说，清代的燃料问题反较明代有所缓和。

其一，燃料革命进一步发展，煤的开发与利用力度不断扩大，一定程度上减轻了传统燃料所面临的压力。宋代的开封因获取薪柴极为艰难而成为最早大规模利用煤炭的城市，南宋人有"昔汴都数百万家，尽仰石炭，无一家然薪者"的说法[③]，虽有夸大其词之嫌，但其时煤炭使用确实较为普遍。宋以后，金元两代定都北京，距山林远比开封为近，获取薪柴相对较容易，故而煤炭的开采与使用曾一度衰落。但从明中后期开始，随着燕山与太行山林木资源的日趋匮乏，加之林木具有重要的军事意义，煤重新受到了人们的重视，使用范围又不断扩大，终于远远超越了宋代的水平。至清代，煤炭的使用范围进一步增大，这大大缓解了燃料紧张的程度。进入民国，煤炭的生产与运输能力进一步发展，而华北的煤炭消耗量也进一步增加。详情我们在第八章、

---

① 李向军：《清代荒政研究》，中国农业出版社，1995，第 15~16 页。

② 关于清代的旱蝗资料极为丰富，读者可参看张波、冯风等《中国农业自然灾害史料集》（陕西科学技术出版社，1994）中的相关内容。且限于篇幅，此处不再详细征引相关史料。

③ （宋）庄绰：《鸡肋编》卷中，四库全书本。

第九章详细分析，此处不赘。

其二，高粱、玉米等高秆作物在华北的农作结构中占比不断攀升，这类作物的扩展不仅改变了华北绝大多数民众的饮食结构，也改变了他们的燃料结构，使农业生产可以提供的秸秆量大大增加，这在一定程度上缓和了燃料危机。元以后，高粱种植面积不断扩大，在华北不少区域甚至成为当家作物，影响尤为重大。玉米自明中叶传入后种植面积也稳步扩大，不过玉米在整个华北地区成为优势作物，已经是新中国成立以后的事情了，在清代，影响更大的还是高粱。[①]

其三，清廷完成了对蒙古地区的统一，北部边防压力较之明代大大减轻，北京以北的山林得到了大规模的开发，环境状况因此进一步恶化，却也极大地扩展了薪柴的来源。

终明之世，北京城始终处在国防第一线上，北京北侧一直面临着蒙古骑兵的强大军事压力。与宋代类似，明朝军队的骑兵力量也不占优势。但北京较之开封的优势是北部有险可守，茂密的丛林不利于骑兵的驰突，可以最大程度降低蒙古人的攻击力，因而北部山林具有重大的军事意义。经过土木之变、庚戌之变等多次重大军事挫折后，明政府对北部山林越发重视，西起宣大东到山海关一线的林木受到了严格的保护。邱仲麟即指出，在明代其他地区森林持续开采的情况下，长城沿线的森林却是个例外，"不仅是两军战火交织的防线，也是森林砍伐与保育对立最为明显的地区"[②]。

弘治年间丘濬即在其《守边固圉之略》中详细阐释了其以林木为屏障的军事思想和扩展林木范围的措施。他认为，在"近边内地之广狭险易沿山"地区种树，可以"为边塞之蔽，于以限虏人之驰骑，于以为官军之伏地"，所种树木有固定的间隔，"列行破缝参错蔽荫，使虏马不得直驰，官军可以设伏"。[③]种植树木的种类主要为榆柳，林带宽度为三十里至九十里。如果占用民间土地，则"官府即于其近便地拨与草场及官地如数还之。其不愿得地者，

---

① 关于作物种植结构变化与燃料之间关系的详细情况，笔者另文探讨，此处不赘。

② 邱仲麟：《明代长城沿线的植木造林》，《南开学报》（哲学社会科学版）2007年第3期。

③ （明）丘濬：《大学衍义补》卷150，四库全书本。

给以时价，除其租税"。还建议安排犯人通过植树来服刑，"遇有犯罪罚赎者定为则例，徒三年者种树若干，二年者若干，杖笞以下以次递减，照依缮工司运水和炭事例"。他还专门提及边防屏障与薪炭用途可以兼顾，"待其五七年茂盛之后，岁一遣官采其枝条以为薪炭之用。如此则国用因之以舒，民困因之而解，而边徼亦因之而壮固矣"。①

此外，马文升等人亦有类似论述。由于明廷确实面临严峻的军事形势，加之诸多朝臣极力倡议，故而严格封禁边关山林并大力植树造林遂成为有明一代的成法。如居庸关附近的山林即受到了政府严格管控，皇帝在下达给守将的敕书中即称：

> 其沿边树木尤宜严加禁约，不许官军人等采柴烧炭，图利肥己，致成空旷，引惹贼寇。或已经砍伐者，督令趁时补种，务要林木稠密，使贼寇不得通行，遇警易于守备，毋得偏私执拗，有误事机。②

蓟辽山地的林木亦为政府所重视，嘉靖四十五年（1566）有边将奏报："往者明禁甚严，宜再申饬提督太监、总兵等官率属巡诘以慎封守，并令及时于禁山一带相地种树以固藩离。凡有违禁往来盗伐并容隐者，悉置之法。"③

植树造林逐渐成为守边官员主管业务。嘉靖四年（1525），浦铉在《陈言边务事》特别提及在居庸关至龙泉关一带补栽过杂木28000株。④嘉靖四十五年，蓟辽总督刘焘派军士在昌平、黄花、横岭三路种植各种树木63662株。⑤其中，昌平道横岭路参将杨镗，带领士兵种了1410株。⑥隆庆年间，刘应节报称督帅密云道、蓟州道、永平道共栽植9280487株榆柳，种桃杏等种子556

①　（明）陈九德：《皇明名臣经济录》卷17《兵部四》，嘉靖二十八年刻本。
②　（明）刘效祖：《四镇三关志》卷7《制疏考·敕居庸关参将贾斌》。
③　《明世宗实录》卷560，"嘉靖四十五年七月壬寅"条，第8988页。
④　（明）浦铉：《竹堂奏议》卷4《陈言边务事》，明万历十一年刊本。
⑤　（明）刘效祖：《四镇三关志》卷6《经略考·昌镇经略·杂防》。
⑥　（明）谭纶：《谭襄敏公奏议》卷7《钦奉圣谕疏》，明万历二十八年刊本。

石 5 斗。这是明代在边境上最大规模的一次种树活动。[1]

明政府推行封禁关山与植树造林的举措虽无法杜绝北京北部山林的采伐，却还是在一定程度上阻滞了山林开发的步伐。

清政府对北京北部山林保护力度远不如明代，山林开发的力度便大大加强。康熙元年（1662）政府允许民众跃出古北口、石塘路、潮河川、墙子路、南冶口、二道关等关口采烧柴炭，但建昌、居庸等 14 个关口依旧封禁，这是因为北部尚未完全平定，准格尔部东进势头正盛。经过康熙帝数十年的经营，雍正皇帝复西向征伐多年，到乾隆年间进一步强化对西域的攻势，边境大幅北移，天子守国门的态势不复存在，北京安若磐石，茂密丛林的军事意义也不再受人重视。乾隆六年（1741）又开放了鲇鱼关、大安口、黄崖关、将军关、镇罗关、墙子路、大黄崖口、小黄崖口、黑峪关等九处关隘，孙冬虎指出："这些开放的关口位于燕山山脉的长城沿线，从密云县北向东，经河北与天津的交界线，直至河北遵化县以北，历史上一直是北京城的北部屏障。"[2]

位于北京西北方向的蔚州也在乾隆年间开禁，"前明时以南山一带近紫荆关，禁人砍伐，特命守备官及时巡逻，今则资之以为利也"[3]。

可见随着政局的稳定与边疆问题的最终解决，清政府大幅度放松了对北京以北林木的管控，薪柴采集的区域因而大幅度扩展。自山海关至宣化一线东西绵延达千里，南北复有数十至数百里不等，上万平方公里的区域内林木资源得到了大规模开发，这在一定程度上缓解了北京城的燃料危机，也对整个华北区域的燃料格局有较大的影响。只是随着传统燃料危机的相对减轻，环境状况却进一步恶化了，历史就是如此吊诡。

稍可注意的是，研究燃料问题时，或者说再进一步研究能源问题时，不必也不能强以古代、近现代为限来分期。进入民国时代，华北的燃料供应依旧非常紧张。自晚清以迄民国，我国始终处于从传统向现代转型的过程之中，

---

[1] （明）刘效祖：《四镇三关志》卷 6《经略考·昌镇经略·杂防》。以上植树造林相关资料多有转引自邱仲麟之《明代长城沿线的植木造林》一文者。

[2] 孙冬虎：《元明清北京的能源供应及其生态效应》，《中国历史地理论丛》2007 年第 1 辑。

[3] 乾隆《蔚县志》卷 15《货属》，清乾隆四年刻本。

就华北地区燃料利用格局而言，民国与传统时代是一脉相承的，燃料危机并未完全化解，燃料革命仍在推进过程之中。所以本书论述的重点虽是前近代，但征引史料时却较多地利用了民国材料，其合理性便在于此。

总之，华北地区的燃料资源在春秋战国时代就并不充裕，随着时间的推移，燃料日趋匮乏，至宋代初现燃料危机的端倪，明清燃料危机发展到顶峰。燃料危机深刻地形塑了华北地区的社会与生态，植被状况、手工业生产、民众生活都因燃料不足而发生了显著的变化。晚近时代的华北之所以呈现特殊的风貌，燃料状况与有力焉。

第五章

生物燃料消耗与草木植被的变迁

华北燃料匮乏局面的出现，源于草木植被的变化。而燃料匮乏局面的深入发展，又进一步推动了草木植被的变化。随着燃料危机的爆发，本已稀少的草木植被面临的压力不减反增，逐渐不堪重负，倒逼华北地区进行燃料革命。本章主要梳理华北草木资源的变化脉络，为后文分析燃料革命张本。

第一节　远古至明清华北地区植被的变化概况

一　华北森林植被变迁概述

一如全球森林覆盖率的演变规律，我国森林覆盖率也是由早期较高向晚近的极低转化。有学者指出，我国的平均森林覆盖率在远古时期曾高达 60%以上，随着时间的推移而一路下滑，至 1949 年跌至 12.5%。樊宝敏、董源曾估测了各时期的全国森林覆盖率，虽非定论，但有助于我们理解历史时期森林演变的大致轨迹，现将他们的估测值摘引如下（见表 5.1）。

表 5.1　中国历代森林覆盖率

年代	森林覆盖率
远古时代（约 180 万年前~前 2070）	64%~60%
上古时代（前 2069~前 221）	60%~46%
秦汉（前 221~220）	46%~41%
魏晋南北朝（220~589）	41%~37%
隋唐（589~907）	37%~33%
五代辽宋金夏（907~1279）	33%~27%
元（1279~1368）	27%~26%
明（1368~1644）	26%~21%
清前期（1644~1840）	21%~17%
清后期（1841~1911）	17%~15%
民国（1912~1949）	15%~12.5%

　　资料来源：樊宝敏、董源：《中国历代森林覆盖率的探讨》，《北京林业大学学报》2001 年第 4 期。

　　现代的华北属于少林地区，此种情形并非自远古即如此，在历史的早期华北森林资源是极为丰富的。华北地区的森林演化趋势与全国相仿，但森林减少速度快于全国。据凌大燮考证，公元前 2700 年华北地区的森林覆盖率高达 68%，到公元 1700 年已锐减到 22.7%，至 1937 年更是只有 0.9%。[①] 据马忠良等人的研究，远古至新石器时代晚期，华北丛林密布，植被状态良好，而草原和湖泊的面积也较大。河北、北京、天津的森林覆盖率大约为60%~70%。[②] 朱士光依据土壤剖面孢粉分析结果指出，这一时期平原地区生长着以栎属为代表的阔叶林或针阔混交林，局地为含亚热带种属的暖温带落叶阔叶林，在山地生长着以松属为主的针叶林，高原上生长着以桦属为代表的阔叶林。在渤海西部沿岸地区则为含少量常绿阔叶树的落叶阔叶、针叶混交林，低洼地区则分布有湿生和沼泽植被。华北的乔灌木树种分布广泛，组成复杂，其中松属、栎属最多，其他还有榆、桦、椴、柿、槭、鹅耳枥、柳、

---

　　① 凌大燮：《我国森林资源的变迁》，《中国农史》1983 年第 2 期。

　　② 马忠良等：《中国森林的变迁》。《天然林保护的对策研究》课题组：《中国森林的变迁及其影响》，《林业经济》2002 年第 1 期。

朴、榛、胡桃、椿等。[1]

商周时期，华北地区得到了初步开发。华北南部为商代晚期的政治经济中心，据考古发现可知，此时华北的农业生产发展较快，蚕桑、陶瓷、青铜冶铸等多种手工业也有较大发展。太行山南段东麓为早期的农耕区域，由此而向北向东推进，平原地区的森林覆盖率因此而开始逐步下降。

至春秋时期，华北的农耕区已经向东扩展到了今天的河北曲周、广宗、雄县一线，该线以西的邯郸、邺城成为区域内规模较大的都市，河内地区也成为全国有名的富庶区域。随着社会生产的发展，耕地不断扩张，天然林木则明显减少，不过与晚近时期相比仍然比较高。而该线以东地区则人烟稀少，沼泽湿地密布，湿生植物与水生植物极为丰富。当时华北平原上森林中的优势树种是栎树和松树。

战国时期，赵立足邯郸，南向以抗中原；魏国以邺为重镇，北上以争河北。经过两国的极力经营，华北南部地区的经济进一步发展。中部地区的中山国一度极为强盛，为"五国相王"运动的主角之一。北部地区的燕国手工业发展显著，青铜、铁的冶铸与制陶、制盐都极为发达。至战国晚期，华北平原地区的天然林木已然很少见，森林向西向北退缩到了山地与平原交界地区，而湖泊沼泽水域面积还比较辽阔，仍分布有大量的湿生植物。

秦汉时期，华北地区的农垦发展进一步加速。据第四章的分析可知，两汉盛世华北的人口均突破了千万人大关，平原地区农田密布，人烟稠密。同时，高能耗的手工业如丝织业、冶铁业和陶瓷业发展也更为迅速，这些都大大挤压了森林的生存空间，至东汉末年平原地区的天然林木已被采伐殆尽，山区林木开采也拉开了帷幕。

魏晋南北朝时期，国家动荡不安，森林减少的速度明显降低，局部地区还有所改变，草地植被一度有所好转，次生林木大量生长。如谭其骧先生即曾分析王景治河以后黄河安流八百年的原因，认为与中古时期黄河中游地区

---

[1] 朱士光：《全新世中期中国天然植被分布概况》，《中国历史地理论丛》1988 年第 1 辑。

畜牧业的发展有关，虽然颇有争议，但较之一般论述仍有振聋发聩之功。[①] 王利华在关注中古历史时，也对农牧进退、饮食文化与植被变化等问题有独到研究。[②] 有大量史料显示华北山区林木十分茂密。建安十一年（206），曹操在《苦寒行》诗中写道："北上太行山，艰哉何巍巍！羊肠坂诘屈，车轮为之摧。树木何萧瑟，北风声正悲。熊罴对我蹲，虎豹夹路啼。溪谷少人民，雪落何霏霏。……担囊行取薪，斧冰持作糜。"则当时太行山南段的森林植被状况良好，获取薪柴较为容易。建安十二年（207），曹操远征乌桓，返程时途经位于今河北省昌黎县境内的碣石山，写了《观沧海》一诗，中有"树木丛生，百草丰茂，秋风萧瑟，洪波涌起"之句，可见华北东部的浅山丘陵地区植被覆盖状况良好。东晋大兴二年（319），太行山中段东麓地区普降暴雨，大量树木被洪水裹挟而下，堆积于平原地区，史载："大雨霖，中山、常山尤甚，滹沱泛溢，冲陷山谷，巨松僵拔，浮于滹沱，东至渤海，原隰之间皆如山积。"[③] 郦道元指出前秦建元年间（365~385）某次大雨之后，大量积木随洪水漂至安喜县（今河北定州市）城下，"唐水泛涨，高岸崩颓，城角之下，有大积木，交横如梁柱焉……盖城池当初，山水济荡，漂沦巨筏，阜积于斯……"[④] 可见其时滹沱河沿岸植被状况良好。郦道元又指出位于西北部山地的万全县林木茂盛，"林鄣邃险，路才容轨，晓禽暮兽，寒鸣相和"[⑤]。

不过整体而言，魏晋南北朝时期平原地区的天然林木仍然在减少。邺城

① 谭其骧：《何以黄河在东汉以后会出现一个长期安流的局面——从历史上论证黄河中游的土地合理利用是消弭下游水害的决定性因素》，《学术月刊》1962 年第 2 期；另见氏著《长水集》下册，人民出版社，1987。对谭氏观点有不同意见者亦颇多，可参看任伯平《关于黄河在东汉以后长期安流的原因——兼与谭其骧先生商榷》，《学术月刊》1962 年第 9 期；王涌泉、徐福龄《王景治河辨》，《人民黄河》1979 年第 2 期；辛德勇《由元光河决与所谓王景治河重论东汉以后黄河长期安流的原因》，《文史》2012 年第 1 期。邹逸麟则曾撰文数篇为其师辩护，不一一列举。

② 王利华：《中古华北饮食文化的变迁》；《中古时期北方地区畜牧业的变动》，《历史研究》2001 年第 4 期；《中古华北的鹿类动物与生态环境》，《中国社会科学》2002 年第 3 期。

③ （唐）房玄龄等：《晋书》卷 105《石勒载记下》，中华书局，1974，第 2736 页。

④ （北魏）郦道元：《水经注》卷 11《滱水》。

⑤ （北魏）郦道元：《水经注》卷 14《湿余水》。

为分裂割据时期的重要根据地，群雄不断经营邺城，大兴土木，对周边林木有较大影响。曹操建都于邺城，兴修三台，蔚为壮观。后赵石虎自襄国迁邺，营造宫室，开辟苑囿，工程浩繁。东魏又因北城窄隘而增筑南城，木材供应紧张，竟然要利用拆毁洛阳宫室所得的木材，可见周边地区的林木已经非常稀少了。

　　唐宋辽金时期，华北经济又有进一步的发展，平原地区残存的林木遭到进一步毁灭性的打击。同时，山区林木的开采规模也明显扩大，北宋在林县一地就建立了两个伐木场，每个伐木场的工作人员多达六百多人。[①] 沈括在《梦溪笔谈》中写道："今齐鲁间松林尽矣，渐至太行、京西、江南，松山太半皆童矣。"[②] 可见在北宋末年，华北东部地区的天然林木已遭到了沉重的打击，而太行山南段浅山区的松柏也所剩不多了。金代对内对外的战争很多，对燕山地区的森林资源有较大影响。金初不断兴兵征讨南宋，深入江南便需要建造战船发展水军，"兴燕云两路夫四十万人之蔚州交牙山，采木为筏，由唐河及开创河道，直运至雄州之北虎州造战船，欲由海道入侵江南"[③]。海陵王更是发动了大规模的侵宋战争，战前在通州建造了大量船只，周麟之有《造海船行》一诗描述了森林资源所受的影响，称："坐令斩木千山童，民室十室八九空。"[④] 但影响所及主要还是在山麓和浅山地带的林区，深山区的林木资源所受影响还较轻。辽金时期西山、军都山遍布天然林木，挺拔浓郁的松树林是独特的风景。许亢宗出使金国时，记载沿途植被状况称，"榆关、居庸，可通饷馈。松亭、金陂、古北口，只通人马，不可行车。山之南，五谷百果，良材美木，无所不有"[⑤]，则辽末金初的燕山针阔混交林分布较广。

　　元世祖营造大都前后耗时十余年，此后成宗、英宗、顺帝诸帝都曾大修

① （元）刘祁：《游林虑西山记》，载氏著《归潜志》，四库全书本。

② （宋）沈括：《梦溪笔谈》卷24《杂志一》，金良年点校，第227页。

③ 光绪《蔚州志》，光绪三年刻本。

④ （清）于敏中：《日下旧闻考》卷108《京畿》。

⑤ （宋）许亢宗：《宣和乙巳奉使金国行程录》，载（清）李有棠《金史纪事本末》卷4，清光绪二十九年李杙鄂楼刻本。

宫城，这些工程对北京周边的森林有重大的影响，冀西北山地的森林砍伐力度远超前代。而大都城宫廷、官员与民众的生活亦需要消耗大量木材。为保证供应，政府十数次下令"弛山禁"。元代名画《卢沟运筏图》中即能见到大量木材在永定河中漂流运送至大都的繁忙情景。不过，北部燕山深山地区的林木仍然保存完好，山区诸县森林覆盖率较高，主要的成林树种是松树，也零星分布有其他阔叶树种。西部太行山北端的森林也比较多，赵孟頫描述这里的风景为"郁郁青松，罗苍玉林，清风过之，振海潮音"[1]。

明代长期定都北京，对周边地区的林木采伐大大加剧，史载："采造之事，累朝侈俭不同。大约靡于英宗，继以宪、武，至世宗、神宗而极。其事日繁琐，征索纷纭。最巨且难者，曰采木。"[2] 中央设立惜薪司，专门负责内廷燃料的采买事宜。又在易州设立柴炭山厂，北京的燃料主要取自北京西南的太行山区，每年数以千万斤计的木柴与木炭，使森林面积急剧减少。至明朝末年，太行山北段已经出现不少荒山，但仍有榛、桦等杂木林和浅山区的枣、栗经济林。

至清代，随着人口的不断增长，林木的砍伐也不断增加。玉米、甘薯等高产且适宜于山区种植的作物的推广也使山区开发力度不断加大，太行山、燕山的林木迅速减少。加之北方军事态势较之于明代大大缓和，北京以北地区的森林开始遭到严重的破坏。到清末，华北的森林覆盖率已经非常低了。[3]

二　耕地拓展与野生蒿莱的减少

随着耕地的不断拓展，与森林植被变迁同步，蓬草蒿莱等的生存空间也被不断压缩，华北可用作燃料的天然草木赋存量不断下降，而燃料供应遂越

---

[1]　（清）于敏中：《日下旧闻考》卷104《郊坰》。

[2]　（清）张廷玉：《明史》卷82《食货志六》，第1989页。

[3]　关于森林植被演变状况的论述，笔者主要参考了王建文《中国北方地区森林、草原变迁和生态灾害的历史研究》，北京林业大学博士学位论文，2006；邹逸麟主编《黄淮海平原历史地理》；中国科学院《中国自然地理》编辑委员会《中国自然地理·历史自然地理》，科学出版社，1982。

发严重。虽然古代的耕地数字极为丰富，但是却大都并不可靠。如隋代全国最高数字竟高达 55854040 顷，1 顷百亩，1 亩 240 方步，1 步 6 尺，隋代大业中日常用尺 1 尺合公制 24.6 厘米，律尺 1 尺合公制 23.6 厘米，以日常用尺来折算，则隋代 1 亩合 522.85824 平方米，今制 1 亩合 666.66667 平方米，则隋代账面最高耕地数字合今制 40 亿亩以上，远较当代耕地数为多，显然不合理。[①] 汪籛考订的结果因依据的尺度折算标准不同，而稍有不同，折合今制 43.5 亿亩以上。汪氏指出，1957 年统计全国耕地才 16.822 亿亩，在东北、西北均未纳入版图且南方尚未深度开发的隋代耕地面积显然远远达不到 20 世纪 50 年代的耕地面积。[②] 而梳理历代全国的耕地数字，会发现波动起伏极大，似乎随着时间的推移，耕地面积并无持续增长的态势，隋唐之后反呈萎缩之态势，而明代更是后不如初，这显然不符合历史常情，原因即在于官方统计数字与真实情形有较大差距。隋唐时期推行均田制，往往反映的是应授田数额，故往往偏大。宋以后往往只反映纳税田亩数，隐漏较多。全国的相关数据参看表 5.2。

汪籛对唐代的实际耕地面积进行考订后认为，唐代耕地面积要超过汉代，摘录如下：

> 据《汉书·地理志》所记，汉平帝时的垦田为八百二十七万余顷，约当唐七百三十六万余顷。西汉时也有隐户和隐田，唐天宝时的隐户和隐田更多。我们再用从《汉书·地理志》、《续汉书·郡国志》和两《唐书·地理志》所见到的各地区人口分布状况，与我国现代各省耕地面积互相对比推校，可以作出一个极初步的估计：唐天宝时实有耕地面积，约在八百万顷至八百五十万顷（依唐亩积计）之间。[③]

---

① 隋代 1 尺与公制之比较数字，参见丘光明、邱隆、杨平《中国科学技术史·度量衡卷》，第 301 页。

② 汪籛：《史籍上的隋唐田亩数非实际耕地面积——隋唐史杂记之二》，《光明日报》1962 年 8 月 15 日。又见汪籛《汪籛隋唐史论稿》，中国社会科学出版社，1981，第 41 页。

③ 汪籛：《汪籛隋唐史论稿》，第 67 页。

表 5.2　史籍中所见汉至清全国耕地面积

时期	古制（顷）	今制（亩）	出处	备注
西汉平帝时（1~5）	8270536	571955993.799036（约 5.72 亿）	《汉书》卷八《地理志》	汉至隋 6 尺为 1 步，西汉 1 尺合今制 23.1 厘米，见《中国科学技术史·度量衡卷》第 201 页
东汉和帝元兴元年（105）	7320170	506232619.8843569（约 5.06 亿）	《后汉书·郡国志》注引伏无忌所记	东汉 1 尺仍合今制 23.1 厘米，见《中国科学技术史·度量衡卷》第 211 页
隋文帝开皇九年（589）	19404267	1400639078.982304（约 14.01 亿）	《通典》卷二《食货典》	隋制折算今制依据见上文
隋炀帝大业中（605~618）	55854041	4031657188.786354（约 40.32 亿）	《隋书》卷二九《地理志》总序	同上
唐玄宗开元二十八年（740）	14403862	1128140840.790796（约 11.28 亿）	《新唐书》卷三七《地理志》总序	唐以后 5 尺为 1 步，1 尺合今制约 29.5 厘米，见《中国科学技术史·度量衡卷》第 23、328 页
宋真宗天禧五年（1021）	5247584	465649384.6106769（约 4.66 亿）	《文献通考》卷四《田制考》	宋代三司布帛尺 1 尺合今制 31.4 厘米，见《中国科学技术史·度量衡卷》第 370 页
宋神宗元丰五年（1082）	1616556	143446642.605187（约 1.43 亿）	同上	同上
明太祖洪武二十六年（1393）	8507623	784023334.5132743（约 7.84 亿）	《明史》卷七七《食货志》	明代营造尺 1 尺合今制 32 厘米，见《中国科学技术史·度量衡卷》第 407 页
明孝宗弘治十五年（1502）	4228058	389638343.3628319（约 3.90 亿）	同上	同上
明神宗万历六年（1578）	7013976	646375709.3745313（约 6.46 亿）	同上	同上
明思宗崇祯时（1628~1644）	7837524	722270098.3350832（约 7.22 亿）	《山书》卷二	同上
清仁宗嘉庆十七年（1812）	7889256	835346353.5564232（约 8.35 亿）	嘉庆《大清会典》	清代量地尺 1 尺合今制 34.3 厘米，见《中国科学技术史·度量衡卷》第 424 页
清德宗光绪十三年（1887）	9248812	979301645.0383775（约 9.79 亿）	光绪《大清会典》	同上

资料来源：原始记载与出处均引自汪篯《史籍上的隋唐田亩数非实际耕地面积——隋唐史杂记之二》，见汪篯《汪篯隋唐史论稿》，第 43 页。汪氏对耕地田亩数的论述参看附录部分 5.1。

则汉唐间耕地面积整体的趋势显然在稳步上升。

宋代辖境较汉唐大幅缩减，且"田制不立""不抑兼并"，登记在册的田亩数量大幅缩水，故而其耕地面积无法放入时间序列中与汉唐相较。但从中截断，我们只从上述两表中分别选取宋代、明代、清代的田地数字之最高值，仍能依稀看出耕地面积拓展的态势。

就华北地区而言，也与全国的情形相似，统计资料反映不了田亩数的显著增加，明代统计数据最为完备，详情参看表 5.3。

表 5.3　明洪武、弘治、万历三朝华北分区田地数

单位：亩

地区		洪武二十六年	弘治十五年	万历六年
全国总计		850762368	622805881	701397628
北直隶	顺天府	—	6872014	9958300
	永平府	—	1484458	1833947
	保定府	—	3552951	9709551
	河间府	—	2422072	8287220
	真定府	—	3898065	10267506
	顺德府	—	1382256	1420405
	广平府	—	2023814	2023839
	大名府	—	5199363	5619661
	延庆州	—	105942	105942
	保安州	—	30458	30473
	合计	58249951	26971393	49256844
山东		72403562	54292938	61749900
河南		144946982	41609969	74157952

资料来源：依据梁方仲《中国历代户口、田地、田赋统计》，上海人民出版社，1980，第334~335 页。按，本表中弘治十五年数据与表 5.2 不同，因表 5.2 依据《明史》卷十七《食货志》，而本表依据万历《大明会典》。

明代华北地区的实际田亩数当不会呈现如此重大的波折，传统时代的非农业用地数量极少，随着社会发展，耕地面积当有较大增长。实际每一王朝初建，经历了多年战乱，田地大量抛荒，但经过几十年的发展后，垦殖面积

便会急速上升。

再以清代为例，经过顺治、康熙两朝的大力垦殖，到了康熙末年，康熙帝即对官员们继续鼓励垦殖的建议并不认同，称："条奏官员，每以垦田积谷为言，伊等俱不识时务。今人民蕃庶，食众田寡，山地尽行耕种，此外更有何应垦之田为积谷之计耶。"[①] 而嘉庆、道光以后，美洲高产作物在华北的种植进一步得到推广，"这些作物的生长特性决定了可以在恶劣的气候和土壤上生长，大量不宜五谷的荒地、未经开垦的山地、丘陵等成为这些作物进军的主要方向，从而在极大程度上促进了耕殖空间的进一步拓展"[②]。葛全胜等人的研究也表明，过去的 300 年中，耕地面积不断扩大，而清中叶伴随着人口压力的增大，山地垦殖力度加大，山地的管控明显放松。[③] 他们利用各种原始资料，经过技术处理，复原了自顺治十八年（1661）至 1933 年部分省区的耕地面积，摘录其中关于直隶、河南、山东的部分，列于表 5.4、表 5.5。

不管是就绝对数值来看，还是就面积指数来看，自清初至晚清，耕地面积迅速增长的态势都很显著，而其中尤为迅速的便是自清初至雍正年间。

此外还有一些间接的资料可以证明明清华北山地的开垦，典型的例证便是华北山区村庄与寺庙在明代大量出现。以河北武安为例，西部山区有非常古老的遗存，如定晋岩禅果寺，后唐《重修定晋禅院千佛邑碑》中称"东魏黄初三年，高欢帝所造也"。年号当有误，建造年代当在东魏建立至高欢去世之间，亦即约当公元 534~547 年之间。[④] 但河北武安西部山区留存至今的明代以前的古建筑仅此一例，其他大都是明代方才出现。如马店头村原有白云寺，早年存留的冀光祚所作《创建白云寺碑记》中称："大明正统十二年，东

① 《清圣祖实录》卷 259，康熙五十三年六月丙子条，转引自程方《清代山东土地垦殖述论》，《历史教学》（下半月刊）2010 年第 4 期，第 33 页。

② 程方：《清代山东土地垦殖述论》，《历史教学》（下半月刊）2010 年第 4 期，第 35 页。

③ 参见葛全胜等《过去 300 年中国土地利用、土地覆被变化与碳循环研究》，《中国科学》（D 辑：地球科学）2008 年第 2 期。

④ 民国《武安县志》卷 13《金石志》，见张午时、张茂生、李栓庆《武安县志校注·民国卷》，第 911 页。

表 5.4 1661~1933 年华北经校正后的耕地面积

单位：千公顷

行省	顺治十八年（1661）	康熙二十四年（1685）	雍正二年（1724）	乾隆四十九年（1784）	嘉庆二十五年（1820）	同治十二年（1873）	光绪十三年（1887）	光绪十九年（1893）	1913 年	1933 年
直隶	4660.42	5508.45	7112.82	6898.62	7121.90	7404.19	8783.30	7256.10	7404.19	7256.10
河南	4790.05	7147.60	8233.77	9131.56	9714.83	8972.93	8956.00	8883.20	10498.33	10318.87
山东	5581.87	6966.77	7473.64	6964.13	6652.99	7414.48	9482.70	7636.91	7785.20	7340.33

资料来源：葛全胜等：《过去 300 年中国部分省区耕地资源数量变化及驱动因素分析》，《自然科学进展》2003 年第 8 期，第 827 页。

表 5.5 1661~1933 年我国部分省区耕地面积指数

行省	顺治十八年（1661）	康熙二十四年（1685）	雍正二年（1724）	乾隆四十九年（1784）	嘉庆二十五年（1820）	同治十二年（1873）	光绪十三年（1887）	光绪十九年（1893）	民国二年（1913）	民国二十二年（1933）
直隶	62.94	74.40	96.06	93，17	96.19	100.00	118.63	98.00	100.00	98.00
河南	53.38	79.66	91.76	101.77	108.27	100.00	99.81	99.00	117.00	115.00
山东	75.28	93.96	100.80	93.93	89.73	100.00	127.89	103.00	105.00	99.00

资料来源：葛全胜等：《过去 300 年中国部分省区耕地资源数量变化及驱动因素分析》，《自然科学进展》2003 年第 8 期，第 827 页。

明县民赵刚在兹创业。"时为公元 1447 年，约略就是建村时间。所谓在兹创业，当是在此开垦山田。其余较著名如七步沟之罗汉洞，最早的碑刻为明万历年间。桃园沟之桃源寺，始建年代最早也只能上溯到明代。虽都只是间接资料，却也可见明代华北地区山地开垦之一斑。

综上，宋以后——特别是明清时期——耕地面积的不断扩展，显然进一步压缩了野生蓬蒿等草类的生长空间，华北生态系统面貌改变的同时，民众将野生草木用作燃料的空间也大大压缩了，不得不转而更为依赖农田中的出产。同时又尝试进一步突破原生物燃料占绝对优势的燃料利用格局，不断增加煤炭的使用量。某种程度上说，耕地面积的扩展对华北燃料风貌的影响，还在森林植被的减少之上。华北燃料变革的发生与发展，耕地扩展是至关重要的影响因子。

三　湿生植被的变化

湿生植被的多少，由湖泊、沼泽、湿地面积的多少所决定。历史的早期，华北地区湖泊众多，面积广阔。随着时间的推移，湖泊数量不断减少、面积不断缩小，学界的相关研究比较多。

中古及其以前，华北地区湖沼密布，邹逸麟曾对整个黄淮海平原的湖泊数量进行了考证，笔者统计了邹氏提及的华北的湖泊，可知本区在先秦有据可查的湖泊即有 14 处，而中古时期则有 69 处。湖泊数量众多，水域广阔者亦极多。据地质钻探资料，大陆泽在历史的早期水域面积南北最长可达 60 公里，东西最宽约 20 公里；至唐代，面积已显著缩小，南北 30 里长，但东西仍有 20 里宽。[①] 此外，在历史早期，现在的白洋淀、文安洼一带湖泊、洼淀分布远比现代要广阔得多。即使到了中古时期，其中的雍奴薮的面积也极为辽阔，"南极滹沱，西至泉州、雍奴，东极于海，谓之雍奴薮。其泽野有九十九淀，枝流条分，往往径通"[②]。其分布区域相对今天的位置为，北起蓟

---

① 王会昌：《河北平原的古代湖泊》，载《地理集刊》第 2 期，科学出版社，1987。（唐）李吉甫著，贺次君点校《元和郡县图志》，中华书局，1983。

② （北魏）贾思勰：《水经注》卷 14《鲍邱水》。

运河的下游，南抵河北省的大成、文安两县，西起天津武清区西部与河北永清、安次两县南境，向东直抵渤海湾西岸。

唐代较大的湖泊还有"周回八十里"的鸬鹚陂，"周回六十二里"的天井泽，"周回五十里"的萨摩陂，"周回二十五里"的平泉陂。先秦已经存在的督亢泽，唐初又称督亢陂，面积显著缩小，但仍"径五十余里"[①]。王利华曾估测中古北方地区的湖泊面积，他所研究的"华北"为自然地理学范畴下的"大华北"，指出其时大华北区域湖泊水域总面积可达 10000 平方公里，总蓄水量可能达到了 200 亿立方米，正如王氏所说，这只是偏小的估测值。[②] 实际情形是仅本章所述之黄河以北的小华北地区的湖泊面积与蓄水量可能就达到了以上数值。

宋代在华北中部地区构筑被称为"塘泺"的防御体系，即创建大型的人工湖群来屏蔽契丹骑兵的进攻。塘泺横亘于保定与渤海海滨之间，东西曲折绵延达 900 余里，南北最大宽度为 130~150 里，最小宽度为 8~10 里。据陈茂山考证，塘泺最盛时有 10000 平方公里以上的蓄水面积，蓄水量最高值有 248 亿立方米左右，可见其时华北北部水域面积之辽阔与蓄水量之丰富。但塘泺工程也导致了严重的后果，为了最大限度地发挥阻滞契丹骑兵的作用，华北诸水被尽数导入塘泺，南部的多数湖泊因供水严重不足而逐渐干涸。澶渊之盟后，宋、辽赢得近一百二十年的和平，军事形势的缓和使人们对塘泺的重视程度大大下降。塘泺逐渐瓦解，华北中部的湖泊面积也随之开始显著收缩。塘泺工程显著地改变了华北的水文与水环境特征，也对湿生植被的分布产生了深刻的影响。

宋以后，华北南部的大陆泽面积继续萎缩，其余湖泊不断消失，元明时期较大者只剩下了大陆泽与宁晋泊，至清末也完全消失。明清之际通州南部有延芳湖，广袤数十里，随着时间推移不断缩小，最后分隔成了四五个小湖，到乾隆时完全干涸，成为一片洼地。明代河间、肃宁间有洋东淀等十多个

---

① 均载于（唐）李吉甫著，贺次君点校《元和郡县图志》。

② 王利华：《中古华北水资源状况的初步考察》，《南开学报》（哲学社会科学版）2007 年第 3 期。

湖泊，也在乾隆时完全消失。华北地区中部与天津附近的滨海地区是晚近时期湖泊最主要的分布区，面积时有盈缩，但再也不曾达到北宋时的规模，整体的趋势也是在不断地缩减，白洋淀的面积从清初至光绪年间即减少了七成。

先秦至北宋时期华北湖泊的详情可参见表 5.6、5.7、5.8。

表 5.6　先秦至两汉时期华北的湖泊

地区	名称	方位	资料出处
河北	鸡泽	今永年东	《左传·襄公三年》
	大陆泽	今邢台市任泽区以东一带	《左传·定公元年》《禹贡》《尔雅·释地》《汉书·地理志》
	泜泽	今宁晋东南（相当明清时宁晋泊西南部）	《山海经·北山经·北次三经》
	皋泽	今宁晋东南（相当明清时宁晋泊西北部）	同上
	海泽	今曲周北境	同上
	鸣泽	今徐水北	《汉书·武帝纪》
	大泽	今正定附近滹沱河南岸	《山海经·北山经·北次三经》
河南	大陆泽	今修武、获嘉间	《左传·定公元年》
	荥泽	今浚县西	《左传·闵公二年》
	澶渊	今濮阳西	《左传·襄公二十年》
	黄泽	今内黄西	《汉书·沟洫志》
	修泽	今原阳西	《左传·成公十年》
	黄池	今封丘南	《左传·哀公十三年》
山东	阿泽	今阳谷东	《左传·襄公十四年》
备注		共计 14 处，黄淮海地区共有 46 处，华北约占 1/3 弱	

资料来源：邹逸麟：《历史时期华北大平原湖沼变迁疏略》，《历史地理》第 5 辑，上海人民出版社，1987，第 26 页。

表 5.7 《水经注》所载中古时期华北的湖泊

地区	名称	今地	名称	今地
京津及河北北部（22处）	谦泽	三河西	夏泽	香河北
	西湖	北京西南	督亢泽	固安、新城间
	护淀	固安南	西淀	永清西
	鸣泽渚	涿州市西北	长潭	涞水北
	金台陂	易县东南	故大陂	易县东南
	范阳陂	徐水北	梁门陂	徐水北
	曹河泽	徐水西	大㲼淀	容城南
	小㲼淀	容城南	蒲水渊	顺平县北
	阳城淀	望都东	清梁陂	博野北
	蒲泽	正定东	天井泽	安国南
	北阳孤淀	滦南东	雍奴薮	天津宝坻间
河北中南部（19处）	狐狸淀	任丘东北	大蒲淀	河间西南
	乌子堰	石家庄	淀	青县北
	淀	青县西	广廉渊	辛集西南
	泜湖	宁晋东南	大鹿泽（大陆泽）	巨鹿、隆尧、任泽间
	澄湖	鸡泽东	渚	邯郸南
	鸡泽	永年东	广博池	衡水西南
	清渊	邱县东	从陂	景县、阜城间
	泽渚	枣强北	武强渊	武邑西北
	泽薮	武邑、阜城间	张平泽	武邑东北
	郎君渊	武邑北		
河南北部（19处）	吴泽（大陆泽）	修武、获嘉间	大堰	清丰西*
	安阳陂	辉县市西北	百门陂	辉县市北
	湖陂	武陟东南**	卓水陂	辉县市北
	白祀陂	淇县东北	白马湖（朱管陂）	武陟西北
	黄泽	汤阴东	同山陂	淇县东北
	鸬鹚泽	安阳东	台陂	安阳东北
	同池陂	延津西	澶渊	濮阳西
	高梁陂	延津东	阳清湖（燕城湖）	延津东
	乌巢泽	封丘西	白马渊	封丘西南
	圣女陂	封丘西南		

地区	名称	今地	名称	今地
山东北部 （8处）	落里坑	高唐东	白鹿渊	乐陵西南
	沙邱堰	冠县西南	堂池	莘县南
	秒野薄	济阳北	柯泽	阳谷东北
	马常坑	利津南	平州渊	博兴南
备注	共计68处，黄淮海平原共计196处，华北占1/3强			

注：* 邹逸麟作"丰县西"，丰县属今江苏徐州，当为清丰。
　　** 邹逸麟作"武涉"，无名为武涉之县级行政区划，当为武陟。白马湖所在位置同此。
　　资料来源：邹逸麟主编《黄淮海平原历史地理》，第165~168页。

表 5.8　宋代塘泺的面积与容积

位置	最小面积 （km²）	最大面积 （km²）	最小容积 （亿 m³）	最大容积 （亿 m³）
东起海滨西至青县	3403.7	4920.2	53.1	76.8
青县至霸州东	1038.2	1730.4	21.3	59.0
霸州东至霸州南	133.6	330.1	2.8	7.2
霸州南至文安北	68.4	68.4	1.3	1.3
霸州南至雄县	188.7	471.8	4.7	13.3
雄县至高阳东	660.2	994.3	12.4	31.0
高阳东至保定	1414.6	1414.6	44.3	57.6
徐水至保定西北	90.1	90.1	0.9	1.5
保定西	25.2	31.4	0.2	0.5
合计	7022.7	10051.3	141	248.2

　　资料来源：陈茂山：《海河流域水环境变迁及其历史启示》，载中国水利水电科学研究院水利史研究室主编《历史的探索与研究——水利史研究文集》，黄河水利出版社，2006。

　　湖泊为芦苇、香蒲等水生植物提供了适宜的生长环境，从而为湖区民众提供重要的生活资源。贾思勰对位于今河北望都县的阳城淀的描写极为生动，亦可看出湖泊中水生植物之丰富："博水又东南，经谷梁亭南，又东径阳城县，散为泽渚，渚水潴涨，方广数里。匪直蒲笋是丰，寔亦偏饶菱藕，至若娈婉卯童，及弱年崽子，或单舟采菱，或叠舸折芰，长歌阳春，爱深绿水，掇拾者不言疲，谣咏者自流响。于时行旅过瞩，亦有慰于羁望矣。"① 而湖泊所蕴藏的薪炭资源也在历史的早期就引起了人们的注意，《左传·昭公二十年》与《晏子春秋·外篇上》均载晏子的话，称："山林之木，衡鹿守之；泽之萑蒲，舟鲛守之；薮之薪蒸，虞候守之；海之盐蜃，祈望守之。"②

万历十三年（1585），许贞明倡议在真定府修水田，引发争议，申时行分析情势时指出了有人阻挠的两条原因，称："垦田兴利谓之害民，议甚舛。顾为此说者，其故有二。北方民游惰好闲，惮于力作，水田有耕耨之劳，胼胝之苦，不便一也。贵势有力家侵占甚多，不待耕作，坐收芦苇薪刍之利。若开垦成田，归于业户，隶于有司，则己利尽失，不便二也。"③ 可见芦苇常用作薪柴。

清代乾隆年间，白钟山出任江南河道总督，在奏疏中称："苇荡左右两营，岁输柴二百二十五万束。积久生弊，轮运不齐。请禁兵民杂采，定采苇期限，浚运柴沟渠，编柴船帮号。"④ 可见芦苇可以为官方提供大量薪柴。

民国报刊称："芦苇是一种草，产于江浙沿海以及长江中游，年有数千万塘之多，但从前不过当柴烧。"⑤ 有人在 20 世纪 30 年代对湖南芦苇调查后指出，作燃料为芦苇的重要用途，称"一般农家造饭之燃料，多不用木柴，而以破碎之芦代之，此因价廉易得之故，火力亦大，惟效力则较木柴稍逊耳"⑥。所描述的虽都是南方区域的情形，但北方多水区域的芦苇用途与南方无异。

而孙犁在《采蒲台的苇》中也有较详细的描述，所述虽为 20 世纪三四十年代的情形，但也可见芦苇的重要功效，也提及了芦苇用作燃料，详引如下：

我到了白洋淀，第一个印象，是水养活了苇草，人们依靠苇生活。

---

① （北魏）贾思勰：《水经注》卷 11《滱水》。
② （春秋）左丘明著，郭丹、程小青、李彬源译注《左传》，中华书局，2012，第 1896~1897 页。
　　（春秋）晏婴著，汤化译注《晏子春秋》，中华书局，2011，第 468 页。
③ （清）张廷玉：《明史》卷 88《河渠志六》，第 2171 页。
④ 赵尔巽：《清史稿》卷 310《白钟山传》，第 10640 页。
⑤ 编者：《芦苇与文化》，《生活周刊》1932 年第 21 期，第 8 页。
⑥ 萧经莘：《滨湖芦苇之用途》，《湘农月刊》1936 年第 2 期，第 43 页。

这里到处是苇，人和苇结合的是那么紧。人好像寄生在苇里的鸟儿，整天不停地在苇里穿来穿去。

我渐渐知道，苇也因为性质的软硬、坚固和脆弱，各有各的用途。其中，大白皮和大头栽因为色白、高大，多用来织小花边的炕席；正草因为有骨性，则多用来铺房、填房碱；白毛子只有漂亮的外形，却只能当柴烧；假皮织篮捉鱼用。[①]

随着湖泊面积的不断缩减，水生植物的生长空间也不断被压缩。到了清代，除冀中地区、滨海地区与冀南的零星地区外，华北绝大部分地区可资利用的燃料用水生植物已经近乎绝迹。一如森林植被的减少，湖泊面积的减少也使华北地区的燃料资源蕴藏量大幅度缩减，加重了华北燃料匮乏的局面。

第二节 薪柴采集对植被的影响

一 薪柴采集对森林的影响

毫无疑问，薪柴的采集会深刻影响植被状况。学会用火是人类文明史上具有里程碑意义的大事件，此后人类用火战胜毒虫猛兽和开疆拓土，尤为重要的是从茹毛饮血的生食转向精细烹饪的熟食，从消极地承受天寒地冻到积极地营造温暖的小环境。从用火开始，薪柴就一直是最具刚性需求特点的资源，无柴不起火，无火不成炊，无火难取暖。祖祖辈辈，年年岁岁，人们几乎不可须臾无薪柴。日砍月伐，这给森林带来的压力是极为巨大的。此种情形，前辈学者多有论述，如史念海即指出：

以木柴作燃料，大概从人类开始用火以来即已如此……据常情而论，以树木当柴烧，说起来不过是日常生活中的一种琐事，可是日积月累，

---

① 孙犁著，李朝全、庞俭克选编《孙犁作品精编》下卷，漓江出版社，2004，第49页。

永无止期，森林地区即使再为广大，也禁不住这样消耗的。

为了说明这个问题，这里可以举出两个旁证，作为比照。北京之西为太行山脉。太行山上森林素称茂密，至明初还未稍减。明初定都于北京，也曾利用这里的山林险隘，作为防守的要地。然以当地距离北京不远，遂为都城中人取给木炭的处所，且以封建王朝之力在易县设立柴厂，经常聚集山东、山西及北直隶（即今河北省）数州民夫几千人采薪烧炭，以供皇室诸司及宫廷中的使用。当然附近居民的砍伐也是不少的。就是这样，竟把这段大山的树木砍尽，险要的地形也难于尽恃。其时这还不够当时北京城内的薪炭使用。北京之北，居庸关之东的军都山和燕山之上，也有几百里的松林，林木稠密，中间道路只可容一人骑马前进，可是也因为伐木作柴烧炭，森林就受到严重的破坏。这几百里的松林，应该包括密云县境诸山在内。可是密云县被的九松山是清初康熙帝经过当地时才命名的。命名的原因是由于山上只有九颗（原文如此）松树。前后只有一百多年，相差竟有这样的悬殊，不能不说是严重的。[①]

龚胜生在研究唐代长安燃料问题时，也特意强调了城市的柴炭需求给森林造成的严重破坏，他指出城市生活引发的樵采活动对森林的破坏最大，建筑用材是在"鲸吞"森林，而樵采则是在"蚕食"森林，"鲸吞虽然是巨量的，但为时短，而蚕食则不仅具有巨量性，而且具有持续性、彻底性等特征"。他还特别指出，虽然樵采的对象往往不是整株乔木，但政府采办时为了方便大批量运输，会较多地采伐整株乔木。唐代负责中央燃料供应的钩盾署在采办木橦时就是以"根"来计数的。[②] 龚氏还研究了元明清北京的燃料供应与销售问题，关于樵采对森林的影响，其观点与上引材料大致相似，不再赘引。[③]

史、龚二人探究樵采对森林的影响时，考察对象都是城市。实际不仅城

① 史念海：《历史时期黄河中游的森林》，载《河山集二集》，生活·读书·新知三联书店，1981，第303~304页。

② 龚胜生：《唐长安城薪炭供销的初步研究》，《中国历史地理论丛》1991年第3辑。

③ 龚胜生：《元明清时期北京城燃料供销系统研究》，《中国历史地理论丛》1995年第1辑。

市如此，散布开来的不计其数的乡村聚落对周边环境的影响同样巨大。每一村庄都形成一定的樵采圈，千千万万村庄就有千千万万的樵采圈，叠加起来对森林产生了极为深远的影响。

樵采对森林的影响，古人已有较深刻认识，如宋代苏辙即在其《买炭》诗中表露了对采集薪炭过度破坏山林的担心，全诗内容如下：

> 苦寒搜病骨，丝纩莫能御。析薪燎枯竹，勃郁烟充宇。西山古松栎，材大招斤斧。根槎委溪谷，龙伏熊虎踞。挑抉靡遗余，陶穴付一炬。积火变深黳，牙角犹愤怒。老翁睡破毡，正昼出无屦。百钱不满篮，一坐幸至莫。御炉岁增贡，圆直中常度。闾阎不敢售，根节姑付汝。升平百年后，地力已难富。知夸不知啬，俯首欲谁诉。百物今尽然，岂为一炭故。我老或不及，预为子孙惧。[①]

明嘉靖中陈时明在听闻蒙古把儿孙与小王子联盟后，指出"京城东北一带原无边塞，所恃者岭木岑蔚，今以樵采日疏"，应采取措施来恢复凋敝的山林，不然犯北边蒙古军队"乘虚而入，不可不虑"。[②]

在历史的前期与后期，采伐薪柴对环境的影响程度也有很大的差异。在历史的前期，农耕区的不断推进是天然植被不断遭到采伐的重要原因，薪柴的采集只是扮演了陪衬角色。人们为了扩大耕地，用火烧去地表大片天然林木是最常见的激烈手段。经过不断的开垦，近世以后，华北地区的森林资源已经非常有限。而人口却不断增长，相应地燃料需求量也不断增大。在燃料危机的驱迫下，人们开始过度樵采，于是樵采遂成为破坏森林的最主要的因素。赵冈指出：

> 森林之破坏与消失，只有极小部分是自然因素造成，例如气候变干

---

① （宋）苏辙：《苏辙集》，明王执礼校刊本。

② 《明世宗实录》卷27，"嘉靖三年四月戊戌"条。

旱或水源枯竭；大多数是人为的。人类破坏森林主要有两大方式：第一，人们为了垦殖而铲除林木。在不生长天然植被的地面上，是不能种植农作物的。要种植农作物，只能找有天然植被的地面，将天然植被铲除，辟为农田，种植农作物。所以这两者是相互取代、有竞争性的，此消然后彼长。这种方式，大体上可称之为一次性破坏。将地上的天然植被消除，改为农田，以后就经常如此使用。另外一种森林破坏的方式是人类为了生活而不断采伐林木，以取得薪炭和木材。这是经常性的活动，年年月月不断进行。被清除砍伐的林区，有的以后可以自我更新，长出再生林木；有的因采伐过度，或方法不对，以致林木无法再生，森林便永久消失了。这两种方式对森林的破坏，都是人口的函数，人口愈多，消耗量也就愈多，破坏的程度与范围也愈甚……木材作为人们日常生活的薪炭，消费量是最大的一项。[①]

但是，有必要指出的是，樵采对森林而言，并非有百害而无一利。人们或多或少都有些森林崇拜情结。在多数人的心目中，森林覆盖率的高低成为评判环境状况优劣的重要指标，森林越多则环境状况越好，越少外来的人工干预环境状况便越好。随着社会发展，森林覆盖率持续下降，某种程度上来说这确实印证了环境的不断恶化。不少学者为此而大声疾呼，但这种情结需要进行辩证分析。其实，适度的砍伐是必要的，对森林也是有益的。

首先，自然状态下的森林也并不能永远稳定发展，它们会自发地燃烧。地球上的所有生物都有最大限度扩展本物种数量和生存空间的本能，就植物群落来看，数量的爆发性增长必然造成易燃生物质的急剧积累，造成一种极不稳定的高能量状态，定期地释放能量以恢复稳定状态是必然的趋势，所以在植食动物采食之外，燃烧也是不可避免的。自从植物登陆以后，熊熊的大火就一直在燃烧着，火已经成为一种重要的生态平衡机制。火恰如园艺工人手中的剪刀，对森林进行必要的修剪，使森林变得更健康、更富有生气。正

---

① 赵冈：《中国历史上生态环境之变迁》，中国环境科学出版社，1996，第69页。

如斯蒂芬·派因所说，火是一种独特的生态学因素，"它指导进化，塑造生物区系，并使物质世界和生物世界相联"[①]。

对森林的过度保护也会造成严重的后果。人类社会对森林的利用存在两个极端：一是乱砍滥伐，造成森林面积的急剧减少；二是过度保护，禁止任何砍伐，杜绝任何火灾。对于前者的危害，有目共睹，无须多说。可对于后者的危害，多数人似乎还无清醒认识。一片长期禁绝了任何火灾的森林，并不是一个纯自然的空间，施加了太多人力控制的结果就是生物质积累的程度远远超过自然状态，所以一旦起火，造成的灾难也空前惨烈。

近年来，全球范围内森林大火频繁发生，原因之一就在于国家大力保护森林，同时大量使用化石能源，使原生物燃料的使用大大减少。在森林生态系统中，大量的物质与能量停滞在树木的茎干与枝叶之中，这种停滞状态也使林木长期处于高能位状态。物理学知识告诉我们，高能位状态是不稳定的，没有特定约束条件的话，即会自发地宣泄能量而跃迁至低能位状态。所以，自然状态下的森林也并不能永远稳定发展，植食动物采食之外，燃烧也是不可避免的。

所以，森林大火是森林固有的生态机制，没必要也没办法彻底根除。但从人类的角度来看，这造成了极大的能量浪费，且给我们及其他生物带来了极大的危险。适度的修剪枝叶与茎干能够提高物质循环与能量流动的速度，同时人为助其宣泄能量，将无序的破坏性的集中的大火化作有序的建设性的分散的小火，显然也有着重大的生态意义。所以，适度的薪柴采伐对森林而言是有益的。当然，任何事情都不是绝对的，一旦薪柴采伐趋于过度，森林也将日益凋敝。

于是现在受到保护的森林所蓄积的能量还在猛增，不稳定的趋势也越发严重。人类能够在一定时期内杜绝燃烧，但随后而来的必然是更猛烈的火之反扑。

---

① 〔美〕斯蒂芬·J.派因：《火之简史》，梅雪芹等译，第18页。本部分论述受斯蒂芬·派因观点的影响甚大。

而在森林中有计划地用火，已成为确保森林健康发展的重要手段。据研究，当可燃物的数量加倍时，燃烧的猛烈程度会增加四倍，进行人工可控的烧除，可以极大地降低发生火灾的可能性和一旦发生以后可能造成的危害。以火制火，已然成为森林经营中的重要理念。此外，计划用火还可以大量杀灭致病微生物和害虫卵，降低病虫害的发病率，还可以加快有机物分解速度，提高土壤的肥力。[①]

就传统时代的中国来看，大火灾的记载并不是特别多。一则是人们尚无力高度控管森林，森林能量的自然释放比较平缓；二则是人们代行了自然之火的职责，通过不断樵采，使森林里的无益大燃烧（从人类的角度来看）变成千千万万炉膛里的小燃烧，既为森林能量的宣泄提供了新的出路，又满足了人类的能量需求。古人有节制的采伐薪柴的行为在某种程度上发挥了现代意义上的计划用火的功能。

严格禁绝了一切外来干扰的森林生态系统活力不足。从物质和能量的角度看，森林中的物质与能量主要存在于树干的木质中，多数动物不能利用木质，树木的寿命又非常长，所以森林中物质与能量的流动与周转速度都极为缓慢，森林土壤也并不肥沃。通过人为采伐或焚烧，停留在树干中的物质迅速流通起来，既改良了土壤，又有利于森林本身的永续健康发展，还为其他生物的生存创造了有利条件。正如尹绍亭所指出的，刀耕火种在某种程度上对生态环境是有益的[②]，历史上的刀耕火种是可持续发展的农业模式。从这个角度看，对森林的适度砍伐也是有益的。

如果不加外力干预，树木与其他自由生长环境中的植物一样，会不断扩展自己的生存领地，直至"占满所有能占的生长空间并与其他相邻植物继续竞争"，这样的过程中会导致大量树木和非木本植物死亡。为了争夺阳光，树木不断扩展自己的树冠，最后形成郁闭的空间，不仅影响其他树木，也使自身树冠下的侧枝大量死亡。这其实是一种恶性竞争，倘若加

---

① 参看吉林林业学校、四川林业学校、陕西农林学校编《森林学》，第317~320页。

② 参见尹绍亭《人与森林——生态人类学视野中的刀耕火种》，云南教育出版社，2000，第14页。

以一定的疏伐，其实是有利于森林生态系统的健康发展的。① 而采集薪柴的行为在获得薪柴的同时，也确保了森林的健康有序发展，是最高效的疏伐行为。

森林究竟对气候有什么样的影响还应做更多的研究，笔者对森林采伐导致短期气候变化的观点持怀疑态度。很多人把某一时间段内灾害的多发归因于森林的减少，但即使森林没有变化，气候依旧会变化。把复杂的变化归结到单一的原因上去，这样的解释未必合理。比如日本学者即指出，森林对降水量的影响仍不明确，森林的采伐不一定导致气候的干燥。②

总之，森林所蕴含的能量需要释放，不适度砍伐就会自行燃烧。樵采可以大大降低森林大火发生的频率，在一定程度上是有利于森林的。

就整个历史时期来看，樵采并非将华北由多林地区变为少林地区的最根本原因，这是笔者与前辈学者观点不同的地方。但在华北已变成少林地区之后，樵采却成为谋害森林的主要凶手，这一点笔者与前辈学者观点一致。

笔者认为，樵采对植被的影响往往取决于植被状况本身。植被状况良好时，燃料获取较为容易，只需小规模采伐树木或者只采伐枝叶即可满足人们的燃料需求，无须大规模摧毁天然植被，这样植被会通过自然更生而迅速恢复。在植被稀少的情况下，燃料获取艰难，人们会竭尽所能收集薪柴，所有的树木——包括有重要经济意义的桑树、枣树——都会成为采伐对象，植被状况会进一步趋于恶化。

从采伐薪柴的难易程度来看，在植被良好的情况下，采伐大树用作燃料是非常不经济的。因为在传统技术条件下，砍倒参天大树已然费时费力，而进一步破碎为适合使用的薪柴同样费时费力。据麦克尼尔的考证，迟至1950年的喀麦隆，工人们砍倒一棵木棉树仍需要 5 天的时间，而将砍倒的树劈碎

---

① 参见〔美〕查德威克·奥利弗、布鲁斯·拉森《森林动态发育学》，韩雪梅、马焕成等译，中国环境出版社，2014，第 224、248~253 页。

② 〔日〕大政正隆主编《森林学》，白庆云等译，中国林业出版社，1984，第 417~418 页。

焚烧又需要 3 天。[①]20 世纪中叶的非洲尚且如此，古代中国当亦如此。所以，最合乎经济理性的抉择便是采伐大树的枝叶，这样可在一个工作日内获得较多的薪柴，大量的诗词戏曲可以参证。如明代杂剧《蕉鹿梦》第三折，樵夫出场时所唱樵歌内容为："夫出担柴妻劝多，丁宁无奈担头何。夜来雨过苍苔滑，莫向林岩险处过。"唱罢后独白称："自家姓乌名有辰，卖柴为生。连日天雨不曾砍得，今喜晴霁，且趁早到山边砍一挑来，换些酒米也好。"可见樵采的周期较短，显非砍伐大树。接着又唱道："丁丁斧劈生松火，斜斜径转断蓬科，枯枝带霜堕，荒蓁紫萝，扳条选柯，湿云肩破，绝壑悬岩，休辞坎坷。"[②] 相关材料颇多，不再一一列举。

但是在天然林木遭到严重破坏之后，情形却会逆转，次生林的树木直径会显著缩小，采伐的难度显著下降，而采伐之后加工为薪柴也较为容易。这就降低了将整株树木用作燃料的劳动力成本，人们采集薪柴的行为会极大地加剧植被遭破坏的进程。史念海先生在黄土高原地区实地调研所了解的若干例子即是如此。这些例子虽并不处于华北，且是近现代之实例，但有助于我们理解古代华北燃料获取对森林植被之影响，详引如下：

> 现在陇海铁路西入潼关，盂原是第一个大站，附近有一个王家河村。村南距秦岭山麓只一二公里。60 年前，这个村庄南门外就是森林，村人打柴，出门就可成捆负归。过了 10 年，打柴就要去到一个叫做石岸岔的地方，那里距王家河村已有 20 公里。再过 10 年，更是远去 30 公里外的黑山寨了。5 年前，我到陇山西侧甘肃张家川回族自治县龙山镇考察时，所见所闻的情况，与秦岭山下的略相仿佛。龙山镇北紧濒北河，北河与南河合流为清水河，流经秦安、静宁两县入于葫芦河。龙山镇一位年近 40 的农民见告，其祖父时，北河河滩到处犹是森林，其父亲时，打柴就要登到河旁的坡上，可是到他会打柴时，河旁坡上已经没有树木了。20

---

① 〔美〕J. R. 麦克尼尔：《阳光下的新事物：20 世纪世界环境史》，韩莉、韩晓雯译，商务印书馆，2013，第 314 页。

② （明）沈泰：《盛明杂剧二集》卷 27。

多年前，有人在甘肃平凉县南甘脑沟一个叫做九子湾的村庄所作的调查统计，就不仅看到砍伐森林，而且在挖掘树根了。这个村庄每家门前都堆着带根的小灌木柴磊。全村 12 户，年需 24 万株充作燃料。这样连同树根挖下的树，超过了平凉全县当年植树造林任务 9 万株的 2.9 倍。这种砍伐行为当然是远从封建社会沿袭下来的旧习气。一位曾经于新中国成立之后不久在甘肃秦安县参加土地改革工作的同志见告，这个县城外的山上早已无有树木了。绝大部分都是被当作薪柴砍去的。由于树木砍完，树根掘尽，已在挖掘草根当柴烧了，不论是新坟旧墓上皆无草迹。甚至人家门前有意种植的零星树木，秋后落叶时，他人也不能随意闯来扫除。这虽然只是几个事例，但在当地实已成为普遍现象，其由来应该是历年悠久了。在这样的环境中，欲求森林滋生畅茂，谈何容易。这就提出了一个更应注意的问题：凡是要在缺乏薪炭地方推广造林，首先应该解决当地居民日常做饭取暖所需薪炭的供应问题。这个问题不解决，辛勤造林，只是为当地居民开辟一条就地打柴的捷径而已。所谓绿化，难免是徒托空言。[①]

笔者在河北武安活水乡马店头村一带访谈，发现新中国成立前后也有类似现象。村民打柴时约定俗成的习惯是只取枝叶不取茎干，只取地面部分不掘树根，但随着时间的推移，燃料资源日趋枯竭，人们转而将所有能获得的树木、树根一网打尽，使植被遭到了毁灭性的破坏，以马店头村为辐射中心的薪柴采集半径可达 10 里左右，西南方向与李家庄的采集圈相重叠，西北方向与七步沟、门王庄的采集圈相重叠，都曾发生过争夺薪柴的纠纷。在采集圈重叠的区域，人们采集薪柴时更是不遗余力地摧毁植被。而这样的行为也导致了严重的灾难，1963 年的大水重创了武安西部山区的农业生产，即与森林大量消失、天然植被的水分含蓄能力极低有关。[②]

---

① 史念海：《历史时期黄河中游的森林》，载《河山集二集》，第 304~305 页。

② 2012~2014 年暑期笔者多次对何红旺、曹二仓等老人访谈，上文论述即依据相关访谈材料。

所以，燃料越紧缺，采伐的力度越大，植被越稀少；植被越是稀少，采伐薪柴的力度也就越大。于是采伐薪柴与植被状况间的关系就陷入了恶性循环，这是华北晚近燃料危机愈演愈烈的重要原因。

二　薪柴采集对水生植物的影响

芦苇等水生植物也常用作燃料，在湖泊水域和河流沿岸地区，居民的燃料格局中芦苇都占有重要的地位。明初定都南京，沿江地带的芦苇是南京城极为重要的燃料来源。宫廷与市民生活需要大量消耗芦柴，而陶瓷器具与砖瓦烧造同样要大量使用芦柴。明初烧造砖瓦的芦柴消耗情况如下：

> 洪武二十六年定，凡在京营造合用砖瓦，每岁于聚宝山买窑烧造。所用芦柴，官为支给。其大小厚薄样制及人工芦柴数目，俱有定例。如遇各处支用明白，行下各该管官员放支。管事作头每季交替，仍将所烧过物件支销，其见在之数明白交割。若修砌城垣、起盖仓库营房，所用砖瓦数目，须要具奏，着落各处人民共造。如烧造琉璃砖瓦，所用白土例于太平府采取。
>
> 琉璃窑
> 每一窑，装二样板瓦坯二百八十个。计匠七工、用五尺围芦柴四十束。
> 每一窑，妆色二百八十个。计匠六工，用五尺围芦柴三十束四分，用色三十二斤八两九钱三分二厘。
> 黑窑
> 每中窑一座，装到大小不等砖瓦二千二百个，计匠八十八工，用五尺围芦柴八十八束。[①]

迁都北京以后，每年在华北地区征收的芦苇数量也较为巨大，划定苇地，

[①]　（明）申时行等：《大明会典》卷 190《工部十·物料》，《续修四库全书》第 792 册史部政书类，第 293 页上~293 页下。

征收芦苇，嘉靖以后折征银两。详细规定如下：

> 凡营造各工合用芦席。永乐间选差指挥督率军夫于杨村南北口、尹儿湾、南北掘河五厂苇地打苇织造。后厂地被军民侵种，差官踏勘，立石为界，设有庄头佃户。

> 天顺二年，奏准每地一亩征席三片、苇一束，差武功三卫指挥等官协同有司催办。五年一替，仍行通州管河郎中管理。

> 嘉靖十年，议准免征本色，照户部庄田每亩征银二分。遇有灾伤，照数奏免。十三年，革去武职，行各该府州县掌印管粮官督征，（原注：每亩旧征课银，高阜三分，低洼二分。小民概称低洼规避，以后不分高下肥瘦，每亩止征二分）仍札委通州管河郎中兼管督催。每年限十月以里将征完银两解部，年终造册奏缴。[①]

仅北直隶地区的苇地即达四千五百余顷，详细情形如表 5.9 所示。

表 5.9　明代北直隶苇地分布情形

府	州县	苇地
顺天府	武清	蔡村掘河厂　三百七十四顷七十三亩八分六厘
		杨村北厂　六百八十九顷四十三亩三分五厘
		杨村南厂　一百九十二顷四十一亩七分八厘
		尹儿湾北厂　八百五十八顷五十四亩一分七厘
		尹儿湾南厂　三百六十五顷九十四亩
	霸州	七百五十四顷五十六亩四分三毫九丝
	文安县	二百二十四顷七十三亩八分七厘
	大城县	一百七十九顷一十四亩七分七厘二毫
河间府	静海县	九百三十八顷一十二亩七分五厘四毫五丝
备注	苇地原额四千五百七十七顷六十四亩九分六厘四丝。岁该征银九千一百四十一两二钱有零	

[①]　（明）申时行等:《大明会典》卷190《工部十·物料》,《续修四库全书》第 792 册史部政书类，第 297 页下 ~298 页上。

　　所征收的芦苇用途多样，相当一部分会用作薪柴。上述只是官府征用之芦苇，而临湖普通民众的用量更大。直接的采伐会对水生植物分布产生一定影响，但水生植物生长速度远远快于树木，采伐之后能够在极短时间内恢复，明人丘濬分析明初南京燃料来源时称："洪武之初建都江南，沿江芦苇自足以供时之用也。芦苇，易生之物，刈去复生，沿江千里，取用不尽。"[①] 所论虽非华北，而芦苇的生长特点原无南北之分。所以，单纯的适度采伐不会彻底摧毁水生植被。但是，一旦水文条件发生变化——如河流断流、湖泊缩小乃至干涸等，水生植物的分布面积即会显著缩小。

　　前文已经指出，宋代以来华北的湖泊数量不断减少，面积不断缩小。还值得注意的是，华北河流的径流量也明显变小，季节性增强。原因当然是多方面的，但采集薪柴的行为也起到了一定的作用。宋以后，华北地区的森林植被已经非常稀少，燃料危机深重，为了获取足够的薪柴，人们将采伐的触角深入周边深山区。山区地势陡峻，土层疏松浅薄，植被破坏会显著加剧水土流失。[②] 华北的主要河流大都源自山西高原，东向切割太行山而进入平原地区，有名的太行八陉都是在这样的切割作用下形成的。华北降水又高度集中于夏秋之际，山区坡度较大，急促而猛烈的降水常导致凶猛山洪，大量的泥沙会在极短时间内被裹挟到平原地区。同时，华北水系特点是"上宽下窄、上大下小，上游支流水系繁多，下游干流单一集中。因此洪水容易集中、互相顶托，尾闾更是宣泄不畅，上下游的泄洪能力，相差可达数十倍至一二百倍"[③]。黄河北流时如此，黄河改道而海河水系形成后亦复如此。容易绝溢改

---

① （明）丘濬：《守边议》，载（明）陈子龙等《明经世文编》卷73，明崇祯平露堂刻本。

② 以河北武安西部山区为例，1957~1960 年，初修沙阳公路；1975 年至 1978 年改建为平涉线的一段。两次工程途经三道门（口上村至李家庄村）时均需要开山筑路，尤其是第二次，工程量尤其艰巨。施工人员从开山的剖面处发现山上密布的松树林之下的土层大都只有50~60 厘米厚。以上据家父赵长拴口述，他当时为武安县交通局工程队技术员。该段公路修筑情形可参看武安市交通局史志编纂领导小组编《武安公路史》，1992 年内部印行本，第 49~50、86~89 页。

③ 邹逸麟主编《黄淮海平原历史地理》，第 118 页。

徙且地表泥沙淤积速度较快就成为华北河流的典型特点，这使湖泊的淤塞程度远较其他地区严重。宋以后，华北南部湖泊已寥寥无几，中部白洋淀、文安洼水域面积还比较可观，但淤浅、干涸的趋势也非常明显。水生植物的生活空间被大大压缩了，这使平原地区民众面临的燃料压力显著增大了。

不仅如此，湖泊的淤塞与河流径流量的下降，使华北地区的水力资源日趋贫乏，水运条件也日趋恶化。中古以前大范围通航的情形，近世以来已很少见。华北的水力加工业更是始终不发达。这些都意味着，要耗费更多的人力来从事各种生产活动。可以说，薪柴采集不仅仅导致燃料危机进一步深化，也导致了水力利用的困境。燃料危机触发了水力危机，华北的能源问题遂越发严重。

当然，在分析樵采引起的水土流失在湖泊淤积消失过程中的作用的同时，也不能忽视水生植物自身所产生的影响。水生植物的生命活动也显著加快了池塘、湖泊的淤积进程，其主要作用表现在以下几个方面。

其一，水生植物由于获取水分极为容易，所以都不是"节水装置"。池塘、湖泊所损失的水分中，除自然蒸发之外，还多了一项植物散发到空气中的水分，其数量极为巨大是毫无疑问的，而这必然对蓄水量的减少有至关重要的影响。

其二，植物会从空气中获取大量的物质，虽然也会向空气中释放一部分物质，但总体而言"入超"是毫无疑问的。这部分"净收入"中最后又有相当一部分化为动植物残骸或动物粪便聚集在水体的底部，日积月累，池塘与湖泊就越来越浅了。

其三，植物还会从水体中吸收大量的可溶物质，然后将其变成不可溶的残骸、废弃物的组成部分，这也大大加速了淤积过程。

池塘、湖泊也有其从出现到消亡的生命历程，整个演变过程中，水生植物自身也发挥了重要的作用。

第三节 特定燃料利用及其环境效应——以木炭为中心

一 古人用炭情况简述

1. 燃料用炭

古人对制备木炭极为重视，《礼记·月令》即指出深秋是烧炭的最好时机："季秋草木黄落，乃伐薪为炭。"先秦时期还有专门掌管木炭的官职，《周礼·地官》称："掌炭，掌灰物炭物之征，令以时入之，以权量受之，以共邦之用，凡炭灰之事。"

木炭常供宫廷及上层社会取暖及炊爨之用，如《周礼·天官》称："宫人共王之沐浴，凡寝中之事扫除、执烛、供炉炭。"又如鲁昭公十年（前 532）十二月，本来为宋元公所厌恶的宦官柳，竟因为用炭给宋元公暖座位而得宠。再如鲁定公三年（前 507）二月，邾庄公即因跌倒在炉炭上而烫伤致死，《左传》载："邾子在门台，临廷，阍以瓶水沃廷。邾子望见之，怒。阍曰：'夷射姑旋焉。'命执之，弗得，滋怒。自投于床，废于炉炭，烂，遂卒。"此种情形至明清而无改，每年宫廷都需要消耗大量的木炭。而上层社会所用之木炭亦极为可观，常见之火盆，所烧之燃料即多为木炭。[1]

但自上古以迄晚近，下层社会用木炭取暖的情形并不多见，这主要是因为木炭成本过于高昂，更多还是直接烧柴取暖。赵冈宽泛地认定"薪柴只是厨房用于煮饭的燃料，北方冬天取暖则用木炭"[2]，实是以偏概全，与实际情形相去甚远。李欣对秦汉时期的木炭生产与消费情形有较深入的研究，但对其在民众生活中的使用范围与数量的估计则偏高。[3] 夏炎对此进行了辩驳，认为秦汉时期民众日用的燃料主要仍是薪柴，而非木炭，可谓公允之论。但夏氏认为宋以后木炭在民众日常生活中逐渐普及开来，则又失之偏颇。[4] 其实，

---

① 前引材料多取自（宋）李昉《太平御览》卷 871《火部四·炭》，第 3860 页上。
② 赵冈：《中国历史上生态环境之变迁》，第 71 页。
③ 李欣：《秦汉社会的木炭生产和消费》，《史学集刊》2012 年第 5 期。
④ 夏炎：《秦汉时期燃料供应与日常生活——兼与李欣博士商榷》，《史学集刊》2014 年第 6 期。

直到明清乃至民国，民众的燃料消耗格局中，仍以薪柴为主。

与炊爨及取暖相比，金属冶炼消耗的木炭数量更为可观，早期木炭生产可能即是在冶金业的带动下发展起来的。日本学者指出，烧制木炭并以之作为高效的燃料，"决不是作为家庭燃料而开始的，而是从使用铁器开始以来，为了炼铁在用煤炭之前都是用木炭进行精炼。这在世界上也是共同的，欧洲炼铁时也是使用的木炭，是破坏森林的一个很大的原因"①。所论之情势，也与中国相吻合。

关于木炭在冶金业中的重要性，古人早就注意到了。西汉贾谊《鹏鸟赋》称："且夫天地为炉，造化为工；阴阳为炭，万物为铜。"②史家描述西汉民间盗铸铜钱情形时称："今农事弃捐而采铜者日蕃，释其耒耨，冶熔炊炭，奸钱日多，五谷不为多。"③西晋王沈《释时论》有"融融者皆趣热之士，其得炉冶之门者，惟挟炭之子"④之语。

取暖与冶金业中的木炭需求量极大，故而在历史的早期木炭生产规模即较大。如西汉初，文帝窦皇后的弟弟窦广国即曾为人烧炭，史载：

> 窦皇后兄窦长君；弟曰窦广国，字少君。少君年四五岁时，家贫，为人所略卖，其家不知其处。传十余家，至宜阳，为其主入山作炭，寒〔暮〕卧岸下百余人，岸崩，尽压杀卧者，少君独得脱，不死。⑤

一同烧炭者竟多达百余人，其生产规模可想而知。

2. 非燃料用炭

除用作燃料外，木炭还有其他功能，比如强大的吸附功能，而其根源则在于其为数众多的空隙形成了庞大的内部面积，重 1 克的木炭内部面积可达

---

① 〔日〕大政正隆主编《森林学》，白庆云等译，第 557 页。
② （东汉）班固：《汉书》卷 48《贾谊传》，第 2228 页。
③ （东汉）班固：《汉书》卷 24 下《食货志下》，第 1154 页。
④ （唐）房玄龄等：《晋书》卷 92《文苑传》，第 2382 页。
⑤ （西汉）司马迁：《史记》卷 49《外戚世家》，第 1973 页。

200~400m²，颇为惊人。[①] 借助这一特质，木炭具备了过滤空气及吸附水分的作用，所以可以帮助人们判定时节，可以减缓人类尸体腐化的速度，甚至可以用来帮助我们清理肠道。

改正朔，修历法，是古代的国之大事，政权合法性体现在为民授时上，所以时间的意义特别重大，而时间的确定也就有了特别的价值。[②] 木炭在古人区分时节方面发挥了极为重要的作用，所利用的便是木炭的吸水程度随季节不同而变化。《淮南子》称："悬羽与炭，而知燥湿之气。"[③]《太平御览》引用此条时加注称："燥故炭轻，湿故炭重。"[④] 可见古人对木炭的吸湿性有清晰的认识。《汉书》称："冬至短极，县土炭。炭动，麋鹿解角，兰根出，泉水踊，略以知日至，要决晷景。"而孟康注解称："先冬至三日，县土炭于衡两端，轻重适均，冬至而阳气至则炭重，夏至阴气至则土重。"晋灼注解称："蔡邕《历律记》：'候钟律权土炭，冬至阳气应黄钟通，土炭轻而衡仰，夏至阴气应蕤宾通，土炭重而衡低。进退先后，五日之中。'"[⑤]《后汉书》称："是故天子常以日冬夏至御前殿，合八能之士，陈八音，听乐均，度晷景，候钟律，权土炭，效阴阳。冬至阳气应，则乐均清，景长极，黄钟通，土炭轻而衡仰。夏至阴气应，则乐均浊，景短极，蕤宾通，土炭重而

---

① 〔韩〕姜在允：《木炭拯救性命——徐徐揭开的秘密》，金莲兰译，第 22~25 页。
② 要研究中国时间史，看似与时间绝无瓜葛的木炭显然应当花费较大篇幅来深入剖析。时间是人类认知天地万物和反观自身变化的重要标尺，也是历史学科，特别是环境史的重要研究对象。自牛顿以来，物理学家不断对其内涵进行深入解构，至爱因斯坦提出相对论，更是将时间置于极为重要的地位。爱因斯坦之后，霍金为集大成者，其《时间简史》既博大精深，又深入浅出，发人深思。相对而言，人文社会科学界虽也对时间有着持续的关注，但似还不如自然科学界的思考那般系统。笔者对国外学术成果了解有限，就国内而言，主要集中在夏小正、月令、节气、历法、天文等方面，近年较有分量的是王利华《〈月令〉中的自然节律与社会节奏》，《中国社会科学》2014 年第 2 期。但堪与《时间简史》媲美的，从社会与文化的角度全面、深入阐释时间问题的专著则尚未出现，笔者希望不久的将来有历史学者推出厚重的《中国时间史》来。
③ 何宁：《淮南子集释》卷 16《说山训》，第 1157~1158 页。
④ （宋）李昉：《太平御览》卷 871《火部四·炭》，第 3860 页下。
⑤ （东汉）班固：《汉书》卷 26《天文志》，第 1300 页。

衡低。"①

　　将木炭填充在棺椁周围来防腐的做法也由来已久，最晚在西周至春秋时期即已大量用炭。②《左传》即称："宋文公卒，始厚葬，用蜃炭。"③《吕氏春秋·节丧》中记载："题凑之室，棺椁数袭，积石积炭，以环其外。"汉代高诱对此解释道："石以其坚，炭以御湿。"而毕沅则认为："积炭非但御湿，亦使树木之根不穿入也。"④李时珍也称："烧木为炭。木久则腐，而炭入土不腐者，木有生性，炭无生性也。葬家用炭，能使虫蚁不入，竹木之根自回，亦缘其无生性耳。"⑤1978年在湖北随县发掘的曾侯乙墓中即有大量木炭，考古工作者发掘时发现棺椁与墓室间的空隙处都填满了木炭，取出的顶部木炭即达6.3万斤，另有大量未取出的木炭，估计总量在12万斤以上。⑥山西北赵晋侯墓群中，亦有不少墓葬中发现大量积炭。⑦华北地区的古墓中同样有木炭，后赵时，石虎派人盗挖坟墓时即曾发现木炭，史载："邯郸城西石子岗上有赵简子墓，至是季龙令发之，初得炭深丈余，次得木板厚一尺，积板厚八尺，乃及泉，其水清冷非常，作绞车以牛皮囊汲之，月余而水不尽，不可发而止。"⑧

　　马王堆一号汉墓中出土女尸外形保存完好，肌肤仍有弹性，关节可自由屈伸，宛若刚刚辞世，解剖后发现诸多组织、器官的外形也保存良好，通

---

①　（南朝宋）范晔：《后汉书》卷91《律历志上》，第3016页。

②　王皓：《从墓葬形制、随葬品、葬具看中国古代墓葬的演进》，《河北北方学院学报》2008年第6期。

③　（宋）李昉：《太平御览》卷871《火部四·炭》，第3860页上。

④　许维遹：《吕氏春秋集释》卷10《孟冬纪·节丧》，中国书店，1985，第7页b。

⑤　（明）李时珍：《本草纲目》（校点本）卷6《火部》，第418~419页。

⑥　随县擂鼓墩一号墓考古发掘队：《湖北随县曾侯乙墓发掘简报》，《文物》1979年第7期。岳南：《旷世绝响：擂鼓墩曾侯乙墓发掘记》，第88~90页。

⑦　谢尧亭：《北赵晋侯墓地初识》，《文物集刊》1998年第3期；李伯谦：《从晋侯墓地看西周公墓墓地制度的几个问题》，《考古》1997年第11期。

⑧　（唐）房玄龄等：《晋书》卷107《石季龙载记下》，第2782页。另见（宋）李昉《太平御览》卷53《地部十八·岗》，第260页上~260页下，表述略有不同，称："初得炭，深一丈得连木板，厚高八尺，次得流泉水，水色青冷非常。"

过解剖还发现了死者生前患有冠心病、胆结石、血吸虫病等，而其保存方式与世界上常见的木乃伊、尸蜡、鞣尸等三种主要尸体保存方式都不同。[①] 尸体之所以保存完好，不少学者将原因归结到了棺椁周围填充的厚达 40~50 厘米、重达一万斤以上的木炭。这些木炭的吸湿性惊人，经湖南省进行脱水处理后，发现脱水率高达 38%。二号墓棺椁周围也填充着 10~70 厘米厚的木炭，三号墓的棺椁周围则填充着 15~30 厘米厚的木炭。二号墓与三号墓都未能留下保存完好的尸体，前者因最晚在唐代就遭遇严重盗掘，防腐条件遭到破坏；后者则是埋葬草草，木炭厚度也较薄。[②] 据传秀云等人的研究，马王堆汉墓中的木炭还存在较多的笼状炭，而这种炭的独特结构具有隔水、隔气、隔微生物的多重作用，特别是隔气功能，有效地隔断了墓室与外界环境，"达到了墓室内外能量和物质交换的动态平衡。外界气体不能进入墓室，内外无交换"[③]。

木炭防腐的技术还传到了朝鲜和日本，韩国海印寺大藏经的保存、荣州去世近 5 个世纪的金钦祖棺椁和遗体保存相对较好，日本死亡一个半世纪的木乃伊尸体的存留，都与大量使用木炭密切相关。[④]

木炭还可食用，现代人进食常有排毒、清肠之目的。此外，木炭还是食品添加剂，在一些特定食物中使用，而木炭与东亚的饮食文化也紧密相连。不过就古代而言，进食之木炭，更多还是用作药材，木炭在治疗消化道疾病、肝病、各种炎症，止血镇痛，解毒等方面都有独特的功效。[⑤]《本草纲目》中列举了白炭可以治疗误吞金银铜铁在腹，解水银、轻粉毒，辟邪恶鬼气，以及治疗卒然咽喧、白虎风痛、久近肠风、汤火灼疮、白癞头疮、阴囊

① 本刊通讯员：《马王堆一号汉墓女尸研究的几个问题》，《文物》1973 年第 7 期。另参高蒙河《古墓防腐有高招》，《百科知识》2012 年第 17 期；傅举有《马王堆墓主之争三十年》，《中国文物报》2004 年 7 月 28 日，第 5 版。

② 岳南：《西汉孤魂：长沙马王堆汉墓发掘记》，商务印书馆，2012，第 55、231、326、283 页。

③ 传秀云、郑辙、陈晶：《汉朝马王堆木炭中的笼状碳》，《无机材料学报》2003 年第 4 期。

④ 联合国粮农组织编著《生产木炭的简单技术》，林德荣译，第 5~10 页。

⑤ 联合国粮农组织编著《生产木炭的简单技术》，林德荣译，第 33~34、111~117、83、230~231 页。

湿痒等。[①]

要之，木炭在古人的生活中扮演了极为重要的角色，随着生产的发展，木炭制作规模也不断扩大，至明代每年仅进贡宫廷之木炭即有数百万斤，下文再深入分析，此处不赘。

二 华北木炭用量分析——以明代为中心

古代华北木炭用量是十分巨大的，但准确数字无从查考。明代关于官府征发木炭的记载颇多，试简单分析一下。

明代后军都督府每年需定额采办 200 万斤木炭，其中 4.2 万斤折征 3 万斤坚实白炭，故而实际征收木炭数量为 198.8 万斤，宣德以后折银征收，每万斤折银 80 两，共银 16000 两。承担采办薪炭任务的军队最早为宣府等 17 卫所，后扩大为 86 卫所，其中在京 18 卫，在外 68 卫所。[②]

这 86 卫所中共有 76 卫 10 所，分属在京卫、顺天巡抚、保定巡抚与山西巡抚。各辖区内的卫所情况如表 5.10 所示。

表 5.10 明代供应柴炭诸卫所分属情况

单位：个

辖区	卫	所	合计
在京	18	0	18
顺天巡抚	32	2	34
保定巡抚	18	3	21
山西巡抚	8	5	13
合计	76	10	86
备注	山西巡抚下只有磁州所在华北区域之内，合计华北地区共有卫所 74 个，占总数的 86.05%		

---

① （明）李时珍：《本草纲目》（校点本）卷 6《火部》，第 418~419 页。

② （明）申时行等：《大明会典》卷 156《兵部三十九·武库清吏司·柴炭》，《续修四库全书》第 791 册史部政书类，第 636 页上 ~636 页下。

　　而各卫所具体名称及其所承担柴炭银两详情,《大明会典》中也有详细记载。其中在京 18 卫只载有银两数,而在外 68 卫所则详载柴数、柴价、炭数、炭价等。为清楚起见,分列若干表于后,相关资料均取自《大明会典》卷一百五十六,不再一一列举详细出处。

表 5.11　明代在京十八卫柴炭银情况

卫名	柴炭银	
	原记载	阿拉伯数字（两）
武成中卫	银八十六两一钱六厘二毫四丝	86.10624
义勇右卫	银六十二两七分五厘二毫四丝	60.07524
义勇前卫	银五十九两五钱四分四厘	59.544
义勇后卫	银九十四两一钱五分二厘八毫四丝	94.15284
忠义右卫	银一百八两四钱二分三厘六毫	108.4236
忠义前卫	银一百四十两九钱八分八厘	140.988
忠义后卫	银一百一十二两四钱七分六厘	112.476
大宁中卫	银六十七两一钱四分九厘九毫六丝	67.14996
大宁前卫	银一百一十九两四分	119.04
神武左卫	银一百六十九两二钱五分二厘八丝	169.25208
昭陵卫	银七十五两一钱九分六厘八丝	75.19608
富峪卫	银五十一两四钱二分四厘八丝	51.42408
宽河卫	银六十六两九分	66.09
蓟州卫	银四十一两七钱三分	41.73
留守后卫	银二十三两六钱二分二厘二毫	23.6222
会州卫	银三十八两	38
鹰扬卫	银二十二两八钱九分六厘六毫	22.8966
兴武卫	银一十九两二钱	19.2
合计	一千三百五十五两三钱六分六厘九毫二丝	1355.36692

表 5.12 顺天巡抚所属卫所木炭银情况

兵备	守备（分守）	卫所	炭（斤）	炭价银（两）
密云兵备	通州分守	通州左卫	9770.25	78.162
		通州右卫	16070.75	128.566
		定边卫	21986.375	175.892
		神武中卫	24806	198.448
	三河守备	兴州后屯卫	40272	322.176
		营州中屯卫	34944.25	279.554
		营州后屯卫	18202	145.601
	密云守备	梁城所	909	7.272*
		密云中卫	21104.75	168.838
		密云后卫	7276	58.28
昌平兵备	怀柔守备	营州左屯卫	23755.25	190.042
	居庸分守	延庆卫	17130.25	137.05
霸州兵备	涿州守备	涿鹿卫	10721.625	85.773
		涿鹿左卫	19214.8125	153.7185
		涿鹿中卫	13593.25	108.746
		兴州中屯卫	11407.625	91.261
	崔黄口守备	武清卫	14207.5	113.66
		营州前屯卫	22690.875	181.527
蓟州兵备	蓟州守备	蓟州卫	31089.875	248.719
		镇朔卫	56266.25	450.13
		营州右屯卫	15272.75	122.183
		兴州左屯卫	26806.8125	214.454
	遵化守备	遵化卫	32995.25	263.962
		东胜右卫	56084.75	448.678
		开平中屯卫	16113.625	128.99
		兴州前屯卫	38210.6875	305.686
		宽河所	4834.5	38.676
	三屯营守备	忠义中卫	54623.75	436.99
永平兵备	永平守备	永平卫	35828.25	286.126
		卢龙卫	47952.75	367.622
		抚宁卫	35008.625	280.069
		东胜左卫	43668	349.344
		兴州右屯卫	40758.75	326.07
	山海守备	山海卫	42457	339.658
合计			906034.1875	7231.9235

注：*（明）申时行等：《大明会典》卷156原注："价银共二十四两，该所每年解银三十一两二钱八分。"见第637页下。

表 5.13　保定巡抚所属卫所木炭银情况

兵备	守备（都司）	卫所	炭（斤）	炭价银（两）
易州兵备	大宁都司	保定左卫	20614.25	164.914
		保定右卫	12572.25	180.578
		保定中卫	30344.25	242.754
		保定前卫	25197.25	201.578
		保定后卫	29408.5	235.268
		茂山卫	32628.25	261.026
井陉兵备	真定守备	真定卫	38909.0625	311.2725
		宁山卫	97306	778.448
		定州卫	54176.75	433.414
		平定所	8702.75	69.622
		神武右卫	27974	223.792
天津兵备	天津守备	天津卫	19000	152
		天津左卫	17500	140
		天津右卫	16000	128
	河间守备	河间卫	81020	648.16
		沈阳中屯卫 *	44242.75	353.942
		大同中屯卫 **	10645.75	85.166
		沧州所	3500	28
大名兵备	德州守备	德州卫	71208.375	569.667
		德州左卫	92042.5	736.34
		武定所	11028.5	88.228
合计			744021.1875	6032.1695

注：*（清）张廷玉《明史》卷41《地理志二》载："沈阳中屯卫。洪武三十一年闰五月置。建文中废。洪武三十五年十一月复置，属北平都司，后属后军都督府，寄治北直河间县。"则该卫虽名有沈阳，而实在华北境内。见第956页。

**（清）张廷玉：《明史》卷90《兵志二》称大同中屯卫为"永乐初改调"，则当是原驻地在大同，永乐中调至北直河间府境内，该卫自然也在华北地区之内。见第2219页。

表 5.14 山西巡抚所属卫所木炭银情况

兵备（道）	守备（参将）	卫所	炭（斤）	炭价银（两）
冀宁兵备	—	太原左卫	24409	195.272
		太原右卫	24409	195.272
		太原前卫	23681.75	189.454
岢岚兵备	镇西守备	镇西卫	34098.25	272.786
	河曲参将	保德所	7345.5	58.764
雁门兵备	广武守备	雁门所	5415.25	43.322
	代州参将	振武卫	36134.75	289.078
潞安兵备	—	潞州卫	33128.75	265.03
	—	磁州所	6573	52.584
	—	沁州所	9391	75.128
	汾州守备	汾州卫	8274.625	66.197
宁武道	宁武守备	宁化所	9854.125	78.833
河东道	—	平阳卫	35886.25	287.09
合计			258601.25	2068.81

隆庆元年（1567），惜薪司供应宫廷木炭共计 794 万斤，万历十年（1582）以后又有增加，详情见表 5.15。

表 5.15 明中后期宫廷消耗木炭数额

单位：万斤

时间	种类			
	长装炭（亦称红箩大炭）	黑炭	坚实白炭	合计
隆庆元年（1567）	55	729	10	794
万历十三年（1585）	70	1029	10	1109
备注	黑炭，工部原额五百四十三万斤，外后府二百万斤，共七百四十三万斤。后改十万斤为坚实白炭，工部七万斤，后府三万斤。后又以坚实炭价重，惟于黑炭内工部减二万八千斤，后府减一万二千斤，共减四万斤，以补坚实炭价。万历十年，命工部额外加二百一十万斤，后府额外加九十万斤，共加三百万斤，召商办纳			

　　清人王庆云指出，明末宫中每年消耗的燃料中，仅红箩炭即达 1200 万斤。[①] 似有夸大，视为所有木炭的总重量似较合理，则比起万历十三年，又增加了至少 90 余万斤。

表 5.16　明代若干衙门的木炭消耗情形

衙门	嘉靖二十一年（1542）	嘉靖二十四年（1545）	隆庆元年（1567）	
光禄寺	1816461.5 斤	2116461.5 斤	1139000 斤（闰年加 94916 斤）	
礼仪房	—	—	178420 斤	
银作局	—	430000 斤	300000 斤	
御用监	—	—	300000 斤	木炭 200000 斤
				白炭 100000 斤
织染局	—	—	30000 斤	
翰林院	—	—	10000 斤（遇教习庶吉士加 10000 斤）	
兵部膳黄	—	—	3000 斤	
太医院	—	—	600 斤	
会同馆	—	—	400000 斤	
备注	隆庆元年木炭合计 2361020 斤			

资料来源：表 5.15、5.16 资料分别取自《大明会典》卷 156《兵部三十九·武库清吏司·柴炭》、卷 205《工部二十五·屯田清吏司·柴炭》。

　　隆庆元年宫廷与各衙门用炭合计 10301020 斤。据前几章分析，明制 1 斤约当今制 596.82 克，则上述木炭折合今制 12295709.5128 斤，合 6147.8547564 吨。关于木材的出炭率情况，可参看表 5.17。

表 5.17　炭化温度、碳含量与木炭产出情况

炭化温度（℃）	含碳量（%）	木材出炭率（%，假定木材含水量为零）
300	68	42
500	86	33
700	92	30

资料来源：联合国粮农组织编著《生产木炭的简单技术》，林德荣译，第 26 页。

――――――――

[①]　（清）王庆云：《石渠余记》卷 1《纪节俭》，第 1 页。

仍以 1∶3 的比例折算木炭与木柴比，则这些木炭要消耗木柴 18443.5642692 吨，数量极为巨大。1 吨木柴平均折原木 1.46 立方米，则上述木柴的体积为 26927.6038 立方米。据第四章分析可知，每平方千米灌木林可生产薪炭 1000~2000 吨，阔叶矮林可产薪炭 1000~2000 立方米。则烧制上述木炭需要砍伐灌木林 9.2218~18.4436 平方千米，砍伐阔叶矮林 13.4638~26.9276 平方千米。这还只是一年的消耗量，明代自永乐十九年（1421）正式迁都以后，宫廷与政府机构常驻北京 223 年之久，即以最小值估量，使用的木炭也需要采伐森林 2056.4614 平方千米。华北的总面积约为 27.2 万平方千米，上述采伐的森林面积约占总面积的 0.76%。即 200 多年的时间里，仅制备供宫廷与北京官府使用的木炭就可将华北的森林覆盖率拉低将近一个百分点。据凌大燮研究，1700 年华北森林覆盖率为 22.7%，此前半个世纪当略高，以 23% 计，则烧制木炭消耗掉的森林相当于明末所有森林的 3.3%，比例之高令人咋舌。

实际上上述估计值还显偏低，因为制备木炭过程中，还需额外消耗木柴来加热。

而宫廷与官府用柴之外，其他方面的木炭消耗量也是非常巨大的。上层人士每年所消耗的木炭数量也非常可观，如《红楼梦》中黑山庄进献宁国府的物品中有银霜炭上等 1000 斤、中等 2000 斤，柴炭 3 万斤，合计木炭共有 3.3 万斤，而宁国府共有八九个像黑山庄这样的村庄，则总共征收的木炭当在 30 万斤以上。纵然这样，贾珍却并不满意，认为数量太少。[1] 小说家言，难免有夸张之处，但富贵之家消耗木炭数量极为巨大当无疑问。其中稍可注意的是，银霜炭可能就是银骨炭，徐珂指出："银骨炭出近京之西山窑，其炭白霜，无烟，难燃，不易熄，内务府掌之以供御用。选其尤佳者贮盆令满，复以灰糁其隙处，上用铜丝罩蓺之，足支一昼夜。入此室处，温暖如春。"[2] 可见是一种较高级的木炭，烧造工艺当较为繁复。

---

① （清）曹雪芹、高鹗：《红楼梦》第 53 回《宁国府除夕祭宗祠，荣国府元宵开夜宴》，清乾隆五十六年萃文书屋活字印本。

② 徐珂：《清稗类钞》第 12 册《物品类》，第 6036 页。

　　另外清代直隶宝坻人李光庭的记载也可作为明清华北大量使用木炭的参证，摘引如下：

　　选炭

　　选炭者，非必兽炭、胡桃红、鹁鸽色之类，但刮去其生烟之皮而已。京师炭种甚多：如柴炭，半生，专用引火生炉。柳木炭，易然而不禁烧，亦不免于少烟。黑白疙瘩炭，虽少耐火，而总不若选炭结实，然亦不免于夹带。家乡所用长条炭曰菊花心，白疙瘩炭曰银炭，只此二种。谓空言无实之人曰虚呼炭，言其片时热闹，起灭自由也。〇庸中佼佼铁铮铮，选炭真如选士精。介性隆升终少焰，劲兵鏖战亦无声。垂青莫但除皮相，守黑须知澈骨莹。寄语山人详择取，劳薪强半负虚名。[1]

　　为了满足上层人士的木炭需求，山区开林烧炭的景象比比皆是，清代林县"其民业樵，采其山，有水磨之利，有柴炭之利"[2]，烧炭的景象蔚为壮观，"西乡土薄山大，故其民以采樵为生计。每至秋冬，黑夜远望，西山上火光荧荧闪动，忽上忽下者，樵夫烧山开路也；见山间烟焰上出者，山民掘窑烧炭也"[3]。武安、涉县、赞皇、井陉等县情形大致类似，林木茂密，获取薪柴较为便利。

　　此外，冶铁业中的木炭消耗量也是颇为可观的，关于炼铁过程中的木炭消耗情况，史书中有一些记载，如正统年间遵化铁厂的人力安排情形如下：

　　正统三年，凡烧炭人匠七十一户，该木炭一十四万三千七十斤。淘沙人匠六十三户，该铁沙四百四十七石三斗。铸铁等匠六十户，附近州县民支六百八十三名，军夫四百六十二名，每年十月上工，至次年四月放工。凡民夫民匠，每月支口粮三斗，放工住支。军夫、军匠，月粮六斗，行粮三斗，俱岁办柴炭、铁沙。看厂军月粮同，行粮减半。各军俱

①　（清）李光庭：《乡言解颐》卷4《物部上》，清道光刻本。
②　乾隆《林县志》卷5《风土·土宜记》，乾隆十七年黄华书院刻本，页2b。
③　乾隆《林县志》卷5《风土·汲爨记》，页8b。

给冬夏衣布二匹，棉花二斤八两。帮贴余丁，不支粮，该卫免其差役，岁办半于正军。此外，又有顺天、永平轮班人匠，原额六百三十名，岁分为四班，按季办柴炭、铁沙。又有法司送到炒炼囚人，每名日给粟米一升。

今按明制每斤折合公制 596.82 克来计算，则正统三年遵化铁厂要消耗的木炭数量折合今制约 170774 斤。以 1 石合 120 斤估测，1 石等于 10 斗，则炼制的铁砂量合明制 53676 斤，合今制约 64070 斤。依据杨宽及《中国科学技术史·矿冶卷》中的观点，每十斤铁砂大致可以冶炼出生铁三斤。[1] 则正统三年铁矿砂可炼生铁约 19221 斤，平均每斤生铁消耗木炭约 8.88 斤。若再炼成熟铁或钢，消耗的木炭数量还要更多。前人的估测数据比这一值略小，有人认为"古代每炼一吨生铁耗用木炭可能要四五吨左右或更多些"[2]，也有人估计 1 吨生铁要消耗 7 吨木炭[3]。许惠民则取了两者的平均数 6 吨，据他考证，烧 1 吨木炭要消耗大约 4 立方米木材，则冶炼 1 吨生铁消耗的木材数量大致在 16~35.5 立方米之间。

而用于除潮、丧葬、食疗等方面的木炭数量也颇为可观，大致情形已见前文论述，由于精确的数字比较匮乏，不再展开分析。

我们特别强调木炭对环境的深远影响，是因为一般薪柴多取树木之细枝末节，而木炭则多选用上好树木之茎干烧制而成。正是因为木炭多由大型树材烧造，故而烧制木炭远比樵采薪柴对森林的危害大。明代之长装炭的原料"止三种木，曰青信，曰白枣，曰牛肋，总谓之甲木……惟紫荆关六十里至金水口产此"[4]。明宫廷常用的红箩炭是经过加工的长装炭，"按尺寸锯截，编小

① 两者的依据均为《清文献通考》中记载的四川总督阿尔泰的三封奏折。乾隆二十九年（1764）阿尔泰奏："屏山县之李村、石堰、凤村及利店、茨藜、荣丁等处产铁，每矿砂十斤可煎生铁三斤，每岁计得生铁三万八千八百八十斤，请照例开采。"三十年又奏："江油县木通溪、和合硐等处产铁，每矿砂十五斤可煎得生铁四斤八两，每岁得生铁二万九千一百六十斤。"三十一年再奏："宜宾县滥坝等处产铁，每矿砂十斤煎得生铁三斤，每岁计得生铁九千七百二十斤。"
② 北京钢铁学院《中国古代冶金》编写组：《中国古代冶金》。
③ 《中国冶金史》编写组：《河南汉代冶铁技术初探》，《考古学报》1978 年第 1 期。
④ （明）黄景昉：《国史唯疑》卷 9，清康熙三十年钞本。

圆荆筐，用红土刷筐而盛之，故名曰红箩炭也。每根长尺许，圆径二三寸不等，气暖而耐久，灰白而不爆"[1]。加工锯断之后每根仍有一尺多长，则原来所用木材尺径之大可想而知。采集一般薪柴，只是对林木"蚕食"；而烧制木炭，已经形成了对林木的"鲸吞"。自发明木炭时起，为了烧造木炭人们砍伐的参天大树不计其数。

制备木炭时，需要经过一定程度的加热燃烧，这一过程中相当一部分热量白白散发掉了，这从能量利用的角度来看是极大的浪费，在燃料危机深重的晚近时代显得更加奢侈。据前人研究可知，烧制黑炭时，从起火到最后完成熄火需要四五天的时间，而烧制白炭也需要一昼夜的时间。制备过程中有大量的木柴烧成灰烬，还有些木柴并不能完全燃烧，如烧制黑炭时常形成"炭头"，即处于下部的木柴或竖直放置的木柴的下端炭化不完全的部分，性能不佳，不能用作优质木炭。仅从体积上来看，大多数时候一窑的木柴最终往往只能出产半窑炭。而木炭成型过程中挥发出的大量可燃成分更是白白燃烧或散逸掉了，如烧制白炭的熄火阶段，释放出来的瓦斯气体会剧烈燃烧。[2]

木炭诚然是优质的燃料，但其制备过程本身却是高耗能的，为了获得木炭，还要耗散掉大量的能量，从能量利用效率的角度来看，这一转化是非常不经济的。很多看似进步的技术，实际上却导致了能源利用的不经济，只是很多时候被我们选择性地视而不见了。有学者探究了传统农业与机械化农业的能量消耗比，指出传统的比较方法是机械化农业只计入人力的消耗而不计入农机、化肥、农药等消耗的能量，若将所有的消耗都计入，则 20 世纪 80 年代的机械化农业生产的效率是传统农业的 1/100。[3]

---

[1] （明）刘若愚：《酌中志》卷16，清海山仙馆丛书本。

[2] 臧连明、钱用和：《土窑烧炭》，第22~23页。

[3] 〔美〕杰里米·里夫金、特德·霍华德：《熵：一种新的世界观》，吕明、袁舟译，上海译文出版社，1987。据该书给出的数据，传统农业下，一个农民消耗 1 卡人力约可获得 10 卡能量。机械化农业下，一个农民消耗 1 卡人力可获得 6000 卡能量。看似后者为前者的 600 倍。实则，若将非人力的能耗也计入，则机械化农业消耗 10 卡的总能量，才获得 1 卡的能量，其效率只有前者的 1/100。参见该书中译本第 124 页。

　　与此相类似的，为了提高煤炭的性能，将煤炭炼成焦炭也是高耗能的。相关情形将在讨论燃料革命时详细探讨，此处不赘。

　　不仅如此，由于大量优质木材用于烧炭，建筑、家具等方面的用材受到一定影响，大大加重了华北地区林木资源紧张局面，形成了木炭与用材之间的激烈竞争。为了获取足够的木材，人们不得不进一步加大采伐力度，越缺乏砍伐越厉害，砍伐越厉害越缺乏。华北林木利用遂也陷入恶性循环的怪圈中不能自拔，之所以会这样，烧制木炭是极其重要的背后推手。

　　正如舒尔茨所说的那样，传统农业下的农民是最理性的"企业家"，他们会根据市场情况及时做出合乎自我利益的选择。[①] 将木柴转化木炭这样的不经济性，宋以降的华北民众是有清醒的认识的，而理性的选择便是减少木炭的使用。这对社会的影响存在着正反两方面：一方面，在燃料危机深重的背景下，极大提高了燃料的利用效率，一定程度上缓解了人与环境间的紧张关系；另一方面，却为手工业——特别是冶铁业——的发展蒙上了一层阴影，因为即使到了科技昌明的近现代，若干产品——比如炼制优质钢，所需的铸铁也只有使用木炭才能炼制出来。

　　要之，传统燃料资源的匮乏，对华北的环境特质产生了深远的影响。森林植被的破坏，耕地面积的拓展，湖泊水域的减少，水土流失的加剧，都与燃料的获取密切相关。同时，生态环境的变化又深刻地影响了华北的燃料格局。宋以降华北生态与燃料互相作用、彼此因应，谱写出了独特的历史诗篇。

---

① 参见〔美〕西奥多·舒尔茨《改造传统农业》，梁小民译，商务印书馆，2006，第5、22、25、33页。关于农民理性问题，另可参看郝大海《理性范畴刍议》，《人文杂志》2014年第11期；徐勇《农民理性的扩张："中国奇迹"的创造主体分析——对既有理论的挑战及新的分析进路的提出》，《中国社会科学》2010年第1期；王飞、任兆昌《近十年中国农民理性问题研究综述》，《云南农业大学学报》（社会科学版）2012年第3期。余不尽举。

第六章

燃料危机与高能耗手工业的渐衰

华北地区的冶铁、陶瓷和丝织等重要手工业门类在宋以后都发生了明显的衰落，学界已有非常多的研究，并提出了一系列有见地的观点，但从燃料的角度切入深入探究的，尚不多见。笔者拟从燃料危机的角度切入，对华北手工业的变动进行全新的解读。我们将主要解决三个问题：首先是揭示三大手工业的高能耗特征，其次是分析三大手工业的兴衰节点与燃料危机爆发时间之间的契合关系，最后结合燃料对手工业兴衰的原因进行全新的剖析。

第一节　三大手工业的高能耗特征

冶铁业与陶瓷业的燃料消耗是非常直观的，而丝织业的燃料消耗却是非常隐蔽的，其高能耗特点极容易被人们忽视。我们逐一来剖析三者的燃料消耗情况，前两者简要分析，分析的重点则放在丝织业上。

一　冶铁业中的燃料消耗

钢铁的冶炼、铸造与锤锻过程中需要不断加热，维持极高的温度，故而冶铁业的燃料消耗数量极为巨大。据宋应星记载，炼制生铁、炒熟铁、锻钢等工艺过程中消耗的燃料"或用硬木柴，或用煤炭，或用木炭，南北各从利便"。冶炼生铁时，还需要消耗大量的柳木棍，"其铁流入塘内，数人执持柳木棍排立墙上，先以污潮泥晒干，舂筛细罗如面，一人疾手撒抛，众人柳棍疾搅，即时炒成熟铁。其柳棍每炒一次，烧折二三寸，再用则又更之"[1]。

木柴、木炭虽然都可以用于炼铁，但最理想的燃料是木炭而非木柴。木柴含碳量较低，燃烧猛烈而不能持久，而木炭含碳量高达 87%~93%。同时，木炭通过加热干馏之后，各种灰分、杂质含量大大降低。木炭的燃烧又较为平稳持久，可以确保碳元素适度渗入钢铁，使钢铁拥有较理想的品质。所以在历史的早期，冶铁多用木炭。即使在现代，某些高品质的钢铁仍需要用木炭来冶炼。

关于炼铁过程中的木炭消耗情况，史书中有一些记载，如正统三年（1438）遵化铁厂有 71 户烧炭工匠，共需交纳 143070 斤木炭；有 63 户采办铁沙的工匠，共需交纳 447.3 石铁沙。[2]

据前文分析可知明代每斤约为 596.82 克，则正统三年遵化铁厂用于冶铁的木炭数量约合今制 170774 斤。1 石等于 10 斗，1 斗等于 10 升，明代 1 升折合公制 1035 立方厘米，则 1 石折合 103500 立方厘米。

铁矿石的相对密度（以水为 1 克 / 立方厘米）随品种不同而有较大差异，磁铁矿（最常见的铁矿石，FeO 占 31.03%，Fe_2O_3 占 68.96%）为 4.9~5.2，赤铁矿（Fe_2O_3）为 5.0~5.3，菱铁矿（$FeCO_3$）为 3.7~4.0，褐铁矿（含水氧化铁矿石，$nFe_2O_3 \cdot mH_2O$，其中 n=1~3，m=1~4）为 3.3~4.0，钛铁矿（$FeTiO_3$）为 4.0~5.0。[3]

取较中间的密度值 4 克 / 立方厘米计，则 1 石铁沙重约 414 公斤，全部 447.3 石铁沙重约 370364.4 斤。依据杨宽及《中国科学技术史·矿冶卷》中的

---

[1] （明）宋应星：《天工开物》卷中《五金第十四》。

[2] （明）申时行等：《大明会典》卷 194《工部十四·窑冶》，《续修四库全书》第 792 册史部政书类，第 339 页下。

[3] 铁矿石的组成及比重情况参看牛福生等编《铁矿石选矿技术》，冶金工业出版社，2012，第 15~17 页。

观点，每十斤铁沙大致可以冶炼出生铁三斤。则正统三年铁矿砂可炼生铁约111109.32 斤，平均每斤生铁消耗木炭 1.54 斤。若再炼成熟铁或钢，消耗的木炭数量还要更多。前人的估测数据比这一值略大，有人认为"古代每炼一吨生铁耗用木炭可能要四五吨左右或更多些"[1]，也有人估计每炼 1 吨生铁要耗 7 吨木炭。[2] 许惠民则取了两者的平均数 6 吨。据前几章的分析可知，制备木炭时炭柴比约为 1∶3，1 吨木柴平均折原木 1.46 立方米，则 1 吨木炭要消耗4.38 立方米。按照上文我们折算出的铁炭比 1.54∶1 来折算，则冶炼 1 吨生铁消耗的木材数量大致为 6.7452 立方米。据第四章的分析可知，每公顷灌木林可生产薪柴 14.6~29.2 立方米，而每公顷阔叶矮林可生产薪柴 10~20 立方米，则冶炼 1 吨钢铁大约要采伐 0.231~0.462 公顷灌木林或 0.337~0.675 公顷阔叶矮林，数量颇为可观。

由于晚近华北地区的传统燃料压力沉重，所以煤在钢铁冶炼与锻造过程中的使用量显著增加，已经远远超过了木炭的使用量，宋应星指出：

> 凡炉中炽铁用炭，煤炭居十七，木炭居十三。凡山林无煤之处，锻工先择坚硬条木烧成火墨。（俗名火矢，扬烧不闭穴火。）其炎更烈于煤。即用煤炭，也别有铁炭一种，取其火性内攻，焰不虚腾者，与炊炭同形而有分类也。[3]

可见煤在明代已广泛应用于冶铁与铁器的生产过程中，就全国而言，用煤生产的铁器占去了总产量的七成，在传统燃料供应紧张而煤炭资源又相对丰富的华北地区这一比例恐怕还要更高。但是，关于华北地区炼铁使用煤炭具体情况的记载比较少见，赵士桢称："炼铁，炭火为上，北方炭贵，不得已

① 北京钢铁学院《中国古代冶金》编写组：《中国古代冶金》。
② 《中国冶金史》编写组：《河南汉代冶铁技术初探》，《考古学报》1978 年第 1 期。
③ （明）宋应星：《天工开物》卷中《锤锻第十》。

以煤火代之，故迸炸常多。"[1] 则明代北方炼铁已主要使用煤火，华北自然也不例外。

华北地区拥有丰富的铁矿资源与煤炭资源，据近年来的调查资料可知，河北省铁矿储量位居全国第三，煤矿储量位居全国第十，而铁矿分布区与煤炭分布区高度重合。[2] 两种资源的分布特点无疑也是历史上人们较早利用煤炭炼铁的重要前提。

用煤冶铁是华北民众应对传统燃料不足的重要举措，草木资源面临的压力因此而显著下降。华北煤炭资源丰富，与木炭相比，煤炭燃烧时火力较强，燃烧平稳持久，可以显著提高炉温，冶炼进程也大大加快，同时对鼓风的要求不高，此为用煤的优势。[3]

但是，在古代社会，过早用煤也对铁的品质产生了消极的影响。用煤使华北冶铁业得以继续维系，同时也埋下了华北冶铁业没落的祸根，详细情况后文再进一步分析。

二 陶瓷砖瓦业的燃料消耗

1. 生产过程中的燃料消耗

陶瓷生产过程中的热量利用情形，前代学者已有较多研究，但他们的关注重点是炉膛结构与烧造工序，对于燃料消耗情况则并不十分关心。笔者先试着分析一下生产过程中的燃料消耗情况，再剖析一下烧造技术演进过程中对燃料节省的考量。

陶瓷在正式烧制之前，即要消耗一定数量的燃料。如制作釉，"无灰不成"，景德镇的釉灰生产，"以青白石与凤尾草叠垒烧炼"，上品釉瓷土与釉灰之比为十比一，中品釉为"泥七八而灰二三"，粗釉为"泥灰平对，或灰多于泥"。所用青料，送至烧瓷器的地方后，还要"埋入窑地，锻炼

---

[1] （明）赵士桢：《神器谱·或问》，载郑振铎辑录《玄览堂丛书初集》第18册，台北中正书局，1981。

[2] 可参看中华人民共和国国土资源部《中国矿产资源报告2011》，地质出版社，2011。

[3] 韩汝玢、柯俊主编《中国科学技术史·矿冶卷》，第589页。

三日"①。

陶瓷烧制过程中需要较高的温度，据前人研究，陶器烧制过程中最高烧成温度为 1000℃，平均烧成温度为 920℃；烧制原始瓷的最高烧成温度为 1280℃，平均烧成温度为 1120℃；烧制白釉瓷的最高烧成温度为 1380℃，平均烧成温度为 1240℃。要维持如此高的温度，所需消耗的燃料数量是极为巨大的。

烧造缸瓶等陶器时，则在斜坡之上，数十个陶窑连在一起，长的可达二三十丈，短的也有十几丈，逐级升高，这样布置的原因是"盖依傍山势，所以驱流水湿滋之患，而火气又循级透上"。烧制时逐级点火，"发火先从头一低窑起，两人对面交看火色"，"火候足时，掩闭其门，然后次发第二火，以次结竟至尾云"。火势上腾，有利于最大限度地利用热量，从而增加窑内烧成温度。考究其燃料消耗，大约每烧制 130 斤缸瓶需耗柴 100 斤。②

烧制瓷器时，成坯画釉之后，要装入匣钵之中，"钵佳者装烧十余度，劣者一二次即坏"。将匣钵置入窑中烧造，先从炉门处点火，从下而上烧造十个时辰。然后再从炉顶设置的十二个天窗向下投掷薪柴，使"火力从上透下"，再烧造两个时辰，总计大约要烧十二个时辰。最后，还要进行检验，"器在火中，其软如棉絮，以铁叉取一，以验火候之足"。确认火候已到，"然后绝薪止火"。整个制作过程费时费力，消耗的燃料非常多，但定量的材料笔者尚未查到，只能获得一些定性的认识，如"共计一杯工力，过手七十二，方克成器。其中微细节目尚不能尽也"。

究其本质，砖瓦其实是特殊形式的陶瓷，但传统陶瓷业却因砖瓦的兴盛而受到猛烈的冲击。这里先分析烧砖制瓦时的燃料消耗情况，关于砖瓦业对陶瓷业的影响，我们将在第三节深入探讨。

制作普通的瓦时，先制成土坯，"干燥之后，则推积窑中，燃薪举火"，

---

① （清）唐英：《陶冶图编次》，转引自彭泽益编《中国近代手工业史资料（1840—1949）》第 1 卷，生活·读书·新知三联书店，1957，第 20、21 页。

② （明）宋应星：《天工开物》卷中《陶埏第七》。以下剖析陶瓷烧制过程中燃料消耗时未注明出处的材料皆出自该书该部分。

然后放入窑中点火烧制，所用燃料主要为薪柴，烧制时间视情况而定，量少一昼夜，量多会达到两昼夜。瓦有不同的型号，"其垂于檐端者有滴水，下于脊沿者有云瓦，瓦掩覆脊者有抱同，镇脊两头者有鸟兽诸形象"，差别只在造坯之时，入炉烧制工序没有本质差别。因烧制过程中用时较长，燃料消耗量非常大。

别有皇家宫殿用的特殊瓦即琉璃瓦，制作工序更为复杂，所用原材料取自南直隶太平府（府治在今安徽当涂县，辖境相当于今马鞍山、芜湖两市），通过水路千里迢迢运至北京。先将土坯入炉烧造，每 100 片即需消耗 5000 斤薪柴，出炉后为获得碧绿色或金黄色的外观，需要"以无名异、棕榈毛煎汁涂染成绿黛，赭石、松香、蒲草等涂染成黄"。上色之后，还要再次起火烧制，"再入别窑，减杀薪火，逼成琉璃宝色"，又要消耗不少薪柴。

据明代官员何士晋等人考究，北京黑窑厂烧造琉璃瓦时的燃料消耗情形为，所有琉璃瓦都要用两火烧出，一般每窑 1 万片瓦料，每一火都要消耗 15 万斤薪柴，两火共消耗 30 万斤薪柴，如果改进操作流程可节约 2 万斤薪柴。此外，烧制琉璃瓦的工匠们每年还要消耗 5000 斤煤炭来满足饮食、取暖等生活需求。烧制普通瓦片，工艺相对简单，消耗薪柴数量比琉璃瓦要少得多，但仍很可观，每烧造 1 万个同板瓦等料要消耗 24000 余斤薪柴。[①]

烧砖时，砖坯入窑，可以用薪柴，也可以用煤炭，起火烧制也至少需要一昼夜，"所装百钧则力一昼夜，二百钧则倍时而足"，烧制过程中的火候控制颇为讲究，过与不及都会影响砖的质地，"凡火候少一两，则锈色不光；少三两，则名嫩火砖，本色杂现，他日经霜冒雪，则立成解散，仍还土质；火候多一两，则砖面有裂纹；多三两，则砖形缩小拆裂，屈曲不伸，击之如碎铁然，不适于用"。用薪柴烧制与用煤炭烧制的砖外观也有不同，"用薪者出火成青黑色，用煤者出火成白色"。用煤炭的话，还需将煤炭与砖间隔分层罗列，"其内以煤造成尺五径阔饼，每煤一层，隔砖一层"，最下层要铺垫一层芦苇柴，以方便点火。烧煤之砖窑内部进深约为柴窑的两倍，"其上圆鞠渐

---

① （明）何士晋:《工部厂库须知》卷 5《琉璃黑窑厂》。

小，并不封顶"。[1]

烧砖过程中的燃料消耗情况，何士晋亦有明确记载，大致情况如表 6.1 所示。

表 6.1　明代北京黑窑厂烧砖耗柴情况

类别	耗柴量（斤/个）	备注
二尺方砖	120	应减 10 斤
尺七方砖	90	应减 10 斤
尺五方砖	70	应减 6 斤
大平身砖	70	应减 6 斤
尺二方砖	50	应减 4 斤
城砖	50	应减 4 斤
平身砖	50	应减 4 斤
板砖	40	应减 2 斤
斧刃	40	应减 2 斤
券副砖	40	应减 2 斤
□板砖	70	—

资料来源：（明）何士晋：《工部厂库须知》卷 5《琉璃黑窑厂》，明万历林如楚刻本。

要之，无论烧制哪一种陶瓷器具，每窑都需要持续燃烧一昼夜乃至更长的时间，这样的燃烧持续时间和燃烧强度势必要用掉数量惊人的燃料。对用于陶瓷业的燃料情况我们只能获得这样的大致印象，整个行业每年用掉的燃料的精确数字已无从查考。

2. 窑炉的演进与燃料利用效率的变化

由考古发掘到的窑炉与陶器资料来看，早期的陶器生产采用的是平地堆烧的无窑烧制方法，烧造温度为 700~800℃。烧制陶器时，薪柴在近乎完全开放的空间里燃烧，火势比较猛烈，但热量的辐射散逸非常严重，既导致了巨大的燃料浪费，也不利于烧造温度的进一步提高。

随着时间的推移，人们逐渐意识到密闭环境的燃烧可以极大地提高燃料

---

[1]　以上多条材料均出自（明）宋应星《天工开物》卷中《陶埏第七》。

利用效率，并达到更高的温度。这是人类发明和利用炉灶的逻辑起点，也是后世内燃机最早的思想萌芽。人类很快在陶瓷业中采用了这一理念，发明了有窑烧造的方法。考古发现最早的陶窑位于裴李岗文化遗址中，此外北方其他新石器遗址中也有较多发现。耐人寻味的是，无窑烧制方法在南方地区却延续了更长的时间，这或许证明早在史前时期北方的燃料资源即远不如南方地区，提高燃料利用效率的动力很早即已出现。而南方的初民们则因草木资源更为丰富而迟迟未采取措施提高燃料利用效率。南方最早的有窑烧成方法直到商代才出现。

早期陶窑的典型构造为圆形横穴窑，这种窑的特征是火膛为筒状的管道，水平展布而略微倾斜，薪柴燃烧产生的火焰通过倾斜火道，然后进入窑室加热陶坯。相比于完全开放的平地堆烧，热量的利用效率显著提高，但因为火塘与窑室间有较长的距离，火焰在窑室中持续停留时间较短，加热状态仍不是很理想。由于火道较长，窑室便不能太大，这又导致每窑烧制的陶器数量有限，这也使燃料仍会被大量浪费。此后，古人逐渐意识到了问题所在，不断缩短火膛与窑室间的距离，并逐步将火膛移至窑室下面，即逐步朝竖穴窑的方向发展，而窑室的容积也慢慢变大。

北方地区陶窑从横穴窑向竖穴窑的转变至商代已初步完成，竖穴窑的火膛位于窑室的正下方，窑室底部有多个火孔与火塘相连，上腾的火焰可以直接进入窑室，从而更均匀地加热陶坯。这一时期更重大的变化是为陶窑配备了烟囱，烟囱具有抽风拔烟的功能，可以加大空气供应，也使烟气得到及时排放而不至于郁蔽在窑内，燃烧更充分也更旺盛。火膛、窑室、烟囱，作为陶窑的三要素这才真正齐备。

周至秦汉魏晋时期，炉灶的主要变化是火膛与窑室进一步增大，烟囱数量增多，单次烧造陶器数量也明显增加。至隋唐时期，华北地区又出现了新型的窑，显著的特征是火膛较大、窑室较小和烟囱较多，火膛与窑室整体呈现为馒头形的空间，故被人们称为"馒头窑"。燃料燃烧时火焰先上腾至窑顶，经由顶部反射而倒跌回窑底，通过瓷坯而将其加热，最后的烟气经由烟孔或烟囱排出。这种窑极大提升了烧成温度，而温控相对也较方便，升温、降温、保温都可以通过调节来实现。馒头窑将陶瓷的烧成温度提升到了传统技术能达到的最高点，正是借助先进的馒头窑来生产瓷器，华北地区才涌现出了在唐宋时期享誉寰宇的邢窑与定窑的白瓷。磁州窑也因采用这样比较先进的瓷窑而大放异彩，成为民窑的杰出代表。宋以后华北地区的陶瓷制造颓势已成，瓷窑遂再无大的变革。[①]

纵观陶瓷窑的发展历程，每一个重大变革发生的时间都是北方早于南方，早期华夏文明的重心在北方当然是重要的原因，但燃料资源丰度显然也是极重要的推动因素。正如前几章的分析那样，资源过于丰富的地区人们进行技术革新以保护资源的意识比较淡薄。但资源过于贫瘠，同样难以有加强保护的动力。华北地区在历史的早期或许恰恰处于资源丰度适中的水平上，故而创造了灿烂的文明。而宋以后的颓势，亦与资源的过度开发密切相关。

三 丝织业中的燃料消耗

丝织业的最初诞生即与火及燃料有着密切的联系，据学者研究，丝绸技术中最关键的缲丝工艺起源于原始人煮茧的活动，而最初煮茧是为了食用。通过煮茧，蚕蛹外层包裹的茧衣更容易剥离，而内层的蚕蛹也更容易消化。但随着煮茧次数的增多，人们逐渐注意到茧衣发生了显著的变化：由于热水将丝胶溶解，纤维便松散舒展开，而将这些纤维捞出来晾干并进行纺织，就是很自然的尝试了，因为人类已掌握了利用其他纤维的技术。此后人们发现了蚕丝的诸多优良纺织特性，并进而用它来制作衣物。[②]

蚕桑丝织业的起源已与燃料有莫大的关联，而其生产过程中几乎每一个步骤都要消耗大量燃料，试分述之。

1. 养蚕过程中的燃料消耗

蚕不耐寒，对温度要求较高，古农书中即称："蚕之性，子在连则宜极

---

① 关于窑炉的论述主要参考了韩汝玢、柯俊主编《中国科学技术史·矿冶卷》，第49~53、63~67、82~85、168~170 页。

② 以上论述主要参考了赵承泽主编《中国科学技术史·纺织卷》，科学出版社，2002，第121~122 页。

寒；成蛾，则宜极暖；停眠起，宜温，大眠后，宜凉；临老，宜渐暖；入簇，则宜极暖。"[1] 故而饲养蚕的过程中需要消耗大量燃料，其中要用到大量牛粪，因蚕对气味很敏感，而牛粪燃烧释放之气息宜蚕。古代蚕农常在冬季提前储备牛粪，这是因为到春季要使用时再收集"恐临时阙少"。收集到的牛粪要在腊月晒干，处理的方法不同：可以在春季天暖后直接踩踏成墼子，然后存放到遮蔽风雨的地方；也可以在晒干后碾碎，粉末调水制成墼子，收存备用。[2]

在孵化蚕的过程中，蚕室内要比较温暖，而且要保证屋内冷热均匀，故而房间的四角都必须生起火来，需要在蚕室内四角都生起火来，"火若在一处，则冷热不均"，严重影响蚕的孵化。初生之蚕发育过程中，适逢初春，气温仍比较低，且起伏极大，故而也需要在屋内生火，并需要对室内温度进行调控，以确保蚕的正常生长，温度过高过低都会影响蚕的身体状况与生长速度，"热则焦燥，冷则长迟"，可见温度太高则蚕生长过于迅速而易病死，而温度太低则蚕生长迟缓。蚕室中所用之燃料为薪柴或木炭，贾思勰记录的一种养蚕方法是将蚕置于大棵的蓬蒿之上，"悬之于栋梁、椽柱"，"上下数重"，在蓬蒿的正下方"微生炭以暖之"，要不断查看，掌握好火候，"热则去火"。[3]

其实，孵化之前的蚕卵还需要用桑柴灰来浸泡，据说可以使蚕孵出后更为健壮，古人常在腊月初步举行这样的活动。[4]

破茧出蛾时，天气转冷，也需要生火取暖。一般要在蚕室内再分隔出小房间来，在其中加热，"屋内东间另用席箔擗夹一间，于内生蛾，留小门出入，上挂蒲帘。盖屋小则容易收火气，停眠前后拆去"，这是因为"蛾或于小屋内生之，熟火易为烘暖"。[5]

为了更好地控制火候，古人还在蚕室中设置了各种加热器具，如缸。明代潘游龙即提到了给刚孵出的幼蚕加热的方法，称："一曰火蚕，用温温微火

---

① （元）大司农司：《农桑辑要》卷4《士农必用》。

② （元）大司农司：《农桑辑要》卷4《务本新书》《士农必用》。

③ （东魏）贾思勰：《齐民要术》卷5《种桑、柘第四十五养蚕附》，缪启愉校释，第333页。

④ （唐）郭橐驼：《种树书》卷上十二月条，明夷门广积本。

⑤ （元）大司农司：《农桑辑要》卷4《务本新书》。

置于缸内，将蚕烘上稍取火气，亦不可过热。"①而更考究的器具则有火龛、火盆、火仓、抬炉。蚕室之中特别强调用熟火，即缓慢稳定燃烧的火，金元之际北方蚕农养蚕"素无御寒熟火"，只是在蚕室中大量烧柴，导致烟气太多，"蚕蕴热毒多成黑蒿"。

火龛大致是在较小的蚕室四周墙壁上掏挖并垒砌出的小龛，每屋设置的数量为六个或八个，相邻两个高下错落有致，整体"颇类参星样"，"将牛粪塈子烧令无烟，移入龛内顿放"，目的是"庶得火气匀停"，"若寒热不均，后必眠起不齐"。

如果房屋较大，则一般呈狭长形，三面可置火龛，而另一面可置火盆。在蚕箔不靠墙壁的一面，用土垒成高台，或钉木桩，将火盆置于其上，火盆外还要"夹帷箔收拾火气"。

建造火仓，则在蚕室地面正中挖一坑，坑的深度约为 2 尺，大小根据蚕室进深来安排，原则为"如一二间四椽屋四方，一面可阔四尺，随屋大小加减"。坑的四周则用砖坯垒砌，高度约 2 尺，用黏泥涂抹黏结。从砖坯顶层到坑底，通高 4 尺。使用时将牛粪与薪柴交错层叠堆放，最底层铺上细碎干牛粪，厚约三四指；其上再铺上一层直径五寸以上的"带根节粗干柴"，"凡桑榆槐等坚硬者皆可"；柴上再铺一层牛粪，使牛粪将柴空隙处填满，还要夯打紧实，这就避免了干柴的迅猛燃烧，不然"火焰起伤屋，又熟火不能久"。这样火仓的坑内已基本填满，再于其上用厚厚的牛粪遮盖。在蚕出生前七八天，便可在火仓顶部生活，牛粪缓慢燃烧，"煨熟火黑黄烟五七日"。在蚕出生前一日，"少开门出尽烟即闭了"，以防室内暖气泄出。柴粪混搭的燃料组合方式以一种独特的方式燃烧，"此火既熟，绝无烟气，一两月不减不动，便如无火。用柴枝剔拨便暖气熏腾也"。单纯用柴的话，火势时而极为迅猛，时而完全熄灭，不利于稳定室内的温度。火仓的坑上用砖墙垒高的目的是使热量向上流动，均匀加热整个屋子，同时还确保了养蚕人的安全，不会在暗夜行走时跌入火仓。②

---

① （明）潘游龙：《康济谱》卷 10《种植》，明崇祯刻本。

② 火龛、火盆、火仓相关材料均出自（元）大司农司《农桑辑要》卷 4 火仓条转引《务本新书》《士农必用》。

　　所谓抬炉，实为特殊形式的火仓，外形像矮床，两侧安置木杠以作手柄，方便抬运。内置火炉，在蚕室外生火，点燃牛粪与薪柴的混合燃料，然后"以谷灰盖之，即不暴烈生焰"，之后两人抬着放入蚕室，即可为室内加热。[①]

　　王祯曾作诗吟咏火仓、抬炉的独特功效，摘录如下：

　　　　《火仓》诗云："朝阳一室虚窗明，今朝喜见蚕初生。四壁已令得熟火，空奁挫垒如三星。阿母体测衣绢单，添减火候随寒暄。谁识贵家欢饮处，红炉书阁簇婵媛。"

　　　　《抬炉》诗云："谁创抬炉由智者，出入凉温蚕屋下。抟以水土贯以木，不假昆吾鼓炉冶。出生入熟覆谷灰，捃拾粪薪犹主苴。功成四海裤襦完，又饷春醪奏齫雅。"[②]

图 6.1　火仓
资料来源：四库全书本《王祯农书》卷20。

　　对于蚕室中的温度控制，古人也颇为重视，每天的不同时刻如何调节，也都很有讲究，常将一昼夜的时间分成四个部分，类比四季，"朝暮天气颇类春秋，正昼如夏，深夜如冬"。因为一天之内气温会有起伏，所以虽然用熟火，不同时辰也需要调控火势，确保室内温度不会大幅度波动。常见的方法是蚕妇穿单衣感觉蚕室之温度，随人之感觉增减火候，"若自身觉寒，其蚕必寒，便添熟火。若自身觉热，其蚕亦热，约量去火"。[③]

　　关于火仓与抬炉的具体形制及其在蚕室中的摆放位置，参看图6.1。

①　（元）王祯：《王祯农书》卷20《农器图谱十六·蚕缫门·火仓》，四库全书本。

②　（元）王祯：《王祯农书》卷20《农器图谱十六·蚕缫门·火仓》。

③　（元）大司农司：《农桑辑要》卷4"凉暖总论"条。

清人杨屾亦特别强调了蚕室中用火的重要性，认为用火情形及火候控制对蚕长势之好坏与最后产丝之多寡优劣均有至关重要的影响。他指出：

> 蚕成于一室之功，全赖此火出入，加减凉暖。用得其法，自然丝纩倍收。不论风雨清明、寒热昼夜，总要室中加减，一样温和。倘火候失调，则丝便减少，可不慎与。[①]

要之，养蚕的整个流程中，从蚕的孵化到蚕蛾破茧产卵，都需要消耗大量的燃料，具体消耗情况因地域与养殖人而有不同，但由于气候原因，华北地区燃料的用量要远多于江南。

2. 对茧的处理过程中的燃料消耗

蚕落茧后若不及早采取措施杀蛹，则大概在 7~15 天内蚕蛾就要破茧而出，从而严重破坏蚕丝。在历史的早期，人们尚未发明既可杀死蚕蛹又不会损伤蚕丝的办法，便不得不在极短时间内就完成缫丝工作，劳动强度极大，《礼记·月令》载：季春三月，"蚕事既登，分茧称丝效功，以共效庙之服，毋有敢惰"[②]。随着蚕桑生产规模的扩大，势必要变革这样的生产模式。秦汉以后，各种杀蛹的方法相继出现了。常见的有晒茧、腌茧、蒸茧与烘茧，晒茧与腌茧一则借助日光暴晒来杀蛹，一则用盐腌来杀蛹，可置不论。重点来看看要用到较多燃料的蒸茧与烘茧两种方法。

《农桑辑要》中留下了关于蒸茧方法的最早记载，该书所讲述的主要是北方之生产技术，因为该书成于元前至元十年（1273），全国尚未统一。蒸茧最早出现之时间可能还要上推至金代甚至北宋时期。蒸茧时，"用笼二扇，用软草扎一圈，加于釜口"，笼内铺上蚕茧，厚度要均匀，一般厚三四指。点火之后，要不断关注蚕茧的温度，以手背能承受为准，"如手背不禁热，恰得合宜"，则下层的笼已蒸好，可以撤掉，并在上层笼之上再添一扇。火候的掌握很重要，蒸得过头了蚕丝会变软，火候不足又不能杀死蚕蛾。所有的蚕茧最

---

① （清）杨屾：《豳风广义》卷 2 "预置火具"条，清乾隆刻本。

② （清）孙希旦集解，沈啸寰、王星贤点校《礼记集解》，第 433 页。

好在一天内蒸完，"如茧不尽，来日必定蛾出"。①

王祯所提到的蒸茧法也是用笼蒸，与《农桑辑要》中的方法大致相同，他认为所有杀蛹方法中以蒸茧法为最好，他指出：

> 尝读北方《农桑直说》，云生茧即缫为上，如人手不及，可杀茧慢慢缫者。杀茧法有三，一曰日晒，二曰盐浥，三曰笼蒸，笼蒸最好，人多不解。日晒损茧，盐浥瓮藏者稳。②

王祯还专门作诗描述了蒸茧过程，称：

> 蚕家有茧如山积，日恐蛾穿缫不得。盐浥诚佳能几何？只有笼蒸人未识。釜汤少沸积茧笼，热不能禁手为则。旋抽底扇加上层，走晒中庭趁风日。人在轩车气少舒，绪缕均停堪络织。作计何人智者心，济物不妨聊假力。回看笼也岂筌蹄，依旧人间炊饼食。③

清人杨屾亦结合自己的亲身体会指出蒸茧法杀蛹效果最好，称："茧以生缫为上，若缫之不及，古人有盐腌、泥瓮、日晒之法，余试之，未善。余家用蒸馏之法最好。"他所讲述的蒸茧法与前述方法大致相同，有所发展的是指出了茧较少时不用笼而用竹筛的蒸馏办法，称："如茧少者，不必用笼。余尝只用大竹筛一个，铺茧于内，亦厚四指许。茧上置鲜椿叶一个，以布单覆筛，安锅上蒸。至椿叶变色为度，取下摊晾如上法。"④ 关于蒸茧的相关器械与操作，参见图 6.2。

烘茧法，据学者考证，最早出现于清代，通过直接用火烘烤来杀死蚕蛹，这一方法无须弄湿蚕丝，不受天气影响，故而迅速普及，南北方不同区域的

---

① （元）大司农司：《农桑辑要》卷 4 "蒸馏茧法" 条。
② （元）王祯：《王祯农书》卷 20《农器图谱十六·蚕缫门·茧瓮》。
③ （元）王祯：《王祯农书》卷 20《农器图谱十六·蚕缫门·茧笼》。
④ （清）杨屾：《豳风广义》卷 2 "蒸茧法" 条。

具体用具与操作方法有所不同，摘引相关论述如下：

用火力烘茧或焙茧出现在清代，其法"无定所，其灶以瓦砌居多，取移徙活便也"。可将茧放入一竹笼中，置于炭火上烘；亦可将放茧的蚕箔直接架在炭火上烘；亦可砌一炕床，放茧于内，炕外生火烘烤。烘茧"既无湿热之患，且无焦枯之虞。则蒸茧当防阴雨，不过十之九得，烘茧不论阴晴，直可万无一失。但窝内必用无烟之火"。所以自清中叶以来，烘茧杀蛹取代了腌茧、蒸茧等方法，被全国各地广泛采用，直至大规模的机械烘茧为止。①

图 6.2 蒸茧
资料来源：四库全书本《王祯农书》卷 20。

3. 缫丝过程中的燃料消耗

蚕丝由蚕吐出后结成茧，处理蚕茧以从中抽取出蚕丝的过程即为缫丝，这是丝织业中至关重要的一个环节，而缫丝过程中最重要的流程则是煮茧。通过煮茧，才能获得可用于纺织的蚕丝。因为原始的蚕丝主要由不溶于水的丝素和易溶于水的丝胶组成，丝胶附着在丝素外面，起保护和连接作用，约占蚕丝重量的1/4。通过煮茧，蚕茧纾解，丝胶被适当膨润和溶解，茧丝相互间的胶着力减弱，有利于缫丝。据学者研究，早在新石器时代，可能就已经出现了用热水处理蚕茧以缫丝的技术，而春秋以后沸水煮茧技术得到了

①　赵承泽主编《中国科学技术史·纺织卷》，第131页。其中所引材料分别出自姚绍书《南海蚕业报告》和孔光熙《蚕桑实济》，均载于章楷、余秀茹《中国古代养蚕技术史料选编》，农业出版社，1985。

普及。[①]

煮茧的方式大致分为两种，一为热釜，一为冷盆。虽分冷热，但均需不断烧柴加热。前者缫出的为火丝，后者缫出的称水丝。大致火丝质量较一般，但生产效率较高；而水丝质量较好，但缫治速度较慢。煮茧所用之炉灶亦较为考究，既要考虑便于排烟与提高热量利用效率，还要考虑煮茧效果。关于煮茧的详细过程及炉灶建构、薪柴使用与火候控制方法，古人有详细记载，摘引如下：

> 热釜（原注：可缫粗丝单缴者，双缴亦可，但不如冷盆所缫者洁净光莹也）。釜要大，置于灶上。釜上大盆甑接口，添水至甑中八分满，甑中用一板栏断，可容二人对缫也。茧少者止可用一小甑，水须热，宜旋旋下茧（原注：多下，则缫不及，煮损）。
>
> 冷盆（原注：可缫全缴细丝，中等茧可缫双缴，比热釜者有精神而又坚韧，虽曰冷盆亦是大温也）。盆要大，必须先泥其外（原注：口径二尺五寸之上者豫先翻过，用长黏泥泥底并四围，至唇厚四指。将至唇渐薄，日晒干，名为串盆），用时添水八九分满（原注：水宜温暖常匀，无令乍寒乍热）。釜要小（原注：口径一尺以下者，小则下茧少，茧欲频下，多下则煮过又不匀也），突灶半破砖坯，圆垒一遭中空（原注：直桶子样），其高比缫丝人身一半，其圆径相盆之大小，当中垒一小台（原注：径比盆底小），坐串盆于小台上，其盆要比圆垒高一唇。靠元垒安打丝头小釜灶，比圆垒低一半，掩火透圆垒（原注：灶子后火烟过处名掩火）。与掩火相对圆垒匝近上开烟突口，做一卧突长七八尺已上，先于安突一面垒一台，比突口微低。又相去七八尺外安一台高五尺（原注：或用墙或就用木为架子）。用长一丈椽二条斜磴在二台上，二椽相去阔一砖坯许。用砖坯泥成一卧突（原注：二椽上平铺砖坯一层，两

---

① 上述论述主要参考了赵承泽主编《中国科学技术史·纺织卷》，第155~156页。关于丝胶的化学结构、性能及应用，可参看陈华、朱良均等《蚕丝丝胶蛋白的结构、性能及利用》，《功能高分子学报》2001年第3期。

边侧立，上复平盖泥了，便成一卧突也。须与灶口相背，谓如灶口向南，突口向北是也。缲盆居中，火冲盆底，与盆下台烟焰绕盆过，烟出卧突中，故得盆水常温又匀也。又得烟火与缲盆相远，其缲丝人不为烟火所逼，故得安详也）。軖车床高与盆齐，轴长二尺，中径四寸，两头三寸（原注：用榆槐木）。四角或六角臂通长一尺五寸（原注：六角不如四角，軖角少则丝易解。臂者辐条也，或双辐，或单辐，双辐者稳），须脚踏。又缲车竹筒子宜细（原注：细似织绢穗筒子），铁条子串筒两桩子，亦须铁也（原注：两竖桩子上横串铁条，铁条穿筒子，既轻又利也。不如此则不能成绝妙好丝。古人有言："工欲善其事，必先利其器。"余如常法）。

打丝头（原注：用一人）。小釜内添水九分满，灶下燃粗干柴（原注：柴细旋添，火不匀停）。候火大热，下茧于热水内（原注：下茧宜少不宜多，多则煮过，缲丝少），用箸轻别，拨令茧滚转，荡匀挑惹起囊头（原注：粗丝头名囊头），手捻住于水面上轻提掇数度，复提起，其囊头下即是清丝，摘去囊头（原注：如重手搅拨囊头，又于手拐子缠数遭，可长五七尺。将茧上好丝十分中去了二三分，实为可惜。如轻手剔拨起囊头，长不过一尺也）。一手撮捻清丝，一手用漏杓绰茧款送入温水盆内（原注：杓底上多镂眼子为漏杓，漏瓢更好），将清丝挂在盆外边丝老翁上（原注：盆边钉插一橛子名丝老翁）。[1]

关于热釜与冷盆的缲丝过程，王祯分别有诗进行了描述，关于前者，他称："蚕家热釜趁缲忙，火候长存蟹眼汤。多茧不须愁不半，时时频见脱丝軖。"[2] 关于后者，他称："瓦盆添水火微然，茧绪抽来细缴全。不似贵家华屋底，空教纤手弄清泉。"[3]

此外，缲车之下也需要放置炭火盆以烘干蚕丝，这样可以保证蚕丝色泽

---

① （元）大司农司编《农桑辑要》卷 4 "缲丝"条。

② （元）王祯：《王祯农书》卷 20《农器图谱十六·蚕缲门·热釜》。

③ （元）王祯：《王祯农书》卷 20《农器图谱十六·蚕缲门·冷盆》。

纯白。宋应星指出了用火烘烤之法，称：

> 丝美之法有六字：一曰"出口干"，即结茧时用炭火烘。一曰"出
> 水干"，则治丝登车时，用炭火四五两盆盛，去车关五寸许。运转如风
> 转时，转转火意照干，是曰出水干也。[①]

清人也指出："又缫车下须用炭火一盆，带缫带烘，丝燥而白。不烘而听
其自干，则其色黄。"[②]

可见，缫丝过程中煮茧之外的很多流程也需要消耗燃料，但具体消耗
情况因人而异，无法进行量化分析。古人亦曾努力尝试减少薪柴的消耗，
徐光启即提出一种连冷盆技术，不仅可以提高缫丝效率，也可节省燃料，
他称：

> 愚意，要作连冷盆。釜俱改用砂锅或铜锅；比铁釜，丝必光亮。以
> 一锅专煮汤，供丝头。釜二具，串盆二具，缫车二乘；五人共作。一锅
> 二釜，共一灶门。火烟入于卧突，以热串盆。一人执爨，以供二釜二盆
> 之水。为沟以泻之，为门以启闭之。二人直釜，专打丝头。二人直盆主
> 缫。即五人一灶，可缫茧三十斤，胜于二人一车一灶缫丝十斤也。是五
> 人当六人之功，一灶当三灶之薪矣。[③]

宋应星称："凡供治丝薪，取极燥无烟湿者，则宝色不损。"[④] 清人卫
杰也指出，缫丝过程中应尽量使用干柴或木炭以减少烟气，因为丝一旦遭
烟熏，色泽会变得比较黯淡。烧火过程中应掌控火候，不可过大过小。[⑤]

---

① （明）宋应星：《天工开物》卷上《乃服第二·治丝》。
② （清）刘清藜：《蚕桑备要》第4篇《缫丝脚踏车法》，清光绪刻本。
③ （明）徐光启：《农政全书》卷31《蚕桑》，明崇祯平露堂刻本。
④ （明）宋应星：《天工开物》卷上《乃服第二·治丝》。
⑤ （清）卫杰：《蚕桑萃编》卷4，中华书局，1956。

赵孟頫有诗形象地描述了女子缫丝过程及蚕桑丝织对家庭生计的重要性，摘引如下：

> 釜下烧桑柴，取茧投釜中。纤纤女儿手，抽丝疾如风。田家五六月，绿树阴相蒙。但闻缫车响，远接村西东。旬日可经绢，弗忧杼轴空。妇人能蚕桑，家道当不穷。更望时雨足，二麦亦稍丰。沽酒及时饮，醉倒姑与翁。①

则缫丝过程中使用桑柴的情形当颇多。宋应星指出，蚕畏恶臭与极香，不少燃料不能在蚕室中使用，其论述如下：

> 凡蚕畏香，复畏臭。若焚骨灰、淘毛围者，顺风吹来，多致触死。隔壁煎鲍鱼、宿脂，亦或触死。灶烧煤炭，炉蒸沉、檀，亦触死。懒妇便器摇动气侵，亦有损伤。②

在清人对缫丝过程中所用不同种类柴薪的评定中桑柴只排第二，称："以栗柴为最好，桑柴次之，杂柴又次之，切不可用香樟，香樟会损坏丝质。"③另外还特别强调也不能用松柴，"又煮茧不宜烧松柴，因松有烟煤，丝染其气，色不明亮，尤不可不讲也"④。

4. 练漂与染色过程中消耗的燃料

缫丝结束以后，虽然已经除去了大部分丝胶，得到的还只是生丝，因为丝腔内仍含有一定量的丝胶，还需要进一步用碱性溶液练漂，才能最终获得真正适合染色的熟丝。古人常用于练漂的碱性物质是草木灰，据《考工记》

---

① （明）曹学佺：《石仓历代诗选》卷235《元诗五·题耕织图二十四首·织·六月》，四库全书本。

② （明）宋应星：《天工开物》卷上《乃服第二·养忌》。

③ 转引自赵承泽主编《中国科学技术史·纺织卷》，第157页。

④ （清）刘清藜：《蚕桑备要》第4篇《缫丝脚踏车法》。

载："涑丝，以涗水沤其丝，七日。"涗水实即为灰水。

古代练漂生丝时要消耗掉大量草木灰，先秦时代即已出现了专职官员掌管相关事宜，向民众大规模征发草木灰。《周礼·地官·掌炭》载："掌灰物炭物之征令，以时入之，以权量受之，以共邦之用。凡炭灰之事。"郑玄注称："灰炭皆山泽之农所出也，灰给浣练。"①

值得注意的是，练漂所用草木灰并非取自炊爨之余，而是专门生产出来的。《礼记·月令》称仲夏之月"令民毋艾蓝以染，毋烧灰"②。《淮南子·本经训》称："燎木以为炭，燔草而为灰。"③贾思勰亦称："四月。茧既入簇，趋缲，剖绵；具机杼，敬经络。草茂，可烧灰。"④专门的烧草为灰，燃料的需求量也极大，而且因为没有与其他需要热量的生产生活环节相衔接，燃烧过程中释放的热量大都白白散失掉了。

染色过程中也往往需要消耗一定的燃料，因为多数染色过程需要在温度较高的热水中来完成。如贾思勰就记载了一种染黄颜色的方法即需要加热煮水，要用掉不少草木灰：

> 河东染御黄法：碓捣地黄根令熟，灰汁和之，搅令匀，搦取汁，别器盛。更捣滓，使极熟，又以灰汁和之，如薄粥，泻入不渝釜中，煮生绢。数回转使匀，举看有盛水袋子，便是绢熟。抒出，著盆中，寻绎舒张。少时，捼出，净振去滓。晒极干。以别绢滤白淳汁，和热抒出，更就盆染之，急舒展令匀。汁冷，捼出，曝干，则成矣。（治釜不渝法，在"醴酪"条中。）大率三升地黄，染得一匹御黄。地黄多则好。柞柴、桑薪、蒿灰等物，皆得用之。⑤

---

①　（汉）郑玄注，（唐）贾公彦疏《周礼注疏》卷2，清阮元十三经注疏本。

②　（清）孙希旦集解，沈啸寰、王星贤点校《礼记集解》卷16，第452页。

③　何宁：《淮南子集释》卷8，第596页。

④　（东魏）贾思勰：《齐民要术》卷3《杂说第三十》，缪启愉校释，第234页。

⑤　（东魏）贾思勰：《齐民要术》卷3《杂说第三十》，缪启愉校释，第239~240页。

染蓝有生染、熟染两种方法，熟染需要用草木灰进行处理，还需加热水。用茜草染红，水温要保持在 50~60℃。用紫草染色时，则煎煮染液时还要加入椿木灰。苏木染红色时，在将苏木入水煎煮的同时，还要加明矾、倍子等化学物品。黄檗、槐花皆需煎水温染。栀子则需要入水煮沸，温凉后用来染色。其余诸多染色物质大都需要用热水，不再一一尽举。[①]

综上所述，蚕桑丝织业几乎所有的流程都需要消耗较多燃料，就传统时代的能源格局与技术支撑能力来看，这显然是一个高耗能的生产行业。

第二节 燃料危机与华北手工业的兴衰节点

前述三大高能耗手工业兴衰的关键节点均为宋元之际，燃料危机爆发的宋代三者均达到了巅峰状态，随之而来的便是急剧的衰落。本节我们将通过史实来审视一下三大手工业的兴衰节点与燃料危机爆发时间之间的微妙关系，下节我们再从燃料的角度切入分析三大产业衰落过程中燃料所发挥的不同的作用。

一 冶铁业的盛衰

华北地区冶铁业起步于春秋晚期或战国初期，战国中晚期已非常兴盛，这与全国冶铁业的发展大致同步。段红梅深入整理了 1954 年至 2000 年的主要考古学会论文集、考古类期刊、考古学年鉴等资料，对各省份出土的先秦铁器数量进行了细致的统计分析，指出在河北省共发现 11 件公元前 5 世纪及以前的铁器，在全国各省份位列第七；发现 373 件公元前 3 世纪及以前的铁器，位居全国第五。[②] 若计入京津辖境与河南、山东的黄河以北区

---

① 参看赵承泽主编《中国科学技术史·纺织卷》，第 272~283 页。
② 段红梅：《三晋地区出土战国铁器的调查与研究》，北京科技大学博士学位论文，2001。关于冶铁起源问题，有金家广《中国古代开始冶铁问题刍议》，《河北大学学报》（哲学社会科学版）1985 年第 3 期；孙危《中国早期冶铁相关问题小考》，《考古与文物》2009 年第 1 期。两者均对学界相关研究有详细梳理，读者可以参看。诸多相关文章不再一一列举。

域，则华北地区发现的铁器数量还要更多。华北地区的重大发现很多，如1950~1951 年在河南辉县固围村发掘了 5 座魏国墓，共出土了 56 件铁器；1955 年在河北省石家庄市发现赵国遗址，出土了 47 件铁器；1955 年还在河北兴隆古洞沟发现文物遗存，出土铁器 87 件。[①] 此外还发现了不少保存相对完好的冶铁作坊与矿井，河北易县燕下都遗址中就存留 3 处冶铁遗址，总面积可达 30 万平方米。[②] 河北兴隆古洞沟也发现古铁矿矿井 2 处。据《史记》记载，邯郸人郭纵以冶铁致富，富比王侯；赵国卓氏以冶铁致富，入秦迁蜀又靠冶铁事业成巨富。

至汉代，华北地区的冶铁规模有进一步的发展。1968 年，河北满城汉墓出土了铁器 606 件。[③] 1974~1975 年，北京西南郊郭公庄附近的大葆台汉墓出土 37 件铁器。[④] 此外，河北定州市北庄、石家庄市鹿泉区高庄等地的汉代诸侯王墓中也均有铁器出土。汉代华北地区设有多处铁官，如河北有武安（今武安市西南）、都乡（今井陉县西）、蒲吾（今平山县东南）、涿县（今涿州）、北平（今满城区北）、夕阳（今滦县南），北京有渔阳（今密云区西南）；河南有隆虑（今林州市）；山东有千乘（今博兴县西）。则其时全国总计 49 处铁官中仅华北就占了 9 席，为全国的近 1/5。据文献记载，西汉时"赵国以冶铸为业"[⑤]，邯郸显然是重要的冶铁中心。考古学发现的冶铁遗址存留也甚多，河南有鹤壁市故县、林州正阳地、淇县付庄、温县西招贤等处。[⑥] 可见华北南部的冶铁业很发达。

日本学者对中国汉代冶铁的评价较高，如桑原骘藏即指出：

　　自古以来中国产铁很多，铁的炼制法也在进步。《史记·货殖列传》

① 中国科学院考古研究所编著《辉县发掘报告》，科学出版社，1956。雷从云：《战国铁农具的考古发现及其意义》，《考古》1980 年第 3 期。

② 河北省文物研究所：《燕下都》，文物出版社，1996。

③ 中国社会科学院考古研究所、河北省文物管理处：《满城汉墓发掘报告》，文物出版社，1980。

④ 大葆台汉墓发掘组、中国社会科学院考古研究所：《北京大葆台汉墓》，文物出版社，1989。

⑤ （东汉）班固：《汉书》卷 59《张汤传》，第 2643 页。

⑥ 李京华：《汉代铁农器铭文试释》，载《中原古代冶金技术研究》，中州古籍出版社，1994。

中可以看到以铁致富的人很多。张骞在西域还看到不知道铁的国家，好像是和中国交通以后，它们才知道用铁。中国铁品质优良，公元一世纪时，通过波斯直运到罗马市场出售。在那里价钱最高的是 Serico-forro（中国铁），而波斯铁则居于次位。①

汉末魏晋时期，华北地区剧烈动荡，冶铁业发展受阻，铁器供应不足，史载："（魏武帝）乃定甲子科，犯钺左右趾者，易以升械；是时乏铁，故易以木焉。"② 至北朝时期，冶铁业又有一定程度的恢复，冶铁技术也有创新。北齐綦母怀文进一步发展了灌钢法，炼制钢刀时"浴以五牲之溺，淬以五牲之脂"，大大提高了刀的刚性与强度。关于魏晋南北朝时期邺城、襄国（今河北邢台）冶铁业之发达，日本学者宫崎市定曾有精辟的分析，他认为这两地冶铁业的最早记载是在北朝，但可能早在三国就已经开始了。两个城市在南北朝时，都能成为华北的国都或重镇，与冶铁业发达有着密切关系，"因为铁工业昌盛以及它们具备铁工业昌盛的条件，所以才能被作为首都，成为重镇"。③ 宫崎所强调的邺城、襄国地区一直是重要的钢铁产区，明清时期依然如此。

宋以前华北之铁产量已不可详考。据《文献通考》记载，宋初全国有铁监 4 处，华北居其一，为相州利成监；全国冶务 20 处，华北居其一，为磁州务。此外，邢州也为重要的铁产地。④ 单从华北监、务的数量来看，华北地区并不占优势，但细较各地之产量，即可发现河北冶铁业之发达，现将《宋会要辑稿》中的材料整理列表如下：

---

① 〔日〕桑原骘藏：《大正十二年度东洋史普通讲义》，转引自〔日〕宫崎市定《中国的铁》，载《宫崎市定论文选集》上卷，第 201 页。

② （唐）房玄龄等：《晋书》卷 30《刑法志》，第 922 页。

③ 〔日〕宫崎市定：《中国的铁》，载《宫崎市定论文选集》上卷，第 201 页。

④ （元）马端临：《文献通考》卷 18《征榷五》。

表 6.2　北宋时期铁课情况

地区	原额（斤）	元丰元年（1078）数额（斤）
相州沙河县冶	0	0
磁州武安县固镇冶	1814261	1971001
邢州棋村冶	1716413	2173201
登州	2655	3775
莱州莱阳县冶	4800	4290
徐州利国监	300000	308000
兖州	396000	242000
邓州长安坑、粟平冶炼	69360	84410
虢州诸冶	139050	155850
陕州	13000	13000
凤翔府	40560	48248
凤州梁泉县冶	36820	36820
晋州	569776	30098
威胜军	158506	228286
信州	3133	3133
虔州	0	0
袁州	41593	41593
兴国军大冶县磁湖冶	88888	59215
道州江华县镇头坑	504	504
荣州	300	295
资州	6706	7254
建州	500	3400
南剑州	15179	13350
汀洲管熟务	9000	9000
邵武军光泽县新安场、邵武县万德场	6902	6902
惠州	6128	6128
韶州	1500	1800
端州	1404	1410
英州	43493	43493

续表

地区	原额（斤）	元丰元年（1078）数额（斤）
融州古带坑场	400	860
合计	5486831	5497316

注：①记载中的总原额为5482770，元丰元年总额5501097，与分项合计不一致，或是有些州的数字缺载、错讹所致。

②相州与虔州的数字失载，合计数字都以0计，实际数字已不可考。

③磁州武安县固镇冶的原额铁产量占全国的33.066%，元丰元年占全国的35.854%。邢州棋村冶原额铁产量占全国的31.282%，元丰元年占39.532%。

据表6.2可知，元丰元年之前，仅固镇与棋村两地所上交的铁课即占去全国总额的64.348%，而元丰元年更占了全国的75.386%。而这还没计入相州沙河县冶务的铁课数量，沙河自古即为重要的铁产地，其产量当颇为可观。若计入沙河的话，元丰以前仅华北三地上交铁数量极可能占全国的七成以上，元丰元年更可能占全国的八成以上。需要注意的是，这还只是上交官府的铁课的数量，民间冶铁量更不知凡几。周世德估测宋代年产铁3000万斤以上，梁方仲认为这是根据课铁税额折算出来的，其折算比例大致以20%[1]。若据之折算华北的铁产量，当在2000万斤以上。这一数据或许并不可靠，但宋代华北冶铁业规模位居全国之首当无疑问。

关于宋代钢铁产量，国外学者也有较多研究，提出了一系列见解。日本学者日野开三郎认为全国铁产量当在2500~5000吨之间。[2]罗伯特·哈特威尔的估测值则要高很多，他指出："由于铁币、钢铁武器、农具、盐锅、钉子、船锚和盔甲等需要的刺激，北宋的矿和炼铁厂所产的铁，很可能比十九世纪以前中国历史中的任何时期都要多"，"到一〇七八年（宋神宗元丰元

---

[1] 周世德：《我国冶炼钢铁的历史》，《人民日报》1958年11月22日，第7版。梁方仲：《元代中国手工业生产的发展》，载《梁方仲经济史论文集》，中华书局，1989，第659页。梁氏认为周氏的数据取宋代铁课收入最多一年的数字"用百分之五的课税率折算得来的"则是错误的，治平年间的铁课数字为8241000斤，若以5%折算，总产量应该在1.6亿斤以上。据杨宽的考究，宋元时代铁课税率当为20%。

[2] 〔日〕日野开三郎：《北宋时代に於ける铜、铁の产出额に就いて》，《东洋学报》第22卷1号，1934；《北宋时代に於ける铜铁钱の需给に就いて》，《历史学研究》第6卷5~7号，1936。

年），每年生产约达七万五千吨至十五万吨，此数是通常引用的二十倍到四十倍"。[①] 这一估测值相当于 17 世纪英格兰与威尔士铁产量的 2.5~5 倍，也接近于 18 世纪初整个欧洲——包括俄罗斯在内——的铁产量。吉田光邦的估测值比哈特威尔低很多，但仍远比日野的估测值为高，初步认定为 30000 吨，后又修改为 35000 吨甚或 40000 吨。[②] 若据之折算，则华北地区的铁产量数额更为巨大。

宋代华北冶铁技术同样处于全国领先水平，沈括途经磁州时专门观看百炼钢的生产过程，方知道何为真正高质量的钢，他称：

> 世间锻铁所谓钢铁者，用柔铁屈盘之。乃以生铁陷其间。泥封炼之。锻令相入，谓之团钢，亦谓之灌钢。此乃伪钢耳。暂假生铁以为坚，二三炼则生铁自熟，仍是柔铁。然而天下莫以为非者，盖未识真钢耳。予出使至磁州锻坊，观炼铁，方识真钢。凡铁之有钢者，如面中有筋，濯尽柔面，则面筋乃见。炼钢亦然，但取精铁锻之百余火，每锻称之。一锻一轻，至累锻而斤两不减。则纯钢也，虽百炼不耗矣。此乃铁之精纯者，其色清明，磨莹之，则黯然青且黑，与常铁迥异。亦有炼之至尽而全无钢者，皆系地之所产。[③]

杨宽依据《宋史·食货志》中商、虢两州民众不熟悉冶铁事业而需要到南方募善工冶铁的记载以及半数以上冶铁地点位于南方的事实，即断言南方冶铁技术水平已远胜北方，显然是失之偏颇的。[④] 至少，华北地区的情形并非如此。

---

① 〔美〕罗伯特·哈特威尔（郝若贝）著，杨品泉摘译《北宋时期中国煤铁工业的革命》，《中国史研究动态》1981 年第 5 期。原载《亚洲研究杂志》1962 年 2 月号。

② 〔日〕吉田光邦：《关于宋代的铁》，载刘俊文主编《日本学者研究中国史论著选译》第 10 卷，第 194、195、197 页。

③ （宋）沈括：《梦溪笔谈》卷 3《辩证一》，金良年点校，第 22 页。

④ 杨宽：《中国古代冶铁技术发展史》，第 155 页。

宋以后全国的冶铁业进一步发展，而华北地区却盛极转衰。元代华北地区的铁冶较多，据梁方仲考证，有顺德、广平、彰德等处提举司，有冶务 8 个；檀、景提举司，有冶务 7 个。当时产铁规模仍较可观，仅燕北、燕南两个区域大小铁冶就有 17 处，役使匠户 3 万户有余，每年炼铁 1600 多万斤。但当时铁之产量及铁课数量均已远不及南方地区，元代铁课数额以湖广、江浙、江西为最多。①

至明代，在全国的冶铁业格局中，华北地区的地位进一步没落。据《大明会典》记载，明洪武七年（1374）置 13 处大铁冶，山西 5 个，江西 3 个，湖广 2 个，山东 1 个，广东 1 个，陕西 1 个。其中山东的铁冶位于莱芜，华北地区竟无一上榜。洪武初规定各省铁课总数为 18475026 斤，北平仅有 351241 斤，占全国的 1.9%。此外河南全省 718336 斤，山东全省 3152187 斤，山东的黄河以北部分冶铁业不发达，河南的黄河以北部分冶铁业则很发达，但纵然将河南铁课数量的一半计入华北，华北占全国的比重也不足 4%，这与宋代的情形相比反差极为明显。永乐年间才在遵化设置铁冶，专门为京师提供钢铁。正德四年（1509）的产量最高，出产生熟铁与钢铁合计 70.6 万斤，而一般情况下都只有 30 万~40 万斤，远远比不上宋代武安县固镇冶与邢州棋村冶的钢铁产量。②

至于明代华北的冶铁技术更不足道，南方福建、广东两省的熟铁和钢则以其优良品质而蜚声全国。称许闽铁优良者颇多，如茅元仪说："制威远炮用闽铁，晋铁次之。"③ 赵士桢也提到："制铳需用福建铁，他铁性燥不可用。"④ 方以智则指出："南方以闽铁为上，广铁次之，楚铁止可作锄。"⑤ 但称许广铁

---

① 梁方仲：《元代中国手工业生产的发展》，载《梁方仲经济史论文集》，第 659~665 页。燕北、燕南铁冶的记载见于王恽所上奏疏《便民三十五事疏》，载氏著《秋涧集》卷 90，《景印摛藻堂四库全书荟要》第 401 册。

② （明）申时行等：《大明会典》卷 194《工部十四·窑冶》，《续修四库全书》第 792 册史部政书类，第 338 页上~339 页下。

③ （明）茅元仪：《武备志》卷 119《制具》。

④ （明）赵士桢：《神器谱·或问》，载郑振铎辑录《玄览堂丛书初集》第 18 册。

⑤ （清）方以智：《物理小识》卷 7，商务印书馆，1937，第 167 页。

优良者也不少，唐顺之称："生铁出广东、福建，火熔则化，如金、银、铜、锡之流走，今人鼓铸以为锅鼎之类是也。出自广者精，出自福者粗，故售广铁则加价，福铁则减价。"[①] 李时珍有"以广铁为良"之评语[②]，屈大均亦有"铁莫良于广铁"之赞许[③]。陈赞所撰写之佛山《祖庙灵应祠碑记》中即有"工擅炉冶巧，四方商贩辐辏焉"[④]，霍与瑕亦称："两广铁货所都，七省需焉。每岁浙、直、湖、湘客人腰缠过梅岭者数十万，皆置铁货而北。"[⑤] 此种情形亦与华北大不相同。[⑥]

二　陶瓷业的盛衰

1986 年在河北省徐水县高林村乡南庄头村的新石器早期文化遗址中出土了砂质陶片，经 ^{14}C 测定距今 10800~9700 年[⑦]，这是目前已知华北所发现的最早的陶器。此外，河北武安磁山文化遗址出土的陶器距今 7400 多年，砂质陶之外还出现了泥质陶，可见陶器烧制技术已经达到了较高水平。[⑧] 时代稍晚，又有河南安阳后岗出土的灰陶与青陶。此外，河北正定、邯郸百家村、磁县界段营与下潘汪，河南安阳大司空村、汤阴白营村等地，都出土了大量陶

---

① （明）唐顺之：《武编》前编卷 5，徐象枟曼山馆刻本。

② （明）李时珍：《本草纲目》（校点本）卷 8《金石部·铁》，第 487 页。

③ （清）屈大均：《广东新语》卷 15，清康熙刻本。

④ （明）陈赞：《祖庙灵应祠碑记》，载（清）陈炎宗《佛山忠义乡志》卷 12《金石》，清道光刊本。

⑤ （明）霍与瑕：《霍勉斋集》卷 12《上吴自湖翁大司马》，明万历十六年（1588）霍与瑺校刻本。

⑥ 关于全国范围内冶铁生产地点的变化情形可参看薛亚玲《中国历代冶铁生产的分布及其变迁述论》，《殷都学刊》2001 年第 2 期。

⑦ 保定地区文物管理所、徐水县文物管理所、北京大学考古系等：《河北徐水县南庄头遗址试掘报告》，《考古》1982 年第 11 期。

⑧ 安志敏：《裴李岗、磁山和仰韶——试论中原新石器文化的渊源及发展》，《考古》1970 年第 4 期。邯郸市文物保管所、邯郸地区磁山考古队短训班：《河北磁山新石器遗址试掘》，《考古》1977 年第 6 期。

器。[①] 可见当时华北地区中南部陶器的烧制与使用已很普遍。

进入商代，陶器除作为常见的炊具与食具之外，还广泛地用于生产工具、建筑用材与雕塑，黑陶、灰陶与白陶的数量显著增多。商代的文化遗址如河北邯郸涧沟村、邯郸龟台寺、磁县下七垣与河南辉县等地都出土了不少陶器。[②] 此时釉陶、原始瓷已经发明，安阳殷墟有较多发现，相关的考古发掘报告很多，不一一列举了。殷墟之外，河北藁城台西村的商代遗址中也发现了原始瓷器。[③] 要之，商代华北地区中南部陶器技术又有显著的进步，已经迈过了瓷器时代的门槛。

西周至战国时期，华北地区的陶器形制基本上沿袭了商代的风格，但日用陶器种类和工艺较之商代有所退步，考古发现主要有河北易县燕下都发现的陶鼎、陶片与河北武安午汲发现的战国晚期陶窑遗址及大量陶器。[④] 原始瓷器虽已在南方出现，但华北地区相关考古发现却较少，政治中心西移对华北南部地区的制陶业有较大影响。

秦汉至魏晋时期，日用陶器呈现进一步没落的态势，而考古发现的陪葬明器中的陶俑与建筑陶器则为数众多，华北地区最为典型的是河南焦作地区

① 孟昭林：《河北正定县再次发现彩陶遗址》，《考古》1957 年第 1 期；罗平：《河北邯郸百家村新石器时代遗址》，《考古》1965 年第 4 期；河北省文物管理处：《磁县界段营发掘简报》，《考古》1974 年第 6 期；河北省文物管理处：《磁县下潘汪遗址发掘报告》，《考古学报》1975 年第 1 期；中国科学院考古研究所安阳发掘队：《1971 年安阳后岗发掘简报》，《考古》1972 年第 3 期；安阳地区文物管理委员会：《河南汤阴白营龙山文化遗存》，《考古》1980 年第 3 期。另参乔登云《豫北冀中南地区新石器时代考古回顾与展望》，《文物春秋》2001 年第 5 期；周仁等《我国黄河流域新石器时代和殷周时代制陶工艺的科学总结》，《考古学报》1964 年第 1 期。

② 河北省文化局文物工作队：《河北邯郸涧沟村古遗址发掘简报》，《考古》1961 年第 4 期，《考古》1962 年 12 期又有更正；北京大学、河北省文化局邯郸考古发掘队：《1957 年邯郸发掘简报》，《考古》1957 年第 1 期；河北省文物管理处：《磁县下七垣遗址发掘报告》，《考古学报》1979 年第 2 期；唐云明：《河北境内几处商代文化遗存记略》，载《考古学集刊》第 2 集，中国社会科学出版社，1982；中国社会科学院考古研究所编著《辉县发掘报告》。

③ 河北省博物馆文物管理处：《河北藁城台西村的商代遗址》，《考古》1973 年第 5 期。

④ 易县燕下都的历次发掘报告可参看河北省文物研究所《燕下都》；孟浩《河北武安县午汲古城中的窑址》，《考古》1959 年第 7 期。

出土的多个连阁陶仓，其造型精美，生活气息浓厚。[①] 就全国而言原始瓷器已扩大了使用范围，至东汉瓷器已在南方地区诞生，但华北地区的考古发现并不多见，较重要的是在河北省定州市中山穆王刘畅墓中发现了原始瓷器陪葬品。[②] 此外，河北安平县逯家庄壁画墓中也发现有瓷罐残片。[③]

至北朝中后期，华北地区制瓷业大放光芒，在一系列墓葬中出土了瓷器。其中较重要的有河北景县东魏封氏墓、磁县东魏茹茹公主墓、磁县北齐尧峻墓，河南孟州市北魏司马悦墓、安阳北齐范粹墓。在这些墓葬中发现的瓷器以青瓷为主，黑瓷和白瓷间或有之。[④] 该时期华北瓷器发展的最大成就是创制了白瓷，改变了南方瓷业一枝独秀的局面，华北跃居全国瓷器生产的第一梯队。

隋唐时期，华北地区的瓷器制造业非常兴盛。贾壁窑，最早出现于隋代，位于今河北磁县贾壁村一带，隋代生产青瓷，唐代渐趋没落。唐前期邢窑极为兴盛，位于今河北内丘县境内，生产白瓷，唐后期逐渐衰落。定窑继邢窑而起，位于今河北省曲阳县涧水磁村，自唐初兴起至元代废止，前后持续 600 多年，烧制的白瓷一直都非常有名。位于河南的还有隋之安阳窑，主要烧造青瓷，唐以后衰落。

宋代是华北瓷业发展的最高峰，最有名的是定窑与磁州窑。前者是宋代五大名窑之一，宋前期为民窑，后期渐具官窑性质，生产的白瓷名为定瓷，享誉海内外，至今仍为受到收藏界青睐的珍品。定窑深刻地影响了全国制瓷业的发展，相关工艺为诸多瓷窑所模仿，形成了独特的定窑系，景德镇的制瓷工艺也在一定程度上受到了定窑的影响。磁州窑创于北宋，窑址位于今河

---

① 韩长松、张丽芳、赵慧钦:《河南焦作出土的二联仓、三联仓陶仓楼》,《中原文物》2010 年第 2 期。张勇主编《河南出土汉代建筑明器》,大象出版社, 2002。

② 定县博物馆:《河北定县 43 号汉墓发掘简报》,《文物》1973 年第 11 期。

③ 河北省文化局文博组:《安平彩色壁画汉墓》,《光明日报》1972 年 6 月 22 日。

④ 张季:《河北景县封氏墓群调查记》,《考古通讯》1957 年第 3 期；朱全升、汤池:《河北磁县东魏茹茹公主墓发掘简报》,《文物》1984 年第 4 期；朱全升:《河北磁县东陈村北齐尧峻墓》,《文物》1984 年第 4 期；尚振明:《孟县出土北魏司马悦墓志》,《中原文物》1980 年第 3 期；李知宴:《谈范粹墓出土的瓷器》,《考古》1972 年第 5 期。

北邯郸市峰峰矿区彭城镇与磁县观台镇一带，为当时北方最大的民窑，以生产白地黑彩瓷器著称，瓷枕尤为有名，所烧瓷器多供下层民众使用，有着极为浓厚的民间生活气息，虽不为士大夫所重视，但其产量及影响力均不容忽视，在华北民间，"磁器"一词几乎取代了"瓷器"，即是有力的证据。磁州窑在宋代几大窑系中自成一派，地位极为重要。此外，河北的临城、井陉及龙华，北京龙泉务，河南省辉县市、修武、安阳、淇县、汤阴、内乡，都发现有宋代的瓷窑。

元代定窑完全没落，磁州窑继续发展，但工艺水平远不如宋代，制品大都比较粗松，挂釉多不到底，制作粗率，装饰方法比较单一。此外河南安阳、修武、汤阴等地仍有瓷窑，但也远不能与宋代相比了。整体而言，华北地区的制瓷业此时已经衰落。进入明代，华北地区较有名的瓷窑只剩磁州和曲阳两处，磁州窑生产规模明显缩小，陶瓷工艺比元代又有下降。清代，磁州窑的瓷器已极为粗劣，完全失去了精美的艺术风格和影响国内外的魅力。

要之，华北地区的陶瓷业发展至元代而渐趋式微，个中缘由以往学者较少论述，笔者以为燃料问题是至关重要的影响因子，详细分析参见第三节。[①]

三 丝织业的盛衰

华北地区的丝织业起源较早，至迟到商代已颇具规模了。出土的随葬物品常有蚕形玉，青铜器上也多有蚕纹装饰，可见其时蚕在生活中地位已非常重要。而在对殷墟的历次发掘中，也多次发现青铜礼器与兵器外附有绢帛编织物的痕迹，如20世纪30年代在安阳侯家庄西北冈商代大墓中出土的铜爵、铜戈等物品上有明显的细布痕迹，而50年代在安阳武官村商代大墓中出土的铜戈上亦有较细的绢帛痕迹。河北藁城台西村的商遗址中也出土了五种规格的丝织物残片，经分析分别属于平纹纨、平纹纱、纱罗和縠。相关考古

① 关于华北地区陶瓷业发展历程的相关论述，笔者主要参考了叶喆民《中国陶瓷史纲要》；冯先铭《中国陶瓷》；中国硅酸盐学会编《中国陶瓷史》，文物出版社，1982；吴仁敬、辛安潮《中国陶瓷史》，北京图书馆出版社，1998；李家治主编《中国科学技术史·陶瓷卷》，科学出版社，1998。

发现还有很多，不再一一列举，可见其时华北地区的丝织业已有较大程度的发展。①

进入西周，由于政治中心由华北迁到了关中，华北地区的蚕桑业发展状况在史籍中记载甚少，但与商代相比当有进一步的发展。《诗经·邶风·绿衣》称："绿兮丝兮，女所治兮。"《诗经·鄘风·桑中》称："期我乎桑中，要我乎上宫，送我乎淇之上矣。"《诗经·鄘风·定之方中》称："降观于桑，卜云其吉，终焉允臧。"可见邶、鄘二国桑树种植较多，丝织业非常发达。《诗经·卫风·氓》称："氓之蚩蚩，抱布贸丝。匪来贸丝，来即我谋。"②又可见其时卫国的丝织业已较为发达，民间丝织品交易非常普遍。周武王克商后，将商旧都之地一分为三，朝歌以北之地为邶，南为鄘，东为卫。卫国在今河南省濮阳市境内，邶国在今河南汤阴东南，鄘国在今河南卫辉市北。可见华北地区的丝织业至西周时期又有进一步的发展。春秋战国时期，蚕桑与农耕同为富国强兵的重要产业，备受诸国重视，齐、赵、燕、魏、中山诸国在华北地区纵横捭阖，则这里的蚕桑业自然会有更大的发展。

秦汉时期，华北地区的蚕桑业又有了进一步的发展。《盐铁论·本议篇》有"东阿之缣"之语，可见东阿的丝织业有一定的规模。《西京杂记》中记载了巨鹿人陈宝光妻织散花绫的高超技艺，称：

> 霍光妻遗淳于衍蒲桃锦二十四匹、散花绫二十五匹。绫出巨鹿陈宝

①　相关考古发掘报告参见李济《西阴村史前遗址》，《清华学校研究院丛书》，1927；中国科学院考古研究所山西队《山西芮城东庄村和西王村遗址的发掘》，《考古学报》1973 年第 1 期；浙江省文物管理委员会等《钱山漾第一、二次发掘报告》，《考古学报》1962 年第 2 期；浙江省文物管理委员会、浙江省博物馆《河姆渡遗址第一期发掘报告》，《考古学报》1978 年第 1 期；江苏省文物工作队《江苏吴江梅堰新石器时代遗址》，《考古学报》1978 年第 6 期；梁思永、高去寻编《侯家庄 1001 号大墓》上册，"中央研究院"历史语言研究所，1962；郭宝钧《1950 年春殷墟发掘报告》，《考古学报》1951 年第 5 期；高玉汉等《台西村商代遗址出土的纺织品》，《文物》1979 年第 6 期。此处及下文论述主要参考了赵承泽主编《中国科学技术史·纺织卷》。

②　程俊英、蒋见元《诗经注析》，第 67、132、138、170 页。

光家，宝光妻传其法，霍显召入其第，使作之。机用一百二十镊，六十日成一匹，匹直万钱。[①]

　　巨鹿位于今河北省平乡县西南，若非其时周边的丝织业较为兴盛，恐难发展出如此高超的丝织技术来。据李宾泓考证，其时全国丝织业的重心在黄河流域，虽然全国的三个纺织中心临淄、襄邑和成都都不在华北地区，但华北地区的丝织业也很发达则是毫无疑问的。[②]

　　魏晋南北朝时期，虽然迭经战乱，但华北地区的丝织业仍有较大发展。左思《魏都赋》有"罗绮朝歌"与"缣总清河"之句，则可见朝歌、清河等地亦盛产高质量的丝绸，是邺城所需丝织品的重要生产基地。此外，中山、赵郡、常山等郡国的缣也极有名气。[③]邺城的锦与绫种类极多，品质较高，《邺中记》有较详细的记载，摘录如下：

　　　　大登高、小登高、大明光、小明光、大博山、小博山、大茱萸、小茱萸、大交龙、小交龙，蒲桃文锦、斑文锦、凤凰朱雀锦、韬文锦、桃核文锦，或青绫，或白绫，或黄绫，或绿绫，或紫绫，或蜀绫，工巧百数，不可尽名也。[④]

　　谈论丝织品时，南朝人言必称邺城。梁太子《谢敕赉魏国所献锦等启》曰："山羊之毳，东燕之席尚传；登高之文，北邺之锦犹见。"梁元帝为《妾夏王丰谢东宫赉锦启》曰："邺县登高，真堪九日。"梁庾肩吾《谢武陵王赉白绮绫启》曰："图云缉鹤，邺市稀逢；写雾传花，丛台罕遇。"[⑤]可见邺城所产之锦与绫极为名贵，在江南地区亦为上佳之丝织品。

---

① （晋）葛洪：《西京杂记》卷1，四库全书本。

② 李宾泓：《我国早期丝织业的分布及其重心的形成》，《中国历史地理论丛》1991年第2辑。

③ （唐）徐坚：《初学记》卷27《宝器部·绢第九》引《晋令》，清光绪孔氏三十三万卷堂本。

④ （唐）徐坚：《初学记》卷27《宝器部·锦第六》。

⑤ （唐）欧阳询撰，汪绍楹校《艺文类聚》卷85《布帛部·锦》，第1458、1460页。

隋及唐前期均推行均田制，华北的丝织品在国家赋税中占有重要地位。据《通典》《唐六典》《元和郡县志》等书的记载可知，在唐玄宗开天之际，河北道 25 州中，除地处边境地区的平、妫、檀、营、蓟 5 州外，其余 20 州的丝织业都颇具规模。太府司按绢的质地优劣将贡绢之州分作八等，其中位列前四等的州基本上都隶属河南、河北两道。天宝元年（742）全国常贡丝织品的有 63 郡，总计贡各种丝织品 3764 匹/领（扬州所贡锦袍、被以领计）。河北道有 15 郡，占郡数的四分之一弱；总共贡丝织品数量为 1831 匹，占全国所贡丝织品总数的二分之一弱，博陵郡（即定州）一郡的常贡即达 1575 匹，超过了全国常贡总数的四成。

北宋时期，丝织业的空间分布与唐大致相似，只是河北东路比西路更为兴盛。史料载有各地缴纳赋税中丝织品品种和数额，将河北东、西两路合计，则有绫 7315 匹，在诸路中位列第一；丝绵 1572812 两，名列第二，绢 230919 匹，名列第五；绸 40753 匹，名列第五。[①] 但整体而言，每年租税与年贡中的丝绢数量，河北两路分别为江浙两路的 36% 和 14%，不少学者据此认定宋代丝织业的重心已然南移。人们往往忽视的问题是，其实上交中央的丝织品只是河北路缴纳赋税总额中的一部分，因为宋代的河北路为边防要地，其赋税存留有特殊政策，征收的丝织品（钱粮亦如此）留足地方与边防所需之后，才会上缴中央。实际河北路丝织品总产量当在两浙路之上，而质量更远胜两浙路，如定州缂丝名闻天下，而河北各地丝绢也以质量上乘而著称，"河北绢，经纬一等，故无背面；江南绢则经粗而纬细，有背面"[②]。契丹人与女真人也最喜欢河北路的丝织品，契丹人称河北东路为"绫绢州"；靖康元年金人索取丝绢一千万匹，"河北岁积贡赋为之扫地"，"浙绢悉以轻疏退回"[③]。可见，北宋时期华北地区的丝织业又有发展，生产规模与生产技术仍然都处于

---

① （清）徐松：《宋会要辑稿》。

② （宋）赵希鹄：《洞天清录·古画辨·画绢》，四库全书本。

③ （宋）徐梦莘：《三朝北盟会编》卷 72 "靖康元年十二月十五日"。

较高的水平。[①]

与冶铁业、陶瓷业相似，本来处于全国领先地位的华北地区的丝织业在金元以后也迅速走向没落。北宋以前处于全国领先地位的强势产业，基本都变成了微不足道的边角产业。

第三节　燃料危机与华北手工业的没落

一　燃料危机与近世冶铁业的发展

1. 薪柴缺乏与冶铁业的衰落

宋以降华北地区的燃料危机深重，一旦燃料匮乏，冶铁业马上面临停产的危险。清人屈大均称："产铁之山有林木方可开炉，山苟童然，虽多铁，亦无所用，此铁山之所以不易得也。"[②] 严如煜称："山中矿多，红山处处有之，而炭必近老林，故铁厂恒开老林之旁。如老林渐次开空，则虽有矿石，不能煽出，亦无用矣。"[③] 两者所述虽非华北之情形，但华北面临的问题并无二致。

薪炭资源的耗竭导致冶铁业衰落的情形，华北地区最典型的例子还是明代的遵化铁厂。

据张岗考证，遵化铁厂创办于永乐元年（1403），厂址起初设于遵化县西北的沙坡峪，其村名至今未改，现属兴旺寨镇。这次设置铁厂只是临时冶炼以供急用，或与营建北京和对蒙古用兵有关，不久停罢。宣德元年（1426），重建铁厂，厂址迁于遵化县东北的松棚峪，其地现名松棚营，属小厂乡。正统元年（1436），铁厂再度停开而不久又重开。三年（1438），厂址又有变动，迁

---

① 关于唐宋华北地区丝织业发展情况，主要参考了王义康《唐北宋时期河北地区的蚕桑丝织业》，《首都师范大学学报》（社会科学版）2004 年第 3 期；邹逸麟《有关我国历史上蚕桑业的几个历史地理问题》，载《选堂文史论苑——饶宗颐先生任复旦大学顾问教授纪念文集》，上海古籍出版社，1994；史念海《黄河流域蚕桑事业盛衰的变迁》，载《河山集》，生活·读书·新知三联书店，1963；邢铁《我国古代丝织业重心南移的原因分析》，《中国经济史研究》1991 年第 2 期。

② （清）屈大均：《广东新语》卷 15。

③ （清）严如煜：《三省边防备览》卷 10《山货》，清刻本。

至县治东南四十余里的白冶庄，即今铁厂镇。万历九年（1581），铁厂遭关闭。天启三年（1623），又有人建议重开铁厂，明熹宗有意采纳，但其时已届明末，国事日非，铁厂最终没有了下文。[①] 厂址位置的变化情形，可参看图6.3。

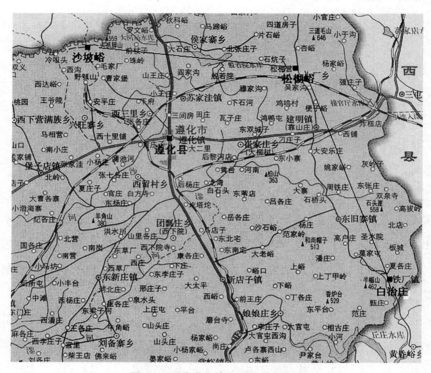

图 6.3　明代遵化铁厂位置变迁情形
资料来源：http://www.onegreen.net/maps/m/a/zunhua.jpg。笔者进行了编辑处理。

铁厂的时开时停与厂址的不断变迁，原因是多方面的，但燃料问题显然是极重要的推动因素。我们注意到明代铁厂的搬迁过程是由遵化县的西北而趋东北再趋东南，而遵化县周边的地形状况恰为北部与东部紧邻山地，详情参看图6.4。山地林木资源丰富，可以为冶铁提供丰富的燃料资源，故而铁厂位置需要紧靠山地。

---

① 　以上论述参照了张岗《明代遵化铁冶厂的研究》，《河北学刊》1990年第5期。

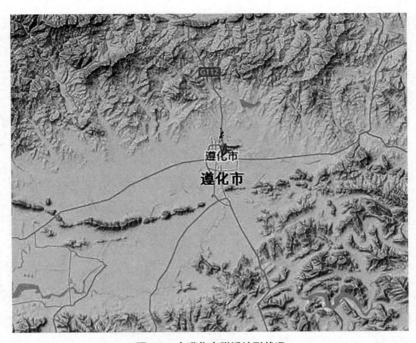

图 6.4　今遵化市附近地形状况
资料来源：遵化市政府网站，网址 http://www.zunhua.gov.cn/map.asp。笔者进行了编辑处理。

据上文分析，沙坡峪铁厂在永乐年间运行了 20 年左右而停罢，松棚峪铁厂除短暂停罢外共运行了 12 年，白冶庄铁厂则运行了 140 余年。

铁厂在前两个地点停留时间都较短，这与燃料消耗导致森林迅速遭到破坏有关，燃料资源渐趋枯竭使铁厂难以为继，同时遵化北境为边防要地，大量砍伐森林危及国防安全。嘉靖年间庞尚鹏在建议边关大规模种树的奏疏中即指出：

> 或曰遵化铁冶及抚赏、修边皆于樵采不可缺之，何其能已乎？夫国家兵政，备边为急。若能制御胡虏，即百铁冶皆设法区处当亦不难。[1]

永乐、宣德年间的情形当也不例外。铁厂最终向东南方向转移，亦有保

---

[1]　（明）庞尚鹏：《酌陈备边末议以广屯种疏》，载（明）陈子龙等《明经世文编》卷 357，明崇祯平露堂刻本。

护北部林木以加强北部边防的考量。

关于铁厂燃料需求对山林的影响，嘉靖间韩大章即曾谈及，他指出：

> 遵化铁厂访系永乐年间在于地方砂坡峪开设，后迁地方松栅峪，正统年间迁今地方白冶庄。彼时林木茂盛，柴炭易办。经今建置一百余年，山场树木斫伐尽绝，以致今柴炭价贵。若不设法禁约，十余年后价增数倍，军民愈困，铁课愈亏。①

此为铁厂移至白冶庄后之情形，此前对北部山林的影响与此类似，足见铁厂对山林影响之大。

铁厂移至白冶庄后能连续运转 140 余年，得益于燃料征发范围的扩大。政府相继在遵化附近的蓟州、遵化、丰润、玉田、涿州、迁安六个州县设置了面积达 4561.96 亩的山场，专门用来采办铁厂所需柴炭。成化以后改允许民众开垦山场，但须向政府纳税，肥沃的土地每亩交纳木炭 20 斤，贫瘠的土地每亩交纳木炭 10 斤。嘉靖五年（1526），下调了赋税额度，肥沃土地每亩征银 5 分，折合木炭 15 斤；贫瘠土地征银 2.5 分，折合木炭 7.5 斤，通计征收白银 744.7076 两。八年（1529），规定各州县相关银两直接"征解本厂"，每 10 两白银可买木炭 3000 斤，则共买木炭 223412.28 斤。九年（1530）又下调征税额度 20%。四十五年（1566），"听民开垦，永为世业。地稍平者，每十亩坐肥地一亩；稍偏者，每十亩坐瘠地一亩"。到万历年间，山场每年征银额度为 781.0313 两。②

则遵化一地之柴炭负担由其余五个州县来共同分担，则铁厂面临的柴炭压力大大下降。

纵然如此，遵化铁厂自正德以后还是江河日下。据《大明会典》记载，成化十九年（1483）定每年要向北京供应 30 万斤铁料。至正德四年（1509），

---

① （明）韩大章：《遵化厂夫料奏》，载（明）陈子龙等《明经世文编》补遗卷 2，明崇祯平露堂刻本。

② （明）申时行等：《大明会典》卷 194《工部十四·窑冶》，《续修四库全书》第 792 册史部政书类，第 340 页下~341 页上。

共炼得 48.6 万斤生铁，20.8 万斤熟铁，1.2 万斤钢铁，合计 70.6 万斤。八年（1513），不再炼制熟铁。嘉靖八年（1529），共炼制 18.88 万斤生板铁，6.4 万斤生碎铁，20.8 万斤熟挂铁，合计 46.08 万斤，而钢铁不再炼制。产量变化的同时，铁炉数量也在减少，正德四年大鉴炉 10 座，白作炉 20 座，六年（1511）只有大鉴炉 5 座，白作炉只有 8 座。嘉靖八年已只有大鉴炉 3 座，白作炉可能也为数更少了。[①] 至万历九年（1581），遵化铁厂终于完全废止。

2. 煤的使用与铁器质量的下降

宋以后华北冶铁业的显著变化便是煤炭大量用作冶铁的燃料，这使华北地区的冶铁业得以存续，但同时也给华北的冶铁业发展带来了较大的消极影响。

多数学者将用煤冶铁作为生产技术进步的重大标志，给予极高的评价，并以欧洲将煤用作冶铁燃料的时间远比我国较晚来反衬我国古代冶铁技术之先进，如梁方仲即曾指出：

> 附带一谈，冶铁燃料之应用石炭（煤），在我国至迟从魏晋时已开始。北宋时，石炭的开采地区更广泛起来，今山西、山东、河北等省都已开采，并实行官专卖制，石炭被用作冶铁业的燃料，这时又得到更大的发展。到十三世纪，元代初期，意大利人马可·波罗来到中国时，看到了石炭作燃料，倍致惊异，这因为欧洲各国，要迟到十六世纪才用石炭炼铁。《游记》一书中以"用石作燃料"为标题列一专章（第 101章）来介绍说"契丹全境之中，有一种黑石，采自山中，如同脉络，燃烧与薪（木炭）无异。其火候且较薪为优。……而其价也贱于木也"云云。[②]

---

① （明）申时行等：《大明会典》卷 194《工部十四·窑冶》，《续修四库全书》第 792 册史部政书类，第 340 页上 ~340 页下。

② 梁方仲：《元代中国手工业生产的发展》，载《梁方仲经济史论文集》，第 658~659 页。〔意〕马可·波罗：《马可·波罗游记》第 2 卷第 30 章，陈开俊等译，福建科学技术出版社，1981，第 124~125 页。

《中国古代冶金》的编者们介绍我国在宋以后大量用煤炭与焦炭炼铁的情形时，非常自豪地宣称："欧洲最早用煤炼铁是在十八世纪，随后才开始炼焦和使用焦炭炼铁。因此，我国是世界上最早用煤和焦炭并用于冶铸的国家之一。"[①] 杨宽对用煤导致的铁器品质变化有所留意，但对其严重的社会后果并未进行深入的探讨。而古人用焦炭来生产钢铁的情况，他也做了过高的估量。实则，焦炭炼铁，在传统时代从来都不是主流。

过早用煤炼铁，极大地影响了我国铁器的质量，其中影响尤为显著的是硫元素。硫元素会使钢铁发脆，含硫量过高的钢铁便成为次品甚至废品。关于硫元素对钢铁质量影响的详细分析可参见本书第八章。

正是因为以煤为燃料导致了严重的质量问题，原本处于全国领先地位的华北冶铁业才会在宋以后趋于没落，而南方的福建、广东则由于不用煤冶炼而异军突起，出产的闽铁、广铁成为全国最好的钢铁。

南方地区较少用煤炼铁，原因有三。首先，到明清时期，福建、广东的森林资源远较华北丰富，而湿热的气候下植被生长速度也远较华北迅速，在传统燃料蕴藏量充裕的情况下，没有推动燃料更新换代的强劲动力。其次，煤炭储量存在着显著的南北差异，现代社会北煤南运为常态，传统社会煤炭产量北多南少亦为常态，煤炭资源状况使南方多数地区不可能大量用煤冶铁。最后，南方地区的煤炭含硫量远比华北高，故而即使在产煤地区，用煤炼出的铁也只能是不堪使用的残次品，这也使南方地区一般不用煤来炼铁。

南方较少用煤炼铁，这恰恰确保了南方炼出的铁的品质较好。关于以煤为燃料对北方钢铁质量的影响，明代之人即已有感性的认识，赵士桢指出：

> 南方木炭，锻炼铳筒，不惟坚刚与北地大相悬绝，即色泽亦胜煤火成造之器。其故为何？曰：此正足印证神器必欲五行全备之言尔。炭，木火也。北方用煤，是无木矣。禀受欠缺，安得与具足者较量高下！[②]

---

① 北京钢铁学院《中国古代冶金》编写组：《中国古代冶金》，第64~65页。

② （明）赵士桢：《神器谱·或问》，载郑振铎辑录《玄览堂丛书初集》第18册。

正是因为用煤严重影响了钢铁的质量，所以在华北地区普遍用煤炼铁的情形下，明廷还要设铁厂于京畿地区的遵化，专门用木炭来冶炼优质钢铁，以备军国之需。虽然整个华北的燃料危机极为严重，但铁厂还是运转了将近180年。

用煤炼铁不仅深刻地影响了华北地区冶铁业的发展，也在相当大程度上决定了全国乃至全球的社会与历史发展走向。

李弘祺即指出，火药和管状火器均最早出现于中国，但早期的炮却大都是铜铸的，宋代以后冶铁业中煤取代木炭成为主要燃料，煤含硫量甚高，这对铸铁的品质产生了重要影响，导致了铁无法用在火炮铸造上。汉代以来曾经极为发达的铸铁技术渐趋没落，人们不得不越来越依赖锻铁技术。虽然东西方都曾进入第二次铜器时代，但这一时代在中国却长期无法结束。他指出，中国人自宋以后的冶铁技术由铸铁转向锻铁，改进煤炭性能的动力严重不足，而西方人却恰恰相反。这样，虽然就发明炼焦技术的时间来看，中国远比英国要早，但焦炭技术的推广和使用范围的扩大，都远远落在了英国的后面，双方铸铁水平逐渐逆转，火炮制造技术的差距也逐渐拉大。他令人信服地指出，用煤炼铁所导致的第二次铜器时代持续时间的差异是世界历史的重要转折点，中国与西方历史在这一时间节点上分道扬镳，走上各自不同的发展道路，并为此后的政治、经济、文化、军事格局打上了深深的烙印。[①] 李弘祺的论述非常精辟，为我们全面深入评价燃料对经济社会的影响提供了独特的思路。

二 燃料危机与近世华北陶瓷业的没落

与冶铁业类似，陶瓷业的盛衰变化过程中，燃料危机也是重要的影响因子。高能耗的陶瓷业逐渐被边缘化，合乎燃料危机持续深化的发展逻辑。同时，传统燃料匮乏也使煤炭在陶瓷业中得到了广泛的使用，这对华北陶瓷器

---

① 李弘祺：《中国的第二次铜器时代：为什么中国早期的炮是用铜铸的》，《台大历史学报》第36期，2005年12月。

的质量产生了显著的消极影响。宋以降——特别是明代——建筑用材发生了革命性的变化，用砖砌城墙和建筑砖瓦房屋的风潮席卷全国，故而砖瓦用量急剧增长，华北尤甚。但少有人注意到，建筑用材的变化导致了砖瓦生产与陶瓷器生产争夺燃料的局面，这在相当大程度上挤压了华北陶瓷业进一步发展的空间。

1. 华北著名瓷窑不断更迭的燃料动因

陶瓷器的生产会显著影响周边的环境，不管是烧造质量上乘的瓷器，还是烧造普通日用的陶器、砖瓦，都需要不断掘地采土，瓷窑周围地区的地表状况会迅速改变。而烧制陶瓷器的过程中还要消耗大量燃料，这又会对瓷窑周边的植被造成严重的破坏。随着瓷窑的持续运作，周围的陶瓷土资源与燃料资源也会持续不断减少。两大资源一旦枯竭，瓷窑的生命也即宣告终止。所以自古及今，几乎没有长盛不衰的瓷窑，南北皆然。

据前文所述可知，远古时期较早烧制陶器的磁山文化遗址，进入三代后已无人提及。据考古发现，商代华北中南部有不少陶窑，入周而不为人知。河北武安午汲古城中陶窑的陶器生产纵贯战国秦汉时期，此后即告衰落。隋代的安阳窑，入唐而湮没。唐前期享誉全国的邢窑，至后期已难以为继。唐中期兴起的定窑，入宋而达到极盛，宋以后亦成强弩之末，入元而终于废止。

瓷窑的长期运作，必须有合适的方法来应对燃料紧张的局面。主要的解决方略有两种。

其一，通过燃料的更新换代来解决传统燃料不足的问题，在传统时代主要是利用煤。瓷土与煤矿往往伴生，这为华北地区用煤烧制瓷器创造了条件。宋以后的磁州窑得以继续维持，大量用煤是重要的支撑因素。但用煤也牺牲了瓷器的质量，使华北的瓷器地位显著下降。

其二，远距离调运薪柴，人力物力的消耗都是非常巨大的，只有在政府的强力支持或交通非常便利的条件下才有可能实现。元以后政府全力扶持景德镇的陶瓷业，华北诸窑不再受重视。水运是最廉价的运输方式，传统时代尤其如此。历史上华北的水运曾比较发达，但步入近世，水文条件急剧恶化，水运随之完全衰落，没有便捷、低成本的水运来支撑燃料的跨区域运输，华北的诸多名窑自然难以稳定发展。

元、明、清三代于景德镇大力发展官窑,所需薪柴自可由官府设法解决。官窑之外还有大量民窑,所需薪柴也可以较低成本获得。因为景德镇正好位于昌江与其支流西河、东河的汇合处,四面群山环绕,而山上都盛产松柴,为极其适合烧制瓷器的薪柴,而这些松柴可经由水路直达景德镇。同样地,所需瓷土也可通过水路进行跨区域、远距离的调运。这样的条件是华北地区所不能比拟的,元以后华北名窑集体没落而景德镇一枝独秀也就在情理之中了。[①]

2. 煤的使用与华北陶瓷工艺的没落

河南汤阴鹤壁集宋代瓷窑遗址中已发现有大量煤渣,可知华北地区的瓷窑在宋代已经开始用煤。叶喆民指出,宋代北方的"馒头窑"已经大都以煤为主要燃料了。磁州窑开始用煤烧造瓷器也大约在同一时期,煤的使用是推动磁州窑规模不断扩大和技艺广泛传播的重要因素。磁州窑附近煤炭储量丰富,而烧造瓷器的高岭矿物的沉积矿床的岩层属于石炭二叠纪,煤层底部往往蕴含着大量的此类瓷土。[②]

煤炭大量使用缓和了燃料危机,此为元以后北方诸多瓷窑没落的背景下,磁州窑得以维系且保持较大产量的重要原因。

但是,在传统时代的技术条件下,烧制陶瓷最好的燃料却并非煤,而是原来的柴,冯先铭分析唐代定窑的特点时即指出,以柴为燃料火力与火焰优于煤炭。其详细的论述如下:

> 唐代定窑的窑炉结构是由烟囱、窑床和火坑三部分组成的。考古工作者在坑内没有发现炉箅痕迹,坑底还存有少量木炭屑堆积,附近没有发现煤渣,可见烧窑用的燃料是柴而不是煤。柴是烧还原焰最理想的燃料,由于柴的火力软而火焰长,不仅使窑内空气易于排除,而且窑外的空气没有进入的余地,因此,证明唐代定窑白瓷是在还原焰中烧成,它

① 钱潮:《景德镇传统制瓷工艺考察》,《文物季刊》1998 年第 2 期,第 72 页。

② 参见李家治主编《中国科学技术史·陶瓷卷》,第 400、402 页。另可参看程在廉《磁州窑地质研究中的几个问题》,《河北陶瓷》1986 年第 2 期。

的釉色白或白中闪青，是唐代定窑白瓷的重要特征。[①]

叶喆民则分析了煤炭烧制瓷器的不足，认为会导致一系列技术与工艺问题，他指出：

> 从考古资料上看，约在北宋时期就已用煤烧窑。这是同当时北宋采煤业的巨大发展分不开的。而过去长期习惯于使用柴草烧窑，一旦改变技术要求，自然会出现许多新的问题。例如，用煤作燃料，火焰较短，又因这种窑只有夹墙和烟道，没有独立的烟囱，抽力不大，烧出还原气氛比较困难，往往容易出现氧化气氛，影响瓷器的釉色（如青中闪黄、白中泛黄等）。所以一定经过多次实验和失败，才能取得成功。烧煤成功之后，又必须在此基础上力求在窑炉的改进、烧造技术的提高、釉色品种的增加等方面去创造发明和总结经验。[②]

其他学者也多从燃烧的性能方面来考量用煤炭烧造瓷器的优缺点，这样的观点很有见地。不过，学界还少有人留意煤中杂质可能对瓷器品质造成的影响。笔者以为，由于古代缺乏煤炭提纯技术，用作燃料的煤炭含有大量杂质，对瓷器质地影响最大的是硫。详细分析可参看本书第八章，此处不赘。

由于大量用煤做燃料，在北方陶瓷业整体衰落的大背景下，磁州窑才能衰而不亡。但在煤炭资源较丰富的情形下，磁州窑的制作工艺却呈现退化的态势，生产规模也不断缩小，仅仅从元明时期动乱导致技艺失传的角度进行解释显然还不够全面。笔者以为，从煤炭中的硫所引发的工艺问题出发予以阐释还是具有一定说服力的。

3. 砖的大量使用及其对陶瓷业发展空间的挤压

（1）明代以前华北用砖情形简述

在华北的一般陶瓷制品生产日渐衰落的过程中，特殊的陶瓷制品——砖瓦

---

① 冯先铭：《中国陶瓷》，第 331 页。

② 叶喆民：《中国陶瓷史纲要》，第 176 页。

的生产规模却不断扩大，这与砖瓦在建筑业中的使用范围扩大密切相关。《说文》称："瓦，土器已烧之总名。"据考古发现可知，至迟在西周时期，板瓦、筒瓦、瓦当等建筑用材已经出现，至春秋战国而更为常见，主要用于铺砌和装饰大型宫殿建筑的顶部，但一般民居中也有使用，《史记》记载战国时秦攻赵，"秦军军武安西，秦军鼓噪勒兵，武安屋瓦尽振"[1]，则武安城中当已大量用瓦。

春秋时期即已出现了方形薄砖，至战国而更为常见，易县燕下都与邯郸赵城都有大量发现。[2] 当时砖的主要用途并非砌墙而是铺地，主要有两大类：一为实心方砖或长方砖，用于铺砌地面；二为大型的空心砖，常用作踏步和台阶。[3] 战国以降，冀南区域的政治与经济地位都极为重要。邯郸兴盛于前，赵国定都于此，而西汉邯郸仍为五都之一。东汉以后，邯郸渐衰，邺城崛起，曹魏、后赵、前燕、东魏、北齐等多个政权先后定都于邺城。[4] 这一区域内不断营建城池、整修宫室，砖瓦的需求量极为巨大，当时华北的砖瓦生产已经达到了一定的规模。

十六国时期赫连勃勃修筑著名的统万城时仍用夯土法筑城，在土中添加了大量沙与石灰以求坚固耐久，建成后的城墙刀锥不入，但并未大量用砖。最早有明确记载的城墙包砖是石虎修筑邺城，据郦道元的记述，其城"南北五里，饰表以砖，百步一楼"[5]，近年的邺城考古中也发现了城砖遗存。但整体而言，用砖仍然只是为了装饰，并未大规模包砖。

至唐宋时期，砖在建筑城垣方面的应用进一步增多，开始采取用外表砌砖而内填黄土的方法来修筑城门及城门附近的城墙。这样构筑的城墙较之于版筑夯土墙要结实得多。此外砖还常用作高台建筑台基的贴面材料，这类砖在唐代长安大明宫遗址中有较多遗存。唐至宋河北地区的邺城衰落，魏州继之而起，极为兴盛，后称大名府，为五代之邺都，宋之北京，城墙宫殿也有

① （汉）司马迁：《史记》卷81《廉颇蔺相如列传》，第2445页。

② 黄景略：《燕下都城址调查报告》，《考古》1962年第1期。

③ 参见傅熹年《中国科学技术史·建筑卷》，科学出版社，2008，第104~105页。

④ 参见拙著《论邯郸的兴衰》，《河北工程大学学报》（社会科学版）2013年第2期。

⑤ （北魏）郦道元：《水经注》卷10《浊漳水》。

较多砌砖。① 据贾亭立实地探访，华北地区砌砖之古城还有石家庄南故邑隋唐古城址与正定西关宋代城墙瓮门内侧。② 不过整体而言，唐、宋时，砖的产量仍较少，造价较高，即使都城也无法完全用砖包砌城墙，如宋代开封城也只是用砖包砌皇城，而外城并未包砌，地方的府州县城池自然就更不具备这样的物质条件了。

（2）明代的砖城风潮

至明代砖的产量猛增，使用普遍了起来，用砖砌筑城墙蔚然成风，上至帝都，下至县城，纷纷建起了砖城。砖瓦的需求量急剧增多，永乐迁都以后临清窑、蔡村窑、武清窑等地每年都生产大量的砖瓦供应官府，其中仅临清窑每年即需烧造砖 100 万块，而武清窑也需烧造 30 万块。各地的小型砖窑更是星罗棋布，不计其数。其时砖的种类颇多。修筑城池楼台与民居的墙砖有两种砌筑方法，分别是眠砖和侧砖。所谓眠砖，是官府修筑城郭或富人家建房时使用，"不惜工费，直叠而上"。而穷人家为了节省开支，会用侧砖，"一眠之上，施侧砖一路，填土砾其中以实之，盖省啬之义也"。

除了墙砖，常见的砖还有三种。其一为甃地用的方墁砖，烧制方法是"泥入方匡中，平板盖面，两人足立其上，研转而坚固之，烧成效用。石工磨研四沿，然后甃地"。形制较大，一块相当于十块墙砖。

其二为橼桷之上用以承瓦的楻板砖，形制较小，大约十块相当于一块墙砖。

其三为用于砌筑桥梁或墓穴内部拱顶或墓门拱圈的刀砖，又称鞠砖。特点及功效为"削狭一偏面，相靠挤紧，上砌成圆，车马践压，不能损陷"。形制较墙砖略大。

皇家用砖更为考究，需要设立专门的砖厂进行生产，由工部专门管理，最大的厂在临清。砖的种类较多，"名色有副砖、券砖、平身砖、望板砖、斧刃砖、方砖之类"。运输方法是强制要求运河之上的赴京船只必须无偿运砖，"每漕舫搭四十块，民舟半之"。而用来甃建正殿的细料方砖则在苏州烧制，

①　参见拙著《魏州（大名）兴衰初探》，《河北工程大学学报》（社会科学版）2010 年第 3 期。

②　贾亭立：《中国古代城墙包砖》，《南方建筑》2010 年第 6 期。

千里迢迢运至京师。[①]

明代宫廷建筑所用的琉璃瓦需求量也颇大，迁都北京后，先在琉璃厂烧造，后移至门头沟琉璃渠村烧造。

现代所保留下来的砖城墙，几乎全为明代所建造，发其端者则是明初修筑的南京城。南京城是下部用长 1 米、宽 0.7 米、厚 0.3 米的条石铺砌，上部叠砌城砖的。城砖形制较大，一般长 0.37~0.44 米、宽 0.19~0.21 米、厚 0.083~0.11 米，重量在 24 公斤左右。烧制城砖由工部主导，涉及的部门与区域有横海卫、飞熊卫、豹韬卫 3 卫，应天府、临江府、武昌府等 28 州府，上元、江宁、句容、泰州、合肥等 118 县。除少数区域用瓷土烧成的白色城砖外，一般都是用黏土烧成的青灰城砖。[②]

永乐年间营建北京城，同样是砖石城墙，耗费了大量砖瓦。据贺树德研究，初修之紫禁城、皇城、内城的周长分别约为 6 里、18 里和 40 里。据近人实测，其中内城墙身高、垛口高分别为 11.36 米和 1.8 米，通高 13.16 米，墙身底宽、顶宽分别为 19.84 米和 16 米，城墙内外均用砖石包砌，以条石为基础，以砖砌墙身和垛口，整个建城过程所消耗的城砖数量极为巨大当无疑问。此后，正统年间又大规模整修城楼，嘉靖年间进一步修筑了外城。外城总长56 里，墙身和垛口分别高 6.4 米和 1.28 米，通高 7.68 米，城墙底宽和顶宽分别为 6.4 米和 4.48 米，砖石包砌内外壁，用砖量也很惊人。[③]

北京城用砖的准确数字无从查考，但通过一些史料还是能得出一些感性的认知。如永乐六年（1408），明成祖派人督察北京营造事宜，专门交代要关注烧制砖瓦的事宜，"命户部尚书夏原吉自南京抵北京缘河巡视，军民运木烧砖务在扶绥得宜，作息以时，凡监工、官员作弊害人及怠事者悉治如律"[④]。景泰五年（1454），内官监与户部曾因西湖及九门城壕中野草的用途发生争

---

① 以上出自（明）宋应星《天工开物》卷中《陶埏第七》。

② 罗哲文、赵所生、顾砚耕：《中国城墙·中国古代城墙》，江苏教育出版社，2000，第 19~21 页。

③ 贺树德：《明代北京城的营建及其特点》，《北京社会科学》1990 年第 2 期。罗哲文、赵所生、顾砚耕：《中国城墙·中国古代城墙》，第 87 页。王茂华：《明代城池修筑管理述略》，《文史》2010 年第 3 辑。

④ 《明太宗实录》卷 80，"永乐六年六月丁亥"条。

议，前者主张用来烧砖瓦，后者主张用作马草，户部官员陈述意见时也提及了永乐、宣德中营造北京城时"用费砖瓦浩大，是时四方无虞，马草不供，故可采烧"[1]。若非营建北京过程中砖瓦需求量巨大，导致燃料供应紧张，恐不至于大量挪用马草用作燃料。类似史料还有不少，不再一一列举。

除京师城墙包砖外，明代华北地区的大小城市也都新修了砖城或对原有夯土城墙进行包砖改造，明中后期新筑或改造的城池尤其多。

明代皇帝极为重视地方城池——特别是具有重要战略意义的城池——的包砖事宜，如明宣宗巡边时即注意到宣府土城不耐久，"每年遇雨亦有颓坏，旋复修整"。在与朝臣讨论边防事宜时就建议修筑砖城，他指出："朕念凡事当图永远，况临边城垣，必砖砌乃能久，虽一时劳人，岂不胜于屡坏屡修？"[2]有皇帝如此重视，地方官员用砖来加固城墙的热情自然会更加高涨。正统六年（1441），政府开始用砖包砌大同、宣府的城墙，前后大量军夫受征召参加筑城，直到正统九年（1444）才完成这一工程。[3]

景泰二年（1451），署都指挥佥事董良建议用砖包砌河间府及河间三卫城墙，因为"土城遇雨即坏，不能坚久。城外旧有护城古堤，近者民夷为疏圃"。奏请"趁农隙发军夫烧砖甓城筑护城堤"。经工部合议后，工程被批准。[4]

景泰三年（1452），顺天府三河县城也完成了包砖工程。[5]正德十年（1515），霸州大规模修城，"乃陶砖于隍"[6]。崇祯十二年（1639），高阳县修砖城，高苑令孙铨捐砖二十万块。[7]多数府州县城都反复整修多次，以武安为例，嘉靖二十三年（1544），武安县改土城为砖城，"高三丈，阔二丈五尺。

---

[1] 《明英宗实录》卷 240，"景泰五年四月癸未"条。详细记载参见附录史料部分 6.1。

[2] 《明宣宗实录》卷 84，"宣德六年十一月戊寅"条。

[3] 《明英宗实录》卷 120，"正统九年八月乙卯"条。

[4] 《明英宗实录》卷 210，"景泰二年十一月辛亥"条。

[5] 《明英宗实录》卷 215，"景泰三年夏四月甲子"条。

[6] 嘉靖《霸州志·艺文志》录崔铣《修城记》，《天一阁明代方志选刊》本。

[7] （清）陈梦雷：《古今图书集成·职方典》卷 69《保定府城池考》，中华书局、巴蜀书社，1986，第 8 册，第 8369 页。

筑砖城门二座，角楼四座"①。万历年间武安知县张九功、李椿茂等又整修城池。崇祯七年（1634），武安在知县寇遵典倡导之下，又修筑了武安外城，"周围十三里，设十三门，筑墩台四十余座"②。

贾亭立主要依据《四库全书》进行统计，指出明代北直隶辖境内共有139座府、州、县城池，绝大部分进行了包砖改造。③

傅熹年也指出，"明代在恢复发展地方城市时，大量用砖石包砌城墙，建造城楼是很重要的内容"，他依据《古今图书集成》中所引的各省通志材料进行了统计，指出《畿辅通志》载有134座城池，标明在明代甃以砖石者达60座。《山东通志》载有115座城池，标明明代包筑砖石的达66座。而河南也有较多城池进行了包砖改造。④

王茂华的统计则更全面，她依据《永乐大典》《明实录》《天一阁明代方志选刊》《天一阁明代方志选刊续编》《北京图书馆古籍珍本丛刊》《古今图书集成》《四库全书》《中国方志丛书》《罕见西北方志丛书》《日本藏中国罕见地方志丛刊》《美国哈佛大学哈佛燕京图书馆藏中文善本丛刊》等文献记载，又参考考古发掘报告及各地文博、旅游等网站的相关资料，对明代筑城活动进行了全方位的细致考察。据她分析，明代全国筑城总次数至少为7489次，其中仅北直隶可考的筑城次数即达1109次，占总数的14.81%。其中全国砌筑砖石城数量为1054座，北直隶有180座，占总数的17.1%。若计入位于今黄河以北的河南、山东部分地区，比例无疑会更高。⑤

除都城、府、州、县的城墙大量使用巨砖砌筑外，规模宏大的长城的不少地段也用巨砖砌筑，城砖用量亦极为巨大。位于京津冀区域的长城分外长城、内长城两部分，外长城东起山海关西至今山西天镇县，时属蓟镇、宣府

---

① 嘉靖《武安县志》卷4录王科《砖城隘口记》，《天一阁明代方志选刊续编》本。
② 民国《武安县志》卷5《建置志》，见张午时、张茂生、李栓庆《武安县志校注·民国卷》，第715页。
③ 贾亭立：《中国古代城墙包砖》，《南方建筑》2010年第6期。
④ 傅熹年：《中国科学技术史·建筑卷》，第582页。
⑤ 王茂华：《明代城池修筑管理述略》，《文史》2010年第3辑。

两镇。内长城沿太行山修筑，起自居庸关西南，延伸至今山西忻州老营，紫荆关以南直至今山西左权与河北武安交界处的黄泽岭，亦有城墙。沿太行山南行之长城的总长度至今并未有全面的丈量。据文献记载，蓟镇下属的蓟州镇长城东起山海关西至慕田峪，包括复线在内总长 1765 里；昌镇长城东起慕田峪西至紫荆关，总长 460 里；真保镇长城东起紫荆关西至故关鹿路口，总长 780 里；自紫荆关向西向南直至左权、武安交界处，其长不知凡几，笔者用百度地图测量直线距离也在 330 公里以上。此外宣府镇长城长度约 1200 里，大部分位于河北省境内。总括而言，河北省境内及与山西交界处的明长城总长度可能超过了 4800 里！再加上林林总总数以千计的隘、堡、墩、台，工程量之大超乎我们的想象。[1]

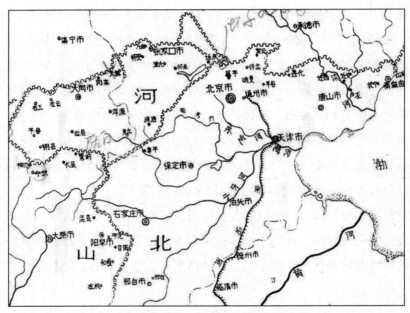

图 6.5　河北境内及晋、冀交界处明代长城分布情形
资料来源：华夏子：《明长城考实》，笔者做了修改。

---

[1]　此处论述主要参照了华夏子《明长城考实》，档案出版社，1988；魏保信《明代长城考略》，
《文物春秋》1997 年第 2 期；郑绍宗《论河北明代长城》，《文物春秋》1990 年第 1 期。

明代长城建筑用材因地制宜，或砖石合筑，或夯土加沙石。华北地区的长城特别是外长城，直接关乎京师安全，用材极为考究，用砖量非常大。内长城位于太行山山脊之上，用石块较多，但重要的关隘、城堡用砖量仍颇为可观。终明之世，修复边墙的举措未曾停歇过。修筑长城所消耗的青砖数量极为巨大，精确数字虽无法计算出来，但可以想见的是，为此而烧造青砖的窑火遍布各地，且经久不息。

（3）明代用砖数量分析

明代大规模修筑城垣与长城，所消耗的砖数无从查考，也无法完全计算清楚。可以从一些史料记载来进行一些大致的估测，借以管窥明代砖城风潮中用砖量之大。

政府对粮仓的晒场一直都很重视，景泰二年（1451）监察御史赵缙建议整修通州大运河西仓时，"其砖瓦、材木悉取给于军，请于递年官积铺廒材木中取用"，以仓库中朽坏的苇席充当燃料。[①]

弘治十八年（1505），户部奏请用砖甃砌之"京、通二仓晒米场"，专门派运粮军卒顺路携带张家湾等砖厂之砖，"不必限年，以渐缮完乃止"，可见用量极大。[②]

万历三年（1575），总督仓场侍郎毕锵建议对通州西、南、中三个仓库的晒场进行大规模整修，预计用砖数量多达563万块有余。由于需要的砖数较大且昭陵、天坛、康陵重城三大工程已在进行，工部不赞同，而明神宗则表示支持，称："晒场亦军国急务，二部还会同计处。"相关工程才得以开展。[③] 三个晒场用砖如许之多，则明代华北筑城活动与居民建房用砖之多当令人咋舌。

关于修筑砖墙所消耗的砖石数量，宋代的若干资料也可以作为参证。据咸淳《靖江府修筑城池图》之记文可知，靖江府（今广西桂林）四次修城共用石535579块，用砖20635000片。又据秦九韶《数学九章》第七章中的筑砖城算例来看，修筑1510丈的砖城即用掉了石板15100片，长一尺二寸、阔六寸、

---

① 《明英宗实录》卷206，"景泰二年七月庚戌"条。

② 《明武宗实录》卷8，"弘治十八年十二月辛未"条。

③ 《明神宗实录》卷34，"万历三年正月癸亥"条。

厚二寸五分的城砖 12833490 片。[①] 一城一地消耗的砖石数量已如此巨大，则雄伟壮丽的北京城，星罗棋布为数不少于 180 个的府、州、县等砖石城垣，绵延数千里的长城，这些工程所用砖数更是要以万亿计量的天文数字了。

明代之所以会在城墙建设方面大量用砖，原因有以下三个方面。

其一，明代制砖技术较前代有了明显的进步，制砖业规模扩大，砖的产量猛增，而成本大大降低。砖的品种较前代增多，质量又很好，这就为砖的大量使用奠定了物质基础。

其二，建筑方面砌砖技术亦有显著进步，这为大量用砖做好了技术准备。宋以前黄泥浆为砌砖所用的胶结材料，砌成的砖墙的稳定性与强度不理想，砖墙相对于夯土墙的优势并不明显，而成本则要高很多，故而用砖筑城的动力不足。宋以后石灰砂浆普遍用作胶结材料，至明代进一步发明了用石灰砂浆和糯米汁一起搅拌后作胶结材料的方法，这样使砖墙更为坚固、稳定。明长城不少地段的砌筑即使用了糯米汁掺拌砂浆来胶结砖石，城墙可历千年风雨而依旧岿然不动。

此外工匠们还发明了砖石混合砌筑的方法，山石质地坚固，有很强的承重力，又耐自然侵蚀，所以是良好的房基墙基材料。但石块密度较大，较为笨重，胶结能力也不如砖，全墙用其垒筑则很不方便。最好的办法是用石砌墙到一定高度后再用青砖砌筑，因为砖的密度较小，搬运与砌筑都极为方便，又有较好的刚性与强度。下石上砖的砖石混合砌筑城墙，结构更加坚固。

其三，砖砌城墙的独特优点直接推动了建筑中用砖量的猛增。与夯土墙相比，砖墙所能承受的竖直负荷更大，施工过程中的工艺水平更高，城墙的强度更大，墙表面更加光滑，这些都可以有效地抵御冷兵器的袭击并增加士兵攀爬的难度。更重要的是，宋元以降，火器在战争中的使用越来越普遍，传统的土墙已然难以抵挡火器的冲击，而砖墙则显示了良好的抗火器击打能力，这也是砖墙日益普遍的原因所在。

正是由于有以上诸多因素，明代砖的需求量急剧增大。政府在生产、运

---

① （宋）秦九韶:《数学九章》卷 7 下，四库全书本。本段两则材料参考了傅熹年《中国科学技术史·建筑卷》，第 472、473 页。

输、储存与使用的诸多环节都极为重视，可见砖的地位已远远超过了前代。

关于砖的生产，除于工程所在地临时烧造外，还有固定的砖厂，可考见者有琉璃窑、黑窑、临清砖厂、张家湾砖厂与武清砖厂。如万历十二年（1584）定陵开工之前，葛昕上奏疏谈工程事宜时提及砖瓦烧造之事，就谈及上述诸多窑厂，建议加强对苏州、临清砖厂的管理，根治"率有粗恶，不堪应用"的毛病，务必"查照先年式样，务要澄浆得法，火力俱足，体质坚细，各记窑户姓名以便查考"，同时建议就近烧造，"昌平州迤东地方，先年原有窑座俱曾烧运上用砖瓦，其道路去陵颇近，合无多招窑户即于该州地方采取细土如法烧造，务期精坚合式，仍听各窑户自运工所验收，与临清、黑窑各砖相兼应用，尤为省便"。①

其中万历以前临清砖窑每年贡砖一百万块，但临清距离北京城太过遥远，运输耗费大量人力物力，嘉靖年间已有多人谈及此事，嘉靖四年（1525）工部也曾建议可在京师附近烧造。②

嘉靖十一年（1532），又有给事中秦鳌奏请移置临清砖厂于天津附近，认为"运载频繁，骚扰为甚"。建议"省物料悉归京师，上用之物悉归工部，临清砖厂移之天津近地，尤为一劳永逸"。③

这一建议并没有为明世宗所接受，至万历二年（1574）于距离北京130里处设置武清砖厂分担烧造任务。这一变动由平民王勇等人的建议所促成，他们认为"武清地方土脉坚胶不异临清"，又"较临清近二千余里"，若将砖厂迁至武清，"不但粮运民船不苦烦劳，抑且为国节省，有生财实效"。工部复议后，同意在武清设厂，由王勇等人负责，但临清厂依旧烧造城砖。万历三年（1575）临清烧造任务改为每年七十万块，武清砖厂烧造三十万块。④

---

① （明）葛昕：《集玉山房稿》卷1《疏·寿宫营事宜疏》，四库全书本。
② 《明世宗实录》卷54，"嘉靖四年八月戊子"条。
③ 《明世宗实录》卷135，"嘉靖十一年二月丙申"条。
④ 《明神宗实录》卷29，"万历二年九月甲午"条。关于明代临清贡砖与砖窑的详细情形，可参看李晓光、寻捍东《山东临清御制贡砖考》，《枣庄学院学报》2006年第3期；王云《明清临清贡砖生产及其社会影响》，《故宫博物院院刊》2006年第6期；王明波《临清贡砖》，《春秋》2007年第4期；等等。

关于砖瓦的运输，政府亦有相关规定，主要的方法有强制运河上进京船只顺带一定数量的砖和强制失班匠、囚犯等人运砖赎罪。

关于顺带，自永乐迁都起至嘉靖中，定额不断增大，摘录史书中的详细记载如下：

> 永乐三年定，每百料船带砖二十个、沙砖三十个。
>
> 天顺间，令粮船每只带城砖四十个。民船照依梁头，每尺六个。
>
> 弘治八年题准，带砖船只除荐新进鲜黄船外，其余一应官民马快粮运等船俱照例给票，著令顺带交割，按季将收运过数目报部查勘。仍行沿河郎中等官但遇船只逐一盘验，如有倚托势豪及奸诈之徒不行顺带者，拿送究问。回船查无砖票者，拘留送问。
>
> 嘉靖三年定，粮船每只带砖九十六个。民船每尺十个。
>
> 十四年，粮船每只加至一百九十二个。民船每尺加至十二个。
>
> 二十年，粮船仍减为九十六个。
>
> 二十一年，令经过临清粮船、官民船顺带本厂官砖至张家湾交卸，损失追赔。
>
> 四十二年，查照旧例，粮船每只止带砖六十个，余砖于官民商贩船通融派带。①

关于强制工匠运砖，主要用于惩罚失班匠，对此正统年间曾有人提出异议，明英宗曾予以减轻，但并未全部免除，相关记载如下：

> 吏部听选司务江昱言："蒙工部差往直隶河间等府起取失班匠运砖赴京。臣惟匠之失班，多以贫窘，今令运砖，情似可悯。若以直隶、山东、河南等府、卫、州、县囚该纳米炒铁赎罪者，视罪之轻重，定砖之多寡，令自备船自临清运赴张家湾，狱固无淹，砖亦易完。"事下工部，尚书王

---

① （明）申时行等：《大明会典》卷190《工部十》，《续修四库全书》第792册史部政书类，第295页上。

耆言：“除炒铁者勿动，余悉如其言。”上曰：“在京法司罪囚有力者皆令运砖，缘河之砖仍令失班人匠运。直隶、山东、河南府、卫、州、县罪囚路途遥远，搬运艰辛，其已之。”[1]

而对于囚徒运砖赎罪事宜，史书中亦有详细记载，摘引如下：

> 凡运灰、运砖、运炭。永乐十七年，令见发做工笞杖徒流罪囚有愿并工运砖者，每人日运四个，各照所犯计算。杂犯死罪囚亦准并工，每人运砖一万个。
>
> 天顺五年，令官员与有力之人照例运砖炭等物。每笞一十，运灰一千二百斤，砖七十个，碎砖二千八百斤，水和炭二百斤，石一千二百余斤。四笞、五杖，灰各递加六百斤，砖各递加三十五个，碎砖各递加一千四百斤，水和炭各递加一百斤，石各递加六百斤。徒一年，运灰一万二千斤，砖六百个，碎砖二万四千斤，水和炭一千七百斤，石一万二千斤。余四徒及流罪，灰各递加六千斤，砖各递加三百个，碎砖各递加一万二千斤，水和炭各递加九百斤。石各递加六千斤。杂犯二死，各运炭六万四千二百斤，砖三千二百个，碎砖一十二万八千斤，水和炭九千斤，石六万四千二百斤。[2]

此外尚有雇运、军士运输等多种方法，不再一一列举。

（4）砖的使用对陶瓷业的影响

要之，明代华北地区砖的生产量极大，相应地所消耗掉的燃料数量非常可观，这对于华北地区本已极为紧张的燃料状况而言无疑是雪上加霜。由前文分析可知，华北地区高耗能的产业本已逐渐受到排挤，在燃料危机深重的情况下，人们生活必需的消耗之外，可以投入其他方面去的燃料总量极为有

---

[1] 《明英宗实录》卷172，“正统十三年十一月乙未”条。

[2] （明）申时行等：《大明会典》卷176《刑部十八》，《续修四库全书》第792册史部政书类，第146页上~146页下。

限，而砖的产量猛增又使过多的燃料用于砖的烧造，烧制其他瓷器可分得的燃料就更少了，此为元以后华北地区陶瓷业进一步没落的重要原因。

还有必要提及的一点是，砖的大量烧造，消耗掉数量惊人的燃料，不仅对陶瓷业的没落有重要影响，也在一定程度上加重了华北地区的燃料危机。清代燃料紧张程度有所缓和，原因是多方面的，但筑城烧造砖瓦的燃料压力大大缓和这一点是不能忽视的。明代留下了坚固华丽的北京城和遍布华北地区的大量砖城，清人只需修补而无须再大规模筑城，节省的燃料数量是非常可观的。明清两代的砖瓦烧造与筑城事宜，恰是"前人栽树，后人乘凉"这句话的最好注脚。

三　燃料危机与近世蚕桑丝织业的没落

关于华北丝织业没落的原因，前辈学者有较多论列，大致的观点可以概括为以下几个方面。

其一，战乱的破坏与少数民族政权的影响。从宋室南渡到蒙古灭金，从元朝建立到元末动乱，从明军北伐再到"靖难之役"，华北战乱迭起，人口损失严重，经济凋敝，丝织技术的有序传承受到了极大的干扰。而战争间歇期，女真人与蒙古人又没有给予蚕桑丝织业应有的重视，大量砍伐桑树，掠夺工匠，丝织业遂无法恢复。

其二，棉花的输入与推广对丝织业造成了强劲的冲击。丝织业跌入低谷尚未恢复元气之时，棉花种植方法传入了华北，与丝织业相比，棉纺织业有劳动强度较低、生产较稳定等特点，且几乎不消耗燃料。故而棉花种植与棉纺织业迅速挤占了丝织业的生存与发展空间，使丝织业难以重现昔日的辉煌。

其三，气候的剧烈变化使丝织业发展受阻。正如前文所述，金元以后我国气候严寒化，而北方尤甚，桑树的生长与蚕的发育都受到了显著的影响，从而导致了丝织业的衰落。

其四，宋以后，陆上丝绸之路受到阻滞，海上丝绸之路得到了开辟。两者相较，后者的运输成本更低，效率更高，可以一次性运送大量丝织品，还省去了途经各国所征收的高额商税。江南地区的丝织品远比华北的丝织品容易运往海外市场进行销售。与南方相比，华北地区丝织业失去了庞大的海外市场，没有强烈的海外贸易的刺激，改进技术和推动商品化与专业化等方面的动力严重不足，自然就走向了没落。

上述观点都有拥趸，也往往有反对者。如第一、二点为史念海、邹逸麟所坚持，而黄世瑞却持反对意见，认为战争破坏与棉花引种均非最重要的原因。而黄世瑞所提出的第三点，又遭到了邹逸麟的批驳，邹氏认为桑树气温适应度很宽，而家蚕饲养的温度不受外界影响，故而气候变化对蚕桑业的影响并不大。[①] 至于第四点，不能很好地解释华北丝织业在内部市场还有较大需求的情况下完全没落的事实。

诸家之见解都自有其道理，无须强分是非。笔者以为，金元以降，深重的燃料危机也是华北地区丝织业急剧衰落的重要原因。

先秦以来，华北地区燃料紧张状况不断加剧，至宋出现燃料危机，金元继续发展，至明而极。在燃料极为紧张的情况下，民众生活用柴的供应已然十分艰难，为了获取足够的薪柴，人们不得不走更远的路、耗费更多的时间与精力来获取薪柴。人们又采取了饮鸩止渴式的解决办法，那就是大量采伐经济意义十分重要的桑树来用作薪柴，这深刻地影响了丝织业的稳定发展。

史念海与邹逸麟都指出，宋金元时期，少数民族入侵，大肆砍伐桑树，为蚕桑业衰落重要原因。如辽人攻宋，"沿途民居、园囿、桑柘，必夷伐焚荡……御寨及诸营垒，唯用桑、柘、梨、栗。军退，纵火焚之"[②]。而金代猛安谋克户亦多砍伐桑树，"世宗大定五年十二月，上以京畿两猛安民户不自耕

---

① 诸家对蚕桑业中心变动的论述可参看章楷《我国蚕业发展概述》，载《农史研究集刊》第二册，科学出版社，1960；史念海《黄河流域蚕桑事业盛衰的变迁》，载《河山集》；夏鼐《我国古代蚕、桑、丝、绸的历史》，《考古》1972年第2期；黄世瑞《我国历史上蚕业中心南移问题的探讨》，连载于《农业考古》1985年第2期、1986年第1期、1987年第2期；邹逸麟《有关我国历史上蚕桑业的几个历史地理问题》，载《选堂文史论苑——饶宗颐先生任复旦大学顾问教授纪念文集》。

② （元）脱脱：《辽史》卷34《兵卫志上·兵制》，中华书局，1974，第398~399页。

垦，及伐桑枣为薪鬻之，命大兴少尹完颜让巡察"①。其实，此种情形不能单独从异族摧残北方经济的角度去考量。辽人以桑柘等经济林木来御寒及构筑营垒，不是因为他们唯独喜好这些树木，实因燃料危机背景之下，平原地区的其他树种已几乎被民众采伐一空，具有经济价值的林木相对保存较多，较容易获取。金代猛安谋克户把桑枣当作薪柴来贩卖，正说明其时薪柴紧缺，此种行为有利可图。若非有广大受众，此种情形断难出现。

汉族民众伐桑枣卖柴之事，自唐至宋就已很常见。参见第四章的相关内容，相关史料不再赘引。所以，摧残桑林的做法并非契丹、女真、蒙古等少数民族的专利，汉人亦不遗余力地进行砍伐。出现这种现象，最主要的推动因素还是燃料危机。随着人口压力的不断加重，燃料紧张状况始终没有缓解，人们竭尽所能以获取薪柴，平原地区的林木日趋稀少，人们便将砍伐的对象转向经济林木，桑树亦在砍伐之列。可桑树一旦遭到砍伐，短时间内无法恢复，这就彻底撼动了丝织业恢复和进一步发展的根基。

由前文的分析可知，丝织业的整个生产流程中几乎所有的环节都要消耗大量燃料，蚕自孵出至化蛾的整个过程中大都需要在室内加热取暖，而缫丝至练漂、染色也要耗费柴炭。在人自身基本生活层面的烹饪、取暖用柴都得不到保障的情况下，逐步排挤掉丝织业这样的高能耗产业是合乎理性的抉择。随着华北地区燃料危机的深入发展，可投入烹饪与取暖之外其他用途的燃料越来越少，经受战乱摧残的丝织业的恢复已然很难，进一步发展就更加力不从心了。正是由于燃料危机的掣肘，南方蚕桑组织生产技术迅速发展的情形下，华北地区才未能引进先进技术以提振丝织业。

笔者赞同气候严寒影响丝织业发展的观点，但笔者认为关键的问题并不是桑叶产量下降所引发的。黄世瑞的观点极具创意，但未触及问题的核心，无怪会被邹逸麟驳倒。笔者以为，气候寒冷对桑叶产量与蚕的生长虽有影响，但不至于因此而改变整个产业的发展面貌。可气候严寒却会大大增加养蚕与缫织过程中的燃料消耗，这对燃料本就匮乏的华北地区而言是难以承受的负

---

① （元）脱脱：《金史》卷47《食货志二》，第1044页。

担。关于近世华北地区的气候变化状况，诸家观点有一些分歧，但多数人还是赞同 12 世纪以降气候偏冷的观点的。① 据竺可桢研究，南宋四月份的温度要比现在低 1~2℃，而 17 世纪中叶大运河的冰冻时期曾达 107 天，要比 20 世纪中叶长 51 天之久。虽然，两个时间点相距数百年，但宋明间冬季寒冷且漫长的态势还是可以大致看出来的，这意味着冬季取暖时间变长，而取暖用柴量也大大增加。相应地，养蚕过程中取暖所需消耗的燃料数量，杀茧、缫丝、练漂、染色等环节加热所消耗的燃料数量都会大大增加。人类取暖与桑蚕生产的燃料需求同时增加，华北地区的燃料局面更为艰难，鱼与熊掌难以兼得，舍弃蚕桑业而优先考虑人自身的需求也就是最明智的选择了。

棉花的输入与推广，确实是蚕桑业没落的重要原因，前辈学者亦多有论说。② 棉花种植与纺织较之于蚕桑丝织业有其独特优点，王祯有较全面之概括，他指出：

> 比之桑蚕，无采养之劳，有必收之效，埒之枲苎，免绩缉之工，得御寒之益，可谓不麻而布，不茧而絮。虽曰南产，言其适用，则北方多寒，或茧纩不足而裘褐之费，此最省便。③

其中也提到了棉花作为衣物填充材料应对寒冷气候的独特优势，实则棉花种植与纺织节省燃料的意义也很重要。从植棉到中期管理到摘花、弹花、纺线、织布，整个生产流程中几乎不用任何燃料，这显然与丝织业大量消耗

---

① 参见竺可桢《中国近五千年来气候变迁的初步研究》，《考古学报》1972 年第 1 期；刘昭民《中国历史上气候之变迁》；等等。满志敏则对 13 世纪寒冷有不同意见，他认为其时偏暖，比现在还要高 1.4℃，参见满志敏、张修桂《中国东部十三世纪温暖期自然带的推移》，《复旦学报》（社会科学版）1990 年第 5 期；满志敏《中国历史时期气候变化研究》。

② 严中平：《中国棉纺织史稿》，科学出版社，1955；漆侠：《宋代植棉考》，载《求实集》，天津人民出版社，1982；赵冈、陈钟毅：《中国棉纺织史》，中国农业出版社，1997；史学通、周谦：《元代的植棉与纺织及其历史地位》，《文史哲》1983 年第 1 期；邢铁：《我国古代丝织业重心南移的原因分析》，《中国经济史研究》1991 年第 2 期。余不尽举。

③ （元）王祯：《王祯农书》卷 21《木棉序》。

燃料的情况有着天壤之别。种植棉花，不需留出大量的空地种植桑树，更不需限制桑树用作薪柴，而棉花秸秆更是优质的燃料，这也有助于扩大人们的薪柴来源，一定程度上缓解燃料供应的紧张。华北地区在宋明间以棉花取代蚕桑，实是当地民众理性选择的结果，从纯粹的经济利益角度看是这样，从燃料资源的获取与利用上来看，亦是如此。

关于棉花种植的问题，笔者将另文探讨燃料问题与作物种植结构变化之关系，此处不赘。

宋以后，随着燃料危机的加重，我国出现了燃料的更新换代，煤开始大量使用。可是，煤的使用却为何没有挽救蚕桑业的没落？窃以为，古代的煤炭提纯技术并不发达，使用的煤炭中所含杂质较多，特别是硫的含量较高，这直接制约了其在丝织业生产中的运用。前引诸多农书都强调，蚕对于气味较为敏感，气味浓烈的薪柴都会使蚕大量死亡，更不用说硫燃烧后释放出来的有毒气体了。此外，缫丝过程中若有大量二氧化硫，丝的质地与品相也会受到较大的影响。故而，煤的大量使用，没能挽救华北丝织业走向没落的命运。

综上所述，燃料危机的深化发展，是金元以降华北地区丝织业由繁荣到萧条的重要原因之一。在近世华北地区纺织格局的变化中，在由以丝织业为主转向以棉纺业为主的发展历程中，燃料的供应状况显然是不能忽视的推动因素。

由前文分析可知，宋代以后，华北地区的经济结构发生了明显的变化。多数传统的优势手工业部门呈现没落的态势，丝织业几乎完全为棉纺业所取代，陶瓷业变得无足轻重，冶铁业也大幅度下滑。此外，制盐业等其他手工业部门的生产规模也有一定程度的缩减，限于篇幅，不再一一列举。

之所以会发生这样的变化，原因当然是多方面的，但华北地区日益严重的燃料危机是至关重要的促成因素。

物质循环与能量流动是一切外在变化的根源所在，整个世界都需要借助能量的驱动才能够运转自如。手工业生产的维系，需要消耗大量的能量，古今概莫能外。在人类利用的所有能量类型中，热能无疑是最为重要的一种。人们利用能量的所有方式中，直接利用热能一直都是最主要的一种，时代越是久远，热能在整体的能量利用格局中所占的比重就越高。在前工业时代，绝大部分手工业部门的运行都是以消耗大量的热能为基础的。热能主要由薪柴、木炭或煤炭等燃料提供，在燃料供应日趋紧张以至于人们最基本的生活层面的燃料需求都得不到有效保障的情况下，能耗高的生产部门会逐渐遭到排挤。自宋代开始，燃料危机愈演愈烈，这是宋以降华北地区经济结构变动的能量背景。

华北地区的经济状况，北宋及其以前经常处于全国领先水平，金元以后才真正开始没落。单从华北的经济发展走向来看，唐与宋是一脉相承的，而宋与元之间有一分水岭，与其说是"唐宋变革"，不如说是"宋元变革"。南北经济之巨大反差，应是在金元以后形成的，这一点可从前面分析的诸多手工业生产的变化看出来。

问题还不仅如此，在燃料危机深重的情形下，森林资源遭到乱砍滥伐，水土流失加剧，水文条件急剧恶化，华北地区本就并不十分充裕的水力资源变得更为贫乏。也是在燃料危机的影响下，过多的野草与秸秆被用作燃料，这又大大减少了可用于喂养牲畜的饲料，造成家畜饲养量下降，从而使畜力资源显著减少。由于燃料获取日益艰难，人们投入采集薪柴的劳动力明显增加，这使投入农业及手工业部门的劳动力减少，又使人力资源的分配出现了问题。这样，在燃料危机的触发下，水力、畜力、人力资源相继告急，华北地区最终形成了全面的能源危机。晚近华北地区的社会风貌，实由资源与能源问题所促成。

第七章

燃料危机与物质生活方式的变化

宋以后，随着燃料危机的发生与发展，华北民众的物质生活也发生了显著的变化，衣、食、住、行无不因之而改变。服饰方面最大的变化，便是伴随着棉纺织业的兴起而棉布使用范围不断扩大，传统的蚕桑丝织业则急剧衰落。出行方面最大的变化则主要表现在役畜饲养结构发生变化，驴的饲养规模扩大与使用的增多是显著的特征，而达官贵人更多地使用轿子也更为典型。蚕桑丝织业的衰落前文已有论述，关于棉纺织业的兴起、役畜饲养变化、出行对人力的倚重等问题，笔者将另书探讨。[①] 本章主要围绕住与食展开，探究华北民众为了"温"与"饱"所进行的努力与调适。烹饪习惯的变化、大锅菜与煎饼的盛行、生食、冷食、发明各种取暖器具、在住宅中普及火炕，这一系列的社会现象都是人们对燃料危机的积极应对。在燃料危机深重的情形下，人们逐渐改变自己的饮食习惯，同时改进取暖设施，以求在维系正常生活的前提下最大限度地节约燃料。

---

① 关于役畜饲养结构变化问题，可参看拙著《古代华北役畜饲养结构变化新考》，《中国农史》2015 年第 1 期。其余几个问题，笔者将陆续撰文进行探讨。

第一节　燃料与饮食习俗的变化

一　烹饪习惯变动的燃料驱动力

1. 采集狩猎时代的烹饪

农业生产出现之前，采集和狩猎是人们最主要的食物获取方式，食物原料直接从自然界获取，有渔猎所获得的鱼类、野兽，以及采集所获得的果实、茎叶、籽粒。这一时代人们的食物种类是极其丰富的。

在前农业时代，人们的食物来源虽极为广泛，但供应极其不稳定，运气好时可以满载而归，运气不好时则可能要空手而归，大快朵颐并非生活的常态。而其时植被状况良好，故而燃料资源总量极为丰富，获取也很便利，所需花费的时间与精力都较少。故而，当时人们烹饪的特点是更注重节省食材，而燃料消耗情况人们却并不特别在意。其时多采用开放式且耗柴量极大的篝火来对食物进行加热，最主要的烹饪方式是烤炙与石燔。

2. 原始农业时代的烹饪

大约 1 万年前产生了原始农业，自那时起，栽培作物和饲养吃不完的动物就成为华北地区的居民获得食物的主要方式，但采集与狩猎仍是人们食物来源的重要补充。不过主要的动植物资源存在显著的地域差异，这是由当地的环境状况与动植物资源决定的，深刻地影响了后来各地的农业面貌。

其时已经发明了釜、鼎、鬲、甑等陶制的炊具，烹饪方式则逐步变为以蒸煮为主。篝火的使用仍很普遍，但火塘已逐渐后来居上，炉灶也已出现。热量利用效率逐渐受到了人们的重视，这样做既是为了提高烹饪质量，也是为了节省薪柴。人们已经开始过定居生活，早期的聚落也已形成。饮食资源的多样性较之采集狩猎时代有所减少，但供应较为稳定。而一个聚落的人们长期在一个地区生活，其活动范围通常集中在以 5 千米或 1 小时步行可达的距离为半径的圆面之内[1]，聚落附近的草木会因长期的采伐而减少。

---

[1]　Renfrew C, Bahn P., *Archaeology Theories, Methods and Practice*, London: Thames and Hudson Ltd, 1991, pp.224-225.

随着时间的推移，人们不得不将更多时间与精力投入获取薪柴的劳动中，而搬运薪柴的距离也大幅度增加，由于投入较多，减少薪柴消耗量的问题自然也就逐渐为人们所重视。

3. 夷夏杂处时期

夏、商、西周与春秋时期，食物生产体系呈现出专门化的特点，人群逐渐分化出三种类型的部族：农耕为主、游牧为主和采集狩猎为主。整体而言，农耕部族逐渐成为主流。人们的食材变得越来越窄谱化，少数几种栽培作物和家养禽畜为人们提供了大部分食材，天然食物资源的重要性显著下降。

烹饪工艺有较大发展，烘、煨、烤、烧、煮、蒸、渍糟等工艺都被发明出来并得到了广泛的使用。其时各种陶制炊具仍在大量使用，而青铜炊具也在上层社会流行开来。三足炊具比较兴旺，但逐渐开始走下坡路，无足锅釜的使用范围逐步扩大。陶制炉灶自新石器时代后期发展起来，在三代使用也较为广泛，而落地灶与锅台灶则也逐渐扩大了使用范围。这些重要变化大都是为了提高热量利用效率。随着社会的进一步发展，人口快速增长，农耕迅速发展，粮食供应渐趋稳定，而聚落周边的草木则较此前更为稀少，人们不得不投入更多的时间与精力来采伐薪柴。

4. 传统农业形成时期

战国至秦汉，以谷物为主的粮食生产与消费结构得以确立。农耕发展迅速，人们获得了更大的食物总量，但食物的种类却迅速减少，在人类聚落与农田的周边，野生动植物的生存空间被大大压缩。从此开始一直到晚近时代，华北民众的食物更加依赖于人工栽培，禽畜只是补充，少数几种谷物为人们提供了维持生命所需的绝大部分卡路里。

这一时期三足炊具基本衰落，锅釜盛行，并一直持续到当代。陶制与青铜炊具全面衰落，铁制炊具得到全面推广，为更复杂的烹饪方法的发明准备了条件。火塘已很少使用，移动式炉灶式微，锅台式炉灶逐渐成为炉灶的主流样式。炉灶构造亦有改进，烟囱已由垂直向上变得弯曲幽深。这一时期大规模的农业开发使植被破坏严重，在人口密集地区尤其如此，燃料供应比此前任何时期都要紧张。烹饪方式的剧烈变化，也是在节省燃料的现实需求推动下发生的。

5. 中古时期

自魏晋至隋唐时期，华北社会经济结构出现了一定的反弹，畜牧业所占的比重显著扩张，肉类在人们饮食结构中所占的比重也显著扩大。其时人口锐减，大量农田抛荒，少数民族入主中原后带来的生活习俗的变化，这些构成了饮食变化的背景因素。但是随着局势的稳定，人口迅速恢复，华北重又走上秦汉以来的重农耕轻畜牧的农业发展道路。

由于农耕一度衰落，人口一度减少，华北地区的草木植被状况曾有所改善，所以华北地区的燃料压力也一度减轻。但随着农耕重新占据优势地位，植被破坏程度重新加剧，燃料问题遂又严重了起来。烹饪方法中的炒最早出现于此时，或即与燃料供应紧张有关。中古时期的烹饪与燃料情况，王利华曾予以评析，笔者不再过多阐释，摘录如下：

> 早期烹饪以较粗大的薪柴和木炭为主即所谓伐木为薪；随着林木的逐渐减少，人们乃不得不多烧细柴少烧炭乃至焚草而爨，有条件的地方和人家则逐渐改用煤为燃料，其他一些可作替代燃料的事物如牛粪等也被加以利用。经过长期的演变，到了晚近之世，煤和作物秸秆乃成为华北最重要的燃料种类，而缺少柴火也成为当地民众日常生活中最感困扰的难题之一，这是每一位熟悉华北特别是华北平原农村生活的人们所共知的事实。
>
> 在不断寻找新燃料的同时，自古以来华北居民还在节省燃料方面不断作出努力，包括不断改良其炊煮器具设备和改变其烹饪方法。我们相信，古代华北灶具的变化是朝着提高薪柴燃烧值和热能利用效率的方向逐步改进的，晋代杜预意欲创制平底釜，无疑反映中古华北人士在这方面也作过一些尝试，可惜由于资料过于缺乏，我们甚至无法对此作起码的推测。后世中国最为流行的快炒法在这一时期出现，也不应该被看成是一个完全偶然的现象，虽然其创造者最初未必具备明确的节省燃料的意识，但它的逐渐流行和普及则肯定与燃料的变化有关：比较而言，菜

肴快炒于燃料毕竟较为节省，而起火易、旺火快但不持久的细秆柴草
（甚至是作物的碎叶和颖壳）也毕竟最有利于细切食物的快炒。曾经长期
盛行于华北地区的肉食大块烧烤，在后世竟然几乎彻底地衰落了，这恐
怕也与燃料的缺乏和燃料种类的变化不无一定的关系吧？[①]

6. 近世时期

宋以降农耕生产继续深入发展，跛足农业愈演愈烈。主要的食物种类较
中古无本质变化。至明中叶有若干美洲高产作物引入，但其真正影响北方传
统作物结构已是清代中后期了，根本性的改变可能更要晚至新中国成立以后。
肉类在食物中的比重更加微不足道，常见的肉类主要是猪、鸡、鸭等少数几
种禽畜，间或会有羊、驴、牛，但极罕见。

锅釜为宋以后的主要炊具，高台灶则是主要的炉灶类型。陈宝良曾对明
代炉灶与炊具的情形进行了梳理，摘引如下：

> 炉子，有打炉灶、铁灶、铁拖炉、拖炉、煤炉、水火炉、锡水火炉。
> 与炉子相配所用者，则是各种通条，作通炉子以使火旺之用。其名色有
> 铁火箸、铁通条、通条、炉条。
>
> …………
>
> 烧、炒、炖、煮，其器有锅、铫、浅、甗、铛之分。锅，有铁锅
> （有大小铁锅之别），按产地，有广铁锅。锅按尺寸大小，有大广锅、二
> 尺广锅、二尺六寸铁锅。按形制，铁锅又可分为宽沿、窄沿，有耳、无
> 耳。按其用途，有炒锅与蒸锅两种。砂锅，有大砂锅、中砂锅，用于炖煮
> 食物。铫，是一种有柄又有流的小型烧器，其品种有砂铫、砂卤铫。砂
> 浅，其用途不详，大概也是属于炖煮食品之用。有饭甗，专用于蒸饭。与
> 此相配套者，则是锅盖、蒸笼。铛，釜属，为一种温器，有油铛、铁铛。[②]

---

① 王利华：《中古华北饮食文化的变迁》，第 240~241 页。

② 陈宝良：《明代社会生活史》，中国社会科学出版社，2004，第 306 页。

炉灶与炊具看似较多，实则较中古并无本质的变化。烹饪方式更趋复杂，但主要流行于上层社会，普通民众则较简单。齐如山即有较深刻的分析，他指出：

> 从前的记载，在《周礼》《礼记》中所记，虽然多是关于天子诸侯的饮食，但离民食二字，似乎还稍近，后来就越来越远了。为什么要这样说法呢？古来关于民食的记载，不过是豆粥、麦饭、黄粱、赤米等等这些字样，讲究一些的，也不过是鸡黍而已，千余年来，北方的民食，可以说是没什么大的变动，总是在杂粮米面中想法子，菜蔬次之，肉类则极少见。《礼记》等书中记载，肉类菜蔬之外，兼及五谷，所以说他离民食还稍近。以后更偏重肉类，稍及菜蔬；到明清两朝的食谱，则几乎都是肉类，虽也偶写菜蔬，也是豪华别致的烹饪法，亦偶及面食，更不过是糕饼点心等类奢侈食品，所以说他离民食太远，因为民间一生也见不到这样的吃法。[①]

自传统农业形成以来，华北普通民众的饮食模式便一直是以自家耕种收获的谷类为主，辅以自种或野外采获的菜蔬，肉类则极少食用，可能只有在逢年过节时才能吃到。有学者指出，按照饮食状况来界定，绝大部分的庶民属于果腹层，他们的饮食水准基本上只能满足维持生命最低限度的食物需求。[②] 此种情形由宋至明清而达到极致。近世下层民众食物原料单调化，烹饪方式集约化，一则因人口增长迅猛，粮食供应紧张，二则是植被遭到了毁灭性的破坏，薪柴获取不易。近世华北地区普通民众的烹饪方式以煮、蒸、炖、烙为主，为了节省燃料，一次烹饪大量的食品存放起来是常见的现象，如摊煎饼与蒸馒头等。人们还常缩减每日食次，两餐制甚至一餐制在很多地区盛行，《清稗类钞》称："我国人日食之次数，南方普通日三次，北方普通日二

---

① 齐如山：《华北的农村》，第 255 页。
② 参见赵荣光《中国古代庶民饮食生活》，商务印书馆国际有限公司，1997，第 4 页。

次……日食二次者，朝餐约在十时前后，晚餐则在六时前后。"[1]生食、冷食之风盛行，普遍食用腌制食品等。这些现象的背后，都有燃料因素在起作用。[2]

二 近世华北的若干饮食现象

尤金·N. 安德森曾到中国实地考察，对中国的饮食进行了独到而深入的解构与分析，他指出："中国的烹调是一种匮乏型烹调。皇帝和军阀可能样样都有，但绝大多数中国人却在缺乏燃料、烹调油、厨房用具乃至水的情况下度日。"[3]他又指出："一般说来，中国的烹调要求短暂而又很高的热度，这种热度杀死了普通的寄生虫……节省燃料，保持味道，避免饮用水传播病原体，如何在这些要求之间达致平衡，人们已积累了有效的经验。"[4]就宋以后的华北而言，"匮乏"确实是烹饪方法最显著的特点。最匮乏的不是食材，而是燃料。为了应对燃料匮乏问题，华北地区的民众养成了一系列独特的饮食习惯。

1. 大锅烩菜的盛行

近世华北地区逐渐流行大锅烩菜并一直延续至今。大锅烩菜，又称"熬菜"，也称为"杂烩菜"，与东北的乱炖有些相似。所谓烩，即将不同食材混在一起简单翻炒后加水熬煮。可以放在一起的肉类与蔬菜种类繁杂，且可以有不同的组合方式。华北地区的大锅烩菜中常见的食材有大白菜、萝卜、茄子、粉条、粉皮、豆角、木耳、豆腐、腐竹等，美洲作物传入后，土豆、西红柿等也是常见的烩菜原材料。烹饪时用大炉灶和大铁锅，用大火熬煮。大锅烩菜在整个北方地区都极为流行，而在河北、河南、山东也都很典型。

但由宋至清的史料中关注普通民生者绝少，我们不得不再次利用较晚近的材料来回溯华北近世的大锅烩菜情形，齐如山有较生动的描述：

---

① 徐珂：《清稗类钞》第 13 册《饮食类》，第 6239 页。

② 本部分的论述主要参考了王利华《中古华北饮食文化的变迁》，第 60~65 页；杨菊华《中华饮食文化》，《中华全景百卷书》第 22 册，首都师范大学出版社，1994，第 1~5 页。

③ 〔美〕尤金·N. 安德森：《中国食物》，马孆、刘东译，第 150 页。

④ 〔美〕尤金·N. 安德森：《中国食物》，马孆、刘东译，第 123 页。

因为都是大锅，炊制法与平常也就不一样了，永远是种类少而质量多……就是偶尔有一样炒菜，如韭菜、白菜等等也是一炒就一二斤，白菜就是一颗，这当然也就与熬没什么分别，口味与炒字也就相去太远了。总之他是除米面食物，如干饭、馒头、窝窝头（以上这些面食，即等于西洋之面包）等等之外，其余所有菜蔬，都把他弄在一起，例如熬北瓜，把北瓜切成片，加豇豆角、韭菜、豆芽等等……虽只是一样菜，可是都是合许多种熬在一起，又是汤，又是菜。[1]

而大锅烩菜不只在平常食用，还可在红白喜事的宴席上招待宾朋，冯玉祥回忆童年生活经历时即指出：

吃饭的时候，没见过谁家特意做一碟炒菜，荤菜自然更不用提了。大葱、萝卜、盐菜，是他们经常的菜蔬。但有些人家竟连盐菜也舍不得吃，只临时泡点盐水吃。

…………

村里有喜庆丧祭的事，平常的交情是随一百三十钱的礼（合现在三个半大铜元）；交情深厚的，随二百五十钱的礼（合现在六个半大铜元）。待客的席面，有名的是"白菜豆腐泡席"，八大碗一起端，——白菜、粉皮、粉条、豆芽、豆腐泡等。[2]

尧山壁也对石家庄周边的红白喜事做大锅菜的场景有生动的描述，摘引如下：

过红白事，要提前一天成立办事机构，负责人称总理。下设各个部门，其中就有"灶上的"，编制十几人到几十人不等。先在院里盘两口

---

① 齐如山：《华北的农村》，第 256~257 页。
② 冯玉祥：《我的生活》第 2 章《康各庄》，第 21、22 页。

大锅，一口蒸馒头，一口熬菜。熬菜需要事先浆好粉条，把粉条放在大瓷里，用温水浸泡，使之变软。做好卤水豆腐，分割成大块上锅蒸，减少水分后切成小块，进油锅煎黄。一般用大白菜，也可以是冬瓜、茄子，择好洗净。

…………

大锅菜关键的一道工序是炒肉。锅里放几瓢油，因为锅大，要用劈柴烧火。待锅热，加葱、姜、蒜，稍顷倒肉，大铲搅拌，待肉色发黄倒入面酱，炒到七分熟，加白糖上色，再倒入酱油，漫肉一寸，加盐和作料儿，如花椒、大料、茴香、豆蔻、白芷、肉桂、良姜、陈皮等。灶膛撤出多半木柴，文火慢炖一小时，肉香弥漫全村。

过事当天一顿午餐是水到渠成的事。大锅烧开，先放浆好的粉条，变软后放白菜，菜熟后再放煎好的豆腐、炖好的肉。因为锅大，油、盐、酱、醋都要整桶整瓶地倒，更不用说肉成堆、菜成垛了。最后加点儿生葱花、香菜、明油，单等总理一声令下，就可以开饭了。[①]

此外，流行于华北地区的面食也往往与烩菜异曲同工，都是不同食材杂烩到了一起。原汤面注重食材与面条同煮，打卤面的卤其实就是烩菜。

近世华北地区大锅烩菜盛行有很多原因，比如气温较低、油料不足、燃料匮乏等。北方地区气温相对较低，如果将所有食材单独炒出，最后一种炒完时，前面几种可能已经凉透了，吃凉饭菜对肠胃不好，在秋冬季节尤其如此。相应地，北方人吃烩菜或打卤面的方式也很有意思，都是将菜直接盖到米饭（多为小米干饭）或面条之上，这样也有保温的效果。

传统时代，食用油的供应并不充分，每一样都单独炒出来的话，耗油量会比较大。而做成烩菜的话，耗油量则要少很多。对此，下过厨房的人都会有切身的体会。在古代，烩菜可以节省油料。而在当代，随着人们生活条件

---

① 尧山壁：《百姓旧事：20 世纪 40—60 年代往事记忆》，第 122~123 页。尧山壁对大锅菜的更多描述参见附录史料部分 7.1，此处引用部分附录中从略。

的改善，摄入的油脂太多容易导致健康问题，所以多吃烩菜或许有助于养生保健。

当然，更重要的，且与本书主题最密切的，便是节省燃料的考量。烩菜可以将不同种类的大量食材一次性烹制出来，而炒菜则需要分批次地将不同的食材炒熟，后者的烹饪方法远比前者复杂，用时也更长。这就意味着分类炒菜消耗的燃料要远比烩菜多，虽然味道更为出众，但在近世燃料危机深重的背景之下，在民众对果腹的重视程度胜过对美味的追求的情形下，节省薪柴的烩菜自然要比耗柴较多的炒菜更有吸引力。

2. 煎饼的流行

"煎饼"一词最早出现于东晋时期的文献中，王嘉《拾遗记》称："江东俗称，正月二十日为天穿日，以红丝缕系煎饼置屋顶，谓之补天漏。相传女娲以是日补天地也。"[①] 此后关于煎饼的记载逐渐增多。

元以前相关记载虽然比较多，但没有关于煎饼制作方法的说明，其时之"煎饼"是否即后来之"煎饼"，并不能完全确定。考虑到其时之煎饼与元明以降情形相似，都与人日、天穿节、二月二、送穷等风俗有关，故而早期的煎饼与后来的煎饼指代的可能是同一物。自元代开始，煎饼的具体制作方式才见之于记载。煎饼在华北地区食用较普遍，尤以山东为最，至少明清时期已是如此。

明代万历年间一户人家的"分家契约"于 1967 年在泰安市省庄镇东羊楼村被人们发现，其中载有"鏊子一盘，煎饼二十三斤"[②]。分家过程中分割财产时，煎饼居然也是重要的一项，而其重量更多达 23 斤，可见其时煎饼食用量较大，且民众极为重视煎饼。

清代山东淄博人蒲松龄曾专门撰有《煎饼赋》，序及赋的内容摘引如下：

---

① （清）张英、王士禛等：《渊鉴类函》卷 13《岁时部·春》，中国书店，1985，第 3 页。

② 山东友谊书社、山东出版总社泰安分社：《泰安风物》，山东人民出版社，1986。该文书为一范姓人家于 1967 年在自家墙壁中发现，但为外人所知则迟至 1984 年，详情参看陈相元《我发现明代分家文书中有关煎饼记载》，载泰山陈氏宗亲新浪博客，网址：http://blog.sina.com.cn/s/blog_77b45d7d0100s09r.html。

古面食皆以饼名，盖取面水合并之义。若汤饼、蒸饼、胡饼之属，已见于汉魏间。至江溲、薄持、安溲、牢九、束晰赋及之，然不解其何物。齐俗则尚薄饼。昔高瓒卷大饼如庭柱，蜀赵氏合三斗面为一枚，是皆怪巧，当世即秘其传；惟明邱文庄，进软饼于上而甘之，因而为名是薄饼之制，其来已数代矣。独煎饼合米豆为之，齐人以代面食。二月二日尤竞之。是时荐新葱，富者夹半咸肉，比户骨然。昔惟北齐主与石动筒有"卒律葛答"之谜，而他不概见，岂非自古及今惟齐有之欤？缘行于世者不远，故见之古者尤稀。康熙中，齐亢阳甚，二麦辄数岁不登，则煎饼之裨于民生非浅鲜也，因为之赋：

煎饼之制，何代斯兴？溲合料豆，磨如胶饧，扒须两歧之势，鏊为鼎足之形，掬瓦盆之一勺，经火烙而滂澎，乃随手而左旋，如磨上之蚁行，黄白忽变，斯须而成。"卒律葛答"，乘此热铛。一翻手而覆手，作十百而俄顷。圆如望月，大如铜钲，薄似剡溪之纸，色似黄鹤之翎，此煎饼之定制也。若易之莜屑，则如秋练之辉腾。杂之以蜀黍，如西山日落返照而霞蒸，夹以脂膏相半之豚胁，浸以肥腻不二之鸡羹。晨一饱而达暮，腹殷然其雷鸣。借老饕之一啖，亦可以鼓腹而延生。若夫经宿冷毳，尚须烹调，或拭鹅脂，或假豚膏，三五重叠，炙𫘝成焦，味松酥而爽口，香四散而远飘。更有层层卷扫，断以厨刀，纵横历乱，绝似冷淘，汤合盐豉，末挫兰椒，鼎巾水沸，零落金条。时霜寒而水冻，佐小啜于凌朝。额涔涔而欲汗，胜金帐之饮羊羔。奈尔东人运蹇，奇荒相继，豆落南山，凝于珠粒。穷惨淡之经营，生凶荒之妙制。采绿叶于椒榆，渍浓液以杂治。带黎烟而携来，色柔滑而苍翠。野老于此，效得酱于仲尼，仿缩葱于侯氏。朵双颐，据墙茨，咤咤栟栟，鲸吞任意。左持巨卷，右拾遗坠，方且笑锅底饭之不伦，讶五侯鲭之过费。有锦衣公子过而美之曰：愿以我鼎内之所烹，博尔手中之所遗，可乎？野老怃然，掉头不易！①

---

① （清）蒲松龄：《聊斋文集》卷1，清道光二十九年邢祖恪钞本。

蒲氏之所以会写出这么一篇洋洋洒洒的大赋来详细描述制作过程与食用时的快乐感受，同时借以来浇自己胸中之块垒，正是因为其时煎饼在华北地区民众的食物中占有极为重要的地位。

煎饼的流行，亦与其能节省燃料有关。因煎饼可以长久保存，一次起火可以制作大量煎饼，这要比反复起火烹饪所消耗的燃料少得多。故而戴永夏也总结道："煎饼还有易加工、省粮食、省燃料、耐储存、便携带等优点，所以普通大众对它都很欢迎。"并引用山东新泰民谣称："吃煎饼，一张张，孬好粮食都出香。省功夫，省柴粮，过家之道第一桩。又卷渣腐又抿酱，个个吃得胖又壮。"[①]齐如山认为煎饼主要有两种，一种盛行于河北，一种盛行于山东，原材料、制作方法与口感不同，但拥有共同的特点：制作用时短，且一次可做许多。这也间接证明，制作煎饼较之制作其他食物，可以节省薪柴，摘引其观点如下：

> 做法大致可分为两种，一是用干面加水和成糊，滩于铛内极薄，顷刻即熟，用秫面、绿豆面、小米面、糜子面、荞麦面都可做，质软稍黏。这种在河北省一带盛行，都是家庭自做，没有卖的。一种是用小麦或糜子面，入水浸透，连水磨狭，滩于铛上，要用竹板刮极薄，熟后折叠起来，可以现吃，可以保存许久，质松而脆，比前一种好吃得多。这种盛行于山东，小儿童上学，不回家吃午饭者都带此。山东省人娶妇，想知新妇之能力，要问每天能做多少煎饼，能多滩煎饼之女子，就容易结婚，在小户人家，且可多索聘金。这是寒家最好的一种食品，笫一次火，可以做出许多，保存起来，随时可食。每日只熬一点粥，与此同食，省得每天特做饽饽，因此极薄如纸，炙得极干，折叠起来不易发霉。[②]

冯玉祥对煎饼评价极高，其在 1935 年出版的宣传抗日的小册子还以煎饼

---

① 戴永夏：《风俗雅韵》，山东画报出版社，2015，第 159 页。

② 齐如山：《华北的农村》，第 314~315 页。

命名，认为煎饼可以作为上好的军食。他的论述中也透露出了煎饼可以长久保存的特点，摘录如下：

> 煎饼的样式，普通是每张直径一尺五六寸左右的薄圆饼，其厚薄的程度，全凭原料的差异和手艺的高下，最薄者不过一张厚报纸的样子，最厚者亦不过和两张报纸相等。煎饼是一种很好的干粮，刚做好的煎饼所含水分，顶多不过百分之二十以上，少则百分之十以下，到了发脆的程度。而且煎饼在做好了以后，所含的水分，尚可以因自然的蒸发作用，逐渐消失。所以在人口众多的人家，每天现摊现吃，在人口少的人家，或有特别需要，常常一次就要摊好足够一月半月的煎饼。并且作工者，旅行者以至在外求学的贫苦学生，都是携煎饼作干粮。有些出外作工者和学生，往往从家里带出了足够一二月吃的煎饼，一张张的吃下去，直吃到最末了一张，尚可以不致霉烂。[①]

这样起一次火后，显然可以省却无数次起火。冯玉祥还指出，摊制煎饼所用燃料主要是茅草、树叶、谷梗、麦秆、豆叶、秫秸等，"这些燃料须有易于燃烧，热力不太强的特性，才便于煎饼的烤干水分，结成薄饼。火力太烈或太小，都是不适于摊煎饼的，因为火力太小，则使糊子不易凝结成薄饼，而太烈则又会烧焦的"[②]。冯玉祥还特别强调了燃料的消耗与改进问题，详情如下：

> 在我国现有的条件下，关于煎饼的燃料，大半还只有以草本的植物充当的。燃料的消费量，大概要当煎饼粮食量的一倍半至二倍，换句话说，即是一百斤煎饼，须要一百五十斤至二百斤的燃料。如果军食之一年的消费量为四十五万万斤，那末，燃料的准备，须有七八十万万斤。

---

① 冯玉祥：《煎饼：抗日与军食》，时事研究社，1935，第73~74页。
② 冯玉祥：《煎饼：抗日与军食》，第75页、第84页。

此数量的燃料之供给，在陕西邻近地方，自然尚不至发生绝对的困难。不过这种体积庞大的东西，在运输上既不经济，而此原始的燃料，亦实影响到生产的低小。所以我们希望真正忠诚于民族，热心于抗日的科学家，在研究增加抗日战斗力的各种努力中，分一部分力量来研究军食的改良。而怎样改善煎饼和煎饼的燃料问题，亦就是值得专心研究的一件要事。我们在这里，亦可以提出若干意见，煎饼的火力，固然不宜于太烈，而最主要的还在火力均匀，能由摊煎饼者随时控制。在这样的原则下，只要把生火器具，稍加改造（其实摊煎饼就没有生火器具的），使能控制热力，则煤炭等燃料，同样可以应用，并且可以增加煎饼之生产量的。假如能改用煤炭的话（北平天津一带，卖煎饼的小贩，就是用煤作燃料的），则燃料问题是可以得到较经济的解决了。山西、河南和陕西，是我国煤藏最富的地方，而无烟煤又是适宜于制造饮食之用的。[①]

彭慕兰曾指出黄运地区在晚清民国时期燃料极度匮乏，此种情形早在宋明之间即是如此，则煎饼的大量食用有节省燃料的考量在其中自不待言。

3. 生食、冷食现象

节省燃料的办法，最好的当然是食材不加烹饪而直接食用，这样不需要消耗燃料；退而求其次，可以一次烹饪大量食品，这样以后再进食时不必消耗燃料来加热了。前者为生食，而后者为冷食。前述之煎饼除刚制作出来时为热食外，储存起来食用多天即为冷食。

华北地区的生食现象中，山东人喜食大葱是比较有代表性的。大葱味极辛香，为常用的调味品。山东地区的民众嗜食大葱，表面看似只是一种文化偏好，可深究其根源，远非表面看上去那么简单。追求美味乃是人之天性，对食材进行烹调，不唯为了易于消化，也是为了更好的口感。所谓口腹之欲，口感与果腹同样重要。山东人生食的不是别的食材，偏偏是极有味道的大葱，是合乎理性的选择。

---

① 冯玉祥:《煎饼：抗日与军食》，第 106~108 页。

关于山东人对大葱之喜好程度，齐如山也进行了形象而生动的描述，不妨摘引如下：

> 国人吃葱虽已有三几千年之久，但大多数都是作为佐料，可以说是别的肉类菜蔬的辅助品，也叫调味品，只有中等以下的人家，用他抹酱，一顿饭可以光吃他，这可以算是正式的菜蔬……我于光绪二十一年，在北平看到一王府送礼者，担着一对大葱，用红绸号箍绕，长约二尺半，粗径约三寸余，比人一臂还大，后来便未见过如此大者，然现在山东之大葱，最大者圆径也有二寸以上，并不算稀奇。这种葱微带甜头而不甚辣，山东人吃葱有名，大致都是这一种。山东人吃葱多，这里有一个证据，也可以算一个笑谈。北方凡遇丰年，大家丰衣足食，都要演戏酬神，每演总是旷野场所，现搭一席台，便名曰草台，每次总是演四五天，观众多要吃些糖果、瓜子、花生等等，小孩吃的更多。每到演完，此戏台左近一片，总是有许多瓜子花生皮等等，此华北通例也。惟独山东，每演完戏后，则总是落一片葱根葱皮，这足见其吃葱之多。①

梁实秋在《忆青岛》一文中，曾回忆山东人吃生葱的情形，摘录如下：

> 再就是附近潍县的大葱，粗壮如甘蔗，细嫩多汁。一日，有客从远道来，止于寒舍，惟索烙饼大葱，他非所欲。乃如命以大葱进，切成段段，如甘蔗状，堆满大大一盘。客食之尽，谓乃生平未有之满足。②

戴永夏也对生吃大葱的情形有较细致描述，详情如下：

---

① 齐如山：《华北的农村》，第195~196页。

② 梁实秋：《雅舍遗珠：一幅平和冲淡而温暖和煦的人生拼图》，江苏人民出版社，2014，第92页。又见谢冕、洪子诚主编《中国当代文学作品精选》（第3版），北京大学出版社，2015，第271页。

　　大葱作为美食，首先在于生食。生大葱蘸面酱卷饼，甜脆爽口，清香入心，现已进入宴席，颇受食客欢迎。香港美食家蔡澜先生说过："请客时上此道菜，吃过之后无论哪一个国家的人，都拍案叫绝。"（蔡澜：《葱》）此外，大葱还是别的菜的配菜。如北京烤鸭、锅烧肘子、清炸大肠等名菜，若没有山东大葱相配，便会"香消玉殒"，黯然失色。[①]

　　除山东之外，在河北的不少地区也有吃生葱的风气。小葱可直接生食，也可切碎加盐用作下饭菜，而小葱拌豆腐也是常见的菜肴。那么，为什么会有这种生活习俗呢？大葱是典型的高产作物，亩产量可达数千斤乃至上万斤，远远超过谷子、高粱、小麦等粮食作物。而大葱的种植工艺又极为简单，大葱耐寒，虫害极少，这些又远非一般蔬菜可比。故而，人们往往将其从调味品直接升格为主要的下饭蔬菜。而其味香甜，不经热熟亦可食用，这又与其他蔬菜有着显著的不同。若常年大量食用大葱以代替其他蔬菜，则节省的燃料数量是极为可观的，这在燃料极为紧张的近世，在燃料尤为匮乏的山东、河北地区，其意义非同凡响。所以，某种程度上说，生吃大葱习俗也是由节省燃料的需求促成的。

　　吃生葱之外，华北地区的民众也喜欢生食大蒜，同样有取代其他蔬菜，节省薪柴的功用。如西晋八王之乱中，成都王司马颖兵败邺城，奉晋惠帝奔赴洛阳的途中，晋惠帝即曾以大蒜为下饭菜，史载："成都王颖奉惠帝还洛阳，道中于客舍作食，宫人持斗余粳米饭以供至尊，大蒜、盐、豉。到获嘉，市粗米饭，瓦盂盛之。天子啖两盂，燥蒜数枚，盐、豉而已。"[②] 可见华北吃生蒜的习俗起源较早。

　　关于近世吃生蒜的详情，史籍中记载不多见，小说《醉醒石》中有一段关于明代女子陈大姐嫁给施才后生活情状的描写，提及了生吃葱蒜之事，摘引如下：

---

① 戴永夏：《风俗雅韵》，第 161 页。
② （宋）李昉等：《太平御览》卷 977《菜茹部二》引《晋四王起事》。

　　早晨炕前种著火，砂锅里温著水，洗了脸先买上几个火烧馍馍或是甜浆粥做了早饭，午间勤力得煮锅大米或小米饭吃两餐，不勤力得买些面下吃，晚间买些烧刀子，有钱买鱼肉荤星，没钱生豆腐、葱、蒜，几个钱油，几个钱酱醋，权且支过，终日夜不落炕坐著，也算做一双两好。①

近世华北吃生蒜的情形，齐如山的描述最形象、生动，详情如下：

　　华北吃蒜的习惯极普遍，且都是吃生的；西洋人及吾国南方人也断不吃生蒜，但都是吃熟的。北方人则说，蒜若熟吃，则等于不吃。若干年来，传留着的话，都说蒜极能消毒，可是非生吃不可。又有传统的一种传说，曰麦子面虽好吃，但新麦子有毒，所以北方讲究的富足人家，不吃新麦子，而农人又有一种不成文法，就是做什么工作，就得吃什么，例如割麦子时，则必要吃麦子，当然都是新麦子，普通的信仰，都说蒜能解毒，所以非要吃蒜不可，倘不给蒜，则工人一定不答应，且此时正是新蒜刚下来，价值正贱的时候，主人也乐得给吃，便造成了伏天吃蒜更多的习惯。

　　…………

　　北方人吃蒜的情形，不但西洋人知不清，连南方人也不会明了。总之贫寒人家，这一顿饭有蒜吃，便可吃的很饱，北方大地主雇人割麦子，新麦面蒸馒头，只捣烂蒜加盐醋凉水，或少许香油，这个名词叫做蒜汤，每人一碗，蘸馒头吃，大家便极可足欲，不必再讲别的菜蔬，总之蒜可以算是解馋的食品，所以无论乡间或大城镇，街头小贩所卖之零星食品，除甜食外，无不有蒜，否则不易售出，或至无人过问，由此便可知道北方对于蒜的爱力了。②

---

① （清）东鲁古狂生：《醉醒石》第9回《逞小忿毒谋双命，思淫占祸起一时》，清覆刻本。

② 齐如山：《华北的农村》，第200~202页。

刘齐在接受德国记者采访时，就提到一个刘二爷剥蒜的故事，还特意强调刘二爷"是北方的，南方不吃生蒜"，故事颇为有趣，摘录如下：

> 话说从前有个鳏寡老人叫刘二爷，生活虽苦，却摊上一个好邻居。邻居爱吃饺子，每吃一次，必给刘二爷送一盘。这天他家又和面揪剂子，刘二爷隔墙见了，心想咱也得有所准备，就剥了几瓣蒜，拿罐子呱呱捣上了。可是直到天黑，也没见送饺子过来。原来邻居听见捣蒜声，以为刘二爷也在包饺子，就不给他送了。这就叫：刘二爷剥蒜——两耽误。[1]

丙公曾记述初到岭南地区，当地儿童嘲笑他作为一个北方人的奇特习俗，其在文中声称"北方人岂止爱吃葱，还喜欢吃大蒜"，亦可见生吃葱蒜在南方较为罕见。[2]

桑葚也是华北地区经常用于生食的食材。桑葚是青黄不接之时的补充口粮，这一点早在汉代就引起了人们的重视，如崔寔即指出农历三月"冬谷或尽，葚麦未熟，乃顺阳布德，振赡穷乏"[3]。桑葚竟与麦子相提并论，两者没有成熟时容易发生饥荒，可知桑葚常用作口粮。汉末群雄纷争，粮食极度匮乏，华北桑葚用作军食的情形颇多，见诸记载的有袁绍与曹操。史载："袁绍之在河北，军人仰食桑葚。"[4] 汉末杨沛任新郑长时，劝导民众储存干桑葚以备荒，路过新郑的曹操军队缺乏粮食，杨沛因进献桑葚而获赏识。[5]

北魏时期，河北地区的干桑葚仍是重要口粮，贾思勰指出其时民众藏干桑葚极多，借以度过凶年，相关记载摘录如下：

---

[1] 刘齐：《一人两世界》，安徽文艺出版社，2015，第 362 页。刘齐关于吃生蒜的详细描述亦大有趣，可参看附录史料部分 7.2。

[2] 丙公：《岭外集》，上海书局，1979，第 155 页。其详细描述，可参看附录史料部分 7.3。

[3] 转引自（东魏）贾思勰《齐民要术》卷 3《杂说第三十》，缪启愉校释，第 233 页。

[4] （西晋）陈寿著，（南朝宋）裴松之注《三国志》卷 1《魏书·武帝纪》注引《魏书》，中华书局，1959，第 14 页。

[5] （西晋）陈寿著，（南朝宋）裴松之注《三国志》卷 15《魏书·贾逵传》注引《魏略》，第 486 页。

> 葚熟时，多收，曝干之，凶年粟少，可以当食。……今自河以北，大家收百石，少者尚数十斛。故杜葛乱后，饥馑荐臻，唯仰以全躯命，数州之内，民死而生者，干葚之力也。[①]

按北朝度量衡相当混乱，每斤与公制之间的换算关系更难确定，现代学者测量了 17 件南北朝时期的铜权，重量各不相同，只有 1 件可精确得出 1 斤相当于 347 克[②]。即以这一数值进行估测，以 1 石为 120 斤折合今制 83.28 斤。则百石为今制 8328 市斤，合 4.164 吨，数量之大令人咋舌，而这还是晒干之桑葚，则新鲜桑葚之总产量必然更为惊人。当然，石也为容积单位，1 石为 10 斗，1 斗 10 升。孔颖达在《左传正义》中指出："魏齐斗称，于古二而为一；周隋斗称，于古三而为一。"隋代 1 升折合公制 600 毫升，则北魏 1 升合 400 毫升，1 石合公制 40 升。[③] 现在测量中等小麦比重 750 克/立方分米，1 立方分米等于 1 升。即以桑葚相对密度等于小麦相对密度来进行粗略的估算，1 石桑葚当重 30 公斤，百石重 3 吨，数值与按 120 斤估测相去并不太远。贾氏容或有夸大之处，但其时桑葚产量大且地位重要则是毫无疑问的。有学者进行了评述道：

> 一家收贮桑葚多至百石，别说干桑葚，即使是鲜桑葚，一百石也就可观了。家家户户都这样办，可以想见，当时河北许多地方农村中桑林一定很普遍。桑葚在正常年景可充水果，在饥馑年景那就把它当作解救饥荒的活命之源了。[④]

元明两代，桑葚对于华北地区民众的生活仍有着极为重要的意义，王祯曾给予其极高的评价，他指出：

---

① （东魏）贾思勰：《齐民要术》卷 5《种桑、柘第四十五养蚕附》，缪启愉校释，第 318 页。

② 丘光明、邱隆、杨平：《中国科学技术史·度量衡卷》，第 288~289 页。

③ 丘光明、邱隆、杨平：《中国科学技术史·度量衡卷》，第 288、302 页。

④ 曾玉华、林蒲田：《桑椹考》，《农业考古》2010 年第 4 期。

盖桑葚干湿皆可食，可以救俭。昔闻之故老，云前金之末，饥歉民多饿殍。至夏初青黄未接，其桑葚已熟，民皆食葚，获活者不可胜计。凡植桑多者，葚黑时悉宜振落箔上晒干。平时可当果食，歉岁可御饥饿。虽世之珍异果实，未可比之。适用之要，故录之。[①]

近人徐传宏在其《干鲜果品》一书中也特别强调了桑葚在华北地区用作口粮的现象，称："我国山西、河北的一些地方，也曾经将桑葚晒干磨粉，长期贮存，冬春季与玉米面、高粱面掺在一起吃。"

不过，随着华北燃料危机的深化，明清桑葚的充饥备荒功能实已不能与前代相比，根源则是桑树被大量砍伐用作薪柴，政府虽不断干预却难有成效。桑葚的口粮功能衰落，恰与华北地区丝织业的衰落同步，都由燃料状况所促成。砍伐桑树的问题第六章已进行了剖析，此处不赘。

还可提及者有枣。枣常与桑并称，是普通民众重要的食物来源。《诗经·豳风·七月》中称："八月剥枣，十月获稻。"可见早在先秦，收获枣就是重要的农事活动，其时枣树种植较多且枣的收获量较大当无疑问。

战国时苏秦游说燕文侯曾对枣的口粮功效有较高评价，称："北有枣栗之利，民虽不由田作，枣栗之实，足食于民矣。"[②] 司马迁称，"安邑千树枣"，"其人皆与千户侯等"[③]，又可见枣在汉代仍极为重要。

魏晋南北朝时期文献所载华北地区枣的品种极多，如《广志》记载：

河东安邑枣；东郡谷城紫枣，长二寸；西王母枣，大如李核，三月熟；河内汲郡枣，一名墟枣；东海蒸枣；洛阳夏白枣；安平信都大枣；梁国夫人枣。大白枣，名曰"蹙咨"，小核多肌；三星枣；骈白枣；灌

---

① （元）王祯:《王祯农书》卷33《谷谱七·果属》。又见（明）徐光启《农政全书》卷30《树艺·果部下》。

② （西汉）刘向编，（东汉）高诱注，（宋）姚宏续注《战国策注》卷29《燕策一》，宋绍兴刻本。

③ （西汉）司马迁:《史记》卷129《货殖列传》，第3272页。

枣。又有狗牙、鸡心、牛头、羊矢、猕猴、细腰之名。又有氐枣、木枣、崎谦枣，桂枣，夕枣也。

而《邺中记》则称：

> 石虎苑中有西王母枣，冬夏有叶，九月生花，十二月乃熟，三子一尺。又有羊角枣，亦三子一尺。

而《齐民要术》更是用专门的篇章来讲述枣树的种植方法，并谈及了枣实加工的方方面面，亦可见其时枣之重要性。[①]

宋以后，枣仍可作为重要的补充口粮，食用时也可免除烹饪而节省大量燃料。但由于薪柴匮乏，枣树也遭到了大规模的砍伐，饮鸩止渴的燃料获取方式使燃料危机越发严重。明代前期，北京周边的桑树、枣树已近乎绝迹，政府采取措施督导民众栽种，史载：

> 顺天府尹李庸言："所属州县旧有桑枣，近年砍伐殆尽，请令州县每里择耆老一人，劝督每丁种桑枣各百株，官常点视，三年给由开其所种多寡以验勤怠。"上谓行在户部臣曰："桑枣，生民衣食之给。洪武间遣官专督种植，今有司略不加意，前屡有言者，已命尔申明旧令，至今未有实效，其即移文天下郡邑，督民栽种，违者究治。"[②]

此外，生食还有柿子、黄瓜等，不再一一展开分析。

最后谈谈冷食。前述之煎饼是一次大量制作，存放多天直接食用，即是一种冷食，某种程度上说，其等同于早期的饼干。此外，华北多数地区在年前往往制作大量的食物，如馒头、油条等，在年后往往还可以连续吃数十天，

---

① （东魏）贾思勰：《齐民要术》卷5《种枣第三十三》，缪启愉校释，第259~267页。上文《广志》与《邺中记》中的材料亦出自同书同卷。

② 《明宣宗实录》卷98，"宣德七年九月癸亥"条。

也可算作冷食。

而最典型的冷食，莫过于干粮了。干粮是比较笼统、模糊的概念，大致是经过专门的脱水处理或者本身含水量较少、能够长时间保存不变质且便于携带的食物。前述之煎饼、馒头、油条皆可作干粮。

古人常用糗、糒、糗糒、糇等来指代干粮，大都是炒熟的米麦等谷物，它容易携带，不加热即可食用，是军队或旅人常备的食物。此外，不需加热，可以节省燃料，故而华北普通民众食用干粮也较多，为较简朴的生活方式。

干粮在古代食用非常普遍。时至晚近，食用更普遍。蒸熟的小米干饭、炒熟的大豆粒、炒熟的白面等也常常用作干粮。[①]食用干粮情形的增多，显然也有节省燃料的考量在其中。为国人所熟知的是，抗美援朝时，志愿军战士的伙食经常是一把炒面就一口雪，干粮仍是重要的军粮。

另外，酱制品与腌菜的大量食用也与节省燃料有一定关系的，不再展开分析。我们要强调燃料问题在烹饪技术与饮食习惯的演变过程中发挥了重要的作用，但是绝不能将问题泛燃料化。如果要把燃料当作烹饪与饮食变化的唯一的最根本的原因，绝非公允之论，也与历史真相相去太远了。

第二节　取暖器具及其演变

一　兼具烹饪功能的取暖用具

1. 篝火

人类早在学会人工取火之前，即已开始使用天然火，较常见的是在雷电引起森林大火后，尝试用火来加热食物。由于早期人们还不曾掌握保存火种的方法，所以用火只是偶或为之。但正是这样偶然行为的长期累积，最终促使人们学会了保存火种，又进而掌握了人工取火技术。

随着人工用火技术的成熟，篝火便成为人们最主要的用火方式。篝火简

---

① 笔者曾在位于河北省西南部太行山东麓的家乡访问若干老人，他们提到幼年上山砍柴，经常是早上出发晚上回家，中午在山上所吃的就是小米干饭，常用毛巾包裹好放在身上。想来此种习俗当由来已久。

单而实用，只需将柴草堆积起来，点起火来，人们围坐在一起，既可烹饪食物，又可照明、取暖。加热食物时，既可将大块的肉用木棍串起来，直接放在火上烧烤；也可以石片为加热媒介，用篝火烤炙石片，从而比较和缓地烤熟肉片或谷粒；也可用树叶包裹食物，然后再置于火上烤熟；也可先用泥巴涂抹在食物之上，再加热烤熟；还可以用陶罐装上肉或谷粒与水，再置于篝火上来烹饪肉汤或稀粥。篝火可以出现在悬崖边、山洞外、森林边、河岸上等地方，但更多的还是在山洞里，再后来是聚落的庭院中。在那个遥远的年代里，凡有篝火之处，必然有肉香与饭香在四处飘荡。

原始人自学会用火时起，即借助篝火来驱寒取暖。所以篝火作为取暖设备的历史，至少有六七十万年之久。后世篝火的取暖功能极为重要，陈胜发动大泽乡起义前，夜里燃起篝火为重要的道具，史载："又间令吴广之次所旁丛祠中，夜篝火，狐鸣呼曰：'大楚兴，陈胜王。'"[1] 而王安石《寄张先郎中》诗称："篝火尚能书细字，邮筒还肯寄新诗。"[2] 宋人陈恕可《桂枝香·天柱山房拟赋蟹》词中亦称："草汀篝火，芦洲纬箔，早寒渔屋。"[3]

但是篝火均置于平地上，四周不设置任何屏障，薪柴是在一个完全开放的环境里燃烧的，这样的燃烧过于猛烈，能量向四面八方辐射，不管是烹饪食物还是取暖，热量的有效利用率不高，薪柴的消耗量也过多。所以，篝火并不是最理想的用火方式。于是，火塘就应运而生了。

2. 火塘

所谓火塘，即在室内地上挖成的小坑，呈圆形、椭圆形或者其他不规则形，大都是四周夯筑结实，在其中生火，用来做饭、取暖。又称"火坑"或"火铺"，也有考古学家称之为灶坑。火塘与人工营建房舍的定居生活密不可分，在人们已经居住于房舍之中的新石器时代中晚期，火塘的使用非常普遍。

火塘较之于篝火有显著的改进，燃烧不再是完全开放式的，而是具有了一定的密闭性，这样燃烧更为稳定，而火焰也不再随风飘荡，这就显著提高

---

① （西汉）司马迁：《史记》卷48《陈涉世家》，第 1950 页。

② （宋）王安石：《王文公文集》下，上海人民出版社，1974，第 653 页。

③ 周振甫主编《唐诗宋词元曲全集·唐宋全词》第 8 册，黄山书社，1999，第 3023 页。

了热量的利用效率，火塘周边的壁垒可以有效阻挡火势向外蔓延，也大大提高了用火的安全性。但是火塘口径过大，考古学家测量了姜寨遗址房屋灶坑的内径和外径，小型房屋分别为 0.74 米和 0.88 米，中型房屋分别为 0.9 米和 1.18 米，大型房屋分别为 1.25 米和 1.75 米。[①] 即使是小型房屋中的火塘，也无法很好地支撑炊具，所以要用火塘加热炊具时，往往要在火塘中立三块石头，称为"支子"，以便烧火煮饭。先秦时期盛行的三足类炊具，实际是将支子从火塘中剥离开来而与炊具合二为一了。火塘凹陷在屋内地表以下，底部没有通风口，薪柴直接堆放燃烧。华北民众总结的用火规律是"人要实心火要空"，柴堆之下要有较多的空隙，这样可以不断补充新鲜空气，燃烧才能持久顺畅。而火塘不具有这样的特点，燃料的燃烧并不充分，容易产生大量的烟气。这些缺点使火塘的用火效果仍不够理想，在火塘的基础上又逐渐发展出了炉灶。当然，火塘并未完全退出历史舞台，在近现代的若干民族中，火塘仍具有较重要地位。[②]

其实，火塘的取暖功能更胜于烹饪功能。从所处的位置及其构造特点均可看出，火塘无论是用来加热整个屋子以营建较温暖的小环境，还是所有家庭成员围坐其周围来直接暖热身体，都是极为便利的。

3. 炉灶

炉灶由火塘演化而来，是由土石、陶瓷或金属制成的，通过让燃料在其中燃烧而加热炊具或向房间辐射热量的半密闭中空装置。《说文》称："灶，炊穴也。"《白虎通·五祀》则称："灶者，火之主。人所以自养也。"按炉灶能否移动可以分为固定灶与可移动灶两类，前者主要是土石灶，而后者则有陶灶、青铜灶、铸铁灶等。

固定的灶台应是由火塘直接发展而来，制作简单，只需土石即可完成。

---

① 资料依据姜寨遗址发掘队《陕西临潼姜寨遗址第二、三次发掘的主要收获》，《考古》1975 年第 5 期。另可参看西安半坡博物馆、临潼文化馆《临潼姜寨遗址第四至十一次发掘纪要》，《考古与文物》1980 年第 3 期。

② 可参看黄崇岳《从少数民族的火塘分居制看仰韶文化早期半坡类型的社会性质》，《中原文物》1983 年第 4 期。

目的在于使燃料燃烧的位置升高，在缩小燃烧空间的同时增加密闭程度，提高热量利用效率，使烹饪效果大大改善，同时也在一定程度上节省燃料。由于固定灶台制作简便且成本较低，故而从远古一直使用到了晚近时代。孙膑在马陵之战前之所以采用减灶之法，古人之所以常说"埋锅造饭"，都是因为古代行军打仗时多使用固定灶。时至今日，在广大农村地区，固定柴火炉灶仍普遍存在。

移动灶的出现时间晚于固定灶，其出现受到了三足类炊具的影响，某种程度上说是对三足类炊具下部的切割与改良。移动灶的工艺要求比较高，但具有移动方便的优点，故而曾非常盛行。

移动灶中最早出现的是陶灶，考古发现的陶灶类型多种多样，据学者研究有五种主要的类型。

（1）盆状灶。可分为直腹与鼓腹两个亚型，以素面为主，多出土于北辛文化阶段或者略晚的后岗一期文化遗址。腹壁下部有火门，火门较小，或圆或方。常设有排烟孔。腹内上部近口处有若干突起的横隔，起到了承托炊器的作用。

（2）盆形鼎状灶。绝大部分为直腹，器腹多有花纹，主要出土于庙底沟文化和半坡晚期文化遗址。与盆状灶相近，但与鼎的外形颇多相似之处，火膛底部往往有三到四个小瓦足或小方足。火门呈方形，一般比较大，多数没有排烟孔。

（3）筒状灶。无底，主要出土于庙底沟文化类型的遗址中，下限晚至商代。多有落地式拱形火门。灶壁上常有排烟孔和鸡冠形錾手。形态上有较大差异，还可进一步划分亚型。

（4）釜灶。釜灶，即釜与筒状陶灶的连体式灶，多出土于龙山文化遗址。釜多为深腹，圜底或尖底，釜的内壁间或有一圈腰隔，当是用来支撑箅。火门以落地式圆角方形居多，排烟孔多设在釜与灶圈相黏合处。錾手较常见。有个别双釜灶与灶圈结合的形式，也有单把尖底罐形者。

（5）簸箕状灶。仅见于河姆渡文化第三期。大敞口式火门，微向上翘，呈流状，深腹厚壁。椭圆形圆足略外撇，外腹壁两侧各安一半环形耳。内腹壁两侧及后壁共横安三粗支钉，二前一后，用来支撑陶釜。[1]

青铜灶与铁灶出现后，材质发生变化，铸造流程和造型都有较大变化，但从本质上来看，却都是由陶灶演化而来。

三代至战国出土的炉灶并不多，这或许证明陶灶已逐渐式微。随着青铜冶炼技术的发达，其时也有一些青铜炉灶，如山西太原市金盛村出土的提梁虎形青铜灶就极为精美。该灶由灶身、烟囱、炊具等几部分组成，灶身作怒目圆睁、盆口大张的虎形，虎口为灶门，体腔为火膛，而上翘的虎尾则为四节且可拆卸组装的烟囱，上置平底双耳釜。[2] 这件极为精美的青铜灶艺术水准极高，但正因为如此，也反映出了类似器具不可能在普通民众中广泛使用。此后青铜灶仍继续发展，山西朔州平朔露天煤矿出土的西汉中期的三孔圆头青铜灶，形体构造与前述虎形灶颇多相通之处。

人们很早就开始重视燃料的节省问题，如逐渐发展出多眼灶，用同一个炉膛燃烧薪柴而同时加热多个炊具，汉代除有两眼灶外，还有三眼、四眼甚至五眼灶。[3] 这显著提高了热量利用的效率，可以减少燃料的消耗量。此外，人们还尝试利用炉灶本身的发热来加热水，方法是在灶旁放置盛水装置，通过一定的时间后获得温热水。宋以降，华北地区人们使用炉灶时节省燃料的新努力就是引进和普及火炕，将炉灶与火炕结合起来，实现烹饪与取暖功能的合二为一，这一点将在下一节再做深入分析，此处不赘。

人们利用热能的方式，始于完全开放燃烧，中经半封闭燃烧，最后达到完全密闭燃烧的阶段，相应的燃烧装置则是起自篝火，中经炉灶，再到内燃机。为了提高相关器具的热效率，人类一直在努力探索，至今犹然。[4] 虽然炉

---

[1] 以上分析主要参考了高蒙河《先秦陶灶的初步研究》，《考古》1991 年第 11 期；张耀引《史前至秦汉炊具设计的发展与演变研究》，南京艺术学院硕士学位论文，2005，第 13~14 页。

[2] 参见陈彦堂《人间的烟火：炊食具》，第 84 页。

[3] 参看印志华《从饮食器具看秦汉烹饪》，《中国烹饪研究》1997 年第 1 期。

[4] 热效率是热机发明以后出现的物理学与工程学概念，指发动机中转变为机械功的热量与所消耗的热量的比值。笔者以为，或可将其泛化，用来指燃烧器具中实际利用的热量与燃料释放总热量的比值。当代内燃机的最高热效率刚刚突破 50%，而传统时代炉灶的热效率更是远远低于内燃机。

灶与内燃机装置的复杂程度不可同日而语，但它们的发展是一脉相承的。没有古人数千年间利用炉灶所积累下的丰富知识，就不可能有晚近时代内燃机的发明。窃以为，称炉灶为内燃机的鼻祖，是完全合情合理的。

炉灶的取暖功能也不容忽视，但与篝火与火塘不同的是，其烹饪功能大大强化，而其取暖功能已经退居非常次要的位置。但尚有一种特殊样式的炉灶的主要功能是取暖，那就是地炉。

二 专用的取暖用具

1. 地炉

所谓地炉，是指室内地上挖成的小坑，四周垫垒砖石砌起的火炉，通过在其中间生火来取暖。笔者所见的最早记载是唐人岑参的《玉门关盖将军歌》，诗中称："军中无事但欢娱，暖屋绣帘红地炉。"[1]

宋代僧人文莹记载了钱若水少年时得遇高僧的奇事，整个接触过程即围绕地炉展开，详细记载如下：

> 钱文僖公若水少时诣陈抟求相骨法，陈戒曰："过半月请子却来。"钱如期而往，至则邀入山斋地炉中。一老僧拥坏衲瞑目附火于炉旁，钱揖之，其僧开目微应，无遇待之礼，钱颇慊之。三人者嘿坐持久，陈发语问曰："如何？"僧摆头曰："无此等骨。"既而钱公先起，陈戒之曰："子三两日却来。"钱曰："唯。"后如期诣之，抟曰："吾始见子神观清粹，谓子可学神仙，有升举之分。然见之未精，不敢奉许，特召此僧决之。渠言子无仙骨，但可作贵公卿尔。"钱问曰："其僧者何人"曰："麻衣道者。"[2]

宋代炼丹法中的修羽化河车法即需要地炉，相关记载如下：

---

[1] （唐）岑参：《玉门关盖将军歌》，载（清）彭定求等编《全唐诗》卷199，第2065页。

[2] （宋）文莹：《湘山野录》卷下，宋刻本。

掘一地炉，深一尺六寸，阔一尺四寸，以马通火，糠火烧四十九日。开鼎，以铁箸拨盐柜看银合柜变为金色，即去火取出。如未，更烧七日取。待冷开合，剥下黄矾及雄、青，留著。取一粒细研，水银二两于铛中微火，取药半豆大糁上，便干，锻成宝，且惜莫用。^①

这里不仅提及了地炉的尺寸，还提及了掘地炉，则当是就地开挖的土石地炉。此外似乎还有金属制作的地炉，一个书生遇仙女的离奇故事中有相关记载，详情如下：

至十一月望后，一日，（徐）鳌夜梦四卒来呼，过所居萧家巷，立土地祠外，一卒入呼土神，神出，方巾白袍老人也，同行曰："夫人召。"鳌随之出胥门，履水而渡，到大第院，墙里外乔木数百章，蔽翳天日。历三重门，门尽朱漆兽环，金浮沤钉，有人守之。进到堂下，堂可高八九仞，陛数十重，下有鹤屈颈卧焉，彩绣朱碧，上下焕映。小青衣遥见鳌，奔入报云："薄情郎来矣。"堂内女儿捧香者、调鹦鹉者、弄琵琶者、歌者、舞者，不知几辈，更迭从窗隙看鳌，亦有旧识相呼者、微谇骂者。俄闻佩声泠然，香烟如云，堂内递相报云："夫人来。"老人牵鳌使跪，窥帘中有大金地炉燃兽炭，美人拥炉坐，自提箸挟火，时时长叹云："我曾道渠无福，果不错。"少时，闻呼卷帘，美人见鳌数之曰："卿大负心，昔语卿云何，而辄背之！今日相见愧未？"因歔欷泣下曰："与卿本期始终，何图乃尔。"诸姬左右侍者或进曰："夫人无自苦，个儿郎无义，便当杀却，何复云云。"颐指群卒以大杖击鳌，至八十，鳌呼曰："夫人，吾诚负心，念尝蒙顾覆，情分不薄，彼洞箫犹在，何无香火情耶！"美人因呼停杖曰："实欲杀卿，感念畴昔，今贳卿死。"鳌起匍匐拜谢，因放出。老人仍送还，登桥失足，遂觉。两股创甚，卧不能起。又

---

① （宋）张君房主编《云笈七签》卷76《方药部三》。

五六夕，复见美人来，将鳌责之如前话，云："卿自无福，非关身事。"
既去创即差。后诣胥门，踪迹其境，杳不可得，竟莫测为何等人也。予
少闻鳌事，尝面质之，得其首末如此，为之叙次，作《洞箫记》。①

地炉工艺简单，成本较低，故而无论贫富，都可建造。但穷人家常会因
薪柴匮乏而有地炉却无火，如陆游在其笔记中记载了宋代法云长老重喜的警
句诗，称："地炉无火客囊空，雪似杨花落岁穷。拾得断麻缝坏衲，不知身在
寂寥中。"② 宋方壶的《中吕·红绣鞋》中也形象地描述了贫穷人家雨夜地炉
早早熄灭的情形，称："雨潇潇一帘风劲，昏惨惨半点灯明，地炉无火拨残
星。薄设设衾剩铁，孤另另枕如冰，我却是怎支吾今夜冷？"③

地炉分为两种，一种是在室内挖土作炉，直接用炉中火来取暖，人们围
炉而坐。较典型记载见于《水浒传》中林冲杀死陆虞候等人后借火取暖与抢
酒，详情如下：

> 林冲投东去了两个更次，身上单寒，当不过那冷。在雪地里看时，
> 离的草场远了。只见前面疏林深处，树木交杂，远远地数间草屋，被雪
> 压着。破壁缝里透出火光来。林冲径投那草屋来。推开门，只见那中间
> 坐着一个老庄家，周围坐着四五个小庄家向火。地炉里面焰焰地烧着柴
> 火。林冲走到面前，叫道："众位拜揖。小人是牢城营差使人，被雪打湿
> 了衣裳，借此火烘一烘，望乞方便。"庄客道："你自烘便了，何妨得。"
> 林冲烘着身上湿衣服，略有些干，只见火炭边煨着一个瓮儿，里面透出
> 酒香。④

另一种类型，则是室外有一个大的火口，而烟道则在屋子的地面之下纵

---

① （明）陆粲：《庚巳编》卷2，明万历纪录汇编本。
② （宋）陆游：《老学庵笔记》卷4，明津逮秘书本。
③ （元）杨朝英：《朝野新声太平乐府》卷4《小令四》，四部丛刊景元本。
④ （元）施耐庵：《水浒传》第10回《林教头风雪山神庙，陆虞候火烧草料场》。

横交错，通过烧火来加热整个地面，从而营造较温暖的室内小环境。

如天津杨柳青石家大院客厅里就有一个这样的地炉，地面方砖都是架在梅花垛上，底下是烟道，在客厅之外有一个炉灶口，为烧火处，大致是每昼夜要烧掉二百斤炭，热气顺烟道穿过，烧热地面。这种地炉大致是从火炕演变而来，将寝处的取暖方法与设施转移到了室内地面上。

2. 火盆

火盆，即盛炭火用的盆子，主要用来取暖。究其本源，火盆实是微型的火塘。最早出现于何时已不可考，笔者所见到的最早记载是东魏瞿昙般若流支翻译的《正法念处经》中的若干条文，如称地狱的十六别处之一即为火盆处。[①] 瞿昙般若流支译经时间在东魏年间，地点在东魏都城邺城。[②] 其时火盆使用已较普遍。不然，译者不会极力用火盆来渲染地狱之恐怖。则火盆出现得还要更早一些，具体时间有待进一步考证。

宋以前关于火盆的记载尚不多见，元以降才较常见。政府的办公用品中亦有火盆，如明代翰林院庶吉士所用之火盆，工部即需三年制造一次。[③]

关于火盆，小说中的描写颇为详尽，生活气息极为浓厚，可见其时北方地区人家无论贫富多备有火盆，为极重要的取暖用具，既可烧柴，又可烧木炭，便于移动，使用非常方便。试摘引若干条并稍作分析。

《水浒传》中林冲接管草料场时，交割的物品中即有火盆，又讲述了火盆的使用方法，其中可用柴炭生火，详情摘引如下：

> 大雪下的正紧，林冲和差拨两个，在路上又没买酒吃处，早来到草料场外。……老军拿了钥匙，引着林冲，分付道："仓廒内自有官司封记。这几堆草，一堆堆都有数目。"老军都点见了堆数，又引林冲到草厅上。

---

① （东魏）瞿昙般若流支:《正法念处经》卷7《地狱品之三》，大正新修大藏经本。详情参见附录史料部分7.4。另外该书卷6、卷11、卷12还有多处谈及火盆，不再一一列举。

② （唐）释智升《开元释教录》卷6（四库全书本）、（隋）费长房《历代三宝记》卷9（金刻赵城藏本）、（唐）释道宣《续高僧传》卷1（大正新修大藏经本）等皆有般若流支传，可参看。

③ （明）何士晋:《工部厂库须知》卷7。

老军收拾行李，临了说道："火盆锅子碗碟，都借与你。"林冲道："天王堂内，我也有在那里。你要便拿了去。"老军指壁上挂一个大葫芦说道："你若买酒吃时，只出草场，投东大路去三二里，便有市井。"老军自和差拨回营里来。只说林冲就床上放了包裹被卧，就坐下生些焰火起来。屋边有一堆柴炭，拿几块来，生在地炉里。仰面看那草屋时，四下里崩坏了，又被朔风吹撼，摇振得动。林冲道："这屋如何过得一冬？待雪晴了，去城中唤个泥水匠来修理。"向了一回火，觉得身上寒冷。……古时有个书生，做了一个词，单题那贫苦的恨雪：

广莫严风刮地，这雪儿下的正好。扯絮挦绵，裁几片大如栲栳。见林间竹屋茅茨，争些儿被他压倒。富室豪家，却言道压瘴犹嫌少。向的是兽炭红炉，穿的是绵衣絮袄。手拈梅花，唱道国家祥瑞，不念贫民些小。高卧有幽人，吟咏多诗草。

再说林冲踏着那瑞雪，迎着北风，飞也似奔到草场门口，开了锁入内看时，只叫得苦。原来天理昭然，佑护善人义士。因这场大雪，救了林冲的性命。那两间草厅，已被雪压倒了。林冲寻思："怎地好？"放下花枪、葫芦在雪里，恐怕火盆内有火炭延烧起来。搬开破壁子，探半身入去摸时，火盆内火种，都被雪水浸灭了。①

火盆轻易即送与人，显然造价低廉，当是泥瓦盆。富人家之火盆多用铜铁铸就，造价便较贵，如《西游记》中唐僧师徒在通天河畔陈家庄内赏雪景时，有词描述了兽面象足铜火盆：

景值三秋，风光如腊……两篱黄菊玉绡金，几树丹枫红间白。无数闲庭冷难到，且观雪洞冷如冰。那里边放一个兽面象足铜火盆，热烘烘炭火才生；那上下有几张虎皮搭苫漆交椅，软温温纸窗铺设。②

---

① （元）施耐庵：《水浒传》第10回《林教头风雪山神庙，陆虞候火烧草料场》。
② （明）吴承恩：《西游记》第48回《魔弄寒风飘大雪，僧思拜佛履层冰》，第548页。

还有更为奢华之铜盆，如《红楼梦》中除夕夜祭祀宗祠之前女眷们相聚时曾点燃鎏金珐琅大火盆，书中称：

> 尤氏上房早已袭地铺满红毡，当地放着象鼻三足鳅沿鎏金珐琅大火盆，正面炕上铺新猩红毡，设着大红彩绣云龙捧寿的靠背引枕，外另有黑狐皮的袱子搭在上面，大白狐皮坐褥，请贾母上去坐了。①

火盆亦有一些配套的器具，如火箸。《水浒传》中即有雪天里武松用火箸通火盆的描述，书中称：

> 武松自在房里，拿起火箸簇火。那妇人暖了一注子酒，来到房里，一只手拿着注子，一只手便去武松肩胛上只一捏，说道："叔叔只穿这些衣裳，不冷？"武松已自有五分不快意，也不应他。那妇人见他不应，匹手便来夺火箸，口里道："叔叔，你不会簇火，我与你拨火。只要一似火盆常热便好。"②

又有火罩与灰锹，前者用来防风，后者则用来清除灰烬，富贵之家多备有，而穷苦之家则付之阙如。《红楼梦》中称：

> 晴雯笑道："也不用我唬去，这小蹄子已经自怪自惊的了。"一面说，一面仍回自己被中去了。麝月道："你就这么'跑解马'似的打扮得伶伶俐俐的出去了不成？"宝玉笑道："可不就这么去了。"麝月道："你死不拣好日子！你出去站一站，把皮不冻破了你的。"说着，又将火盆上的铜罩揭起，拿灰锹重将熟炭埋了一埋，拈了两块素香放上，仍旧罩了，至屏后重剔了灯，方才睡下。③

---

① （清）曹雪芹、高鹗：《红楼梦》第 53 回《宁国府除夕祭宗祠，荣国府元宵开夜宴》。
② （元）施耐庵：《水浒传》第 24 回《王婆贪贿说风情，郓哥不忿闹茶肆》。
③ （清）曹雪芹、高鹗：《红楼梦》第 51 回《薛小妹新编怀古诗，胡庸医乱用虎狼药》。

此外尚有火盆架与火盆桌子，《红楼梦》中黛玉焚稿时都曾提及，摘引如下：

> 黛玉瞧瞧，又闭了眼坐着，喘了一会子，又道："笼上火盆。"紫鹃打谅他冷。因说道："姑娘躺下，多盖一件罢。那炭气只怕耽不住。"黛玉又摇头儿。雪雁只得笼上，搁在地下火盆架上。黛玉点头，意思叫挪到炕上来。雪雁只得端上来，出去拿那张火盆炕桌。那黛玉却又把身子欠起，紫鹃只得两只手来扶着他。黛玉这才将方才的绢子拿在手中，瞅着那火点点头儿，往上一撂。紫鹃唬了一跳，欲要抢时，两只手却不敢动。雪雁又出去拿火盆桌子，此时那绢子已经烧着了。[①]

人们常用火盆来比附其他事物，如《西游记》中，观音菩萨奔赴东土寻觅取经人时，遇见落凡的天蓬元帅，其形貌为"獠牙锋利如钢锉，长嘴张开似火盆"。又唐僧师徒行经火焰山时，孙行者买糕感觉极烫，便有"好似火盆里的灼炭，煤炉内的红钉"的譬喻。[②]

除取暖之外，火盆兼有煨水、热食、烘干衣服等功用，相关材料颇多，不再一一赘引。

3. 手炉

手炉，是冬天暖手用的小炉，它是古代宫廷和民间普遍使用的一种取暖工具。因可以捧在手上，笼进袖内，所以又名"捧炉""袖炉""手熏""火笼"。最早的手炉可能是用泥做的，后来多系铜制，主要的构造有炉身、炉底、炉盖（炉罩）、提梁（提柄）等，手炉器型以"簋簋之属为之"，即方圆二式，里面放火炭或尚有余热的灶灰，小型的可放在袖子里"熏衣灸火"。为了手炉的坚固耐久和美观，炉底分别被设计成平底、凹底等，又在手炉提把

---

① （清）曹雪芹、高鹗：《红楼梦》第 97 回《林黛玉焚稿断痴情，薛宝钗出阁成大礼》。

② 分见（明）吴承恩《西游记》第 8 回《我佛造经传极乐，观音奉旨上长安》，第 59 回《唐三藏路阻火焰山，孙行者一调芭蕉扇》，第 84、666 页。

上进行各种艺术加工。手炉表面往往刻有几何形纹饰、吉祥纹饰等。手炉出现较早，至隋唐时期而兴盛，在明清时达到了巅峰。清末以后，手炉工艺开始衰落。

4. 被中香炉

颇受科技史家重视的被中香炉也是一种取暖设施，因常用来为被褥熏香，故得名，此外还有"卧褥炉""木火通""香球""灯球"等名称，利用了回转运动和平衡环的原理，不管如何摆动，炭火绝不会掉落而损毁被褥、衣物。据说是西汉长安工匠丁缓最早发明此物，此后不断被改进，唐宋以降，上层人士使用较为普遍。①

火炕也应归入专门的取暖用具，涉及的问题较为复杂，故于下节专篇介绍。

第三节　火炕的盛行

一　火炕的定义及其出现时间

晚近时期，由于气候变化，华北地区冬季变得更加寒冷和漫长，人们需要更高效的取暖设施来抵御严寒。同时，唐代至北宋契丹与内地联系密切，而后崛起于东北的女真族更是入主中原。在气候和东北民族的交互影响之下，起源于东北的火炕传入华北并迅速推广开来。

火炕，简称"炕"，又有"土炕""大炕"等称呼，是北方传统居室中常见的一种取暖设备，用土坯搭配砖石砌成长方台。上面铺毡席，供人寝卧。下有烟道通至炉灶，炉灶中烧火即可加热炕体。顾炎武给炕下了定义，称："北人以土为床，而空其下以发火，谓之炕。古书不载。"② 现代辞书上给出的定义是"北方人用土坯或砖石砌成的供睡觉用的长方台，有孔道跟烟囱相通，

---

① 关于被中香炉的详情，可参见戴念祖《中国科学技术史·物理学卷》，科学出版社，2001，第 71~73 页。

② （清）顾炎武:《日知录》卷 28，清乾隆刻本。

可以生火取暖"①。

最早记载火炕的史书是《旧唐书》，但其历史渊源还要早得多。顾炎武有详细考证：

> 《左传》："宋寺人柳炽炭于位，将至则去之。"《新序》："宛春谓卫灵公曰：'君衣狐裘，坐熊席，隩隅有灶。'"《汉书·苏武传》："凿地为坎，置煴火。"是盖近之，而非炕也。《旧唐书·东夷高丽传》："冬月皆作长坑，下然煴火以取暖。"此即今之上炕也，但作"坑"字。
>
> 《水经注》："土垠县有观鸡寺，寺内有大堂甚高广，可容千僧。下悉结石为之，上加涂墍，基内疏通，枝经脉散。基侧室外四出爨火，炎势内流，一堂尽温。"此今人暖房之制，形容尽之矣。②

唐僧人慧琳也在其著述中称："上榻安火曰炕。"③另外唐代东北地区土炕使用普遍还有渤海国文化遗存的考古资料来佐证，摘引相关学者的论述如下：

> 于团结渤海村落遗址发掘 4 座平民住宅，每座面积不大，均为半地穴式（据知渤海上京城内的许多一般性居址，也通常采取半地穴式的造法）。内有火炕，其两端各与灶及烟道相连。这是对渤海平民宅址的初次发掘。
>
> …………
>
> 上京龙泉府故城遗址是我国东北地区最大的，保存最好的一座中世纪重要城址。在上京城的 1 号房址，寝殿遗址中均发现有火炕。④

---

① 夏征农、陈至立主编《辞海》（第六版彩图本），第 1224 页。
② （清）顾炎武：《日知录》卷 28。
③ （唐）惠琳：《一切经音义》卷 18，清海山仙馆丛书本。
④ 谭英杰等：《黑龙江区域考古学》，中国社会科学出版社，1991。转引自周小花《"火炕"考源——兼谈"坑"字与"炕"字的关系》，《现代语文》（语言研究版）2008 年第 4 期。

二　火炕传入华北的过程

虽然唐代已有关于炕的记载，但文献并不多见，且大都是关于东北的记述。入宋，相关记载明显增多，但华北——至少是北宋控制的华北区域内——火炕的使用并不普遍。其时关于炕的记载几乎全与女真族的生活习俗有关，而作者之所以记录火炕则大多出于猎奇的心理。如南宋初年徐梦莘记载女真人用炕的习俗时即称："其俗依山谷而居，联木为栅，门皆东向，环屋为土床，炽火其下，与寝食起居其上，谓之炕，以取其暖。"[1]朱弁出使金国被扣留多年，曾作《炕寝》诗记述冬日生活，中有"御冬貂裘敝，一炕且蜷伏"之句。[2]《大金国志》中亦有关于火炕两条记载，摘引如下：

> 其居多依山谷，联木为栅，或覆以板与桦皮如墙壁，亦以木为之。冬极寒，屋才高数尺，独开东南一扉，扉既掩，复以草绸塞之。穿土为床，煴火其下，而寝食起居其上。
>
> …………
>
> 妇家无大小，皆坐炕上，婿党罗拜其下，谓之"男下女"。[3]

金代文人赵秉文曾写有咏炕诗，颇为生动地刻画出了火炕的形态及人寝处其上的感受，全文如下：

> 地炕规玲珑，火穴通深幽。长舒两脚睡，暖律初回邹。门前三尺雪，鼻息方齁齁。田家烧榾柮，湿烟泆泪流。浑家身上衣，炙背晓未休。谁能献此术，助汝当衾裯。[4]

---

[1]（宋）徐梦莘：《三朝北盟会编》卷3《女真传》。

[2]（金）元好问编《中州集》卷10，四部丛刊景元刊本。

[3]（宋）宇文懋昭：《大金国志》卷39《初兴风土》，同卷《婚姻》，商务印书馆，1936，第297、299页。

[4]（金）赵秉文：《滏水集》卷5《古诗·夜卧暖炕》，四部丛刊景明钞本。

多数学者认为，华北地区的炕是宋以后从东北地区传来的，这一论断是大致合理的。但事无绝对，我们并不能就此断言宋以前华北地区绝无火炕。近年来的考古发现大幅度提前了华北地区出现火炕的时间，如 2006 年对河北徐水东黑山遗址的发掘就发现了西汉中晚期到东汉初期的火炕，摘引相关报道如下：

> 为配合南水北调工程建设，河北省文物研究所于今年 4 月至 11 月对徐水县东黑山遗址进行了抢救性发掘，发现了战国时期小城址一座，城址中出土了大量陶器，并发掘出西汉时期的房子及炕。据专家介绍，西汉时期炕的发现填补了我国汉代建筑史的研究空白。
>
> 徐水县东黑山遗址位于徐水县大王店乡东黑山村村南，处于丘陵山地向平原的过渡地带。遗址范围较大，南北约 800 米，东西约 1200 米，发掘面积 5200 平方米。该遗址的主要文化内涵以战国、汉代为主，发现战国时期小城址一座，各时期灰坑 345 座、灰沟 10 条、房址 13 座、井 7 座、墓葬 19 座、路 8 条，出土陶、铁、铜、石等各类遗物 500 余件。小城城址分为南北两城，北城略小，东、北、南城垣正中各有城门 1 座；南城的西、南、东垣无门，城北门处有宽 4 米的道路一条。城址东、南侧的护城河依然存在。汉代房子面积，大多长、宽在 3 至 4.5 米之间，分为半地穴式和地面式两种。房子大多有炕，炕和灶相连，烟道有两条或三条，两条烟道的时代较早，为西汉中晚期，三条烟道的为东汉早期，炕长 3 米，宽 1.5 米。
>
> 专家认为，东黑山遗址面积之大、内涵之丰富是近年来河北发现的战汉时期遗址中少见的，遗址西北部战国小城的发现对研究战国时期的政治军事有着重要的意义。[①]

---

① 耿建扩、蔺玉堂：《河北徐水东黑山遗址发现西汉炕》，《光明日报》2006 年 11 月 30 日。另可参看贾金标、齐瑞普等《河北徐水东黑山遗址考古发掘取得重大收获》，《中国文物报》2007 年 1 月 17 日。

不过关于这一考古发现需要注意的有两点。其一，这毕竟只是孤证，不足以否定宋代以后火炕才在华北地区推广开来这一论断；其二，徐水县位于今保定市以北，汉代距北边并不太远，其时从东北少数民族输入火炕技术的可能性还是很大的。

笔者以为，华北虽然早期就有火炕，但真正普及开来当是金元以降。南宋范成大有称："稳作被炉如卧炕，厚裁绵旋胜披毡。"[①] 诗中用"卧炕"来做比喻，则其时人们对炕当已不再陌生。元人张仲举《送熊梦祥寓居斋堂》中有"土床炕暖石窑炭，黍酒香注田家盆"之语。[②] 不忽木有散曲《寄生草》称："但得黄鸡嫩，白酒熟，一任教疏篱墙缺茅庵漏。则要窗明炕暖蒲团厚，问甚身寒腹饱麻衣旧。饮仙家水酒两三瓯，强如看翰林风月三千首。"[③] 可见炕在元代的北方地区已然非常普遍。另外元代的法律中规定，冬季要为被囚禁的犯人提供熏炕用的柴薪，史载："诸在禁无家属囚徒，岁十二月至于正月，给羊皮为披盖，裤袜及薪草为暖匣熏炕之用。"[④] 牢房中都有火炕，亦可知其时华北地区已普遍使用火炕。

明代关于火炕的记载非常多，清代更多，不唯时代较近留存史料较多所致，实亦火炕在华北完全普及使然。

火炕传入华北的关键时期是金代。北宋时期，华北北部的局部地区已间或开始使用炕，但大部分地区则并不常见。华夏正朔观念的影响下，人们往往把在火炕之上寝处与粗鄙的蛮夷风俗等同，极力拒斥，因而火炕未能迅速推广。可随着宋室南渡，整个华北地区不复为宋所有，全部纳入了金国的版图，来自东北的女真人成为统治民族，他们早已开始使用火炕，大量女真人又通过极具军事殖民色彩的猛安谋克制度而散布到华北各地，火炕技术也随着他们散播到各地。同时，随着外族统治地位的确立，华北地区汉人原有的文化优越感有所减退，接受火炕变得相对容易了。蒙古灭金，统治阶层仍为

---

① （宋）范成大：《石湖诗集》卷6《丙午新正书怀之五》，四部丛刊景清爱汝堂本。

② （清）于敏中：《日下旧闻考》卷160。

③ （明）郭勋：《雍熙乐府》卷4，四部丛刊景明嘉靖刻本。

④ （明）宋濂：《元史》卷105《刑法志四》，中华书局，1976，第2690页。

少数民族，他们全盘接受了金人的遗产，火炕亦不例外。此后年深日久，火炕已然内化为华北所有民众的固有习俗，而其本源如何逐渐被人遗忘。明亡以后，同样来自东北的女真人后裔满族又入主中原，火炕的地位越发稳固。

三 火炕的构造与类型

火炕由炉灶、炕体和烟囱三部分构成。炉灶是热源，烧柴以提供热量，并将热量导入炕体，兼有烹饪功能。在河北武安的西部山区，炉灶与炕体共处一室，冬季厨房与卧室合二为一。张传桂回忆山东博兴一带的火炕，孩童还可在炕上观察母亲烧火情形，炉灶显然也在卧室之内。[①] 不少区域的炉灶则处于室外，穆晓芒描述东北火炕时指出，"关内的炉灶都是搭建在户外或外间屋，因为天气没那么冷。出了关，到北大荒，炉灶全砌在屋里"[②]。所言虽太过绝对，却也可以看出华北火炕中炉灶与卧室相隔离情形也很常见。一般炕的灶口都与灶台相连，这样就可利用做饭的烧柴使火炕发热，不必再单独烧炕了。

炕体为散热部件，热量流过烟道时，烘热上面的土坯，使炕产生热量，人在严寒的冬日可坐卧其上取暖，少却了很多痛苦。所以不论是古代还是现代，北方的冬日生活实际上都要比南方惬意。炕体还可加热整个屋子，提高室温。

烟囱为排烟部件，封闭且中空的管道大都位于屋墙之中，自墙角直通屋顶，抽拔通过炕体后的烟气，最后排出屋外，既有利于热量的流动，又减少了室内的烟气，显著改善空气质量。

炕体一般又包括烟口、炕间墙、烟道和炕面上的土坯，土坯上面再用泥抹平，泥干后铺上炕席就可以使用。烟口的部位要高于炉灶，这样才能使烟气较顺畅地排出，同时烟口位置还要放置迎风的砖石，以防气压变化导致烟气倒灌。炕体内部烟道排列形式有两种，其一为并联式，其二为串联式。关于两种烟道，笔者绘制了两幅图，参见图7.1、图7.2。

---

① 张传桂：《乡村风物》，海风出版社，2006，第34~45页。详细引文见下文，此处不赘。
② 穆晓芒：《黑土红心》，新世界出版社，2012，第15页。

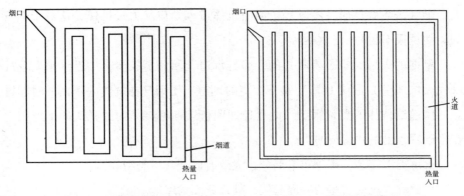

图 7.1　串联式烟道火炕　　　　　　　图 7.2　并联式烟道火炕

　　两种类型的烟道各有优点与不足。从受热均匀方面来看，串联式弱于并联式。这是因为烟气在串联的烟道中流动距离较远，烟气的热量会随着流动距离的加长而减少，而炕表各点到入口的距离不相等，所以这种火炕表面的温度从入口到烟口逐渐递减，火口处温度极高，但烟口处温度可能会很低。而烟气在并联式烟道中流动时，相对传递的距离较近，同一横截面上各点的受热情况相同，入口与烟口间的温差也相对较小，炕表面不同部位的受热情况差距也就不是很大了。当然，不管是哪一种类型，烟口的温度较入口小则是相同的。受热完全均匀的火炕是不存在的。

　　从抽风拔烟性能方面看，串联式优于并联式。要分析其中原因，有必要介绍一下流体的压强规律。流体力学中有伯努利方程，其定常不可压理想流体 [1] 的表达式为 $\frac{1}{2}\rho v^2 + \rho gh + p = \text{const}$。[2]

　　由上式可知，在同一竖直高度上，流速越大压强越大。串联式烟道横截面大致固定，烟气在任一位置的流速大致相同，并无大变化，故而易于吸入与排出，抽风拔烟效果自然较好。而并联式烟道等效于一个中间粗两头细的管道，烟气在入口与烟口处流速较快，压强较小，炕体内流速较慢，压强较

---

[1]　所谓定常，指流体中任何一点的压力、速度和密度等物理量都不随时间变化。理想流体是一种没有黏性的理想流体模型。

[2]　参见庄礼贤等《流体力学》，中国科学技术大学出版社，1991，第 183 页。方程中的"const"即常数。

大，烟气进入炕体时并不顺畅，而由炕体进入烟口又太过迅速，这对于烟气的流动是很不利的。

早期的火炕大都是串联式的，而且烟道迂回曲折较少，如近年来发现的汉代火炕即呈 L 形或 U 形。过于短直的烟道，使烟气在炕体内停留的时间过短，传递给炕体的热量很少。此后迂回曲折逐渐增多。而并联式的烟道则是在唐以后才出现并盛行的。

火炕类型较多，按分布格局分，大致有以下几种类型。

一面炕，只在房屋的一面起炕，其余三面为屋地。

对面炕，也称"南北炕"或"南北大炕"，在房屋内南北两侧相对筑起的两个炕，炕与房屋等长，两炕之间则空出长条状的屋地。连二炕，与对面炕相似，只是构筑于彼此贯通的两间房中。连三炕，则是构筑于彼此贯通的三间房中。

三面炕，也称"转圈炕"、"弯子炕"、"拐弯炕"、"万字炕"或"围字炕"，较常见的是构筑于屋子西、南、北三面，空出东面作屋地，满族人所用火炕多为此种类型。此外尚有圆形炕、胡如布炕等类型，分别见于蒙古族人与赫哲族人的房屋中。

地炕，是平地搭建的火炕，先在屋内地面挖深坑，再在其上筑炕，整个地面即是炕面，上铺毡席，人们席地而寝卧，在朝鲜族聚居地区较为常见。地炕与今日之地暖有异曲同工之妙。

此外，蒙古族人常用圆形炕，赫哲族人常用胡如布炕，不再细述。[1]

东北地区炕的特点是炕的面积较大，占去整个屋子的大部分面积，这样的炕不仅可以使人寝处其上时备感温暖，还可以通过炕面散发热量来加热整个屋子，但缺点是由于发热面大，所需消耗的薪柴也较多。

而华北地区的炕则相对较单一，大都是一面炕，炕面占整个屋子全部面积的较小一部分，这是因为加热面积过大的火炕，所消耗的薪柴会非常多，这在森林资源较为丰富的东北是没有问题的，可在天然植被已然非常稀少、

---

[1]　关于火炕形制论述主要参考了金宝忱《东北古今火炕对比研究》，《黑龙江民族丛刊》1986 年第 4 期；曹保明《东北火炕与烟囱的鲜明特点》，《东北史地》2009 年第 1 期。

燃料极为匮乏的华北地区却是很不现实的。更注重火炕的寝处取暖功能而削弱其加热整个室内的功能自然是更合乎经济利益也更顺应环境状况的抉择。有学者即指出了明清时期北京城中火炕的特点：

> 尽管煤炭资源给北京人带来了便利，但对于绝大多数挣扎于死亡线上的小户人家来说，煤炭仍是"乌金墨玉"般奢侈之物。因此，他们御寒取暖只好仰仗于火炕了。燕地苦寒，世世代代居住于此的北京人一般是先盖房子后搭炕的。每间屋里，沿后墙或山墙，用土坯或砖搭成一格长方形的炕，炕洞与外屋的炉灶相通，一旦点火做饭，烟和余热似一股暖流穿通整个铺炕，尔后把烟尘排出室外。正如一首竹枝词所写的："嵇康锻灶事堪师，土炕烧来暖可知。睡觉也须防炙背，积薪抱火始燃时。"[1]

现代河北省西南部山区火炕的结构中，煤仓用以储备煤，煤窑则用来和煤，除烧煤之火外，还大都保留有柴火，柴火的旁边还有安置风箱之龛。此外，煤火与柴火的下部还挖有方形坑洞，用于存放煤渣或草木灰。

张传桂对鲁北博兴一带的火炕形制、结构有较细致的描述，与华北其他地区较为接近，摘录如下：

> 家乡的火炕，均用土坯盘垒，下竖立土坯作支架，上横盖土坯作炕顶。内设烟道多条，并有烟囱，俗称烟肚，沿屋角通向屋顶。炕台外接灶台，灶生火，炊烟经炕洞烟道排出，火炕生暖可御寒气。炕面上铺席子，俗称炕席，由苇篾或高粱秸篾编织而成。火炕接灶头一端，称炕头，另一端称炕尾。炕外侧起一行砖作栏，称炕沿，内侧靠墙，称"脚头"。炕头与灶台间起四行砖相隔，称"栅栏子"。炕头贴上一行年画，称"炕头画"，既为隔尘，亦为美观。内容多为儿童、花鸟鱼虫、戏曲故事及吉祥图案。大红大绿，五彩缤纷。[2]

---

[1]　董毓林：《北京经济史话之五：煤球与火炕》，《经济工作通讯》1988年第21期。

[2]　张传桂：《乡村风物》，第33页。

21 世纪初，火炕在北方地区的使用范围仍很广泛，数量极为巨大。辽宁省农村能源办公室统计结果表明，截至 2004 年底中国总计约有火炕 6685 万铺，使用火炕采暖农村家庭有将近 4364 万户，在使用火炕的家庭中户均有炕约 1.5 铺，以每户 5 口人计，则使用火炕的总人口在 2 亿人以上。2006 年清华大学对北方农村地区家庭能源与环境状况调研也发现，华北地区炕的使用率达 73.3%，西北地区达 86.3%，东北地区达 96.2%。[①]

从上述使用率情况来看，华北地区使用炕的情形虽也较为普遍，但要较东北与西北逊色。就 2006 年的统计数字来看，华北火炕使用率比东北低 22.9 个百分点，比西北低 13 个百分点。个中原因有以下两点：其一，改革开放以来，华北地区的经济发展水平较西北为高，这使华北采用新式取暖设备的物质条件较西北为好；其二，华北地区的冬季虽也寒冷而漫长，但比东北和西北要温和得多，所以去除火炕的阻力较东北和西北为小。

进入 21 世纪后，华北火炕使用数量大幅度减少。以笔者家乡——武安活水乡马店头村——为例，该村位于太行山中，经济并不发达，但自 2003 年以后新盖或翻新的房子中没有一家建有火炕，老旧房屋中的火炕也大都已经拆除，只有一些七八十岁老人长年生活的房屋之中还留有火炕，但烟道不再连接火炉，其中的多数也不发挥火炕本来的作用了，更准确说已经变成了保留炕的形式的床了。取暖还是用煤炉或水套火[②]。据笔者的不完全调查，不足两千口人的村子还保留的火炕不超过 20 铺。2013~2016 年，笔者发动任课班级的学生对他们家乡的火炕使用情况进行调查，涉及河北省 11 个地市的多数区域，调查结果也显示最近十年来火炕急剧减少。可以说，火炕在华北已经全面衰落。

---

① 转引自庄智《中国炕的烟气流动与传热性能研究》，大连理工大学博士学位论文，2009，第 2 页。

② 水套火由特殊结构的铁制煤炉与暖气片及连接两者的管道组成，煤炉夹层中盘绕着水管，水管外接管道并连至暖气片，在煤炉中烧蜂窝煤，整个管道中注满的水便被加热，然后通过暖气片向室内散热，一般一个水套火能够加热两套暖气片。

当然，以上所述是当代的情形，历史上三北地区的火炕使用率要比 2006 年的数字更高。

四 火炕在华北地区盛行的原因

炕之所以能够长期得到广泛应用，是因为它很好地适应了传统时代北方的气候条件和住房结构，它在燃料匮乏的情况下最大限度地满足了人们最基本的取暖需求。它显著地减少了燃料的消耗，同时又保证了生活质量不会严重恶化。实际上，宋代以后华北民众在冬季室内的生活要比宋以前的先辈们惬意得多。

华北地区在建筑热工分区上处于寒冷地区，冬季取暖所需燃料数量极为巨大，国家规定华北地区冬季采暖期共 4 个月，自 11 月 15 日至次年 3 月 15 日。当代学者的调查研究资料表明，北方农村能源消耗在全国农村总能源消耗量中占比为 56%，其中又有超过 80% 的能源消耗用于采暖需求。长期以来，作物秸秆和薪柴等常规生物质能源是广大农村地区主要的能源利用对象，因为它们流量与存量都较丰富，容易获取和储藏。2006 年左右，我国农村每年约生产 6 亿吨秸秆薪柴等生物质能源，其中用作燃料供采暖与炊事的部分占比约 60%。[1] 这是煤炭已大量使用的现代的情形，在传统社会人均生物质能量的消耗更为巨大。

在传统时代，冬季若纯粹为了取暖而燃烧薪柴，消耗数量将是极为惊人的，这在燃料危机深重的情形下，显然是非常不经济的。倘能兼顾烹饪与取暖，无疑会显著提高燃料的利用效率。火炕的出现就满足了上述诉求，完美地解决了两者的结合问题。人们用连接火炕的炉灶烹饪食物，剩余的高温烟气进入炕体，在迂回曲折的烟道中流动，烟气将携带的大量热量传递给火炕后，变成低温烟气再通过烟囱排出室外。这样传统技术手段下，最大限度地利用了燃料燃烧所得的热量。此外，普通炉灶的散热面太小，无法高效率地

---

① 转引自庄智《中国炕的烟气流动与传热性能研究》，大连理工大学博士学位论文，2009，第 1 页。

加热整个屋子，也无法在入寝处时把热量传递给身体。而火炕则拥有大得多的散热面，取暖效果远胜一般炉灶。

清人方朔《暖炕》诗即生动地描述了睡暖炕时的舒适与惬意，也指出了炕的不足，即身体水分流失较快，后半夜往往会觉得口干舌燥。全诗内容如下：

> 燕山之寒南所无，十月重裘已拥狐。白日乘风面似割，夜气一肃尤彻肤。欲卧又畏衾似铁，独坐往往依红炉。主人谓予勿复尔，有炕胡不生火乎？予初恐热且蒸湿，快意不妨图须臾。版坑三尺掘至地，砖门八寸开如窬。石炭布满木炭引，焰一发处光腾舒。覆以石块使之下，地风盛扇地火嘘。始犹直入响习习，继乃横出烟徐徐。三出三入热已遍，美哉衾枕皆温如。乍探曲躬既可免，再眠肌粟尤能除。三更转嗽略为渴，几次将痰消成酥。美满饱得欢喜乍，一梦不知游华胥。①

加热火炕可用薪柴，也可用煤炭。取暖之外，炕还常用来烘干粮食。清代直隶宝坻人李光庭有较详细记载，摘录如下：

> 《说文》："炕，干也。"北地暖床曰炕。京师睡煤炕者多，烟铺兼以炕烟。家乡用柴炕，烹煮之外，春秋兼以炕粮，炕后方碾。故云这炕好干炕，那炕好炕干。这炕炕干谷，那炕炕谷干。这炕炕石五，那炕炕石三。○欲识冬烘味，须知暖洞春。炊粱迟热梦，卧雪笑痴人。疑似床兼寇，猜嫌丙及申。设悬难自主，一榻香徐陈。俗忌云：丙不修灶，申不安床。②

在华北地区，用火炕来取暖，无须使炉灶持续燃烧。烹饪时产生的热量往往就可以使火炕变热，而且在较长时间内保持一定的温度。在不少地方，

---

① 李家瑞编《北平风俗类征》，载《民国丛书》第 5 编第 22 册，上海书店，1989 年影印本。
② （清）李光庭：《乡言解颐》卷 4《物部上》。

做晚饭时的一把柴火就足以让人在火炕上美美睡上一夜了。纵然需要长久烧火，也多用粗鄙耐烧之物，对此齐如山有较多论述，摘引如下：

> 一次我与朋友谈天，因为他是西洋留学建筑的专家，所以我用玩笑的性质问他，你学建筑学过盘炕没有？他说没有，并说睡热炕是最不卫生的事情，西洋哪里会有这样建筑呢？我说你这话说得固然不错，但是你要知道华北人为什么要睡热炕。北方大平原，离山太远，煤炭柴草，皆不够烧，所烧者都是谷类的秸秆。然如高粱玉米等等之秸秆，都是于厨房用之尚感不足，何能用以暖屋呢，所以北方人家，能够生小煤炉暖屋者，一百人家之中不过一两家，而北方又冷，屋中无火，可以冻死，又无煤炭可烧，只好特另想法子，这才兴出睡炕的办法来。大家说他不卫生，我当然不敢抬杠，但当年兴出烧炕的办法来，我认为是一种极好的发明。因为炕所烧的都是烂糟东西，俗名曰割穰，都是轧场、扬场等等出来的散碎物质，以之烧火煮饭，则不起火苗，可以说是煮不熟饭；而炕又不能燃烧整齐的秸秆，因为他燃得快，火苗大，煮饭合用，若用他烧炕，则烧的太快，晚间烧热了炕，到后半夜就又凉而不能睡了。这种烂糟割穰，不起火苗，而燃烧的慢，晚间塞满炕洞之口燃，好到次晨也不会烧完，是一夜一天屋中的温度，都可以保存到相当的程度。如果你要想把炕废掉，各屋中都生上炉子，那你得先计划开矿及修铁路，能够多出煤，且能很快的运到各村镇才成，否则全靠农产的柴草是不够烧，那就把人都给冻死完事。[①]

关于火炕的诸多优点，庄智有较深入的分析，总结了四个方面的特征，直接摘录其论说如下：

> （火炕）具有以下基本特征：①布置灵活、用能合理。炕的应用实现

---

① 齐如山：《华北的农村》，第12~13页。

了加热空间和供暖空间的分离，有助于合理利用室内空间、改善卫生条件；此外，炕通过利用灶在炊事时所产生的排烟余热来加热炕体，使炕表面温度升高，并将部分热量储存在炕板中，来维持居室的温度，这种方式在现代供热系统发展之前可以合理利用能源，极大地降低了资源消耗。②蓄热供暖、操作方便。在加热时，灶的排烟流经烟道并与炕板发生热交换，由于炕板的蓄热作用，积蓄在炕板的热量可以使炕板保持一定的温度水平，并可在停止加热后持续向室内供暖；同时，炕的蓄热特性使人在操作时间上有了较大的选择余地，一般在炊事时间烧火加热炕，从而炊事、采暖两不误。若炕散热量不足，根据需求随时可以增加烧火次数或烧火时间。③多样散热、效果明显。炕板具有较大的散热面积，加热的炕板不仅以热对流方式向室内散热，在炕体周围营造具有一定温度水平的微气候，同时也以热辐射方式加热室内各表面，从而提高居室的整体温度水平；此外，人员若坐卧在炕上活动或休息，与炕表面接触，能够直接感受到炕的温暖。④就地取材、经济环保。炕的搭建材料主要以土坯、砖为主，目前逐渐采用混凝土、石板等。这些材料比较常见，便于就近取材，因地制宜；此外，炕使用的燃料主要是稻草、树枝、秸秆等生物质资源，可循环再生，并在燃烧后可用作肥料。在农村地区这些资源分布广泛，无需购买或价格低廉。①

正是因为有以上这些优点，火炕自宋以后在华北地区使用极为普遍，较可注意者是明代已有用煤烧炕的情形。明人奏疏中称："京城内外居民其丽不亿然，自勋戚富家而外，力不能备柴炭往往取给于煤，昼群妻孥老幼炊而食者曰煤炉，一日无煤则饥；夜群妻孥老幼寝而处者曰煤炕，一宿无煤则寒。"② 而明人笔记中亦称："京都妇人不治女红巾馈，家家御夫严整。夫出，妇人坐火炕上煤炉边，弓足盘盘，便可竟日。"③ 可见其时北京城中烧煤的火

---

① 庄智：《中国炕的烟气流动与传热性能研究》，大连理工大学博士学位论文，2009，第2页。

② （明）许弘纲：《群玉山房疏草》卷下《谏止煤税第一疏》，清康熙百城楼刻本。

③ （明）史玄：《旧京遗事》，载《旧京遗事·旧京琐记·燕京杂记》，北京古籍出版社，1986。

坑已经比较多了。用煤炉烧炕，夜间熟睡之后还容易发生煤气中毒事件，自古至今因此而殒命者不计其数，相关情形可参看第九章。

火炕也有不少缺点。如室内空气质量较差，可吸入小固体颗粒的浓度过高，而 CO 和 CO_2 等有害气体排放量也都过高等，这使人们患呼吸道疾病的危险大大增加。在燃料紧缺又没有更先进技术的情况下，人们只能在一定程度上牺牲健康来节省燃料并获得较好的取暖条件。

五 生活情趣

在华北地区，人们往往盘腿坐在炕上，火炕也是吃饭、交流、学习的地方，上面放有一高约一尺的炕桌，方便实用。此外，还有炕柜、堂箱等设施。火炕还有一种类型，即炕坯每年拆旧砌新，炕土用作田间的肥料。但这一样式在华北地区并不常见，更多还是一经搭建好，就连续使用多年。

火炕也是妇女做女红的重要场所，古代说媒时判断一女子是否善于操持家务，炕上炕下的表现是重要的依据，清人李光庭即记载道：

> 大约习俗之奢，人谓始于懒馋游惰之男子，吾则谓实始于好吃懒作之妇人。尝闻善说媒者曰："某家女上炕是翦，下炕是铲，吃饭穿衣，一概全管。"又语曰："里壮强如表壮否？"则是家之蠹也。[1]

火炕往往留有人们对童年时光与母爱的美好回忆。

过去很多贫苦人家，儿子娶妻生子后，仍与父母同住一室，甚至使用同一火炕。清人褚维坦《燕京杂咏》诗中即称："安排衾枕卧无床，土炕家家砌曲房。移置砖炉深夜靠，惯熏煤气当焚香。"自注中也指出："房寓不设床帐，砌一土炕，可卧五六人。天气寒，则从炕下熏煤暖之。"[2]

火炕往往还承载着家庭成员间的脉脉温情，特别是母亲对子女的疼爱往

---

① （清）李光庭：《乡言解颐》卷3《人部》。

② 孙殿起辑，雷梦水编《北京风俗杂咏》，北京古籍出版社，1982，第52页。

往借助火炕镌刻在人们的记忆深处，张传桂对此有细致描述，笔者读后颇有共鸣，摘录如下：

其实，火屋暖和，仅是相对冷屋而言，三九寒天时，夜间仍会结冰，需用麦秸护围水瓮。火炕虽称"火炕"，但热的只是炕头，炕尾仍凉。因此，都是安排老人和孩子睡在炕头上。尽管炕头上暖和，但到了深夜，露在被窝外的头脸还是感到冷嗖嗖的，孩子们会时不时地往被窝里曲缩。天蒙蒙亮，母亲起来生火做饭了。随着灶膛里柴草燃烧发出的"噼啪"声，一缕炊烟乘着火苗"腾"地冲出灶门，直冲屋顶，随即向四外扩散，向地上弥漫。霎时间，满屋子都是浓浓淡淡的烟雾，只有灶口的火苗时伸时缩，炕"栅栏"上的煤油灯时明时灭。

屋里渐渐暖和起来，火炕渐渐热了起来，睡在炕头上的孩子也渐渐舒直了身子。母亲怕惊醒了甜睡中的孩子，轻轻地、匀匀地拉动着风箱。在风箱有节奏的"咕嗒"声中，孩子从睡梦中醒来了。揉揉惺忪的睡眼，透过淡淡的炊烟，看到的是灶门口那伸缩的火苗，是母亲那被火苗映红的笑脸。顿时，炕头上的孩子身上酥融融的，心里无比的香甜。

有时，锅里煮的是地瓜粘粥。在地瓜下锅前，母亲已经留下了一块小地瓜，并塞进灶膛里。当孩子醒来时，地瓜也煨熟了。母亲用烧火棍拨拉出地瓜，两手倒腾着揭去几处焦皮，露出金黄的内瓤，热气腾腾飘着甜香，惹得孩子差点光腚跳下炕。

有时，灶里烧的是玉米秸。母亲在往灶膛里续柴时，恰巧发现了一个干硬的小棒槌，便会顺手剥去苞皮，扔进灶膛里。一会儿功夫，棒米熏烤好了。母亲用烧火棍将棒米拨拉出来，在地上摔几下，再捡起吹几口，轻轻扔到炕头上。孩子抓起小棒米，啃一口，嚼一嚼，"咯嘣、咯嘣"直响。瞅瞅孩子那抹得灰黑的小嘴，母亲的心里感到有点醉。

饭做好了，该起来吃饭了。母亲又往灶里塞把柴草，拉几下风箱，将灶火催旺。然后，起身抓过孩子的棉袄、裤、袜子，一件一件在灶门口的烟火上烤热乎，又一件一件扔到炕头上。于是，孩子从热炕头热被窝，又钻进了热棉袄热棉裤。①

要之，火炕是人们在燃料危机日趋深重的社会现实面前，所采取的积极的技术应对措施。通过将烹饪与取暖相结合，节省了大量的燃料，从而确保最基本的生活需求得到满足。

总括而言，燃料状况深刻地影响了民众的生活，如礼仪、饮食、取暖、人际关系等。而随着燃料危机的发展，华北民众的物质生活方式也发生了显著的变化，通过不断的自我调适以适应燃料资源日渐匮乏的局面。在古代华北的民生与社会风貌的形成与演变过程中，燃料留下了浓墨重彩的一笔。

---

① 张传桂:《乡村风物》，第 34~35 页。

第八章
燃料革命的社会经济和政治影响

古代社会经济的剧烈变动，往往与燃料利用结构的变化有着千丝万缕的联系。随着燃料危机的深化，古代的华北地区发生了一场"燃料革命"，即燃料结构从以传统燃料为主向以煤炭为主的转变。这一革命是一渐进的过程，且进行得并不彻底，直至工业时代的前夜，传统草木燃料所占比重仍较为可观。但在燃料资源严重匮乏的情况下，煤炭的大量使用，对于华北而言仍有着极为重要的作用。关于华北用煤的大致历史，学界已有较多探讨，但关于用煤的社会效应与生态效应，研究还相对薄弱，笔者拟在前人基础上做进一步的探讨，相关内容共分两章，本章探究社会效应，下章剖析生态效应。

第一节　学术史及其评析

一　学术史梳理

20 世纪 50 年代，日本学者宫崎市定在多篇文章中关注了燃料问题与社会演进之关联，他认为 10 世纪时西亚与北宋的不同发展轨迹均与燃料问题密切相关，前者因没有燃料的更新换代而没落，而后者则因大规模使用煤而创造了经济奇迹。换言之，他认为宋代的中国发生了燃料革命。[①]

[①]〔日〕宫崎市定:《宋代的煤与铁》，载《宫崎市定论文选集》上卷，第 179 页。另见氏著《中国的铁》，载《宫崎市定论文选集》上卷，第 201 页。

进入 60 年代，美国学者罗伯特·哈特威尔在研究北宋的煤炭与钢铁产业时也意识到了燃料使用方式的重要变化，其观点与宫崎市定不谋而合，认为北宋发生了一场"燃料革命"，而核心区域则是华北。[1]

日本学者吉田光邦也强调了宋代用煤炼铁的重要性，但做了相对保守的评估，他指出宋代煤广泛地用作冶铁的燃料，但同时也强调并不是全部钢铁都使用煤冶炼，而是兼用煤和木炭的。[2] 另一位日本学者宫崎洋一也对燃料革命说进行了修正，他指出："从唐到宋的煤炭燃料使用是否如宫崎先生所叙述的那样普及于中国社会尚有疑问。因为若参见由元代接续明清之间所编纂的地方志之记述及此外的实录、文集等，则不得不说还是以木材燃料为主。"[3]

80 年代至 90 年代，中国学者许惠民连续撰文多篇对宋代的燃料问题进行了深入的阐释，他认为宋代中国发生了严重的传统燃料危机，而破局之路则是煤的大规模开采利用。[4] 许氏梳理了大量史料，论证严密，从此宋代发生燃料危机与燃料革命的观点逐渐深入人心。

但反对的声音也早就出现了。严耕望即列举了若干宋代开封城中用薪柴的史料，并据此指出"燃料革命"一说不足取，认为："贯通北宋时代，汴京城里一般市民生活以及烧窑所用的燃料，薪柴至少仍占极重要的地位；不但一般市民，就是皇宫中也仍有烧柴薪的。可以证明庄季裕的话绝对是夸张的回忆，不足据为实证！若据庄氏此说，以为汴京一般市民燃料以石炭为主，甚至称为燃料革命，认为是中国近古文明进步的推动力，恐怕绝非

① 〔美〕罗伯特·哈特威尔（郝若贝）著，杨品泉摘译《北宋时期中国煤铁工业的革命》，《中国史研究动态》1981 年第 5 期。原载《亚洲研究杂志》1962 年 2 月号。
② 〔日〕吉田光邦：《关于宋代的铁》，载刘俊文主编《日本学者研究中国史论著选译》第 10 卷，第 194、195、197 页。
③ 〔日〕宫崎洋一：《明代华北的燃料与资源》，载《第六届中国明史国际学术讨论会论文集》。
④ 许惠民：《北宋时期煤炭的开发利用》，《中国史研究》1987 年第 2 期；许惠民、黄淳：《北宋时期开封的燃料问题——宋代能源问题研究之二》，《云南社会科学》1988 年第 6 期；许惠民：《南宋时期煤炭的开发利用——兼对两宋煤炭开采的总结》，《云南社会科学》1994 年第 6 期。

事实!"①

至 2013 年，王星光与柴国生合撰《宋代传统燃料危机质疑》一文更是对史学界几成定论的宋代燃料危机问题发起了全面挑战。他们认为，宋代确为我国燃料利用格局发生变革的重要时间节点，但这并不意味着发生了传统燃料危机。此前学者的论述多是以偏概全，或从史料表象简单推演而来，是与史实不相符的。②

二 燃料革命评析

学者探究古代燃料变革问题时，不管是否承认存在燃料危机并发生了燃料革命，都将关注的重点放在了传统燃料向煤炭的转变，而时间节点则更多地关注了宋代。其实煤炭使用范围的扩大是一个漫长的发展历程，并不起于宋，也未止于宋。宋以后，煤炭的推广进程仍在继续。就煤炭使用的广度与社会影响而言，明清还要超乎宋代之上。③ 不管是宋代，还是明清，煤炭的使用都未导致燃料利用的全面、深入、彻底的革命。但若认为煤炭的使用完全无足轻重亦非公允之论，这一变革亦有必要做一全面评判。

对宋以降用煤的范围与意义之评价，不能简单地用大小高低等字眼来概括。我国幅员极为辽阔，自古至今各地社会经济发展水平不平衡的现象都很

---

① 严耕望：《治史三书》，第 32 页。

② 王星光、柴国生：《宋代传统燃料危机质疑》，《中国史研究》2013 年第 4 期。

③ 详细的用煤历程，前人已有较多梳理，无须笔者赘述。可参看田北湖《石炭考》，《国粹学报》第四年戊申第四十三期，光绪三十四年（1908）六月二十日；陈子怡《煤史——中华民族用煤的历史》，《女师大学术季刊》1931 年 4 月第 2 卷第 1 期；王琴希《中国古代的用煤》，《化学通报》1955 年第 11 期；周蓝田《中国古代人民使用煤炭历史的研究》，《北京矿业学院学报》1956 年第 2 期；王仲荦《古代中国人民使用煤的历史》，《文史哲》1956 年第 12 期；赵承泽《关于西汉用煤的问题》，《光明日报》1957 年 2 月 14 日《史学》双周刊第 101 号；李仲均《中国古代用煤历史的几个问题考辨》，《地球科学——武汉地质学院学报》1987 年第 6 期；谢家荣《煤》；吴晓煜《中国煤炭史志资料钩沉》；《中国古代煤炭开发史》编写组《中国古代煤炭开发史》；刘龙雨《清代至民国时期华北煤炭开发：1644—1937》，复旦大学博士学位论文，2006。另外可参看多卷本的《中国煤炭志》，煤炭工业出版社，各分卷出版时间不一。

突出。就传统时代用煤情形而言，不同区域之间也存在着极大的差异。产煤区比少煤区多，城市中比农村多，社会经济稳定繁荣时比战乱时多，手工业生产中比日常生活中多。所以分析时应区别对待，对宋代开封与元明清时期北京而言，煤炭的意义做怎样高的评价都不过分，但若将大都市的情况泛化至整个华北乃至全国，就严重失实了；又或者认定普通民众日常生活中也已普遍使用，就更只是想当然了。

如果说宋以降确实发生了燃料革命的话，那也只是一场极其初步的革命，其影响范围也只局限在少数大城市和若干手工业领域，对广大农村而言，直到晚近时代薪柴仍是最主要的燃料。时至今日，华北乃至全国的多数农村仍是煤炭与薪柴兼用，只是薪柴比例大大降低罢了。而且手工业生产大量用煤虽然缓解了传统燃料的压力，但煤的燃烧性能及其中的硫元素都对手工业发展产生了消极的影响。但是，这并不意味着用煤的革命性意义不值一提，若非煤炭的逐步使用，宋以降开封、北京这样的大都市的长久繁荣将成为无源之水、无本之木，若干重要的手工业发展将难以为继，华北地区的经济面貌将会更加黯淡。

第二节　用煤与社会经济发展

一　煤炭的价格优势及其对民众生活的影响

与同样重量的木柴相比，煤炭的价格要低不少，而热值却要高得多。与同样重量的木炭相比，煤炭的热值并不逊色，而价格则要低很多。所以，煤炭的使用使大都市中普通民众的生活成本显著下降。

明代质量较高之水和炭价钱一般要比木柴高，但相差并不多，比木炭则要低得多，一般不到木炭价格的一半。如内官监成造修理皇极等殿、乾清等宫所需器物的燃料报价为水和炭每万斤银 17.5 两，木炭每万斤银 42 两，木柴每万斤银 18 两。[①] 又如兵仗局大修兑换军器的燃料报价为水和炭每万斤银

---

① （明）何士晋：《工部厂库须知》卷 3。

19.5 两，木炭每万斤银 42 两，木柴每万斤银 18 两。再如兵仗局补造神器的燃料报价，水和炭每万斤银 19.5 两，木炭每万斤银 42 两，柳柴炭每百斤银 0.85 两，木柴每万斤银 18 两。① 余不尽举。

而明代质量较低之炸块价格则一直比木柴低，更比木炭低得多，大致相当于木柴价格的九成和木炭的三成半。如锦衣卫象房煮料铁锅口等件要消耗的燃料报价为炸块每万斤银 12.75 两，木柴每万斤银 14.5 两，木炭每万斤银 35 两。② 又如翰林院庶吉士火盆等件消耗的燃料报价为炸块每百斤银 0.1275 两，木炭每百斤银 0.35 两，木柴每百斤银 0.145 两。再如酒醋面局煮料用的三口铁锅所需买办的燃料中炸块每百斤银 0.1275 两，木柴每百斤银 0.14 两，木炭每百斤银 0.35 两。③ 余不尽举。

雷梦麟给出了明代中期断案时几种燃料的时估，柴草一小车当钱 15 贯，木柴 100 斤当钱 8 贯，煤 1 石当钱 8 贯。④ 若以一石合 120 斤来折算，则木柴价格为煤的 1.2 倍。

进入清代，木柴与煤炭之间的价格差距又有所增加，康熙四十五年（1706）内廷所用每斤燃料的银钱定价为：木柴 3.7 厘、黑炭 7.8 厘、煤 2.3 厘、红箩炭 10.6 厘、白炭 13 厘。木柴、黑炭、红箩炭、白炭的价钱分别约为煤的 1.6 倍、3.4 倍、4.6 倍和 5.7 倍，煤炭的价格优势依旧是非常明显的。当然，煤炭的价钱在不同时期、不同情况下有所调整。⑤ 自康熙至乾隆间，煤炭价格呈上升趋势，康熙二十五年（1686），"冬季给内监月煤百斤"，煤每斤定价白银 1.8 厘。⑥ 至康熙四十五年，内廷用煤每斤定价 2.3 厘。到乾隆十九年（1754），"圆明园应用煤炭"已是煤每斤银 2.5 厘了。⑦ 但这与白银内流导致的价格普遍上涨有关，煤炭价格一直低于木柴和木炭，价格的差距始终是

---

① 以上两条据（明）何士晋《工部厂库须知》卷 5。
② （明）何士晋：《工部厂库须知》卷 5。
③ 以上两条据（明）何士晋《工部厂库须知》卷 7，明万历林如楚刻本。
④ （明）雷梦麟：《读律琐言》附录《奏行时估例》器用之类条，明嘉靖四十二年刻本。
⑤ 《钦定大清会典事例》卷 951《工部》，台北新文丰出版公司影印光绪二十五年刻本。
⑥ （清）俞正燮：《癸巳存稿》卷 10，清光绪十年刻本。
⑦ 《钦定大清会典事例》卷 951《工部》。

非常明显的。

由此来看，煤炭的大量使用，使北京城内居民用于燃料的支出相对减少，这对下层民众的意义尤为重大。若仍以薪柴为日常生活中的主要燃料，他们的生活水准无疑将会大幅度下降。

二　衣食之源与闲散劳力的安置

煤炭的使用使燃料紧张的局面明显缓解，而煤炭的开发生产在为少数人提供发家致富机会的同时，也为煤炭产区周边的贫民提供了衣食之源。

在现代社会，产煤地区出现亿万富翁的概率非常大。在古代，腰缠万贯者在产煤地区也很常见。如河北丰润"食其利而成富室者众矣"[①]。清代开采煤可获重利，但乾隆以前河南省实行严厉的矿禁政策，安阳县人艾学曾等人想在水冶重开封闭已久的旧煤窑，竟然冒险试图贿赂有关人员，开始想通过一位亲王府中的太监来打通关系，承诺出银1500两，但没有成功；接着又找了另一亲王府中的下人疏通关系，又未果；最后想打通前任河南巡抚的关系，承诺谢银提高到了3000两。结果东窗事发，遭到了严厉惩处。为了开窑竟如此大费周章，为了行贿而下如此大之血本，显然开采此窑的收益远远多于贿赂成本，不然当不会行此险招。[②]乾隆二年（1737），王辅臣等人为牟利也贿赂相关官员，违禁开采封禁之煤窑，终遭到了严厉惩处，被发配充军，牵连人员甚众，若无暴利，自然不会有人甘冒此险。[③]顺天府有人开办两个煤窑，自乾隆四十五年（1780）至五十二年（1787），七年间总利润高达8100千钱，则每窑每年获利约579千钱，利润相当丰厚。[④]一些权贵官僚见有利可图，也趁机圈占土地开办煤窑，如和珅即曾在西山经营煤窑。

---

① 乾隆《丰润县志》卷6《杂记》，乾隆二十年刻本。

② 依据《朱批奏折》之记载，转引自中国人民大学清史研究所、档案系中国政治制度教研室编《清代的矿业》（上），中华书局，1983，第451页。

③ 《刑科题本》，转引自吴晓煜《中国煤炭史志资料钩沉》，第88页。详情见附录史料部分8.1。

④ 中国人民大学清史研究所、档案系中国政治制度教研室编《清代的矿业》（上），第407页。

在当代，煤矿矿难时有发生。在古代，挖煤的危险性更高，随时都有可能丢掉性命。同时，在没有现代采掘设备的情况下，挖煤更是劳动强度非常大的职业，清代文人即曾感慨"天下力作之苦，未有若煤夫者"[①]。各种皮肉伤更是随时有可能发生，入窑工作时，"皆用小瓦瓶贮油，将绵绳自罐口燃火，扎缚头上照亮。如初做水工不善扎缚，油瓶摇动，即被油火烧烫"。还会经常因煤块掉落受伤，"往往煤块掉落擦伤皮肉，煤气侵入即成青黑疤"。[②]

而窑主为了规避风险，往往迫使煤夫签订古代的免责声明——生死状，"凡佣工必书身券，戕生矢勿问"[③]。虽条件苛刻，且报酬与所冒风险不成比例，但与单纯务农相比却还是要丰厚得多。据刘龙雨考证，清代北京西山有的煤窑煤夫每日可得工钱 70 文，直隶怀来县煤夫每日可得报酬 115 文，而曲阳县煤窑童工每日可得 100 钱，长大后则每日可得 200~300 钱。[④] 这样的收入水平，在传统的经济结构中是非常有吸引力的。在利益驱使之下，贫民仍愿冒险为之，"然价值极丰，贫民竞赴焉"[⑤]。

在华北产煤区域，采煤运煤成了贫民补苴生计的重要手段，如明清时期宣化府下辖的诸县即非常典型，"向无秋麦，惟期早种大田，可望霜前收获。贫民常年生计，佣工外全在刨采煤炭柴薪，家畜一驴，堪任驮载，即可免饥寒。边民老幼，皆习勤苦，不尽恃农田"[⑥]。

明清时期的煤窑用工数量为数十人到一二百人不等，《抚直杂稿》即指出，房山煤窑"每窑大者一二百人，小者八九十人"。邓拓亦指出，西

---

① （清）胡恩燮：《煤说》，载《白下愚园集》卷 8，光绪二十年刻本。

② （清）那彦成：《那文毅公奏议》卷 54，清道光十四年刻本。

③ （清）马国翰：《对钟方伯济南风土利弊问》，载（清）张鹏飞《皇朝经世文编补》卷 28《户政·养民》，清道光三十一年刊本。

④ 刘龙雨：《清代至民国时期华北煤炭开发：1644—1937》，复旦大学博士学位论文，2006，第 34 页。

⑤ （清）马国翰：《对钟方伯济南风土利弊问》，载（清）张鹏飞《皇朝经世文编补》卷 28《户政·养民》。

⑥ 《清高宗实录》卷 263，"乾隆十一年闰三月"条。

山诸煤窑的生产规模为"每班寻常有挖煤工人二十来人，拉煤工人一百来人，另外在窑上和窑下还有一些杂工"[①]。由此来看，明清时期仅西山诸煤窑即可为数万人提供非农业劳动岗位。通过雇佣劳动，农村贫民或破产者可以从农业之外获得衣食来源，这在传统时代也具有重要的社会与经济意义。

不太为人注意的一点是，因为要取暖，古代华北地区冬季燃料用量最大。天气转暖后，燃料消耗量便会显著下降，煤炭也不例外，这与现代社会完全相同。清人富察敦崇即称："京师居人例于十月初一日添设煤火，二月初一日撤火。"[②] 消费量的季节性变化必然会使煤炭的开采量也随季节变化，秋冬季节的开采量要比其他时节多，相应地秋冬季节也需要更多的煤夫采煤。比较有趣的是，此时恰是华北地区的农闲时节，这就为产煤区域的农民到煤窑打短工以贴补家用提供了便利。有史料证明，很多煤夫并非专职雇工。据乾隆三十三年（1768）七月刑部钞档载，北京西山毛世窑主刘智、陈三雇用打水人夫 30 名，每人每天的工钱为 70 文大钱。乾隆五十年（1785）六月刑部钞档载，直隶怀来县某煤窑窑主傅宽、杨希魁雇用人夫赵文镜，每天报酬为 150 文大钱，没有订立契约，也没有确定雇用年限。嘉庆十九年（1814）闰二月刑部钞档载，直隶张家口某煤窑窑主雇用人夫高玉，每日工价 80 文大钱。[③] 工价多为日结算，似皆为短期佣工，他们可能只是在农闲时节到煤窑短期工作。

陈旉指出："好逸恶劳者，常人之情；偷情苟简者，小人之病。"[④] 从社会性的角度来看，人类确实好逸恶劳。每个社会成员追求的目标都是以最小的劳力付出获得最多的报酬，自古至今都是如此。卡耐基与成功学倘若出现在古代，同样会很受欢迎。但若从人的动物本性来看，实情恰恰相反。人类其

---

① 邓拓：《从万历到乾隆——关于中国资本主义萌芽时期的一个论证》，《历史研究》1956 年第 10 期。转引自《中国古代煤炭开发史》编写组《中国古代煤炭开发史》，第 171 页。

② （清）富察敦崇：《燕京岁时记》，载《帝京岁时纪胜·燕京岁时记》合编本，第 84 页。

③ 以上工钱情形依据彭泽益编《中国近代手工业史资料（1840—1949）》第 1 卷，第 399~400 页。

④ 陈旉：《陈旉农书·稽功之谊篇第十》。

实是厌恶过分的清闲的，人需要忙碌起来，无事可做的人其实是最痛苦的。[①] 农业时代所有的人都希望能够从体力劳动中解脱出来，可农闲的时候他们却绝不会无所事事，一定要找些别的事情做，实在穷极无聊时甚至会无事生非。华北的气候特点与农作方式使劳动力在冬季出现严重的闲置，所以秋冬季是社会秩序最容易出现问题的时节。王建革即指出，"这一季节也是华北地区社会问题最易爆发时期，练武、打架和各样械斗往往发生于冬季"[②]。而煤炭开发无疑为人们的闲置劳力提供了绝佳宣泄机会，既稳定了社会秩序，又在一定程度上改善贫民的生活，可谓影响深远。

关于中国近现代经济史的研究中，伊懋可的高度平衡陷阱理论与黄宗智的经济过密化理论最有影响力，相关见解极为精辟。[③] 但是，我们还是要注意到经济学理论在具体历史情境中适用的可能与限度问题。将依托于工业社会的经济理念强行应用于传统社会之中，计算所谓的边际产出、边际效益，并不合适，一不小心可能就变成纯粹的数字游戏。

首先，农业生产与现代工业最大的不同便是季节性极为显著，不同的季节对人力需求的差异是极为巨大的，在华北地区严寒的冬季里，农业方面的人力投入几乎是零。可在春耕、中耕除草、麦收、秋收等关键的时期人力的

---

① 工业时代生产的发展使人类的闲暇时间大幅增加，我们多数人的空闲时间却并不是在百无聊赖中度过的。不必为了谋生而终日忙碌了，我们就创造出新的忙碌补偿机制，工作之余我们就在娱乐中继续忙碌。为什么每年会拍摄那么多的电影、电视剧？为什么书籍、报纸铺天盖地？为什么演唱会、运动会让那么多的人如痴如醉？仔细探究的话，就会发现，人类对绝对意义上的空闲的憎恶是这一切现象的根本动力。

人为什么要让自己忙碌起来呢？其实，动物们都是闲不住的。自然状态下的动物要用绝大部分的时间来为生计奔波，哺乳动物祖先如此，我们的人类祖先亦复如此。千百万年的岁月已经在我们的基因里深深地刻下了忙碌的主旋律，我们可以想办法节省生计问题上的劳动时间和劳动强度，但我们却改变不了自己忙碌的天性。技术的演进并未在真正意义上节省人力，只不过是减少了生产过程中的人力消耗，节省出来的那部分人力还是在别的地方挥霍掉了。从这个角度上来看，技术的发展反倒造成了人力利用效率的降低。

② 王建革：《传统社会末期华北的生态与社会》，第 146 页。

③ Mark Elvin, *Pattern of the Chinese Past: A Social and Economic Interpretation*, Stanford University Press, 1973. 黄宗智：《华北的小农经济与社会变迁》，中华书局，1986。相关论文非常多，不一一列举。

需求又极其巨大。在农忙时节，不同的阶段对人力的需求也有较大的差异。所以，在农闲时看似过剩的劳力，在农忙时却又会严重的不足。而近代工业生产模式下，绝大部分的生产流程与农业有着极大的不同。

其次，男耕女织式的男女社会分工使华北女性在农耕方面退居非常次要的位置，而五代以后的缠足习俗进一步削弱了女性在主流农作生产过程中所能发挥的作用，这使总人口近半数的人实际游离于农作生产之外，这又进一步加剧了农忙时的劳力不足。看似庞大的总人口在农忙时节反倒有匮乏之感，于是仍有扩大人口规模的需求。可一旦进入农闲时节，闲置劳动力的情形也越发严重。

最后，特定的社会条件下，在农业生产之外形成新的可与农业匹敌的产业系列的条件尚不具备，更多的农民依旧不得不附着于土地上。可正如前文引用舒尔茨的观点，传统时代的农民依旧是非常精明的"企业家"，他们或许可以容忍一定程度的边际产出递减，但绝不会无限度地容忍，所以明清时代涌现出规模庞大的流民与无业游民，就是从农业中释放出的过剩劳动力。除永久离开土地的人之外，短时间离开土地的人更多，煤矿之类的前近代产业虽然无法全部吸纳此类劳动力，却还是吸附了相当的比例并为他们提供衣食来源，推动经济发展的同时也稳定了社会，降低了发生社会动荡的风险。

笔者以为，人力是传统时代能源结构的重要组成部分，从能源的角度切入深入剖析人口问题，将能得出一系列全新的见解。相关问题笔者将另书专门探讨，本书不赘。

三 准近代的经济模式

采煤业的发展，推动了华北地区雇佣制度的发展，明清时期华北煤窑经营理念与管理模式都逐渐具有了近代化的色彩，这与小农盛行的农业生产面貌有着显著的差别。

煤窑的投资经营方式大致有三种：一为自发性生产，二为手工工场，三为煤窑联合经营。三者的经营规模逐渐增大，第二种情形最为常见。煤窑负责人有两种：一为地主，拥有窑场的所有权；二为业主，从前者手中购得使用权并进行实际的生产经营。业主需要将经营所得的一部分作为租金交给地主，在西山地区地主所得约占总收益的九分之一到五分之一。可见，明清西山煤窑的典型特征也是所有权往往与使用权分离。

业主往往要设立一定的管理机构，称为"官铺"或"作头馆"，总负责人称"大作头""井头""总管""窑头""总把式""大掌柜""拿事"等，类似于现代的矿长。负责生产事宜直接率领煤夫在井下作业的负责人，称为"作头""洞头""大师""巷爷""把式""走窝长""班头"等，类似于现代的带班长。煤窑还设立严密的账房管理账目，有各种名目的账册，详细记录财务收支并对煤夫进行考勤。井下煤夫分工较细，凿煤、运煤、排水、提升等事项皆有专职人员负责，并有相应标准予以考核。可见，明代华北煤窑已然形成了严密的生产组织管理体系，具有了一定的近代化色彩。[1] 但管理过程中的专断、暴力色彩也比较浓厚，以至于常会闹出人命官司，相关情形可参看本章第三节。

采煤而外，煤炭的运输与贩卖也成为有利可图的行当，吸引了不少人投身其中。在宋代，民间买卖煤炭者当不在少数。天圣四年（1026）十月二十七日陕州西路转运使杜詹即建议放开煤炭的民间买卖，称："欲乞指挥磁、相等州所出石炭，今后除官中支卖外，许令民间任便收买贩易。"仁宗予以批准。[2] 元符元年（1098）冬，开封"市中石炭价高，冬寒细民不给。诏专委吴居厚措置出卖在京石炭"[3]。而宋末却将开封城中煤炭买卖变为官府所垄断，徽宗崇宁以后，"沿汴州县创增镇栅以牟税利。官卖石炭增二十余场，而天下市易务，炭皆官自卖"[4]。若非买卖煤炭利润极高，官府恐亦不会极力对煤炭进行垄断专卖。

明清时期北京城中有专门销售煤炭的煤店，又称煤铺、煤栈。现存的作于明中后期《皇都积胜图》中即绘有一处煤店，位于寺院之旁，院落中有两个高高的煤堆，若干顾客站于煤堆之前，店伙计们则在忙着给他们称煤、装煤。稍远的地方，有若干已经完成交易背煤离去之人。更远的地方，还有人赶着驴驮载煤炭离去。可见其时煤炭生意之红火，清代的煤炭交易也更为兴旺。

---

① 以上论述参考了《中国古代煤炭开发史》编写组《中国古代煤炭开发史》，第163~171页。

② （清）徐松辑《宋会要辑稿》卷37《食货十》。

③ （宋）李焘：《续资治通鉴长编》卷504"元符元年十一月己未"。

④ （元）脱脱：《宋史》卷179《食货志下一》，第4362页。

四 用煤与若干产业的发展

1. 硫的魅影

宋元以降，华北地区的燃料危机日趋严重，继续依赖传统的薪柴燃料，若干高能耗产业难以为继。正是由于煤炭的大量使用，陶瓷、砖瓦、石灰、冶铁等行业才能得到进一步的发展。若非煤炭，华北地区与南方的经济差距将被拉得更大。但大量用煤的同时，限于技术条件，煤炭中的杂质特别是硫严重影响了产品的质量，使相关产品的工艺水准仍然落后于南方。某种程度上说，硫深刻地影响了华北的历史发展进程。

据学者研究，我国的煤炭含硫量与煤化程度无关，其含量波动范围较大，在 0.1%~10% 之间。不同地区煤中硫分有很大差别，这与成煤时的沉积环境有密切关系，如泥炭沼泽有海水侵入，含硫量较高，而陆相沉积的相对较低。即使同一区域的煤炭，不同层位的含硫量也会有较大不同，华北的煤炭即是上部含硫低，下部含硫高，差别往往非常明显，如晋城上部煤层含硫量低至 0.3%~0.6%，下部却惊人地达到了 2%~3.4%。一般来说北方煤炭含硫较低，以东北地区最低，其中以黑龙江省的尤低，往南逐渐升高。就河北而言，低硫、中硫、中高硫煤都有分布，相对而言，西南部的邯邢煤田与东北部的唐山一带煤田含硫量较低，而北部、西北部的承德、张家口地区硫含量略高。煤中硫主要有四种存在形式，分别是硫酸盐硫、硫铁矿硫、有机硫和元素硫，后三种均为可燃硫。煤中硫的危害性表现在两个方面：一是硫元素在生产过程中进入产品中而影响产品质地，二是燃烧释放出的二氧化硫的强大腐蚀作用。[①]

① 参见李瑞《中国煤中硫的分布》，《洁净煤技术》1998 年第 1 期；朱之培、高晋生《煤化学》，第 61~66 页；郭崇涛《煤化学》，化学工业出版社，1992，第 41~43 页；河北省地方志编纂委员会编《河北省志》第 28 卷《煤炭工业志》，河北人民出版社，1995，第 22~23 页；谢克昌《煤的结构与反应性》，科学出版社，2002，第 53~54 页；《中国煤炭志》编纂委员会《中国煤炭志·河北卷》，煤炭工业出版社，1997，第 53~57 页；潘剑锋等编著《燃烧学理论基础及其应用》，江苏大学出版社，2013，第 148 页。

但是，植物体中也含有硫元素，古代华北使用草木作燃料来进行手工业生产时，为什么硫元素却从来都没有产生严重的影响？植物生理学家的相关研究成果为我们提供了最好的答案。他们的研究方法是通过烘烤使酶钝化，进而烘干水分以获取干物质，然后分析干物质中诸多元素的含量。不同植物的各种元素含量有着较大的差别，一般取其平均值，硫元素含量占干物质比重的平均值为 0.1%，这与含硫量最低的煤约略相当。而干物质占植物体鲜重的比重波动也较大，约略为 5%~90%。[1] 尽管日常使用的薪柴也会通过风吹日晒来脱除水分，但一般都不会加工成严格意义上的干物质再焚烧的——木炭另当别论。所以一般的草木用作燃料时，其含硫量当比 0.1% 还要小得多。故而燃烧过程中，薪柴所产生的二氧化硫的数量在多数情况下远不如煤炭多，而其可能对手工业生产所产生的影响自然也要小得多。

2. 用煤对冶铁业的影响

煤炭中的硫对铁的品质有显著的影响。铁矿石中也大都含有一定数量的硫，但多数在 1% 以下，极少数在 0.1%~0.4% 之间。[2] 北方煤中硫的平均含量为 0.77%，南方煤的硫含量更高，可达 1.71%。[3] 用煤炼铁显然会增加铁中硫的含量。

古代的炼铁炉中的环境以还原熔炼气氛为主。在这样的环境下，煤中所带的硫与黄铁矿发生如下反应：

$$2FeS_2 = 2FeS + S_2\uparrow$$

分解出来的单质硫呈气态溢出，而 FeS 则残留在了熔化的生铁之中，凝固后 FeS 与 Fe 形成共晶体，在脱碳处理时无法去除硫。共晶体的熔点只有 985℃，远低于钢铁的正常熔点，这就会使钢材在进行加热加工时因该化合物

① 李合生主编《现代植物生理学》，高等教育出版社，2006，第 72、76 页。

② 赵润恩、欧阳骅：《炼铁学》上册，冶金工业出版社，1958，第 17~18 页。

③ 洪业汤等《中国煤的硫同位素组成特征及燃煤过程硫同位素分馏》，《中国科学 B 辑》1992 年第 8 期。

过早熔化而开裂，这被称为热脆性。硫含量越高，热脆性也越大。[①]

煤炭的大量使用使钢铁的品质严重下降。据学者研究，现代工艺标准规定普通制钢生铁的含硫量要控制在万分之七以内方才合格，汉代生铁含硫量一般在万分之三以下，实为理想的炼钢用材。而宋代至清代的生铁含硫量却普遍较高，一般高达汉代的四至五倍，有的甚至高达1%。黄维等人对陕西出土的宋代铁钱进行了测定，发现有的铁钱含硫量竟高达1.94%。以现代的技术标准来看，这些生铁的质量只能算是残次品。

华北地区大量用煤炼铁，故而整个冶铁业渐趋衰落，而闽铁、广铁异军突起。相关史料与分析参看第六章，此处不赘。

3. 用煤对陶瓷业的影响

烧造陶瓷的黏土是地壳表层的岩石经风化分解后形成的矿物，多为含水铝硅酸盐，最主要的成分是硅和铝的氧化物，此外还含有大量的钙、镁、钾、钠、铁、钛等造岩元素的氧化物[②]，氧化物的含量随产地的不同而有较大的差异，磁州窑的原料中各种氧化物的比重，学者曾进行测定，摘录相关结果列入表8.1。

表 8.1　磁州窑若干原料的化学组成

原料产地和名称	氧化物含量（重量，%）							
	SiO_2	Al_2O_3	CaO	MgO	K_2O	Na_2O	Fe_2O_3	TiO_2
峰峰白坩土	53.84	37.01	2.05	0.41	2.55	0.23	0.96	1.25
峰峰坩石	51.11	45.59	0.44	0.89	0.02	0.03	0.49	1.61
峰峰水冶白釉土	70.60	17.1	4.34	0.83	0.83	5.51	0.52	0.18
峰峰大青土	66.59	29.42	0.57	0.15	0.76	0.46	0.96	1.48
贾壁水云母黏土	58.11	34.74	0.37	0.58	5.97	3.71	0.51	0.41

[①] 以上论述参看见解维伟编著《煤化学与煤质分析》，冶金工业出版社，2012，第110~111、218页；黄维等《从陕西出土铁钱的硫含量看北宋用煤炼铁》，《〈内蒙古金融研究〉钱币文集》（第八辑），2006。

[②] 造岩元素，指地壳中分布最广，组成各种岩石的最基本的元素，除前述八种元素外，还应包括氧、氢、磷等，它们占地壳总重量的99%以上。

续表

原料产地和名称	氧化物含量（重量，%）							
	SiO_2	Al_2O_3	CaO	MgO	K_2O	Na_2O	Fe_2O_3	TiO_2
贾壁复矿软质黏土	65.81	26.75	0.44	0.26	0.71	1.04	1.41	2.83
彭城拔剑碱石	51.11	46.05	0.15	0.12	0.14	0.13	0.64	1.90
彭城苏村碱石	52.27	45.40	0.30	0.08	0.09	0.07	0.47	1.39
彭城张家楼大青土	63.67	32.97	0.25	0.20	0.95	0.10	1.11	1.54
彭城拔剑大青土	69.45	25.98	0.23	0.11	0.80	0.16	1.62	1.51
彭城老鸦峪三节土	64.96	29.14	0.31	0.39	1.07	1.38	2.19	1.31
彭城羊台三节土	68.14	25.25	0.49	0.16	0.90	1.43	2.15	1.29
彭城苏村三节土	65.47	26.93	0.37	0.31	0.44	1.77	3.25	1.52
彭城临水三节土	62.98	28.06	0.39	0.20	2.71	0.30	4.38	1.31
章村 Y5 瓷土	61.52	29.48	0.21	0.05	5.43	2.97	0.21	0.42
章村 Y6 瓷土	62.68	30.84	0.23	0.28	4.28	2.67	0.26	0.42

资料来源：李家治主编《中国科学技术史·陶瓷卷》，第 401 页。

现在可知的是二氧化硫与氧化钙、氧化镁、氧化钾、氧化钠等都可反应，反应方程式如下：

$$CaO + SO_2 = CaSO_3 \qquad 2CaSO_3 + O_2 = 2CaSO_4$$

$$MgO + SO_2 = MgSO_3 \qquad 2MgSO_3 + O_2 = 2MgSO_4$$

$$K_2O + SO_2 = K_2SO_3 \qquad 2K_2SO_3 + O_2 = 2K_2SO_4$$

$$Na_2O + SO_2 = Na_2SO_3 \qquad 2Na_2SO_3 + O_2 = 2Na_2SO_4$$

若有水参与，则上述反应更容易进行。

此外，铁的氧化物常用作脱硫剂。在高温之下，各种晶型的铁的氧化物都会与二氧化硫反应。有学者研究了 Fe_3O_4、γ-Fe_2O_3 和 α-Fe_2O_3 三种晶型的氧化铁脱硫剂吸收 SO_2 的特性，指出 Fe_3O_4 的脱硫速率最快，对于再生后的脱硫剂，不同初始晶型的氧化铁均转化成 α-Fe_2O_3 晶型，而活性较初始 α-Fe_2O_3 显著提高了。经过 X 射线分析表明，氧化铁吸收 SO_2 后的产物主要为 $Fe_2(SO_4)_3$。进一步对氧化铁吸收 SO_2 的过程进行热力学计算，发现在 450℃ 下，吸收 SO_2 的反应为不可逆反应，脱硫率可达 100%。[1] 则在有 SO_2 的环境里，瓷坯中的氧化铁显然会发生剧烈的变化，有可能影响陶瓷的质量。

当然，这些反应只发生在瓷坯的表面，所产生的硫酸盐的数量不可能很多，但对瓷器的致密性、刚性、强度当都有一定影响。

受煤炭中硫影响最大的还是釉。釉是覆盖在陶瓷制品表面的玻璃质薄层，无色或有色。烧制陶瓷前，选用长石、石英、滑石、高岭土等矿物原料与其他材料按一定比例混合，再经过研磨加水调制制成釉浆，施于陶坯或瓷坯的表面，经一定温度煅烧而成。釉能显著增加陶瓷器具的热稳定性与机械强度，更重要的是使陶瓷更加美观。陶瓷的工艺水准，很大程度上取决于釉的质地。

制备釉的诸矿物中，组成长石的主要成分有 SiO_2、Al_2O_3、Fe_2O_3、K_2O 和 Na_2O；组成石英主要成分是 SiO_2，常含有少量杂质成分如 Al_2O_3、CaO、MgO 等；滑石的主要成分为 $3MgO \cdot 4SiO_2 \cdot H_2O$，高岭土的化学组成为 $Al_2O_3 \cdot 2SiO_2 \cdot 2H_2O$。除上述物质外，常用的着色剂有 CuO、CoO，低温釉中含有较多的 PbO。

釉中的诸多物质大都能与二氧化硫发生反应，所以烧制瓷器若以煤炭为燃料，就会发生许多在以柴为燃料时不可能出现或较少出现的化学反应，最终成品瓷器的外观与质地因而受到影响，瓷器的工艺水准也会大打折扣。

磁州窑在宋代曾形成窑系，除在今河北磁县境内的窑场密布之外，还深刻地影响了河北中南部与河南北部及山西、山东局部地区的陶瓷工艺。磁州窑自宋以后不断衰落，产品几乎全部为日常用品，瓷质越来越粗劣，其中较为重要的是缸、坛、罐、盆、碗。缸尤为普遍，所以流传有"要想吃得香，磁州贩大缸"的俗语。[2] 武安不少民间传说中提及了彭城的缸，如江世有"思

---

[1] 吴菊贤、刘世斌、韩镇海：《氧化铁吸收 SO_2 的反应机理》，《硫酸工业》1992 年第 5 期。

[2] 民间故事《磁州红缸"亲娘声"》，载杜学德主编《中国民间文学集成·邯郸市故事卷》中册，第 132 页。

谋以后咋着生活，想起来不如去彭城偷些缸来卖"，然后付诸行动，"每天都要去担一对缸来卖"[1]。又如万大脉为其母亲担煤，"到了彭城，这里有很多烧缸窑，他买了两口大缸，用一条大杆子担着"，最后居然挑着这一对装满煤的八担水大缸"轻飘飘地往南山上走了"。[2]

至明代，磁州窑对其他地区陶瓷业生产的影响大大下降，而其自身的窑场分布范围也大大收缩，只集中于彭城镇一地，观台镇、东艾口村、冶子村一带的窑场已完全废弃。不过，磁州窑的产量至明代仍很可观，如嘉靖三十二年（1553）上交光禄寺的陶瓷器具即有缸 73 只，瓶坛 15762 个，共值银 172.22 两，运送陶瓷器的脚价银 132.585 两。[3]至清代磁州窑的瓷器不复为人所重视，清末有人认为其工艺为"以宋代作品为上，明代者次之，乾隆以下者则无足取"[4]，这样的评价还是恰如其分的。

当然，由于陶瓷与釉的化学组成多种多样，烧制过程中相关反应机理也非常复杂，具体情况如何必须通过实验来鉴定，所以笔者只是提出了一种假说，是否能站得住脚有待陶瓷技术专家来评判。

第三节　煤炭与政治

一　煤窑秩序与政局

1. 明后期煤夫反抗税监斗争及其影响

与一般的农业生产相比，煤窑的生产规模要大得多。数十乃至上百名的煤夫在一起生产、生活，又有着较强的组织性，一经鼓动而喧哗生变，将造

---

① 民间故事《江世有偷缸》，载河北省武安县民间文学集成编委会《中国民间文学集成·武安民间故事卷》，第38~39页。

② 民间故事《万大脉的传说》，载河北省武安县民间文学集成编委会《中国民间文学集成·武安民间故事卷》，第38~39页。另有《郑老笨的故事》也提及郑老笨彭城偷缸的故事，同上书第61页。

③ （明）申时行等：《大明会典》卷194《工部十四·陶器》，《续修四库全书》第792册史部政书类，第331页上。

④ 陈孝感：《海王村游记》，转引自叶喆民《中国陶瓷史纲要》，第270页。

成严重的后果。对于群体聚集所隐藏的风险，历代统治者都抱有戒心，明嘉靖以前采煤禁令森严，除对风水的重视之外，担心煤夫聚众作乱亦是重要的考量。嘉靖之后，为了缓解北京城面临的燃料压力，放开了煤禁，至万历年间即发生了大规模的煤窑工人示威游行的事件。

万历二十五年（1597），内监王朝受命督理西山煤窑，极尽搜刮之能事，每年征银数千两，严重损害了当地窑主与煤夫的利益。原本的征税区域只有马鞍山黄树园一处官窑。王朝为了邀宠，要求西山所有的煤窑都要交税，还"私带京营选锋劫掠立威，激变窑民，几至不测"。

万历三十年底至三十一年初，窑主推选王大京为代表同王朝进行交涉，"朝恐遽以欺隐阻挠上闻，邀厂卫扭解之旨"，明神宗受王朝蛊惑，逮捕了王大京。"于是鬖面短衣之人，填街塞路，持揭呼冤"，窑主、煤夫、运煤脚夫、用煤人家等人组成了一支浩大的队伍到北京城里示威请愿，震惊朝野。官员纷纷建议惩处王朝以安抚民心，神宗最终还是做出了让步，撤回了王朝。①

此后明代诸帝都受到了这次游行示威事件的触动，逐步减少了对西山煤窑的征税额度。万历四十八年（1620），明光宗在即位之前即将西山诸多煤矿税监撤回。同年，明熹宗即位后剩余之西山税监也撤回，其即位诏书中称：

> 其西山一带煤税，曾经奉旨撤回税监，尚留黄树园、辘轳港、镜儿窑等窑，因委石厂代进煤炸，因而假借骚扰地方者进行撤免。原用煤炸无多，该官另行设处，毋得仍前私税以扰贫民……②

可见明后期，为了保障煤炭供应和稳定政局，政府不得不小心翼翼地对待西山煤窑税收问题。

---

① 《明神宗实录》卷380，"万历三十一年正月丙寅"条。详情参见附录史料部分8.2。

② 《明熹宗实录》卷1，"泰昌元年九月庚辰"条。又见（明）孔贞运《皇明诏制》卷10，明崇祯七年刻本。

2. 政府对采煤的戒备心理

清自入关至乾隆初，对于是否要扩大华北煤炭开发区域与增大生产规模的问题，官员们争执不下。持反对意见者中最主要的担心也是煤窑生产聚集人夫，会给社会秩序带来极大的隐患。乾隆四年（1739）三月初六，直隶提督永常奏请在热河古北口外开采煤窑，却在部议时遭否决，理由是"口外界连蒙古，一经开采煤窑，势必聚集多人，奸良莫辨，致生事端，驳复未准"[①]。乾隆五年三月初一，河南巡抚雅尔图在其奏折中表态反对开采煤窑，他认为煤窑"利之所在，人必争趋，不但聚众藏奸，且一切争夺，刨人坟墓，势所难免，虽竭力稽查禁约，而人众难防，必至滋扰地方"，又称"难保无积盗巨奸混迹其内，深山旷野之中，倘州县一时照料不到，将见命盗之案益复繁多，殊非妥便"[②]。清仁宗也在嘉庆四年（1799）十二月上谕中指出"西山煤窑最易藏奸"[③]。

官员们对煤窑藏奸危害社会秩序的担心并非完全没有道理，煤窑中确实容易发生种种不法之事。细究之，大致有以下几个方面。

其一，诓骗贫民甚至儿童入窑，从事奴隶式的劳作，而逃跑之人被追回往往会遭殴打致死。早在明代弘治年间即有这样的事情，详细记载摘录如下：

> 刑科给事中王洧言："闻芦沟河迤西开窑之家或诱略良家子女，或收留迷失幼童，驱之入窑，日常负煤出入，断其归路，如堕阱井。有逃出者，必追复杀之。细人之奸，无逾于此。乞敕都察院榜谕，仍移文巡山给事中、巡城御史、锦衣卫巡捕官，督五城兵马，亲诣其地研审，有犯者，许自首。隐匿及再犯者，枷号充军。"从之。[④]

---

① 道光《万全县志》卷3，道光十四年增刻乾隆本。
② 《朱批奏折》，转引自中国人民大学清史研究所、档案系中国政治制度教研室编《清代的矿业》下册，第9页。
③ 光绪《畿辅通志》卷4，光绪十年刻本。
④ 《明孝宗实录》卷93，"弘治七年十月癸未"条。

清代也有类似情形，徐继畲即描述了西山地区的锅伙诓骗贫民、殴毙人命之事，其详细记载如下：

> 宛平西山有门头沟，京城所用之煤皆产于此。煤窑二百余所。开窑者皆遣人于数百里外诓雇贫民入洞攻煤，夜则诓入锅伙。锅伙者，宿食之地，垒石为高墙，加以荆棘，人不能越，工钱悉抵两餐，无所余。有倔强或逃者，以巨梃毙之，压巨石下。山水一涨，尸骨冲入桑干河，泯无迹。又有水工锅伙，窑洞有水，驱入淘之。夏月阴寒浸骨，死者相枕藉，生还者十无二三，尤为惨毒。[①]

清仁宗曾在嘉庆四年指出，西山煤窑"往往诱良人入窑，驱使惨恶致毙，殊有关系。著顺天府会同步军统领衙门派委妥员密为查访。如有此等棍徒即行查拿具奏，按律治罪"[②]。

其二，窑主与雇工以及不同级别的雇工之间矛盾重重，命案不断。如据《刑科题本》记载，乾隆五十年（1785），直隶宣化府怀来县窑主傅宽即因雇工赵文镜不听其命令而对赵进行毒打，先将赵推倒在地，又用木棍痛殴，还用麻绳抽打，致使赵"摔跌内损，口鼻流血"并于几日后因伤毙命，傅宽命令其他工人将赵尸体抛埋山坡。该案后经审理，傅宽受到了应有的惩处，被判处绞监候。[③]

据那彦成记载，嘉庆二十三年（1818）至二十五年（1820）间，西山锅伙头目齐二与阎本立先后将小官儿、小义子、傅黑儿、辛二、赵会等五名矿工毒打致死，手段极其残忍。小官儿的左臂膊、右手腕连胳肘、左右肩、腿上、左右肋、左脸、右眉、右额角，并囟门左右、顶心左右、项颈等处都被

---

① （清）徐继畲：《松龛先生全集》卷首，民国四年晋版铅印本。
② 光绪《畿辅通志》卷4，光绪十年刻本。
③ 《刑科题本》，见吴晓煜《中国煤炭史志资料钩沉》，第180~181页。详情参见附录史料部分8.3。

用水泡过的粗麻绳反复殴打，左肋腰眼近下遭到脚踢，最终毙命。小义子系被火烧死，先后被火把灼烧了脸部、顶心、囟门、额颅、左太阳，很快殒命。打死人后皆弃尸山崖，用石头盖压了事。齐二被判斩立决，"枭示西山门头沟地方，以纾众愤而昭炯戒"。阎本立"重改发新疆，给官兵为奴，以示惩儆"。①

那彦成还记载了道光元年（1821）的一起案件，西山一煤窑的水工李二因病不能下窑打水，工头朱四对李进行辱骂与毒打，强迫李下窑打水。李因体力不支而工作状态欠佳，又遭巡水人石春反复毒打，最终毙命。李二被殴致死后，朱四等人为了逃脱责任，费尽心机贿赂官员，前后牵连其中的有官员、仵作、弓兵、掌柜、佣工等形形色色将近二十人，相关人员最终都受到了严厉惩处。简简单单的一个案子，却为我们生动细致地刻画出了古代基层社会的众生相，耐人寻味。②

雇工之间因冲突而酿成的命案亦颇多。如乾隆三十六年（1771），姬富成与阎成绪共同受雇于滦州某煤窑，某日停工后两人在窑内碎煤的分配问题上产生分歧，姬欲多得而阎不允，恼羞成怒的姬富成失手将阎成绪打死，姬终被判处绞监候，并在秋后被处决。③

又如乾隆四十九年（1784）十二月，蔚州柳树标煤窑的雇工蔡迪向掌柜蓝庆讨要拖欠的二十五文大钱，蓝不允，因而产生争执，两人推搡过程中误将前来劝架的另一雇工唐志滩撞倒跌落深沟，唐伤重身亡，蔡迪与蓝庆都受到了惩罚。④

类似案件还有很多，余不尽举。

其三，煤矿内部，阶层分化显著，上层对下层的剥削极为酷烈，关系极为紧张。如民国时期，唐山煤矿发生事故后，"外国工师一定问伤马了没

---

① （清）那彦成：《那文毅公奏疏》卷 55。相关案件可参看《中国古代煤炭开发史》编写组《中国古代煤炭开发史》，第 225~230 页。

② （清）那彦成：《那文毅公奏疏》卷 55。

③ 《刑科题本》，见吴晓煜《中国煤炭史志资料钩沉》，第 154~155 页。详情参见附录史料部分 8.4。

④ 《刑科题本》，见吴晓煜《中国煤炭史志资料钩沉》，第 181~182 页。详情参见附录史料部分 8.5。

有？至于人的死活，他们不很注意。因为死一马价值一百八十元；死一工人，仅抚恤四十元，工人的生命，比牛马还贱几倍！"不仅如此，煤窑之中工头分包挖煤任务，普通小工所得工资甚少。此外，工头还"设法诱赌，放债取利"，而居住条件又极恶劣，房屋"窄狭污秽，臭气蒸人"，"讲究的猪窝，也比他好"。[①] 由于借贷易引发矿工反抗，矿方不得不加以干预，"监工和工头就用重利放债，到后来放债愈多，苛逼愈紧，工人往往起反动。矿局因弭患起见，禁止借贷，并改一月一发的工资改为半月一发"，但利益受损的工头大为不满，又加大了对工人的剥削强度，"所以包货的把煤车改大了，从前是每百车三十三吨到现在每百车要四十吨，工人每日要多掘五百磅煤，但是工资还和以前一样！"[②] 在清代，煤夫所受之盘剥必然也很严重。

煤夫多为赤贫之人，从事的工作又极为危险。唐山矿工歌谣《出煤拿命换》称："井下阎王殿，出煤拿命换。干的阴间活，吃的猪狗饭。"《不把闺女嫁给下窑的》称："下窑的，寿命短，天天提心吊着胆。"《下井就到鬼门关》称："活在阳间像阴间，下井就到鬼门关。"[③] 他们随时面临死亡的威胁，日常的生活中也见惯了生死，所以更容易铤而走险，群起反抗，也更容易加入暴动者的队伍中去。而煤夫长年在巷道中工作，擅长土木作业，故而一旦加入暴动者队伍，尤其精于穴攻或爆破。明末起义中，煤窑工人即扮演了重要的角色，对政府军造成严重的危害。李自成部将刘芳亮自韩城东渡黄河全赖运煤船只，其时也有不少煤窑工人在其队伍之中。而崇祯十五年（1642）正月，

① 无我:《唐山劳动状况（一）》，载《新青年》第 7 卷第 6 号，1920 年 5 月，转引自李文海、夏明方、黄兴涛主编《民国时期社会调查丛编》二编《城市（劳工）生活卷》下册，福建教育出版社，2014，第 14~15 页。详细记述参看附录史料部分 8.6。

② 许元启:《唐山劳动状况（二）》，载《新青年》第 7 卷第 6 号，1920 年 5 月，转引自李文海、夏明方、黄兴涛主编《民国时期社会调查丛编》二编《城市（劳工）生活卷》下册，第 19 页。详细记述参看附录史料部分 8.7。

③ 祁人、秦玉林主编《唐山市民间文学三套集成丛书》之八《唐山歌谣集成》，内部印行本，1988，第 14~17 页。

李自成部猛攻汴梁城时，即曾挖地道企图爆破陷城。[①] 而整个汴梁攻守战中，李自成部还多次挖地道进行穴攻。太平天国运动中，曾将煤窑工人编入土营，专门负责挖掘地道和爆破。

民国时期，采煤行业的人也时常反抗政府的政策，如1929年6月下旬，门头沟、周口店等处煤商窑头即联合罢业以反对煤捐，罢业四五天后仍无效果，又组成175人的队伍开赴北平城请愿，声势颇大。[②] 而煤矿工人举行的武装暴动也颇为常见，如安源煤矿起义的矿工就是秋收起义队伍的重要组成部分。1945年8月17日夜，中共地下组织在开展对日作战过程中，发动石圪节煤矿工人发动起义并取得了胜利。[③]

虽然开采煤窑要面临上述诸多问题，但在燃料危机日趋严重的情形下，开采又势在必行，清代至民国政府制定了一系列方针政策来兴利除弊。据吴晓煜等人考证，相应的措施大致有五点：其一，委派专职官员进行管理，必要时向矿区派驻大量兵弁，加强巡查力度，随时准备弹压；其二，建立严格的底簿登记制度，详细记录煤夫的各种资料，加强稽查管理与人身控制；其三，强化保甲制度，推行民众自查自防；其四，严禁煤夫异地佣工，只用本籍人夫，便于管理，消除隐患；其五，划定矿区界限，严禁煤夫越界活动，避免地方遭受滋扰。[④] 这些措施的实行，发挥了较好的作用。

二 煤炭供应与京师安危

由于宋以降都城的生活燃料极其倚重煤炭，所以煤炭供应是否充足就直接关乎京师的安危。

1. 宋代开封的燃料官卖

宋代开封城中燃料供应极为紧张，政府也不断采取措施对供求关系进行

---

① 详细记载第三章已引述，此处不赘。参见（明）李光壂《守汴日志》，清道光刻光绪补刻本。

② 《顺天时报》第9024号，1929年6月25日，第7版。

③ 李茂盛、杨建中：《华北抗战史》，山西人民出版社，2013，第482页。

④ 参见《中国古代煤炭开发史》编写组《中国古代煤炭开发史》，第161~162页。

调节，主要是通过官府调拨燃料投放市场以增加燃料供应并平抑燃料价格。在前期，政府投放的主要是薪柴与木炭，至后期则变为煤炭，如元符元年（1098）冬，开封"市中石炭价高，冬寒细民不给。诏专委吴居厚措置出卖在京石炭"①。

2. 明代煤炭供应与北京的安危

明嘉靖以后，煤炭逐渐取代薪柴成为北京最主要的燃料来源，煤炭供应不稳，北京城就会岌岌可危。时人心中，煤逐渐变得与米同等重要，甚而对煤的重视程度还要超过米。如庚戌之变的次年（1551），徐阶即上疏检讨蒙古兵临城下时的燃料危局，认为倘若煤炭供应得不到保障则京城必生内忧，建议派军队保卫运煤孔道并武装护送运煤人员，煤炭供应是否顺畅直接关乎京城与中央政府的生死存亡，徐氏奏疏的全文摘录如下：

> 一通西山运煤之路。臣惟京城居民所仰赖以生者不过煤米二事，然米之乏也，官府犹得以仓廪赈之；若煤有缺乏，则官府虽欲措给力无所施。然则煤之当预处，视米尤急也。臣等闻去秋逆虏入寇之时，平昔卖煤之人皆以畏避沿途杀掠，不敢驮载而来，城中无从买煤烧用，几生抢夺。议者佥谓今次当发兵一枝防护煤路，毋致断绝。而目下又无强兵可遣，访得某卫百户梁宣见住西山，实近出煤之地，其蓄养家丁及所纠合庄民、佃户约有三千余人，皆骁勇能任战斗。伏乞容令臣等札委梁宣，如遇虏警，西山到京道路阻扰，即便每日差人护送煤入城，该门守门大臣护送人数并煤炸驮数按日登记在簿，其护送人名，即给与行粮。待事宁之后，臣等通查护过煤数、差过人数，酌量题请升赏，以酬其劳。若彼因送煤而途中遇虏能有斩获，径照兵部近题赏格施行。其近山一带居民如有能协力率众各自护煤入城，亦照梁宣事例施行。如此，庶煤路无壅而民用不致匮乏矣。②

---

① 更详细的情形可参看许惠民《北宋时期煤炭的开发利用》，《中国史研究》1987 年第 2 期。

② （明）徐阶：《世经堂集》卷 7《条陈门禁》，明万历间徐氏刻本。

到崇祯年间，国事日非，东北局势糜烂，北京直接暴露在了八旗军队面前。皇太极指挥后金（清）军于崇祯二年（1629）、七年（1634）、九年（1636）、十一年（1638）和十五年（1642）五次入关，除第二次外，其余四次皆兵临北京城下，京畿地区迭遭蹂躏。在这样的多事之秋，北京城的煤炭供应大受影响，确保煤炭供应成为朝廷要着重解决的重要事宜。

崇祯二年十一月，皇太极屯兵北京城下，双方激战正酣，北京城的煤运几乎完全断绝，朝臣与崇祯帝皆为此煞费苦心，不得不想出减少煤炭消耗并采买薪柴的办法来，朝臣的奏议如下：

> 臣自二十二日为始，业已给散城门米自行炊爨。所有煤炭一节，亦费区处。忆前初六日平台召对，总协二臣与臣面议京军天寒量加煤炭五厘，臣已具题给发。今若再给造饭煤炭，似属重出。臣虽每门发银一百两，令各司官收买煤炭，旋值房警，煤来入京稀少，收买无几。且先是题奉钦依，令顺天府动支解部并那凑银三千五百两，分发宛、大二县及五城各五百两买煤。近据回报，止发臣部银一千四百两，每处二百两，其曾否买完尚未报有煤炭细数。即欲凑办给发，亦数日立尽耳。再行索取，则喧哗可虑也。说者又欲责令五城置买干柴等项应用，但未题奉明旨，诚恐五城未肯奉行，亦虑骚扰小民，未见为便。以臣愚见，不知每军再加煤炭银五厘，仍令火军随便问买柴薪应用，但给守堞领米之军，而诸军不得与焉，亦一时济变之权宜也。伏惟皇上裁察施行。崇祯二年十一月二十四日具题。本月二十六日奉圣旨："堞军本折运给并加添煤炭银数知道了，游防兵行粮、草束亦着速与运给，勿致稽误，该衙门知道，钦此。"①

---

① （明）毕自严：《度支奏议》堂稿卷9，明崇祯刻本。

崇祯三年（1630）正月，后金军队撤离京郊不久，朝臣即再度强调采办、储备煤炭的重要性，将储煤的重要性置于储存粮食之上，还对此前收买柴薪的建议进行了批驳，尝试在不浪费公费的情况下确保煤炭供应，建议想办法鼓励民间大量储煤以备不时之需。相关奏议全文如下：

　　题为贼氛益炽，内备宜周，敬陈似迂实切、似缓实急数事，仰乞圣明行事，崇祯三年正月十九日。户科抄出兵科都给事中今降一级照旧管事张鹏云等题前事等，因本年正月十九日奉圣旨这条议各款俱于内备，有裨事关各衙门的，该科即与酌行，仍各回奏，钦此。钦遵抄出到部，该臣等看得，都城之内亿万军民，俱各赖煤以炊。乃素封之家固有积蓄，可无匮乏之忧；而屡空之民，朝不谋夕，安有隔宿之储？是以旧岁臣部一闻虏警，不患无米而患无煤。

　　曾题令顺天府查有应解臣部及搜括在库钱粮动支三千五百两分发宛、大二县及五城兵马司收买平卖以为便民之计。随值虏骑入犯，城门昼扃，未及收买。即间有收买者，既少且贵，遂至煤价大腾，民皆伐木拆户，视薪如桂，此无预蓄之故也。日今狡奴叵测，尚宜措备。且门启道通，正可收买。而贩煤之人因遭虏掠星散，头畜稀少，煤价高昂。承买员役虑事平价贱，不能变卖原本，是以踌躇瞻顾，尚未报完。今科臣条议及此，正为往事可鉴，不得不为桑土之谋。惟是前已题议，具有成说，不必再行改差司官。合将前例申明，仍令顺天府臣将未经买完银两勒令二县、五城作速刻期收买，限旬日内通完。此外臣部再发银三千五百两，并令该府转发分投收买囤积两县及五城公署，倘遇急乏即平价发卖，盖职官有地方之责任，既易于收买，而城坊居道里之适均，亦便于转鬻，诚不烦再计也。异时烽烟宁静，煤价减少，即将原煤分给各衙门文武官吏，照依原价抵算折色俸粮，则无亏折之患而得缓急之济矣。大都煤堪久贮，柴炭犹非急需，闻前此有收买柴炭者，糜官钱而无实用，终非便计，亟应停止。此臣部与科臣解学龙会议妥确，相应具覆举行者也，恭候命下，臣部遵奉施行。崇祯三年正月二十三日具题。本月二十五日奉圣旨："煤宜预积，依议饬行。官积有限，还着晓谕民间各自多备，有能慕义捐资广贮平卖免致腾价者，准与叙奖。该衙门知道。钦此。"①

正是因为京城煤炭供应时时出现问题，进而对都城的安危产生深远影响。所以明末的诸多兵书也都极力强调预存煤炭之重要性。范景文即指出，煤与米都很重要，城中若无足够的煤炭储备，断难坚如磐石，摘引其观点如下：

守城全赖居民，居民全赖兵食，须先料民、料兵、料食。凡城中居民及城外避兵之民，每民每日计米一升半，煤炭五斤或柴五斤。计口计食须有三月之备，不自备，其谁备之？宁夏之围，饿死尽多，可问也？惟日求升合。城闭绝粮之人，我既赖其守城，必须代之备食。不然，彼先饥饿，岂能敌贼。故一府无一万草、三万粮、二十万煤炭、百五十眼井，大州县无五千草、一万五千粮、十万煤炭、七十眼井，小州县无二千草、一万粮、五万煤炭、五十眼井，皆苟且之政，待命于天幸免于敌者也。②

由于崇祯年间北京变乱不断，故而煤炭的生产、运输、储存等始终是摆在政府面前的重要问题。

顺治元年（1644）六月，清廷刚定鼎北京，河南道御史曹溶即提出了政府急需办理的六大事项："一定官制，一议国用，一戢官兵，一散土寇，一广收籴，一通煤运。"③虽然迭经战乱，并发生了改朝换代的巨变，明代形成的北京之燃料格局并未变化，煤炭供应仍是摆在政府面前极为重要的问题。

由此观之，都城之安危，煤炭与之干系颇深。

3. 清代对京城煤炭供应的重视

清代对北京的煤炭供应问题也极为重视。顺治朝已经将通煤运作为政府

---

① （明）毕自严：《度支奏议》堂稿卷11《覆兵科题请买煤疏》。

② （明）范景文：《战守全书》卷11《守部》。

③ 《清世祖实录》卷5，"顺治元年六月庚申"条。

的重要任务，康熙三十二年（1693）的谕旨中称："京城炊爨，均赖西山之煤。将于公寺前山岭修平，于众甚有益。著户、工二部差官将所需钱粮缺算具题。"①

乾隆五年（1740）之后，政府大力支持各地开采煤炭，而对西山煤窑尤为重视。二十六年（1761）十二月，乾隆帝为平抑物价而颁布谕旨鼓励西山民众开采新窑，谕旨内容如下：

> 谕：近京西山一带产煤之处甚多，现在已开窑口率以年久深洼，兼有积水，以致刨挖维艰，京城煤价渐为昂贵。著工部、步军统领、顺天府等各衙门会同悉心察勘煤旺可采之处，妥议规条，准令附近村民开采，以利民用。②

四十六年（1781），乾隆帝再度下令鼓励民众在西山开办煤窑：

> 京师开采煤窑，为日用所必须。近闻煤价较前昂贵，推原其故，皆因煤矿刨挖日深，工本运脚既重，窑户无力开采，呈请地方官封闭，经工部核题覆准者甚多。于民间生计，大有关系。现在西山一带产煤处所，尚有未经试采者。著步军统领衙门会同顺天府、直隶总督，派委妥员前往，逐细踏看。无碍山场，照例召商开采，一面咨部，一面奏闻，以副朕筹计民生之至意。该部遵谕速行。③

嘉庆六年（1801），政府又下令鼓励民众扩大西山煤窑的开发规模，以应对煤价趋高造成的消极影响。④

---

① 《钦定大清会典事例》卷 951《工部》。
② 《清高宗实录》卷 650，"乾隆二十六年十二月"条。
③ 《清高宗实录》卷 1146，"乾隆四十六年十二月辛巳"条。
④ 《大清会典事例》卷 951，转引自《中国古代煤炭开发史》编写组《中国古代煤炭开发史》，第 180~181 页。

朝廷还往往为煤炭业主提供资金支持，以助其渡过难关。如乾隆二十七年（1762），西山要修筑长 680 丈的泄水沟，资金不足，大学士史贻直建议将 36850 余两帑银借给商民，乾隆帝予以批准。到乾隆四十七年（1782），西山过街塔等处的煤窑因积水严重，无法生产，朝廷借给窑户 15000 两帑银，助其排水以恢复生产，要求三年还清。嘉庆六年，西山重修排除积水用泄水长沟，朝廷再次借给 50000 两帑银，"以利民用"，要求七年还清。[①]

官员文人对北京城的煤炭供应也极为重视，赵翼提及了西山之煤的重要性，谈及北京煤炭价格之上涨，还试图建议朝廷从六百里之外的真定府获鹿县远距离运煤以补京师之不足。[②]

方观承则在乾隆二十八年（1763）提出了加强车骡运力以确保北京煤炭供应的策略，他指出：

> 煤斤自窑运厂，自厂运京，全仗车骡驮载。且京师夏秋所用之煤，悉赖冬春加运存贮。如其脚力不裕，则载运自减……无论何项差务所用车骡，概不得于宛、房各煤窑雇用，违者官参役处。并出示晓谕，使各窑贩安心生理，源源运售，则京师铺卖，自可收煤多价贱之益。[③]

事例颇多，余不尽举。

第四节　煤炭推广之阻力

正如前文所述，在宋代的开封与元、明、清的北京这样的大都市中发生了燃料革命，燃料利用结构发生变化，煤炭逐渐成为最重要的燃料。但是就整个华北乃至全国而言，煤炭的实际使用范围其实是非常有限的。可以说在

---

① 　三条史料分别出自《清代钞档》与《大清会典事例》卷 951，转引自《中国古代煤炭开发史》编写组《中国古代煤炭开发史》，第 115 页。

② 　（清）赵翼：《檐曝杂记》续，载《檐曝杂记·竹叶亭杂记》合编本，第 131 页。

③ 　（清）方观承：《方恪敏公奏议》卷 8，清咸丰家刻本。

前近代，煤炭的开采与使用并未能完全化解华北地区的燃料危机。这是因为，在传统社会中，煤炭的推广面临着许多难以逾越的障碍。笔者以为，主要的阻力来自经济因素、技术因素两个方面。

一 经济因素之影响

1. 价格因素与用煤的区位差异

通过前文分析可知，在北京这样位于煤炭产区附近的大城市中，运输成本较低，同等重量下煤炭要比木柴便宜。价格优势使煤炭对市民更有吸引力，煤炭逐步取代薪柴而成为最主要的燃料。

但这样的价格优势在距离煤炭产区较远的大城市中情形就大不相同了，因为传统运输条件会使成本随着距离增加而急剧上升，燃料的价格最终会超出消费者的承受范围。司马迁早已指出，百里不贩樵，煤炭亦如此。

就在北京用煤量不断增加的时候，华北的东南部地区却少有用煤者。据刘龙雨的研究，清代前期直隶的煤炭产地分为中、东、东北、西北、西南五个部分。较重要的产区有北京周边的宛平、房山、怀柔、大兴和昌平等地，滦州及其周围的丰润、迁安、抚宁、昌黎、临榆等地，滦平、热河和平泉州，宣化府下辖的怀来、西宁、蔚州、保安州以及张家口厅、独石口厅等地，西南部以井陉、磁州为核心的 27 个州县。河南的黄河以北部分煤炭产区集中在安阳、林县、辉县、修武、河内、济源，也大多位于太行山东麓。山东的煤炭产量远比前两省少，而位于黄河以北的武定府、临清州、东昌府及济南府的北部并不产煤。[1] 可知明清时期的煤炭产地主要分布在太行山东麓与燕山南麓，而华北地区东南部煤炭资源较少。

西南区域并不产煤，距离煤产区又太远，用煤远不如用柴划算。这一地区煤炭使用较少，可从临清与德州这两个大城市的燃料状况得到证明。

临清与德州位于运河沿线，明清时期是极为繁华的大城市，人口众多，

---

[1] 刘龙雨：《清代至民国时期华北煤炭开发：1644—1937》，复旦大学博士学位论文，2006，第25~31 页。

生活用燃料数量惊人。同时，临清还要为中央烧造大量的城砖，也需要消耗大量的燃料。但临清城中有规模极大的柴市，故几乎不使用煤炭。许檀研究明清时代的临清时指出：

> 永清大街以西有横街名柴市，东西长二里许，两侧多柜箱、金漆、张罗、杂货、丝店、机房等店铺、作坊。此处另一特点为四乡柴薪集中之地。临清有官窑二十余座，承造城砖，随漕船搭解上京。每烧砖一窑，需柴八九万斤，均由附近州县及济南、兖州二府所属十八县领价办纳。途远州县运薪困难，皆携赀来临清就近采买，因而形成临清东区偌大规模的柴薪市场。①

又有方志中对清代德州城的记载如下：

> 招集四方商旅，分城而治，南关为民市，为大市。小西关为军市，为小市。马市角南为马市，北为羊市，又东为柴市，南为锅市，又西为绸缎市。中心角迤北为旧线市，南门外迤西为新线市，盖四方商旅之至者众矣。②

其中亦有柴市，而不闻有煤市。

据曹树基估测，乾隆后期临清人口当在 20 万人以上。③曹氏又推断明后期德州常住人口 5 万人到 6 万人④，乾隆时期人口应与明后期相当。两城皆为华北地区较大城市，又紧邻运河，交通方便，坐拥巨量的人口，使用的燃料却依旧是传统的薪柴而非煤炭，原因无他，距离煤炭产地过于遥远而使煤炭价格过于昂贵使然。

---

① 许檀：《明清时期的临清商业》，《中国经济史研究》1986 年第 2 期。
② 乾隆《德州志》卷四，乾隆五十三年刻本。
③ 曹树基：《清代北方城市人口研究——兼与施坚雅商榷》，《中国人口科学》2001 年第 4 期。
④ 曹树基：《中国人口史》第 4 卷《明时期》，第 303~304 页。

即使在北京，由于煤炭价格不菲，节约用煤也成为上层人士值得称赞的美德，清人陈恒庆的相关记载极为风趣，摘引如下：

言俭

人能惜物，一生必可饱暖。乡农背荷粪篮，遇粪则拾之，遇一草一木则拾之，其家必两餐能给。又见秋后收后，种陆挤穗，俱在场矣，秋风萧飒，树叶纷飞，农子之勤者，编竹为大笆，遍野拖笆而行。须臾盈笆，盛之以筐，负至家，积于茅檐之下，如栉如邱，为炊饭之需，为冬烘之计，而以所获秉杆鬻诸市，得钱以购布棉为御冬之衣，三冬熙然，一家宴如也。士绅之家，有能惜一丝一缕者，其享用必久。予见郭寅生外表兄，父为中丞，簪缨累世。性极俭，一羊皮服数十年。家居著旧履，出门始易新者，一双新履，予计其著十年矣。冬月燃煤炉，上有铁盖，不令火炽费煤，子弟亦谨听命。曹殿撰未第时，课读其家，生徒受戒责甫毕，曹公拨炉盖吸烟，生徒一手拭泪，一手盖炉，其家教可知矣。以故良田千顷，大厦千间，子为翰林，作一邑巨室，盖其家法流传，已阅二百余年矣。[1]

北京城中贵人尚且惜煤如金，远离煤炭产区的华北西南地区之普通民众自然更是轻易不能用煤了。

所以，若无先进的开采手段与成本低廉的运输方式，煤的使用断难全面推广。在传统时代，用煤较多之城市必然离煤产地极近。不然，纵使紧靠运河，亦难大量用煤，因为运河的运输成本仍然高于自然河流，远距离调运后的煤炭的价格高于薪柴，失去了优势。

2. 用煤的城乡差异及其社会根源

（1）城乡差异

一如传统燃料，煤炭的使用也存在显著的城乡二元对立。城市人口的总

---

① （清）陈恒庆：《谏书稀庵笔记》，上海小说丛报社民国十一年印行本。

量虽远不如农村人口众多，却都集中在极小的空间里，城池之内燃料蓄积量近乎为零，燃料资源极为匮乏。一般情况下，所需燃料都需要从市场上获取。选择薪柴还是选择煤炭，价格是最重要的决定因素，只要煤炭价格相对薪柴更合适，他们就会选择煤炭。如前所述，煤炭的价格往往低于薪柴，所以煤炭在产煤区附近的城市中很有吸引力。

同时，城市的燃料高度依赖于市场贸易，彭慕兰在研究黄运地区的燃料相关问题时曾指出："在一个自给自足的大区中，外围地区的燃料要比中心城区的燃料便宜，在外围地区，燃料是采拾而来的，而在中心城市，燃料则不得不通过运输而来。"[①] 物流顺畅与否直接影响燃料价格，恶劣天气、战乱、灾荒、瘟疫等都有可能打乱其正常供应的节奏，价格也多波动起伏。煤炭热值较高，与热值较低的薪柴相比更能满足人们储备以备不虞的需求，这也推动了煤炭使用规模的扩大。如明人论述北京城的燃料状况时称："今京师贫民不减百万，九门一闭，则煤米不通。一日无煤米，则烟火即绝。"[②] 如前所述，明代的军事思想中亦格外强调煤炭的储备。[③]

但在农村地区，情况却与城市中有很大的不同，无形的手的调控机制好像失灵了。在前文提及诸多产煤或距煤产地较近的县域内，燃料利用的主流却依然是薪柴。

古代乡村的传统燃料蓄积量远较城市丰富，山区森林密布，获取薪柴自然极为便利。据学者研究，我国的森林覆盖率在宋代约为 27%~33%，明代约为 21%~26%，清前期仍有 17%~21%[④]，这些森林大部分位于山区。如明代易州成为专门满足北京燃料需求的薪炭生产基地，朝廷设置山厂，任命工部官员主管，从北直隶、山东、山西征发砍柴夫砍伐薪柴并烧造木炭，大部分

---

① 〔美〕彭慕兰：《腹地的构建：华北内地的国家、社会和经济（1853—1937）》，马俊亚译，第143 页。

② （明）吕坤：《吕新吾全书》卷 1《去伪斋集》，光绪间修补明刊本。

③ （明）吕坤：《实政录》卷 9《督抚约》；（明）范景文：《战守全书》卷 11《守部》；（明）韩霖：《慎守要录》卷 4；（明）茅元仪：《武备志》卷 111《军资乘守》；（明）钱栴：《城守筹略》卷 2《闻警设备》。

④ 樊宝敏、董源：《中国历代森林覆盖率的探讨》，《北京林业大学学报》2001 年第 4 期。

年份供应柴炭数量可超过 1 亿斤。值得注意的是，山场位置还多有变化，景泰初先迁于平山与灵寿间，又迁于满城，最后因这几个县距离京城太过遥远而又迁回易州，但这些县林木资源丰富且获取薪柴方便当无疑问。[①] 而前述产煤较多的汤阴县"木饶为薪"，武安与涉县"两邑山多材木"。[②] 而清代林县虽用煤较多，但其山区与丘陵占全县面积的比例高达 86%，"其民业樵，采其山，有水磨之利，有柴炭之利"[③]，采柴、烧炭的比例仍较高，"西乡土薄山大，故其民以采樵为生计。每至秋冬，黑夜远望，西山上火光荧荧闪动，忽上忽下者，樵夫烧山开路也；见山间烟焰上出者，山民掘窑烧炭也"[④]。此外，赞皇、井陉等县情形大致类似，林木茂密，获取薪柴较为便利。

即使在平原地区，虽然野生植被不断减少，但直到晚近时代，田边地头、庭院路旁也大都绿树成荫，木质燃料储量仍远胜城市地区。唐宋以降，华北砍伐桑枣的问题一直困扰着政府，这固然是燃料危机深重的表现，却也可以看出乡村地区仍有较多林木资源。[⑤] 如前述冯玉祥回忆幼时在保定附近农村的

① 张岗：《明代易州柴炭山场及其对山林的破坏》，《河北学刊》1985 年第 3 期。另有若干论文也涉及了易州山厂，参看龚胜生《元明清时期北京城燃料供销系统研究》，《中国历史地理论丛》1995 年第 1 辑；孙冬虎《元明清北京的能源供应及其生态效应》，《中国历史地理论丛》2007 年第 1 辑；高寿仙《明代北京燃料的使用与采供》，《故宫博物院院刊》2006 年第 1 期；邱仲麟《人口增长、森林砍伐与明代北京生活燃料的转变》，《"中央研究院"历史语言研究所集刊》74 本 1 分，2003 年 3 月；邱仲麟《国防线上：明代长城沿边的森林砍伐与人工造林》，《明代研究》2005 年第 8 期；田培栋《明政府对太行山与燕山林木的砍伐——明代北京的燃料供应问题》，《北京联合大学学报》（人文社会科学版）2012 年第 3 期。笔者将另外撰文进行研究，此处不赘。
② 嘉靖《彰德府志》卷 2《地理志》，《天一阁藏明代方志选刊》本。
③ 乾隆《林县志》卷 5《风土·土宜记》，第 2b 页。
④ 乾隆《林县志》卷 5《风土·汲氄记》，第 8b 页。
⑤ 相关论述可参看史念海《黄河流域蚕桑事业盛衰的变迁》，载《河山集》；邹逸麟《有关我国历史上蚕桑业的几个历史地理问题》，载《选堂文史论苑——饶宗颐先生任复旦大学顾问教授纪念文集》；徐惠民《北宋时期煤炭的开发利用》，《中国史研究》1987 年第 2 期；王星光、柴国生《宋代传统燃料危机质疑》，《中国史研究》2013 年第 4 期；赵九洲《燃料消耗与华北地区丝织业的兴衰》，《中国农史》2014 年第 1 期。

生活时，提及自己经常在冬季到野外去采集燃料。[①] 其所述已是清末之事，清末以前，树木资源当更为丰富。

更为重要的是，农民——不管山区还是平原——自家的田地里会出产大量可用作燃料的秸秆，同时又远比市民更容易获得野生的杂草资源。宋以降，华北的燃料结构中半木本或纯草本的燃料所占比重不断增大。雍正、乾隆间曾在直隶、福建、安徽等地为官的赵国麟即曾在一份奏折中指出北方以秸秆为燃料的情状与南方大有不同："东南多山林材木之区，柴薪尚属易得，北方旱田，全借菽粟之秸为炊。苟或旱涝不齐，秋秸少收，其价即与五谷而并贵，是民间既艰于食，又艰于爨也。"[②] 林县的方志记载中虽有多处文字模糊缺失，但仍可看出乾隆年间作物秸秆与杂草已然与煤、柴、木炭并列为四类主要的炊爨材料："□□□□稷秸芝麻秸□□□□□用其谷草，以食牲畜。稻草以编帘箔，□□□□□不为薪也。荞麦秸以填牛羊圈，黄蓓草以苫盖屋宇，□□□。"[③]

拾薪渐成妇女与儿童的重要活动，明末曾异撰自北京南下，在河北、山东境内见到沿途无数妇女在野外采拾薪柴的情状："庚辰公车南归，见燕齐道中妇女拾薪无数，皆掘草刮树皮作粥。"[④] 冯玉祥同样提及野外拔草以做燃料，"我七八岁的时候，便有时同家兄到野地里拔草拾柴"，"拔的是一种黄草，可以用来喂马；晒干了，也是一种很好的燃料"。[⑤]

要之，虽然有煤炭这样的可替代用品，可乡村地区草木燃料的供应远比城市要充分。民众可以通过自己的劳动来直接获取薪柴，就使他们对市场流通中的燃料——特别是煤——的依赖性较低。而且，在大部分薪柴可以自给自足的情形下，薪柴市场需求便显得极度疲软，供求关系的制约下会大大拉低其交易价格，可能往往要低于煤炭。

---

① 　冯玉祥：《我的生活》第 2 章《康各庄》，第 13~14 页。

② 　《清高宗实录》卷 110，"乾隆五年二月初六日"条，大学士兼礼部尚书赵国麟奏折，转引自刘龙雨《清代至民国时期华北煤炭开发：1644—1937》，复旦大学博士学位论文，2006，第22 页。

③ 　乾隆《林县志》卷 5《风土·汲爨》，第 9a 页。

④ 　（明）曾异：《纺授堂集·二集》卷 9《诗部·七言绝句》，明崇祯刻本。

⑤ 　冯玉祥：《我的生活》第 2 章《康各庄》，第 12 页。

（2）经济学剖析

这里有必要引入经济学上的效用和边际效用的概念来进行分析。[①] 人们要获取或购买某件物品时，影响交换价值的主要是边际效用。边际效用出自人们的主观感受，最主要的还是受制于人们可能利用的该物品的数量。某种东西纵然非常有用，因其数量太大，就使其边际效用迅速降到了最低点，以至于毫无交换价值可言。亚当·斯密提出"钻石与水悖论"反映的就是此种情况，他指出："水的用途最大，但我们不能以水购买任何物品，也不会拿任何物品与水交换。反之，金刚钻虽几乎无使用价值可言，但须有大量其他货物才能与之交换。"[②] 这一现象也可从边际效用的角度得到很好的解释，奥地利学者维塞尔精辟地指出："价值在其发展中却一定要两度达到零点：一次是在我们什么都没有的时候；另一次是在我们应有尽有的时候。"[③] 王海明进一步加以总结，认为商品的交换价值是"商品对其交换者的效用，是商品仅仅作为商品而不是作为物品对人的效用，是商品满足人的交换需要的效用性"，而使用价值则是"商品使用价值也就是商品不是作为商品，而是作为物品对人的效用，也就是物对人的效用"。[④]

同样是薪柴，置身于传统时代的城市与乡村时却在价值上呈现出显著的差异。某种程度上说，薪柴在乡村极像是"水"，而在城市却极像"钻石"。同样地，从煤炭的角度来看，则其在城市里更接近于"水"，而在乡村更接近于"钻石"。乡村地区的薪柴一般情况下来说是比较丰富的，这就导致其边际效用非常低，人们不愿意花钱去买，而其替代品煤炭自然更没有市场。在城市地区，草木资源极度匮乏，薪柴价格比较高，当有相对廉价的煤炭出现

[①] 所谓效用是指商品和劳务所具有的满足人类欲望的能力，而边际效用则是增加最后一单位的商品所带来的效用的增加量。可参看董长瑞等编著《微观经济学》（第四版），经济科学出版社，2013，第59~60页；任建平《西方价格理论的基础——效用论评价》，《财贸经济》1990年第3期。

[②] 〔英〕亚当·斯密：《国民财富的性质和原因的研究》上卷，郭大力、王亚南译，商务印书馆，2008，第25页。

[③] 〔奥〕弗·冯·维塞尔：《自然价值》，陈国庆译，商务印书馆，1997，第80页。

[④] 王海明：《效用论价值定义辩难》，《浙江社会科学》2003年第3期。

时，人们自然更青睐煤炭。

我们注意到，在城市与乡村中存在着不同的炫耀性燃料消费行为，也与效用有关。所谓炫耀性消费，是指消费行为的目的不是消费品本身，而是通过购买消费品来夸示财富，从而将自身与财富水平较低的阶层区分开来的行为。[①] 在北京这样的人口众多且距离煤产地较近的大都市中，煤炭远比薪柴便宜，故而下层民众用煤远比上层人士多；而在较偏远的乡村地区，煤炭价格则极为昂贵，薪柴可直接通过自己的劳作获取，故而即使有用煤现象，也多是富贵之家偶或为之。这样的差异，是人们与生俱来的炫耀性消费心理使然。

龚胜生认为明清时期北京城的煤炭在总的能量消耗结构中所占的比例不足三成，其推算的依据是万历年间乡试、会试的燃料消耗情况。[②] 据此来估测全城的燃料消耗结构，恐怕不合实情。宫廷与官方会因其垄断地位与公权力而较多使用价格昂贵的燃料，近似于炫耀性消费。成化二十三年（1487），明孝宗刚刚即位，礼部右侍郎丘濬就提议官员与政府机构用煤炭取代薪柴，他指出：“今京城军民，百万之家，皆以石煤代薪，除大官外，其惜薪司当给薪者，不过数千人之烟爨，无京民百分一，独不可用石煤乎？”[③] 丘氏的论说或许过于夸张，但也反映出了政府与达官贵人用柴的炫耀性特质。崇祯三年（1630），户部官员上奏中称：“煤堪久贮，柴炭犹非急需。闻前此有收买柴炭者，糜官钱而无实用，终非便计。”[④] 亦可见柴炭并非最经济的燃料。

而古代农村地区用煤则是比较体面的事情，相关记载较少，可从民间传说中窥探其中的情状。如武安民间故事中有康熙年间大力士郑老笨到和村偷煤的事情，故事记述其心理活动：“俺娘在家一年四季烧柴火，烟熏火燎，受

---

① 参见邓晓辉、戴俐秋《炫耀性消费理论及其最新进展》，《外国经济与管理》2005 年第 4 期。Robert H. Frank, "The Demand for Unobservable and Other Non-positional Goods," *American Economic Review*, March 1985a, 75, 101-116. 还可参看〔美〕罗伯特·弗兰克《牛奶可乐经济学 3》，闾佳译，第 133~146 页。

② 龚胜生：《元明清时期北京城燃料供销系统研究》，《中国历史地理论丛》1995 年第 1 辑。

③ （明）丘濬：《守边议》，载《明经世文编》卷 73，明崇祯平露堂刻本。

④ （明）毕自严：《度支奏议》堂稿卷 11《覆兵科题请买煤疏》。

了一辈子罪，不如我捎上两缸煤，到冬天也让俺娘生个煤火暖和暖和。"① 余不尽举。

此外，还应指出的是，人们在进行决策时往往会忽视隐性成本。② 或者说，在国人的经济思维中，很少考虑比较优势，从而对广泛而深入的贸易重视不够。③ 具体到燃料问题上来说，就是人们很少考虑这样的问题：如果人们不去亲自动手采集薪柴，而将精力用来做其他事情，那么我们可能获得的回报会是什么？在传统时代，我国民众很少将自己付出的劳动折算为一定的价值，因而也很少计较劳动的投入与产出的对比关系。这一特质既使传统时代的农民创造了一个个不可思议的人间奇迹，又使我们最终没能实现社会组织与生产技术方面质的突破。西方学者所谓的"高水平的平衡陷阱"与"过密化"等概念所描绘的情状，实皆导因于此。这一特质显然在我国的燃料发展历程中也留下了深深的印记。

我们看到的是，即使煤炭价格低于薪柴，人们对价格的差异也并不十分敏感。乡村地区，薪柴可以通过自己的劳动获得。虽然付出了更多的时间去获取薪柴，但无须出钱购买。对他们而言，煤炭再便宜也需要花钱，而薪柴则可免费获得，故而煤炭在农村中的推广阻力较大。人们顽强地坚守着使用草木燃料的传统，甚至延续到当代。④

当然，我们也不能超脱当时的历史情景来强作说辞。前近代农民的经济理念不能用工业时代的价值观念去衡量。在前工业时代，人们不把自己的所有劳动时间都折算为价值，实际是因为绝大部分的劳动时间难以兑现为价值。当时的经济结构使农民普遍的极为贫穷，又不能提供更多的将闲置劳力转化为价值的机会。不去采集薪柴则会闲置大量时间与精力，同时要消耗有限的

---

① 参见杜学德主编《中国民间文学集成·邯郸市故事卷》上册，第 407 页。

② 〔美〕罗伯特·弗兰克：《牛奶可乐经济学》（教材版），闾佳译，中国人民大学，2013，第 6 页。

③ 〔美〕曼昆：《经济学基础》（第 5 版），梁小民、梁砾译，北京大学出版社，2010，第 46 页。

④ 笔者的家乡在河北省武安西部山区，本县煤储量极为丰富且开发较早，西去山西长治地区亦不远，获取煤炭相对容易。但经笔者田野调查及口述史访谈后却发现，20 世纪 80 年代之前几乎无人用煤。迄至今日，仍有不少家庭保留着煤、柴两用的传统，而在非取暖期更是有人家完全不用煤炭。即使是冬季取暖期，也有不少家庭用特制的铁炉燃烧木柴来取暖。

资金去购置燃料，这是很不经济的。所以农民抵触市场流通中的煤炭，实在是当时历史条件下的理性选择。

3. 高风险对煤业发展的影响

投资开采煤窑，若适逢窑中煤储量较为丰富，经营管理得当，没有出现暴雨、地震等灾害，没有安全事故，利润当然极为丰厚。

但是开窑的投入也较大，煤窑的规模越大，投入也越多。据邓拓的调查可知，清代大约要花费白银 1000 两才能在北京西山开一个中等规模的煤窑。① 在明清时期的经济发展水平下，这是一笔非常可观的开销。除前期的投资之外，定期交给地主的租金，给煤夫发放的工钱，也都是不小的开支。如前文所述，地主所得会占到总收益的 1/9 至 1/5，而煤夫的工资最低为每天 70 文，高的可达 300 文。以一个中等煤窑每天用工 100 人计，则仅每天的工钱至少7000 文，多的可达 30000 文。

交纳给官府的税银数量也颇为可观。如康熙六十一年（1722），宣化采马坡诸窑每年需纳课银 3000 两。又如嘉庆年间，宛平、房山两县每座煤窑要交纳课银 60 两。② 一旦遇到苛暴的官吏，窑主甚至会被搜刮得彻底破产。明万历间的窑户、煤夫大示威游行事件即由于税监王朝过度盘剥引发。

投资之外，煤窑开工后，还要面临一系列的考验。倘若煤窑选址不佳，便会出现无煤可采，或者地下水位过高而无法采煤的情形，都会使窑主得不偿失。一旦遭遇暴雨山洪冲毁或淹没煤窑，窑主更有可能血本无归。生产安排与人员调度的工作极为繁琐，防止账房、工头营私舞弊，防止人夫磨洋工，管理不得法，也会严重亏损。煤夫鱼龙混杂，不易管理，打架斗殴乃至人命案件极容易发生，窑主稍有不慎又会官司缠身甚至身陷囹圄。

明清时期，要当窑主，门槛很高。雄厚的财力，精明的头脑与练达的人际交往能力，过人的魄力与胆识，这些缺一不可。符合条件又愿意投资开办煤窑之人，可谓少之又少。

---

① 邓拓：《从万历到乾隆——关于中国资本主义萌芽时期的一个论证》，《历史研究》1956 年第 10 期。

② 《钦定大清会典事例》卷 951。

纵然是有人靠开采煤窑发家致富，也少有扩大再生产形成规模经营者。一如其他产业那样，在西方工业模式深入影响我国以前，采煤业并未出现真正意义上的资本家。"以末致财，用本守之。以武一切，用文持之。"这是前工业时代中国人根深蒂固的信念，煤窑主也不例外。出于规避风险与明哲保身的诉求，煤窑主同样更热衷于将赚得的财富用于置办田产，而非进一步投入生产环节，所以煤炭行业的生产经营模式便没有自我实现质的突破。

当然，国人固有的财产继承制度——诸子分家析产——也使煤窑生产规模无法不断扩大。"君子之泽，五世而斩"，煤窑经营者们也无法摆脱这样的宿命。

二 技术因素之影响

1. 生产技术之限制 [1]

宋以后，我国煤炭的生产规模与使用范围都不断扩大，但却一直没有突破煤炭生产技术的瓶颈。

古代采煤系纯人力操作，所采用的工具主要是凿子、锤子、钢钎、铁镐、耙、筐子等物件，生产效率并不高。古代主要采用立井开拓的方法，工人上下井都很不方便，为了节省时间，工人一次下井往往要连续工作16~24小时。有的煤窑为了节省时间，甚至会让工人连续在井下工作几个月，食宿全在井下解决，如清代井陉县的"淘取之辈"就"幽居经月而不出，奔走长夜以无眠"[2]。如此长时间高强度劳作，每人一天也只能采煤200~500斤。即以500斤计，若煤窑每班20人工作，且全部投入采煤，一天也仅可采煤10000斤，约合5吨，一年也不过1800余吨，这样的采煤方式显然极大地制约了煤炭产量。由于采煤效率低，煤窑主为了牟取更多的利润，常常最大限度地压榨煤夫的剩余价值，在煤夫患病的情形下也不准休息，煤夫不服从就要遭受辱骂与殴打，甚至因而引发命案。如嘉庆二十三年（1818）的三月

---

① 本部分的论述主要参考了李进尧、吴晓煜《中国古代金属矿和煤矿开采工程技术史·煤矿编》，第323~326页。

② 光绪《续修井陉县志》卷3，光绪元年刻本。

与十一月，西山同一煤窑的两名煤夫小官儿和小义子即先后因生病工作效率不高而被毒打致死。① 此外，巷道过于狭小，作业面距离井口过远，也严重影响了采煤的效率。如明代西山的大峪山"有黑煤洞三十余所，土人恒采取为业。尝操锤凿穴道，篝火裸身而入，蛇行鼠伏，至深入十数里始得之，乃负载而出"②。

矿井中煤炭的搬运工作也费时费力。从掘进面到运输巷道，往往只能靠人或背或挑或拖。比较常见的是用拖筐，拖筐底部安装木条或铁条甚或小木轮，有条件的煤窑还会在巷道底部铺上木板，这些举措都是为了减少摩擦力，方便拖拽拖筐。明清时期，也有煤窑用骡子或马在井下驮煤运煤，但并不常见，一般还是以人力为主。总体而言，古代运煤效率并不高，拖运煤炭的劳动强度极大。

煤炭搬运至窑口附近还需要提升至地面，这是斜井开拓与立井开拓都要面临的问题。在古代，提升用的工具主要有桔槔、辘轳与绞车。提升工作也以人力为主，绞车虽也有用骡马的，但并不普遍。而人员上下也要借助绞车，时常因此而发生危险，武安民间故事记述明朝万历年间有一位大汉叫万大脉，在到彭城镇挑煤时就赶上了有人遇险的事，摘录相关描述如下：

> 他买了两口大缸，用一条大杆子担着，向煤场走来。正进煤场，只听喊声四起，一个穿着一身黑缎子的胖子一边拍屁股，一边骂，直冲窑口喊救人。
>
> 原来，窑主人叫工头下窑监工，大辘轳放了飞车，眼看就要摔成肉饼。大脉一看就要出人命，顾不得多想，飞身上了窑口，用手里掂着的大杆猛一别，一只手顺势把住了飞转的辘轳。人得救了，窑主人非常感

---

① （清）那彦成：《那文毅公奏疏》卷 55。

② （清）缪荃孙辑《（永乐）顺天府志》卷 11《宛平》，北京大学出版社，1983 年影印本，第 295~296 页。

激，就问壮士的家乡居住，尊姓大名。[①]

是否确有其人其事已难考证，但类似的情形必然在生活中很常见，不然讲故事的人也不会将其编入故事中。

如何排水也是摆在所有窑主面前的重大难题，在历史的早期，人们只能通过肩挑与手戽来排除积水，排水效率极低，还要占用大量的人力。后来又使用了绞车、牛皮包、木桶等器械来排水，但效率的提高也非常有限。清代西山地区有众多煤窑联合修筑泄水沟来自动排水，但开销巨大，常要政府出面资助，还极容易淤废，实际效果并不理想，排水主要还需借助人工。排水工作的劳动强度之大，可从道光元年（1821）的水工李二被打死一案看出。据那彦成对该案的记载，李二所在煤窑共设置48坝来排水，安排水工头进行管理，为了防止水工消极怠工，还要每12坝安排一名巡水人。事发前李二因身体不适不欲下井，在惨遭毒打后被迫带病下井到第八坝打水，连续打水1800斗后因疲累已极而稍事休息，巡水人石春发现后督促其继续打水，李二实在无力打水，央求石春接替他，石春生气而殴打李二，之后答应李二再打600斗即行替换。可李二仍无法打水，石春又对李二进行毒打，李二终因伤重不治而毙命。[②]据这一记载可知，该煤窑中排水用人极多，48坝即使每坝2人，仅每班之排水工也将近百人。而排水工劳动强度也极大，李二已排水1800斗，竟仍不能令工头满意。清代1升折合公制1.035升，1斗合10升。[③]李二休息之前排水总容量折合公制约为18630升，水的密度约为1千克/升，李二休息之前排水重量竟达18.63吨。若按照巡水人的要求再打600斗，则总排水量将达到24.84吨！若在身体健康的情况下，排水工每天排水数量必然更要高得多。排水用人过多，必然使投入采煤、运煤方面的人夫数量大为减少，从而影响煤炭产量。同时，排水的劳动强度极高，又

---

① 民间故事《万大脉的传说》，见河北省武安县民间文学集成编委会《中国民间文学集成·武安民间故事卷》，第39页。

② （清）那彦成：《那文毅公奏疏》卷54。

③ 丘光明、邱隆、杨平：《中国科学技术史·度量衡卷》，第428页。

使煤炭的成本显著增加，提高了市场售价，阻碍了煤炭的进一步推广。虽然煤窑经常动用大量的人力来排水，但是煤窑透水和淹死矿工的事情仍时有发生，如清代井陉煤窑"时有沉溺倾覆之危"，煤夫"每有水出淹死者"。[①]虽然极力排水，但囿于当时的技术条件，不少煤窑一到雨季即会因地下水增大无法排出而停产，到雨季过后地下水消退后再重新生产，民间称为"雨来散"，老北京西山煤窑大多在农历五月初一关窑，在九月初一再恢复生产。[②]

古代煤窑通风技术不理想也在一定程度上影响了煤炭的生产规模。煤窑之中常有大量的沼气、二氧化碳等气体，若不及时排除则会危害矿工生命。而大量矿工在地下工作，呼吸也会产生大量二氧化碳，该气体密度较重，会大量聚集在煤窑之中，积累到一定程度后会造成缺氧环境，对矿工之身体健康产生消极影响，严重了还可能造成其窒息死亡。所以古人较早就注意到了通风之重要性，起初用自然通风法，主要有单井法与双井法两种。单井法只有一个井筒，但会砌筑一条专门的通风道来排气；双井法则构筑双井筒双巷道，一个进气，另一个则排气。后者通风效果远比前者好。自然通风之外，人们还尝试人工通风，利用风车、风扇、风柜、皮囊等鼓风设备向矿井内压送新鲜空气。但总的来说，前工业时代的通风条件不够理想，这影响了煤窑掘进的纵深推进距离。

照明技术也在一定程度上影响了采煤业的发展。在古代的早期，井下多直接采用明火来照明，常见的照明器材有火把、油灯等。但煤窑之中瓦斯气体含量较多，且瓦斯涌出量随着煤窑深度的增加而增加，稍有不慎就会发生爆炸，危及矿工生命。[③]直到现代，瓦斯突出仍为最常见的矿难原因，在古代

---

① 光绪《续修井陉县志》卷 3。
② 赵华川、赵成伟、袁树森：《老北京风情系列：旧时行业》，文化艺术出版社，2015，第 140~141 页。
③ 瓦斯是人们对煤矿中蓄积的易燃易爆气体之通称。瓦斯是远古植物的纤维素和有机质在堆积成煤的初期经厌氧菌的作用分解而成。其主要成分是烷烃，其中甲烷占绝大多数，另有少量的乙烷、丙烷和丁烷，此外还常含有一定量的硫化氢、二氧化碳、氮和水汽，以及微量的氦、氩等惰性气体。瓦斯如遇明火，即可燃烧，继而发生爆炸。瓦斯爆炸是煤矿工人所面临的重大威胁之一。

明火照明条件下，发生瓦斯爆炸的可能性更大。最晚至明代，人们开始给油灯加罩，以期降低起火爆炸的可能性。但整体而言，在近代的照明技术出现之前，传统的照明器具不足以真正避免瓦斯爆炸，这大大影响了煤窑的采掘深度。①

河北武安有民间故事《老君腿的传说》，其中有对煤矿工人劳作场景的描述，既可看出工作的辛苦和危险，又可看出传统技术生产效率不高，摘录如下：

> 老君驾着云头，来到一处煤窑上，只见八个赤身裸体的汉子，腰里围着块破布片，打着口哨绞着一个大滑车，滑车上的麻绳足有胳膊粗，从窑下往上绞煤。旁边立着一个人，拿着鞭子，一见车绞得慢了就动手打人。老君心想："绞煤的人这样不容易，窑下边的人也不知道是咋着挖煤的？"他按下云头，变成一个年轻人，下到窑底了，到了挖煤的地方一看，人们都嘴咬着菜籽油灯，爬在又窄又低的小巷道里，拉着筐子往外拖煤，爬一步，出一身汗。人的身上、脸上全都是黑的，光能看见眼睛一眨一眨哩。老君看到挖煤的人这么受罪，就教给人们一个用滑力的办法，都按他的办法去做，果然灵验，拉起来又轻又快。

---

① 由于生产技术一直没有实现质的飞跃，所以采煤人与运煤人的劳动条件一直都很险恶。古人也留下了不少相关记载。

（清）王鸣盛《采煤叹》："小车轧轧黄尘下，云是西山采煤者。天寒日暮采不休，面目黧黑泥没踝。南人用薪劳担肩，北人用煤煤更难。长安城中几万户，朱门金盘酒肉腐，吁嗟谁怜采煤苦！"（王鸣盛：《西沚居士集》卷8，南翔文墨斋石夏珍局道光三年刻本。另见吴晓煜《中国煤炭史志资料钩沉》，第399页）

（清）祝维诰《煤黑子叹》："煤黑子，西山住，每朝卖煤城里去。京师待炊百万户，谁人知道采煤苦。山高路远乱石多，凿深束矩行逶迤，崖崩穴塞将奈何。盈筐磊块纷积铁，千斤万斤运不辍。车轮欲摧马骨折，满身如漆面如鬼。日暮出城不得洗，犹鼓长鞭立车尾。"（祝惟诰：《所知集》卷3，见吴晓煜《中国煤炭史志资料钩沉》，第396页）

（清）钮琇《采煤曲》："云根劚尽龙山坼，辘轳深绠垂千尺。额灯蒲伏漆为肤，饥驱贫子齐肩入。朝入还期夕数钱，忽逢崩石生长捐。千村土锉炊烟出，中有民命如丝悬。"（《临野堂集》诗集卷8，清康熙刻本。见吴晓煜《中国煤炭史志资料钩沉》，第401页）

余不尽举。

有一天，窑下冒了顶，老君上前就用脊梁顶住了顶板，连忙叫众人往外跑。等人都跑出去了，洞子也塌了，只有他顶的地方没有塌。洞口塌了，老君也出不去了，一连几天也摸不到洞口在哪儿。里边不通气，憋得他喘不过来气，眼看就不行了，忽然听得身边有一群老鼠围着他叫唤哩。老君说："老鼠老鼠，莫非你们能够救我？"老鼠听他说话，就一起咬住他的裤腿往洞口拽。老君随着老鼠才找到了洞口方向，吸了几口新鲜气儿，身上才觉得有了劲。又过了几天，窑工们把塌下的巷道挖开了，他才出去。后来老君回到天宫，给窑工们托梦说出他在窑下的经过，窑工们才知道，原来他是老君，煤窑下边护井帮就叫成了"老君腿"。在窑下边见了老鼠，谁也不肯伤害，因为它救过老君爷。①

编故事的人必然有着多年的煤窑工作经验，在编故事的时候不经意间将真实的传统煤窑工作景象呈现在我们面前。老君下凡当然荒诞不经，但对煤窑的细节描写却要胜过多数文献记载。

时至20世纪10年代，唐山煤矿的生产条件仍极为恶劣，《新青年》上署名"无我"的作者在调查中即指出：

余每到唐山就看见那挖煤的苦汉，穿着木头底的履，跟那腻垢破烂的衣，开口露出雪白的牙，抬头现出锅底似的脸，结群成帮的，走在大街上。这般苦汉，到在煤洞子里，虽是隆冬，也热过盛夏；甚而至于空气不足，窒闷欲死。且常有土地塌陷，或煤石下坠，压成肉饼的。井下的煤，用人工挖，用马车运……②

---

① 杜学德主编《中国民间文学集成·邯郸市故事卷》中册，第251~252页。

② 无我：《唐山劳动状况（一）》，《新青年》第7卷第6号，1920年5月，转引自李文海、夏明方、黄兴涛主编《民国时期社会调查丛编》二编《城市（劳工）生活卷》下册，福建教育出版社，2014，第14页。

《新青年》同期还有署名"许元启"的文章，对唐山煤矿井下劳作之凶险有更细致的描述，摘录如下：

> 生死率：这没有精确的报告。据说每月因伤死于矿内者平均四人，多的时候十几人、几十人不等（并死者不计）。大半因不通风闷死和中毒死。伤的人数比死的多两倍……
>
> 矿中情况：上面的几层已经开得没有煤了。五层以下才有煤。矿中的情状非去过的是想象不出的，从上面到矿里有三个井口，最大的井口直到第七层，以下须换车下降，每层有几支大路，大路又分支路，支路又分小路，都是沿着煤脉成路的。我们现自去调查的是第七层和第八层（因矿务局不容外人入矿，颇不易调查）。大路阔11尺高10尺，途中昏黑没灯火及种种设备，非常泞泥，路旁有水沟，水深过膝。路中设轨，用骡车运煤。小路阔只七尺，高只四尺半，走的须俯伏行走。顶和两旁用木柱上撑，身手偶触之，煤块纷纷从上下坠。工作的地方非常狭窄，且煤层向上作斜坡，矿工赤身涂炭，屈曲如猬，借一点灯光，在内工作。这种情状，看见的都要想这是宗教里的地狱，而非人间。并且还有许多危险的工作。虽然里面有通气的风筒，但是一些流动的空气都没有。空气里夹着煤气、水汽、硫磺气和种种重浊的臭气。气温的高至华氏83度，气压的大大到水银柱三十二寸十分之七（在第八层1466尺下）。地面都是水，伸腰须覆在地上。别处做工的恐没再比他更苦了。[①]

综上，煤炭生产各个环节一直以人力为主，真正节省人力的采煤机械寥寥无几，而效率更高的生产方式也一直没有出现。在技术瓶颈的制约下，窑主只能采用高人力投入的方法来进行生产，在农业生产中出现的边际效益递减现象可能同样出现在了采煤业中。而劳作条件差，工人伤亡率高，也显著

---

① 许元启：《唐山劳动状况（二）》，《新青年》第7卷第6号，1920年5月，转引自李文海、夏明方、黄兴涛主编《民国时期社会调查丛编》二编《城市（劳工）生活卷》下册，第19~20页。

增加了窑主的经营成本。煤炭生产的效率偏低而成本偏高，这些使煤炭总产量没能获得突飞猛进的增长，煤炭的推广也显得举步维艰。

我们注意到，上述技术难题在前近代的欧洲同样存在，而且还更加严重。中国的煤炭生产技术曾经在相当长时间里处于全球领先水平，煤炭的普及程度也曾在相当长时间里远远超过欧洲。但最终突破技术瓶颈的却是欧洲，而非中国。英国等欧洲列强在煤炭生产方面的革命性变化，把本来走在采煤业前列的中国远远抛在了身后。我国煤炭产业实现质的飞跃，是通过输入西方的技术手段才得以实现的。

令人困惑的是，在燃料危机极其严重的明清时代，大量用煤显然是化解燃料危机的灵丹妙药。可历史的吊诡之处是，我国——特别是华北地区——潜在的用煤市场极为广大，潜在用煤需求也极其旺盛，在这样强劲的刺激之下，为何我国的煤炭生产技术却始终未能实现本土突破？为何真正意义上的燃料革命，是经过欧风美雨的洗礼之后才得以全面展开的？恩格斯称："社会一旦有了某种技术上的需要，则这种需要就会比十所大学更能把科学推向前进。"[1] 这一断言就前工业时代的中国煤炭开发技术乃至其他工程技术的发展情况来看，似乎不能完全站得住脚。

李约瑟 1938 年即就全球科学发展史提出了一个问题："为什么现代科学只在欧洲文明中发展，而未在中国（或印度）文明中成长？"到 1964 年，他又提出了另一个问题："为什么在公元前 1 世纪到公元 15 世纪期间，中国文明在获取自然知识并将其应用于人的实际需要方面要比西方文明有成效得多？"[2] 两个问题实为一体之两面，自提出之后即受到了我国学界的广泛关注，学者们各抒己见，争论不休，至今尚未尘埃落定。

李约瑟的两大问题细化到中国的煤炭生产技术上也是恰如其分的，而笔

---

① 〔德〕恩格斯：《致瓦·博尔吉乌斯布勒斯劳（1894 年 1 月 25 日）》，载《马克思恩格斯全集》卷 39，人民出版社，2016，第 198 页。

② 〔英〕李约瑟著，徐汝庄译《东西方的科学与社会》，《自然杂志》1990 年第 12 期。原载《伯纳尔纪念文集》（伦敦，1964 年），《科学与社会》1964 年第 28 卷，《半人马星座》杂志 1964 年，第 10 卷。后又收入李约瑟论文集《大滴定》（伦敦，1969 年；多伦多，1979 年）。

者在上文中提及的两个疑问实际也相当于"李约瑟难题"的一个分论题。

但究竟该如何回答上述问题，笔者也尚未形成定论，或许与古人对能源利用效率的感性认知有关。我们当代人需要反思的是，化石能源的效能是否真正高于传统的薪柴？这一问题，笔者将在第九章第三节再做进一步的分析。

2. 交通运输条件的制约

明人称："江南饶薪，取火于木，江北饶煤，取火于土。"[①] 似乎北方地区已然广泛使用煤炭，其实不然。正如其他商品一样，生产与消费之间，须经运输方能衔接起来。能否进行快捷、海量、廉价、远程运输，是煤炭能否打开销路、扩大使用范围的决定性因素。

可是，明清时期的交通运输技术却与煤炭的生产技术一样，没有实现质的突破，煤炭的运力较小，运输距离也相当短，往往只能供应距煤窑 100 里以内的村庄与城镇，运输距离过远将使运输成本超过生产成本，而煤炭价格最终会超出人们的承受极限，这也是古代煤炭推广过程中面临的重要瓶颈。

关于运输问题对煤炭销售的影响，吴晓煜等人曾有所分析，他们指出：

> 由于煤炭开发的进步，煤炭商品地位的提高，运输问题显得越来越重要。因为业煤者要想获利，就必须使煤炭顺利地外运出售，若运输条件不好，成本提高，就会影响到销售。而销路不畅，轻则会影响到利润的获取，重则关系到投资能否收回，煤窑能否继续维持经营。因此，商品煤的运输对成本、价格、销售、利润非常关键。如果运输问题解决得不好，就会形成恶性循环，反之亦然。例如，明清初期，凡是运输条件好的地区，煤炭开发程度都比较高，煤窑业比较兴旺就是明证。因此，清代后期有人总结出这样的经验："煤之质重而价贱，转运不灵，无利可获。故营此业者，欲开富源，必先辟运道也"，"欲货其煤，须通其路"。[②]

---

① （明）王士性：《广志绎》卷1《方舆崖略》，中华书局，1981，第 3 页。
② 《中国古代煤炭开发史》编写组：《中国古代煤炭开发史》，第 175 页。

他们的分析固然有道理，但分析的重点放在了传统的陆路上，没有提及交通方式与技术之影响。在传统时代，交通技术尚未出现质的突破情况下，水运无疑是最高效、最廉价的运输方式，依赖人力或畜力的陆运成本往往高达水运的数倍乃至十数倍。《唐六典》中载古代的运输速度称："凡陆行之程：马日七十里，步及驴五十里，车三十里。水行之程：舟之重者，溯河日三十里，江四十里，余水四十五里；空舟，溯河四十里，江五十里，余水六十里。沿流之舟则轻重同制，河日一百五十里，江一百里，余水七十里。"[①] 则船在顺流之时，运输速度远胜陆路。一条船装运的煤炭数量，也远胜肩挑和车载。而华北产煤区域都在山麓地带，位于河流上游，若水文条件良好，通过船只自上而下向腹心的平原地带运送煤炭，效率显然远胜陆路。

宋代文献中给出了具体的运费情况，称："每一百里一百斤，陆路一百文；水路，溯流三十文，顺流一十文。"[②] 实际的陆路成本远比官方给出的要高，如元丰七年（1084）三月，知太原府吕惠卿即称："自五年军兴，调夫与驴于民，夫一名官支雇钱一千、米一石，驴一头官支赁钱五百。而民间自太原至潞州至河外，一夫之费多至百千，驴之直多至十千，调驴三千头，至用钱四万贯，而官支才千余缗。"[③] 在华北水运衰退的大背景之下，靠陆路远距离运送煤炭的成本之大可想而知。据刘龙雨研究，1866 年京西斋堂煤矿每吨煤的采掘成本约为 2.5 两，但经牛车辗转运送到天津市场，即使每吨以 12 两的价格出售，贩运者也未必能盈利，运费竟然接近成本的 4 倍。[④] 运输耗费如此大，自然不利于煤炭的远距离行销，距离产煤区较远的区域用煤的积极性自然不足。

宋代开封有便利的水运，其军民炊爨所需的煤炭可以取自数百里之外的

---

① （唐）李林甫著，陈仲夫点校《唐六典》卷 3《度支郎中、员外郎》，明刻本。又见（清）顾炎武《日知录》卷 10，清乾隆刻本。

② （宋）谢深甫：《庆元条法事类》卷 37《给纳》《旁照法》，黑龙江人民出版社，2002，第581、605 页。转引自柴国生《唐宋时期生物质能源开发利用研究》，郑州大学博士学位论文，2012，第 129 页。

③ （宋）李焘：《续资治通鉴长编》卷 344 "元丰七年三月"。

④ 刘龙雨：《清代至民国时期华北煤炭开发：1644—1937》，复旦大学博士学位论文，2006，第 39 页。

怀州、孟州；而元明清北京水运不畅，京畿之西山便成为京师主要的煤炭供应地。

据诸多学者的研究，中古及其以前，华北地区的水文条件优于近世，河流水量丰沛，故而内河航运比较发达。汉末曹操经营邺城，大规模疏浚河北水道，构筑起了四通八达的航运体系，从位于华北西南部的邺城出发可以直抵今日天津地区，曹操征讨袁氏、乌桓，司马懿征讨公孙渊，行军与粮草补给都借助了内河水运。此后后赵、前燕、后燕、北魏、北齐等政权雄踞河北，内河航运也在稳定政权方面发挥了重要作用。

自隋唐统一，航运的经济价值更加凸显，除大运河外，河北道天然河流与人工沟渠密布。唐初，蓟州以西的桑干水可以通漕运。唐太宗远征高丽，韦挺负责军粮漕运，即派王安德"作漕舻转粮，自桑干水抵卢思台，行八百里"[①]。神龙年间，姜师度在蓟州渔阳郡兴修平虏渠，"傍海穿漕，以避海难"[②]。此种情形在后世已经非常少见。

宋代营建的塘泺工程位于今保定与天津一线，华北诸水尽被引入塘泺，水环境发生了急剧的变化，相关情形可参看第五章。自宋以降，华北的内河航运事业遂急剧衰落，除大运河借助政府支持尚可勉力维持外，其他航运规模都已微乎其微。至金、元时期，在北京附近多次构筑渠道均以失败告终。[③]

---

① （宋）欧阳修、宋祁：《新唐书》卷98《韦挺传》，中华书局，1975，第3903页；另参（后晋）刘昫《旧唐书》卷77《韦挺传》，第2670~2671页。

② （宋）欧阳修、宋祁：《新唐书》卷39《地理志三》，第1022页；另参（后晋）刘昫《旧唐书》卷49《食货志下》，第2113页。

③ 关于华北的内河航运发展详情，可参看〔日〕佐久间吉《关于曹操时漕运路线的形成》，载《社会文化史学》，1976；薛瑞泽《北魏的内河航运》，《山西师大学报》（社会科学版）2001年第3期；王利华《中古时期北方地区的水环境和渔业生产》，《中国历史地理论丛》1999年第4辑；王利华《中古华北水资源状况的初步考察》，《南开学报》（哲学社会科学版）2007年第3期；王利华《魏晋南北朝时期华北内河航运与军事活动的关系》，《社会科学战线》2008年第9期；王利华《隋唐时期华北地区的内河航运及其环境难题》，载其论文集《徘徊在人与自然之间——中国生态环境史探索》，天津古籍出版社，2012；吴宏岐《略论金代的漕运》，《中国历史地理论丛》1994年第3辑；邹逸麟主编《黄淮海平原历史地理》第118~147页。类似论著颇多，余不尽举。

当然，明清时期华北的内河航运仍有零星的分布。直隶广平府永年、邯郸、磁州等地出产的煤炭，可以经由沿滏阳河转运，运抵府东北方向的曲周、鸡泽等县后，转经其他水系运至顺德、真定、河间等府境销售。[①]豫北的卫河在明清时期也具有较高的航运价值，河内县（今沁阳市）之清化镇（今博爱县政府驻地）处于丹水与小丹河交汇处且可通过小丹河而抵达卫河，便捷的水运条件使该镇成为重要的商品集散地，大量货物经由清化镇运至卫河沿岸。乾隆时期，汲县（今卫辉市）本地不产煤，所需之煤即全部来自清化镇。[②]

但是总的来说，宋以后华北的水环境已经恶化，仍具有航运价值的河流并不多见，故而通过水路来远距离调运煤炭的能力非常有限。如前文所述，明清时期华北的煤炭产地集中在太行山东麓与燕山南麓，地势都比较高，俯瞰整个海河平原。倘若水运便利，煤炭可顺流而下，抵达不产煤的广大平原地区，运输成本将极为低廉。遗憾的是，海河流域诸河流到明清时期已然无法担当如此重任。所以，华北的煤炭只能在非常有限的区域内使用。

即使是距离西山比较近的北京城，也因为没有便利的水运，煤炭的推广也经过了较长的时间。元末曾试图重开元初修筑但已湮废的金口河来运送煤炭。至正二年（1342），两位丞相建议开河，而皇帝予以批准并迅速予以实施，史载：

> 右丞相盖都忽、左丞相脱脱奏曰："京师人烟百万，薪刍负担不便。今西山有煤炭，若都城开池河上，受金口灌注，通舟楫往来，西山之煤，可坐至于城中矣。"遂起夫役，大开河五六十里。时方炎暑，民甚苦之。其河上接金口水河，金口高，水泻而下，其水湍悍，才流行二时许，冲坏地数里。都人大骇，遽报脱脱丞相。丞相亟命塞之。京师

---

① 乾隆《永年县志》卷10《水利》，乾隆二十二年刻本。
② 乾隆《汲县志》卷6《食货》，乾隆二十年刻本。

人曰："脱脱丞相开干河。"[1]

回顾华北的内河航运史，就会发现，航运条件较好的时候，传统燃料资源较为丰富，煤炭使用较少；而传统燃料告急，煤炭用量增大之时，却又恰是华北航运条件变差之时。倘若中古及其以前那样顺畅的水运条件能够一直保持到近世的话，则煤炭的推广显然会顺畅很多，或许就能从根本上化解燃料危机，而华北的社会与生态面貌也将有很大不同。但历史的吊诡之处就在于此，华北在社会经济与环境资源状况的夹缝中挣扎前行，最终没能实现彻底的燃料革命。

虽然华北的若干城市紧靠运河，但仍难大量用煤。因为运河呈南北走向，水量较小，运力有限，主要功能在于调运漕粮，并无大规模运送煤炭的能力。即便有运力，漕运成本之高也令人咋舌。顺治年间陆世议认为漕粮官耗将近40%，嘉庆中刘权之又认为漕粮每石的运输总费用高达白银 18 两。[2] 纵然利用运河，远距离调运后的煤炭价格大大高于薪柴，失去了价格优势。

水运条件的限制之外，人们也没能找到大幅度降低远距离陆运成本的方法，没能发明全新的交通工具，陆路运输的动力始终未能超出人力与畜力之外。直到晚近西方铁路运输技术传入，才为煤炭的大数量、远距离、低成本、快速度运输创造了条件，煤炭才得以在水运不发达的华北地区推广与远销。

---

① （明）权衡：《庚申外史》卷上，《四库全书存目丛书》史部杂史类，第 45 册，齐鲁书社，1996，第 222~223 页。

② 参见王培华《元明清华北西北水利三论》，商务印书馆，2009，第 209~210 页。

第九章

燃料革命的生态效应

　　煤炭的大规模使用，不仅深刻地影响了华北的经济与社会风貌，也显著地改变了华北的生态环境。燃料革命的深入发展，对生态环境既有积极的作用，也有消极的影响。本章试图全面剖析燃料革命在生态环境方面的正反两方面效应，力争给予客观评判。同时，尝试联系现实，对当代化石能源利用中的问题以及将来面临的诸多挑战提出自己的见解。

第一节　用煤的正面效应

一　森林植被压力的减轻

　　用煤量的增大必然会减少薪柴用量，从而大大减轻植被所面临的压力。据王庆云记载，明末宫中每年要消耗约 2600 万余斤木柴，约 1200 万余斤红箩炭；至清初，宫中用薪柴量减少为每年约 800 万斤木柴，约 100 万斤红箩炭。[①] 王氏在对比之后极力褒扬清代君主的节俭。当然，两代宫廷在奢俭上或许确实存在较大差别，但煤炭在清代宫廷中燃料结构中所占比重的增大也是两代薪柴消耗量存在显著差异的重要原因。乾隆三十年（1765），宫廷用煤总量接近 37 万斤；五十年十二月初至五十一年十一月底，宫廷用煤量接近 28

---

①　（清）王庆云：《石渠余记》卷 1《纪节俭》，第 1 页。

万斤。至光绪中，宫廷每年用煤量猛增至 526 万斤。据龚胜生研究，煤与薪柴的折算比为 1：8。[①] 则乾隆中宫廷每年用煤可节省的薪柴数量为 224 万~296 万斤，光绪中则可节省高达 4208 万斤的薪柴。

下层民众用煤更普遍。据曹树基研究，明中后期北京人口超过 100 万人，天启年间达到 124 万人。[②] 即以 100 万人来估测一下当时城中居民生活用煤炭的数量。明代诸多兵书中对用煤量的估计大都是每人每天 5 斤，纯用柴量也是 5 斤。[③] 若明后期北京城中民众全部用煤炭，则一天即需消耗 500 万斤煤，一年需消耗 18.25 亿斤煤，以明制 1 斤合今制 596.82 克计算，则这些煤炭约合 1089196.5 吨，但这一数值明显偏大。

龚胜生指出，在明代燃料结构中煤炭比重在 30% 以下。[④] 笔者以为龚氏对煤炭比重的估测偏低，即以 30% 来计，则上述数值应修正为 326758.95 吨。但仍高达 30 万吨以上，以其时的技术条件来看，似乎还有其合理性。清乾隆二十八年（1763），直隶总督方观承奏疏中提及房山县煤炭产量，经学者折算，约合今制 94900 吨[⑤]，清代开采技术较之明代并无质的突破，则明代北京周边诸县的煤炭总产量或可达到上述估测值。

即以 10 万吨作为明后期清前期北京城年消耗煤炭数量，按煤炭与薪柴用量 1：8 的比例折算，则这些煤炭可以节省的薪柴数量多达 80 万吨。据前文分析可知，每公顷灌木林可提供 10~20 吨薪柴，则北京每年因用煤而减少樵采 4 万 ~8 万公顷灌木林，折合 400~800 平方千米。按龚胜生的计算方法，樵采时造成过度破坏的森林面积占樵采总面积 10% 的，则北京用煤每年可避免 40~80 平方千米的灌木林消失。这对于阻止北京周边地区的森林植被的过度退化，显然具有重要的意义。

---

① 龚胜生：《元明清时期北京城燃料供销系统研究》，《中国历史地理论丛》1995 年第 1 辑。

② 曹树基：《中国人口史》第四卷《明时期》，第 218 页。

③ （明）范景文：《战守全书》卷 11《守部》。（明）吕坤：《实政录》卷 9《督抚约》。茅元仪的估测为 5 斤，参见氏著《武备志》卷 111《军资乘守》。

④ 龚胜生：《元明清时期北京城燃料供销系统研究》，《中国历史地理论丛》1995 年第 1 辑。

⑤ 原奏疏见（清）方观承《方恪敏公奏议》卷 8。估测值见《中国古代煤炭开发史》编写组《中国古代煤炭开发史》，第 115 页。

据前文的分析，我们知道清中期华北人口为 3038.161 万人，清末达到 4437.216 万人，而明后期华北人口为 1872.778 万人，则清中叶人口约为明后期的 1.6 倍，清末人口则约为明后期的 2.4 倍。这意味着清代人们在炊爨与取暖方面的燃料总需求量也猛增至明后期的 1.6 倍，并继续增大至 2.4 倍。如果不是在华北的局部地区开始用煤，薪柴需求给森林所造成的压力将更为沉重。

当然，我们知道，在人口压力的驱迫下，农垦进一步发展，边缘山区林地也得到了开发，明清时期华北的森林覆盖率仍在快速下降。明清华北用煤的广度还不够，产量也有限，所以并没有从根本上遏制森林减少的趋势，但却还是在一定程度上减轻了其压力。

进入近现代社会，煤炭开采量远远超越明清时代，煤炭的使用逐渐普及开来。最近几十年来，植被状况持续好转。笔者曾在太行山东麓的若干地区访谈，不少老人认为 20 世纪 70 年代以前每过七八年就会发一次大水，而给他们留下印象最深刻的是 1963 年的大水。他们又大都断言，1963 年的大水再也不会发生了，因为现在的草木茂盛，水分含蓄能力大大增强，雨水再也不会在极短的时间汇集到河道中去了。[①] 笔者幼年曾攀登家乡西侧的门场垴山，小路可直达山顶，而今重游旧地，早已草木丛生，无路可寻，亦可见植被状况显著好转。发生这样的变化，原因当然是多方面的，但煤炭使用显然厥功甚伟。

二 役畜饲养业的勉强维持

我们知道，近世以降，燃料危机继续深化，野外杂草与作物秸秆用作燃料的份额不断提高，导致了激烈的燃料、饲料之争，大大压缩了饲料的供应量，使华北的役畜饲养规模不断缩小，饲养结构也发生显著变化，马、牛的饲养数量不断减少，而驴所占比重则不断上升。整体而言，华北的舍饲役畜

---

① 受井陉县文化馆委托，笔者带领石家庄学院历史文化学院大学生暑期实践非遗小分队于 2013 年 7 月 12 日至 17 日深入井陉县北秀林村对马火会进行考察，与村干部及多位村民进行座谈，感谢高庆林、高三白等提供相关资料。另武安市马店头村贺红旺等老人也接受了笔者口述史访谈，时间为 2015 年 7 月下旬。

饲养业处于不断萎缩的状态。[①] 相应地，华北的畜力资源也趋于匮乏，这对华北的能源格局有着重大的影响，交通运输、农田耕作、信息传递、加工制造、行军打仗等也都因之而发生变动，中原王朝与游牧民族间军事力量强弱的逆转亦因此而起。

用煤可以显著减少用作燃料的杂草与秸秆的数量，则本来要用作燃料的草木与秸秆可以转而用来饲喂役畜，使日趋萎缩的役畜饲养业能够勉强维系下去。

以北京为例，役畜饲养得以保持较大规模即得益于大量用煤。赵翼认为清代北京"虽畿甸尚有禾粳足资火食，而京师常有数十万马骡藉以刍秣，不能作炊爨之用。是以煤价日贵"[②]。其本意在强调煤炭价格升高之原因，却在不经意间证明了另一个问题：正是因为用煤，京师才能常喂养数十万匹马骡。

明清时期华北水运不发达，故而产煤地区运煤不得不倚重役畜，这也使得人们比较重视役畜的饲养。还是以元明清时期的北京周边地区最为典型，诗歌中的相关记载颇多。如李虹若有诗称："来往奔驰车辆多，不分昼夜若穿梭。马骡运物终朝有，山内搬煤用骆驼。"[③] 杨米人亦有诗称："煤鬼颜如灶底锅，西山来往送煤多。细绳穿鼻铃悬颈，缓步拦街怕骆驼。"[④] 樊彬称："地宝西山孕，窑开石炭多。地炉烧不尽，日日送明驼。"[⑤]

京畿地区骆驼饲养量较大，这在华北地区是非常独特的现象，其主要目的也正是为了运煤，民国时期杨汝南在北平西郊的调查资料也证明了这一点，摘录其文字材料如下：

---

① 详情参见拙著《古代华北役畜饲养结构变化新考》，《中国农史》2015 年第 1 期。

② （清）赵翼：《檐曝杂记》，清嘉庆十七年刻本。

③ （清）李虹若：《朝市丛载》卷 7，京都荣录堂藏板光绪十四年刻本。

④ （清）杨米人：《都门竹枝词》，载路工编选《清代北京竹枝词（十三种）》，北京出版社，1962，第 21 页。

⑤ （清）樊彬：《燕都杂咏》，转引自吴晓煜《中国煤炭史志资料钩沉》，第 390 页。

本区 64 村各村役用牲畜，以骆驼为最多，共有 709 头；64 村平均分配，约占 11 头；若以豢养村数而论，平均每村达 19 头。因距本区西约 40 里之门头沟，有煤矿在焉，其中大部分骆驼即司运煤工作，次则为运输农产物。一至初冬，本区当道各村，时见骆驼来往不绝，在乡村间，实占运输上重要地位。①

相关情形龚胜生也有细致分析，直接摘录如下：

陆路运输是燃料运输的主要方式，其动力为人力和畜力，而以畜力为主。如元代贩运宛平西山之煤多用牛车装载，甚至直接"以驴马负荆筐入市"。明代京城衙门运煤也有以"驮""车"为单位的，这显然也是指畜力运输。又与贩运燃料可为常年生计，明代北京城里的市民很少从事工商胥吏之业，"止作车夫、驴卒、煤户、班头而已"。宛平县又有"马户"，为明政府培养军马、驿马等，却有人"持往西山驮煤草入城鬻卖"。"清代煤斤自窑运厂，自厂运京，全仗车骡驮载"，也主要依靠畜力……清后期又有以骆驼运煤者，《燕京杂记》说，"京师不尚薪而尚煤，煤出于西山，驮以骆驼，络绎不绝，行道者苦"。②

华北其他用煤地区的役畜饲养与使用情形也类似，如清代井陉县不少居民即以运煤为生，"无论老弱，背负大煤一块，赶驴一头，约可驮煤百斤"③。又如宣化府各属贫民"常年生计，佣工外全在刨采煤炭柴薪，家畜一驴，堪任驮载，即可免饥寒"④。余不尽举。

---

① 杨汝南：《北平西郊六十四村社会概况调查》，载《国立北平大学农学院农业经济学系调查研究报告》第 5 号，1935 年 1 月，转引自李文海、夏明方、黄兴涛主编《民国时期社会调查丛编》一编《乡村社会卷》，福建教育出版社，2014，第 291 页。

② 龚胜生：《元明清时期北京城燃料供销系统研究》，《中国历史地理论丛》1995 年第 1 辑。

③ 光绪《续修井陉县志》卷 3。

④ 《清高宗实录》卷 263，"乾隆十一年闰三月"条。

综上，煤炭的使用节约了大量的杂草与秸秆，保障了役畜的饲料需求；而运煤过程需要大量的役畜，又使得役畜的饲养成为煤炭产区民众解决生计的理性选择与现实需要。在这两大因素的作用下，华北的役畜饲养业——特别是在煤炭产区——才得以维持下去。

值得一提的是，随着工业化的发展，当代农村的役畜饲养似又走回到煤炭大量使用之前的老路上去了。田中的秸秆虽不再大量置于炉灶中烧掉，却被大量堆放在农田中烧掉。古人尚可用之烹饪取暖，今人却放任大量的能量白白耗散掉。同时，役畜饲养规模在进一步萎缩。以河北武安西部的门道川沿岸为例，这里狭长的梯田密布，本不适合机械化大生产，但耕牛饲养却近乎完全绝迹了。马店头村在 20 世纪 40 年代共有牛、马、骡、驴 80 余头，新中国成立后一度壮大，20 世纪 90 年代后又趋衰落。至 2010 年左右，大牲口已经完全消失了，这对耕作有着极大的消极影响。如何在工业化的浪潮中进一步提高农村的能量利用效率，更好地摆布现代能源利用模式与传统能源利用模式的位置，如何让适合现代的归于现代，让适合传统的仍坚守传统，值得我们所有人深思。[1]

三 地力的保持

随着燃料危机的深化，秸秆在华北燃料结构中所占的比重不断上升。为了获得更多的燃料，宋以后华北地区的作物种植结构发生了显著的变化，高秆作物的比重显著提高。尤为典型的是高粱种植的普及，到清后期，高粱已成为华北的优势作物，在华北和鲁西北的不少区域，高粱播种面积超过了谷子。[2] 但因高粱的秸秆产量较高，故而从土壤中吸取的物质、能量也较一般作物为高。同时，高粱的根系又极为发达，故而其吸肥吸水能力又极强，连续种植会对地力产生消极影响。对此古人已有较清晰的认识，清人蒲松龄即

---

① 相关情形依据笔者于 2015 年 7 月下旬的实地考察和口述史访谈，受访者有贺红旺、白锁柱、闫凤林及家父赵长拴。

② 参见王建革《传统社会末期华北的生态与社会》，第 202~204 页。

指出高粱应"地无连年重种"①。清人杨巩也认为，"蜀黍消耗地力，略似玉蜀黍。不可连栽，肥料必须多施"②。唐启宇称"连作则土壤深层养分和水分不足，造成减产，所以高粱不宜连作"③。高粱虽可在贫瘠的土地上生长，但产量不高，最适于其生长的是松软肥沃的壤土和沙质土。相应地，对追加肥料的要求也较高。

玉米亦为高秆作物，与高粱类似，其对肥分的要求也非常高，晚近时代华北的肥料资源也非常紧张，在不能持续大量补充肥分的情况下，地力会迅速耗竭，玉米也无法发挥高产的优势。同时，平原地区易涝，玉米却不甚耐涝。这两方面玉米都比高粱逊色，故而玉米始终难以大面积推广，直到新中国成立后化肥普遍使用后，玉米才真正成为占优势地位的大田作物。

煤炭的使用，在一定程度上减缓了高秆作物普及的速度，特别是煤炭产区附近，高粱与玉米的种植力度较弱，这对华北地区农田地力的保持显然有着不容低估的意义。④

第二节　用煤的负面影响

煤炭使用量的逐步上升，虽然在一定程度上减少了薪柴的需求量，森林植被与作物秸秆所面临的压力也有所减轻。但用煤也会产生新的生态问题，从而影响民众的生活。采煤的消极生态后果包括：地下采空改变地表形态，从而造成房屋墙壁的开裂塌陷，危及地面民众的生命安全；地下水位显著下降，影响河流水源；矿井中要用大量木料来支撑，这又会破坏采矿区的植被。除此之外，煤渣、煤灰会影响聚落周边的环境，而煤烟则又会影响居室卫生。

---

① （清）蒲松龄著，李长年校注《农桑经校注》，台湾明文书局有限公司，1984。

② （清）杨巩：《中外农学合编》卷1《附外洋法》，清光绪刻本。

③ 唐启宇：《中国作物栽培史稿》，农业出版社，1986，第196页。

④ 关于燃料危机与华北地区的作物结构变化和土地肥力变化，笔者将另文探讨，本书不赘。

一 煤炭采空对居室的影响

吉田光邦曾述及采煤的消极影响，他指出：

> 煤的发现使栗林得到了安宁，但采煤又破坏自然。矿业毕竟是掠夺性的产业，《天下郡国利病书》卷八八曾引《朗编较记》述"取矿之害"，说采矿须凿穴入山，其深数丈，长者达一里。一矿尽后，又凿他穴。入穴前先拜神，常有不幸而压死者。[①]

从《天工开物》的记载来看，国人早已认识到应该用土回填采空后的煤窑。但囿于技术条件，且成本极高，多数煤窑主不愿出钱出力做这样的善后工作。所以，多数矿洞之上的村落都面临着巨大的风险，建筑随时有可能因地表沉降而遭到损坏。

明清时期西山地区的采煤，就给当地民众的住宅造成了极大的危害。万历三十三年（1605），礼部奏疏谈及煤矿开采与地震之关系，虽从地脉损伤的角度进行解释，但也已认识到了采煤会导致地表破坏。详细记载如下：

> 礼部言："比年灾异地震独多，自三十一年五月二十三日京师地震至于今……自开采以来，无处不凿，地脉之伤残甚矣。坤体不宁，连年震动，此理易见，不待占测而后知者。皇上父天母地而为之子，岂忍见其兀兀动摇而不思所以奠安之乎？欲奠安之，则惟有止其开凿残伤之者而已矣，伏惟三思。"不报。[②]

明代西山地区发生过采煤造成寺庙建筑损毁之事，明宪宗亲自下诏谕禁

---

① 〔日〕吉田光邦：《关于宋代的铁》，载刘俊文主编《日本学者研究中国史论著选译》第 10 卷，第 192 页。

② 《明神宗实录》卷 413，"万历三十三年九月辛丑"条。

止采煤并刻石,《敕谕》石碑现存于门头沟区马鞍山的戒台寺钟楼北侧,谕旨颁布于成化十五年(1479),碑文内容摘引如下:

> 皇帝敕谕官员、军民、诸色人等。朕惟佛教肇自西方,流传东土,慈悲利济,功德无量,故皇度赖之尊,安群迷资其觉悟,自昔有国家者,未尝不崇奉焉。都城之西有胜刹,曰万寿禅寺,实古迹道场,天下僧俗受戒之处。正统年间鼎新修建,仍旧开立戒坛,导诱愚蒙,使皆去恶为善,迩来四十余年矣。其界东至石山儿,西至罗堠岭,南至南山,北至车营儿。山林、田园、果树、土产,递年给办香火供献之用。近被无籍军民人等牧放牛马、砍伐树株、作践山场,又有恃强势要、私开煤窑,挖通坛下,将说戒莲花石座并拆,殿积渐坼动。司设监太监王永具悉以闻,特降敕护持之,升住持僧德令为僧录司右觉义,仍兼本寺住持,俾朝夕领众焚修祝赞,为多人造福。今后官员、军民、诸色人等,不许侮慢欺凌;一应山田、园果、林木,不许诸人骚扰作践;煤窑不许似以前挖掘。敢有不遵朕命,故意扰害、沮坏其教者,悉如法罪之不宥。故谕。成化十五年六月二十二日。[1]

清人对采矿引起的地表变化亦有深刻认识,指出煤窑采空后"矿洞空虚,山灵消歇,地气春秋每一腾伏,则岁必大震,震则雷碾车毂声,民舍城垣,屡为颓毁,其间人文阻丧,三四十年间无一杰发"[2]。所述虽为山西大同之情形,采空的危害则是相同,华北地区亦是如此。

清代西山地区因采煤损坏房屋而引发的诉讼明显增多。板桥村三官庙原来保存有道光十五年(1835)四月所立石碑,碑文记载了下述事项:西板桥村民韩宏良等人到宛平县衙上诉,控告刘继兴等人私开已被封禁的煤窑,以致村中庙宇与房舍、墙壁等被损坏,要求重行封禁。官府察看后,支持村民

---

① 转引自北京市文物局网站,网址:http://www.bjww.gov.cn/2004/7-27/3055.html。另参吴晓煜《中国煤炭史志资料钩沉》,第 268~269 页。

② (清)宋起凤:《矿害论》,载《(乾隆)大同府志》卷26《艺文》,乾隆四十一年刻本。

的请求，并立碑以示永久封禁，再有违犯则从重处罚。[①]

板桥村还有立于道光十八年（1838）的《军粮布告碑》，碑文记载东、西板桥村以石得印为首的大批村民到县里反映"本村旧有凉水泉地内东、西坯儿煤窑两座，因有碍村舍，不准开采。前因西坯儿窑私会刨挖，村众禀县，蒙查明封禁在案"。他们提出，"开采煤窑，如有碍村庄者，例应封禁"，以确保村民的安全。政府支持石得印等人的主张，下令将窑门用石块砌墙封闭，并颁布禁令，要求板桥村的百姓永远不许开采，鼓励众人监督，及时举报违法者。[②]

但板桥村地下煤窑显然并没有长时间停止开采，新中国成立以后板桥村即因地下完全采空而不得不整体搬迁，原址遭废弃，"原有的东、西板桥村，已是一片残垣断壁"，新址名称为新板桥，又称唐家坟。[③] 类似的情况在西山地区并不罕见，新庄户村位于新板桥村西南，也因地下采空而由原址西迁 0.5 公里至现址。[④] 这些村庄虽都是在现代才搬迁，但孙冬虎却认为"事情的源头显然必须追溯到民国乃至清代"[⑤]。

二 煤炭开发与水源枯竭

煤炭开发会严重影响矿区附近的水资源，主要表现在两个方面：其一是随着煤窑的开挖、掘进与排水，地下水位会迅速下降，可能导致河流、泉水、井水的水源枯竭，煤窑周边居民因而出现用水困难的问题；其二是煤炭开采之后还要进行洗选方能使用，这一过程也要消耗大量的水。

北京西山地区的水资源本就不是非常充裕，煤炭开发则使水资源状况越发紧张，围绕煤窑与水资源的相关诉讼时有发生。妙峰山西侧有一名为禅房

---

① 详参吴晓煜《中国煤炭史志资料钩沉》，第 316~317 页。详细碑文见附录史料部分 9.1。

② 中国人民政治协商会议北京市门头沟区委员会文史资料研究委员会编《门头沟文史》第 4 辑，内部印行本，1993，第 326 页。碑文详情参见附录史料部分 9.2。

③ 中国人民政治协商会议北京市门头沟区委员会文史资料研究委员会编《门头沟文史》第 4 辑，第 326 页。

④ 门头沟区地名志编辑委员会：《北京市门头沟区地名志》，北京出版社，1993，第 59 页。

⑤ 孙冬虎：《元明清北京的能源供应及其生态效应》，《中国历史地理论丛》2007 年第 1 辑。

村的废弃村庄，原来保留有清同治三年（1864）竖立的《争窑泉地碑》，碑文称："禅房村自昔迄今，山涧地狭，临村附近原有水泉便民，众生养育之实望焉。且云从山生，水由地行，但窑多槽众，挖取年深，……井泉之水岂足用哉？"[①] 可知地下水位因持续不断的采煤而大幅下降，泉水渐趋枯竭，用水需求难以满足，村民想利用村南一口废弃多年的煤窑来挖掘井泉引水，而废窑、附近土地以及泉水所有权却并不明晰，于是引发官司。官方裁决此泉为禅房村的全体村民共有，竖立石碑以示息争罢讼、淳化风俗。

有些开采者为了减轻煤窑排水负担，还人为改变地表径流的流向，如和珅在西山开采煤炭，为防止河流向煤窑渗透而造成积水，擅自将碧云寺内的泉源引向别处，致使寺内泉水逐渐枯竭。该寺是皇帝拈香祭拜之地，此事激怒了乾隆帝，"上切责和珅"，并将主持煤窑的笔帖式交刑部严审后处死，和珅被迫将泉源恢复原状。[②]

门头口村有岩子井，为村民饮水的唯一来源，而周边煤炭资源也较为丰富，人们意识到开采煤炭可能导致井水枯竭，1932年的一次井口塌陷事故更增强了民众的忧患意识，于是将岩子井周边区域划定为保护区域，要求在这一区域内厉行保护措施，限制开采行为，并撰文刻碑以警后人，摘录详细碑文如下：

> 盖闻水火为民生之要素，故取给之源应时刻保其充足，吾乡地处山隅，为产煤之区，燃料固多而饮料不足。门头口村岩子井位南山之麓，数百年来为全村饮料唯一之源，汲之不尽，取之不竭，数万人生命于是系焉。去冬井口忽陷，全村人大起恐慌。嗣经本村绅首募集重资，重修完固，并烦素谙地质之董永年君下井调查。始悉此井水源发于青煤二硐，西至白岩浒口，东至圈门，南北至坡根，为其总汇之区。青煤大硐煤层

---

① 北京市门头沟区文化文物局编《门头沟文物志》，北京燕山出版社，2001，第280页。

② 中国人民大学清史研究所、档案系中国政治制度教研室编《清代的矿业》下册，第406页；吴晓煜：《中国煤炭史志资料钩沉》，第178页；《同州府志》，咸丰二年刻本；赵尔巽：《清史稿》卷321《王士棻传》，第10786页。详情参见附录史料部分9.3。

圈护于下，以节其流。故来源甚旺，产量特丰。将来青煤大硔煤层如有开采之变，则泉源它溃，井水立涸，全村民生亦立将绝境也。村民有鉴于此，遂开会讨论，咸以此井乃全村生命之所依，父老子弟均负督察保管之责。凡妨害此井水源之一切行动，不啻破坏全村民众生活之保障，即全村民众之公敌，自应一致力争，不得贪小利以贻大害。缘勒此碑，以志不忘。愿世世相承，永以为鉴焉。

……

中华民国岁次壬申孟夏之月 谷旦。[①]

历史上门头沟地区的地下水资源极为丰富，可随着煤炭的大规模开采，地下水资源却趋于枯竭。从横岭、圈门到河滩，三面环山，受水面积约 18.25 平方公里的区域内，因为地表都是冲击砂石，黄土和黏土较少，渗水能力极强。据测定，这里每降水 1 毫米，即可下渗水量 9500 立方米。但是丰富的地下水资源是煤矿业发展的噩梦，下渗的水量 70% 进入了煤田。所以开采煤炭的过程中，排水工作就显得极为重要。如上章所述，传统技术条件下排水有限，可有了高新技术后，排水的威力就显露了出来，从 1954 年 10 月到 1955 年 6 月，门头沟煤矿每天完成的排水量多达 625 万立方米。此外，20 世纪 50 年代，门头沟煤矿还用岩石和混凝土修筑导流沟、顺水沟，将雨水引入永定河，阻止了地下水的补给。[②] 可地下水环境的变迁往往具有不可逆性，压力条件的变化，使得地下可储水空间也被急剧压缩，获得煤炭的过程导致了水资源的永久破坏。

华北的煤田大都分布在燕山、太行山的山麓地带，处于华北诸多河流的上游地带，地下水的排出对河流的径流量有显著影响，也进一步强化了河流的季节性。我们还应将山西煤矿开采纳入我们的视线，因为华北的多数河流

---

① 潘惠楼编著《门头沟文化遗产精粹 京煤史志资料辑考》，北京燕山出版社，2007，第 128~129 页。

② 本段以上论述主要参考中国人民政治协商会议北京市门头沟区委员会文史资料研究委员会编《门头沟文史》第 4 辑，第 327 页。

发源于山西境内，那里的大规模煤炭开发，也改写了华北的水环境面貌。如前文所述，在煤炭尚未大量使用之时，华北的水运条件较好；可煤炭大量使用时，水运条件却已恶化，这成为阻碍煤炭推广的重要因素。某种程度上说，煤炭开发本身就阻碍了其推广，这也是华北燃料史上的奇特现象。类似的问题，全国的其他采煤区域也普遍存在。

洗选的目的是降低煤炭中矿物杂质含量，提高有效成分所占的比重。物理洗选法是现代工业上常用的方法，包括水力淘汰法、重介质分选法、泡沫浮选法、油团聚法、平面摇床法和磁力分离法。[1] 其中水力淘汰法是我国古代最主要的选煤方法，因为耗水量较大，故而又被称为"淘煤"。民国时期沈宜甲作《洗煤论》称"国人一向以煤土共烧，几不知世间有洗煤事，煤质不洁，热力不足，无形中经济之损失何可胜计"[2]，显然并非实情。就现有记载来看，元代即有专门机构负责对西山之煤进行洗选，史载："养种园，提领二员。掌西山淘煤，羊山烧造黑白木炭，以供修建之用。中统三年置。"[3] 孙冬虎也认为，淘煤就是"洗煤""选煤"，"将开采出来的原煤分类筛选，以决定其利用方式和价值"[4]。

到民国时期，常用的洗煤法有两种：一种为槽洗，一种为盆洗。盆洗的方法，原本即发端于我国，"系于一池或大木桶中储水，用直径二呎半至三呎、高六七吋之浅木盆，将煤放入盆中，水湿后则使水在盆中向一方向打漩。如实净煤即陆续随水荡出，而水则陆续由手持盆之一边汲入。迨盆中大部净煤荡出后，如盆中余渣不多，则可陆续加煤，重复操作如前，至渣石存留盆中数量至相当数量时，乃倾去之"。而槽洗法自国外传来，"普通所用之槽，约长二十呎至二十四呎许，分为三或四节，斜度约为百分之二至三，视水渣量而加调节之。另设砂箱一或二三具，每箱下部有水上冲，其冲力以使煤骸

---

① 郭崇涛：《煤化学》，第 36 页。

② 沈宜甲：《洗煤论》，《国立北平研究院院务汇报》1931 年第 2 期，第 1 页。

③ （明）宋濂：《元史》卷 90《百官志六》，第 2282 页。

④ 孙冬虎：《北京能源供应与生态环境问题举隅》，载王岗主编《北京历史文化研究》，人民出版社，2013，第 203 页。

及夹石适可下沉，净煤上浮为宜，也可调节进水量以管制之。洗时一人在槽之首节将煤加入，而在此将大部夹石及煤骸等拘出，另一人则任其余各槽中煤之洗濯"。[1] 盆洗法看似较槽洗法省水，但工作效率也较低，不过应当是传统时代最主要的洗煤方法。

20 世纪 90 年代国家规定的综合生产矿区用水额度为 1.9~2.5 立方米 / 吨[2]，古代集约用水的意识相对较弱，耗水量可能还要更多。

三　采煤与矿区植被的破坏

宋应星认为，"凡煤炭不生茂草盛木之乡，以见天心之妙"[3]。实际并非产煤之地与茂盛的草木彼此不兼容，而是开采煤炭会严重破坏矿区的植被。采煤活动中开挖矿井与巷道掘进会导致矿井上方土层状况发生急剧的变化，往往会直接摧毁地表植被。开采和排水必然导致地下水位显著下降，土壤水分的变化也会间接导致地表植物的大量死亡。此外，弃渣、生活垃圾等废弃物的堆放，也会污染土壤从而破坏植被。中国第二历史档案馆收藏的一份档案表明，多年采煤导致近代北京西山煤矿区"山上全无树木"[4]。

我国传统时代采煤一直使用房柱法，其主要的特征是巷道内安置大量的支柱与顶板，这需要消耗大量的木材，宋应星所称的"其上枝板以防压崩耳"即是这种方法。所需的木材主要是松木以及杨柳等杂木，矿区植被显然也会因此而受到影响。据刘龙雨的研究，1932 年山东博山煤矿生产 442117 吨煤，消耗了 1729 吨木材，平均每吨煤消耗木材 0.0039 吨，主要取自周边地区。当地石质坚固，矿顶塌陷的风险较小，所以耗费木材量相对较少，在土质松软的地区开采煤炭，消耗木材数量会更多。而同样在 20 世纪 30 年代，开滦煤矿中的支柱，主要选用柳、杨、松、桧等四种木料，总计约消耗了 400 余万根支柱。[5]

---

① 张顺：《关于土法洗煤》，《北大化讯》1947 年第 18~19 期，第 8 页。

② 彭世济、韩可琦主编《矿业经济导论》，中国矿业大学出版社，1996，第 43 页。

③ （明）宋应星：《天工开物》卷中《燔石》。

④ 转引自罗桂环《中国环境保护史稿》，中国环境科学出版社，1995，第 310 页。

⑤ 刘龙雨：《清代至民国时期华北煤炭开发：1644—1937》，复旦大学博士学位论文，2006，第 125 页。

　　明清时期的煤炭产量当然要比近代少得多，但总的木材消耗量还是非常可观的。明代西山煤窑星罗棋布，清代进一步增多，乾隆时期最盛，乾隆以后数量又趋于减少。据古人统计，乾隆二十七年（1762）京西经营中的煤窑达 273 个，若计入已经停采的，总数竟超过了 700 多个。至嘉庆六年（1801），经营中的煤窑数量较前大幅度减少，只剩下了 185 个。据乾隆二十八年（1763）的记载，"一窑煤旺者日可出四五千斤，少亦一二千斤"[①]，以每窑日出煤 3000 斤计算，则 273 座煤窑一天出煤 819000 斤，一年共出煤 298935000 斤。嘉庆六年的年产量也有 202575000 斤。龚胜生估测时采用的标准是每窑每日产煤 2000 斤，即以此值估算，乾隆年间西山煤窑每年的总产量也在 1.99 亿斤左右[②]。

　　以 1.99 亿斤计，清代 1 斤约合 596.82 克[③]，则煤炭产量约折合公制 118767 吨，即以民国博山矿区的木材消耗比估测，每年也当消耗木材 463.2 吨。这些木材不同于薪柴，细枝末节的边料无法使用，必须要选用上好木料，这就必须要砍伐大型树木，对森林造成相当大的危害。一年如此，三四百年持续的砍伐对西山地区森林植被的冲击是极为严重的。类似地，华北其他煤炭产区的木材消耗，也必然对森林有着显著的影响。

　　植被破坏对矿区的生态环境有至为深远的影响，不仅会影响特定生物的生存状况，还会使水土环境发生急剧的变化。学界研究表明，"浅层地下水的疏干和大面积的土地毁坏，使地表植被受到严重破坏，其结果，一方面加大水土流失，使环境恶化，另一方面由于地表无植被，减少了降水在该区域的渗漏量，加大了洪水流量，降低了地下水的储蓄能力"[④]。

四　用煤与地表土层之破坏

　　元代以后的史料中常提及水和炭，常与炸块、黑煤并称。龚胜生认为水

---

①　中国人民大学清史研究所、档案系中国政治制度教研室编《清代的矿业》下册，第 403 页。

②　龚胜生：《元明清时期北京城燃料供销系统研究》，《中国历史地理论丛》1995 年第 1 辑。

③　丘光明、邱隆、杨平：《中国科学技术史·度量衡卷》，第 430 页。

④　雷仲敏、宋唤才编《能源技术经济分析评价》，中国环境科学出版社，2006，第 103 页。

和炭为烟煤，似不准确。^① 明人李诩已做过分析，他在《戒庵老人漫笔》中指出："北京诸处多出石炭，俗称水和炭，炭之可和水而烧也。今官吏问罪毕，罚炭即此。"吴晓煜赞同李诩的观点，并指出了掺水烧煤的优点，"不仅可以防止煤屑煤粉散失，增加粒度，又使煤块本身变得松脆，易于燃烧，而且少量的水，在炉中分解后，能起到助燃的作用，使煤火更旺"^②。庶几近之。

但吴晓煜的解释仍未完全揭示水和炭的真实面目。笔者认为，真正的水和炭，还具备以下特点。

从形状上来看，水和炭应该是粉末状的，现在称为沫煤。煤在地下一般是块状的，在现代，因为采用机采或炮采，会产生大量的沫煤，故而沫煤价格相对低廉。可在传统时代，手工刨挖出的煤炭一般为块煤，间或产生少量的沫煤，若要获得更多沫煤，往往还需要人工破碎并进行筛选，故而价格较高。据第八章的论述可知，明代内官监所需水和炭报价为每 1 万斤折银 17.5两，锦衣卫象房、翰林院、酒醋面局所需炸块的报价为 1 万斤折银 12.75 两，差价即为破碎和筛选煤炭所耗费的人工成本。

从使用方法上来看，水和炭不只是煤掺水那么简单，实则是要掺上大量的黄土，这样可以使煤的燃烧更平稳耐久，同时增加煤的胶结性，可以制成各种形状，蜂窝煤即是这样做成的。黄土的比例要控制得恰到好处，太多了燃烧不旺且会粘结，太少了燃烧过旺且酥松易碎。这样的习惯，并不起源于元代，宋代已然，苏轼《石炭诗》即称："投泥泼水愈光明，烁石流金见精悍。"有些时候，人们为了最大程度地节约用煤，还将烧过的煤灰与沫煤掺杂加水和好，再利用一遍。

《朴通事》是朝鲜人学汉语的重要会话手册，大约成书于元末明初，作者应该是一名姓朴的通事（即翻译）。该书中有一段会话和一条注释生动地描述了元代后期大都使用水和炭的情形，摘引如下：

---

① 龚胜生：《元明清时期北京燃料供销系统研究》，《中国历史地理论丛》1995 年第 1 辑。
② 吴晓煜：《何谓"水和炭"》，《煤炭经济研究》2002 年第 5 期。

"把那煤炉来，掠饬的好着。干的煤简儿有么？"

"没了，只有些和的湿煤。"

"黄土少些个，拣着那乏煤，一打里和着干不得。着上些煤块子，弄的火快时，眨眼熟了。"

注释："石炭槌碎，并黄土以水和，作块晒干，临用粗碎，纳于炉中，总谓之'水和炭'。未干者谓之湿煤，已干者谓之煤简儿，亦曰煤块子。其烧过土块曰乏煤，拣其土块更和石炭用之。"①

摩洛哥旅行家伊本·拔图他于元代到中国游览，也记述了水和炭的使用，他描述道：

中国及契丹之居民，不用木炭，而用一种异土，以作燃料。……火力比炭尤烈。成灰后，以水和之，曝干复可再燃一次，至全变为灰烬而后已。从此土中亦可以制瓷器，惟须另加矿物也。②

民国时期调查资料中也有较多的相关记载，李景汉在考察北平西郊挂甲屯村的燃料问题时发现当地常用之燃料为煤球，而煤球实则亦即水和炭，摘录其相关描述如下：

本村所用做饭与暖屋之燃料以煤球占大多数。煤球系以二成极细之煤末与一成带黏性之黄土，用水调和，再用筛摇成直径一寸大小的圆球，在日光下晒干后即可生火。③

① （朝鲜）佚名：《朴通事谚解》，台北联经出版事业公司影印奎章阁丛书本，1978，第268~269、290、347~348页。
② 张星烺编注，朱杰勤校订《中西交通史料汇编》第2册，中华书局，1977，第72页。
③ 李景汉：《北平郊外之乡村家庭》，载《社会研究丛刊》第三种，商务印书馆，1929，转引自李文海、夏明方、黄兴涛主编《民国时期社会调查丛编》一编《乡村社会卷》，福建教育出版社，2014，第476、487页。

　　孟天培、甘博考究 1900~1924 年北京的物价水平时，也提及煤球，与李景汉所述相近，摘录如下：

　　　　北京市民，尤其是贫民，多用煤球。每年支出 150 至 200 元的家庭 7.50 元至 10.00 元（5%）买煤球。煤球的三分之二是煤屑，三分之一是黄土，用水和成，再用筛摇成直径一寸左右的球形，晒干后即可生火。[1]

　　富兰克林·H. 金也注意到，"在中国和日本，我们看见投入的煤矿粉尘由于和稀糊黏土混合后呈现出中等橙子的形状和大小"，所述亦是煤球，可见其使用范围较广，不局限于北京一地。[2]

　　峰峰矿区流传有王禅种煤的故事，称王禅为缓解老百姓的苦难，到人间用耧车播种其炼丹剩下的火种，从山东经河北到山西时，没了火种。王禅虽感觉不太够用，但认为"掺点土慢慢烧吧"是好的解决办法，民间认为"烧煤时总要掺上些土的习惯，也是由那时传下来的。后来，人们就把那与煤掺杂的土叫煤土"[3]。沙河市老君耩煤的故事中也称：

　　　　一天早晨，老君和奶奶套上黄牛，老君扶耧，奶奶牵牛，耩起"焖"来。

　　　　耩啊耩，他们从太行山耩到东海岸，又从东海岸耩到昆仑山。

　　　　耩啊耩，他们从早起，耩到中午，又从中午耩到日落西山。

　　　　天黑了，星星亮了，还有不少地方没有耩，要是后代人不够用怎么

① 孟天培、甘博著，李景汉译《二十五年来北京之物价工资及生活程度》，载《社会科学季刊》（国立北京大学）第 4 卷第 1、2 号合刊，1925 年 10 月至 1926 年 3 月，转引自李文海、夏明方、黄兴涛主编《民国时期社会调查丛编》二编《城市（劳工）生活卷》下册，福建教育出版社，2014，第 307~308 页。详细记载可参看附录史料部分 9.4。
② 〔美〕富兰克林·H. 金：《四千年农夫：中国、朝鲜和日本的永续农业》，程存旺、石嫣译，第 77 页。作者还注意到了煤球的制作方法，详细记载参见附录史料部分 9.5。
③ 杜学德主编《中国民间文学集成·邯郸市故事卷》中册，第 249~250 页。

办呢？奶奶想了一会儿，说道："有了，让他们烧用时，节省些，再掺配些土，就够用了。"从那时起，直到现在，人们和煤时都要掺些黄土，既节省，又耐烧。①

河北滦县一带也早有用煤掺土的习俗，有诗称："混将煤土做煤球，小户人家热炕头。妇女三冬勤劳作，缝衣做鞋夜未休。"而有奸商在制作煤球时掺入过多的煤土来获取暴利，这样的煤球燃烧性能极差，有人作诗揭露称："新兴煤铺作煤球，炉上全无火焰头。可恨卖煤人作伪，炉灰黄土一齐收。"②

河南义马流行名为《烧煤为啥掺煤土》的民间故事，提及老君与妹妹争抢地盘的故事，最后提及当地烧煤掺土的习俗也是听从老君吩咐而形成的，故事较为简短，摘录如下：

义马香山庙沟口西端，有几间庙房，东边三间内是香山圣母，西边两间内是老君火神。义马人开煤窑都敬老君，每年正月二十五是圣母、关爷庙会，二月十五是老君火神庙会。每逢香山庙会，香客云集，出社火唱戏，十分热闹。相传香山圣母就是老君的妹妹。他兄妹来打香山看中这儿的优美景色，老君手杖插到山头上，谁知他妹妹已把鞋子埋下来了。

老君回来了，妹妹埋怨老君不该把手杖插在她的鞋内，兄妹二人争执起来，于是各查自己的标记，结果老君的手杖确实插在妹妹的鞋里了。老君明知是妹妹捣鬼，也不再和妹妹争执，一气之下推起煤车便往西走去，妹妹急忙拉住说："哥哥，你走了让我烧啥？"老君说："烧车上撒下的煤。"妹妹说："不够烧咋办？"老君说："不够烧就掺点土。"从那以后，凡烧义马煤都要掺些煤土。③

---

① 侯正儒主编《中国民间文学集成·沙河故事歌谣谚语卷》，第4页。
② 闫克歧：《解读唐山地名》，第158页。
③ 李纪从主编《中国民间故事全书·河南·义马卷》，知识产权出版社，2009，第131页。笔者怀疑这个故事记录不够完整，当有老君与妹妹争抢地盘谁先留下标记归谁的约定，部分文字与标点笔者进行了调整。

　　并非所有的黄土都可以用来制作水和炭，而是有特殊的要求，黏性太强的土不能用，沙质成分太多也不可用。所以一个聚落周边往往只有少数几处地方的土能够使用，就笔者在家乡所见，能用作煤土的土层会被迅速挖得面目全非，一个高约 4 米的土坡，每年都会大幅度退缩，三五年之后可能就完全消失了，村民们又要重新寻觅下一个可以挖煤土的地方。

　　河南郑州二七区齐礼阎乡路砦村编有村志，土特产部分专门列有煤土，为文献中少有的关于煤土的记载，详细摘录如下：

　　　　在路砦、耿河村一带地下蕴藏一种可给烧煤中掺的煤土，该土在地表下浅者一尺多，深者四五尺，黑土白筋，是一种特殊的土。把它掺到烧煤中烧火苗旺，可节约烧煤 10% 左右，并优于其它煤土，很受本市广大用户好评。新中国成立后，一些国营煤场还专门收购此处煤土用作打煤球，群众说：耿河煤土黏汁汁。

　　　　此处煤土含量大，群众传说这里的煤土取之不尽，当上层煤土挖走后，再过 60 年又可还原，人又称之为"奇土"。在旧中国，附近富人少，穷人多，在农闲时大多数农民卖煤土，以弥补生活的不足。有的还专门在附近花十元、二十元买一平方丈煤土到市内卖，以维持生活。据附近的老人们回忆，旧中国这里的 80% 以上的村民都卖过煤土。[1]

　　煤土居然可以贩卖获利，亦可见需求量之大。而 60 年还原的传说又恰恰可以解读出相反的信息，即反映了地表土层所受破坏较为严重人们希望能够恢复原状的朴素愿望。

　　贩卖煤土，在传统时代应该是较为常见的情形。以真实人物真实事件为基础创作的小说《天河》中即有相关情节，其中提及 1938 年黄河决口后主人公李金生父母和妹妹在开封城中贩卖煤土为生，详细描述摘录如下：

---

[1] 郑州市二七区齐礼阎乡路砦村志编纂委员会编《路砦村志》，郑州市二七区新华印刷厂，1999，第 385 页。

　　江顺堂垂下头，不知该说什么才好。过了一会儿，他又想起一件事儿来，立即惊喜地告诉李金生：

　　"金生，俺看到你叔了，他在开封城内卖煤土，还见到了你娘和你妹妹。"

　　李金生一听，急切地用双手拉着江顺堂：

　　"真的吗？他们在开封什么地方？"

　　"就在城内北土街刘家胡同附近，俺当时看到你叔正拉着一架子车煤土在街上走，满身沾得都是黄泥巴，你娘和妹妹还在后面帮他推车。他见到俺后，还送给了俺几张煎饼呢。"江顺堂急切地告诉李金生。[①]

　　同书又有 1948 年农历九月第二次解放开封战役前夕李恒德到尉氏县城卖煤土的情节，摘录如下：

　　李恒德这次到县城去，是给几家饭店送煤土。"双夏"后地里的活儿不多了，他要利用这段农闲给县里的饭店送煤土，挣几个钱补贴家用。现在家里只剩下自己一个壮劳力了，他不能再像过去那样跑到开封拉煤土了，那样太远，家里没个男人照应他不放心。儿子金生在外上学，根本指望不上，也不能给他添麻烦。另外，给县里几家饭店送煤土也比较容易，因为自从 1938 年黄河决口后，黄泛区内淤积的黄泥土很多，也很黏，和煤后很好烧，县里饭店都喜欢用。现在李恒德每年这个时候都要去县城送煤土，慢慢地在几家饭店也有了信誉，生意不错，成了他就近挣钱的一门营生。[②]

　　可知华北地区煤土资源的区位与城乡差异，也为乡村民众提供了一种赚钱维持生计的门路。

---

①　李松青：《天河》，黄河出版社，2014，第 143 页。

②　李松青：《天河》，第 388 页。

数百年持续不断地采挖煤土，地表土层的变化是相当惊人的。掺土烧煤的习俗，也不断地改变着地表生态环境。

五 用煤与居住环境之恶化

1. 煤渣的危害

用煤与用柴相比，还有一样不足，即会剩下大量的无用之物——固态煤渣。古人较早就注意到了煤燃烧后会剩下固态残留物，《邺中记》称："冰井台上有冰室，室有数井，井藏冰及石墨。石墨可书，蒸之难尽，又谓之石炭。"[①]

煤渣的化学成分为 SiO_2、Al_2O_3、Fe_2O_3、CaO 及少量镁、硫、碳等。矿物组成则包括钙长石、蒙脱石、石英、水云母等及大量的含硅玻璃体（$Al_2O_3 \cdot SiO_2$）以及少量的未燃煤等。煤渣弃置堆积，会占用较多空间，释放出含硫气体污染大气，危害环境，甚至会自燃起火。[②]煤渣不同于草木灰，无法施入农田用作肥料。用煤渣制作三合土的技术在前工业时代尚不成熟，人们只能将煤渣抛弃到野外。宋元以降，煤炭使用量不断增加，产生的煤渣数量也不断增多，煤渣逐渐对环境产生了深刻的影响，北京地区因用煤量最大而尤为显著。

关于清代北京城的煤渣数量之巨大，有一件事情可以证明。雍正十年（1732）十二月二十一日夜，被囚禁在景山寿皇殿的允䄉的太监李凤森居然翻墙逃跑，后被抓回，据其本人交代，他之所以能攀爬并翻越高大的宫墙，便是因为皇宫用煤量较大，宫人将煤渣堆放在城墙根，日积月累，煤渣堆便非常高，李便从煤渣堆上翻墙出逃。[③]

烧煤与所产生的煤渣之比没有精确的数字，邯郸市峰峰矿区有名为《吴老明的故事》的民间传说，其中提到吴秀才与董财主因煤渣问题而打官司，

---

① 章鸿钊：《石雅》中编《石·制用第五卷·石炭》，载《民国丛书》第 2 编《科学技术类》第 88 册，上海书店，1989，第 201 页。

② 郭崇涛：《煤化学》，第 32~36 页。

③ 可参看吴晓煜《矿业史事杂俎》，齐鲁书社，2003，第 245 页。

在县衙争论时，吴称"我们买三筐煤才能烧出一筐炉灰"①。这样的情节当有一定的生活依据，我们可以大致以 3∶1 的比例来估测，前文提及清代北京煤炭年开采量可能多达 10 万吨，则每年产生煤渣也当在 3.3 万吨以上，数量颇为巨大，对周边环境的影响显然极为巨大。

关于煤渣对清代北京市容的影响，李光庭有形象风趣的描述，他指出：

> 《渔洋诗话》载：某人诗云"京师风物一堆灰"，夫首善之区，声明文物甲乎天下，讵可以此目之。所谓一堆灰者，盖专指煤灰而言也。煤灰至多可厌，且无甚用处，大块者以垫炉底，余则煤铺挽（掺）作软煤，弃之街上，拣煤核者取以引火而已。②

关于旧时代北京城中的煤渣问题，吴晓煜也有较细致的分析：

> 旧时代由于北京城内居民烧煤取暖做饭，其煤灰遍地皆是，加上拾煤渣者翻来捡去，风天灰飞扑面，夏日雨天污水横流，甚至灌入住户房内，这成为北京的一大难题。北京的煤渣胡同就因煤灰的堆积而得名。据《京师街巷记》一书讲：煤渣胡同"在米市大街之西，东与无量大人胡同对峙。此巷路北在前清咸丰时，有铸铁厂，堆积煤渣甚多，则煤渣胡同得名所由来也"。③

则清代煤灰数量极大，北京城中居民往往将"至多可厌"与"无甚用处"的煤渣抛撒街道，且已严重损害了市内环境。民国调查资料中指出，"因为本城一般居民没有公共卫生的观念，所以不知不觉的他们便有了许多不卫生的习惯，如向马路上抛弃一切的脏物，及用煤渣填地，皆是有碍

---

①　杜学德主编《中国民间文学集成·邯郸市故事卷》下册，第 180 页。

②　（清）李光庭：《乡言解颐》卷 2《地部》。

③　吴晓煜：《矿业史事杂俎》，第 243 页。

于公共卫生"，"在小胡同和不通行的大院里，其不卫生的情形，又远甚于马路。煤渣和垃圾靠着墙边成了大堆，便溺成了脏水坑"[1]。北京还有煤渣胡同，明代称煤炸胡同，后来改为煤渣胡同，其最初得名或是因为这里为煤炭集散之地，用煤较多则相应地产生煤渣也会较多，这或许是改名的原因。[2] 1938 年 3 月 28 日，军统策划的刺杀汉奸头子王克敏的行动即发生在这里。[3]

乡村地区则往往将煤渣堆放在河边，这在雨季有可能堵塞河道造成严重的水灾，乾隆《平定州志》即有非常生动的记载：

> 吾州治在万山中，下城为山水合流之冲，一遇大雨两岸暴涨，居民濒河者不甚（堪）苦矣。顾闾阎日用俱以石炭为炊，而酿家尤甚，煤结成灰惮（掸）于畚锸委于河畔，终岁缺雨，填塞成堆，河渠上迫民居，仅三五尺许，何能当山水之骤发哉。夏五六月一遭猛水，南居者冲崩覆压之害十室而九，甲子、丙子之变可鉴矣。……嘉水西注城腹，两岸庐舍栉比，而居民多弃煤渣于道阻塞河路，乾隆壬午夏六月，嘉水夜半大发，民不及逃，幸前牧王应超、署牧劳宗发及其时州牧先后挑浚，尚不为患，守土者以是为先务云。[4]

所述之情形虽为山西，但平定州邻近直隶，此种情形在华北地区也是非常普遍的。时至今日，华北不少农村依旧在这样处理煤渣。

① 余协中：《北平的公共卫生》，载《社会学界》第 3 卷，1929 年 6 月，转引自李文海、夏明方、黄兴涛主编《民国时期社会调查丛编》一编《社会保障卷》，福建教育出版社，2014，第 357、358 页。

② 可参见北京晚报《江山》特刊创作团队编著《江山：百年中国史补白》之《寻迹》分册，人民出版社，2013，第 136 页。

③ 刺杀行动详情可参看萨苏《中国不会亡：抗日特工绝杀行动纪实》，九州出版社，2014，第 187~190 页。

④ 乾隆《平定州志》卷 3《山川》、卷 5《物产》，乾隆五十五年刻本。转引自刘龙雨《清代至民国时期华北煤炭开发：1644—1937》，复旦大学博士学位论文，2006，第 33 页。

当然，煤渣也有特定用途，如华北的不少区域常用煤渣来铺垫低洼不平的路面，还可用来捶打房顶与室内地面，前述峰峰矿区的民间故事中即指出，煤渣"都用于建房捶地打顶用"，"捶地打房顶隔水防潮，万年不漏雨"[①]。但这可能是盛产陶瓷器的磁州窑附近的特殊情形，其他地区并不常见，大都是作为废物而直接丢弃了。

2. 烟气排放

煤渣之外，煤炭燃烧过程中释放的大量烟气也会大大地降低环境质量。现代研究证明，每燃烧 1 吨原煤将会产生烟气 8000~9000 立方米，其中包括大量 CO、NO_2、SO_2 等有害气体和烟尘。前文计算出明代后期北京城中每年消耗煤炭数量可能达到 326758.95 吨左右，也就意味着每年释放出的烟气多达 26.1407 亿 ~29.4083 亿立方米。由用煤而导致的环境恶化，在明代中后期即已显露苗头，邱仲麟即指出，随着居民开始大量使用煤炭，城市内部便开始发生环境变迁。在明代后期，使用煤炭又引发了环境污染问题。如此看来，北京在 16 世纪后半已经存在环境恶化的问题，入清而更为严重。[②]

问题还不止于此，传统煤炉向室外排放烟气的效果很不理想，大量的烟气长时间滞留在室内，向室外释放的速度极为缓慢，加之冬天为了保暖，门窗紧闭，空气流动不畅，故而室内小环境受到烟气的影响尤其显著，这大大增加人们患呼吸道疾病的概率。

在华北地区，不少民居在冬天是居室、厨房合一的，直到 21 世纪初，笔者家乡的住房仍是如此，最近十余年方才完全改观。生活燃料所释放的烟气使得室内空气质量极差，这严重损害了人们的健康。冯玉祥在回忆早年生活经历时，也提到了这样的问题，摘引如下：

> 四围的墙壁，因为年代久远，风吹雨淋，都已渐渐地松弛崩溃，成

---

① 杜学德主编《中国民间文学集成·邯郸市故事卷》下册，第 179、180 页。

② 邱仲麟：《人口增长、森林砍伐与明代北京生活燃料的转变》，《"中央研究院"历史语言研究所集刊》74 本 1 分，2003 年 3 月。

块的泥皮常常向下脱落；更因造饭的缘故，炊烟在墙上涂抹了一层很厚的黑垩，衬映得满屋里黑漆一团。最讨厌的是吃饭的时候，一掀锅盖，顶上的灰尘就同秋天的落叶一样，簌簌地望下降落；有时猛烈的水蒸气上冲，多年停滞在屋顶上的灰尘也会掉落下来，弄得满锅里乌涅白皂，令人看了无法下箸。平常坐在屋子里，若稍微留心一下，就会看见细雨似的煤灰满处飞舞着，地上，衣服上，被子上，无处不是尘屑。这两间龌龊不堪的房屋，就是我们全家安身立命之所，会客，厨房，餐室，统统都仰赖着它。[①]

妇女远比男性更多从事室内烹饪，因而面临的健康风险也远比男性大。魏远驯对烧柴和烧煤导致的室内污染进行了流行病学调查，证明从事家务劳动、经常接触生产炉灶、不吸烟妇女的健康因生活燃料造成的污染而受到显著损害。烧柴户与烧煤户所出现的健康问题存在着显著差异，用柴比用煤更伤害眼睛及鼻黏膜，而用煤比用薪柴更容易引发呼吸道炎症、免疫系统异常及淋巴细胞微核阳性率。随着居住年限的延长，其差异也越明显。而与烧柴或烧煤相比，烧液化气对人体的影响则要小得多。相关情形参见表 9.1、表 9.2、表 9.3。

表 9.1　三组人群异常体征阳性率发生情况

组别	异常体征阳性率（%）			
	结膜炎	鼻黏膜病	鼻炎	咽喉炎
烧柴组	86.0	17.2	20.9	23.3
烧煤组	64.2	12.5	43.3	42.5
液化气组	10.0	5.0	4.2	8.0

资料来源：魏远驯：《居住环境生活燃料污染对人群健康影响的调查》，《实用预防医学》2004年第 2 期。

---

① 冯玉祥：《我的生活》第 2 章，第 10~11 页。

表 9.2　三组人群 ANAE% 发生情况

组别	实验人数（人）	ANAE<60%		ANAE>83%		ANAE60%~83%	
		人数（人）	发生率（%）	人数（人）	发生率（%）	人数（人）	发生率（%）
烧柴组	50	8	16	6	12	36	72
烧煤组	50	5	10	20	40	25	50
液化气组	50	0	0	0	0	0	0
备注	ANAE 即末梢血涂片酸性非特异性酯酶标记下淋巴细胞试验。测定方法为取末梢血涂处，通过固定、孵育和染色，最后用油镜观察 200 个淋巴细胞，计 ANAE 阳性率。结果判断：胞浆中有棕红色斑、点、片或索状物质 1 个至多个者为 ANAE 阳性细胞						

资料来源：魏远驯：《居住环境生活燃料污染对人群健康影响的调查》，《实用预防医学》2004年第 2 期。

表 9.3　三组人群微核阳性率结果比较

组别	观察例数（人）	微核阳性例数（人）	微核阳性率（%）
烧柴组	50	2	4
烧煤组	50	4	8
液化气组	50	0	0
备注	微核阳性例数是指计数 1000 个淋巴细胞超过 1 个微核者。		

资料来源：魏远驯：《居住环境生活燃料污染对人群健康影响的调查》，《实用预防医学》2004年第 2 期。

　　魏氏研究取样区域并非在华北，而是在湖南永州。但生活燃料对人体的影响具有共性，华北与湖南并无本质的差异，故而其研究结果有助于我们更好地理解华北地区用煤对室内环境和民众身体健康造成的影响。

　　3. 煤气中毒

　　烟气污染对人身体健康产生的是缓慢的、渐进的损害，而煤气中毒对人造成的则是快速的、直接的损害，有些时候还会导致死亡。居室之中用煤取暖与用柴取暖有显著的区别，在氧气供应不足的情况下，一般的柴难以持续燃烧，而煤却可以继续缓慢地燃烧。因为煤炭有这样的燃烧特点，所以人们在夜间入睡时，常会关小煤炉火门以节省煤炭。但由于氧气供应不足，煤炭燃烧不充分，就会产生较多的一氧化碳。所以，大部分一氧化碳中毒是由用煤所造成的。古人称之为"煤气"而非"柴气"，亦可看出大量用煤以后一氧化碳中毒才变得常见。

早在宋代人们就认识到了煤气的危害，南宋人宋慈即指出："中煤炭毒，土坑漏火气而臭秽者，人受熏蒸，不觉自毙，其尸软而无伤，与夜卧梦魇不能复觉者相似。"① 至明代，李时珍亦指出："人有中煤气毒者，昏瞀至死，惟饮冷水即解。"②

明代，随着煤炭使用范围的扩大，煤气中毒事件在北京城中已极为常见，人们已经对中毒的原因有了较合理的认识，对煤气密度较空气略小的特征已有感性的认识，还认识到在屋顶开孔通风有助于预防煤气中毒，张介宾论述道：

> 惟是京师用煤必不可易，虽用煤之处颇多，而惟京师之煤气性尤烈。故每熏人至死，岁岁有之。而人不能避者，无他，亦以用之不得其法耳。夫京师地寒，房室用纸密糊，人睡火坑，煤多蒸于室内。惟其房之最小而最密者，最善害人。其故何也？盖以水性流下，下而不泄，则自下满而上；火性炎上，上而不泄，则自上满而下。故凡煤毒中人者，多在夜半之后，其气渐满，下及人鼻，则闭绝呼吸，昧然长逝，良可慨悯。凡欲避其毒者，惟看房室最密之所，极为可虑。但于顶槅开留一窍，或于窗纸揭开数楞，则其气自透去，不能下满，乃可无虑矣。然总之窗隙不如顶槅为其透气之速也。设有中其毒者，必气闭声挣，不能自醒，速当呼之，饮以凉水，立可解救。或速令仆地，使其鼻吸地气亦可解救。然待其急而救疗，恐有迟误而无济于事，孰若预有以防之为愈也？此京师水火之害。举京师而言，则他处可以类推矣。凡宦游京国及客处异地者不可不知此二说，以为自珍之本。③

---

① （宋）宋慈：《洗冤集录》，元刻本。
② （明）李时珍：《本草纲目》（校点本）卷9《石部》，第571页。
③ （明）张介宾：《景岳全书》卷30《传忠录下·京师水火说》，四库全书本。

清代相关记载更多，如乾隆年间有官员中煤气而仰赖家犬才获救的事件，阮葵生有详细记载，摘录如下：

> 京城火炕烧石炭，往往熏人中毒，多至死者。仪贞陈殿撰定先冬日偕其妾寝，至夜皆中煤晕室内，别无一人。家人咸就寝，不知也。家畜一巨犬，忽咆哮万状，家人起，犬向主人窗外爬沙跳掷，窗纸尽碎，急请主人，不应，毁门入，则与妾并死，急救乃苏。①

清末陈恒庆又专门讨论了北京城中大量用煤而导致煤气中毒事件频发的问题，指出上到达官贵人，下至贩夫走卒，中毒而死的事情数不胜数，可国人一直没有找到理想的应对方法，直到西式煤炉传来才得以扭转局面。他的详细记载如下：

> 予巡中城，冬日报煤气薰死者，恒有之。燕地严寒，无煤火则夜间骨栗。吾师嵩文恪公以刑部尚书为内务府大臣，竟死于煤气。其他官员人役死于此者，不可胜计。数千百年来，华人无祛除煤气之法。有之，自洋炉入华始。一洋炉烟筒外引，烟出而火炽，今已流遍寰区。人皆曰洋炉能暖人，而不能烹爨，是犹固执不通也。洋炉之双盖者，以泥杜其两端，专用其中之圆盖，烧煤至少。去其盖，可以烹爨，爨毕仍盖之，数口之家饱且暖焉。其或地无煤炭，则可用木柴，西伯利亚地无煤炭，不惟炉灶用柴，即火车亦用之。其火力不及煤炭，遇陀阪之路，多加木柴，一鼓其气而上。惟飞灰满街衢，为可厌耳。其柴多取之吾黑龙江千年山林。惟楚有材，晋实用之，良可慨也。②

但陈氏对西式煤炉的评价并不客观，煤气中毒问题一直未能根治。民国

---

① （清）阮葵生：《茶余客话》，载《（光绪）顺天府志》卷 71《故事志七》，清光绪十二年刻本。
② （清）陈恒庆：《谏书稀庵笔记》。

时期的相关材料更是屡见不鲜。即以《顺天时报》发文情况来看，即记载了大量的相关事件与举措，试列举若干标题，如《通告预防煤毒》[1]《警厅预防煤毒》[2]《奖励解救煤毒》[3]《煤毒熏毙仆夫》[4]《煤毒》[5]《煤毒薰毙厨役》[6]《煤毒熏死一巡长》[7]《崇外巾帽胡同王金城家昨日均被煤毒熏毙》与《卫生局奉令拟定预防煤毒方法》[8]《卖萝卜佣全家均被煤毒》[9]，余不尽举。

北京等华北的城市中煤气中毒事件频发，广大农村地区也不例外，如署名季青的人撰文予以剖析，称：

> 天气冷了，大家都要过那"烤白炉"的生活了，医院里中煤毒的病人也一天比一天的多了。尤其是乡下的农民，和一般贫苦人家，在一间四面窗户都紧紧闭着的小屋子里，坐着爷爷、太太、爸爸、妈妈、哥哥、弟弟、姊姊、妹妹许多人，围着白炉烤火。这许多人呼出来的气，已经把这一间小屋子充满了一些不卫生的毒气，再加上一个白炉，时刻不断的发出煤气来，更加容易使人中毒了。中了煤气毒的人，如果是轻的，没有相当的治法，就可以毒死。假如是中毒很重的，就是有了普通的治法，也许不能救治。[10]

直到 20 世纪晚期，煤气中毒事件依旧很常见。1990 年全国爱国卫生运动委员会与中华人民共和国卫生部还联合推出了一部名为《煤气中毒》的书，全面介绍了煤气中毒的原因与预防措施，提及当时煤气中毒高发态势时称

① 《顺天时报》第 4282 号，1915 年 11 月 7 日，第 7 版。
② 《顺天时报》第 4620 号，1916 年 10 月 21 日，第 7 版。
③ 《顺天时报》第 5025 号，1917 年 12 月 16 日，第 7 版。
④ 《顺天时报》第 5764 号，1920 年 2 月 5 日，第 11 版。
⑤ 《顺天时报》第 6406 号，1921 年 12 月 10 日，第 7 版。
⑥ 《顺天时报》第 7084 号，1923 年 11 月 25 日，第 7 版。
⑦ 《顺天时报》第 8898 号，1929 年 2 月 15 日，第 7 版。
⑧ 《顺天时报》第 9159 号，1929 年 11 月 10 日，第 7 版。
⑨ 《顺天时报》第 9179 号，1929 年 12 月 1 日，第 7 版。
⑩ 季青：《中煤毒》，《农民》1927 年第 32 期，第 11 页。

"几乎人人都知道有煤气中毒这回事。但每年冬天，我国总有相当多的人发生煤气中毒，在因各种中毒死亡人数中占第一位"[1]。笔者幼年也曾亲身经历过，而耳闻目见的煤气中毒事件更是数不胜数。梁夏回忆童年生活时也专门提及"中煤气"，称"每年免不了会中几次煤气，都习以为常了"，还详细描述了一次"中煤气"的经历，详细摘录如下：

> 大概我做的烤麻雀之类的缺德事太多，所以童年时期中了两次大的煤气。记得那晚我妈不在家，就我和姐姐在家。我们睡前没把炉子封好，早上醒来时，两个人都动不了了。我只觉得脑子里似乎有个人，拿着锤子使劲地敲我，咚咚的。我们一爬起来就觉得浑身无力，头晕恶心，姐姐挣扎了一下就继续躺下了，倒在那里哼哼。我记得我妈说中煤气得先出去，呼吸到新鲜空气就会缓过来，虽然实在懒得动弹，但为了小命，我们强迫自己连滚带爬地挪出屋子，躺在了门边的地上。冷空气吹过来，头疼得厉害，后来还是邻居大妈来，才把我们屋的窗户打开，把我俩安顿好。

> 据说我小时候是神童，曾经有好多老师来我家参观过我，自打中了几次煤气后，就沦落为正常人了，感谢老天，感谢炉子。[2]

进入 21 世纪，在没有集中供暖的华北农村地区，每年冬季煤气中毒酿成的悲剧仍时有耳闻。不过，随着水套火的推广，煤炉与卧室分离，煤气中毒已经远不如以前严重了。

由于煤气中毒事件发生率极高，明清时期的医书中关于煤气中毒的治疗方法明显增多，亦可看出相关问题的严重程度。

明《本草汇言》指出："人有中石煤气者，昏瞀至死，惟灌冷水即解。"[3]

《外科证治全书》中则称："中煤炭毒，一时晕倒者，急宜风凉处以清水

---

① 刘镜愉编著《煤气中毒》，人民卫生出版社，1990，第 24 页。

② 梁夏:《透明的夏天：致我们从未忘记的童年》，凤凰出版社，2012，第 74 页。

③ （明）倪朱谟:《本草汇言》，天启四年刻本。

灌之。"①

清中叶人梁章钜记载了清代人们预防煤气中毒的方法，称：

> 《居易录》云："京师煤炭皆有毒，惟室中贮水盆盎中，毒即解。又或削芦菔一片著火中，即烟不能毒人，如无芦菔之时，预干为末，用之亦佳。"②

民国时期，人们对煤气中毒预防与治疗问题的认识更加全面，1933 年的一篇报刊文章即有较细致的分析，摘录如下：

> （一）避中煤毒
>
> …………
>
> 不过生火炉取暖，是有危险的，因为煤和炭这两样东西，是含有毒气的，这种毒气，就是在烧的时候所发出来的酸化炭素。我们所看见的那种青色火焰，就是这种东西，若是这种东西吸到了我们的肺里去，那末就会使得我们中毒并且还往往使我们中毒而死。去年报上载着那些中煤毒而死的人，不是很多的么？所以我们不生火炉取暖则已，若生火取暖，那末，第一个要务，就是设法避掉煤毒。避掉煤毒的方法，我新近从友人处听来，大概有下列的几种：（一）生火炉的时候，先到别的地方生，生好了然后才移到室内去；（二）取暖的人，应该离开火炉远些，不可太近；（三）多开窗户，使得空气流通，不可有一时闭塞；（四）在室内地板上，放清水一大盆，在台子上，放冷水数碗；（五）火炉中摆几个枣子。若是施行了这几种法子以后便能够不中毒了。
>
> （二）救中煤毒
>
> 假使取暖的人，不晓得避免煤毒的方法，不幸而中毒，那末，就应

---

① （清）许克昌、毕法：《外科证治全书》卷 5《附中毒类》，清道光十一年刊本。

② （清）梁章钜：《浪迹丛谈》，道光二十八年亦东园刻本。

该赶紧的救醒他，救醒的方法，大概也不外下列的几种：（一）把中毒的人，移到室外，口鼻都朝风，用毛布摩擦他的身体；（二）灌冷开水，或者灌萝卜汁；（三）行人呼吸法。中毒的施行了这几种方法之后，便可以立刻救醒了。[①]

余不尽举。

4. 采矿废弃物的危害

采煤活动本身也会产生严重的环境污染，一个不可避免的后果就是煤矸石的大量堆积。煤矸石是掘进和采煤时带出的岩石，现代煤矿附近都会有堆积如山的煤矸石。这需要占用大量土地，故而影响地表植物生长。煤矸石还会发生风化自燃，进一步释放出大量烟尘和有害气体。据学者研究，在现代采煤技术条件下，平均每采 1 吨煤炭将产生 0.15 吨的煤矸石，若再计入洗煤和矿井建设，每开采 1 吨将会产生同等重量的煤矸石。[②] 传统时代的煤炭产量远比现代少，排矸量自然也要少得多，但其对环境所造成的消极影响也不容忽视。

第三节　化石能源忧思

一　化石能源与薪柴燃烧效率之比较

1. 热值之比较

要比较化石能源与薪柴的燃烧效率，有必要先引入热值的概念。所谓热值，是用来衡量燃料燃烧时释放能量能力大小的概念，用单位质量的固体、液体燃料或者单位体积的气体燃料完全燃烧时所释放的热量来表示，标准单位为焦耳／千克或焦耳／立方米。据学者测定，几种常见固体燃料与液体燃料的热值见表9.4。

---

① 《玲珑图书杂志》1933 年第 3 卷第 42 期，第 2330~2332 页。
② 彭世济、韩可琦主编《矿业经济导论》，第 43 页；郭崇涛：《煤化学》，第 36 页。

表 9.4　若干固体燃料与液体燃料的热值

燃料	热值（焦耳／千克）	燃料	热值（焦耳／千克）
干木柴	约 1.2×10^7	烟煤	约 2.9×10^7
无烟煤	约 3.4×10^7	焦炭	3.0×10^7
木炭	3.4×10^7	酒精	3.0×10^7
柴油	3.3×10^7	煤油	4.6×10^7
汽油	4.7×10^7		

资料来源：取自初中教材《物理》九年级上册，教育科学出版社，2005，第 9 页。

据上表中数据来看，煤炭与干木柴的热值比值为 2.4~2.8。麦克尼尔在讨论 20 世纪能源问题时，也指出，1 吨石油燃烧时释放出的能量相当于 2 吨煤炭或 5~10 吨木柴，则煤与木柴的热值比为 2.5~5。[1] 具体的木质与煤质不同，热值会有较大波动，完全精确比较煤炭与木柴的热值是很难做到的，但上面的数值还是给我们提供了极大的便利。可知，单纯从同等质量条件下释放热量多少的角度来看，用煤远比用薪柴效率更高。

还需注意的是，燃料燃烧时释放出总能量中只有很小一部分最终被人们有效利用，绝大部分都散逸掉了。一般情况下，薪柴燃烧极为猛烈，能量在短时间内大量释放出来；而煤炭的燃烧则相对稳定持久，能量释放较平稳持久。则获得同样的能量，所需烧掉的薪柴与煤炭质量之比值可能要远高于 3。所以，龚胜生所提出的 8:1 的比例还是比较合理的。

以上结论，也正是现在最主流的看法，即用煤远比用柴效率高。

2. 从化石能源的起源看其燃烧效率

若从本原上来看，化石能源与薪柴实际同属生物燃料，只不过前者由死去亿万年的生物之躯体而来，而后者则是直接利用刚死去不久的植物的躯体。若将化石燃料还原到其复杂转变的起点——亿万年前的生物躯体后，再与直接燃烧薪柴相比较，便会发现两者燃烧效率的高低将会彻底逆转。

---

① 〔美〕J. R. 麦克尼尔：《阳光下的新事物：20 世纪世界环境史》，韩莉、韩晓雯译，第 12 页。

单位质量的煤，需要数十倍于其质量的古代植物经过亿万年的时间，发生非常复杂的变化后才能形成。远古时期的植物遗体大量堆积过程中，经由微生物的作用，有相当一部分物质与能量会损失散逸掉。进入泥炭化与煤化阶段后，又会发生一系列物理化学变化，进而损失相当数量的物质与能量。学者们根据成煤过程中物质量的变化，估计 10 米厚的植物堆积层才能形成 1 米厚的泥炭，进而转化出 0.5 米厚的褐煤或 0.17 米厚的烟煤，即 10：1：0.5 或 0.17。[1] 则远古生物与其最终所形成的烟煤的体积比为 58.8！烟煤的比重约为每立方厘米 1.2~1.45 克[2]，而木材的密度则跨度较大，大致在每立方厘米 0.3~0.9 克之间[3]。计入密度的差异，则远古植物与烟煤质量比值范围在 12.2~44 之间。据上文分析，取最大值，煤柴热值比为 1：5，则将煤还原为远古植物后，烧柴的效率至少为烧煤效率的 2.44 倍，最高可达 8.8 倍。

与煤炭相似，石油与天然气也需要数量极其庞大的生物有机体经由漫长时间的演化才能最终形成。在古生代和中生代，大量的植物和动物被掩埋后，构成其身体的有机物质不断分解，与泥沙或碳酸质沉淀物等物质混合组成沉积层。随着沉积物不断地堆积加厚，经由高温、高压作用，沉积层变为沉积岩，进而形成沉积盆地，然后沉积岩地下环境介质发生进一步的化学和物理作用，经由漫长的时间，最终形成油气。[4] 生成单位质量的油气，具体需要消耗多少倍质量的生物有机体，相关数字笔者尚未找到，数字极为巨大当无疑问。

所以，若逆推至化石能源的起源，则其燃烧效率比起薪柴来要低很多。

3. 从能源的转化看化石能源与薪柴的燃烧效率

无论是化石能源还是薪柴，实际都是在利用生物能，而其终极来源则均

---

① 郭崇涛：《煤化学》，第 18 页。

② 朱之培、高晋生：《煤化学》，第 7 页。

③ 初中教材《物理》八年级上册，教育科学出版社，2005，第 119 页。

④ 张金亮、常象春主编《石油地质学》，石油工业出版社，2004，第 11~23 页。据学者研究，油气除有机成因外，还有无机成因，但有机成因还是最主流的。

为太阳能。两者的能量输出方式也基本相同，都是通过燃烧——在开放或封闭的空间——而释放出热能。显然，能量流的起点与终点没有分别，所不同的是中间环节的多寡。

从太阳辐射出来的能量到达地表后，植物体通过光合作用俘获一部分太阳能并将其转化为生物能储存起来，化石能源与薪柴在这一点上毫无二致。但薪柴能量流链条较短，人们通过樵采植物体即可获得，然后通过燃烧直接转化为热能；化石能源却需要远古生物体经过极其漫长的时间、剧烈的地质变化和复杂的生化反应，历经无数次的能量转化才得以形成，再借用大量人力、物力予以开采，最后方可进入燃烧阶段而释放出热能。

生态学上有林德曼效率，能量在不同生态位间传递转换过程中会递减，每增加一级，能量多耗散90%，中间环节越多，能量的耗散就越多。初中物理知识也告诉我们，所有的能量转化过程，都可用以下公式来表示：输入能量＝输出有效能量＋输出无效能量。而能量转化效率 η ＝输出有效能量／输入能量，在任何情况下 η 的值都不可能达到100%，而且远远达不到100%。[①] 转换次数越多，损耗掉的能量也越多。要节省能量，最理想的方法就是减少能量转换的环节。

由以上分析可知，利用化石能源的整个能量流过程中耗散的能量非常多。从这个角度来看，利用化石能源的效率其实要比利用薪柴低得多。

早在20世纪80年代，美国学者即对人类社会演进过程中的能量利用模式进行了反思，他们指出："诚然，每一项新技术的发展的确加快了能量提取和流通的过程。但我们不能忘记能量是既不能被生产又不能被消灭的，而是只能从有效状态被转化为无效状态的。因此，每一个由加快能量流通的新技术所体现的所谓效率的提高，实际上只是加快了能量的耗散过程，增加了世界的混乱程度……如果我们把效率定义为减少工作量的话，那么维持个人生

---

① 初中教材《物理》九年级下册，教育科学出版社，2005，第63页。请允许笔者一再引用初中物理教材，笔者认为，很多重要的问题不需要借助高深的数理知识即可阐释清楚，本节的绝大部分观点用初中物理的概念与公式来分析绰绰有余，不必过分迷信繁琐的数学工具。

存所需的能量越大，效率也就越低。"① 我们未必完全赞同他们的观点，但这样的论述还是可以推动我们更好地认识当前化石能源利用中面临的问题。

4. 焦炭相关问题的初步探讨

如前文所述，宋以降华北的冶铁业中开始大量用煤，这一方面使冶铁业得以进一步发展，但同时也使得铸铁技术显著倒退。李弘祺据此认定，煤炭在我国冶铁业中的过早使用深刻地影响了中国乃至世界的历史进程。而其中尤为重要的环节便是，英国冶铁业中大量使用焦炭，而中国人却只是大量用煤。焦炭的热性能更高，杂质含量更低，有助于冶炼出高品质的钢铁。

其实，我国发明炼焦技术远较西方为早，至迟在晚明时国人即已掌握了相关技术。方以智即指出："煤则各处产之，臭者烧熔而避之成石，再凿而入炉，曰礁。可五日不灭火，煎矿煮石，殊为省力。"② 可出人意料的是，中国人利用焦炭的热情却远不如英国高。奥妙就在于，国人计算的是一笔经济账。

据研究，在高炉炼焦的条件下，干馏 1 吨煤需要消耗的热量约为（550~770）×10³ 千卡，在传统技术条件下，耗能可能更高。③ 现代所用燃料多为煤气，传统时代多为直接用煤。1 千卡折合 4185.85 焦耳，则干馏 1 吨煤消耗的能量折合（2.30~3.22）×10⁶ 焦耳。据表 9.4 中的数值可知，无烟煤的热值为 3.4×10⁷ 焦耳/千克。在无烟煤完全燃烧且释放的热量完全用于干馏煤时，则干馏 1 吨煤需要消耗无烟煤 0.68~0.95 千克。实际上，煤炭不可能完全燃烧，而实际的热量利用率更是远远达不到 100%，大量的热量白白散发掉了。所以制备焦炭的过程中，需要额外消耗一定数量的煤炭，这在传统的技术条件下，也是一个不容忽视的成本。

---

① 〔美〕杰里米·里夫金、特德·霍华德：《熵：一种新的世界观》，吕明、袁舟译，第 59 页。本书第五章分析木炭相关问题时曾引述该书。这本小册子中对工业文明能量利用模式的反思虽然是在三十多年前做出的，但至今仍不过时。仔细研读该书，有助于我们更好地认识当代环境问题。

② （明）方以智：《物理小识》，第 181 页。

③ 梁宁元译，刘颂古校《炼焦》，冶金工业出版社，1982，第 113 页。

而从煤到焦炭转化过程中其自身的质量损耗更可观。关于焦炭的产出比，法国学者曾采用 41 种煤样品进行了测试，每吨煤炭可获得的焦炭在620.3~895.5 千克之间，则单从质量损耗上来看，介于 10.45%~37.97% 之间。[①]我国的土法炼焦中，出焦率为 60%~71%。[②] 当然，炼焦还可获得煤焦油、苯、煤气等产品，但在传统时代这些副产品大都浪费掉了。现代出焦和熄焦之间，焦炭自身的燃烧也会浪费大量的能量，每平方米每小时大约要烧掉 60 千克焦炭，在现代工业技术水平之下，燃烧造成的焦炭损失可控制在 1% 以下，但总量仍很可观，在传统技术条件下，损失量更为惊人。[③]

所以，我国古代没有大量使用焦炭，从能耗与成本的角度来看，是合乎经济理性的。

二 近现代化石能源利用模式之反思

1. 化石能源的大挥霍

化石能源是由遍布全球的数以亿万计的生物个体历经数千万年乃至上亿年的时间演变而来的，其中蕴含的能量是这些生物个体"收藏"起来的数千万年乃至上亿年前的太阳辐射能。所以，化石能源是大自然造就的极为宝贵的能源，我们应该善加利用。

可工业社会中的现实却是人类一直在大肆挥霍化石能源。汽车行业自诞生之日起，就在西方国家迅猛扩张，发展到现代，汽车行业的触角实际已经伸入国民经济的每个角落，某种意义上说，汽车已经绑架了整个国家的经济。为了利益的最大化，汽车厂商极力推广汽车，社会在朝着人人拥有汽车的方向发展。

理查德·瑞吉斯特即对汽车泛滥进行了尖锐的批判，除当代人们都注意

---

① 〔法〕洛杰·路瓦松、彼埃尔·福熙、安得烈·博埃尔:《焦炭》，王福成、秋枫、周淑景、崔秀文译，冶金工业出版社，1983，第 494 页。

② 河南省工业厅编《土法炼焦》，河南人民出版社，1958，第 20~21 页。

③ 〔法〕洛杰·路瓦松、彼埃尔·福熙、安得烈·博埃尔:《焦炭》，王福成、秋枫、周淑景、崔秀文译，第 515 页。

到的尾气污染外，他还分析了以下几个令人印象深刻的问题：1. 公路、停车场修筑占用了大量的空间，加剧了城市的恶性膨胀；2. 汽车体量庞大，在任何时间都相当于空载，运行导致了大量的能量白白耗费掉；3. 汽车增加了通勤时间，使得人们的居住区与工作区出现了大尺度的空间错位，人们把大量的时间浪费在路上；4. 汽车成为"钢铁之墙"、"玻璃之墙"与"速度之墙"，增强了人们的隔离感和疏远感，对人际关系和人们的固有心性产生了消极的影响；5. 汽车连带的钢铁、石油产业对环境的重大影响等。基于以上观点，瑞吉斯特持较激进的反对汽车观点，在其生态城市理念中，提倡的是摆脱汽车，认定最好的交通就是最少的交通。[①] 麦克尼尔对汽车问题也进行了深入的探讨，他也指出汽车生产过程中消耗的物资与能量对环境影响巨大，而特定历史时期使用的含铅汽油对环境的污染引发了严重的健康问题，此外还指出汽车占地面积巨大，以及容易导致交通拥堵与交通事故等问题。[②] 此外，美国城市环境史学者塔尔、梅洛西、普拉特、海斯等人的论著中也都或多或少谈及汽车问题，并对其产生的环境影响进行批判或表示忧虑。[③] 国内的近现代环境史研究相对还比较薄弱，但对现代生活方式进行批判的声音却不绝于耳，而汽车文明已经进入了中国环境史学者的视野，未来或许还将涌现专门的批判性论著。[④]

倘若我们努力发展公共交通，不盲目发展私家车，将化石能源全部用在刀刃上，人类的前途无疑将会更加明朗。遗憾的是，全球都被拖入了汽车全民拥有化的旋涡中不能自拔，对石油的挥霍还将持续下去。[⑤]

---

① 〔美〕理查德·瑞吉斯特：《生态城市——重建与自然平衡的城市》（修订版），王如松等译，社会科学文献出版社，2010，第163~216页。

② 〔美〕J. R. 麦克尼尔：《阳光下的新事物：20世纪世界环境史》，韩莉、韩晓雯译，第61~62、317~318页。

③ 高国荣：《美国环境史学研究》，中国社会科学出版社，2014，第241~242页。

④ 可参看梅雪芹《环境史研究叙论》，中国环境科学出版社，2011。

⑤ 关于汽车行业的消极影响，还可参看〔美〕理查德·瑞吉斯特《生态城市——重建与自然平衡的城市》（修订版），2010。

2. 化石能源结构转换与华北雾霾

近年来，京津冀地区的雾霾问题令大众非常不满，也让政府挠头不已。在异常强烈的治霾呼声中，政府不断出台措施予以应对。2016 年底到 2017 年初，雾霾持续不断，连续十多天不见消散。据一篇报刊文章提供的数据，到 2016 年 12 月 18 日，全国重度霾范围扩大到了 62 万平方公里，8 个城市空气质量指数"爆表"。北京当地污染物来源中，机动车、燃煤、工业生产与扬尘所占比例分别达到 31.1%、22.4%、18.1% 和 14.3%。扣除掉扬尘，其余三个方面几乎都与化石能源的使用有关，合计占比高达 71.6%。

细究华北雾霾的根源，与化石能源利用结构密切相关。就河北省而言，雾霾严重的最主要问题便是燃煤在能源结构中所占比例过高。据统计，2012 年河北省能源消费总量为 30250.21 万吨标准煤，而钢铁产业的消费量即在 1 亿吨以上。工业方面的集中利用如此，冬季取暖用煤的影响同样不容忽视。石家庄市环保局的数据表明，石家庄周边共有 164 万农户，年用煤达 400 万吨，全部都是燃烧直排，其产生的污染为同等情况下工业排放的数倍，市区周边二氧化硫浓度比市区高 52%，PM2.5 则高 8.8%。石家庄一地如此，全省多数市区亦如此。[①]

雾霾之下，民众健康堪忧，京津冀地区形象也因而受挫，其中最严重的则是河北省。环境问题，特别是雾霾问题，已经成了新的地域歧视标志，也最容易激发公众的不满情绪。河北省未来的产业发展与人才集聚等方面都将面临更多的难题，治霾不仅是环境问题、经济问题，也成为党和政府无法回避的政治问题。但治霾绝不能急于求成，当年盲目求发展是不理智的，而今盲目治霾则是危险的。治霾要有一个痛苦的过程，在这个过程中，要做的是经济与环境两手都要抓，两手都要硬。

曾经，用煤炭取代薪柴，被视为社会进步的重要表征，人们一直在致力于推进燃料革命。可当岁月推进到 21 世纪时，用煤炭却成为落后于时代的表征。当前，人们致力于煤改气，希望借此来走出环境困境。但是，当我们实

---

① 相关数据主要参照陈斌《治霾之本在于发展》，《南方周末》2016 年 12 月 22 日，第 A2 版。

现新的燃料革命之后，必然又会面临新的困扰。有美国学者也论述了欧洲的燃料革命，指出，从薪柴到煤炭"不仅是一种能源基础代替另一种的简单问题"，而细究其实质，"世界上的有效能源不断被消耗掉，而最先消耗的总是最容易得到的能源。后一个能源环境所依赖的能源总要比前一个能源环境的主要能源更难获得"，"每一种新的环境的产生不仅意味着所需工作量的增加，而且每一种新的技术又往往被看成旧技术拙劣的替代。有时人们能立刻意识到这一点，但有时人们要等到新的方法完全站住脚后才渐渐明白过来"[1]。我们未来的能源格局变动过程中，也有许多问题值得深究，真的要将蕴藏量极为丰富的煤炭闲置而大量使用天然气？天然气用完了又该如何？[2]

人类的能源利用史跌宕起伏，变幻无穷。回望化石能源——特别是煤炭——的评价随着时间推移而不断发生变化，正可谓"此一时也，彼一时也"，历史的演进总是如此吊诡。

3. 电能——绿色动力的迷思

近年来，随着能源与气候问题日趋严重，汽车行业和全社会对绿色动力的重视程度越来越高，混合动力汽车也越来越受到开发商和消费者的青睐。混合动力汽车的动力相当一部分由电来提供，在普遍的社会观念中，电是清洁环保的。

电能确实是最容易传输和转化的能量，不管两地之间相隔多么遥远，电能的传递也可以在瞬息间完成；将电能转化成热能、光能、动能等能量形式也都非常简便。

但是，产生电能的过程中能量利用效率并不理想。电能是二次能源，获取电能的过程往往要经历多次能量转换，每一次转换都要白白损耗相当多的能量。

---

[1] 〔美〕杰里米·里夫金、特德·霍华德：《熵：一种新的世界观》，吕明、袁舟译，第66~70页。详细论述见附录史料部分9.6。

[2] 笔者曾与不少亲友探讨这一问题，许多人的回答是"科学发展一定会解决这一问题的"，可是科学真的能解决吗？如果解决不了呢？我们对科学充满信心是好事，但过分迷信则非人类之福。对未来可能的风险，我们还是抱有警惕之心更好些。

时至今日，全世界主要能源依旧是形形色色的燃料，释放能量的方式也还是燃烧，热能仍是最主要的初级能量产物，而我们利用的主要能量形式则是电能。从热能到电能的大规模直接转化，至今在技术上还未取得实质性突破。从电磁感应被发现之日起，主流的发电方式都是借助机械能让线圈在磁场中切割磁力线来获得，所以机械能是电能产生过程中极为重要的一环。这就往往要先将热能转化为机械能，然后才能产生电能，在我国尤其如此。目前的绝大部分电能都是经由机械能转化而来的，水力发电与风能发电表现最为直白，而火力发电与核裂变发电均利用蒸气的动能推动发电机转动。唯一的例外是光电效应直接从光能转化为电能，但目前利用仍比较少。

就我国目前的状况来看，火力发电厂提供了大部分的电能，故而电动车归根结底还是以燃烧化石能源为代价的，只不过燃烧被放在多数人视线之外的地方进行而已。据研究，绝大部分火力发电厂热能利用率只能达到40%左右，而充电过程中的电能转化率也远远无法达到100%，能量进一步损耗，最终电动车的实际能量利用效率可能远低于直接在内燃机中燃烧化石能源的效率。

绿色动力可能并不绿色，很多企业开发绿色动力，可能是冲着环保的招牌去的。只要商机无限，只要利润丰厚，实际是否环保他们可能并不在意。利益驱使之下，资本家往往是短视的。

汽车之外，我们生产生活的方方面面都已离不开电能，某种程度上说，我们正处于电能时代。电能使我们改造世界的能力急剧增强，但是在日常的生产生活中，电能的过度挥霍现象也很严重，这同样导致了化石能源的极大浪费。

要之，使用电能反倒增加了能量的转化环节，使得损耗的能量大大增加，单纯增加电能的使用不仅不能减少化石能源的消耗，反倒进一步加剧了化石能源紧张的局面。

4. 大农业时代的物质与能量忧思

当代农业从生产到消费都形成了世界性的网络，是不折不扣的大农业。大农业时代，全人类都被紧密地联系在了一起。由于各国农业发展水平存在差异，有主要出口粮食的国家，也有主要进口粮食的国家。以美国为例，21 世纪以来每年出口粮食常在 8000 万吨~1 亿吨之间，欧盟、阿根廷、加拿大、俄罗斯、澳大利亚等国每年出口粮食也多在 1000 万吨以上。粮食消耗后的人畜粪便最后留在消费者所在国度，既无法返回产区，也没有在所在地加以利用，造成极大的物质浪费。原产地的人们为了保持地力，就用从化石能源中提炼出的化肥来弥补土壤的亏损。一边是粪便未加利用就废弃，另一边又大量地吞噬化石能源，这样的农业生产模式是断难长久维持的。

在一个国家的内部也是如此，广大农村出产的粮食运送到城市消费，粪便随水冲厕所排入水体中，耕地同样需要大量的化肥来补充。这样的生产模式显然也造成了化石能源的极大耗费。

更可怕的是，留在农村地区的粪便也没有得到很好的利用。化肥相对价格虽然较高，但增产效果明显，施用方便，消耗人力较少。种植一般的大田作物如玉米，施加底肥及追肥多用化肥，一人一天可以轻松施肥 2~3 亩。而人的粪便要施加到田地里，则需要耗费较多的人力，且极为辛苦。笔者每年暑假在老家种萝卜和白菜时，仅一分地就需要挑粪四五担，用时半天，挑完之后肩膀都会红肿。所以相当多的人已经完全停止使用农家肥了。

近年来，国家一直在推动农村改厕。1996 年制订的"九五"计划中，农村改厕为重要的工作事项，此后的三个五年计（规）划也都特别规划了改厕工作。至 2009 年，农村改厕项目列入了国家重大公共卫生服务项目，相关工作由全国爱卫办领导和督办落实，此后厕改在全国轰轰烈烈地推广开来。[①] 但改厕完成之后的粪便处理问题往往为政府所忽视。

有学者建议基层政府配备吸粪车，集中处理农村地区的粪便。[②] 但问题是，吸粪车抽取粪便以后排放到什么地方，如何处理。近年来在农村地区有

---

① 参见《全国爱卫办关于加强国家重大公共卫生服务项目农村改厕工作的通知》（全爱卫办函〔2010〕15 号），2010 年 5 月 11 日。

② 苗艳青、杨振波、周和宇：《农村居民环境卫生改善支付意愿及影响因素研究——以改厕为例》，《管理世界》2012 年第 9 期，第 98 页。

专门从事抽粪的人员，河北武安西部山区的报酬大致是抽一车 50 块钱。粪抽走后由抽粪人处置，一般也没太大用途。常见的做法是拉到河滩人迹罕至的地方直接倾倒。本可"变废为宝"的肥料，白白地被丢弃掉了，粪便暴露在旷野中，增加了蚊蝇滋生和疾病传染的风险。

粪便还会渗入地下水，倘若遇到雨季还会大量进入河流与水库，造成严重的环境污染。有历史学者研究证明，在河流与池塘中洗涮马桶，运粪船满溢和泄漏，直接向水体倾倒粪便，曾是历史上江南地区肠道传染病和寄生虫病频繁流行的重要原因。[①] 同样的问题在京津冀地区也是存在的，河流的下游、城市的用水都将因此而面临巨大的风险。

三 后化石能源时代的能源忧思

1. 人类的能源危局

人类目前所主要利用的是不可再生能源，一旦资源枯竭将会出现严重的后果。现代全球可利用的能源储备情况参见表 9.5，而 20 世纪 80 年代以来的全球能量消耗情况及未来若干年的能耗预期情况参见表 9.6。

表 9.5　21 世纪初地球上不可再生能源情况

种类	储藏（按标准煤计，10^{12}kg）	
	已探明	潜在
煤	900	2700
石油	100	36
天然气	74	60
铀	1300	1600
合计	2374	4396
备注	能源总量 6770，其中化石能源 3870	

资料来源：初中教材《物理》九年级下册，第 70 页。

---

① 余新忠:《嘉道之际江南大疫的前前后后——基于近世社会变迁的考察》,《清史研究》2001 年第 2 期。

表 9.6　人类对能源的需求情况

年份	需求量（按标准煤计，10^{12}kg）	年份	需求量（按标准煤计，10^{12}kg）
1980	7.5	2020	15.0
1984	7.8	2040	18.0
2000	11.0	2060	21.0

资料来源：初中教材《物理》九年级下册，第 70 页。

据表 9.6 可知，1984 年至 2000 年 16 年间年能耗增加 3.2（单位为 10^{12}kg，以下同，不再一一标出），平均每年增加能耗 0.2；自 2000 年至 2020 年 20 年间年能耗增加 4，年均能耗增加值也为 0.2；而 2020~2060 年，年均能耗增加值为 0.15。即 1984 年至 2020 年之间，年能耗大致呈一公差为 0.2 的等差递增数列；自 2020 年以后，年能耗则大致呈一公差为 0.15 的等差递增数列。

由以上分析可知，若不能开拓全新的能源，人类在不久的将来就会遭遇能源枯竭。后化石能源时代，人类危机重重。

2. 太阳能不可能化解人类的能源危机

太阳能对人类而言是取之不尽、用之不竭的能量来源。据学者研究，太阳每年投射到地球上的能量为 5.29×10^{24}J，这要比现在人类每年的全部能耗大 10000 倍。[1] 据天文学知识可知，太阳目前正处于稳定的主序星阶段，还可以稳定地释放能量 50 亿年以上。但是，太阳能极其分散，即使在太阳辐射强度最大的中午，在垂直方向上每平方米面积所接收到的太阳能平均也只有 1000W 左右；若按全年日夜平均，则只有 200W 左右。在冬季与阴天则更少，这样的能流密度是很低的。

亿万年来，在利用光能方面做得最好的是绿色植物。人类最有前途的太阳能利用方式则是用来发电，但太阳能电池板相比植物体有几个明显的缺陷。首先，太阳能电池板不能自我复制，必须不断地人工更新，这个过程消耗的能量无法像植物那样直接从太阳能来补偿。其次，太阳能电池板不可能像植物那样覆盖几乎所有陆地来全面摄取太阳能。最后，人类可能不会像植物那

---

① 初中教材《物理》九年级下册，第 72 页。

么"有耐心"用数千万年乃至上亿年时间来储藏太阳能。

所以，太阳能可以成为人类重要的能量来源，但远不能与化石能源相提并论，亦不能成为后化石能源时代的主力能源。

3. 核裂变能不是解决人类能源问题的理想方案

目前人类和平利用的核能主要是通过重核裂变来获得的，笔者称之为核裂变能。这种能源近来在全球能源格局中的比重日趋增大，现在全球平均已经达到了 20% 以上，我国比例略低，但增长势头强劲。很多人把未来能量的希望放在了核裂变能身上，但不为人所注意的是，提供核裂变能的主要能源物质是铀矿，其在地球上的总储藏量是极其有限的，前文估测能量可以应用年限时，核裂变能也已计算在内，所以核裂变能改变不了人类仍将在几百年之内耗尽所有能源的命运。

问题还不止于此，主流观念一直在强调核裂变能是清洁能源。实际情形却并非如此，核废料是非常危险的。我们知道，核废料是核燃料生产、加工和核反应堆用过之后的废料。核废料具有极强烈的放射性和极长的半衰期，往往会在几万年甚至几十万年后仍能杀伤人类和其他生物。处理核废料时，常见的做法是将其放置于密闭的金属容器中而后放置到地下深处用厚厚的混凝土层密封的仓库中。虽然专家对核废料处置信心满满，但潜在的危险还是应当引起我们的注意。

而运行中的核电站同样极为危险，一旦操作失误、设备故障或者遭遇自然灾害，都可能造成核泄漏，从而导致灾难性的后果。1979 年美国三英里岛核电站发生严重事故，虽并未造成大量泄漏，但依旧震惊了全世界。1986 年苏联切尔诺贝利核电站事故造成了极其严重的核泄漏，苏联及东欧广大地区遭受了核辐射，数以万计的人因辐射而患癌症致死，数十万人被转移。随着时间的推移，人们逐渐又淡忘了核电站可能带来的灾难。2011 年 3 月 11 日，大海啸造成日本福岛核电站严重的核泄漏，对日本东北部地区及其周边环境产生了严重的影响，此次事件再次唤醒了人们尘封已久的核恐惧。

要之，核裂变能无法从根本上化解能源危机，而潜在危险又非常大。核裂变能的利用方面，还有太多的问题值得人们去深入思考。

4. 核聚变能的展望

（1）再造太阳

人类目前利用的能量可以分为两大类：一是保障人自身生命活动正常进行的生物能，二是驱动人类生产生活中所使用的各种工具的多种形式的能量。前者主要来自动植物，归根结底来自植物；后者的主要部分化石能源也是来自植物，此外还有部分水能、核裂变能、风能、潮汐能、地热能和太阳能。究其本源，除核裂变能和地热能之外，人类利用的能量实际上大都是太阳能，从终极意义上来看，应该说绝大部分来自核聚变能。太阳中心在高达一千五百万度的高温下持续不断地进行核聚变，同时向外释放巨大的能量，大约只有二十亿分之一的太阳辐射能量到达了地球，而到达地球的能量中被人类利用的又只有一小部分。就是借助这么很小的一部分太阳能，生物才得以在地球上绵延数十亿年之久，人类才能够在最近三百年来得以迅猛地发展。

能源危机在当代社会已初露端倪，主要是表现在第二大能量使用门类中。化石能源终会耗竭，水能、风能、潮汐能和直接利用的太阳能只是能量利用格局中的花边点缀，不足以承担替代化石能源的重任，核裂变所释放的能量也无法完全取代化石能源来驱动整个人类社会。就人类现有的能源知识来看，最大的希望还是寄托在了可控核聚变的身上。

核聚变的主要原材料氢同位素氘在地球上存量极为丰富，据学者估测，海水中所含氘的总量高达 4.0×10^{13} 吨，若将其全部提取出来进行核聚变，按照目前能耗情况来看，足够人类使用几十亿年。[①] 如果可控核聚变能够实现，人类就可获得长久的驱动力。

所谓的可控核聚变，实际上就是在地球上再造出太阳来，那是更温和的能够平稳缓和地释放能量的太阳。人类能够再造太阳吗？科学技术真的能够使所有的问题迎刃而解吗？能源问题能够一劳永逸地得到解决吗？可控核聚变已经是人类对能量认识的尽头了吗？

（2）密闭燃烧、开放燃烧及可控核聚变难题

利用一种燃料的时候，必须在一个密闭或局部封闭的空间中进行燃烧，才

---

① 初中教材《物理》九年级下册，第72页。

能获得对我们有用的能量，从传统时代的炉灶到工业时代的锅炉、内燃机均是如此。完全敞开把整个天地当作容器的能量释放方式，要么是白白地耗费能量，如山林大火，要么是消极地杀伤同类，如炸弹爆炸，都没有积极的建设性功用。

从广义的角度看，核原料也可称为核燃料，释放核能的过程是核燃烧。密闭空间的核燃烧如核反应堆为我们提供了可资和平利用的能量，而开放空间的核燃烧如原子弹爆炸则释放出了巨大的杀伤力。

猛烈的核聚变已经实现了，那就是氢弹的爆炸，在广阔的天地里引爆，释放出惊人的破坏性能量。要实现可控核聚变，我们可能需要像用核反应堆驯服核裂变那样用特定的容器来限定核聚变发生的空间。问题是，核聚变发生的条件是高达千万度以上的温度，什么样的物质做成的器具能够耐受如此之高的温度呢？即使有这样的物质，做成这样的器具又需要消耗多少能量呢？为了应对这一问题，目前的主要方案有三种，即超声波核聚变、激光约束（惯性约束）核聚变与磁约束核聚变（托卡马克），但均未能从根本上解决这一问题。

笔者曾听过一个幽默故事，讲的是一个学生信心百倍地对他的老师说他要发明一种能溶解所有物质的溶剂，老师听后告诉学生说非常欣赏他的想法，只是有一点疑惑，不明白他要用什么样的器具来存放这种溶剂。可控核聚变也面临着同样的难题。

5. 向传统回归

由以上分析来看，后化石能源时代人类社会的前景似乎很不乐观，因为新的能源似乎很难取得突破。

现代的生产生活水平，是以化石能源作为主要动力的，一旦化石能源用尽，人类可以用什么作为替代品呢？太阳能可以满足居家使用和提供轻便动力，可驱动庞大的工业生产就无能为力了；核裂变能可谓杯水车薪，改变不了大局面；水能、风能不是每个地方都有也不够稳定，总量也无法与化石能源相提并论；而可控核聚变能的利用，至少在目前来看，还是个遥不可及的神话。

我们该怎么办？我们都已经被裹挟到了发展的洪流中欲罢不能：从宏观上看，一旦停下来，人类混乱和衰落的苦痛可能马上就到来了；从中观上看，谁先停下来谁先亡国灭种；从微观上看，所有的个体都不愿放弃现在这样舒适方便的生活方式。所以，发展还是要继续，能源与物质的挥霍也还将维持下去，直至难以为继。

倘若最终未能突破，人类极有可能要向传统生产生活方式回归。蓝勇、黄权生在分析完历史上长江上游燃料问题后，对未来展望时即持这一看法，他们指出：

> 应该看到，从历史发展的长时段来看，石油、天然气、煤炭在历史时期应是一种不可再生的资源，而生物质燃料是可再生的资源。总的来看，近两百多年来不可再生非生物质燃料的广泛使用为人类工业文明的发展立下了汗马之功，减轻了保护森林生态环境的压力，但在历史时期来看这种燃料的使用仅是短暂的一刻。随着非生物质不可再生燃料的日益枯竭，不远的将来人类又将回归到传统的生物质可再生植物燃料时代。现实提出的挑战是，怎样在更高层次下完成这次回归，怎样在高科技背景下发展生物质可再生植物燃料，形成既然能克服传统生物质植物燃料总量和热能上的局限，又不影响生态环境，显然是我们急需解决的问题。[1]

真的是这样的话，不久的将来人类必将经受一番煎熬与挣扎，因为以传统的社会状况绝难维持如此众多人口的生计。

不是回不去，而是回去的过程太痛苦，传统的生活水平更是远不如现在。我们希望突破能源瓶颈，希望生活水平能越来越高。所以，可持续是真真切切的现实需要，而不仅仅是一个口号。

以上论调有着浓厚的宗教意味和世界末日论的色彩，我们大可不必太过悲观。牛顿想不到相对论会成为显学，爱因斯坦想不到多重宇宙论会异军突起，我们也想象不到未来的能源知识与能源理念会有怎样的巨大飞跃。不过多些忧患意识还是有好处的，让我们保持足够的理性与克制，最终找到实现族群永久繁荣昌盛的道路。

---

[1] 蓝勇、黄权生：《燃料换代历史与森林分布变迁——以近两千年长江上游为时空背景》，《中国历史地理论丛》2007 年第 2 辑。

结　语

　　以上各章，已就传统时代华北燃料格局，燃料危机的出现及演变脉络，燃料危机对民生、手工业与生态环境的影响，燃料革命及其社会与生态效应等问题，分别进行了讨论。在各章节，我们努力探究燃料在华北的社会生产生活中所发挥的作用，并从燃料危机的角度对近世以降华北的社会与生态变迁动因进行了新的诠释。

　　综合全书，我们对传统时代华北燃料问题的大致面貌归纳为以下几点。

一　日趋紧张的燃料供应状况与社会变化

　　自上古至民国，华北地区的燃料供应日趋紧张。中古及其以前，随着农垦的不断推进，华北已逐渐成为全国燃料资源最为紧张的地区之一，但尚未出现严重的燃料匮乏。自宋代开始，华北爆发了严重的燃料危机，燃料的获取日趋艰难。历元、明、清而愈演愈烈，柴在生活用品中的地位不断上升，收集薪柴逐渐成为人们一项至关重要的生计活动。在沉重的燃料压力之下，华北的社会面貌发生了重大的变化。

　　自远古至清代，政府的燃料消耗量都是极为巨大的。宫廷生活需求、祭祀礼仪消耗、官员俸禄发放等诸多方面，都需要大量的燃料。在军事活动中士兵炊爨、墩台烽火、城池照明、火药制备都要消耗大量燃料，故而军队的燃料供应也受到了人们越来越多的关注。

　　日常生活中炊爨、取暖、节日庆典、红白喜事，方方面面都要消耗大量燃料，随着燃料危机的深化，获取燃料逐渐成为民众极为重要的生计活动。华北地区的饮食习俗与取暖方式都发生了重大的变化，火炕的普及尤为典型，其技术原理耐人寻味。

在燃料危机沉重的情形下，华北地区的经济状况也发生了明显的变化，若干重要的手工业部门因消耗燃料过多而呈现整体衰落态势。蚕桑丝织业从蚕的孵化养育到杀茧缫丝再到织锦染色，无不需要消耗大量燃料。宋及其以前华北极其发达的蚕桑丝织业彻底衰落，渐为耗能较少的棉纺织业所取代。需要高温烧造的陶瓷业与高温冶炼的冶铁业也大不如前。在燃料紧张的情形下，人们为突破困局，实现了一系列技术革新，在陶瓷砖瓦、冶铁两大行业中开始大量用煤，这一方面使相关产业得以进一步生存下去，但同时又对产品质量产生了极大的消极影响。

二 燃料危机与生态变化

燃料危机是在生态环境不断蜕变的背景下发生的。随着农耕经济的扩展，森林植被不断减少，沼泽湖泊也不断萎缩，人们可资利用的天然草木资源日趋减少。同时，人口虽不断波动，但整体呈现上升态势，又导致了燃料需求量不断增大。供需矛盾日趋尖锐，而燃料紧张状况也日趋严重。

自古至今，华北气候特点都是冬季极为寒冷，取暖所需消耗的燃料数量极大。而近世华北气候的整体演变趋势是日趋寒冷，这使得华北的取暖用燃料消耗量进一步增大，也大大加重了华北地区燃料紧张的局面。同时，宋以后气候的干燥化倾向也较为明显，这使得自然灾害特别是旱灾与蝗灾的发生频率大大增加，极大地影响了天然草木与作物的生长，也影响了燃料的供应状况。

木炭这一特定燃料对生态环境的影响尤为巨大。木炭在古人的社会生活中扮演了极为重要的角色，在手工业生产中需求量也极大，但制备木炭的过程中需要消耗大量的木柴，大量的热量会散发掉，从经济和能源利用效率的角度来看，这都是极大的浪费，在燃料危机深重的时代背景下更是如此。所以，木炭的使用空间便遭到了极大的挤压，这对华北的社会经济也有极大的影响。

三　燃料危机的社会应对

华北社会产生出了一系列的机制、措施来化解燃料压力，大致可以归结为节流与开源两个方面。

近世，政府一直在华北地区力推燃料的节省，主要措施包括在若干官营手工业部门中革新技术手段来节省燃料，在宫廷与各衙署厉行节约，避免铺张浪费等。

传统时期华北普通民众的薪柴利用更是一直围绕"节省"二字展开，主要表现在几个方面：其一，不断改进炊具的形制，以提高热量利用效率，从而大大节约薪柴；其二，不断改进取暖用具，发明火炕，灶与炕相连，冬天做饭之时兼有取暖之功，虽然不够清洁卫生，却最大限度地节约了薪柴；其三，变革烹饪习惯，烹饪时多采用大锅烩菜的形式，比一样样炒出来节省不少薪柴；其四，改变饮食习惯，两餐制、生食、冷食盛行，以减少燃料消耗。

开源方面，影响最大的还是煤炭的大规模开发利用，自宋以后，煤炭的使用范围不断扩大，宋之开封与元、明、清之北京的燃料利用更为引人注意，煤炭在市民阶层中渐已普及。宋以后陶瓷业与冶铁业的进一步发展，亦与煤炭的大规模使用密不可分。煤炭的大量使用，使得天然植被面临的压力有所减轻，秸秆便也可以更多地用作饲料，这些都在一定程度上改善了生态环境。但在传统时代的技术条件与经济结构制约之下，煤炭未能得到全面推广。煤炭的燃烧特点，特别是其中所含硫杂质的化学特性，还对若干技术与工艺造成了消极的影响，并在一定程度上影响了华北乃至全国的社会发展走向。此外，煤炭本身的诸多特点也造成了新的环境问题，这些问题在传统时代已然非常严重，进入工业社会造成了更为严重的环境问题。

与远古及中古相比，近世以来的华北经济社会呈现独特的风貌。无论是社会还是生态，相对于江南，华北由原来的欣欣向荣转为萧条没落。在全国的经济格局中，华北输给了江南，而且差距不断拉大。这样的变化是在全国经济、文化重心南移的大背景下发生的，这一重大变局的发生，原因是多方面的，历来相关研究极为丰富。但从燃料的角度切入，探究能源问题在社会变动过程中的影响，此前似乎尚无人进行尝试。

笔者以为，近世华北的种种困局，不仅仅由政治、经济等因素促成，也与环境、生态有密切的联系。以燃料紧张为表征的能源困局在社会演进过程中留下了深深的印记。随着社会发展，人口持续增长，农垦不断扩大，天然植被不断减少，加以气候、水文等自然条件的制约，华北地区的燃料资源从较丰沛变为极贫瘠，进入近世遂演变成严重的燃料危机。自古以来，热能都是人类能量利用格局中最为重要的能量形式。古代人们的生活起居，各个手工业生产部门的运行，庆典礼仪与军事活动，无不需要消耗大量的热能。时至今日，我们衣食住行的方方面面依然离不开热能，车、船、飞机的驱动，电能的获取，工厂的运作，我们的饮食取暖等都要利用热能。而要利用热能，就必须有充足的燃料供应。燃料的匮乏必将带来严重的社会危机，古代如此，现代亦如此。近世以降华北地区出现了严重的燃料危机，这深刻地影响了华北的社会与生态面貌。所以，我们判定华北的相对没落过程中，燃料危机是至关重要的原因，应该还是恰如其分的。

问题还不止于此。随着燃料资源的日趋匮乏，人们投入获取燃料的劳动中的人力急剧增多，妇女与儿童也被越来越多地卷入其中，这对农业与家庭手工业生产都产生了深刻的影响。在人口不断增长的情况下，燃料危机反倒加速了劳动边际效益的递减，导致了人力的相对不足。同时，教育也受到了影响，导致文化的凋敝。

随着燃料危机的加剧，天然植被遭到进一步破坏，水土流失加剧，本已远逊于南方地区的水环境进一步恶化，中古及其以前华北地区有较大范围的内河可通航运，进入近世，内河航运微不足道。相应地，水力加工也一蹶不振。某种程度上说，近世水力资源匮乏也是由燃料危机促成的。

在燃料紧张的情形下，本可用作役畜饲料的作物秸秆与野草也越来越多地被用作燃料，这就极大地影响了饲料的供应，直接后果是役畜饲养规模变小，小型役畜所占比重增加，从而使得华北地区的畜力资源日趋紧张，严重影响了人们的生活与生产。

可见燃料危机导致了热力、人力、水力与畜力全面告急，在燃料危机的触发下，华北出现了全面的能源危机。在能源危机的影响下，华北的社会出现了相对的没落。这一结论是分析华北的具体问题而得出的，但置于整个北方地区而论，应该也是站得住脚的。

总之，燃料问题深刻地影响了华北地区的社会演进脉络并塑造了华北的社会风貌。近世以降的社会巨变浪潮中，燃料危机是极为重要的影响因子。我们并不奉行唯燃料论，燃料并不是社会演进的终极决定因素。社会变化是在多种多样的因素共同作用下发生的，认为存在唯一的终极决定因素并强用之来阐释历史，所得出的结论是站不住脚的。我们也不奉行泛燃料论，并非一切社会现象、生态因素都能与燃料联系起来。燃料的触角并没有渗透到社会的方方面面，将所有的问题都从燃料的角度切入进行剖析，相关的观点将经不起细致的推敲。但我们也不能贬低燃料在人类社会中的重要地位，传统时代最重要的能量载体——燃料在人类历史演进中发挥了重要作用，过往的历史学者大都未曾给予其应有的重视。我们要将其从历史舞台的幕后推向前台，让其成为名副其实的重要角色。因为，燃料创造过且仍在创造着历史。

本书的研究不论是从空间上还是时间上来看，都还不够完整。由于时间与精力的问题，只能先就前工业时代的华北燃料问题进行粗疏的研究。还有必要将研究的时间范围进一步推展到近现代，将空间范围进一步扩大到其他区域，这些只能留待将来了。

附 录

一 附表

表 1 当代华北可用作燃料的树种

植物名	科属	性状	分布范围	描述	页码
油松	裸子植物松科松亚科松属双维管束亚属	乔木，高达25米，胸径1米	产北京西山，河北、山西各山区，海拔1000~1600米；山东中部及南部山区海拔700~1400米；河南伏牛山、太行山1600米以下组成纯林或与山杨、桦木、栎类等混交成林。	边材淡黄白色，心材淡黄红褐色，质坚韧致密，富松脂，耐久用，抗压力大，比重0.4~0.54；供建筑、枕木、矿柱、电杆，造船、器具、造纸等用。立木可采割松脂提取松节油。心材富油质，可照明，伏牛山群众称之为"明炬、明子"。叶可提芳香油。及针叶可提制栲胶。种子含油量30%~40%，树皮出油率24%~30%。松烟可制墨及油墨。	43~44

续表

植物名	科属	性状	分布范围	描述	页码
银白杨	被子植物双子叶植物纲杨柳科杨属	乔木，高达35米，胸径30厘米。	主产西北、北京西郊、河北北部、山西中部、内蒙古南部、山东、河南均有栽培。天然生长于海拔1800米以下。	木材白色，质轻软柔韧，耐腐性较差，纹理细致；为制作家具、农具，箩圈、箩匣，造纸及火柴杆原料；树皮含鞣质，可提制栲胶。	76~77
山杨	被子植物双子叶植物纲杨柳科杨属	乔木，高达25米。	产华北各省、市的各山区，以及东北、西北、华中和西南高山地带。在华北垂直分布于2000米以下，800米以上，呈纯林或与油松、桦木、云杉等混交。为杨树中分布最广，材积蓄积量最大的一种。	木材白色，轻软，富弹性。木纤维长0.935~1.020毫米，宽19~30微米，纤维含量48.62%，供火药料及造纸原料。树皮可提制栲（疑当为栲）胶后，再用石灰蒸煮法造纸。	78~79
美杨	被子植物双子叶植物纲杨柳科杨属	乔木，高达30米。	原产意大利，引入我国历史较久。华北平原各地均有引栽。东北、西北、华东、华中亦有引种。	木材松软，供火柴杆，造纸及建筑等用。树皮含鞣质约3.3%。	80
加杨	被子植物双子叶植物纲杨柳科杨属	乔木，高达30米，胸径达1米。	加杨为美洲黑杨和欧洲黑杨的天然杂交种。20世纪初引入我国，现已普遍栽培，以黄河流域最多。性喜阳光、水湿，不耐干旱。在华北平原生长较好。	木材供造纸、箱板、火柴杆用材。干形通直，可作农用电杆。为城市绿化或四旁绿化树种。	81
福子栎	被子植物双子叶植物纲壳斗科栎属	半常绿小乔木，高达12米。	产山西中条山、太岳山、熊耳山、太行山1000~1300米。河南供牛山、太行山1000米左右，有片状纯林。陕西、甘肃、湖南、四川等省也有分布。	木材坚硬耐久，耐磨损，可作车辋、完斗、家具等用。种子含淀粉60%~70%。耐火力强，为良好的薪炭材料。	134~135
裂叶榆	被子植物双子叶植物纲榆科榆属	落叶乔木，高达25米，胸径50厘米。	产东北、京北密云坡头，山西吕梁山、太岳山，河南太行山（济源）海拔1500米以上地方。河北雾灵山海拔1200米以下，常与青杆、椴树、械树等混生。	木材纹理直，结构略粗，比重约0.5，供家具、农具、薪炭等用。	138

续表

植物名	科属	性状	分布范围	描述	页码
刺榆	被子植物双子叶植物纲榆科刺榆属	小乔木，高15米，或呈灌木状。	产北京百花山、西山，山西吕梁山，河北燕山及河南太行山、伏牛山等；东北、山东泰山及西北也有。华东及西北也有。	边材黄白色，心材淡褐色，坚韧致密，供车辆、家具、薪炭用；麻袋及作人造棉原料；茎皮纤维可制绳，织叶可食。种子可榨油；嫩叶可食。	141
小叶朴	被子植物双子叶植物纲榆科朴属	落叶乔木，高达20米。	产华北各山地；东北、长江流域至西南也有。	木材白色，纹理直，比重约0.7；供家具、农具及建筑用材，又为优良的薪炭材。树皮纤维可代麻用。	144
朴树	被子植物双子叶植物纲榆科朴属	落叶乔木，高达20米，胸径1米。	产山东鲁山及河南伏牛山、大别山；长江中下游和以南诸省区及台湾也有。常散生于平原及低山丘陵地区，农村习见。	环孔材，淡褐色，纹理直，比重0.61；供家具及薪炭用材；皮部纤维为麻绳、造纸及人造棉的原料；果榨油作润滑剂；根及人药，治腰痛；漆疮。	144~145
紫弹	被子植物双子叶植物纲榆科朴属	小乔木或灌木，高3~8米。	产华北各地、东北南部、华中、西北、西南也有分布，耐寒，生中高山至低山阴向山坡沟谷灌丛或疏林中。	材质坚硬、纹理粗，有光泽，供制器具、家具及薪炭用；树皮纤维为造纸及人造棉原料；根皮、果实人药。	150
厚朴	被子植物双子叶植物纲木兰科木兰属	落叶乔木，高15~20米。	主产长江流域，华北各地也有栽培。	材质轻韧，纹理细密，不反张伸缩，易加工，可作图版、雕刻、盆柜、铅笔杆、火柴杆、制炭供五金细工磨光用。漆器、乐器、漆器、机械、船具，	202
山胡椒	被子植物双子叶植物纲樟科山胡椒属	落叶小乔木，高6~8米。	产山西中条山、山东泰山、昆嵛山、崂山，大别山、桐柏山，长江流域及以南各省区也有。生于海拔500~1700米的丘陵山地灌丛中。	木材可作家具，农具柄等。枝叶含油，易燃，农民多作烧柴。	212

续表

植物名	科属	性状	分布范围	描述	页码
花叶海棠	被子植物双子叶植物纲蔷薇科苹果亚科苹果属	灌木或小乔木，高3~7米。	产内蒙古鄂尔多斯市，西北、四川也有。生于海拔1000米以上的山坡灌丛中和沟谷、黄土丘陵。	山区群众作燃料，也可作苹果砧木。	292~293
沙冬青	被子植物双子叶植物纲豆科蝶形花亚科沙冬青属	灌木，高1.5~2米。	产内蒙古鄂尔多斯市，巴彦淖尔市有，西北也有。生长在沙丘上和荒漠地带的山前洪积平原和黄河的第二级阶地，或生长在固定或半固定的沙丘边缘，有时也进入小丘陵地。	有毒植物，羊采其花过多可致死命。可作固沙植物，也是良好的无烟燃料。	357
紫穗槐	被子植物双子叶植物纲豆科蝶形花亚科紫穗槐属	丛生灌木，高1~4米。	原产北美。华北普遍栽培。东北、西北以及江南各省区均有栽培。	枝叶茂盛，根条发达，是保持水土的优良灌木。有根瘤菌，落叶和腐根有改良壤地和碱土的作用。鲜嫩枝叶肥力很高，是绿肥的好材料。鲜叶糖化后是很好的饲料。枝条可编织篱笆盖房，或作烧柴。	362~363
刺槐	被子植物双子叶植物纲豆科蝶形花亚科刺槐属	乔木，高达25米，胸径1米。	原产美国，于18世纪末首先在青岛引种栽培，后已全国广泛栽培，尤以华北地区及黄河流域最为普遍。	材质坚硬，不怕水湿，不易腐烂，用作坑木、枕木、桥梁、家具和农具等。生长快，萌芽力强，也是薪炭树种。	365~366
柠条	被子植物双子叶植物纲豆科蝶形花亚科锦鸡儿属	落叶灌木，高1.5~3米。	产山西吕梁山西坡，内蒙古鄂尔多斯市；西北也有。山东省有栽培。	嫩叶是很好的饲料和肥料，枝条又是燃料和编织材料。根系发达，有根瘤菌，是水土保持和土壤改良的好树种。可营造薪炭林、防护林和饲料林。	378~379
花棒	被子植物双子叶植物纲豆科蝶形花亚科岩黄耆属	落叶灌木，茎高1~3米。	产内蒙古鄂尔多斯市，巴彦淖尔市；西北也有。山西河曲有栽培。	树干有油脂，火力大，干湿均能燃烧；枝条可编篱笆盖房，木材能做农具柄。	384~385

续表

植物名	科属	性状	分布范围	描述	页码
蒙古岩黄耆	被子植物双子叶植物纲豆科蝶形花亚科岩黄耆属	落叶小灌木,高60-120厘米。	产内蒙古鄂尔多斯市,生于沙丘上。	可作固沙植物及牲畜饲料,也可用作燃料。	386
塔郎	被子植物双子叶植物纲豆科蝶形花亚科岩黄耆属	落叶小灌木,高60-120厘米。	产内蒙古锡林郭勒盟、鄂尔多斯市,巴彦淖尔市;陕西、宁夏也有。生于固定或半固定沙丘上及湖盆边缘。	可作牲畜饲料、燃料。	386
山豆花	被子植物双子叶植物纲豆科蝶形花亚科胡枝子属	灌木,高1~2米。	产河北、山西、山东、河南各山区、东北、华东、华中及西北也有。适应性强,生于山坡、沙地或灌丛。	可作饲料、薪柴和水土保持造林。	392
霸王	被子植物双子叶植物纲蒺藜科霸王属	灌木,高0.7-1.5米。	产内蒙古鄂尔多斯市、巴彦淖尔市。习见于荒漠地带的沙砾质河流阶地、低山山坡、碎石低丘和干河床。	可作燃料,也能抵御风沙。	400
蒙古四合木	被子植物双子叶植物纲蒺藜科四合木属	落叶小灌木,高可达50厘米。	内蒙古特有种,产鄂尔多斯市鄂尔多斯高原、黄河两岸台地上和巴彦淖尔市。习生于覆盖有薄层沙的土地上。	枝含油脂,极易燃烧,为良好燃料;也可做骆驼的饲料,并有阻挡风沙的作用。	401
黄连木	被子植物双子叶植物纲漆树科黄连木属	落叶乔木,高达25米。又称楷树。	产北京上方山、密云坡头、河北太行山区中部以南,海拔800米以下低山阳坡;山西太岳山、中条山,海拔1400米以下;山东各山区海拔800米以下;河南各山区均普遍分布;北京有栽培。平原多栽于村庄附近,山地野生于杂木林中。华中、华东、华南、西南、西北均有。	环孔材,边材宽、灰黄色,心材黄褐色,材质坚重,纹理致密,结构匀细,不易割裂。果壳、种子均含油,油为不干性油,可制肥皂、点灯,润滑油。	428

续表

植物名	科属	性状	分布范围	描述	页码
漆树	被子植物双子叶植物纲漆树科漆树属	落叶乔木，高达 20 米。	产北京上方山、怀柔、河北太行山区、燕山南麓，垂直分布在 1000 米以下；山西关帝山、太岳山、中条山区海拔 700~1800 米；山东泰山、沂山、蒙山等山区有少量零星分布；河南大别山、伏牛山、太行山区海拔 600~1500 米。华东、华中、西南、西北均有分布。	果实可取蜡（漆蜡），供制蜡烛、蜡纸、蜡线及金属防腐涂布剂。种子含油量 25.72%，可榨油，用于照明、制皂及油墨等，并可食用。	429~430
茶条槭	被子植物双子叶植物纲槭树科槭属	小乔木或灌木，高 5-10 米，又称北茶条。	产北京、河北、山西、内蒙古、山东、河南各山区；东北、陕西、甘肃也有；多生在海拔 400~1200 米的阳坡灌丛或疏林中。	树干低矮，木质脆，用材价值不大，枝条做烧柴。	456
糯米椴	被子植物双子叶植物纲椴树科椴树属	落叶乔木，高达 15 米。	产河南各山区，山东青岛亦有栽培；西北、华中、华东亦有分布。多生于较高山坡，及山顶，常在海拔 500 米以上与其他树种混生。	木材坚韧，宜作屋梁、桥梁、枕木、坑木、家具等，也可作饲料喂猪。树皮纤维多而柔软，可制人造棉、麻袋，也可作火药的导火线。	496
梧桐	被子植物双子叶植物纲梧桐科梧桐属	落叶乔木，高达 15-16 米，胸径 50 厘米。又称青桐。	原产我国，河北、北京、河北、山西、山东、河南均有栽培。	环孔材，黄白色，纹理斜，结构粗，气干比重 0.42，供板料及做乐器等用。种子可食及榨油，含油量约 40%，油供点灯、工业润滑油。	503~504
白蜡树	被子植物双子叶植物纲木犀科梣属白蜡树派白蜡组	乔木，高达 15 米，胸径 40 厘米。	产河北、山西、山东、河南各山区和平原、东北、西北、长江流域也有。垂直分布在中条山海拔 400~1700 米；山东泰山、崂山、鲁山可至 1000 米；河南至 2000 米以下之山地。多生田埂、平原、丘陵及低山。	木材淡褐黄色或淡灰黄色、有光泽、弹性高，韧性强、硬度大、重量中等，工艺性能良好。1 年生条坚韧，可编管篓。3~4 年生干条可作蜡杖。蜡杈、蜡杆等。枝叶可放养白蜡虫取蜡，为工业制蜡原料。	568~569

续表

植物名	科属	性状	分布范围	描述	页码
女贞	被子植物双子叶植物纲木犀科女贞属	常绿灌木，高6~10米，胸径可达80厘米。又名白蜡树。	产山西中条山、山东崂山、河南伏牛山、大别山和桐柏山；北京、河北均有栽培。华东、华中、西南均有。多在阳坡、丘陵、山麓、疏林中生长、河岸、沟边、路旁也有。	木材黄白色带浅红，材质细，比重0.62，切面光滑，不劈裂，供雕刻、车碾、细木工、农具等用。枝叶还可放养白蜡虫。	597~598
小叶女贞	被子植物双子叶植物纲木犀科女贞属	常绿或半常绿小灌木，高2~3米。	产山东沂蒙山、河南各山区，华东、华中、西南也有栽培，多生灌丛、石崖、路边等阴处。	果实产量高，种子药用，叶可焙干代茶用。可作嫁接木犀、丁香等树的砧木。也可放养白蜡虫。	599~600
黑沙蒿	被子植物双子叶植物纲菊科蒿属	半灌木，高50~100厘米。	产内蒙古鄂尔多斯市与巴彦淖尔市，西北也有。生于荒漠和半荒漠的沙丘固地。	种子可榨油，固沙性能良好，又为很好的燃料。	667

资料来源：华北树木志编写组编《华北树木志》，中国林业出版社，1984。

表 2 《明史》中记载明代华北的旱灾蝗灾情形

时间	旱灾		蝗灾	
	记述	原出处	记述	原出处
洪武四年（1371）	（是年）陕西、山西及直隶常州、临濠、北平河间，永平旱。	卷三十《五行志》		
洪武五年（1372）	夏，山东旱。	同上	六月，济南属县及青、莱二府蝗。	卷二十八《五行志》
洪武六年（1373）			北平、河南、山西、山东蝗。	同上
洪武七年（1374）	夏，北平旱。	卷三十《五行志》	六月，山西、山东、北平、河南蝗，并蠲田租。	卷二《太祖本纪》
洪武八年（1375）			怀庆、真定、保定、河间、顺德、山东、山西蝗。	卷二十八《五行志》
洪武九年（1376）	（七月）赈永平旱灾。	卷二《太祖本纪》	夏，北平、真定、大名、彰德诸府县蝗。	同上
洪武二十三年（1390）	山东旱。	卷三十《五行志》		
洪武二十六年（1393）	（是年）大旱，诏求直言。	同上		
永乐元年（1403）			（五月）庚寅，捕山东蝗。丁酉，河南蝗，免今年夏税。	卷六《成祖本纪》
永乐三年（1405）			夏，山东、山西、延安、河南蝗。	卷二十八《五行志》
			五月，山西、河南蝗。	同上

续表

时间	旱灾		蝗灾	
	记述	原出处	记述	原出处
永乐十四年（1416）			七月丁酉，遣使捕北京、河南、山东州县蝗。	卷七《成祖本纪》
洪熙元年（1425）	以京师一冬不雪，诏谕修省。	卷二十九《五行志》	畿内、河南、山东蝗。	卷二十八《五行志》
宣德二年（1427）	南畿、湖广、山东、山西、河南旱。	卷三十《五行志》		
宣德四年（1429）	河南旱。		六月，顺天州县蝗。	卷二十八《五行志》
宣德五年（1430）			六月己卯，遣官捕近畿蝗。	卷九《宣宗本纪》
宣德七年（1432）	河南及大名夏秋旱。	卷三十《五行志》		
宣德八年（1433）	南北畿、河南、山东、山西自春徂夏不雨。	同上		
宣德九年（1434）	南畿、湖广、江西、浙江及兖定、济南、东昌、平阳、重庆等府旱。	同上	两畿、山西、山东、河南蝗蝻覆地尺许，伤稼。	卷二十八《五行志》

续表

时间	旱灾		蝗灾	
	记述	原出处	记述	原出处
宣德十年（1435）	（是年）畿辅旱。	同上	两京、山东、河南蝗蝻伤稼。	同上
正统二年（1437）	河南春旱。顺德、兖州春夏旱。（是年）京师旱。	同上	四月，北畿、山东、河南蝗。	同上
正统四年（1439）	直隶、陕西、河南及太原、平阳春夏旱。	同上		
正统五年（1440）			夏，顺天、河间、真定、顺德、广平、应天、凤阳、淮安、开封、彰德、兖州蝗。	卷二十八《五行志》
正统六年（1441）			夏，顺天、保定、真定、顺德、广平、大名、河间、卫辉、凤阳蝗。秋，彰德、开封、兖、南、东昌、青、莱、登及辽东广宁前屯、中屯二卫蝗。	同上
正统七年（1442）			五月，顺天、广平、大名、河间、凤阳、开封、怀庆、河南蝗。	同上
正统八年（1443）			夏，两畿蝗。	同上
正统九年（1444）	冬，畿内外无雪。	卷二十九《五行志》		
正统十二年（1447）			夏，保定、淮安、济南、开封、河南、彰德蝗。秋，永平、凤阳蝗。	卷二十八《五行志》

续表

时间	旱灾		蝗灾	
	记述	原出处	记述	原出处
正统十三年（1448）	直隶、陕西、湖广府州七，夏秋旱。	卷三十《五行志》	五月丙戌，遣使捕山东蝗。	卷十《英宗前纪》
正统十四年（1449）	六月，顺天、保定、河间、真定旱。	同上	七月，飞蝗蔽天。	卷二十八《五行志》
景泰元年（1450）	畿辅、山东、河南旱。	同上	夏，顺天、永平、济南、青州蝗。	同上
景泰四年（1453）	南北畿、河南及湖广府三，数月不雨。	同上		
景泰五年（1454）	（是年）山东、河南旱。	同上		
景泰六年（1455）	冬，无雪。	卷二十九《五行志》		
	（是年）南畿及山东、山西、河南、陕西、江西、湖广府三十三，州卫十五，皆旱。	卷三十《五行志》		
景泰七年（1456）	夏，两京不雨，杭州、宁波、金华、均州亦旱。	卷三十《五行志》	五月，畿内蝗蝻延蔓。	卷二十《五行志》
天顺元年（1457）	是年，直隶、山西、河南、山东皆无雪。	卷二十九《五行志》	七月，济南、杭州、嘉兴蝗。	同上

续表

时间	旱灾		蝗灾	
	记述	原出处	记述	原出处
天顺二年（1458）	冬，命百官祈雪。	同上	四月，济南、兖州、青州蝗。	卷二十八《五行志》
天顺三年（1459）	南北畿、浙江、湖广、江西、四川、广西、贵州旱。	卷三十《五行志》		
天顺四年（1460）	济南、青州、登州、肇庆、桂林、甘肃诸府卫夏旱。	同上		
天顺六年（1462）	冬，直隶、山东、河南皆无雪。	同上		
天顺七年（1463）	北畿旱，济南、青州、东昌、卫辉自正月不雨至于四月。	同上		
成化元年（1465）	冬，无雪。	卷二十九《五行志》		
成化三年（1467）	两京春夏不雨，湖广、江西旱。	卷三十《五行志》	七月，开封、彰德、卫辉蝗。	卷二十八《五行志》
成化四年（1468）	自冬徂春，雨雪不降。	卷二十九《五行志》		
成化六年（1470）	（是年）直隶、山东、河南、陕西、四川府县卫多旱。	卷三十《五行志》		

续表

时间	旱灾		蝗灾	
	记述	原出处	记述	原出处
成化八年（1472）	（是年）京畿连月不雨，运河水涸，顺德、真定、武昌俱旱。	同上	六月，河间蝗。真定蝗。七月，八月，山东旱蝗。	卷二十八《五行志》
成化九年（1473）	八月，山东旱蝗。 （是年）彰德、卫辉、平阳旱。	卷二十八《五行志》 《明史》卷三十《五行志》		
成化十年（1474）	二月，南京、山东奏，冬春恒燠，无冰雪。	卷二十九《五行志》		
成化十一年（1475）	冬，以无雪祈祷。	同上		
成化十三年（1477）	四月，京师旱。是岁，真定、河间、长沙皆旱。	卷三十《五行志》 卷二十九《五行志》		
成化十五年（1479）	冬，直隶、山东、河南、山西无雪。（是年）京畿大旱，顺德、凤阳、徐州、济南、河南、湖广皆旱。	卷三十《五行志》		
成化十七年（1481）	四月庚申，以久旱风霾，敕群臣修省。	卷十四《宪宗本纪》		

续表

时间	旱灾		蝗灾	
	记述	原出处	记述	原出处
成化十八年（1482）	两京、湖广、河南、陕西二十五州府二十五州县大旱。山西大旱。	卷三十《五行志》		
成化十九年（1483）	冬，京师、直隶无雪。（是年）夏旱。	卷二十九《五行志》 卷三十《五行志》	五月，河南蝗。	卷二十八《五行志》
成化二十年（1484）	（是年）京畿、山东、湖广、陕西、河南、陕西俱大旱。	同上		
成化二十二年（1486）	八月，北畿及江西三府旱。	同上	四月，河南蝗。七月，河南蝗，顺天蝗。	卷二十八《五行志》
弘治元年（1488）	南畿、河南、四川及武昌诸府旱。	同上		
弘治三年（1490）	两京、陕西、山东、山西、湖广、贵州及开封旱。	同上	北畿蝗。	卷二十八《五行志》
弘治六年（1493）	北直、山东、河南、山西及襄阳、徐州旱。	同上	飞蝗自东南向西北，日为掩者三日。	同上
弘治七年（1494）			两畿蝗。	同上
弘治八年（1495）	京畿、陕西、湖广、江西大旱。	卷三十《五行志》		
弘治九年（1496）	冬，无雪。	卷二十九《五行志》		

续表

时间	旱灾		蝗灾	
	记述	原出处	记述	原出处
弘治十年（1497）	（是年）顺天、淮安、平阳、西安、庆阳旱。	卷三十《五行志》		
弘治十一年（1498）	河南、山东、广西、江西、山西十八府旱。	同上		
弘治十二年（1499）	夏，河南四府旱。秋，山东旱。	同上		
弘治十五年（1502）	冬，无雪。	卷二十九《五行志》		
弘治十六年（1503）	夏，京师大旱，苏、松、常、镇夏秋旱。	卷三十《五行志》		
弘治十七年（1504）	畿内、山东久旱，命官祭告天寿山。	卷四十九《礼志》		
弘治十八年（1505）	冬，温如春，无雪。	卷二十九《五行志》		
	（是年）北京及应天四十二卫旱。	卷三十《五行志》		
正德元年（1506）	冬，无雪。	卷二十九《五行志》		
正德三年（1508）	冬，无雪。	同上		

续表

时间	旱灾		蝗灾	
	记述	原出处	记述	原出处
正德四年（1509）	旱，自三月至七月，陕西亦旱。	卷三十《五行志》		
正德六年至九年（1511~1514）	连岁无雪。	卷二十九《五行志》		
正德八年（1513）	畿辅及开封、大同，浙江六县旱。	卷三十《五行志》		
正德九年（1514）	（是年）顺天、河间、保定、庐、凤、淮、扬旱。	同上		
正德十一年（1516）	冬，无雪。	卷二十九《五行志》		
	（是年）北畿及兖州、西安、大同旱。	卷三十《五行志》		
正德十六年（1521）	两京、山东、河南、山西、陕西自正月不雨至于六月。	同上		
嘉靖二年（1523）	两京、山东、河南、湖广、江西及嘉兴、大同、成都俱旱，赤地千里，饿殍载道。	同上		
嘉靖三年（1524）	山东旱。	同上	六月，顺天、保定、河间、徐州蝗。	卷二十八《五行志》
嘉靖六年（1527）	北畿四府、河南、山西及凤阳、淮安俱旱。	同上		

续表

时间	旱灾 记述	旱灾 原出处	蝗灾 记述	蝗灾 原出处	原出处
嘉靖七年（1528）	北畿、湖广、河南、山东、山西，陕西大旱。	卷三十《五行志》			
嘉靖八年（1529）	春，帝谕礼部："去冬少雪，当东作，雨泽不降，当亲祭南郊社稷，山川。"	卷四十九《礼志》			
嘉靖十四年（1535）	冬深无雪，遣官遍祭诸神。	卷二十九《五行志》			
嘉靖十七年（1538）	夏，两京、山东、陕西、福建，湖广大旱。	卷三十《五行志》			
嘉靖十九年（1540）	冬，无雪。	卷二十九《五行志》			
嘉靖二十年（1541）	（是年）畿内旱。	卷三十《五行志》			
	三月，久旱，亲祷。	同上			
	十二月癸卯，祷雪于神祇坛。	卷二十九《五行志》			
	十二月甲午，命诸臣分告宫庙祈雪。	同上			
嘉靖二十四年（1545）	（是年）南北畿、山东、山西、陕西、浙江、江西、湖广、河南俱旱。	卷三十《五行志》			

续表

时间	旱灾		蝗灾	
	记述	原出处	记述	原出处
嘉靖二十九年（1550）	北畿、山西、陕西旱。	同上		
嘉靖三十二年（1553）	冬，无雪。	卷二十九《五行志》		
嘉靖三十三年（1554）	兖州、东昌、淮安、扬州、徐州、武昌旱。	卷三十《五行志》		
嘉靖三十五年（1556）	山东旱。	同上		
嘉靖三十六年（1557）	冬，无雪。	卷二十九《五行志》		
嘉靖三十七年（1558）	大旱，禾尽槁。	卷三十《五行志》		
嘉靖三十九年（1560）	冬无雪，明年又无雪。	卷二十九《五行志》		
嘉靖四十年（1561）	保定等六府旱。	卷三十《五行志》		
嘉靖四十一至四十五年（1562~1566）	冬，祈雪无虚岁。	卷二十九《五行志》		
嘉靖四十五年（1566）	六月丙子，旱。	卷十八《世宗本纪》		
隆庆元年（1567）	冬，无雪。	卷二十九《五行志》		
隆庆三年（1569）	闰六月，山东旱蝗。	卷二十八《五行志》	闰六月，山东旱蝗。	卷二十八《五行志》

续表

时间	旱灾		蝗灾	
	记述	原出处	记述	原出处
隆庆四年（1570）	夏旱，诏诸司停刑。	卷三十《五行志》		
隆庆六年（1572）	冬，无雪。	卷二十九《五行志》		
	夏，不雨。	卷三十《五行志》		
万历元年（1573）	（四月）庚午，旱，谕百官修省。	卷二十《神宗本纪》		
万历四年（1576）	十二月己丑，命礼部祈雪。	卷二十九《五行志》		
万历十年（1582）	（四月）庚子，以久旱敕修省。	卷二十《神宗本纪》		
万历十三年（1585）	（三月）京师自去年八月不雨至于是月。庚午，大雩。三月甲申大雩。……四月丙午，大雩。……五月丙戌，雨。	同上		
万历十四年（1586）	三月戊戌，以旱霾，谕廷臣陈时政。戊午，久旱，敕修省。	同上		
万历十五年（1587）	四月，京师旱，大疫。	同上		
	（七月）山西、陕西、河南、山东旱。	同上		

续表

时间	旱灾		蝗灾	
	记述	原出处	记述	原出处
万历十六年（1588）	五月，山东、陕西、山西、浙江俱大旱疫。	卷二十八《五行志》		
	十六年、十七年、二十九年、三十七年、四十七年，亦如之（无雪）。	卷二十九《五行志》		
万历十八年（1590）	四月，旱。	卷三十《五行志》		
万历十九年（1591）			夏，顺德、广平、大名蝗。	卷二十八《五行志》
万历二十六年（1598）	京师旱，敕修省。	卷二十一《神宗本纪》		
万历二十七年（1599）	（闰四月）己丑，久旱，敕修省。	同上		
万历二十八年（1600）	七月辛亥，旱，敕修省。	同上		
万历二十九年（1601）	六月，京师自去年六月不雨，至是月乙亥始雨。山东、山西、河南皆大旱。	同上		
万历三十年（1602）	夏，旱。	卷三十《五行志》		
万历三十四年（1606）	夏，亢旱。	同上		
万历三十五年（1607）	十月癸酉，山东旱饥，蠲赈有差。	卷二十一《神宗本纪》	（六月）畿内大蝗。	卷二十一《神宗本纪》

续表

时间	旱灾		蝗灾	
	记述	原出处	记述	原出处
万历三十七年（1609）	（是年）楚、蜀、河南、山东、山西、陕西皆旱。	卷三十《五行志》	九月，北畿、徐州、山东蝗。	卷二十八《五行志》
万历三十八年（1610）	夏，久旱。济、青、登、莱四府大旱。	同上		
万历三十九年（1611）	夏，京师大旱。	同上		
万历四十二年（1614）	夏，不雨。	同上		
万历四十三年（1615）	三月，不雨，至于六月。山东春夏大旱，千里如焚。	同上	七月，山东旱蝗。	卷二十八《五行志》
	七月，山东旱蝗。	卷二十八《五行志》	四月，夏蝗。	同上
万历四十四年（1616）	二月戊午，以去冬无雪，入春不雨，敕修省。	卷二十一《神宗本纪》	（七月）河南、淮、扬、常、镇蝗。	卷二十一《神宗本纪》
万历四十五年（1617）	夏，畿南亢旱。	卷三十《五行志》	北畿旱蝗。	卷二十八《五行志》
	北畿旱蝗。	卷二十八《五行志》		

续表

时间	旱灾		蝗灾	
	记述	原出处	记述	原出处
万历四十六年（1618）			畿南四府又蝗。	同上
万历四十七年（1619）			济南、东昌、登州蝗。	同上
天启元年（1621）	久旱。	卷三十《五行志》	七月，顺天蝗。	卷二十八《五行志》
天启二年（1622）	四月甲申，京师旱。	卷二十二《熹宗本纪》		
天启五年（1625）	真、顺、保、河四府，三伏不雨，秋复旱。	卷三十《五行志》	六月，济南飞蝗蔽天，田禾俱尽。	卷二十八《五行志》
天启六年（1626）	（是夏）江北、山东旱蝗。	卷二十二《熹宗本纪》	（是夏），江北、山东旱蝗。（是秋），河南蝗。	卷二十二《熹宗本纪》
	十月，开封旱蝗。	卷三十《五行志》	十月，开封旱蝗。	卷三十《五行志》
崇祯元年（1628）	夏，畿辅旱，赤地千里。	卷三十《五行志》		
崇祯三年（1630）	三月，旱，择日亲祷。	同上		

续表

时间	旱灾		蝗灾	
	记述	原出处	记述	原出处
崇祯四年（1631）	四月庚戌，祷雨。	卷二十三《庄烈帝纪》		
崇祯五年（1632）	十二月癸酉，命顺天府祈雪。	卷二十九《五行志》		
崇祯六年（1633）	冬，无雪。	同上		
崇祯七年（1634）	京师及江西旱。冬无雪。	同上		
崇祯八年（1635）	是夏，两畿、山西大旱。	卷二十三《庄烈帝纪》	七月，河南蝗。	卷二十八《五行志》
崇祯十年（1637）	（六月）两畿、山东、河南大旱蝗。	卷二十四《庄烈帝纪》	七月，山东、河南蝗，民大饥。	卷二十三《庄烈帝纪》
崇祯十一年（1638）	六月，畿内、山东、河南、山西旱蝗。	同上	（六月）两畿、山东、河南大旱蝗。	卷二十四《庄烈帝纪》
崇祯十二年（1639）			六月，畿内、山东、河南、山西旱蝗。	同上
崇祯十三年（1640）	五月，两京、山东、河南、山西、陕西大旱蝗。	卷二十八《五行志》	五月，两京、山东、河南、山西、陕西大旱蝗。	卷二十八《五行志》

续表

时间	旱灾		蝗灾	
	记述	原出处	记述	原出处
崇祯十四年（1641）	六月，两畿、山东、河南、浙江、湖广旱蝗。山东寇起。七月，临清运河涸。京师大疫。	卷二十四《庄烈帝纪》	六月，两畿、山东、河南、浙江、湖广旱蝗，山东寇起。	卷二十四《庄烈帝纪》
崇祯十六年（1643）	五月辛丑，祈祷雨泽，命臣工痛加修省。	卷三十《五行志》	六月，两京、山东、河南、浙江大旱蝗。	卷二十八《五行志》

资料来源：主要取自《明史》，并参照《中国农业自然灾害史料集》中的相关内容。

二 史料

（说明：附录史料以章节为序标示，如第一章第一条，即标注为 1.1，以此类推。）

1.1 尧山壁关于油灯的回忆，见氏著《百姓旧事：20 世纪 40—60 年代往事记忆》，河北教育出版社，2011，第 5 页。

春、夏、秋三季，农民日出而作，日落而息，没有灯也还能将就着过。到了冬季，漫漫长夜就难熬了。男人们挤在一起，摸黑儿讲三国、讲笑话、讲鬼故事。女人们闲不住，凑到一盏灯下纳鞋底儿。鞋底儿用的是旧布、碎布，不用白布，白布被灯烟一熏，白鞋底儿就变成了黑鞋底儿。强悍的女人抢亮儿，紧靠灯下做活儿，你看吧，第二天白脸蛋准变成黑包公。

打败日本兵，建立新政权，心花放，灯花放。春节，屋里、院里灯光一片，门口挂灯，街上挂灯，路边也放灯。路灯是黏面捏成的，点黑油。灯会的人会定时添油，半夜起来走乡亲磕头，明灯亮路。元宵灯节更是热闹，孩子们放河灯，街是灯的河，河是灯的街。灯给新农村镶了个金边儿。

最热闹的还是戏台。灯碗是吊起来的铁盆，油捻儿大拇指一样粗，火把一样燃烧着，明灯高悬，亮如白昼。不过，唱会儿戏就要加油。凳子摞凳子，人站在上面加油。有一次，加油的老头儿一哈腰，棉裤脱落下来，农村人不穿内裤，什么都露出来了。而正加油的手又不能停，那老头儿大喊一声："乡亲们，合眼吧！"这下比戏还出彩，台下哄堂大笑，这戏便出现了一个高潮。

1.2 《老君爷与井陉的煤炭》，载吴晓煜辑录《煤矿民间传说与风俗》，煤炭工业出版社，2014，第 1 页。

太上老君要把煤播种在人间。这天早晨，他备好牛，收拾好种楼，就在井陉、平山交界的南、北陉村一带开始播种。当时，老君爷刚吃过早饭，精力充沛，浑身是劲。他用力扶着楼，使劲往深里种，同时仓眼开的很小，像种庄稼一样，尽量不浪费一颗种子。用这种种法，种了二十多里，种到了小作、贾庄一带（按：在井陉矿北十二三里，小作往北二十里就是南北井）。因此，这里的煤田很深，煤层很薄。过了贾庄以后，老君爷打开仓子一看，煤只剩下了很少一截，出"籽"量增加了。过了贾庄以后，岗头、横涧、风山，直到雪花山（现在井陉一、二、三矿一带），煤虽然种得还是很深，却厚厚地种了一层，给后世留下了一片好煤田。当老君爷种到山西阳泉后，身体疲乏，更感到不耐烦了，就索性把仓眼开到最大，也不再用力按种耧，浅浅地种起来。因此，阳泉一带煤层很厚，埋藏很浅。老君爷赶着青牛种到太原，已经累得精疲力竭，再看看天色也已不早，就用力抽了青牛一鞭，想快点种完。牛用劲一跑，种耧绊在了石头上，绊断了"黄瓜腿"（连着犁尖送籽的部分），煤就在地表上随意撒起来。因此，西山一带的煤破了地皮就可看见。

1.3 《老君种煤》，载吴晓煜辑录《煤矿民间传说与风俗》，第2~3页。

很早以前，传说天上下来一位种煤的老君，他白发苍苍，胡须满面，看样子足有百岁开外。他虽然有点耳聋，但走起路来，爬起山来，浑身有一股子劲。他担着两筐煤炭，沿着一条羊肠小道，翻山越岭地向南而行。当他走到沁县上官疙瘩坪上时，看见前面不远的地方有一个二三十户人家的小村，树木成荫，风景很好。他心想：就把这担煤种在这里吧！这时，有两个放羊的走了过来。老君便向放羊的问道："这是个什么村？"

"上北里。"

"什么呀？你大声说！"

"上北里！"

老君没听清，听成了"上不理"。他生气地说："不理就不理吧，我还愁找不见个种的地势！"他走了几步，又走到一个小村，迎面遇见一个五十多岁的老汉，左胳膊上挎着一个竹篓，右手拉着个六七岁的小姑娘，正急急忙忙地赶路。老君问道："请问，这是哪个村？"

"下北里。"

"什么？"

"下北里！"

这回老君又听成了个"下不理"。这下可把他给气坏了。他心想："上也不理，下也不理，给你们银钱，你们还当是土块哩？这煤炭不比你们那些烂柴碎草好烧？算啦，沁县人就没有烧煤打炭的福，我不在沁县种啦！"他扭回头来，大步朝襄垣一带去了。

老君又走了几十里，来到了襄垣县境内。这时，已是多半后晌了。他看见前面大山后边有几个人在豆子地里锄地，那块地一面靠山，地边是很陡的崖头。他就担着那一担煤炭到了地边，开口问道："老乡，前面是个什么村？"

"瑶阎沟。"一个妇女回答说。

"什么村呀？"老君没听清，又问了一声。

"瑶阎沟！"众人齐声回答。

有几个年轻人，怕他还未听清，便放下锄头，走到他跟前，对着他的耳朵大声说道："瑶——阎——沟！"

老君一听，摸着白胡子笑道："要一沟？十沟八沟都有！"说罢，他便把一担煤炭撒下了山沟。

从此以后，瑶阎沟这一带，挖出来的全是金黑金黑的煤炭，真是挖也挖不尽，烧也烧不完。直到现在，襄垣一带仍然有许多煤矿。说也奇怪，就连上北里、下北里行北的上官疙瘩坪上，现在用镢头刨刨，也能刨出发灰的土块来，烧在火里还能着出灰灰的火焰。据老人听先辈传说，这是老君下凡种煤时，从筐子里漏出来的煤面，后来就变成了现在的灰黑土。

1.4 《老君下界种煤炭》，载吴晓煜辑录《煤矿民间传说与风俗》，第64~65页。

传说，原来晋城本无煤。玉皇大帝见这里民风淳朴，人心向善，就动了恻隐之心，降下一道御旨，让太上老君下界种煤。老君哪敢怠慢，马上从太阳星君处选了一担煤种，挑在肩上，颤悠悠地离开了天庭。

半夜里，老君来到古老的中原上空，喊着："黄河听，太行听，你们快来接煤种，从此不再吃生冷，做饭取暖抗严冬。"他虽然年纪高迈，白发苍苍，但由于每天饱食金丹，嗓音仍然特别洪亮，结果惊醒了正在熟睡的婴儿。

婴儿的父亲对老君大声呵斥道："我们这里山连山，荆棘蒿草烧不完，种下粮食能做饭，不要什么煤和炭，挑起担子你快走，不要在此找麻烦。"

老君非一般人物，哪里受得了这等冷遇。一气之下，把担子从左肩换到右肩，拨转云雾，朝古晋城而来。

老君来到晋城上空时，正巧有个妇女出门晒玉米，她惊呼道："快来瞧呀，快来看，这个老头真稀罕，担子足有千斤重，扁担马上就压断。"妇女话音刚落，就听见"咔嚓"一声，老君的扁担齐刷刷地变成了两截，筐子里的煤种铺天盖地落了下来。其中，重一点的先入地，长成了现在的9、10、11号煤；轻一点的后入地，长成了现在的1、2、3号煤；最轻的落在地表，成了风化煤。由于煤种来自太阳，故煤炭被称为"太阳石"。从此，晋城大地遍地是煤，成为当地的宝贵资源。老君种煤有功，被人们尊为"煤窑神"，纷纷塑像建庙，使之长年累月享用着人间香火。正是：老君送煤到中原，中原对君情谊浅；老君转身到晋城，晋城妇女大声喊；老君种下煤和炭，采金挖银代代传。

1.5 《王禅种煤》，载杜学德主编《中国民间文学集成·邯郸市故事卷》中册，中国民间文艺出版社，1989，第249~250页。

很古很古的时候，我们老祖先就生活在黄河流域一带。因为没有煤，不能生火，人们只能过着吃生肉、喝冷血的生活。

华山王禅老祖看到这一情况，忽然想起炼仙丹还剩些火种，便唤过黑虎灵官，要下山种火种去。

二人来到东海边，黑虎灵官驾耧，王禅老祖摇耧。因为老祖是养性修身之人，不会摇耧耩地，所以心神慌张，手忙脚乱，顾上摇耧顾不上深浅，看着前边又忘了后头。开始，老祖用力过大，耧腿插地深，黑虎灵官用力拉也觉得吃力，叫道："深了，太深了。"说话间已耩过了山东。老祖听见说深了，急忙提耧，想种得浅一点，谁知又提耧过猛，被黑虎灵官把耧一下斜着拉出了地面，师徒二人险些跌倒。黑虎灵官又嚷道："欠耧了，欠耧了！"（按：欠耧，即耧铧出了地面。）这时，王禅老祖惋惜地说："算了吧，没有火种了。"二人站定一看，已经过了河北，到了山西地面。在回华山的路上，黑虎灵官问："你种这么些够烧不够？"老祖摇耧摇累了，眯着眼含含混混地说："不……够了，掺点土慢慢烧吧。"

据说，我们现在烧的煤就是当初王禅老祖种的火种变的。烧煤时总要掺上些土的习惯，也是由那时传下来的。后来，人们就把那些与煤掺杂的土叫煤土。人们还发现，黄河流域一带的煤田自东向西逐渐升起：山东煤田最深，不易开采；河北不深不浅，适于掘井开采；到了山西，煤层大都很浅，甚至裸露地表，据说随意选一个堰根坡下就可找到煤头。这都是因王禅老祖摇耧种煤造成的。

1.6 《窑神种煤》，载杜学德主编《中国民间文学集成·邯郸市故事卷》中册，第250~251页。

传说，世间原本是老君爷所管。自从有了人，老君就打道回洞府去了，至于人吃生吃熟，还是过冷过热，老君都不管了。

天上还有个叫窑神的和老君不错，常来串门儿。窑神见人间因没有煤烧而吃生喝冷，心里不忍，便想借老君炼丹用的煤种下界种煤。可老君刚从凡间回来，正闭目养神，嫌窑神揽得宽，推辞说："我这耳朵眼里刚住进一窝小燕子，等燕子下了蛋，蛋孵成小燕，小燕出了窝，再给你拿吧。"窑神听了，很是着急。要知道，天上一天，地下一年。等小燕出了窝，那人间要等到驴年马月才能有煤烧！可人家老君道行比他高，窑神心里急又不便发火。他忽然看见老君洞府门外有棵铁树，灵机一动说："那好，等这铁树千年开了花，我再走。"老君拗不过窑神，只好拿来炼丹用的煤种，打发窑神走了。

窑神带上童子，扛着耧到了人间。他们从山东开始往西挨着种。在山东时，窑神正年轻力壮，托得住耧，耩得也深。到了河北，他已到中年，就差点劲，耩得也浅了些。来到山西，窑神已人老体弱，行走都磕磕绊绊，耩得就更浅了，有时耧铧还常滑出地面。等耩完山西，要来的煤种也可巧耩完，窑神也累得筋疲力尽了。

据说，现在晋冀鲁的煤田，也是从东往西越来越浅：山东最深，河北浅些，山西最浅，有的露出了地面。人们为了纪念窑神的功劳，给他修庙立位，供为窑神爷。每到腊月二十三，刨煤窑的窑主都要整猪整羊上大供，传说这一天是窑神回天上洞府的日子。到了正月初一，下窑工还要选出社头，凑钱合股买供品再敬一次窑神，有开元吉利、保佑平安的意思。

1.7 《小羊倌戏窑主》，载杜学德主编《中国民间文学集成·邯郸市故事卷》下册，第 171~172 页。

相传很早以前，峰峰窑庄有家富户，在鼓山脚下开了座煤窑，他手毒心黑，从窑工身上不知榨出了多少血汗钱。他看着整箱整箱明晃晃的银元，胖脸上的小眼睛更眯成一条线。这时候，工头侯二急急忙忙走进来，说："不好了东家，窑里没风了！"窑主一听，急了，心里说："窑神爷，我可没得罪您啊，这一没风，我该少赚多少钱哪。"他根本不问窑工的死活，慌忙赶到窑神庙里，又是烧香，又是磕头，求窑神爷给他通风。他没想到，还挺灵验，第二天真的有了风。这下窑主更敬窑神爷了，每天不吃饭先给窑神爷烧炷香，不睡觉也得给窑神爷磕仨头。

可是好景不长，没几天，煤窑里又没风了。窑主慌忙跑到窑神爷庙里，烧上香，摆上供，正捣蒜似的给窑神爷祷告时，门外走进来一个破衣烂衫的小羊倌，他来到供桌跟前，抓起桌上的上供馒头就咬。窑主一看，气坏了，伸手就要打。小羊倌不慌不忙地说："你上供不就是敬窑神吗？我就是窑神，你说，让吃吧？"窑主生气地说："毛孩子，不许你胡说。""你上供不就是为了要风吗？我叫它明天有风，它就得有。"

这一下，把窑主蒙住了。信吧，是个小孩子；不信吧，他说的牙是牙，口是口的。没办法，他叫小羊倌饱饱吃了一顿。第二天窑里又有了风。窑主认为窑神爷真的附到小羊倌身上了。

没过几天，窑里又没了风。窑主一连上了几次大供，窑里还是没风。没办法，他找到小羊倌家里，一进门就说："窑神爷，窑里又没风了。"小羊倌平心静气地说："我知道。""窑神爷保佑，你可得来风啊。""你只顾赚钱，不顾窑工死活，我也不好办呢。"小羊倌一本正经，慢腾腾地说。"小人知罪，小人知罪，我一定改过。"窑主赔罪不停。小羊倌说："光嘴说可不沾啊。"窑主发誓说："窑里这回有了风，我情愿让出一股窑。"小羊倌说："空口无凭，你立个字据吧。"窑主话已出口，不敢反悔，只得立了字据。第二天，窑里又有了风，窑主忍痛让出了一股窑。

这样说来，真的有窑神显灵的事吗？没有。原来，这座小窑没有通风好法儿，全靠石头裂缝自然通风。有一天，小羊倌在山坡上放羊，看见一处石头缝直往外冒黄烟。他挺奇怪，就搬了块石头堵住了。这一堵，山下小窑马上停了风。隔了两天，小羊倌把石头搬开，小窑里就有了风。窑主不知道这些，还以为窑神爷显了灵呢。小羊倌堵了几次，知道这是煤窑的通风口，心里盘算，老窑主钱迷心窍，拿着窑工的命不当回事，这回得治治他。于是便唱了这出小羊倌戏窑主的好戏。

1.8　刘望鸿：《门头沟矿区的鼠崇拜》，《北京青年报》2013 年 12 月 4 日第 C02 版；又见吴晓煜辑录《煤矿民间传说与风俗》，第 94~96 页。

中外皆有鼠俗民风，对鼠的喜好褒贬不一。围绕鼠的传说在中华大地不胜枚举。在北京西部的门头沟地区，也有崇拜老鼠的风俗。过去的门头沟，自然地理环境复杂险峻，生活艰辛。民间多流传"家有一口粥，不去门头沟"的说法。那里的人们崇拜鼠，是因为鼠顽强的生命力以及祈望多子多福、子孙万代。旧时门头沟几百处煤窑中，还将鼠供为"窑神"。挖煤人从不打老鼠，也不养猫。鼠在门头沟地区的挖煤人心目中俨然成了通灵的神物。

鼠类是现存哺乳动物中数量最多、繁殖力最强的小型兽类，能适应各种环境，俗话说"一公一母，一年三百五"。鼠的繁殖力强，成活率高，因此它的又一个象征意义是子孙满堂。在门头沟民间，人们会将子女成群的善生母亲戏称为"鼠胎"或"鼠肚"，来比喻她的生育能力特强。

在门头沟民间，还认为鼠性通灵，能预知吉凶灾祸，尤其是在大大小小几百处煤窑里，人们绝对禁止捕鼠。煤窑井下有老鼠，主要以啃食糟朽的木头为生。鼠的听觉和嗅觉都很灵敏，往往能察觉到井下冒顶、塌方、透水、瓦斯超标或爆炸等灾害发生的先兆，一旦有险象，就会仓皇逃命。有经验的挖煤矿工如果发现井下的老鼠一反常态、到处乱跑，特别是见到大耗子叼着小耗子乱跑，就可以预知要有灾害发生。此时马上撤离，即可避过灾难。在煤窑开采过程中，如果进入一个新的掌子面，见有老鼠活动，证明这里有充足的氧气，可以放心作业。人们在井下见到老鼠会尊敬地叫一声"窑神爷"，因为他们认为老鼠是窑神爷的化身。如果有人伤害到老鼠，或是骂老鼠，就会受到众人的指责，罚他把自带的干粮掰碎，扔在窑里，向老鼠赔罪。鼠生于自然，长于地下，对自然界将要发生的不测，如地震、水灾、旱灾等做出一定反应是正常的，这是地球生物具有的特殊本能。只是有些现象由于人类自身的知识局限，还未能揭示出它的神秘规律。

旧时，门头沟土煤窑遍布，挖煤工为了生存不得不整天在缺乏安全措施的巷道里爬进爬出，警觉性高的老鼠就成为人们判断危险的重要参照。挖煤人从不打老鼠，也不养猫。老鼠在门头沟地区的挖煤人心目中俨然变成了通灵的神物。

门头沟百花山下的大东山有户韩姓挖煤矿工，还在家中设立摆放供奉窑神爷的牌位，在一方香檀木镜框中镶嵌着一只斗大的硕鼠图案。那硕鼠不知出自哪位画家之手笔，画得活灵活现，逼真传神，大有呼之欲出之感，就差吱吱叫唤声了。尤其那须那爪那目，酷似活鼠一般。这鼠的下方落款为：窑神之位；并有一副楹联：上窑多好事，下井尽平安。那镜框的上方，四季挂有一串谷穗、高粱穗、玉米棒子、黄豆荚。而那鼠前，常常摆上一碟榆子干饭之类，这无疑是贡品了。外人也许不知，这镜框中的老鼠，就是所谓窑神爷：与门神爷、炉神爷、财神爷地位相当。一般人家自然不供窑神爷，而韩家供奉窑神爷，是因为他们家世代都在煤矿上下井；供奉窑神，自然是为保其下井平安不出事故。在他们看来，能保护矿工们日夜平安的，似乎只有这窑神了。韩家把这窑神供于案上，且常常为其烧香上供，其用意不言自明。

将老鼠尊为"窑神"来供奉的挖煤人还很多。每年农历腊月十七日，当地煤业人士到窑神庙焚香叩首，礼敬如仪。关于门头沟窑神来源说法不一，其中之一是门头沟民间贴的雕版印刷的"神马子"窑神纸像，头上无冠，头前部光亮无发，两耳后毛发直立，状如刺猬，两手放胸前托着一块煤炭。这里说的"状如刺猬"隐喻的就是鼠神。神马子由京城纸店印制，矿区也有人自己操刀雕刻。由于技法不一，所刻出的窑神形象也有出入，但大体相似，请（买）窑神像的人也不计较，致使窑神形象更加五花八门。

还有一种说法，挖煤的窑工们认为，鼠就是窑神爷的马，不能亵渎。有些年龄大的挖煤人都叫老鼠为窑神（意为煤窑之神）。他们甚至还看到过很多更加神化的皮毛红色的老鼠呢！那可能有多方面的因素。一、因为老鼠在井下长时间得不到紫外线照射，毛发会变颜色。二、可能是因为井下灯光的原因吧，因为矿工头上灯的颜色和地面光线颜色不同，所以在视觉上来看，颜色就是红的。三、井下的老鼠吃的食物基本上是矿工吃剩下的工作餐与排泄物，也许是缺乏微量元素造成毛发变异。

当然，挖煤人尊崇老鼠，可能还有一个原因，那就是他们也像老鼠一样钻进钻出在打洞。如今，门头沟已经关闭煤窑矿山，门头沟地区祭祀窑神、崇拜老鼠的旧俗逐渐成为历史。

2.1 《宣化气候之异》，载徐珂《清稗类钞》第 1 册《时令类》，中华书局，1986，第 38 页。

宣化去京师数百里耳，而气候截然不同，以居庸关为之隔也。自岔道至南口，中间所谓关沟，只四十五里，而关北关南几若别有天地。光绪乙酉五月下旬，有人入都，在宣化，衣则夹也；过居庸，衣则棉也；出南口而炎蒸渐盛，入都门而摇扇有余暑矣。迨八月下旬，则寒风凛冽，木叶乱飞，已似冬初光景。晓起登舆，竟有非此不可之势。前人诗云："马后桃花马前雪，出关争得不回头。"诚非故作奇语。盖可以三秋如此推之三春也。

2.2 《扫帚、耙和扫帚把》，载河北省武安县民间文学集成编委会《中国民间文学集成·武安民间故事卷》，内部印行本，1988，第 479 页。

有年冬天，天下着大雪。武安有一个人在南边做买卖，大雪天往回赶路。走到洛阳城边，天黑了，天冷得能把人冻死，他就打算找个店住下。一找找到一个店里，这个店掌柜特别酸。见天这么黑了，知道这个人也不能往前走了，不住店就得冻死，就给这个人要一百个钱的店钱，这个人说："旁人店都是住一黑夜十个钱，你咋要一百个钱？"店掌柜说："你看看，天这么冷，你还得烧柴哩。反正是一百个钱一夜，你爱住不住。""过了这个村没了这个店啊。"这个人一想，不住就得冻死呀，咋着说钱也没人命重要。就给了掌柜的一百个钱，住下来了。

店掌柜就把他领到一个放杂物的库房里说："别的房子都住满人了，你就住这吧。"说完就回屋里睡觉了。

这个人见把他安插在这个冷冰房里，就一肚子气。他借着灯明儿一看，房里头有几把小扫帚把，还有几把新竹扫帚，一个新耙，还有个大铁锅和一个大砘子。就想治治这个酸掌柜哩。

他来到掌柜的窗户下头问："掌柜的，天冷的不能睡，我烧几个扫帚把行不？"掌柜的刚躺下，懒得起来，就说："几个扫帚把算啥，烧了吧。"这个人回到屋，就把几个新竹扫帚和耙地用的耙点着，把砘子放到火上头，烤着火睡了。第二天大清早，这个人早早起来对掌柜的说："掌柜的，我还要赶路，先走了啊。"掌柜的躺在热乎乎的炕上，说："你走吧，凡在我这儿住店的，都是住店前就交清钱了。"

这人走后，掌柜的起来催小伙计们扫地，哪也找不着扫帚。他到那个库房一看，地下一堆柴火灰和十几个耙齿子。又往边一看，锅里头放着个大砘子，就赶紧去搬，一边搬一边说："别把锅压坏了。"刚搬起来，"娘啊！"一声又扔到锅里头，说着："烧死了。"一看手上起了好几个大水泡。锅也哗啦一声打了个五面裂缝。一个小伙计说："掌柜你看，这墙上还有字哩。"掌柜的一看，墙上写着：

家住武安在石坡，
一百个钱也不算多。
夜来烧了你扫帚、耙，
临明叫你自打锅。

掌柜一看傻了眼，说："闹了半天，他说的是扫帚、耙，我还当是扫帚把哩。"

2.3 《作物生长期的界限温度》，载中国科学院《中国自然地理》编辑委员会《中国自然地理·气候》，科学出版社，1984，第112~114页。

日平均气温达0℃以上时，土壤开始解冻，可开始进行农耕。日平均气温高于5℃时，冬作物及大多数树木恢复生长。10℃以上时大部分作物呈现积极生长的状态。

全国日平均气温稳定≥0℃的开始日期的分布情况如下。南岭以南、云南南部、海南岛及台湾省日平均气温全年都大于0℃。长江中下游到汉水上游以南，在1月底以前先后开始≥0℃。黄淮平原及渭水流域开始于2月上旬到2月下旬，海河流域、黄土高原、河套地区及东北的松辽平原在3月上旬到3月下旬之间……至于日平均气温≥0℃的终止日期，黑龙江省北部在10月上旬，松辽平原、海河上游、河套地区及黄土高原在11月上旬到11月下旬，海河平原、黄淮平原及渭河流域在12月上旬到12月下旬，长江流域在1月上旬到1月下旬……

日平均气温≥5℃的日期和持续期对农作物生长有更大的意义。全国日平均气温≥5℃的起讫日期和≥0℃的起讫日期的趋势基本一致。≥5℃的开始日期还是从南向北逐渐推迟，但春季北方增温比较迅速，所以从≥0℃的开始日期到≥5℃的开始日期之间的日数北方短南方长……日平均气温≥5℃的持续日数可以称之为生长期。全国分布情况大致如下：在东经110°以东地区基本上自北向南增加，东北大小兴安岭区约130~150天，嫩江流域、松花江流域及内蒙古北部为150~180天，辽河流域到燕山、河套一线为180~210天，辽东半岛、京津地区、汾河流域、洛河流域为210~240天，黄淮平原、汉水上游地区为240~270天，长江中下游为270~300天，温州到龙岩一线的东南沿海及北纬25°以南地区则全年日平均气温都高于5℃……

日平均气温≥10℃的开始日期一般比≥5℃的开始日期晚半个月到一个月，在东北及华北两者相隔的日数要少一些，在西北及东南沿海地区则多些……日平均气温≥10℃的持续期分布和≥5℃的分布相仿，但要短30天到100天。在大小兴安岭区日平均气温≥10℃的持续日数不到120天，东北三江平原及内蒙古北部为120~150天，黄土高原及河西走廊为150~180天，黄淮平原为200~220天，长江中下游220~240天，四川盆地在250~280天之间，南岭山脉以南达到300天以上……

（笔者按：在20世纪80年代的自然地理学气候分区中，对日平均气温≥10℃的指标意义重视程度不如现在高。）

2.4　《温度带划分指标》，载丁一汇主编《中国气候》，科学出版社，2013，第400~402页。

日平均气温是否达到10℃对自然界的第一性生产具有极为重要的意义。大量的农业生产实践证明：作物在日平均气温稳定高于10℃和低于10℃时的光合作用潜力对作物生产的作用有很大的不同。日平均气温稳定在10℃以上是保证禾本科作物籽粒成熟所必需的基本条件之一，而形成作物产量的同化物也主要是在日平均气温稳定高于10℃的时间段中积累的。在我国，日平均气温稳定≥10℃的时段还与无霜期（即植物生长的基本条件）相差不大，也与绝大多数乔木树种叶子萌发与枯萎大体相吻合。日平均气温稳定≥10℃期间的积温（下简称"积温"）一直是我国气候区划与农业气候资源评价中一个非常通用的指标。如在1959年中国科学院自然区划工作委员会的气候区划、1979年中国气象局的气候区划中，都以积温作为温度带划分指标。但是自《中国气候区划新探》发表后，学者们逐渐认识到，以积温作为指标划分温度带时，对于地势高低悬殊和幅员广大的中国而言，有一定的局限性；而以日平均气温稳定≥10℃的日数（下简称"积温日数"）作为指标，能更准确细致地刻画出我国温度条件的地域分异；特别是对高原地区的气候区划更具实践意义。因而本区划也采用积温日数作为主要指标划分温度带。

3.1　明代工部四司及易州山厂，（清）张廷玉：《明史》卷72《职官一·工部》，中华书局，1974，第1760~1763页。

营缮，典经营兴作之事。凡宫殿、陵寝、城郭、坛场、祠庙、仓库、廨宇、营房、王府邸第之役，鸠工会材，以时程督之。凡卤簿、仪仗、乐器，移内府及所司，各以其职治之，而以时省其坚洁，而董其窳滥。凡置狱具，必如律。凡工匠二等：曰轮班，三岁一役，役不过三月，皆复其家；曰住坐，月役一旬，有稍食。工役二等，以处罪人输作者，曰正工，曰杂工。杂工三日当正工一日，皆视役大小而拨节之。凡物料储偫，曰神木厂，曰大木厂，以蓄材木，曰黑窑厂，曰琉璃厂，以陶瓦器，曰台基厂，以贮薪苇，皆籍其数以供修作之用。

虞衡，典山泽采捕、陶冶之事。凡鸟兽之肉、皮革、骨角、羽毛，可以供祭祀、宾客、膳羞之需，礼器、军实之用，岁下诸司采捕。水课禽十八、兽十二，陆课兽十八、禽十二，皆以其时。冬春之交，罝罛不施川泽；春夏之交，毒药不施原野。苗盛禁蹂躏，谷登禁焚燎。若害兽，听为陷阱获之，赏有差。凡诸陵山麓，不得入斧斤、开窑冶、置墓坟。凡帝王、圣贤、忠义、名山、岳镇、陵墓、祠庙有功德于民者禁樵牧。凡山场、园林之利，听民取而薄征之。凡军装、兵械，下所司造，同兵部省之，必程其坚致。凡陶甄之事，有岁供，有暂供，有停减，籍其数，会其入，毋轻毁以费民。凡诸冶，饬其材，审其模范，付有司。钱必准铢两，进于内府而颁之。牌符、火器，铸于内府，禁其以法式泄于外。凡颜料，非其土产不以征。

都水，典川泽、陂池、桥道、舟车、织造、券契、量衡之事。水利曰转漕，曰灌田。岁储其金石、竹木、卷埽，以时修其闸坝、洪浅、堰圩、堤防，谨蓄泄以备旱潦，无使坏田庐、坟隧、禾稼。舟楫、硙碾者不得与灌田争利，灌田者不得与转漕争利。凡诸水要会，遣京朝官专理，以督有司。役民必以农隙，不能至农隙，则偿功成之。凡道路、津梁，时其葺治。有巡幸及大丧、大礼，则修除而较比之。凡舟车之制，曰黄船，以供御用，曰遮洋船，以转漕于海，曰浅船，以转漕于河，曰马船、曰风快船，以供送官物，曰备倭船、曰战船，以御寇贼，曰大车、曰独辕车、曰战车，皆会其财用，酌其多寡、久近、劳逸而均剂之。凡织造冕服、诰敕、制帛、祭服、净衣诸币布，移内府、南京、浙江诸处，周知其数而慎节之。凡公、侯、伯铁券，差其高广。

（原注：制式详《礼志》。）凡祭器、册宝、乘舆、符牌、杂器皆会则于内府。凡度量、权衡，谨其校勘而颁之，悬式于市，而罪其不中度者。

屯田，典屯种、抽分、薪炭、夫役、坟茔之事。凡军马守镇之处，其有转运不给，则设屯以益军储。其规办营造、木植、城砖、军营、官屋及战衣、器械、耕牛、农具之属。凡抽分征诸商，视其财物各有差。凡薪炭，南取洲汀，北取山麓，或征诸民，有本、折色，酌其多寡而搏节之。夫役伐薪、转薪，皆雇役。凡坟茔及堂碑、碣兽之制，第宗室、勋戚、文武官之等而定其差。（原注：坟茔制度，详《礼志》。）

…………

提督易州山厂一人，掌督御用柴炭之事。明初，于沿江芦洲并龙江、瓦屑二场，取用柴炭。永乐间，迁都于北，则于白羊口、黄花镇、红螺山等处采办。宣德四年始设易州山厂，专官总理。景泰间，移于平山，又移于满城，相继以本部尚书或侍郎督厂事。天顺元年仍移于易州。嘉靖八年罢革，改设主事管理。

3.2　里平：《"做饭"课上的一段话》，《冀南教育》1946 年第 1 卷第 2 期，第 47~48 页。

七月二十三，我因公去董里完小，偏偏下起雨来，听说卫若冰同志上"做饭"课，我觉得很稀罕，所以便挤到最后排学生的坐位上看起来，只见若冰同志走进教室，这样给学生谈道：

各位同学！今天因为下雨，不能到田间去作农作，要利用这个时间学一样新而俗的本领，便是学"吃"，学"做着吃"。为什么学"做着吃"呢？因为我们是"学生"，所谓"学生"，是"学生活"，而不是"学死"。吃饭是人的生活中最重要的一项，如果"有米而不能成炊"，还得靠别人做熟，那不成了"靠人吃饭"，"标准寄生"？我们整天讲现在新教育精神是要与生产结合，"用什么学什么"，要"从做中学"，那么我们天天要吃饭，如果不会做饭，岂不是笑话么？陶行知先生于事变前便批评当时的教育走错了路，有的地方还不如科举时代，他说科举时代考的虽然是八股，但因赶考的人在路上及考场很长久的时间需要自己烹饪，所以都得在家中学会做饭再去，因而那时的秀才们除去会做八股以外还会"做饭"的本领。现在的学校，却只教学生一些洋八股，连一点日用常识常能都不会，失去办学的真意。这话说得多么透辟，多么深刻！我们还能不警惕？的确，如果不会做饭，一旦自己过起生活来（譬如自己在一个乡村作教员），不是要挨饿吗？以前这样的笑话不是没有，添两碗水下一碗米打算喝两碗稀饭，结果把米都烧胡在锅里，多么可笑啊？如果自己会呢，支上锅就做起来。我以前也自己做过几年饭，现在也不断帮助伙夫做，总感觉自己做的比别人做的味香，格外好吃。尤其是女生，麦前有一次因为伙夫没在，做了一次饭，连面窝窝都蒸不成，真叫人笑掉大牙，将来如何做媳妇到婆家去呢？（学生笑）你们不要笑，以后是不应该雇老妈子，剥削人家劳动力的，自己也要当真走进厨房，照料家务去做劳动模范呢！现在我们学校里有四十个人吃饭，用了两个伙夫，如果我们学会了做饭，两人一班，轮流起来，一班做一天，二十天才轮到一次，稍稍搭搭轻轻松松的便把饭做了，两个伙夫可以转业，这样岂不是又给国家添了一些建国力量吗？如果我们学习好了，以后便可把厨事接过来。那么给谁学呢？第一我先给大家谈个大概，第二要大家互相研究，第三要向老从（伙夫）学习。毛主席在整风文件里也说过，若论烹饪，我们不及厨子的地方太多了，很需要向他们学习的，大家同意吗？（学生齐声答同意）好！那么我们先谈谈普通饭的做法，接着大家再分组实习。

现在先谈怎样烧火吧：烧火要坐矮些，要能低头看见锅底，柴要少添，添的多了便呕烟，风箱是按"锅头"按的，有的用左手拉，有的用右手拉，剩下的一只手便添柴，初次练习一定感觉忙乱。其次说做汤，夏季吃米汤、豆汤最多，做米汤大约水与米要成三十或二十与一之比。如果吃面条，和面要硬，赶的要薄，切的要细，这是技术活，熟能生巧的。再说蒸干粮，死面干粮还好蒸，和面要早些，水多些，和好后，等他浸一会，自然便比较干了硬了，捏喔喔要先团蛋，再平底，再杵涡，先用一个大指，再用食指，中指，一面旋转，一面捏，使他又尖又圆又光，厚薄均匀，（说时做着样，学生笑）面太软了好走样，面太硬了不好吃，其中奥妙，是非亲自尝试不可的。蒸发面馍馍就更不简单了，要用"酵子"或"面头"和在面内，等个相当时期，他便会发酵成蜂窝状，如果怕发过了有酵味，可少加点碱水。蒸好干粮，盖锅时要先轰轰蝇子，省的煮到锅里肮脏。死面干粮要一直烧热，发面干粮要行行，再烧大火。认识锅水是不是开，要看蒸气或听声音，不能掀锅盖。说到炒菜，那更是技术玩艺，搁上油，烧细火，否则，很好着火的，等到起了沫再落下去，就可搁菜。至于火候、作料我们做时再细说。你们想，这是多么有意思的事啊！大家愿意试试吗？（齐声应愿意）好，那么我们接着便分组实习——不过我谈的很简单，不及实际上的万分之一，实习时，要细心。

接着，便有一组学生同教师同伙夫一齐走进了厨房。

（实际情形如何，容后报道。）

3.3 《派守城规则》与《守城号令》，（明）戚继光著，盛冬铃点校《纪效新书》卷七《行营野营军令禁约篇·扎野营说》，中华书局，1996，第219~223页。

派守城规则

…………

守城该备器具厂屋

一，每垛口五个，立草厂一间，下用板铺，勿使泥湿伤人。上用苫盖，四面皆堪遮蔽风雨。遇至楼铺者，即听以楼铺充之，不必另立。每厂竹竿一根，长一丈三尺，上用布旗一面，叠方二幅，颜色照城方向。

一，每垛口有几丁，每丁用一尺高有底通节粗竹筒一个，埋在垛口里面。各军所执器械，或短枪，或斩马刀，或鸟铳，或弓矢，插于竹筒内立之。

一，垛口二个，其派过该守本垛之人，不拘几丁，共出灯笼一盏，其应车灯绳、杆、灯底坠石、雨罩，俱照图式。

一，每厂垛长出灯笼一盏，车于草厂横竿上，并楼铺旗竿上，以照城里面。此厂完同验。

一，每垛下要石子五六斤重，以至一斤半重者，高圆三尺一堆。大圆石可五六十斤者，五块。此文到，即该预备完足。欠一寸者，罚粮一月；无粮罚挑濠一丈。

一，有铁架烧松节者，从便。每一架准灯一盏。此预备。此预备点有警用。

一，每垛竹木梆一个，每铺百户备大小鼓二面，锣一面。但城内有鼓者，皆许借用。此待贼至方行，贼去即听交还。打坏，以守铺军粮扣赔新鼓。无贼时，不许指此诓骗。如无借处，即便预将守城纪录老小军丁内扣粮速办，限文到十日内。此有警备用，今先备候，本职亲到验之。

一，每铺遇警，种火一盆，俱守铺人丁备。此临守城日时备也。

一，每一厂，大水缸一个，贮清水。此临时备。

一，各色火器俱要预备齐整，责令派到铺边垛口之人管列在铺，听候不时之用。此预拨在铺。

一，各神兵照派过垛口所在，每一架处搭高厂一个，将佛狼机等铳在其下，遇警火草时时点候，铅子铳心装盖停当，药线装收干燥，其一应木马、铅子、石子、铳送等项，俱照本府旧日为紧急军务事头行内数目，件件完足，听不时查点。如遇敌用过，敌退，准从容五日之外补足。如敌尚在，限一时之内补足。过期，军法重处。此预备点查，各预收派到临近铺内贮阁，候临警取用。

一，守城鸟铳手，每人药一斤，装管五十三个，铅子五十三个，火绳每根三丈。此该点查，临警带上城。

一，中军惟看城外伏路及墩堠原定昼夜烟火旗炮起火号令。但见前项有警号令，掌印官即便将中军高处，昼则放火炮三个，车起大白旗，在城大小官军、旗舍举监生员、致仕人等，尽照派过垛口，即时各执器械厂旗上垛乘城，照依号令。

一，夜则放炮三个，车起双灯笼二盏，在城前项人等一照白昼事例上城。遇夜，中军发擂，楼铺一齐发擂；中军打更，遇夜铺处处打更。一处断绝更鼓，依临阵军法连坐本管官旗。

守城号令

一，如遇有警，但看城上中军内，昼则放火炮三个，车起大旗，各人照派信地垛口火速上城；夜则听中军高处放大铳三个，车灯二盏，各人照派信地垛口上城。凡上城时，即将器械插于竹筒内，垛长将旗插于草厂边。照垛不拘一垛几人，俱向外立定，如贼来，远则佛狼机，近则鸟铳，再近打石子等项，难以预料。如贼退，或探贼未来尽，如探贼归巢，其巢在十里之外，看中军高处放炮落旗，每垛留一人城上看瞭，余俱下城休息，听中军前令上城。

一，凡遇夜，则五垛之人，不拘通有几丁，看中军高处放炮，举双灯，通上城，照垛向外立听中军放炮落灯。每一厂内之人，先轮一垛者，或二名，或三名，支一更，余俱入厂安睡。一更尽，吹长声喇叭转更，又一垛者轮出敲梆守更。守过者进厂同睡，不许脱衣。如此，五更五轮轮完天明。若遇夜间，忽听中军高处炮响，车起双灯，是看贼来攻城，各厂内不该支更人丁，尽数起出向垛口备战。一处有贼，擂鼓敲锣，满城铺俱擂鼓敲锣。一铺锣鼓止，挨铺通止。如贼已退，候中军高处放炮落灯，各丁又俱进厂睡，轮该守垛，照旧支更。

4.1 柴国生与王星光关于燃料危机发生时期的论述，见氏著《宋代传统燃料危机质疑》，《中国史研究》2013 年第 4 期，第 145 页。

如果黄河中下游地区真的因林木资源匮乏而发生了严重的燃料危机，那么华北平原地区特别是开封周边的生态必然因森林的过度樵采、植被的过度破坏而出现严重恶化。然而，据研究，"12 世纪以前的绝大部分时间里，开封的生态环境处于良性循环状态，其标志在于：气候总体上温湿多雨、水系发达、湖泽众多、地形略显起伏、土壤和植被条件较好，城市建设、规划以及环境卫生管理卓有成效等"（程遂营：《唐宋开封生态环境研究》，北京，中国社会科学出版社，2002 年，"导论"第 3 页）。此外，反映黄河流域森林植被状况重要指标的黄河输沙量在宋代特别是北宋并没有特别的变化。根据历史时期黄河三角洲发育情况计算出黄河输沙量：公元 1194 年之前，造陆速率是每年 2.55 平方千米；1194～1578 年，为 5.16 平方千米；1578～1854 年，为 24.24 平方千米；1855 年～1947 年，为 24.56 平方千米（吴祥定：《历史时期黄河流域环境变迁与水沙变化》，北京，气象出版社，1994 年，第 120 页）。从黄河输沙量的变化不难看出，北宋时期黄河流域的植被状况仍然是良好的。

黄河输沙量明显增大的时期与黄河中游森林植被遭到严重破坏的时期是相符的。史念海先生在《历史时期黄河中游的森林》一文中指出，"这一时代（明清时期）是黄河中游森林受到摧毁性破坏的时代。严格地说，这种摧毁性的破坏是从明代中叶开始的"（史念海：《河山集》二集，北京，三联书店，1981年，第279页。笔者按，柴、王原文脚注将书名标为"山河集"，显然有误）。明代中叶这一时间与1578年黄河含沙量急剧增加的时间基本上是一致的。因而，黄河流域发生生物质燃料危机的可能时期，应是在明代中后期，而非北宋时期；而长江流域特别是上游地区发生燃料危机的时间则应更晚。

5.1　汪篯论历代耕地面积数，载氏著《汪篯隋唐史论稿》，中国社会科学出版社，1981，第42、44页。

在我国现代耕地面积中，辽宁、吉林、黑龙江、云南、贵州五省占18%或以上，而这些地区在隋代耕地面积中，几乎不占任何地位。江南和岭南，在现代幅员辽阔的全国耕地面积中，占20%左右，而这些地区在隋大业时只有七十万户，还占不到当时总户数的8%，那里还有大片大片的地方没有深入开发。那么，在隋代，那里的耕地面积，当然也不会有今天的大。至于在我国今天的北方和西北沿边地带，在隋代的耕地面积中，也只能占有很小的分量。所以，把五千五百八十五万余顷认作是大业时的实际耕地面积或接近实际耕地面积，是无论如何也说不通的。

…………

我国史籍记录的古代田亩数，除隋唐以外，没有任何一代达到或接近一千万顷，即十亿亩。只是到了清光绪时，才出现了垦田九百余万顷的记录。由此也可看出，史籍记录的隋唐田亩数必非当时实际的耕地面积。

6.1　内官监与户部关于野草用途的争论，见《明英宗实录》卷240，"景泰五年四月癸未"条。

内官监太监陈谨言："西山工作处所缺少砖瓦，宜于西湖景等处建立窑厂，仍将本湖周围及正阳等九门城壕野草供给烧造。"诏从其请。

户部覆奏："先因山东、河南等处连年水旱，收草减耗；奏准摘拨官军于南海子、西湖景及正阳等九门城壕采打野草，相兼供给御马监等衙门及各营马用，尚且不敷。今欲将前项野草烧造砖瓦，窃惟永乐、宣德间营建北京宫殿、城垣，用费砖瓦浩大，是时四方无虞，马草不供，故可采烧。即今边务未宁，而饲马之费倍于往昔，岁歉相仍，而草束之数减于常年。况宫殿、城垣俱已完备，砖瓦之需或可稍缓，乞将前项野草仍令本部采打，候丰稔之日付内官监，庶几两便。"诏仍从谨言。既而户科都给事中刘炜等奏："户部恳切陈乞，非敢为私，乞熟思而审处之。"诏始允户部奏。

7.1　尧山壁笔下的大锅菜，见氏著《百姓旧事：20 世纪 40—60 年代往事记忆》，第 122~124 页。

河北省的饮食风格以滹沱河与子牙河为界，以北为京畿，受官庖影响；以南近黄河，习俗类似中原。石家庄位置偏南，省府自保定移来不足 40 年，曾几何时，还是满街缸炉烧饼、粉条菜，烹饪水平不高，北人讥之："炒菜、熬菜一个味儿。"其实，大锅菜熬得久了也别有风味。

大锅菜是肉块、粉条、豆腐一锅煮，各种作料儿一齐下，味烂在锅里，多种营养，复合味道，简约而不简单。这种吃法，随着清代以来大批灾民闯关东带到东三省，形成东北大烩菜，时下也很风行。

大锅菜的风俗与民间社火有关。儿时记得，大姓人家都留有族产，春节、祭祀活动人众嘴多，集体吃喝。还有一些宗教活动、民间娱乐、集市庙会，参与的人多，就挨户敛钱统一聚餐，红火热闹。解放以后，这些活动少了，但红白喜事还是少不了大锅菜。

……红白事至少要杀一两头猪，事先买好，要大要肥。傍晚听一阵尖厉的猪叫，那是开灶的讯号。大锅烧水，把杀死放血的猪抬进去，死猪不怕开水烫，翻个个儿，烫透了，抬到案子上。蹄腕上挑个口，用嘴吹，眼看着膨胀起来，再用刀把浑身上下的毛刮干净，然后开膛破肚、剔骨、分解、烫猪头、洗下水，最后，切成一寸长、两分宽的肉块备用。

…………

开饭场景颇为壮观。沾亲带故的扶老携幼，街坊邻居倾巢而出，本村乡亲一户一人，凑份子兼帮工，多达数百人。桌椅板凳、锅碗瓢勺均系公产，谁家过事借来用。开饭时，长者和亲友入席上桌，族人乡亲就地一蹲。大盆肉菜、整筐馒头端上，各取碗筷，自己动手，盛一大碗，一手馒头一手菜地大快朵颐。富足人家备有白酒，大碗喝酒，大碗吃菜。过喜事，少不了吆五喝六热闹一场，闹得酒气熏天，吃得顺嘴流油。也难免轻薄人，一边吃喝一边品评，张家长李家短，谁家的大锅菜味道最好。所以，红白事总是操办得越大越好，水涨船高，这就看总理的水平了。高明者总是掌握平衡，有钱的也不能过分抬高标准，铺张浪费；钱少的也不许打肿脸充胖子，倾家荡产。猪都是一两头，但是可大可小。所以，当总理的总是本村最公平正直的人，大家认可他，往往终身制。

大锅菜也有素的，我参加过一次赵县范庄二月二龙牌会。八千人吃饭，广场上搭了席棚，八口大锅，八口大瓮，流水作业，分批就餐，有条不紊。大锅菜的制作程序与上述差不多，因为不动荤腥，又要求味道，只有在作料儿上下功夫。花椒、茴香、桂皮、姜丝煮成浓汁盛在大瓮里，随时勾兑在大锅里，出锅时加上明油。据称，这是寺庙斋饭的做法，之后又有发展，吃起来味道浑厚，醇香可口，不比肉菜差。

大锅菜讲究规模效应，锅越大菜越香。因为配料齐全，工序严格，加工时间长，一切都入了味，菜越剩味越浓。所以事过以后，事主往往把剩菜挨门送给街坊邻居分享，菜香加上人情味，更为悠长。

农村也有美食家，只要掌握要领，肯下功夫，家庭照样可以做出大锅菜的味道，我二舅家就是一例。每年过了腊月二十三，扫完房祭完灶，灶王爷上天言事去了，趁无人监督，二舅便毫无忌惮地做起他的大锅菜来。选取猪的前腿、后臀，加上部分中肋，把残留的细猪毛一根根拔掉，切成一般大小的肉块。用开水焯过之后，炒自制的西瓜酱、番茄酱，然后倒进大量酱油、少量开水，把各种香料放在一个纱布包里。熬菜的锅用的是家用最大的七印锅，上扣一个陶瓷的大面盆，周边涂上面糊，使之不透气。将炉火用湿煤盖上，再用火柱捅几个小孔，从下面打开炉门，使火保持小而壮，煨上整整一夜。天明后，肉已炖好，但不启封。等到大年初一揭开，红褐色的肉冻成一坨，熬菜时取出一块儿放在锅里，配以蘑菇、木耳、金针、绿豆粉皮，特别好吃。所以，正月里二舅家里客人特别多，不图喝酒，就为品尝一下他家的大锅菜。

如今，大锅菜进了城，登上大雅之堂，华北、东北，包括京津，宾馆、饭店都上了菜单，成为品牌。

7.2　刘齐关于吃生蒜的描述，见刘齐《一人两世界》，安徽文艺出版社，2015，第 361~363 页。

在饺子馆就餐，边等上菜边剥蒜。我这边正剥着，见对面桌上有个人也在剥，我俩就国际友人一般，相视一笑。还真就是国际友人，我黑头发，他黄头发，是自来黄，不是染的，而且鼻子也高，不是垫的，嘴里的洋文也不像现学的。

国际友人的饺子先上来了，见他以生蒜佐餐，像沈阳坐地户一样熟练，我就冲他竖大拇指，他也竖他的，其模样很眼熟。

…………

终于，我谈到了国人生吃大蒜防病的问题，这是此次采访的重中之重。和其他西方国家民众一样，德国人一般不吃生蒜，所以他俩对这个问题特别感兴趣。大蒜汁液能否杀死"萨斯"？我其实心中无底，医学界对此好像也无定论。但我坚信，大蒜在消毒方面，还是比较"广谱"的，因此而比较"靠谱"。更值得一提的是，以大蒜佐餐，其味甚佳，会大大刺激食欲，尤其吃饺子、吃炸酱面，没有蒜简直难受得，好比你们德国吃肘子和香肠爱配酸菜，突然不让配了，你们是不是挺难受？他俩连连点头，表示理解。

…………

两个德国人哈哈大笑，问刘二爷是哪儿的。我说是北方的，南方不吃生蒜。K 先生毕竟是德国人，逻辑性强，忙问这次"非典"，是不是南方比北方得病的多？我说咱不带这么推理的，南方虽不吃生蒜，但他们有他们的高招，建议您也去采访一下。

接下来，由我当场做生食大蒜示范，他俩啪啪拍照，然后，也各自嚼了一瓣连呼过瘾，又说幸亏下午没有别的约会。我说嚼点茶叶嘴里就没味了，见总统也不碍事。餐厅服务员是个机灵的湘妹子，再说客人稀少也没有旁的活计，所以我这边话音刚落，她就送来了一小碟黑褐色的干茶叶。K先生捏了一撮放进嘴里，咬肌一动一动，笔头子动得更快。我想象着德国人民从媒体上免费获取东方秘诀的情形，不免生出几分自豪。

采访结束，K先生非常满意，向我竖起了大拇指。

现在，我对面桌上的国际人士，在剥第二瓣蒜。我若是K先生，会不会据此认为，中国人吃生蒜的优良传统，正在全球发扬光大？

7.3 《谈吃生蒜》，载丙公《岭外集》，上海书局，1979，第155~157页。

初来岭南，在邻居儿童眼中很快就分辨出我是外省人。对外省人，尤其是对北方人，他们另有称呼的专名——"捞松"。有时还出以韵语，跟在后面高叫："捞松，捞松，不吃葱！"

经过研究，说的是"不吃葱"，实则却是嘲笑北方人的喜欢吃葱。

北方人岂止吃葱，还喜欢吃大蒜！

葱、蒜虽是辛辣之物，岭南人不喜欢，其实他们忘了过去元旦过年时节，以五辛盘——包括葱、蒜、韭、蓼蒿、芥等五种菜蔬杂和而食，取迎新（辛）之意的风俗。

现在已入夏季，人人喜欢吃新鲜凉拌的瓜菜，如拌黄瓜丝、小水萝卜。又爱吃凉拌面。吃这些凉拌的东西，为了保障肠胃安全，大蒜是不可少的。

大蒜有杀菌之功，这是人人都知道的。最近阅报，据说美国的药物学专家正在研究大蒜对防止高血压和降低胆固醇的作用。如果研究出大蒜的医疗作用是非凡的，恐怕嘲笑"捞松"的也要学着大吃生蒜了。

蒜的味道本来不错。《说文》就有"蒜，菜之美者，云梦之荤菜"（《御览》九七七）的话。

所谓"荤菜"，就是气味特别大的菜。"荤"字同"熏"，有气味的意思，凡葱、薤之类都包括在内。

夏天，多吃葱蒜，就会有葱蒜气，在家会客，出外办事，就会有些不便。

宋代的范成大就有嘲讽的诗，诗题是：

"巴蜀人好食生蒜，臭不可近。顷在峤南，其人好食槟榔合蛎灰、扶留藤，一名蒌藤，食之辄昏然，已而醒快；三物合和，唾如脓血可厌。今来蜀道，又为食蒜者所熏，戏题。"

诗云：

"旅食谙殊俗，堆盘骇异闻。南餐灰荐蛎（笔者按：丙公原文作'砺'，有误），巴馔菜先荤。幸脱蒌藤醉，还遭胡蒜熏。丝莼乡味好，归梦谁连云。"（《范石湖集》十六）

这里既讥嘲岭南人吃槟榔，"唾如脓血"；又嘲讽四川人吃的大蒜，"臭不可近"。现在两广吃槟榔的风俗早已废除了。四川人李调元的《雨林诗话》也有一则有关四川人吃蒜的记事云：

"范石湖诗，稍次于放翁。至云蜀人好食生蒜，臭不可近，今则不然矣。"（转引自《杨万里范成大卷》）

李调元的维护乡土的名誉的心情是颇好的；至于北方的嗜吃生蒜，却也不是坏事，倒也无需申辩的。

7.4 佛经中关于地狱火盆处的描述，见（东魏）瞿昙般若流支《正法念处经》卷7《地狱品之三》，大正新修大藏经本。

名火盆处。是合地狱第十五处……彼人以是恶业因缘。身坏命终。堕于恶处合大地狱生火盆处。受大苦恼。所谓苦者。彼火盆处。热炎遍满。无毛头处无炎无热而不遍者。彼地狱处。地狱人身。状如灯树。彼灯热炎。合为一炎。彼地狱人。呻号吼唤。吼唤口开。满口热炎。彼地狱人。极受大苦。转复唱唤。呻号啼哭。火炎入耳。既入耳故。转复呻号。唱声吼唤。炎复入眼。既入眼故。转复呻号。唱声吼唤。彼人如是。普身炎燃。热炎铁衣。复烧其舌。既破戒已。食他饮食。故烧其舌。以犯禁戒不善观察。看他妇女。故烧其眼。以不护戒。共他妇女歌笑相唤。以爱染心听其声故。热白镴汁满其耳中。以犯禁戒取僧香熏。故割其鼻。以火烧之。彼人如是。五根犯戒。

堕地狱中。本业相似。受苦果报。恶业行故。彼地狱中。如是无量百千年岁。
常被烧煮。多有炎鼍。处处普遍。满合地狱。名火盆处。乃至集作恶不善业
未坏未烂。业气未尽。于一切时与苦不止。若恶业尽。彼地狱处尔乃得脱。
若于前世过去久远。有善业熟。不生饿鬼畜生之道。若生人中同业之处。得
侏儒身。目盲耳聋。贫穷少死。常患饥渴。是彼恶业余残果报。

8.1　王辅臣等违禁开窑案,《刑科题本》, 转引自吴晓煜编纂《中国煤炭
史志资料钩沉》, 煤炭工业出版社, 2002, 第88页。

（乾隆二年五月初九日, 东阁大学士兼管刑部尚书事务徐木等谨题）为
请旨事, 该臣等会看得据巡视西城给事中长柱等参奏, 兵马司指挥王家栋滥
行出示, 准王辅臣等违禁开窑一案。查西山香峪村地方所有榆树等煤窑逼近
安亲王坟墓, 康熙三十一年十一月内奏旨交工部遣官查丈明确, 将东三分窑、
东双门窑给发官价, 同给过王府之南新窑, 并王府自行置买之榆树窑、三分
窑一并封禁在案。嗣因日久法弛, 有民人王辅臣等私行开挖, 乾隆元年经宛
平县别案参革知县蔡书绅详请工部查明原案, 勒石永禁。乃王辅臣、汤绳祖、
三官保等希图觅利, 不遵禁约, 辄将未获案犯马呈瑞所存并无窑分名色、年
远无凭之印契, 捏称榆树等窑地段原主, 且钻营兵马司出给告示, 公然合伙
开窑, 有干法纪。查例载西山一带地方, 如有私自开窑卖煤者问罪枷号一个
月, 发边卫充军等语。应将考职州同汤绳祖革去职衔, 同王辅臣、三官保俱
照例枷号一个月发边卫充军。三官保系旗人, 照例折枷号鞭责。张玉顶名到
案, 查律载知人犯罪事发, 引送藏匿者减罪人罪一等等语。府将张玉照律杖
一百, 徒三年。今恭遇乾隆二年四月十六日恩诏, 应将汤绳祖等援免。解任
兵马司指挥王家栋擅准呈词, 出结告示, 复收受煤五驮, 值小钱四千五百文,
应将王家栋革职, 照枉法赃律杖八十。知情受雇佣工之刘三、张二、宋大、
李六、张三, 转向伊主王家栋求给告示之长随王柱, 均应照不应重律杖八十。
以上杖罪人犯, 已经臣部于四月初二日为请旨事案内奏请省释。王家栋所得
煤价照追入官。臣等未敢擅便, 谨题请旨。

8.2　明万历中煤户游行示威后廷臣商议情形，见《明神宗实录》卷380，"万历三十一年正月丙寅"条。

辅臣等疏请撤采煤内监王朝并停煤税，拟谕安小民敕旨一道以进。先辅臣言："煤利至微，煤户至苦。而其人又至多，皆无赖之徒，穷困之辈。今言利者壅蔽圣聪，搜胺太细，不顾叵测之虞。鸟穷则攫，兽穷则啮。一旦揭竿而起，辇毂之下皆成胡越，岂可不念。据朝原奏一年可得数千金，利亦甚微。乞即下严旨取回王朝，立止煤税，见取煤税原非皇上本意。"

刑科给事中杨应文亦言："严旨一下，民志必携。彼火于临清，水于湖广，鼓噪于苏州，此非殷鉴？"

工科都给事中白谕言："皇上试取朝原奏今奏与民揭一览，则虚实不辨而自白。盖朝谋利与惧祸之心交战于胸，故借天威为骗网，而指阻挠为乱阶。朝谁欺乎？今者萧墙之祸四起，有产煤之地，有做煤之人，有运煤之夫，有烧煤之家，关系性命，倾动畿甸。皇上圣明，何所不烛，而奈何轻信王朝一面之辞哉！"

兵科都给事中田大益言："天子之权莫大于兵，国曰军，国兴曰军兴，创以兵制，调以兵符。纵之者罚，盗之者诛。今朝以内监而收营军，投金钱而役健卒，皇上竟置不问，何也？节甫引虎贲之卒，季述陈宣化之兵，逆瑾藏兵伏之衣甲，而吉祥战东华之门。古今祸变肘腋，相寻可不戒哉！宜急诛朝以肃群珰。"

巡视西城御史沈正隆奏言："五千金之入不足当一朝饔，而以此结匹夫匹妇之怨，贻天下后世之讥，臣窃惑之。金吾官旗原以示不测之威，累朝以来间一行之。今贫窭小民不足烦有司之治，而以此降尺一辱缇骑，臣窃惜之。"

俱不报。已而，从太监陈永寿奏，令王朝回监应役。其原管窑座照上林苑监事例征税，解监进用。

8.3　傅宽等共殴赵文镜受伤身死案，《刑科题本》，见《中国煤炭史志资料钩沉》，第180~181页。

（乾隆五十年六月二十六日，大学士阿桂题）刑科抄出直隶总督刘峨题前事，内开，据按察使梁肯堂呈称，据宣化府知府沈荣勋呈，据怀来县知县徐惇典详称：乾隆四十九年五月初七日，据乡约武廷荣禀报，本月初六日身闻村内窑户傅宽，于本年四月二十日将工人赵文镜殴伤身死，私自掩埋。

该臣等会同吏部、都察院、大理寺会看得怀来县傅宽等共殴赵文镜受伤身死一案，据直隶总督刘峨疏称，缘傅宽籍隶该县，与杨希魁伙开煤窑，每年完纳课银二两五钱二分零。乾隆四十九年三月内傅宽雇觅赵文镜在窑工作，日给工价大钱一百一十五文，并未立有文契，亦未议定年限，与赵文镜平日和好，并无仇隙。四月十八日赵文镜向傅宽预支工价大钱六百八十文前往赶会，至三十日下午回归。傅宽令赵文镜进窑背煤，赵文镜因天时已晚未经应允，傅宽用言斥骂，赵文镜即与争吵，傅宽气忿将赵文镜仰面摔跌倒地，左手按住其身，右手拾取木棒殴伤赵文镜左右臁胁、右脚面等处。经杨希魁走至将木棒夺下，赵文镜滚转肆骂，傅宽见岑义兴在旁，嘱令帮殴。岑义兴即取背煤麻绳殴打赵文镜左臀两下，傅宽见所殴不重，接过麻绳复自行殴打赵文镜右臀两下，又经杨希魁同任五子劝开。次日赵文镜因被傅宽摔跌内损，口鼻流血，傅宽嘱令工人张忠元、任五子等为其调治，讵赵文镜伤重，延至五月初五日上午因伤殒命。傅宽畏罪起意私埋，令张忠元、任五子帮同杠抬，张忠元等始犹未允，因傅宽不依，即将尸身抬至山坡，傅宽用锨刨坑私行掩埋而散。……查赵文镜被殴各伤均非致命。其岑义兴所殴左臀绳伤尚非甚重，不致毙命。惟傅宽所殴左右臁胁、右脚面等处伤多而重，且赵文镜被摔跌内损即于次日口鼻流血，其为傅宽摔殴致死无疑，自应以傅宽当其重罪，傅宽除埋尸匿报轻罪不议外，将傅宽依律拟绞监候……应如该督所题。

8.4　姬富成用棍殴伤阎成绪身死案，《刑科题本》，见《中国煤炭史志资料钩沉》，第 154~155 页。

（乾隆三十七年正月二十九日，直隶总督周元理题）为报呈事。该臣看得滦州姬富成用棍殴伤阎成绪身死一案。缘姬富成与阎成绪素无仇隙，姬富成同阎成绪、陈文举均雇与李树勋等煤窑佣工。乾隆三十六年四月十五日，李树勋等因窑内不能点灯，难以取煤，停工回家，余剩碎煤，应给姬富成等均分。乾隆三十六年五月初二日，姬富成央恳阎成绪多分碎煤，阎成绪不允村斥。维时阎成绪蹲地用筐装煤，姬富成气忿，随取拾煤木棍欲将其煤筐打倒，不期失手，适伤阎成绪右耳后处所倒地，讵阎成绪伤重延至次造殒命。审认不讳，姬富成依律拟绞监候秋后处决。

8.5　唐志滩堕沟跌伤身死案，《刑科题本》，见《中国煤炭史志资料钩沉》，第181~182页。

（乾隆五十年七月初四日，直隶总督刘峨题）据宣化府知府沈荣勋呈，据蔚州知州张天相详称，卷查乾隆四十九年十二月十七日，据州属柳树标窑户蔡凤池禀称：窃有蔡迪、唐志滩，俱在身煤房佣工。十六日晚蔡迪因向蓝庆索讨钱文，互相争吵扭结，唐志滩从旁解劝，讵蔡迪将蓝庆推跌，误碰唐志滩堕沟跌伤身死，理合禀请验究等情。……讯据蔡凤池供：这柳树标山崖东边坡地，同这沟底下的地，都是小的纳粮的，沟底有小的煤窑一座，坡上煤房是小的盖的。蓝庆向在煤窑掌柜，蔡迪、唐志滩都是小的工人，他们平日和好。十二月十六日将晚时候，小的从沟底上坡看见蔡迪和蓝庆在沟沿上争吵扭结，唐志滩在旁劝解，小的正要上前拉劝，只见蔡迪把蓝庆一推，蓝庆随势跌去，误把唐志滩碰跌下沟，小的连忙喊嚷，赶下沟去查看，蔡迪同蓝庆也随后下去，见唐志滩跌在沟底，侧身躺着，右额角、右太阳穴、右手腕、左右膝都跌磕伤了，问他已不会说话。小的向蔡迪们问明情由，把唐志滩抬到煤房里抢救，不想停了一会，唐志滩就因伤死了。……查唐志滩之跌伤身死，出于蓝庆之误碰，而蓝庆之误碰实由蔡迪向推所致，自应以蔡迪拟抵。蔡迪合依因斗殴而误杀旁人者以斗杀论，斗殴杀人者不问手足他物金刃并绞监候律，应拟绞监候，秋后处决。蓝庆当蔡迪索讨钱文之时辄与争吵扭结，致酿人命，殊属不合。蓝庆应照不应重律杖八十，折责三十板。虽事犯在官在乾隆五十年正月初一日钦奉恩诏以前，但肇衅酿命情节较重，所得杖罪应不准援免。蓝庆所欠蔡迪钱文（大钱二十五文）照追给领。再蔡迪之父蔡凤鸣久已身故，伊母刘氏守节已逾二十年而又年逾五十，该犯实系独子。已死之唐志滩并无应侍之人。业据取有地邻亲族人等甘结，相应附疏陈明，听候部议。除将甘结送部外，理合具题，伏乞皇上敕下三法司核覆施行。

8.6 民国早期唐山煤窑矿工所受剥削，无我：《唐山劳动状况（一）》，《新青年》第 7 卷第 6 号，1920 年 5 月，转引自李文海、夏明方、黄兴涛主编《民国时期社会调查丛编》二编《城市（劳工）生活卷》下册，福建教育出版社，2014，第 14~15 页。

按情理说，挖煤的苦工，既冒偌大危险，照表上所定的工价，也不为多，谁知实际上还比定价少赚。何以呢？矿务局的煤，全是由包工头包挖的，包窑的人，照章以大作包出来，他再以小作雇工，所以包窑人发财的很多。他所雇的小工，每日下井八小时，不过铜板 20 枚（也有赚 20 多枚的，但是最少）。此 20 枚中，尚设法诱赌，放债取利，致使要走不能，愈做愈穷，穷年累月，当此牛马，所以使他们赌博，也有个原因；矿务局是每半月一发工作（笔者按：疑"作"当作"资"），平常一定是无积蓄的，赌资系由包窑人借给；每借铜板 16 枚，半月以内，须还 20 枚；若每人举债过多，超过半月工作时，即不能再行借给，即只好连作双班（即 16 时）以补借贷。这个取利的原因，人人都可明白。又一个原因，即是工人流品太杂，若不以赌博羁系他们，他们就不定出外惹什么事。他们的苦处，固然可怜，他们的愚昧更是可怜！

工人所住的房子，名叫"锅伙"；"锅伙"者即包窑人为苦工们预备的房子，不收房费，包办苦工们伙食的地方。这个"锅伙"，就跟留养局的形势一样，内容窄狭污秽，臭气蒸人，也有睡在地上的，也有睡在土炕上的，讲究的猪窝，也比他好。每天所赚的钱，吃上两顿玉米面，吃上两卷纸烟，也就两手空空了；虽不赌博，也难以积蓄。

听说去年冬天开滦矿务局的洋总办，因累年获利极厚，现有剩余存款 400 万元；恐怕工人效法外国罢工的事，想把这 400 万元当作花红，分给众工人，以安大伙之心，这也是一番善举；想不到该局副办某（系中国人）献策，说中国人贪得无厌，要今年分给花红，明年他就要照样，此端是万不可开的；莫如给职员司事工头们增几元钱，自然会把小工们压住。外国人很佩服他的话，果然小工们就一个铜板也没有分着，挖煤的小工也真算是倒霉！

8.7　民国早期唐山煤矿工人的生产生活状况，许元启：《唐山劳动状况（二）》，《新青年》第 7 卷第 6 号，1920 年 5 月，转引自李文海、夏明方、黄兴涛主编《民国时期社会调查丛编》二编《城市（劳工）生活卷》下册，福建教育出版社，2014，第 19 页。

包货每车局给一角一分（每百车四十吨）。

小工每工取煤三车半（约两千余斤）。

…………

工作时间。工作不分昼夜，每星期也没休息。每日分三班，每班工作八小时（晨六时、午二时、晚十时换班）。矿工因工资不够生活，所以一天上两班，做十六小时的工作，叫作双工。

工人待遇。（1）疾病：工人疾病是没人留意的。矿务局虽有一个工人的医院，但施医和就医的极少。创办的时候，工人因公受伤，送往医院医治，在未好以前，给薪资一半，病愈入局，仍给原薪。但是到现在中英合办期内这条就废除了。工人有病不做工是没饭吃的，所以一病就要死了。从前说"伤及手足，不得已而割去，愈后酌量派充更夫或看门之缺"现在也废除了。工人伤了受阻，矿局是不抚恤的，简直叫他活活的饿死。

（2）死：从前的定例"因公致命给葬费二百吊"，现在改为 40 元——这就算生命的代价！（从前比国矿师受伤死抚恤 20000 元。每匹骡值 140 元，故矿局观人命比骡还轻。）

（3）生活：矿面工人，由局给住屋外，矿工都由监工管理的。监工的另有一种住屋叫"鸟窝"，专招揽矿工去居住，并且也包他们的伙食，这种费用都在工人工资里扣除。工人们每日所做的工一吊六只够他一人生活，要赡若（笔者按："若"疑当作"养"）家室非做双工不可。工人的工钱连"五铜子"想储蓄都不能。"鸟窝"里每日给他的是三个馒头，一盏灯油，睡的地方也没设备，只有一个空炕，无数的工人枕着砖瓦而睡。工资每月一发，但是工人一拿到钱立刻就完了，用完后更借债，监工和工头就用重利放债，到后来放债愈多，苛逼愈紧，工人往往起反动。矿局因弭患起见，禁止借贷，并改一月一发的工资改为（笔者按：疑后一"改"为衍字）半月一发。从此工头的余利剥夺殆尽，所以包货的把煤车改大了，从前是每百车三十三吨的现在每百车四十吨，工人每日要多掘五百磅煤，但是工资还和从前一样。

在这种生活之下就发生了消极的娱乐法：一赌二嫖。赌本是不许的，但是工头有抽头所以仍旧可赌。他们本没有家室的多，并且在这种机械的生活下，肉欲是很盛的，往往有无日无夜的连做了几日，就出来纵情大乐一乐。本来这种现象是极不好的，但是在他们那能顾虑到此呢？

工人如发生了盗窃或别种认为犯规之事就要施行减发灯油减发馒头。

9.1　宛平县西板桥村禁开煤窑碑，见吴晓煜《中国煤炭史志资料钩沉》，第 316~317 页。

特授顺天府宛平县正堂十级纪录十次彭，为晓谕事：案据西板桥村民韩宏良、李瑞、梁宰、凉起、刘承来、刘景云合村众等，先后呈控刘继兴勾串石得友、田生等私开封禁煤窑，致裂庙宇、房舍、墙垣等情一案。当经移会军粮厅亲诣查勘。刘继兴等所开煤窑，坐落西板桥东三官庙下，实系从前封禁旧窑，有碍居民房舍。除仍旧封禁，并将刘继兴等责惩取结附卷外，诚恐日久，愚民不知封禁缘由，复被勾串，再行开挖，致伤居民庐舍，合行出示晓谕。为此示仰军民人等知悉，嗣后该处永不准再行开做煤窑，并将此示勒石存记。如有无知棍徒胆敢故违偷开者，一经访闻或被告发，定行从重惩处，决不姑宽。各宜凛遵毋违，特示。

9.2　军粮厅布告碑，见中国人民政治协商会议北京市门头沟区委员会文史资料研究委员会编《门头沟文史》第 4 辑，内部印行本，1993，第326页。

特授顺天府宛平县左堂，世袭云骑尉，监管窑务加十级记录十次林，为出示晓谕，以垂久远事。照得东、西板桥村民石得印等赴案禀，私窃本村旧有凉水泉地内东、西坯儿窑二座，因有碍村舍，不准开采。前因西坯儿窑私会刨挖，村众禀县，蒙查明封禁在案。

……开采煤窑，如有碍村庄者，例应封禁。兹据该村民众联名呈禀，请出示晓谕，以垂永久等情，前来合行示谕。为此仰阁村乡地居民人等知悉，即将该窑门用石垒砌封禁，永远不许开采。嗣后如有不法之徒，擅敢私行开采者，许尔等指名赴厅禀控。以凭牌追究办，各宜禀尊，毋违特示计开。大清道光十八年暑月谷旦立。

9.3　和珅开矿受责，见中国人民大学清史研究所、档案系中国政治制度教研室编《清代的矿业》下册，第 406 页；吴晓煜：《中国煤炭史志资料钩沉》，第 178 页；咸丰《同州府志》，咸丰二年刻本。

（乾隆五十年）纯皇帝拈香碧云寺，见池水突竭，讶之，查以寺后煤窑引泉别流之故。圣怒甚，逮主窑笔帖式某，交刑部严审，某固和珅家奴，窑亦和珅所开也。司官承审者四人，其二人托故去，一人终审不一语，惟士棻独鞫之。定谳堂官咋舌，将有删减，士棻争之曰：涸池而动上怒，其事小，大臣与民争利，其事大，如有他咎者，愿一人当之。堂官如议上，上切责和珅而置笔帖式于法。

又《清史稿》卷 321《王士棻传》（中华书局，1977，第 10786 页）的记载大致相同，但更为简略，详情如下：

上诣碧云寺礼佛，讶池涸，问其故。僧言寺后开煤矿，引水别流。上怒，逮主其事者下刑部，则和珅奴也。诸曹惮和珅，不欲竟其狱，士棻复为定谳。上责和珅而诛其奴。

9.4　北京清末到北洋政府晚期煤价，孟天培、甘博著，李景汉译《二十五年来北京之物价工资及生活程度》，《社会科学季刊》（国立北京大学）第 4 卷第 1、2 号合刊，1925 年 10 月至 1926 年 3 月，转引自李文海、夏明方、黄兴涛主编《民国时期社会调查丛编》二编《城市（劳工）生活卷》下册，福建教育出版社，2014，第 307~309 页。

向来北京的煤价比较的便宜。西山煤矿距北京仅 40 里，铁路未筑以前，多用骆驼驮运。有铁路后渐用唐山与山西之煤，有时亦用河南或山东之煤。

北京市民，尤其是贫民，多用煤球。每年支出 150 至 200 元的家庭 7.50 元至 10.00 元（5%）买煤球。煤球的三分之二是煤屑，三分之一是黄土，用水和成，再用筛摇成直径一寸左右的球形，晒干后即可生火。

数十年来煤价增加不多，因人工及脚费增加甚缓，运煤到京甚便利。1900 年 1 月的每千斤煤球价是 5.20 元，每吨 9.60 元。从 1900 年 1 月至 1910 年 6 月价格在 5.20 元至 4.60 元之间，但大多数在 5.00 元以下。从 1910 年 3 月价渐低落，在 3 年中每千斤减少 1.00 元，至 1912 年冬季低至 4.00 元。从 1916 年煤价又渐减低，至 1917 年 6 月落到 25 年来最低的价格 3.25 元。

从 1909 年至 1917 年每年的平均价格继续低落。8 年之内共减低 1.46 元，等于 1919 年平均的 30%。

从 1917 年价渐增高，至 1918 年底又涨到 5.00 元，1919 年的平均价较 1900 年仅低 1 角 2 分。在 1921 年与 1922 年前半年价又落到 4.00 元，在后半又增至 5.00 元。在 1923 年与 1924 年前半年煤价常在 4.80 元上下。

在 1924 年后半年各种物价腾贵，煤价亦骤涨，至年底每千斤增至 5.80 元，为 25 年中最高的价格。至 1925 年 12 月涨到 7 元。1900 年 1 月至 1924 年 12 月仅增加 16%。除羊肉外，煤价的增加为最低。从 1913 年至 1924 年 12 月增加 37%。

从 1900 年至 1917 年煤价减低的原因约由于产额的增加与交通的便利。1916 年与 1917 年的非常落价或由于 1915 年山西煤开始从大同由火车运京的缘故。可注意的是 1912 年的民国成立与煤价的影响极少。1911 年十月革命起义时每千斤煤价仅增加 1 角。在 1917 年夏季西山门头沟煤矿受大水的损失甚巨，这许是那年 6 月以后增价的原因。1917 年的产额为 255430 吨，1918 年落到 153870 吨。同时铁路交通的便利亦不如从前，因自 1914 年欧战开始后，中国不能从海外添购新车而原有的车辆日渐损坏。

第六表　煤球

每千斤每年平均银元价格

年份	价格（元）	年份	价格（元）	年份	价格（元）
1900	5.08	1909	4.97	1918	4.13
1901	4.86	1910	4.71	1919	4.70
1902	4.95	1911	4.48	1920	4.54
1903	4.88	1912	4.31	1921	4.14
1904	4.73	1913	4.28	1922	4.15
1905	4.76	1914	4.17	1923	4.85
1906	4.80	1915	4.05	1924	4.99
1907	4.73	1916	3.65		
1908	4.80	1917	3.43		

1920 年的战争甚短，煤价未受影响；1922 年及 1924 年的战争皆沿京奉线，开滦等处之煤不能运京，价格因此腾贵。

9.5　煤球的制作方法，〔美〕富兰克林·H.金：《四千年农夫：中国、朝鲜和日本的永续农业》，程存旺、石嫣译，东方出版社，2011，第 77 页。

制作的过程中添加了一些东西以塑形，添加的东西是加工米糖浆过程中的一种副产品。在南京我们很感兴趣地观看了另一种制造煤砖的方法，一个中国工人坐在一家商店的泥土地板上，在他身边是一堆木炭粉，一盘米浆副产品和一大盆潮湿的炭粉。两腿之间有一块沉重的铁块，中间有一个略显锥形的凹陷，两英寸深，凹陷顶部两英寸半见方，铁块边上还有一个几磅重的铁锤。他的左手握着一个很重的短短的锤击工具，右边的模具放置着少许的潮湿木炭，紧接着是三次精准地捶打，压缩潮湿、黏稠的木炭使之成为非常紧密的结构，再加上少许木炭重复制作，直到模具填满，煤砖形成。

9.6　用熵增原理看能源结构的变化，〔美〕杰里米·里夫金、特德·霍华德:《熵：一种新的世界观》，吕明、袁舟译，上海译文出版社，1987，第

66~70 页。

人们用来解决木材危机的办法是煤炭。但它不仅是一种能源基础代替另一种的简单问题。既然欧洲的所有文化已被统一在一种以木材能源为基础的生活方式之下，那么这个变化就必然导致整个生活方式的急剧变化。人们的生产、衣着、旅行等行为方式，以及政府的统治形式，都经历了天翻地覆的变化。

…………

如今我们把煤取代木材看成是一个飞跃，是进步势力的巨大胜利。可当时的人们却不是这样认为。煤在当时受到鄙视，是劣等能源。煤很脏，带来了大量污染。1631 年埃德蒙·豪斯哀叹道："人们只能以煤取火，殷实之家亦不例外。"

煤比木材更难开采、加工，因此把它转化到有用状态要耗费更多的能量。这一点也可以在热力学第二定律的作用中找到答案。世界上的有效能源不断被消耗掉，而最先消耗的总是最容易得到的能源。后一个能源环境所依赖的能源总要比前一个能源环境的主要能源更难获得。煤的开采和加工比树木的砍伐更困难。而石油的开采和加工还要困难。分裂原子以获得核能就更麻烦了。

…………

威尔金森的论点尽管许多人难以接受，但是十分正确。我们一贯理所当然地认为历史进程的飞跃是由于某一个人找到了更有效的方法。殊不知这些所谓的有效方法实际上只是为了适应更为贫瘠、严酷、更加难于利用的能源环境而找到的不同出路而已。就像威尔金森所提到的那样，每一种新的方法最终需要更多的功（或能量）——即使作功的是非人类能源。蒸汽机的发展就是一个很好的例子。

…………

与木器时代的斧子、马匹和车辆相比，蒸汽水泵与蒸汽机车的耗能技术要复杂得多。然而当时的能源环境也要严酷得多。在整个历史发展过程中，科学技术的重大变化总是呈现出日益复杂，能量消耗越来越大的趋势。每一次重大的环境变化都趋向于采用更加稀少的能源。

　　每一种新的环境的产生不仅意味着所需工作量的增加，而且每一种新的技术又往往被看成是旧技术拙劣的替代。有时人们能立刻意识到这一点，但有时人们要等到新的方法完全站住脚后才渐渐明白过来。就拿罐头食品和盒装食品来说吧，尽管加工食品曾在很大一段时间内被誉为更优越的食品，但，要是今天人们能够在加工食品与新鲜食品之间作选择的话，很少有人会挑选前者。生产加工食品要比生产传统食品需要多得多的能量或工作量。

参考文献

一　古典文献

（一）史书、政书类

［1］　（春秋）左丘明：《国语》，上海古籍出版社，1988。

［2］　（西汉）刘向编，（东汉）高诱注，（宋）姚宏续注《战国策注》，宋绍兴刻本。

［3］　（西汉）司马迁：《史记》，中华书局，1959。

［4］　（东汉）班固：《汉书》，中华书局，1962。

［5］　（刘宋）范晔：《后汉书》，中华书局，1965。

［6］　（晋）陈寿：《三国志》，中华书局，1959。

［7］　（唐）房玄龄等：《晋书》，中华书局，1974。

［8］　（梁）沈约：《宋书》，中华书局，1974。

［9］　（梁）萧子显：《南齐书》，中华书局，1972。

［10］　（唐）姚思廉：《梁书》，中华书局，1973。

［11］　（唐）姚思廉：《陈书》，中华书局，1972。

［12］　（北齐）魏收：《魏书》，中华书局，1974。

［13］　（唐）李百药：《北齐书》，中华书局，1972。

［14］　（唐）令狐德棻：《周书》，中华书局，1971。

［15］　（唐）李延寿：《南史》，中华书局，1975。

［16］　（唐）李延寿：《北史》，中华书局，1974。

［17］　（唐）魏徵等：《隋书》，中华书局，1973。

［18］（后晋）刘昫:《旧唐书》,中华书局,1975。

［19］（宋）欧阳修、宋祁等:《新唐书》,中华书局,1975。

［20］（宋）薛居正:《旧五代史》,中华书局,1976。

［21］（宋）欧阳修:《新五代史》,中华书局,1974。

［22］（元）脱脱:《宋史》,中华书局,1977。

［23］（元）脱脱:《辽史》,中华书局,1974。

［24］（元）脱脱:《金史》,中华书局,1975。

［25］（明）宋濂等:《元史》,中华书局,1976。

［26］（清）张廷玉等:《明史》,中华书局,1974。

［27］ 赵尔巽等:《清史稿》,中华书局,1977。

［28］（唐）杜佑:《通典》,中华书局,1988。

［29］（唐）李林甫:《唐六典》,明刻本。

［30］（宋）郑樵:《通志略》,上海古籍出版社,1990。

［31］（宋）陈祥道:《礼书》,元至正七年福州路儒学刻明修本。

［32］（清）徐松:《宋会要辑稿》,中华书局,1957。

［33］（元）马端临:《文献通考》,中华书局,1986。

［34］ 嵇璜、曹仁虎:《钦定续文献通考》,影印文渊阁四库全书。

［35］（元）拜柱:《通制条格》,明钞本。

［36］（元）佚名:《元典章》,元刻本。

［37］《明实录》,"中央研究院"历史语言研究所1962年校印本。

［38］《清实录》,中华书局,1985~1987。

［39］（明）申时行等:《大明会典》,《续修四库全书》本,上海古籍出版社,
      2002。

［40］（清）伊桑阿等:《大清会典》,文海出版社有限公司,1990。

［41］（宋）司马光:《资治通鉴》,中华书局,1956。

［42］（宋）李焘:《续资治通鉴长编》,四库全书本。

［43］（宋）徐梦莘:《三朝北盟会编》,清许涵度校刻本。

［44］（宋）李心传:《建炎以来系年要录》,上海古籍出版社,1992。

［45］ （明）权衡:《庚申外史》,《四库全书存目丛书》史部杂史类,第 45 册,齐鲁书社,1996。

［46］ （清）计六奇:《明季北略》,中华书局,1984。

（二）类书、丛书类

［1］ （唐）徐坚:《初学记》,清光绪孔氏三十三万卷堂本。

［2］ （唐）欧阳询撰,汪绍楹校《艺文类聚》,上海古籍出版社,1982。

［3］ 董治安主编《唐代四大类书》,清华大学出版社,2003（《初学记》采用清光绪九年南海孔广陶刻本;《白氏六帖》采用 1933 年吴兴张芹伯影印南宋绍兴间明州刻本;《北堂书钞》采用清光绪十四年南海孔广陶三十有三万卷堂校注重刻陶宗仪传钞宋本;《艺文类聚》采用 1959 年中华书局影印南宋绍兴刻本,又依胡刻本、汪绍楹句读本并核对原文献修补）。

［4］ （宋）李昉等:《太平御览》,中华书局,1960 年影印本。

［5］ （宋）王钦若:《册府元龟》,明初刻印本。

［6］ （宋）王应麟:《玉海》,四库全书本。

［7］ （宋）张君房编《云笈七签》,四部丛刊景明正统道藏本。

［8］ （明）王圻、王思义:《三才图会》,上海古籍出版社,1988。

［9］ 《景印文渊阁四库全书》,台湾商务印书馆,1986 年影印本。

［10］ （清）陈梦雷:《古今图书集成》,中华书局、巴蜀书社,1986。

［11］ （清）阮元校刻《十三经注疏》,中华书局,1980。

［12］ （清）陈元龙:《格致镜原》,四库全书本。

［13］ 《诸子集成》,中华书局,1954。

［14］ 《十通》,浙江古籍出版社,1988。

（三）笔记类

［1］ （晋）葛洪:《西京杂记》,四库全书本。

［2］ （唐）刘餗、张鷟:《隋唐嘉话·朝野佥载》,中华书局,1997。

［3］ （唐）段成式：《酉阳杂俎》，明津逮秘书本。

［4］ （五代）孙光宪：《北梦琐言》，中华书局，2002。

［5］ （宋）李昉：《太平广记》，中华书局，1961。

［6］ （宋）孟元老著，姜汉椿译注《东京梦华录全译》，贵州人民出版社，2009。

［7］ （宋）陈东：《靖炎两朝见闻录》，清钞本。

［8］ （宋）吴自牧：《梦粱录》，中国商业出版社，1982。

［19］ （宋）沈括：《梦溪笔谈》，金良年点校，中华书局，2015。

［10］ （宋）叶寘、周密、陈世崇：《爱日斋丛抄·浩然斋雅谈·随隐漫录》，中华书局，2010。

［11］ （宋）庄绰：《鸡肋编》，四库全书本。

［12］ （宋）陆游：《老学庵笔记》，明津逮秘书本。

［13］ （宋）曹勋：《北狩见闻录》，清学津讨原本。

［14］ （宋）洪皓：《松漠纪闻》，四库全书本。

［15］ （元）陶宗仪：《南村辍耕录》，中华书局，1959。

［16］ （明）沈榜：《宛署杂记》，北京古籍出版社，1980。

［17］ （明）孙承泽：《天府广记》，北京古籍出版社，1982。

［18］ （明）叶盛：《水东日记》，清康熙刻本。

［19］ （明）陈洪谟、（明）张瀚：《治世余闻·继世纪闻·松窗梦语》，中华书局，1985。

［20］ （明）徐昌祚：《燕山丛录》，四库全书存目丛书本。

［21］ （明）史玄、（清）夏仁虎、（清）阙名：《旧京遗事·旧京琐记·燕京杂记》，北京古籍出版社，1986。

［22］ （明）李光壂：《守汴日志》，清道光刻光绪补刻本。

［23］ （明）刘若愚：《酌中志》，清海山仙馆丛书本。

［24］ （清）王庆云：《石渠余记》，北京古籍出版社，1983。

［25］ （清）纪昀：《阅微草堂笔记》，大众文艺出版社，2003。

［26］ （清）李光庭：《乡言解颐》，清道光刻本。

［27］ （清）方以智:《物理小识》，商务印书馆，1937。

［28］ （清）屈大均:《广东新语》，清康熙刻本。

［29］ （清）王士禛:《池北偶谈》，上海慎记书庄清光绪二十二年刻本。

［30］ （清）潘荣陛:《帝京岁时纪胜》，载《帝京岁时纪胜·燕京岁时记》合订本，北京古籍出版社，1981。

［31］ （清）富察敦崇:《燕京岁时记》，载《帝京岁时纪胜·燕京岁时记》合订本，北京古籍出版社，1981。

［32］ （清）赵翼:《檐曝杂记》，载《檐曝杂记·竹叶亭杂记》合编本，李解民点校，中华书局，1982。

［33］ （清）顾炎武:《日知录》，清乾隆刻本。

［34］ 徐珂:《清稗类钞》，中华书局，1986。

［35］ （宋）佚名:《新刊大宋宣和遗事·利集》，中国古典文献出版社，1954。

（四）诗文集类

［1］ （唐）白居易:《白氏长庆集》，四部丛刊景日本翻宋大字本。

［2］ （唐）杜荀鹤:《杜荀鹤文集》，宋刻本。

［3］ （清）彭定求等:《全唐诗》，中州古籍出版社，2008。

［4］ （宋）郭茂倩:《乐府诗集》，四库全书本；文学古籍刊行社，1955。

［5］ （宋）黄震:《黄氏日钞》，元后至元刻本。

［6］ （宋）吴潜:《履斋遗稿》，清钞本。

［7］ （宋）晁冲之:《晁具茨诗集》，清海山仙馆丛书本。

［8］ （宋）陈藻:《乐轩集》，四库全书本。

［9］ （宋）苏轼:《物类相感志》，民国景明宝颜堂秘笈本。

［10］ （宋）洪迈撰，何卓点校《夷坚乙志》，中华书局，1981。

［11］ （宋）苏洞:《泠然斋诗集》，四库全书本。

［12］ （宋）陈起:《江湖小集》，四库全书本。

［13］ （宋）陈起:《江湖后集》，四库全书本。

［14］（宋）包拯：《包孝肃奏议》，四库全书本。

［15］（金）元好问编《中州集》，四部丛刊景元刊本。

［16］（元）龚璛：《存悔斋稿》，元至正五年钞本。

［17］（元）释行秀：《从容庵录》，大正新修大藏经本。

［18］（元）释清珙：《石屋禅师山居诗》，明万历刻宋元四十三家集本。

［19］（元）王恽：《秋涧集》，《景印摛藻堂四库全书荟要》第401册。

［20］（元）尹廷高：《玉井樵唱》，四库全书本。

［21］（元）欧阳玄：《圭斋文集》，清抄本。

［22］（元）顾瑛辑《草堂雅集》，清初抄本。

［23］（元）佚名：《古今杂剧》，元刻本。

［24］（清）顾嗣立：《元诗选》，四库全书本。

［25］（明）吕坤：《吕新吾全书》，光绪间修补明刊本。

［26］（明）曹学佺：《石仓历代诗选》，四库全书本。

［27］（明）王世贞：《弇山堂别集》，四库全书本。

［28］（明）顾梦游：《顾与治诗》，清初书林毛恒所刻本。

［29］（明）沈泰：《盛明杂剧二集》，董氏诵芬室刻本，1925。

［30］（明）丘濬：《大学衍义补》，四库全书本。

［31］（明）陈子龙等：《明经世文编》，明崇祯平露堂刻本。

［32］（明）耿定向：《耿天台先生文集》，明万历二十六年刘元卿刻本。

［33］（明）马文升：《端肃奏议》，四库全书本。

［34］（明）陈九德：《皇明名臣经济录》，嘉靖二十八年刻本。

［35］（明）浦鋐：《竹堂奏疏》，明万历十一年刊本。

［36］（明）焦竑：《熙朝名臣实录》，明末刻本。

［37］（明）毕自严：《度支奏议》。

［38］（明）孔贞运：《皇明诏制》，明崇祯七年刻本。

［39］（清）蒲松龄：《聊斋文集》，清道光二十九年邢祖恪钞本。

［40］（清）方观承：《方恪敏公奏议》，清咸丰家刻本。

［41］（清）俞正燮：《癸巳存稿》，清光绪十年刻本。

［42］　（清）胡恩燮：《白下愚园集》，光绪二十年刻本。

［43］　（清）徐继畬：《松龛先生全集》，民国四年晋版铅印本。

［44］　（清）那彦成：《那文毅公奏疏》，清道光十四年刻本。

［45］　（明）杨慎：《秇林伐山》卷十八，明嘉靖三十五年王询刻本。

［46］　（明）刘侗、于奕正：《帝京景物略》，北京古籍出版社，1983。

［47］　（宋）罗大经：《鹤林玉露》，中华书局，1997。

（五）方志类

［1］　（元）熊梦祥纂，北京图书馆善本组辑《析津志辑佚》，北京古籍出版社，1983。

［2］　章律修，张才纂，徐珪重编《（弘治）保定郡志》，《天一阁藏明代方志选刊》本，上海书店出版社，2014。

［3］　崔铣纂修《（嘉靖）彰德府志》，《天一阁藏明代方志选刊》本。

［4］　谢庭桂修，苏乾续纂《（嘉靖）隆庆志》，《天一阁藏明代方志选刊》本。

［5］　杜纬修，刘芳纂《（正德）长垣县志》，《天一阁藏明代方志选刊》本。

［6］　张天真纂修《（嘉靖）辉县志》，《天一阁藏明代方志选刊续编》本。

［7］　唐交修，高淯等纂《（嘉靖）霸州志》，《天一阁藏地方志选刊》本。

［8］　翁相修，陈棐纂《（嘉靖）广平府志》，《天一阁藏明代方志选刊》本。

［9］　赵惟勤纂修《（嘉靖）获鹿县志》，《天一阁藏明代方志选刊续编》本。

［10］　戴敏修，戴铣纂《（弘治）易州志》，《天一阁藏明代方志选刊》本。

［11］　吴杰修，张廷纲、吴祺纂《（弘治）永平府志》，《天一阁藏明代方志选刊续编》本。

［12］　（清）缪荃孙辑《（永乐）顺天府志》，北京大学出版社，1983年影印本。

［13］　沈应文、谭希思等修，张元芳纂《（万历）顺天府志》，明万历刻本。

［14］　陆钺等纂修《（嘉靖）山东通志》，《天一阁藏明代方志选刊续编》本。

［15］　东时泰纂修《（嘉靖）范县志》，《天一阁藏明代方志选刊续编》本。

［16］　李复初纂修《（嘉靖）蠡县志》，《天一阁藏明代方志选刊续编》本。

［17］ 王齐纂修《（嘉靖）雄乘》，《天一阁藏明代方志选刊》本。

［18］ 蔡懋昭纂修《（隆庆）赵州志》，《天一阁藏明代地方志选刊》本。

［19］ 唐交修，陈璋纂《（嘉靖）武安县志》，《天一阁明代方志选刊续编》本。

［20］ 胡容修，王组纂《（嘉靖）威县志》，嘉靖二十九年刻本。

［21］ 孙承宗纂修《（天启）高阳县志》，民国抄本。

［22］ 张第纂修《（万历）温县志》，万历五年刻本。

［23］ 张祥修，阎邦宁纂《（万历）原武县志》，万历二十二年刻本。

［24］ （明）刘效祖：《四镇三关志》，明万历四年刻本。

［25］ （明）何乔远：《闽书》，福建人民出版社，1995。

［26］ 《（康熙）宛平县志》，康熙二十四年刻本。

［27］ 《（乾隆）蔚县志》，清乾隆四年刻本。

［28］ 《（光绪）顺天府志》卷五十《食货志二·物产》引《圣祖御制文集》，光绪十二年刻本。

［29］ （清）陈炎宗：《佛山忠义乡志》，清道光刊本。

［30］ 庆之金修，杨笃纂《（光绪）蔚州志》，光绪三年刻本。

［31］ 孙缵修，张鹏翎纂《（康熙）唐山县志》，康熙十二年刻十九年增刻本。

［32］ 时来敏修，郭棻等纂《（康熙）清苑县志》，康熙十六年刻本。

［33］ 徐时作修，胡淦等纂《（乾隆）沧州志》，乾隆八年刻本。

［34］ 陈金骏纂修《（乾隆）乐亭县志》，乾隆二十年刻本。

［35］ 蔡志修等修，史梦兰纂《（光绪）乐亭县志》，光绪三年刻本。

［36］ 吴慎纂修《（乾隆）丰润县志》，乾隆二十年刻本。

［37］ 刘统修，刘炳、王应鲸纂《（乾隆）任丘县志》，乾隆二十七年刻本。

［38］ 吴山凤纂修《（乾隆）涿州志》，乾隆三十年刻本。

［39］ 钟庚华纂修《（乾隆）柏乡县志》，乾隆三十一年刻本。

［40］ 周震荣修，章学诚纂《（乾隆）永清县志》，乾隆四十四年刻本。

［41］ 和珅、梁国治纂修《（乾隆）钦定热河志》，乾隆四十六年刻本。

［42］　张维祺修，李棠纂《（乾隆）大名县志》，乾隆五十四年刻本。

［43］　朱奎扬、张志奇修，吴廷华等纂《（乾隆）天津县志》，乾隆四年刻本。

［44］　万廷兰修，戈涛纂《（乾隆）献县志》，乾隆二十六年刻本。

［45］　关廷牧修，徐以观纂《（乾隆）宁河县志》，乾隆四十四年刻本。

［46］　张钝修，史元善等纂《（乾隆）安肃县志》，嘉庆十三年石梁补刻本。

［47］　何崧泰等修，史朴等纂《（光绪）遵化通志》，光绪十二年刻本。

［48］　吴履福等修，缪荃孙等纂《（光绪）昌平州志》，民国二十八年铅印本。

［49］　谈谌曾修，杨仲震纂《（乾隆）阳武县志》，乾隆十年刻本。

［50］　赵开元修，畅俊纂《（乾隆）新乡县志》，乾隆十二年刻本。

［51］　卢崧修，江大键、程焕纂《（乾隆）彰德府志》，乾隆五十二年刻本。

［52］　周际华修，戴铭纂《（光绪）辉县志》，光绪二十一年补刻本。

［53］　余缙修，李嵩阳纂《（顺治）封丘县志》，民国二十六年铅印本。

［54］　张度、邓希曾修，朱钟纂《（乾隆）临清直隶州志》，乾隆五十年刻本。

［55］　董鹏翱修，牟芦坡纂《（嘉庆）禹城县志》，嘉庆十三年刻本。

［56］　杨潮观等纂修《（乾隆）林县志》，乾隆十七年黄华书院刻本。

［57］　左承业原本，施彦士续纂修《（道光）万全县志》，道光十四年增刻乾隆本。

［58］　李鸿章等修，黄彭年等纂《（光绪）畿辅通志》，光绪十年刻本。

［59］　王道亨修，张庆源纂《（乾隆）德州志》，乾隆五十三年刻本。

［60］　常善修，赵文濂纂《（光绪）续修井陉县志》，光绪元年刻本。

［61］　孔广棣纂修《（乾隆）永年县志》，乾隆二十二年刻本。

［62］　徐汝瓒修，杜崐纂《（乾隆）汲县志》，乾隆二十年刻本。

［63］　吴辅宏等纂修《（乾隆）大同府志》，乾隆四十一年刻本。

［64］　蔡廷弼等纂修《（乾隆）平定州志》，乾隆五十五年刻本。

［65］　文廉等纂修《（咸丰）同州府志》，咸丰二年刻本。

［66］ 《（民国）武安县志》，载《中国地方志集成·河北府县志辑》第64册，上海书店、巴蜀书社、江苏古籍出版社，2006。

［67］ 张午时、张茂生、李栓庆：《武安县志校注·民国卷》，内部资料，武安历史文化研究会，2009。

［68］ 《（民国）威县志》，北平京津印书局，1929年铅印本。

［69］ 《（民国）沙河县志》，1940年铅印本。

（六）农书类

［1］ （汉）崔寔著，缪启愉校释《四民月令辑释》，农业出版社，1981。

［2］ （东魏）贾思勰：《齐民要术校释》，缪启愉校释，中国农业出版社，1998。

［3］ （唐）韩鄂：《四时纂要校释》，缪启愉校释，农业出版社，1981。

［4］ （唐）郭橐驼：《种树书》，明夷门广积本。

［5］ （宋）陈旉：《陈旉农书校注》，万国鼎校注，农业出版社，1965。

［6］ （元）大司农司：《农桑辑要》，清武英殿聚珍版丛书本。

［7］ （元）鲁明善：《农桑衣食撮要》，《丛书集成初编》本，商务印书馆，1936。

［8］ （元）王祯：《王祯农书》，四库全书本。

［9］ （明）宋应星：《天工开物》，明崇祯初刻本。

［10］ （明）徐光启：《农政全书》，明崇祯平露堂刻本。

［11］ （明）杨时乔著，吴学聪校《新刻马书》，农业出版社，1984。

［12］ （清）蒲松龄：《农蚕经》，《蒲松龄全集》第三册，学林出版社，1998。

［13］ （清）蒲松龄著，李长年校注《农桑经校注》，台湾明文书局有限公司，1984。

［14］ （清）刘清藜：《蚕桑备要》，清光绪刻本。

［15］ （清）杨屾：《豳风广义》，清乾隆刻本。

［16］ （清）何刚德：《抚郡农产考略》，清光绪抚郡学堂活字本。

［17］ （明）邝璠：《便民图纂》，石声汉、康成懿校注，农业出版社，1959。

（七）地理类

[1]　（北魏）郦道元：《水经注》，明嘉靖十三年刻本。

[2]　（后魏）杨衒之著，范祥雍校注《洛阳伽蓝记校注》，上海古籍出版社，1978。

[3]　（清）顾祖禹著，贺次君、施和金点校《读史方舆纪要》，中华书局，2005。

[4]　（清）于敏中：《日下旧闻考》，北京古籍出版社，1981。

[5]　佚名：《河朔访古记》，四库全书本。

[6]　《明一统志》，四库全书本。

[7]　乾隆《大清一统志》，四库全书本。

[8]　《嘉庆重修一统志》，中华书局，1986。

[9]　（清）严如熤：《三省边防备览》，清刻本。

（八）医书类

[1]　（宋）唐慎微等：《重修政和经史证类备用本草》，陆拯等校注，中国中医药出版社，2013。

[2]　（宋）宋慈：《洗冤集录》，元刻本。

[3]　（元）忽思慧：《饮膳正要》，中国医药科技出版社，2018。

[4]　（明）李时珍：《本草纲目》（校点本），人民卫生出版社，1982。

[5]　（明）王肯堂：《证治准绳》，人民卫生出版社，2001。

[6]　（明）张介宾：《景岳全书》，四库全书本。

[7]　（明）倪朱谟：《本草汇言》，天启四年刻本。

[8]　（清）许克昌、毕法：《外科证治全书》，清道光十一年刊本。

（九）兵书类

[1]　（宋）曾公亮：《武经总要》，中华书局，1959。

[2]　（明）范景文：《战守全书》，明崇祯刻本。

［3］ （明）郑若曾：《筹海图编》，李致忠点校，中华书局，2007。

［4］ （明）钱栴：《城守筹略》，明崇祯十七年钱墨当刻本。

［5］ （明）戚继光著，盛冬铃点校《纪效新书》，中华书局，1996。

［6］ （明）韩霖：《慎守要录》，清海山仙馆丛书本。

［7］ （明）茅元仪：《武备志》，明天启刻本。

［8］ （明）王鸣鹤：《登坛必究》，清刻本。

［9］ （明）赵士桢：《神器谱》，载郑振铎辑录《玄览堂丛书初集》第 18 册，台北中正书局，1981。

［10］ （明）唐顺之：《武编》，徐象枟曼山馆刻本。

（十）诸子及佛道典籍类

［1］ （战国）墨翟：《墨子》，明正统道藏本。

［2］ （战国）韩非：《韩非子》，四部丛刊景清景宋钞校本。

［3］ 黎翔凤校注《管子校注》，中华书局，2004。

［4］ （战国）荀况著，（唐）杨倞注《荀子》，清抱经堂丛书本。

［5］ 许维遹：《吕氏春秋集释》，中国书店，1985。

［6］ 何宁：《淮南鸿烈集释》，中华书局，1998。

［7］ （汉）班固著，（清）陈立疏证，吴则虞点校《白虎通疏证》，中华书局，1994。

［8］ （汉）桓宽著，王利器校注《盐铁论校注》，中华书局，1992。

［9］ （汉）王充著，黄晖校释《论衡校释》，中华书局，1990。

［10］ （晋）葛洪：《抱朴子》，上海古籍出版社，1990。

［11］ （东魏）瞿昙般若流支：《正法念处经》，大正新修大藏经本。

［12］ （北齐）颜之推著，王利器集解《颜氏家训集解》，中华书局，1993。

［13］ （梁）僧祐：《弘明集》，四库全书本。

［14］ （隋）费长房：《历代三宝记》，金刻赵城藏本。

［15］ （唐）道宣：《广弘明集》，四库全书本。

［16］ （唐）道世：《法苑珠林》，四库全书本。

［17］（唐）佚名：《黄帝九鼎神丹经诀》，明正统道藏本。

［18］（唐）释智升：《开元释教录》，四库全书本。

［19］（唐）释道宣：《续高僧传》，大正新修大藏经本。

［20］（唐）惠琳：《一切经音义》，清海山仙馆丛书本。

［21］（宋）赞宁：《宋高僧传》，四库全书本。

（十一）明清小说类

［1］（元）施耐庵：《水浒传》，明容与堂刻本。

［2］（明）吴承恩：《西游记》，作家出版社，2018。

［3］（明）兰陵笑笑生：《金瓶梅》，台湾河洛图书出版社，1980。

［4］（明）罗贯中：《三国志通俗演义》，明嘉靖元年刻本。

［5］（明）罗贯中：《残唐五代史演义》，明末刻本。

［6］（明）清溪道人：《禅真逸史》，明本衙爽阁刊本。

［7］（明）冯梦龙：《醒世恒言》，昆仑出版社，2001。

［8］（明）冯梦龙：《喻世明言》，昆仑出版社，2001。

［9］（明）冯梦龙：《警世通言》，昆仑出版社，2001。

［10］（明）凌濛初：《初刻拍案惊奇》，昆仑出版社，2001。

［11］（明）凌濛初：《二刻拍案惊奇》，昆仑出版社，2001。

［12］（清）曹雪芹、高鹗：《红楼梦》，清乾隆五十六年萃文书屋活字印本。

［13］（清）蒲松龄：《聊斋志异》，齐鲁书社，1981。

［14］（清）东鲁古狂生：《醉醒石》，清覆刻本。

（十二）其他古籍类

［1］（唐）长孙无忌：《唐律疏议》，四部丛刊三编景宋本。

［2］（宋）董煟：《救荒活民书》，嘉庆墨海金壶本。

［3］（宋）邵雍：《梦林玄解》，明崇祯刻本。

［4］（宋）王宗稷：《东坡先生年谱》，明天启元年刻东坡诗选本。

［5］（宋）窦仪：《刑统》，民国嘉业堂刻本。

［6］ （宋）秦九韶：《数学九章》，四库全书本。

［7］ （元）陈椿：《熬波图咏》，民国上海掌故丛书本。

［8］ （明）吕维祺：《四译馆增订馆则》，民国景明崇祯刻清康熙补刻增修后印本。

［9］ （明）何士晋：《工部厂库须知》，明万历林如楚刻本。

［10］ （明）雷礼：《南京太仆寺志》，明嘉靖刻本。

［11］ （明）戚祚国：《戚少保年谱耆编》，清道光刻本。

［12］ （明）雷礼：《国朝列卿纪》，明万历徐鉴刻本。

［13］ （明）黄光升：《昭代典则》，明万历二十八年周日校万卷楼刻本。

［14］ （明）焦竑：《国朝献征录》，明万历四十四年徐象橒曼山馆刻本。

［15］ （明）陈建：《皇明通纪集要》，明崇祯刻本。

［16］ （明）刘惟谦：《大明律》，日本景明洪武刊本。

［17］ （明）应欈：《大明律释义》，明嘉靖刻本。

［18］ （明）黄景昉：《国史唯疑》，清康熙三十年钞本。

［19］ （明）雷梦麟：《读律琐言》，明嘉靖四十二年刻本。

［20］ （清）查慎行：《补注东坡编年诗》，四库全书本。

［21］ （清）薛允升：《唐明律合编》，民国退耕堂徐氏刊本。

［22］ （清）祝庆祺：《刑案汇览》，清道光棠樾慎思堂刻本。

［23］ （清）孙家鼐：《钦定书经图说》，光绪三十一年刊印本。

［24］ （清）王守基：《盐法议略》，中华书局，1991。

［25］ （清）程瑶田：《九谷考》，清道光皇清经解本。

［26］ （清）王念孙：《广雅疏证》，清嘉庆元年刻本。

［27］ （清）吴其濬：《植物名实图考》，清道光山西太原府署刻本。

［28］ （清）吴邦庆辑《畿辅河道水利丛书》，农业出版社，1964。

［29］ （清）赵学敏：《火戏略》，清昭代丛书本。

［30］ （明）张学颜：《万历会计录》，书目文献出版社，1989。

［31］ （明）周嘉胄：《香乘》，日月洲注，九州出版社，2014。

［32］ （宋）黎靖德编，马镛、吴宣德整理《朱子语类》，《传世藏书·子

库·诸子 5》，海南国际新闻出版中心，1995。

[33] （宋）谢深甫：《庆元条法事类》，黑龙江人民出版社，2002。

（十三）今人整理及翻译之史料

[1] 北京大学古文献研究所编《全宋诗》，北京大学出版社，1991。

[2] 曾枣庄、刘琳：《全宋文》，巴蜀书社，1988；上海辞书出版社，2006。

[3] 唐圭璋编《全宋词》，中华书局，1965。

[4] 章楷、余秀茹：《中国古代养蚕技术史料选编》，农业出版社，1985。

[5] 中国人民大学清史研究所、档案系中国政治制度教研室编《清代的矿业》，中华书局，1983。

[6] 吴晓煜：《中国煤炭史志资料钩沉》，煤炭工业出版社，2002。

[7] 中国社会科学院清史研究所：《清史资料》（第七辑），中华书局，1999。

[8] 章乃炜、王蔼人编《清宫述闻》，紫禁城出版社，1990。

[9] 彭泽益编《中国近代手工业史资料（1840—1949）》，生活·读书·新知三联书店，1957。

[10] 张星烺编注，朱杰勤校订《中西交通史料汇编》第 2 册，中华书局，1977。

[11] 张星烺编注，朱杰勤校订《中西交通史料汇编》第 3 册，中华书局，1978。

[12] 谭其骧主编《清人文集地理类汇编》，浙江人民出版社，1986。

[13] 路工编选《清代北京竹枝词（十三种）》，北京出版社，1962。

[14] （朝鲜）佚名：《朴通事谚解》，台北联经出版事业公司影印奎章阁丛书本，1978。

[15] 〔意〕马可·波罗：《马可·波罗游记》，陈开俊等译，福建科学技术出版社，1981。

二　今人论著

（一）著作

1. 工具书类

［1］　中国科学院北京天文台主编《中国地方志联合目录》，中华书局，1985。

［2］　夏征农、陈至立主编《辞海》（第六版彩图本），上海辞书出版社，2009。

［3］　中国大百科全书出版社编辑部编著《中国大百科全书·矿冶》，中国大百科全书出版社，1984。

［4］　中国农业百科全书编辑部编《中国农业百科全书·林业卷》，中国农业出版社，1989。

［5］　谭其骧：《中国历史地图集》第7册《元·明时期》，中国地图出版社，1982。

［6］　中国技术经济研究会主编《技术经济手册·农业卷》，辽宁人民出版社，1986。

2. 国内著作

［1］　王建革：《传统社会末期华北的生态与社会》，生活·读书·新知三联书店，2009。

［2］　郑起东：《转型期的华北农村社会》，上海书店出版社，2004。

［3］　张思：《近代华北村落共同体的变迁——农耕结合习惯的历史人类学考察》，商务印书馆，2005。

［4］　樊宝敏、李智勇：《中国森林生态史引论》，科学出版社，2008。

［5］　冀朝鼎：《中国历史上的基本经济区与水利事业的发展》，中国社会科学出版社，1981。

［6］　黄宗智：《华北的小农经济与社会变迁》，中华书局，1986。

［7］　王明德：《从黄河时代到运河时代：中国古都变迁研究》，巴蜀书社，

2008。

[8]　程遂营:《唐宋开封生态环境研究》,中国社会科学出版社,2002。

[9]　王云:《明清山东运河区域社会变迁》,人民出版社,2006。

[10]　成淑君:《明代山东农业开发研究》,齐鲁书社,2006。

[11]　尹绍亭:《远去的山火——人类学视野中的刀耕火种》,云南人民出版社,2008。

[12]　吴忱:《华北地貌环境及其形成演化》,科学出版社,2008。

[13]　翟旺、张守道:《太行山系森林与生态简史》,山西高校联合出版社,1994。

[14]　翟旺、米文精:《五台山区森林与生态史》,中国林业出版社,2009。

[15]　齐如山:《华北的农村》,辽宁教育出版社,2007。

[16]　王利华:《中古华北饮食文化的变迁》,中国社会科学出版社,2000。

[17]　周宝珠:《宋代东京研究》,河南人民出版社,1992。

[18]　吴涛:《北宋都城东京》,河南人民出版社,1984。

[19]　《中国古代煤炭开发史》编写组:《中国古代煤炭开发史》,煤炭工业出版社,1986。

[20]　李进尧、吴晓煜、卢本珊:《中国古代金属矿和煤矿开采工程技术史》,山西教育出版社,2007。

[21]　夏湘蓉、李仲均、王根元编著《中国古代矿业开发史》,地质出版社,1980。

[22]　祁守华编《中国古代煤炭开采利用轶闻趣事》,煤炭工业出版社,1996。

[23]　李仲均、李卫:《中国古代矿业》,台湾商务印书馆,1997。

[24]　陈美东主编,何堂坤、赵丰著《中国文化通志·纺织与矿冶志》,上海人民出版社,1998。

[25]　卢嘉锡主编,赵匡华、周嘉华著《中国科学技术史·化学卷》,科学出版社,1998。

[26]　赵承泽主编《中国科学技术史·纺织卷》,科学出版社,2002。

［27］ 丘光明、邱隆、杨平：《中国科学技术史·度量衡卷》，科学出版社，2001。

［28］ 李家治主编《中国科学技术史·陶瓷卷》，科学出版社，1998。

［29］ 傅熹年：《中国科学技术史·建筑卷》，科学出版社，2008。

［30］ 韩汝玢、柯俊主编《中国科学技术史·矿冶卷》，科学出版社，2007。

［31］ 金秋鹏：《中国科学技术史·图录卷》，科学出版社，2008。

［32］ 冯家昇：《火药的发明和西传》，华东人民出版社，1954。

［33］ 史念海等：《黄土高原森林与草原的变迁》，陕西人民出版社，1985。

［34］ 朱震达、刘恕：《中国北方地区的沙漠化过程及其治理区划》，中国林业出版社，1981。

［35］ 陈嵘：《中国森林史料》，中国林业出版社，1983。

［36］ 邹逸麟主编《黄淮海平原历史地理》，安徽教育出版社，1993。

［37］ 邹逸麟：《椿庐史地论稿》，天津古籍出版社，2005。

［38］ 董智勇：《中国森林史资料汇编》，中国林学会林业史学会，1993。

［39］ 张钧成：《中国林业传统引论》，中国林业出版社，1992。

［40］ 熊大桐：《中国近代林业史》，中国林业出版社，1989。

［41］ 马忠良等：《中国森林的变迁》，中国林业出版社，1997。

［42］ 王长富：《中国林业经济史》，东北林业大学出版社，1990。

［43］ 孙儒涌等：《普通生态学》，高等教育出版社，1993。

［44］ 杨怀霖：《农业生态学》，农业出版社，1992。

［45］ 潘纪一主编《人口生态学》，复旦大学出版社，1988。

［46］ 费孝通：《乡土中国》（附《皇权与绅权》《内地的农村》《乡土重建》《生育制度》），上海世纪出版集团、上海人民出版社，2007。

［47］ 王利华主编《中国历史上的环境与社会》，三联书店，2007。

［48］ 刘翠溶、伊懋可主编《积渐所至——中国环境史论文集》，"中央研究院"经济研究所，1995。

［49］ 梁方仲：《中国历代户口、田地、田赋统计》，上海人民出版社，1980。

［50］ 路遇、滕泽之：《中国分省区历史人口考》，山东人民出版社，2006。

［51］ 曹树基：《中国人口史》第四卷《明时期》，复旦大学出版社，2000。

［52］ 杨文骐：《中国饮食文化和食品工业发展简史》，中国展望出版社，1983。

［53］ 洪光住：《中国食品科技史稿》，中国商业出版社，1984。

［54］ 黎虎主编《汉唐饮食文化史》，北京师范大学出版社，1998。

［55］ 王学泰：《中国饮食文化史》，广西师范大学出版社，2009。

［56］ 谢成侠：《中国养牛羊史》，农业出版社，1985。

［57］ 李志农：《中国养羊学》，农业出版社，1993。

［58］ 何炳棣：《黄土与中国农业的起源》，香港中文大学出版社，1969。

［59］ 石元春：《黄淮海平原农业图集》，北京农业大学出版社，1989。

［60］ 孙敬之：《华北经济地理》，科学出版社，1957。

［61］ 宋孟寅：《中国谚语集成》（河北卷），中国社会科学出版社，1992。

［62］ 唐启宇：《中国作物栽培史稿》，农业出版社，1986。

［63］ 谢成侠：《中国养马史》，科学出版社，1959。

［64］ 邢嘉明：《京津地区生态地理环境研究》，气象出版社，1988。

［65］ 许越先主编《鲁西北平原自然条件与农业发展》，科学出版社，1993。

［66］ 许檀：《明清时期山东商品经济的发展》，中国社会科学出版社，1998。

［67］ 农业出版社编辑部：《中国农谚》，农业出版社，1987。

［68］ 梁家勉主编《中国农业科学技术史稿》，农业出版社，1989。

［69］ 张舜徽：《清人文集别录》，台北明文书局，1982。

［70］ 张舜徽：《清人笔记条辨》，中华书局，1986。

［71］ 王子今：《秦汉时期生态环境研究》，北京大学出版社，2007。

［72］ 王玉德、张全明：《中华五千年生态文化》，华中师范大学出版社，1999。

［73］ 中国科学院《中国自然地理》编辑委员会：《中国自然地理·总论》，科学出版社，1985。

［74］ 华北树木志编写组编《华北树木志》，中国林业出版社，1984。

［75］ 冯玉祥：《我的生活》，上海书店，1947。

［76］ 陆健健：《中国湿地》，华东师范大学出版社，1990。

［77］ 李学勤：《〈尔雅〉注疏》，北京大学出版社，1999。

［78］ 程俊英、蒋见元：《诗经注析》，中华书局，1991。

［79］ 张治勋：《中国自然地理图解》，陕西师范大学出版社，1990。

［80］ 河北省棉产改进会：《河北省棉产调查报告》，1936。

［81］ 戴敦邦：《戴敦邦图说诗情词意》，上海辞书出版社，1999。

［82］ 中国农业遗产研究室编著《中国古代农业科学技术史简编》，江苏科学技术出版社，1985。

［83］ 王毓瑚编《秦晋农言》，中华书局，1957。

［84］ 刘昭民：《中国历史上气候之变迁》，台湾商务印书馆，1992。

［85］ 吴承洛：《中国度量衡史》，商务印书馆，1937。

［86］ 北京钢铁学院《中国古代冶金》编写组：《中国古代冶金》，文物出版社，1978。

［87］ 叶喆民：《中国陶瓷史纲要》，轻工业出版社，1989。

［88］ 曹树基：《中国移民史》第五卷《明时期》，福建人民出版社，1997。

［89］ 李向军：《清代荒政研究》，中国农业出版社，1995。

［90］ 张波、冯风等：《中国农业自然灾害史料集》，陕西科学技术出版社，1994。

［91］ 吴晗：《读史札记》，生活·读书·新知三联书店，1956。

［92］ 罗哲文、赵所生、顾砚耕：《中国城墙》，江苏教育出版社，2000。

［93］ 罗保平：《明清北京城》，北京出版社，2000。

［94］ 徐广源：《清西陵史话》，新世纪出版社，2004。

［95］ 郑学檬主编《中国赋役制度史》，厦门大学出版社，1994。

［96］ 钱剑夫：《秦汉赋役制度考略》，湖北人民出版社，1984。

［97］ 冯骥才：《我们的节日·春节》，宁夏人民出版社，2009。

［98］ 冻国栋：《中国人口史》第二卷《隋唐五代时期》，复旦大学出版社，2002。

［99］ 赵冈、陈仲毅：《中国土地制度史》，新星出版社，2006。

［100］陈彦堂:《人间的烟火:炊食具》,上海文艺出版社,2002。

［101］王仁湘:《珍馐玉馔——古代饮食文化》,江苏古籍出版社,2002。

［102］同济大学应用数学系主编《高等数学》第五版下册,高等教育出版社,2002。

［103］秦允豪编《热学》,高等教育出版社,1999。

［104］李椿等:《热学》,人民教育出版社,1978。

［105］赵凯华、罗蔚茵:《新概念物理教程:热学》,高等教育出版社,1998。

［106］田莳主编《材料物理性能》,北京航空航天大学出版社,2004。

［107］邓福星主编《中国美术史:原始卷》,齐鲁书社、明天出版社,2000。

［108］韩昭沧主编《燃料及燃烧》,冶金工业出版社,1984。

［109］日本热能技术协会著,吴永宽、苗艳秋译《热能管理技术》,煤炭工业出版社,1984。

［110］杨菊华:《中华饮食文化》,《中华全景百卷书》第22册,首都师范大学出版社,1994。

［111］陈宝良:《明代社会生活史》,中国社会科学出版社,2004。

［112］赵荣光:《中国古代庶民饮食生活》,商务印书馆国际有限公司,1997。

［113］山东友谊书社、山东出版总社泰安分社:《泰安风物》,山东人民出版社,1986。

［114］谭英杰等:《黑龙江区域考古学》,中国社会科学出版社,1991。

［115］庄礼贤等:《流体力学》,中国科学技术大学出版社,1991。

［116］梁思永、高去寻编《侯家庄1001号大墓》上册,"中央研究院"历史语言研究所,1962。

［117］满志敏:《中国历史时期气候变化研究》,山东教育出版社,2009。

［118］严中平:《中国棉纺织史稿》,科学出版社,1955。

［119］赵冈、陈钟毅:《中国棉纺织史》,中国农业出版社,1997。

［120］中国社会科学院考古研究所编著《辉县发掘报告》,科学出版社,1956。

［121］河北省文物研究所:《燕下都》,文物出版社,1996。

［122］ 张勇主编《河南出土汉代建筑明器》，大象出版社，2002。

［123］ 冯先铭：《中国陶瓷》，上海古籍出版社，2001。

［124］ 中国硅酸盐学会编《中国陶瓷史》，文物出版社，1982。

［125］ 吴仁敬、辛安潮：《中国陶瓷史》，北京图书馆出版社，1998。

［126］ 朱之培、高晋生：《煤化学》，上海科学技术出版社，1984。

［127］ 郭崇涛：《煤化学》，化学工业出版社，1992。

［128］ 李合生：《现代植物生理学》，高等教育出版社，2006。

［129］ 华夏子：《明长城考实》，档案出版社，1988。

［130］ 中国社会科学院考古研究所、河北省文物管理处：《满城汉墓发掘报告》，文物出版社，1980。

［131］ 大葆台汉墓发掘组、中国社会科学院考古研究所：《北京大葆台汉墓》，文物出版社，1989。

［132］ 杨宽：《中国古代冶铁技术发展史》，上海人民出版社，2004。

［133］ 中华人民共和国国土资源部：《中国矿产资源报告2011》，地质出版社，2011。

［134］ 赵润恩、欧阳骅：《炼铁学》，冶金工业出版社，1958。

［135］ 唐仁粤：《中国盐业史（地方编）》，人民出版社，1997。

［136］ 来新夏：《天津近代史》，南开大学出版社，1987。

［137］ 段滋新、郝丽萍：《赵国钱币》，中国经济出版社，1998。

［138］ 赵冈：《中国历史上生态环境之变迁》，中国环境科学出版社，1996。

［139］ 尹绍亭：《人与森林——生态人类学视野中的刀耕火种》，云南教育出版社，2000。

［140］ 郭物：《国之大事——中国古代的战车战马》，四川出版集团、四川人民出版社，2004。

［141］ 武汉地质学院古生物教研室编著《古生物学教程》，地质出版社，1980。

［142］ 中国社会科学院考古研究所编《殷墟的发现与研究》，科学出版社，1994。

［143］《中国家畜家禽品种志》编委会《中国马驴品种志》编写组：《中国马驴品种志》，上海科学技术出版社，1987。

［144］李根蟠：《中国农业史》，台湾文津出版社，1997。

［145］吴慧：《中国历代粮食亩产研究》，农业出版社，1985。

［146］薄吾成：《中国家畜起源论文集》，天则出版社，1993。

［147］中国社会科学院考古研究所编《新中国的考古发现和研究》，文物出版社，1984。

［148］郑丕留：《中国家畜品种及其生态特征》，农业出版社，1985。

［149］中国国家博物馆编《文物中国史》第5册《三国魏晋南北朝时代》，山西教育出版社，2003。

［150］中国农业博物馆农史研究室编《中国古代农业科技史图说》，农业出版社，1989。

［151］中国农业科学院、南京农学院中国农业遗产研究室编著《中国农学史》下册，科学出版社，1984。

［152］熊毅、李庆逵：《中国土壤》，科学出版社，1987。

［153］曹隆恭：《肥料史话》，农业出版社，1984。

［154］章鸿钊：《石雅》，载《民国丛书》第2编《科学技术类》第88册，上海书店，1989。

［155］《中国煤炭志》编纂委员会：《中国煤炭志·河北卷》，煤炭工业出版社，1997。

［156］《中国煤炭志》编纂委员会：《中国煤炭志·河南卷》，煤炭工业出版社，1996。

［157］河南省文化局文物工作队编著《巩县铁生沟》，文物出版社，1962。

［158］张博泉：《金代经济史略》，辽宁人民出版社，1981。

［159］韩光辉：《北京历史人口地理》，北京大学出版社，1996。

［160］严耕望：《治史三书》，辽宁教育出版社，1998。

［161］北京市门头沟区文化文物局编《门头沟文物志》，北京燕山出版社，2001。

［162］门头沟区地名志编辑委员会：《北京市门头沟区地名志》，北京出版社，1993。

［163］彭世济、韩可琦主编《矿业经济导论》，中国矿业大学出版社，1996。

［164］罗桂环：《中国环境保护史稿》，中国环境科学出版社，1995。

［165］张金亮、常象春主编《石油地质学》，石油工业出版社，2004。

［166］李家瑞编《北平风俗类征》，载《民国丛书》第5编第22册，上海书店，1989年影印本。

［167］河北省地方志编纂委员会：《河北省志》第3卷《自然地理志》，河北科学技术出版社，1993。

［168］初中教材《物理》八年级上册，教育科学出版社，2005。

［169］初中教材《物理》九年级上册，教育科学出版社，2005。

［170］初中教材《物理》九年级下册，教育科学出版社，2005。

［171］岳南：《西汉孤魂：长沙马王堆汉墓发掘记》，商务印书馆，2012。

［172］岳南：《旷世绝响：擂鼓墩曾侯乙墓发掘记》，商务印书馆，2012。

［173］臧连明、钱用和：《土窑烧炭》，中国林业出版社，1959。

［174］易宗文编《森林学》，湖南科学技术出版社，1985。

［175］武安县农业自然资源考察和农业区划委员会农业气候组编《武安县农业气候资源和农业区划报告》，1982年油印本。

［176］赵荣等编著《人文地理学》，高等教育出版社，2006。

［177］张松寿等编著《工程燃烧学》，中国计量出版社，2008。

［178］杜学德主编《中国民间文学集成·邯郸市故事卷》，中国民间文艺出版社，1989。

［179］河北省武安县民间文学集成编委会：《中国民间文学集成·武安民间故事卷》，内部印行本，1988。

［180］河北省武安县民间文学集成编委会：《中国民间文学集成·武安民间故事卷续集》，内部印行本，1988。

［181］河南省工业厅编《土法炼焦》，河南人民出版社，1958，第20~21页。

［182］苑利、顾军：《非物质文化遗产学》，高等教育出版社，2009。

［183］ 胡徐腾等编著《液体生物燃料：从化石到生物质》，化学工业出版社，2013。

［184］ 王承阳编著《热能与动力工程基础》，冶金工业出版社，2010。

［185］ 尧山壁：《百姓旧事：20 世纪 40—60 年代往事记忆》，河北教育出版社，2011。

［186］ 石家庄市民间文学三套集成编委会：《中国民间文学集成·石家庄市故事卷》，中国民间文艺出版社，1989。

［187］ 曾志将主编《蜜蜂生物学》，中国农业出版社，2007。

［188］ 吴次彬编著《白蜡虫及白蜡生产》，中国林业出版社，1989。

［189］ 李文海、夏明方、黄兴涛主编《民国时期社会调查丛编》二编《乡村社会卷》，福建教育出版社，2014。

［190］ 李文海、夏明方、黄兴涛主编《民国时期社会调查丛编》二编《乡村经济卷（中）》，福建教育出版社，2014。

［191］ 李文海、夏明方、黄兴涛主编《民国时期社会调查丛编》一编《乡村社会卷》，福建教育出版社，2014。

［192］ 李文海、夏明方、黄兴涛主编《民国时期社会调查丛编》二编《宗教民俗卷》上下册，福建教育出版社，2014。

［193］ 李文海、夏明方、黄兴涛主编《民国时期社会调查丛编》一编《社会保障卷》，福建教育出版社，2014。

［194］ 李文海、夏明方、黄兴涛主编《民国时期社会调查丛编》二编《城市（劳工）生活卷》下册，福建教育出版社，2014。

［195］ 赵九洲、宋倩：《环境与民俗：武安传统物质生产研究》，中国社会科学出版社，2016。

［196］ 傅京亮：《中国香文化》，齐鲁书社，2008。

［197］ 刘代文、胡志伟、武俊和：《群众语汇选编》，陕西人民出版社，1983。

［198］ 孙志平、王士均：《歇后语四千条》，上海文艺出版社，1984。

［199］ 商务印书馆辞书研究中心编《新华成语大词典》，商务印书馆，2013。

［200］ 张文涛主编《邯郸市歌谣卷》，中国民间文艺出版社，2009。

［201］钟敬文主编《民俗学概论》，上海文艺出版社，2009。

［202］大辞海编辑委员会编纂《大辞海·语词卷》第1册，上海辞书出版社，2011。

［203］张廷兴：《中华民俗一本全》，广西人民出版社，2013。

［204］宋尚学：《蔚县风情》，香港银河出版社，2000。

［205］闫克歧：《解读唐山地名》，经济日报出版社，2015。

［206］常建华：《岁时节日里的中国》，中华书局，2006。

［207］马佶、郑建敏主编《井陉年俗》，线装书局，2011。

［208］《大城县志》编委会编《大城县志》，华夏出版社，1995。

［209］获鹿县三套集成办公室编《中国民间文学集成·河北省获鹿县民间故事歌谣谚语卷》，内部印行本，1988。

［210］杨新民主编《魅力武安丛书》之《历史文化卷·万千气象》，新华出版社，2011。

［211］马佶、柳敏和、张树林主编《井陉非物质文化遗产》，线装书局，2011。

［212］秦皇岛市卢龙县三套集成办公室编《中国民间文学集成·卢龙民间故事卷》，内部印行本，1987。

［213］河北省栾城县地方志编纂委员会编《栾城县志》，新华出版社，1995。

［214］迁西县地方志编纂委员编《迁西县志》，中国科学技术出版社，1991。

［215］程曼超：《诸神由来》，河南人民出版社，1983。

［216］邢台地区文学艺术界联合会编《邢台民间故事》，内部印行本，1984。

［217］刘北方主编《固镇村志》，中国社会出版社，2003。

［218］吕宗力、栾保群：《中国民间诸神》，河北人民出版社，2001。

［219］陈泽明：《诸神传》，星光出版社，1984。

［220］侯正儒主编《中国民间文学集成·沙河故事歌谣谚语卷》，内部印行本，1987。

［221］吴晓煜辑录《煤矿民间传说与风俗》，煤炭工业出版社，2014。

［222］吴晓煜：《煤史钩沉》，煤炭工业出版社，2000。

［223］ 王树村编著《中国传统行业诸神》，外文出版社，2004。

［224］ 唐海县地方志编纂委员会编《唐海县志》，天津人民出版社，1997。

［225］ 王利华：《人竹共生的环境与文明》，生活·读书·新知三联书店，2013。

［226］ 河北省宣化县地名办公室编《宣化县地名资料汇编》，内部印行本，1983。

［227］ 广平县地方志编纂委员会编《广平县志》，文化艺术出版社，1995。

［228］ 濮阳县地方史志编纂委员会编《濮阳县志》，华艺出版社，1989。

［229］ 中国科学院《中国自然地理》编辑委员会：《中国自然地理·气候》，科学出版社，1984。

［230］ 丁一汇主编《中国气候》，科学出版社，2013。

［231］ 吉林林业学校、四川林业学校、陕西农林学校编《森林学》，中国林业出版社，1981。

［232］ 王水照、崔铭：《欧阳修传》，天津人民出版社，2013。

［233］ 章义和：《中国蝗灾史》，安徽人民出版社，2008。

［234］ 汪篯：《汪篯隋唐史论稿》，中国社会科学出版社，1981。

［235］ 孙犁著，李朝全、庞俭克选编《孙犁作品精编》下卷，漓江出版社，2004。

［236］ 戴永夏：《风俗雅韵》，山东画报出版社，2015。

［237］ 冯玉祥：《煎饼：抗日与军食》，时事研究社，1935。

［238］ 梁实秋：《雅舍遗珠：一幅平和冲淡而温暖和煦的人生拼图》，江苏人民出版社，2014。

［239］ 谢冕、洪子诚主编《中国当代文学作品精选》（第3版），北京大学出版社，2015。

［240］ 刘齐：《一人两世界》，安徽文艺出版社，2015。

［241］ 丙公：《岭外集》，上海书局，1979。

［242］ 张传桂：《乡村风物》，海风出版社，2006。

［243］ 穆晓芒：《黑土红心》，新世界出版社，2012。

［244］ 孙殿起辑，雷梦水编《北京风俗杂咏》，北京古籍出版社，1982。

［245］ 祁人、秦玉林主编《唐山市民间文学三套集成丛书》之八《唐山歌谣集成》，内部印行本，1988。

［246］ 李茂盛、杨建中：《华北抗战史》，山西人民出版社，2013。

［247］ 董长瑞等编著《微观经济学》（第四版），经济科学出版社，2013。

［248］ 赵华川、赵成伟、袁树森：《老北京风情系列：旧时行业》，文化艺术出版社，2015。

［249］ 中国人民政治协商会议北京市门头沟区委员会文史资料研究委员会编《门头沟文史》第4辑，内部印行本，1993。

［250］ 潘惠楼编著《门头沟文化遗产精粹 京煤史志资料辑考》，北京燕山出版社，2007。

［251］ 雷仲敏、宋唤才编《能源技术经济分析评价》，中国环境科学出版社，2006。

［252］ 李纪从主编《中国民间故事全书·河南·义马卷》，知识产权出版社，2009。

［253］ 郑州市二七区齐礼阎乡路砦村志编纂委员会编《路砦村志》，郑州市二七区新华印刷厂，1999。

［254］ 李松青：《天河》，黄河出版社，2014。

［255］ 北京晚报《江山》特刊创作团队编著《江山：百年中国史补白》之《寻迹》分册，人民出版社，2013。

［256］ 萨苏：《中国不会亡：抗日特工绝杀行动纪实》，九州出版社，2014。

［257］ 刘镜愉编著《煤气中毒》，人民卫生出版社，1990。

［258］ 梁夏：《透明的夏天：致我们从未忘记的童年》，凤凰出版社，2012。

［259］ 梁宁元译，刘颂古校：《炼焦》，冶金工业出版社，1982。

［260］ 高国荣：《美国环境史学研究》，中国社会科学出版社，2014。

［261］ 梅雪芹：《环境史研究叙论》，中国环境科学出版社，2011。

3.学位论文类

［1］ 刘龙雨：《清代至民国时期华北煤炭开发：1644—1937》，复旦大学博

士学位论文，2006。

[2] 庄智：《中国炕的烟气流动与传热性能研究》，大连理工大学博士学位论文，2009。

[3] 王建文：《中国北方地区森林、草原变迁和生态灾害的历史研究》，北京林业大学博士学位论文，2006。

[4] 杨海蛟：《明清时期河南林业研究》，北京林业大学博士学位论文，2007。

[5] 梁明武：《明清时期木材商品经济研究》，北京林业大学博士学位论文，2008。

[6] 金麾：《清代森林变迁史》，北京林业大学博士学位论文，2008。

[7] 张耀引：《史前至秦汉炊具设计的发展与演变研究》，南京艺术学院硕士学位论文，2005。

[8] 段红梅：《三晋地区出土战国铁器的调查与研究》，北京科技大学博士学位论文，2001。

[9] 宋军令：《明清时期美洲农作物在中国的传种及其影响研究——以玉米、番薯、烟草为视角》，河南大学博士学位论文，2007。

[10] 曹玲：《美洲粮食作物的传入、传播及其影响研究》，南京农业大学硕士学位论文，2003。

[11] 周广西：《明清时期中国传统肥料技术研究》，南京农业大学博士学位论文，2003。

[12] 柴国生：《唐宋时期生物质能源开发利用研究》，郑州大学博士学位论文，2012。

4. 译著及外文类

[1] 〔美〕R.L. 史密斯：《生态学和野外生物学》，李建东等译，科学出版社，1988。

[2] 〔美〕唐纳德·休斯：《什么是环境史》，梅雪芹译，北京大学出版社，2008。

[3] 〔美〕斯蒂芬·派因：《火之简史》，梅雪芹等译，生活·读书·新知

三联书店，2006。

［4］ 〔美〕裴宜理：《华北的叛乱者与革命者（1845—1945）》，池子华、刘平译，商务印书馆，2007。

［5］ 〔美〕彭慕兰：《腹地的构建：华北内地的国家、社会和经济（1853—1937）》，马俊亚译，社会科学文献出版社，2005。

［6］ 〔英〕李约瑟：《中国科学技术史》第5卷《化学及相关技术》第7分册《军事技术：火药的史诗》，刘晓燕等译，科学出版社、上海古籍出版社，2005。

［7］ 〔美〕贾雷德·戴蒙德：《崩溃：社会如何选择成败兴亡》，江滢、叶臻译，上海译文出版社，2008。

［8］ 〔美〕杨联陞：《中国制度史研究》，彭刚、程刚译，江苏人民出版社，2007。

［9］ 〔美〕尤金·N.安德森：《中国食物》，马孆、刘东译，江苏人民出版社，2003。

［10］ 〔美〕李丹：《理解农民中国：社会科学哲学的案例研究》，张天虹、张胜云、张胜波译，江苏人民出版社，2009。

［11］ 〔加〕卜正民：《明代的社会与国家》，陈时龙译，黄山书社，2009。

［12］ 〔美〕拉铁摩尔：《中国的亚洲内陆边疆》，唐晓峰译，江苏人民出版社，2008。

［13］ 〔美〕贾雷德·戴蒙德：《枪炮、病菌与钢铁：人类社会的命运》，谢延光译，上海译文出版社，2006。

［14］ 〔美〕何炳棣：《明初以降人口及其相关问题（1368—1953）》，葛剑雄译，生活·读书·新知三联书店，2000。

［15］ 〔日〕篠田统：《中国食物史研究》，高桂林等译，中国商业出版社，1987。

［16］ 〔日〕中山时子主编《中国饮食文化》，徐建新译，中国社会科学出版社，1992。

［17］ 〔美〕珀金斯：《中国农业的发展（1368—1968年）》，宋海文等译，

上海译文出版社，1984。

［18］ 张五常:《佃农理论: 应用于亚洲的农业和台湾的土地改革》，易宪容译，商务印书馆，2000。

［19］ 〔德〕瓦格勒:《中国农书》上册，王建新译，商务印书馆，1936。

［20］ 〔美〕理查德·瑞吉斯特:《生态城市——建设与自然平衡的城市》(修订版)，王如松等译，社会科学文献出版社，2010。

［21］ 〔美〕杰里米·里夫金、特德·霍华德:《熵: 一种新的世界观》，吕明、袁舟译，上海译文出版社，1987。

［22］ 〔美〕西奥多·舒尔茨:《改造传统农业》，梁小民译，商务印书馆，2006。

［23］ 〔韩〕姜在允:《木炭拯救性命——徐徐揭开的秘密》，金莲兰译，中国地质大学出版社，2005。

［24］ 联合国粮农组织编著《生产木炭的简单技术》，林德荣译，中国农业科学技术出版社，2002。

［25］ 〔美〕J. R. 麦克尼尔:《阳光下的新事物: 20 世纪世界环境史》，韩莉、韩晓雯译，商务印书馆，2013。

［26］ 〔法〕洛杰·路瓦松、彼埃尔·福熙、安得烈·博埃尔:《焦炭》，王福成、秋枫、周淑景、崔秀文译，冶金工业出版社，1983。

［27］ 〔美〕查德威克·奥利弗、布鲁斯·拉森:《森林动态发育学》，韩雪梅、马焕成等译，中国环境出版社，2014。

［28］ 〔意〕利玛窦、金尼阁:《利玛窦中国札记》，何高济、王遵仲、李申译，何兆武校，中华书局，2010。

［29］ 〔德〕恩格斯:《反杜林论》，中共中央马克思、恩格斯、列宁、斯大林著作编译局译，人民出版社，1993。

［30］ 〔英〕J. G. 弗雷泽:《金枝》，刘育新、汪培基、张泽石译，新世界出版社，2006。

［31］ 〔美〕柯文:《历史三调: 作为事件、经历和神话的义和团》，杜继东译，江苏人民出版社，2000。

［32］ 〔美〕罗伯特·弗兰克:《牛奶可乐经济学 3》，闾佳译，中国人民大学

出版社，2009。

［33］ 〔美〕富兰克林·H.金：《四千年农夫：中国、朝鲜和日本的永续农业》，程存旺、石嫣译，东方出版社，2011。

［34］ 〔美〕卜凯：《中国农家经济》，张履鸾译，山西人民出版社，2015。

［35］ 〔美〕布莱恩·费根：《小冰河时代：气候如何改变历史（1300—1850）》，苏静涛译，浙江大学出版社，2013。

［36］ 〔瑞〕许靖华、甘锡安：《气候创造历史》，生活·读书·新知三联书店，2014。

［37］ 刘义强等编译《满铁调查》（第一辑），中国社会科学出版社，2015。

［38］ 〔英〕阿诺德·汤因比：《历史研究》，郭小凌等译，上海人民出版社，2010。

［39］ 〔瑞士〕雷托·U.施奈德：《疯狂实验史》，许阳译，生活·读书·新知三联书店，2009。

［40］ 〔日〕大政正隆主编《森林学》，白庆云等译，中国林业出版社，1984。

［41］ 〔英〕亚当·斯密：《国民财富的性质和原因的研究》上卷，郭大力、王亚南译，商务印书馆，2008。

［42］ 〔奥〕弗·冯·维塞尔：《自然价值》，陈国庆译，商务印书馆，1997。

［43］ 〔美〕罗伯特·弗兰克：《牛奶可乐经济学》（教材版），闾佳译，中国人民大学，2013。

［44］ 〔美〕曼昆：《经济学基础》（第 5 版），梁小民、梁砾译，北京大学出版社，2010。

［45］ Mark Elvin, *Pattern of the Chinese Past：A Social and Economic Interpretation*, Stanford University Press,1973.

（二）论文

1. 国内一般论文

［1］ 李伯重：《明清江南工农业生产中的燃料问题》，《中国社会经济史研

究》1984 年第 4 期。

［2］ 蓝勇、黄权生:《燃料换代历史与森林分布变迁——以近两千年长江上游为时空背景》,《中国历史地理论丛》2007 年第 2 辑。

［3］ 龚胜生:《唐长安城薪炭供销的初步研究》,《中国历史地理论丛》1991 年第 3 辑。

［4］ 程遂营:《北宋东京的木材和燃料供应——兼谈中国古代都城的木材和燃料供应》,《社会科学战线》2004 年第 5 期。

［5］ 许惠民、黄淳:《北宋时期开封的燃料问题——宋代能源问题研究之二》,《云南社会科学》1988 年第 6 期。

［6］ 高寿仙:《明代北京燃料的使用与采供》,《故宫博物院院刊》2006 年第 1 期。

［7］ 龚胜生:《元明清时期北京城燃料供销系统研究》,《中国历史地理论丛》1995 年第 1 辑。

［8］ 许惠民:《北宋时期煤炭的开发利用》,《中国史研究》1987 年第 2 期。

［9］ 许惠民:《南宋时期煤炭的开发利用——兼对两宋煤炭开采的总结》,《云南社会科学》1994 年第 6 期。

［10］ 〔美〕赵冈:《中国历史上的木材消耗》,（台湾）《汉学研究》1994 年第 2 期。

［11］ 孙冬虎:《元明清北京的能源供应及其生态效应》,《中国历史地理论丛》2007 年第 1 辑。

［12］ 张岗:《明代易州柴炭山场及其对山林的破坏》,《河北学刊》1985 年第 3 期。

［13］ 张岗:《明代遵化铁冶厂的研究》,《河北学刊》1990 年第 5 期。

［14］ 容志毅:《中国古代木炭史说略》,《广西民族大学学报》(哲学社会科学版)2007 年第 4 期。

［15］ 郭正谊:《火药发明史料的一点探讨》,《化学通报》1981 年第 6 期。

［16］ 郭正谊:《火药源起的新探讨》,《化学通报》1986 年第 1 期。

［17］ 刘广定:《谈我国发明火药的起源》,《科学月刊》1982 年第 7 期。

［18］ 丁懋:《古代火药技术简史》,《爆炸与冲击》1983 年第 4 期。

［19］ 袁成业、松全才:《我国火药发明年代考》,《中国科技史料》1986 年第 1 期。

［20］ 郭正谊:《中国烟火史料钩沉》,《中国科技史料》1990 年第 4 期。

［21］ 朱培初:《明清两代的北京烟火史》,《紫禁城》1982 年第 6 期。

［22］ 祝大震:《邢各庄烟花爆竹传统工艺考察》,《中国历史文物》1992 年刊。

［23］ 王琴希:《中国古代的用煤》,《化学通报》1955 年第 11 期。

［24］ 周蓝田:《中国古代人民使用煤炭历史的研究》,《北京矿业学院学报》1956 年第 2 期。

［25］ 王仲荦:《古代中国人民使用煤的历史》,《文史哲》1956 年第 12 期。

［26］ 李仲均:《中国古代用煤历史的几个问题考辨》,《地球科学——武汉地质学院学报》1987 年第 6 期。

［27］ 曾品沧:《炎起爨下薪——清代台湾的燃料利用与燃料产业发展》,《台湾史研究》2008 年第 2 期。

［28］ 邱仲麟:《人口增长、森林砍伐与明代北京生活燃料的转变》,《"中央研究院"历史语言研究所集刊》74 本 1 分,2003 年 3 月。

［29］ 邱仲麟:《国防线上:明代长城沿边的森林砍伐与人工造林》,《明代研究》2005 年第 8 期。

［30］ 邱仲麟:《明代长城沿线的植木造林》,《南开学报》(哲学社会科学版)2007 年第 3 期。

［31］ 李弘祺:《中国的第二次铜器时代:为什么中国早期的炮是用铜铸造的》,《台大历史学报》第 36 期,2005 年 12 月。

［32］ 许倬云:《中国中古时期饮食文化的变迁》,载《许倬云观世变》,广西师范大学出版社,2008。

［33］ 柏忱:《火炕小考》,《北方文物》1984 年第 1 期。

［34］ 张国庆:《"北人尚炕"习俗的由来》,《北方文物》1987 年第 3 期。

［35］ 周小花:《"火炕"考源——兼谈"坑"字与"炕"字的关系》,《现代语文》(语言研究版)2008 年第 4 期。

［36］ 王世莲：《女真人的火炕与高丽窭民的长坑》，《学习与探索》1987 年第 3 期。

［37］ 娜日斯：《论达斡尔火炕文化价值与保护的重要性》，《沈阳建筑大学学报》（社会科学版）2008 年第 3 期。

［38］ 黄锡惠、王岸英：《满族火炕考辨》，《黑龙江民族丛刊》2002 年第 4 期。

［39］ 金宝忱：《东北古今火炕对比研究》，《黑龙江民族丛刊》1986 年第 4 期。

［40］ 曹保明：《东北火炕与烟囱的鲜明特点》，《东北史地》2009 年第 1 期。

［41］ 华阳：《东北地区古代火炕初探》，《北方文物》2004 年第 1 期。

［42］ 山东省农村住宅卫生科研协作组：《沿海农村四种火炕住宅卫生调查》，《环境与健康杂志》1986 年第 1 期。

［44］ 许檀：《明清时期山东运河沿线的商业城市》，载中国商业史学会编《货殖——商业与市场研究》第 2 辑，中国财政经济出版社，1999。

［45］ 许檀：《明清时期区域经济的发展——江南、华北等若干区域的比较》，《中国经济史研究》1999 年第 2 期。

［46］ 王利华：《中国生态史学的思想框架和研究理路》，《南开学报》（哲学社会科学版）2006 年第 2 期。

［47］ 王利华：《生态环境史学的学术界域与学科定位》，《学术研究》2006 年第 9 期。

［48］ 包茂宏：《环境史：历史、理论和方法》，《史学理论研究》2000 年第 4 期。

［49］ 高国荣：《什么是环境史》，《郑州大学学报》（哲学社会科学版）2005 年第 1 期。

［50］ 景爱：《环境史：定义、内容与方法》，《史学月刊》2004 年第 3 期。

［51］ 梅雪芹：《中国环境史研究的过去、现在和未来》，《史学月刊》2009 年第 6 期。

［52］ 李根蟠：《环境史视野与经济史研究——以农史为中心的思考》，《南开学报》2006 年第 2 期。

［53］ 刘翠溶：《中国环境史刍议》，《南开学报》2006 年第 2 期。

［54］ 竺可桢：《中国近五千年来气候变迁的初步研究》，《考古学报》1972年第1期。

［55］ 王绍武：《公元1380年以来我国华北气温序列的重建》，《中国科学（B辑）》1990年第5期。

［56］ 张振克、吴瑞金：《中国小冰期气候变化及其社会影响》，《大自然探索》1999年第1期。

［57］ 凌大燮：《我国森林资源的变迁》，《中国农史》1983年第2期。

［58］ 王九龄：《我国是怎样由多林变为少林的》，《资源科学》1984年第1期。

［59］ 赵九洲：《试评〈什么是环境史〉——兼谈中国环境史研究的若干问题》，《中国农史》2010年第4期。

［60］ 赵九洲：《中国环境史研究的认识误区与应对》，《学术研究》2011年第8期。

［61］ 赵九洲：《论环境复古主义》，《鄱阳湖学刊》2011年第5期。

［62］ 赵九洲：《环境史的环境问题》，《鄱阳湖学刊》2012年第1期。

［63］ 赵九洲：《传统时代燃料问题研究述评》，《中国史研究动态》2012年第2期。

［64］ 倪根金：《明清护林碑知见录》，《农业考古》1996年第3期。

［65］ 倪根金：《明清护林碑知见录续》，《农业考古》1997年第1期。

［66］ 印志华：《从饮食器具看秦汉烹饪》，《中国烹饪研究》1997年第1期。

［67］ 曾玉华、林蒲田：《桑椹考》，《农业考古》2010年第4期。

［68］ 董毓林：《北京经济史话之五：煤球与火炕》，《经济工作通讯》1988年第21期。

［69］ 李宾泓：《我国早期丝织业的分布及其重心的形成》，《中国历史地理论丛》1991年第2辑。

［70］ 王义康：《唐北宋时期河北地区的蚕桑丝织业》，《首都师范大学学报》（社会科学版）2004年第3期。

［71］ 邹逸麟：《有关我国历史上蚕桑业的几个历史地理问题》，载《选堂文史论苑——饶宗颐先生任复旦大学顾问教授纪念文集》，上海古籍出

版社，1994。

[72] 史念海：《黄河流域蚕桑事业盛衰的变迁》，载《河山集》，生活·读书·新知三联书店，1963。

[73] 陈华、朱良均等：《蚕丝丝胶蛋白的结构、性能及利用》，《功能高分子学报》2001年第3期。

[74] 章楷：《我国蚕业发展概述》，载《农史研究集刊》第二册，科学出版社，1960。

[75] 夏鼐：《我国古代蚕、桑、丝、绸的历史》，《考古》1972年第2期。

[76] 黄世瑞：《我国历史上蚕业中心南移问题的探讨》，连载于《农业考古》1985年第2期、1986年第1期、1987年第2期。

[77] 邢铁：《我国古代丝织业重心南移的原因分析》，《中国经济史研究》1991年第2期。

[78] 满志敏、张修桂：《中国东部十三世纪温暖期自然带的推移》，《复旦学报》（社会科学版）1990年第5期。

[79] 漆侠：《宋代植棉考》，载《求实集》，天津人民出版社，1982。

[80] 史学通、周谦：《元代的植棉与纺织及其历史地位》，《文史哲》1983年第1期。

[81] 程在廉：《磁州窑地质研究中的几个问题》，《河北陶瓷》1986年第2期。

[82] 李瑞：《中国煤中硫的分布》，《洁净煤技术》1998年第1期。

[83] 吴菊贤、刘世斌、韩镇海：《氧化铁吸收SO_2的反应机理》，《硫酸工业》1992年第5期。

[84] 贾亭立：《中国古代城墙包砖》，《南方建筑》2010年第6期。

[85] 贺树德：《明代北京城的营建及其特点》，《北京社会科学》1990年第2期。

[86] 王茂华：《明代城池修筑管理述略》，《文史》2010年第3辑。

[87] 魏保信：《明代长城考略》，《文物春秋》1997年第2期。

[88] 郑绍宗：《论河北明代长城》，《文物春秋》1990年第1期。

[89] 李晓光、寻捍东：《山东临清御制贡砖考》，《枣庄学院学报》2006年

第 3 期。

［90］ 王云:《明清临清贡砖生产及其社会影响》,《故宫博物院院刊》2006年第 6 期。

［91］ 王明波:《临清贡砖》,《春秋》2007 年第 4 期。

［92］ 金家广:《中国古代开始冶铁问题刍议》,《河北大学学报》(哲学社会科学版)1985 年第 3 期。

［93］ 孙危:《中国早期冶铁相关问题小考》,《考古与文物》2009 年第 1 期。

［94］ 李京华:《汉代铁农器铭文试释》,载《中原古代冶金技术研究》,中州古籍出版社,1994。

［95］ 王星光、柴国生:《中国古代生物质能源的类型和利用略论》,《自然科学史研究》2010 年第 4 期。

［96］ 王星光、柴国生:《宋代传统燃料危机质疑》,《中国史研究》2013 年第 4 期。

［97］ 梁方仲:《元代中国手工业生产的发展》,载《梁方仲经济史论文集》,中华书局,1989。

［98］ 薛亚玲:《中国历代冶铁生产的分布及其变迁述论》,《殷都学刊》2001年第 2 期。

［99］ 洪业汤等:《中国煤的硫同位素组成特征及燃煤过程硫同位素分馏》,《中国科学 B 辑》1992 年第 8 期。

［100］ 黄维等:《从陕西出土铁钱的硫含量看北宋用煤炼铁》,《〈内蒙古金融研究〉钱币文集》(第八辑),2006。

［101］ 樊宝敏、董源:《中国历代森林覆盖率的探讨》,《北京林业大学学报》2001 年第 4 期。

［102］《天然林保护的对策研究》课题组:《中国森林的变迁及其影响》,《林业经济》2002 年第 1 期。

［103］ 王会昌:《河北平原的古代湖泊》,载《地理集刊》第 2 期,科学出版社,1987。

［104］ 邹逸麟:《历史时期华北大平原湖沼变迁疏略》,载《历史地理》第 5

辑，上海人民出版社，1987。

［105］ 陈茂山：《海河流域水环境变迁及其历史启示》，载中国水利水电科学研究院水利史研究室主编《历史的探索与研究——水利史研究文集》，黄河水利出版社，2006。

［106］ 史念海：《历史时期黄河中游的森林》，载《河山集二集》，生活·读书·新知三联书店，1981。

［107］ 王利华：《环境史将给我们带来些什么》，载南开大学中国社会史研究中心编《新世纪南开社会史文集》，天津人民出版社，2010。

［108］ 邓拓：《从万历到乾隆——关于中国资本主义萌芽时期的一个论证》，《历史研究》1956 年第 10 期。

［109］ 许檀：《明清时期的临清商业》，《中国经济史研究》1986 年第 2 期。

［110］ 曹树基：《清代北方城市人口研究——兼与施坚雅商榷》，《中国人口科学》2001 年第 4 期。

［111］ 薛瑞泽：《北魏的内河航运》，《山西师大学报》（社会科学版）2001 年第 3 期。

［112］ 王利华：《中古时期北方地区的水环境和渔业生产》，《中国历史地理论丛》1999 年第 4 辑。

［113］ 王利华：《中古华北水资源状况的初步考察》，《南开学报》（哲学社会科学版）2007 年第 3 期。

［114］ 王利华：《魏晋南北朝时期华北内河航运与军事活动的关系》，《社会科学战线》2008 年第 9 期。

［115］ 王利华：《隋唐时期华北地区的内河航运及其环境难题》，载其论文集《徘徊在人与自然之间——中国生态环境史探索》，天津古籍出版社，2012。

［116］ 吴宏岐：《略论金代的漕运》，《中国历史地理论丛》1994 年第 3 辑。

［117］ 魏远驯：《居住环境生活燃料污染对人群健康影响的调查》，《实用预防医学》2004 年第 2 期。

［118］ 夏炎：《秦汉时期燃料供应与日常生活——兼与李欣博士商榷》，《史学

集刊》2014 年第 6 期。

[119] 夏炎:《魏晋南北朝燃料供应与日常生活》,《东岳论丛》2013 年第 2 期。

[120] 夏炎:《唐代薪炭消费与日常生活》,《天津师范大学学报》(社会科学版) 2013 年第 4 期。

[121] 李欣:《秦汉社会的木炭生产和消费》,《史学集刊》2012 年第 5 期。

[122] 传秀云、郑辙、陈晶:《汉朝马王堆木炭中的笼状碳》,《无机材料学报》2003 年第 4 期。

[123] 孙楠、李小强:《木炭研究方法》,《人类学学报》2015 年第 2 期。

[124] 王树芝:《木炭在考古学研究中的应用》,《江汉考古》2003 年第 1 期。

[125] 王树芝:《考古遗址木材分析简史》,《南方文物》2011 年第 1 期。

[126] 景雷、孙成志、姜兆熊:《湖北随县曾侯乙墓木炭的鉴定》,《林化科技》1980 年第 2 期。

[127] 何远嘉等:《供暖线向南移吗》,《供热制冷》2012 年第 6 期。

[128] 江蒿:《南北供暖线划分始末》,《兰台内外》2015 年第 2 期。

[129] 何炳棣:《美洲作物的引进传播及其对中国粮食生产的影响》,载王仲荦主编《历史论丛》第五辑,齐鲁书社,1985。

[130] 李辅斌:《清代河北山西粮食作物的地域分布》,《中国历史地理论丛》1993 年第 1 辑。

[131] 韩冬:《远去的声音》系列文章,《天津档案》自 2011 年第 3 期至 2016 年第 4 期,已发表 32 篇。

[132] 空谷:《北平的手工业——香烛》,《工业月刊》1948 年第 8 期。

[133] 赵九洲:《环境史研究的微观转向——评〈人竹共生的环境与文明〉》,《中国农史》2015 年第 6 期。

[134] 关传友:《论中国的槐树崇拜文化》,《农业考古》2004 年第 1 期。

[135] 扈新起:《洪洞大槐树的风俗及其传说》,《民俗研究》1990 年第 4 期。

[136] 邓晓辉、戴俐秋:《炫耀性消费理论及其最新进展》,《外国经济与管理》2005 年第 4 期。

[137] 林汉筠:《客侨婚俗之"跨火盆"源考》,《办公室业务》2012 年第 5 期。

[138] 赖亚生：《闽南婚俗中的"跨火薰"仪式试解》，载《闽台婚俗——"福建婚俗的调查和研究"研讨会论文集》，1990。

[139] 王利华：《浅议中国环境史学建构》，《历史研究》2010年第1期。

[140] 王利华：《"生态认知系统"的概念及其环境史学意义——兼议中国环境史上的生态认知方式》，《鄱阳湖学刊》2010年第5期。

[141] 王利华：《生态环境史的学术界域与学科定位》，《学术研究》2006年第9期。

[142] 赵九洲：《古代华北役畜饲养结构变化新考》，《中国农史》2015年第1期。

[143] 赵九洲：《燃料消耗与华北地区丝织业的兴衰》，《中国农史》2014年第1期。

[144] 方修琦、萧凌波、魏柱灯：《18～19世纪之交华北平原气候转冷的社会影响及其发生机制》，《中国科学：地球科学》2013年第5期。

[145] 魏柱灯、方修琦、苏筠、萧凌波：《过去2000年气候变化对中国经济与社会发展影响研究综述》，《地球科学进展》2014年第3期。

[146] 郑云飞：《中国历史上的蝗灾分析》，《中国农史》1990年第4期。

[147] 程方：《清代山东土地垦殖述论》，《历史教学》（下半月刊）2010年第4期。

[148] 葛全胜等：《过去300年中国土地利用、土地覆被变化与碳循环研究》，《中国科学》（D辑：地球科学）2008年第2期。

[149] 葛全胜等：《过去300年中国部分省区耕地资源数量变化及驱动因素分析》，《自然科学进展》2003年第8期。

[150] 郝大海：《理性范畴刍议》，《人文杂志》2014年第11期。

[151] 徐勇：《农民理性的扩张："中国奇迹"的创造主体分析——对既有理论的挑战及新的分析进路的提出》，《中国社会科学》2010年第1期。

[152] 王飞、任兆昌：《近十年中国农民理性问题研究综述》，《云南农业大学学报》（社会科学版）2012年第3期。

[153] 任建平：《西方价格理论的基础——效用论评价》，《财贸经济》1990

年第 3 期。

［154］ 王海明：《效用论价值定义辩难》，《浙江社会科学》2003 年第 3 期。

［155］ 沈宜甲：《洗煤论》，《国立北平研究院院务汇报》1931 年第 2 期。

［156］ 孙冬虎：《北京能源供应与生态环境问题举隅》，载王岗主编《北京历史文化研究》，人民出版社，2013。

［157］ 张顺：《关于土法洗煤》，《北大化讯》1947 年第 18~19 期。

［158］ 季青：《中煤毒》，《农民》1927 年第 32 期。

［159］ 苗艳青、杨振波、周和宇：《农村居民环境卫生改善支付意愿及影响因素研究——以改厕为例》，《管理世界》2012 年第 9 期。

［160］ 余新忠：《嘉道之际江南大疫的前前后后——基于近世社会变迁的考察》，《清史研究》2001 年第 2 期。

［161］《全国爱卫办关于加强国家重大公共卫生服务项目农村改厕工作的通知》（全爱卫办函〔2010〕15 号），2010 年 5 月 11 日。

［162］ 佚名：《拾柴》，《冀南教育》1946 年第 1 卷第 4 期。

［163］ 里平：《"做饭"课上的一段话》，《冀南教育》1946 年第 1 卷第 2 期。

［164］ 李霞：《女子应该学习烹饪》，《玲珑图书杂志》1931 年第 11 期。

［165］ 遐珍：《关于烹饪之理科谈》，《妇女杂志》1915 年第 5 期。

［166］ 萧林：《吃饭与做饭》，《开明少年》1946 年第 12 期。

［167］ 连生：《炊事常识》，《妇女月刊》1947 年第 4 期。

［168］ 余仁：《做饭菜的小办法》，《战友》1950 年第 48 期。

［169］ 张松：《烧煤做饭》，《前进》1952 年第 302 期。

［170］ 味蘁：《家庭取暖法》，《少年》1920 年第 2 期。

［171］《财政部香烛税总局暂行组织规程》《财政部征收香烛税暂行征收章程》，《国民政府公报》1944 年第 710 期。

［172］ 编者：《芦苇与文化》，《生活周刊》1932 年第 21 期。

［173］ 萧经莘：《滨湖芦苇之用途》，《湘农月刊》1936 年第 2 期。

2. 考古报告类

［1］　　邯郸市文物保管所、邯郸地区磁山考古队短训班：《河北磁山新石器遗

址试掘》，《考古》1977 年第 6 期。

［2］ 严文明:《黄河流域新石器时代早期文化的新发现》，《考古》1979 年第 1 期。

［3］ 姜寨遗址发掘队:《陕西临潼姜寨遗址第二、三次发掘的主要收获》，《考古》1975 年第 5 期。

［4］ 西安半坡博物馆、临潼文化馆:《临潼姜寨遗址第四至十一次发掘纪要》，《考古与文物》1980 年第 3 期。

［5］ 黄崇岳:《从少数民族的火塘分居制看仰韶文化早期半坡类型的社会性质》，《中原文物》1983 年第 4 期。

［6］ 李济:《西阴村史前遗址》，《清华学校研究院丛书》，1927。

［7］ 中国科学院考古研究所山西队:《山西芮城东庄村和西王村遗址的发掘》，《考古学报》1973 年第 1 期。

［8］ 浙江省文物管理委员会等:《钱山漾第一、二次发掘报告》，《考古学报》1962 年第 2 期。

［9］ 浙江省文物管理委员会、浙江省博物馆:《河姆渡遗址第一期发掘报告》，《考古学报》1978 年第 1 期。

［10］ 江苏省文物工作队:《江苏吴江梅堰新石器时代遗址》，《考古学报》1978 年第 6 期。

［11］ 郭宝钧:《1950 年春殷墟发掘报告》，《考古学报》1951 年第 5 期。

［12］ 高玉汉等:《台西村商代遗址出土的纺织品》，《文物》1979 年第 6 期。

［13］ 保定地区文物管理所、徐水县文物管理所、北京大学考古系等:《河北徐水县南庄头遗址试掘报告》，《考古》1982 年第 11 期。

［14］ 安志敏:《裴李岗、磁山和仰韶——试论中原新石器文化的渊源及发展》，《考古》1970 年第 4 期。

［15］ 中国科学院考古研究所安阳发掘队:《1971 年安阳后岗发掘简报》，《考古》1972 年第 3 期。

［16］ 乔登云:《豫北冀中南地区新石器时代考古回顾与展望》，《文物春秋》2001 年第 5 期。

［17］ 安阳地区文物管理委员会：《河南汤阴白营龙山文化遗存》，《考古》1980 年第 3 期。

［18］ 河北省文物管理处：《磁县界段营发掘简报》，《考古》1974 年第 6 期。

［19］ 河北省文物管理处：《磁县下潘汪遗址发掘报告》，《考古学报》1975 年第 1 期。

［20］ 罗平：《河北邯郸百家村新石器时代遗址》，《考古》1965 年第 4 期。

［21］ 孟昭林：《河北正定县再次发现彩陶遗址》，《考古》1957 年第 1 期。

［22］ 周仁等：《我国黄河流域新石器时代和殷周时代制陶工艺的科学总结》，《考古学报》1964 年第 1 期。

［23］ 河北省文物管理处：《磁县下七垣遗址发掘报告》，《考古学报》1979 年 2 期。

［24］ 河北省文化局文物工作队：《河北邯郸涧沟村古遗址发掘简报》，《考古》1961 年 4 期，《考古》1962 年 12 期有更正。

［25］ 北京大学、河北省文化局邯郸考古发掘队：《1957 年邯郸发掘简报》，《考古》1957 年第 1 期。

［26］ 唐云明：《河北境内几处商代文化遗存记略》，载《考古学集刊》第 2 集，中国社会科学出版社，1982。

［27］ 河北省博物馆文物管理处：《河北藁城台西村的商代遗址》，《考古》1973 年第 5 期。

［28］ 孟浩：《河北武安县午汲古城中的窑址》，《考古》1959 年第 7 期。

［29］ 韩长松、张丽芳、赵慧钦：《河南焦作出土的二联仓、三联仓陶仓楼》，《中原文物》2010 年第 2 期。

［30］ 定县博物馆：《河北定县 43 号汉墓发掘简报》，《文物》1973 年第 11 期。

［31］ 尚振明：《孟县出土北魏司马悦墓志》，《中原文物》1980 年第 3 期。

［32］ 李知宴：《谈范粹墓出土的瓷器》，《考古》1972 年第 5 期。

［33］ 张季：《河北景县封氏墓群调查记》，《考古通讯》1957 年第 3 期。

［34］ 朱全升、汤池：《河北磁县东魏茹茹公主墓发掘简报》，《文物》1984 年第 4 期。

［35］　朱全升：《河北磁县东陈村北齐尧峻墓》，《文物》1984年第4期。

［36］　黄景略：《燕下都城址调查报告》，《考古》1962年第1期。

［37］　雷从云：《战国铁农具的考古发现及其意义》，《考古》1980年第3期。

［38］　河北省文物管理委员会：《河北唐山市大城山遗址发掘报告》，《考古学报》1959年第3期。

［39］　北京钢铁学院冶金史组：《中国早期青铜器的初步研究》，《考古学报》1981年第3期。

［40］　安志敏：《唐山石棺墓及其有关遗物》，《考古学报》1954年第7期。

［41］　安志敏：《中国早期铜器的几个问题》，《考古学报》1981年第3期。

［42］　天津市文物局考古发掘队：《河北大厂回族自治县大陀头遗址发掘简报》，《考古》1966年第1期。

［43］　琉璃河考古工作队：《北京琉璃河夏家店下层墓葬》，《考古》1976年第1期。

［44］　张先得等：《北京平谷刘家河遗址调查》，载北京市文物研究所编《北京文物与考古》（第三辑），北京市文物研究所，1992。

［45］　天津市文物管理处：《天津蓟县张家园遗址试掘报告》，《文物资料丛刊》1977年第1期。

［46］　李延祥、韩汝玢：《林西县大井古铜矿冶遗址冶炼技术研究》，《自然科学史研究》1990年第2期。

［47］　李延祥、朱延平：《塔布敖包冶铜遗址初步考察》，《有色金属》2003年第3期。

［48］　李延祥、韩汝玢、宝文博、陈铁梅：《牛河梁冶铜炉壁残片研究》，《文物》1999年第12期。

［49］　罗平：《河北承德专区汉代矿冶遗址的调查》，《考古通讯》1957年第1期。

［50］　宁笃学：《甘肃兰州西坡峴遗址发掘报告》，《考古》1960年第9期。

［51］　周本雄：《河北武安磁山遗址的动物骨骸》，《考古学报》1981年第3期。

［52］　周本雄：《河南汤阴白营河南龙山文化遗址的动物遗骸》，载《考古学集刊》第3集，中国社会科学出版社，1983年。

［53］ 佟柱臣:《黄河长江中下游新石器文化的分布与分期》,《考古学报》
1957 年第 2 期。

［54］ 孙德海、陈惠:《河北省石家庄市市庄村战国遗址的发掘》,《考古学
报》1957 年第 1 期。

［55］ 沈阳市文物管理办公室:《沈阳新乐遗址试掘报告》,《考古学报》1978
年第 4 期。

［56］ 辽宁省煤田地质勘探公司科研所:《沈阳新乐遗址煤制品产地探讨》,
《考古》1979 年第 1 期。

［57］ 赵承泽、卢连城:《关于西周的一批煤玉雕刻》,《文物》1978 年第 5 期。

［58］ 郑州市博物馆:《郑州古荥镇汉代冶铁遗址发掘简报》,《文物》1978
年第 2 期。

［59］ 河南省文化局文物工作队:《河南鹤壁市古煤矿遗址调查简报》,《考
古》1960 年第 3 期。

［60］ 李锡经:《河北曲阳县修德寺遗址发掘记》,《考古通讯》1955 年第 3 期。

［61］ 鲁琪:《北京门头沟区龙泉务发现辽代瓷窑》,《文物》1978 年第 5 期。

［62］ 李京华等:《河南五县古代冶铁遗址调查及研究》,《华夏考古》1992
年第 1 期。

［63］ 中国科学院考古研究所、北京市文物管理处元大都考察队:《北京后英
房元代居住遗址》,《考古》1972 年第 6 期。

［64］ 本刊通讯员:《马王堆一号汉墓女尸研究的几个问题》,《文物》1973
年第 7 期。

［65］ 高蒙河:《古墓防腐有高招》,《百科知识》2012 年第 17 期。

［66］ 王皓:《从墓葬形制、随葬品、葬具看中国古代墓葬的演进》,《河北
北方学院学报》2008 年第 6 期。

［67］ 随县擂鼓墩一号墓考古发掘队:《湖北随县曾侯乙墓发掘简报》,《文
物》1979 年第 7 期。

［68］ 谢尧亭:《北赵晋侯墓地初识》,《文物集刊》1998 年第 3 期。

［69］ 李伯谦:《从晋侯墓地看西周公墓墓地制度的几个问题》,《考古》1997

年第 11 期。

3. 译文及外文

[1]　〔日〕宫崎市定:《宋代的煤与铁》,载《宫崎市定论文选集》上卷,
　　　　商务印书馆,1963,原载日本《东方学》第 13 辑,1957 年 3 月。

[2]　〔日〕宫崎市定:《中国的铁》,载《宫崎市定论文选集》上卷,商务
　　　　印书馆,1963,第 201 页。原载《史林》杂志第 40 卷第 6 期,1957
　　　　年 11 月。

[3]　〔美〕罗伯特·哈特威尔(郝若贝)著,杨品泉摘译《北宋时期中国
　　　　煤铁工业的革命》,《中国史研究动态》1981 年第 5 期。原载《亚洲
　　　　研究杂志》1962 年 2 月号。

[4]　〔日〕吉田光邦:《关于宋代的铁》,载刘俊文主编《日本学者研究中
　　　　国史论著选译》第 10 卷,中华书局,1992。原载《中国科学技术史
　　　　论集》,日本放送出版协会,1972。

[5]　〔美〕斯坦利丁·奥尔森著,殷志强译《中国北方的早期驯养马》,
　　　　《考古与文物》1986 年第 1 期。

[6]　〔日〕吉崎昌一著,曹兵海、张秀萍译《马和文化》,《农业考古》
　　　　1987 年第 2 期。

[7]　〔日〕日野开三郎:《北宋时代に於ける铜、铁の产出额に就いて》,《东
　　　　洋学报》第 22 卷 1 号,1934。

[8]　〔日〕日野开三郎:《北宋时代に於ける铜铁钱の需给に就いて》,《历史
　　　　学研究》第 6 卷 5~7 号,1936。

[9]　〔日〕和岛诚一:《山西省河东平野及太原盆地北半部的史前调查概
　　　　要》,《人类学杂志》第 58 卷第 4 号,1943。

[10]　〔英〕李约瑟著,徐汝庄译《东西方的科学与社会》,《自然杂志》
　　　　1990 年第 12 期。原载《伯纳尔纪念文集》(伦敦,1964 年),《科学
　　　　与社会》1964 年第 28 卷,《半人马星座》杂志 1964 年,第 10 卷。后
　　　　又收入李约瑟论文集《大滴定》(伦敦,1969 年;多伦多,1979 年)。

[11]　〔日〕佐久间吉:《关于曹操时漕运路线的形成》,载《社会文化史学》,

1976。

[12]　Robert H. Frank, "The Demand for Unobservable and Other Non-positional Goods," *American Economic Review*, March 1985a, pp.75, 101-116.

4. 报纸文章

[1]　汪篯:《史籍上的隋唐田亩数非实际耕地面积——隋唐史杂记之二》,《光明日报》1962 年 8 月 15 日。

[2]　耿建扩、蔺玉堂:《河北徐水东黑山遗址发现西汉炕》,《光明日报》2006 年 11 月 30 日。

[3]　傅举有:《马王堆墓主之争三十年》,《中国文物报》2004 年 7 月 28 日。

[4]　贾金标、齐瑞普等:《河北徐水东黑山遗址考古发掘取得重大收获》,《中国文物报》2007 年 1 月 17 日。

[5]　河北省文化局文博组:《安平彩色壁画汉墓》,《光明日报》1972 年 6 月 22 日。

[6]　赵承泽:《关于西汉用煤的问题》,《光明日报》1957 年 2 月 14 日《史学》双周刊第 101 号。

[7]　《顺天时报》第 5033 号, 1917 年 12 月 24 日, 第 3 版;第 5727 号, 1919 年 12 月 25 日, 第 2 版;第 8840 号, 1928 年 12 月 10 日, 第 7 版;第 8891 号, 1929 年 2 月 4 日, 第 7 版;第 9110 号, 1930 年 1 月 7 日, 第 7 版;第 8498 号, 1927 年 12 月 16 日, 第 1 版;第 9024 号, 1929 年 6 月 25 日, 第 7 版;第 4282 号, 1915 年 11 月 7 日, 第 7 版;第 4620 号, 1916 年 10 月 21 日, 第 7 版;第 5025 号, 1917 年 12 月 16 日, 第 7 版;第 5764 号, 1920 年 2 月 5 日, 第 11 版;第 6406 号, 1921 年 12 月 10 日, 第 7 版;第 7084 号,1923 年 11 月 25 日, 第 7 版;第 8898 号,1929 年 2 月 15 日, 第 7 版;第 9159 号,1929 年 11 月 10 日, 第 7 版;第 9179 号, 1929 年 12 月 1 日, 第 7 版。

[8]　刘望鸿:《门头沟矿区的鼠崇拜》,《北京青年报》2013 年 12 月 4 日, 第 C02 版。

[9]　陈斌:《治霾之本在于发展》,《南方周末》2016 年 12 月 22 日。

后 记

　　这部书稿能够顺利完成并出版，与诸多师友的帮助是分不开的。如果没有我的导师王利华教授十八年来的悉心指导与无微不至的关照，非历史学科班出身的我不可能初窥史学门庭，更不可能完成这部书稿。师恩深重，不能回报于万一，而博士毕业十二年来却无所建树，于心不能无愧。

　　同门兄弟姐妹闫廷亮、曹志红、李荣华、胡梧挺、朱宇强、赵仁龙、连雯、杨卓轩、曹牧、潘明涛、曹津永、韦彦、方万鹏、任小林等人，都从各个方面给予了我无私的帮助，与他们一起上课、参加读书会讨论以及小聚私聊的快乐时光，我终生难忘。本书中的不少观念与见解，也是在与他们切磋交流的过程中逐渐形成的。

　　我的父亲赵长拴先生既是我人生道路上最重要的指引人，又是我人生感悟与学术见解最重要的对话人之一。父亲在我身上投注了太多太多的心血，我求学道路上的每一点成就，都离不开父亲的指点与帮助。对于华北社会与生态的体认，我们父子俩也进行了广泛而深入的交流，他的人生阅历也在我完善书稿的过程中发挥了极其重要的作用。

　　这不是本人出版的第一部专著，也不是本人第一次为自己的专著写后记，但这却是最为心绪不宁的一次。虽然专门学习历史已经十八年了，但自我评价，自己更多地算是一个历史爱好者，而不是一个专业历史学者。多年的理科学习经历给自己打上了永久的烙印，撰写学术论著时，语言的学术化、篇章结构的合理化、观点理念的理论化等，依旧存在严重的不足。永远做历史爱好者，这是我的夙愿；但如何能够做一个更像历史学者的历史爱好者，依旧是自己需要长时间钻研的课题。

本书是国家社科基金重点项目"华北环境变迁史研究"的最终成果之一，系由本人博士学位论文的部分篇章扩展而来。前后已修改了十多年，而最近两年更是花费大量精力细心润色，但整体而言依旧十分粗糙。虽然我多年以来一直想推出一部燃料史方面的典范之作，可史学功底有限，最后呈现给读者的这部书稿，还是缺憾多多。新材料的发掘与运用固然不足，而学理的提炼与阐发也不尽如人意。

当然，这部书稿仍有些许令自己满意之处，大致有以下几点：其一，我没有就燃料论燃料，而是从燃料辐射开来，借助燃料从别样的角度透视了华北的社会、经济、文化与生态，并尝试对若干问题提出异于前人的见解；其二，我尝试用燃料解释若干重大的社会与生态问题，但同时也注意到了应该避免唯燃料论的倾向，将燃料作为诸多事项的重要推动因素之一，但绝不将其视为唯一的终极的决定因素；其三，我努力证明环境史是社会与生态两个层面交互作用、彼此因应的史学分支，只见社会不见生态固然不是环境史，而只见生态不见社会也绝不是环境史之正途；其四，我在书中时时尝试观照现实问题，为了学术而学术当然是很高的学术境界，但历史学——特别是环境史学，还是需要有现实关怀的，以史为鉴，更好地为当代环境问题的解决出谋划策，是环境史应有的道义担当；其五，我一直在努力避免让自己成为一名激进的环保主义者，不应让环境至上的理念影响自己的评判能力，我追求的目标依旧是理性、客观、公正地讲述历史上人与自然互动的故事。

本书绝不是自己对燃料史研究的终结，我将进一步强化对燃料问题的研究。同时，我也在积极地拓展，未来还将对传统时代华北的能源全局问题做较深入的探究，燃料依旧是重要的一环，但其他能源类型也将纳入我的研究范畴。我希望以燃料为引子，打开一个较新颖的能源史研究天地。

二十一年前，在我和我的物理学本科同学都面临读研抉择的时候，一个同学曾为我的抉择担心不已，他认为爱好是绝对不能拿来做职业的，否则以前的那种追求的欲望和神秘感就会消失。但我主意已然打定就绝不会轻易改变，还是无比执着地开始了跨专业考研，因为我更信服爱因斯坦的"兴趣是最好的老师"。十八年前，硕士刚入学的时候，很多同学也对我的抉择困惑不已，认为学物理有很好的前途，而我偏偏学这么冷门的历史，并不理智。对此，我往往一笑置之。我觉得人生最幸福的事，不是一生都走在一条铺满黄金的道路上，而是一生都全身心地做自己喜欢做的事情。入职后，我常对学生讲，人对自己的主业有三种境界，一是当成作业，一是当成职业，一是当成事业。我希望我可以永远将自己的历史兴趣当成事业，永远开开心心地把这项事业做下去。

作 者

2024 年 3 月 20 日于青岛

图书在版编目（CIP）数据

自然—经济—社会协同演进中的古代华北燃料危机与
革命 / 赵九洲著 . -- 北京 : 社会科学文献出版社 ,
2024. 11. -- (华北区域环境史研究丛书). -- ISBN
978-7-5228-3992-9

Ⅰ . TQ51

中国国家版本馆 CIP 数据核字第 20245CT948 号

· 华北区域环境史研究丛书 ·

自然—经济—社会协同演进中的古代华北燃料危机与革命

著　　者 / 赵九洲

出 版 人 / 冀祥德
组稿编辑 / 任文武
责任编辑 / 李　淼
责任印制 / 王京美

出　　版 / 社会科学文献出版社 · 生态文明分社 （010）59367143
　　　　　地址：北京市北三环中路甲29号院华龙大厦　邮编：100029
　　　　　网址：www. ssap. com. cn
发　　行 / 社会科学文献出版社 （010）59367028
印　　装 / 三河市东方印刷有限公司

规　　格 / 开　本：787mm×1092mm　1/16
　　　　　印　张：40　字　数：610千字
版　　次 / 2024年11月第1版　2024年11月第1次印刷
书　　号 / ISBN 978-7-5228-3992-9
定　　价 / 98. 00元

读者服务电话：4008918866

▲ 版权所有 翻印必究